国家海水鱼产业技术体系年度报告

（2017）

国家海水鱼产业技术研发中心　编著

中国海洋大学出版社

·青岛·

图书在版编目(CIP)数据

国家海水鱼产业技术体系年度报告.2017/国家海水鱼产业技术研发中心编著.—青岛:中国海洋大学出版社,2018.11

ISBN 978-7-5670-1481-7

Ⅰ.①国… Ⅱ.①国… Ⅲ.①海水养殖—水产养殖业—技术体系—研究报告—中国—2017 Ⅳ.① S967

中国版本图书馆 CIP 数据核字(2018)第 267184 号

出版发行	中国海洋大学出版社
出 版 人	杨立敏
社 　 址	青岛市香港东路 23 号
邮政编码	266071
网 　 址	http://www.ouc-press.com
电子信箱	dengzhike@sohu.com
订购电话	0532 - 82032573(传真)
责任编辑	姜佳君　邓志科
电 　 话	0532 - 85901040
印 　 制	日照报业印刷有限公司
版 　 次	2018 年 12 月第 1 版
印 　 次	2018 年 12 月第 1 次印刷
成品尺寸	185 mm × 260 mm
印 　 张	36.375
字 　 数	720 千
印 　 数	1～1000
定 　 价	80.00 元

发现印刷质量问题,请联系 0633-8221365,由印刷厂负责调换。

国家海水鱼产业技术体系2017年工作亮点

图1 海水鱼体系建设启动大会召开

图2 海水鱼工程化健康养殖技术培训会

图3 率先走向深远海：南海美济礁黄鳍金枪鱼养殖

图4 现场指导大黄鱼养殖病害防治

图5 宣传推广新技术，推动大菱鲆养殖提质增效

图6 开展河鲀鱼源基地备案培训，确保产品质量安全

图7 海水鱼体系4大品种6家单位获"2017最具影响力水产品企业品牌"

图8 加强体系内外合作交流，推动石斑鱼产业发展

国家海水鱼产业技术体系组织结构图

国家海水鱼产业技术体系

首席科学家、执行专家组（首席办公室）

国家海水鱼产业技术研发中心
依托单位：中国水产科学研究院黄海水产研究所

功能研究室

遗传改良研究室	营养与饲料研究室	疾病防控研究室	养殖与环境控制研究室	加工研究室	产业经济研究室
大菱鲆种质资源与品种改良	鲆鲽类营养需求与饲料	环境胁迫性疾病与综合防控	养殖网池工程与装备	保鲜与加工	产业经济
牙鲆种质资源与品种改良	大黄鱼营养需求与饲料	细菌病防控	远海设施化养殖	鱼品质量安全与营养	
半滑舌鳎种质资源与品种改良	石斑鱼营养需求与饲料	病毒病防控	工厂化养殖	品质评价	
大黄鱼种质资源与品种改良	卵形鲳鲹营养需求与饲料	寄生虫病防控	深水网箱养殖	加工贮运	
石斑鱼种质资源与品种改良	军曹鱼营养需求与饲料		环境调控		
卵形鲳鲹种质资源与品种改良	海鲈营养需求与饲料				
军曹鱼种质资源与品种改良	河鲀营养需求与饲料				
河鲀种质资源与品种改良					

综合试验站

天津综合试验站、秦皇岛综合试验站、北戴河综合试验站、大连综合试验站、丹东综合试验站、东港综合试验站、葫芦岛综合试验站、烟台综合试验站、青岛综合试验站、莱州综合试验站、日照综合试验站、南通综合试验站、宁波综合试验站、漳州综合试验站、珠海综合试验站、北海综合试验站、三沙综合试验站

示范县（市、区）

编 委 会

主　编　关长涛

编　委　（按姓氏笔画为序）

前　言

　　海水鱼类是海洋渔业生产中的主要捕捞对象和人类优质动物蛋白质的重要来源。然而，随着海洋野生鱼类资源的日益衰退，水产品的供给侧逐步转向依靠养殖业的发展。FAO 最近发布的报告显示，世界海水鱼类养殖业正以 8%～10% 的年增长率迅猛地发展，养殖鱼类产品占世界鱼类消费的比例持续增加。由此可见，海水鱼类养殖业的发展潜力巨大，前景广阔。

　　中国的海水鱼类繁育与养殖研究始于 20 世纪 50 年代，而规模化养殖则兴起于 20 世纪 80 年代后期。1984 年，我国的海水鱼类养殖产量仅为 0.94 万吨，相比于海洋藻类、虾类、贝类养殖产业，海水鱼类养殖发展严重滞后。但此后，在渔业"以养为主"方针的正确指导及相关政策的支持下，我国海水鱼类苗种人工繁育技术不断取得突破，设施养殖技术与模式不断创新，推动了我国海水鱼类养殖产业的快速发展，并在 2002 年和 2012 年先后突破 50 万吨和 100 万吨养殖产量大关，为此，海水鱼类养殖也被誉为我国海水养殖的第四次产业化浪潮。到 2016 年年底，我国海水鱼类养殖产量已达 134.76 万吨，开发的养殖种类近百种，建立起海水网箱、工厂化和池塘三大主养模式，形成了大黄鱼、海鲈、石斑鱼、卵形鲳鲹、大菱鲆、牙鲆、半滑舌鳎、河鲀、军曹鱼等主导养殖产业。海水鱼类养殖产业的发展对开拓我国全新的海洋产业、保障水产品有效供给、改善国民膳食结构、提供沿海渔民就业机会和繁荣"三农"经济等方面，都做出了突出的贡献。

　　2017 年，经农业农村部（原农业部）批准，原"国家鲆鲽类产业技术体系"进行了扩容和优化调整，正式更名为"国家海水鱼产业技术体系"（以下简称海水鱼体系）。本体系由产业技术研发中心和综合试验站 2 个层级构成，下设遗传改良、营养与饲料、疾病防控、养殖与环境控制、加工和产业经济等 6 个功能研究室，聘任岗位科学家 29 名；设综合试验站 19 个，辐射示范县区 95 个，分布于辽宁、河北、天津、山东、江苏、浙江、福建、广东、广西、海南等 10 个沿海省市。"十三五"期间，海水鱼体系以"生态友好、生产发展、设施先进、产品优质"为产业发展目标，面向我国海水鱼类养殖产业发展需求，围绕制约产业发展的突出问题，开展共性关键技术研发、集成、试验和示范，突破技术瓶颈，为我国海水鱼类养殖产业持续健康发展提供技术支撑。

  《国家海水鱼产业技术体系年度报告（2017）》由国家海水鱼产业技术研发中心编著，"现代农业产业技术体系专项资金（CARS-47）"资助。本书概括了海水鱼体系2017年度的主要工作内容与成果，主要包括海水鱼产业技术研究进展报告，海水鱼主产区调研报告，轻简化实用技术，获奖或鉴定成果汇编，专利汇总等等。海水鱼体系全体岗位科学家、综合试验站团队参与了编写工作，体系首席办公室对书稿进行了整合、审阅和补充。

  由于编写时间仓促、学科交叉内容较多，书中错误和疏漏之处在所难免，敬请广大读者批评指正并给予谅解。

国家海水鱼产业技术体系 首席科学家

2017 年 7 月 28 日

目　次

第四篇　获奖或鉴定成果汇编

第五篇　专利汇总

附　录

Contents

Chapter 2   Survey reports on the development of major farming area of marine fish

Chapter 3   Concise practical technology

Contents

Chapter 4　Awards and Achievements appraised

Chapter 5　Summaries of Patents

Contents

Contents

第一篇
研究进展报告

2017 年度海水鱼产业技术发展报告

国家海水鱼产业技术体系

1 国际海水鱼生产与贸易概况

1.1 捕捞及养殖情况

据 2017 年国际粮农总署（Food and Agriculture Organization，FAO）数据，2015 年，世界海洋捕捞总产量为 8 116.46 万吨，其中，海水鱼类捕捞产量为 7 804.47 万吨，占海洋捕捞总产量的 96.15%；世界海水养殖总产量为 2 784.06 万吨，其中，海水鱼类养殖产量为 681.01 万吨，占海水养殖总产量的 24.46%。海水鱼类养殖在世界各区域的分布：亚洲 385.59 万吨，欧洲 186.31 万吨，美洲 100.32 万吨，大洋洲 7.28 万吨，非洲 1.51 万吨。2015 年，中国海水鱼类养殖产量为 130.76 万吨（中国渔业统计年鉴，2016），占世界海水鱼类养殖总产量的 19.2%。目前，全球海水鱼养殖种类达 100 多种，养殖规模较大的主要有大西洋鲑、海鲈、鲕鱼、大黄鱼、鲆鲽类等。其中，单一种类产量最大的为大西洋鲑（为商品名"三文鱼"最主要的一种），2015 年全球养殖产量 238.09 万吨，主要生产国为挪威、智利、英国和加拿大等。

1.2 贸易情况

2017 年前 3 季度，冰岛鲆鲽类出口规模萎缩，出口额同比下降 42.8%，出口均价总体下跌，格陵兰庸鲽出口价格下跌 10.4%，跌至近 7 年最低值。韩国大黄鱼进口规模显著缩小，价格下降，进口额为 5 674.5 万美元，同比下降 22.8%。美国石斑鱼进口规模显著增加，进口量为 4 253.6 t，主要来自墨西哥和巴拿马，但墨西哥市场的石斑鱼价格呈下降态势。印度尼西亚是第一大石斑鱼供应国，占全球总量的 62%。2016 年，意大利、美国、英国、西班牙和法国的海鲈进口量位列前 5 位，分别占世界总量的 29.1%、9.4%、8.3%、7.5% 和 7.1%。其中，意大利海鲈前 3 季度总集散量同比下滑 10%，价格波动较大。2016 年全球军曹鱼进口量为 2 170.6 t，主要进口国为美国、荷兰和泰国，美国占 62.9%，巴拿马为最大供应国，占 67.9%。挪威是大西洋鲑的第一大出口国，占该品种全球出口的 50% 以上，2017 年其出口金额达 647 亿克朗，较 2016 年增加 5%，出口量达到 100 万吨，较 2016 年增长 2.8%。2017 年度，我国大西洋鲑进口 3.78 万吨，进口额 3.56 亿美元，占我国水产品进口总量的 0.77%，进口总额的 3.14%。

2 国内海水鱼生产与贸易概况

2.1 养殖生产情况

根据 2017 年国家海水鱼产业技术体系调查数据，主要示范区县海水鱼养殖面积：工厂化 764 hm²，普通网箱 1 411 hm²，深水网箱 817.39 万立方米，池塘 17 733 hm²，围网 196 hm²。2017 年，海水鱼主养品种总产量为 50.00 万吨，其中，大菱鲆 4.77 万吨，牙鲆 0.71 万吨，半滑舌鳎 1.32 万吨，石斑鱼 4.98 万吨，海鲈 9.84 万吨，大黄鱼 17.05 万吨，卵形鲳鲹 6.07 万吨，军曹鱼 0.29 万吨，河鲀 0.80 万吨，其他海水鱼 4.17 万吨。苗种总产量为 10.95 亿尾，其中，大菱鲆 2.32 亿尾，半滑舌鳎 0.55 亿尾，牙鲆 0.75 亿尾，大黄鱼 1.2 亿尾，河鲀 1.24 亿尾，石斑鱼 0.56 亿尾，军曹鱼 0.2 亿尾，卵形鲳鲹 3.21 亿尾，其他海水鱼 0.92 亿尾。

2.2 贸易情况

我国养殖大黄鱼主要出口韩国（冻品）和我国香港（冰鲜品），2017 年，大黄鱼价格震荡下行，年底前反弹。墨西哥石斑鱼价格呈下降趋势。意大利海鲈集散量下降，价格波动较大。卵形鲳鲹价格在墨西哥市场总体震荡上升，我国香港市场呈下降态势。鲹鲽类产品市场价格随品种而异，韩国鹭梁津水产品市场销量波动较大。日本下关市场是世界主要的河鲀集散地，2015 年因养殖红鳍东方鲀上市量锐减，价格翻倍，从 2 600 日元/千克上涨至 5 000 日元/千克。2010～2015 年，我国台湾军曹鱼的销量逐年减少，出口日本以小规格整条及去头整条为主。

3 国际海水鱼产业技术研发进展

3.1 海水鱼遗传改良技术

2017 年，国外对海水鱼类的遗传改良，主要在大菱鲆、海鲈、河鲀、军曹鱼、牙鲆、石斑鱼等品种研究方面取得了一定进展。西班牙和英国学者采用转录组测序技术，开展了快速和慢速生长大菱鲆的转录组学研究。韩国学者采用线粒体序列分析和微卫星标记，进行了海鲈形态学和分子检测分析。印度学者开展了军曹鱼遗传变异和种群结构研究。日本学者利用石斑鱼杂交子一代群体构建了生长性状相关的数量性状位点（QTL）图谱，并开发了 18 个波纹石斑鱼高多态性微卫星标记，为开展石斑鱼分子选育提供基础。日本学者利用生殖细胞移植技术，以三倍体星点东方鲀为受体，生产了红鳍东方鲀的卵子和精子。葡萄牙学者开展了乌鳍石斑鱼的精子超低温冷冻保存研究，获得较好的冷冻保存效果。韩国学者分析了红鳍东方鲀生长激素释放激素的表达情况，为今后红鳍东方鲀的遗传改良提供了参考。

3.2　海水鱼养殖与环境控制技术

3.2.1　工厂化养殖

聚焦于工厂化水处理技术,研发了生物膜反应和诱变选育高效菌株处理及共代谢技术,并改进了硝化反硝化、厌氧氨氧化与亚硝化工艺相结合的脱氮、活性炭吸附、臭氧氧化与灭活等水处理方法。研究了循环水系统中硝酸盐含量对鱼类生长及健康的影响,以及乳酸杆菌对养殖水体中微生物环境的改善作用。

3.2.2　网箱养殖

挪威完成了世界首座规模最大的半潜式智能海洋渔场的建造,并将其投入养殖生产。该智能渔场设有中央控制室、自动旋转门和 2 万多个传感器,可实现鱼苗投放、自动投饵、实时监控、渔网清洗、死鱼收集等功能。一个养殖季可养殖大西洋鲑 150 万尾,产量 8 000 t。荷兰 De Maas SMC 公司推出一种单桩式半潜式深海渔场装备,养殖水体为 10~50 万立方米,可抗 17 级台风。

3.2.3　池塘养殖

美国开始推广工程化池塘循环水养殖模式,该模式利用池塘养殖面积的 2%~5% 作为养殖区,剩余为净化区,有效提高了池塘养殖水体的利用效率和产出。荷兰学者提出了通过生境要素循环利用从而增强食物网稳定性的"池塘养殖营养池"概念。

3.2.4　养殖装备

挪威设计提出了采用声波遥测技术监测饲养对象行为的方法。日本研发了一种利用葡萄糖氧化物作为分子识别元件的生物传感器,可根据酶反应情况实时反馈鱼类葡萄糖水平,掌握鱼类的应激反应。

3.3　海水鱼疾病防控技术

3.3.1　免疫防御机制

国际上探究了神经坏死病毒(nervous necrosis virus, NNV)、虹彩病毒(iridovirus)、传染性胰腺坏死病毒(infectious pancreatic necrosis virus, IPNV)、病毒性出血性败血症病毒(viral hemorrhagic *septicemia* virus, VHSV)、立克次氏体(*Rickettsia*)、杀鲑气单胞菌(*Aeromonas salmonicida*)、美人鱼发光杆菌杀鱼亚种(*Photobacterium damselae* subsp. *piscicida*)等病毒和细菌的致病机制,以及海水鱼对病毒和细菌的免疫防控策略,查明了低氧、低水温等环境胁迫因子对海水鱼类的生长、发育、代谢及免疫过程的影响,以及鱼类对环境胁迫的适应机制。

3.3.2　鱼病防治

基于免疫疗法的防控技术是研究的重点领域,亚单位疫苗和 DNA 疫苗的口服免疫及免疫增强剂等新型水产药物依然是国际病毒病、细菌病免疫防控的研究热点。

3.4　海水鱼营养与饲料技术

2017年，国外关于海水鱼营养研究的重点主要涉及营养需求研究、鱼粉鱼油替代、饲料添加剂开发。总体来看，海水鱼营养研究从以宏观为主开始向微观化、整体化、系统化方向发展。同时，部分营养学研究已经开始与品系选育、养殖模式结合起来，向精准化发展。

3.4.1　营养需求

海水鱼营养需求研究除关注生长、饲料利用等性能外，部分研究着眼于鱼体免疫力、营养素代谢等分子调控机理。

3.4.2　鱼粉鱼油替代及饲料添加剂开发

研究内容与当前世界范围内鱼粉、鱼油资源紧张、价格攀升关系紧密，主要着力于水产新型蛋白源、脂肪源的开发，探究更高效、更安全的替代策略，同时，应用转录组学、蛋白组学等从分子水平评估替代引起的代谢差异，并研究开发饲料添加剂降低鱼油鱼粉替代引起的应激反应。

3.5　海水鱼产品质量安全控制与加工技术

3.5.1　质量安全控制

以噬菌体作为新型生物抑菌剂，以多种噬菌体制备混合制剂及噬菌体内溶素进行抑菌性产品研发，产品作为水体改良剂应用于水产养殖中。无损检测技术能够有效解决大宗水产品生产过程中品质安全快速检测技术缺乏的难题，如基于近红外高光谱成像对鱼肉腐败菌菌落总数的快速检测方法，实现了冷藏过程中鱼肉腐败菌菌落总数实时可视化监控。

3.5.2　鱼品加工保鲜技术

研究者将用壳聚糖和乳酸链球菌素制备的微胶囊用于保鲜小黄鱼，能显著降低微生物对脂肪和蛋白的降解，产品货架期从6 d延长到9 d。从欧洲鲈鱼中分离出植物乳杆菌O1（*Lactobacillus plantarum* O1），该菌有很好的抗菌效果，应用于鲈鱼、牡蛎、贻贝中，能起到很好的保鲜作用。

4　国内海水鱼产业技术研发进展

4.1　海水鱼遗传改良技术

2017年，国内海水鱼遗传改良的研究主要集中在良种培育。在选择育种方面，开展了海鲈、卵形鲳鲹不同群体的遗传多样性分析，利用统计学和数量遗传学方法进行了优质、高产大菱鲆最佳杂交组合的筛选和大菱鲆生长相关性状遗传参数的评估，选育出牙鲆抗淋巴囊肿新品种并进入中试阶段。利用分子育种技术，开展了半滑舌鳎抗病、高雌、高产家系选育，半滑舌鳎抗哈维氏弧菌（*Vibrio harveyi*）病相关的QTL精细定位研究，红鳍东方鲀生长性状及家系系谱研究。开发了高效低成本的全基因组选择育种技术，完成大黄鱼基因组测序、分子标记挖掘和育种标记筛选。利用基因组编辑技术阐明了半滑舌鳎性别决定和分化机制,实现了海水养殖鱼类基因组编辑技术的突破。开展了军曹鱼染色体组型分析、红鳍东方鲀冷休克诱导雄核发育单倍体研究,发明了牙鲆雌核发育四倍体诱导技术,为海水鱼多倍体育种奠定了基础。在杂交育种方面,开展了多项石斑鱼杂交组合育种实验,培育出"虎龙杂交斑""云龙斑"等优良品种。

4.2　海水鱼养殖与环境控制技术

4.2.1　工厂化养殖

聚焦工厂化养殖水处理技术,改进了红鳍东方鲀工厂化养殖技术,在饲养 180 d 后可达到养殖密度 31.2 kg/m³,成活率为 95%。评估了不同养殖模式下大黄鱼的营养成分,结果表明,工厂化养殖模式可以生产出肉质营养结构和风味优于传统网箱养殖的大黄鱼。

4.2.2　网箱、围栏养殖

研发出可替代传统木质港湾渔排的绿色环保新型网箱,每个新型网箱相当于 60~80 个传统木质网箱,在养殖水体相同的条件下,可大幅减少网箱布设数量,减轻近海环境压力。设计建造大型生态养殖围栏,养殖水体达 15.7 万立方米,配套 2 个大型、6 个小型海洋牧场多功能平台,具备规模化立体养殖功能。

4.2.3　深远海养殖

完成 1 艘 3 000 吨级养殖工船改装并投入黄海冷水团养殖,进行了 20 万吨级和 8 万吨级的养殖工船船舱改装设计。国内首次在南沙美济礁建造浮绳式围网和金属网箱,并开展了黄鳍金枪鱼、尖吻鲈、鳃棘鲈等养殖试验和示范。此外,设计养殖水体达 5 万~15 万立方米的升降式、半潜式、单桩式等大型深远海养殖装备,相继在山东日照、长岛,福建宁德,广东珠海等地开工建造。

4.2.4　池塘养殖

开发了分隔式循环水池塘养殖系统,由 20% 水面的肉食性和 80% 水面的滤杂食性鱼类养殖区构成,配置过水堰、螺旋桨式和水车式推流装置、集污和吸污装置等养殖系统设施和装备,可实现养殖水体日交换量达 50%,解决了池塘养殖净化能力不足和排污效果差等问题。

4.2.5　养殖装备

完成了小型化旋转式鱼类分级机的样机试制,研发并示范推广了导轨式自动投饲系统,该系统通过了国家渔业机械仪器质量监督检验中心的质量和性能检测。

4.3　海水鱼疾病防控技术

4.3.1　免疫防御机制

主要研究了石斑鱼免疫基因的抗病毒病功能机制,以及神经坏死病毒与细胞的相互作用,探究了卵形鲳鲹和篮子鱼抗寄生虫感染的免疫机制,建立了刺激隐核虫抗原基因筛选和四膜虫的基因表达体系,查明了在正常和环境胁迫状态下的海水鱼生理生化指标,建立了疾病检测方法和检测标准。

4.3.2 疾病防治

基于全基因组测序技术设计了大菱鲆杀鱼爱德华氏菌(*Edwardsiella piscicida*)病的新疫苗。针对石斑鱼虹彩病毒,制备了灭活疫苗和亚单位疫苗。申报通过了大菱鲆鳗弧菌基因工程活疫苗并拓展到红鳍东方鲀中,完成了初步临床前实验评价。示范并推广了我国首例大菱鲆腹水病弱毒活疫苗。开发了刺激隐核虫幼虫灭活疫苗,初步建立了亚单位虫疫苗技术体系。

4.4 海水鱼营养与饲料技术

2017年,国内海水鱼营养学研究主要集中于营养素需求、水产饲料新蛋白源开发、功能性添加剂研发等3个方面,与国际海水鱼营养与饲料研究相似。但是,我国海水鱼营养研究的重点还主要集中于营养素需求研究上。我国海水鱼主养品种营养素需求框架基本建立,但不同养殖模式、不同养殖阶段、不同生理条件下的特异性营养需求研究比较零散。在新蛋白源开发方面,部分研究已经成功开发出鲆鲽类、海鲈等饲料中高比率鱼类的新型替代蛋白源,达到国际领先水平。但部分养殖品种仍然存在配合饲料普及率较低、相关基础营养学参数不够完善等问题。

4.5 海水鱼产品质量安全控制与加工技术

4.5.1 质量安全控制

国内研究了渔药残留、重金属、持续性环境污染物等危害因子,研究其在水产品全链条中的迁移转化规律、消减消除方法和安全控制技术。研究开发了适应于养殖现场的前处理方法,实现了药物残留的现场快速检测。

4.5.2 鱼品加工

国内研究主要集中于新产品、新技术和新工艺的开发,如开发即食调味河鲀鱼片、新型调味大菱鲆鱼片等产品,研究金鲳鱼内脏提取酸性蛋白酶和脂肪酶技术、碱法提取大黄鱼鱼卵蛋白技术等。

4.5.3 保鲜与贮运

研究了水产品物流过程品质劣变规律,提出了新型冰保鲜技术,集成多项保鲜贮运技术,显著延长货架期。探索了鱼类低温无水保活过程的应激反应,揭示低温无水保活机制,提出了鱼类无水保活工艺及商品化销售的装置。

2017年度主产区海水鱼产业运行分析

产业经济岗位

1 引言

为便于业界、管理部门、科研单位等有关部门及人员掌握2017年海水鱼产业经济运行情况,以国家海水鱼产业技术体系各综合试验站跟踪示范区县调查数据为基础,以产业经济岗位团队的调研数据为补充,撰写本报告。报告中所指的跟踪调查区县包括天津、河北、辽宁、江苏、浙江、福建、山东、广东、广西、海南等地区95个示范区县,收回有效问卷82份,其中天津3份,河北7份,辽宁17份,江苏4份,浙江3份,福建8份,山东24份,广东6份,广西5份,海南5份。2017年第一、二季度数据分析以鲆鲽类为主,海水鱼数据主要以2017年全年数据进行分析。除特别说明外,各指标的数据均包括上述地区,微观层面的数据来自对养殖者的跟踪调查。综合调查数据的有效性,报告所用数据未包含海水鱼体系示范区县中的江门市(2018年才开始养殖)、启东市(科研院所的小规模的试验养殖基地)、宁河区、乐东黎族自治县、儋州市、三亚市、文昌市及三沙市等地的数据。望有关各方在查阅报告时,请注意调查区域变动等因素带来的影响。

体系各综合试验站及相关各方在数据采集中给予了大力帮助和支持,在此一并致以诚挚的谢意!

2 2017年跟踪示范区县海水鱼养殖面积分布情况

2.1 不同养殖模式养殖面积分布情况

根据跟踪调查数据,分析得出2017年我国示范区县海水鱼类各养殖模式的养殖面积变动情况。

(1)海水鱼工厂化养殖仍以鲆鲽类为主,且主要集中在辽宁、山东和河北等地;普通网箱养殖以大黄鱼为主,主要集中在福建;深水网箱养殖以卵形鲳鲹为主,主要集中在海南;围网主要养殖牙鲆和大黄鱼,分布在辽宁和福建;普通池塘养殖主要分布在辽宁;工程化池塘养殖主要分布在海南。

(2)近两年,鲆鲽类工厂化养殖面积总体持续下降,其中大菱鲆工厂化养殖面积下降明显,半滑舌鳎工厂化养殖面积则呈现上升趋势。网箱养殖面积波动较为明显,主养大菱鲆和牙鲆。池塘养殖面积呈现季节性波动趋势,主要养殖牙鲆和少量半滑舌鳎。

（3）不同养殖模式有明显的养殖品种偏向:工厂化养殖以大菱鲆为主,占比为75%;池塘养殖相对较为广泛,以海鲈鱼为主;普通网箱养殖主要养殖大黄鱼,占比接近50%;深水网箱主要养殖卵形鲳鲹,占比为79%。

2.1.1 工厂化养殖仍以鲆鲽类为主,长期看养殖面积呈下降趋势

跟踪数据显示,2017年度海水鱼工厂化养殖仍以鲆鲽类为主,其中大菱鲆工厂化养殖面积占比最高,为76%。根据季度跟踪数据,2015年第一季度至2017年第二季度,跟踪示范区县鲆鲽类工厂化养殖面积总体持续下降,其中大菱鲆工厂化养殖面积下降明显,半滑舌鳎工厂化养殖面积则呈现上升趋势,如图1所示。2017年第一季度鲆鲽类工厂化养殖面积为670万平方米,第二季度为660万平方米,下降约0.70%;同比2016年,鲆鲽类工厂化养殖面积第一季度增长4.94%,第二季度增长1.47%。

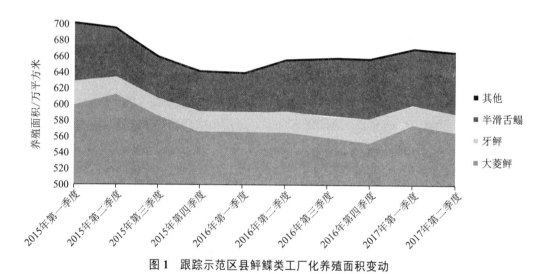

图1 跟踪示范区县鲆鲽类工厂化养殖面积变动

2.1.2 辽宁、山东和河北海水工厂化养殖集聚比较明显

2017年度各示范区县海水工厂化养殖总面积为760万平方米,其中循环水养殖面积为45万平方米,主要分布辽宁、山东、河北等地,如图2所示,三省工厂化养殖面积分别占总养殖面积的39%、34%和20%,其他各省工厂化养殖面积占比总和低于10%。根据图3和图4可知:工厂化流水养殖以辽宁和山东为主,分别占总流水式养殖总面积的40%和35%,其次是河北,占总流水养殖总面积的18%;工厂化循环水养殖以河北为主,占循环水养殖总面积的51%,其次是辽宁、山东和天津,分别占总循环水养殖面积的16%、15%和14%。

2.1.3 鲆鲽类网箱养殖面积波动较为明显

2015年第一季度至2017年第二季度,跟踪示范区县鲆鲽类网箱养殖面积波动较大,如

图 5 所示,网箱养殖主要是以牙鲆和大菱鲆为主。其中,2017 年第一季度鲆鲽类网箱养殖面积为 20 万平方米,第二季度为 15 万平方米,下降约 24.02%;同比 2016 年,鲆鲽类网箱养殖面积第一季度增长 6.26%,第二季度下降 42.88%。

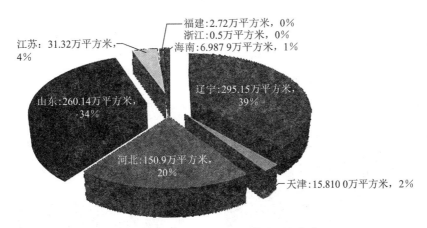

图 2　跟踪示范区县工厂化养殖面积分布

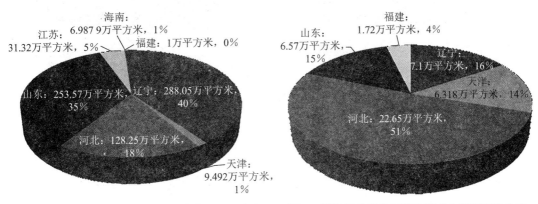

图 3　跟踪示范区县工厂化流水式养殖面积分布　　图 4　跟踪示范区县工厂化循环水养殖面积分布

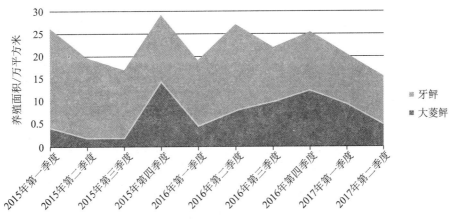

图 5　跟踪示范区县鲆鲽类网箱养殖面积变动

2.1.4　普通网箱、深水网箱及围网养殖分别集中在福建、海南和辽宁

2017年度，各示范区县普通网箱养殖面积为 1 400 万平方米，如图6所示，主要集中在福建地区，普通网箱养殖面积占比为 86%，海南、辽宁、广东、广西以及山东等地养殖总面积比为 14%。深水网箱养殖面积为 740 万平方米，如图7所示，主要集中在海南、广西、辽宁等地，分别占总面积的 51%、28% 和 15%。2017年示范区县围网养殖面积为 90 万平方米，分布在辽宁和福建，占比分别为 74% 和 26%。

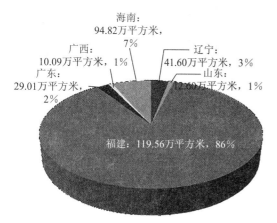

图6　跟踪示范区县普通网箱养殖面积分布

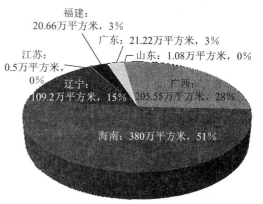

图7　跟踪示范区县深水网箱养殖面积分布

2.1.5　鲆鲽类池塘养殖面积呈现季节性波动

2015年第一季度至2017年第二季度，跟踪示范区县鲆鲽类池塘养殖面积呈现季节性波动趋势，主要养殖牙鲆和少量半滑舌鳎，如图8所示。其中，2017年第一季度鲆鲽类（牙鲆，无半滑舌鳎或其他鲆鲽鱼类）池塘养殖面积为 400 亩[①]，第二季度为 5 400 亩，环比增长超过10倍；同比，鲆鲽类池塘养殖面积第一季度下降 84.62%，第二季度上涨 17.39%。

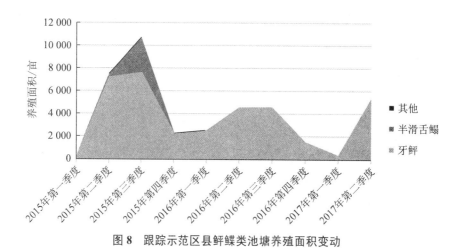

图8　跟踪示范区县鲆鲽类池塘养殖面积变动

---

① 亩为非法定单位，考虑到生产实际，本书予以保留。1 亩 ≈ 666.7 m²。

2.1.6 池塘养殖主要集中在辽宁,工程化池塘养殖主要分布在广东

2017 年度各示范区县池塘养殖总面积约为 26 万亩,主要分布在辽宁,占池塘养殖总面积的 49%,如图 9 所示,其次是福建、广东,分别占总面积的 21%、15%。池塘养殖仍以普通池塘养殖为主,集中在辽宁,占总普通池塘养殖面积的 50%,其次是福建、广东、海南,分别占普通池塘养殖总面积的 20%、15%、8%(图 10);工程化池塘养殖总面积约为 3 600 亩,主要分布在广东,占总工程化池塘养殖总面积的 64%,其次是海南、江苏和山东,占比分别为 17%、11% 和 8%(图 11)。

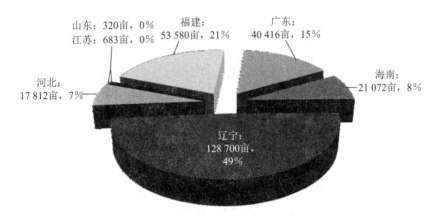

图 9 跟踪示范区县池塘养殖面积分布

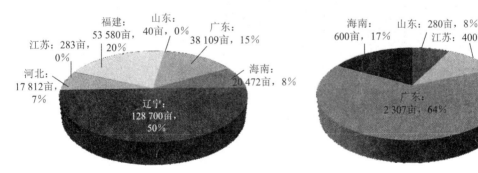

图 10 跟踪示范区县普通池塘养殖面积分布   图 11 跟踪示范区县工程化池塘养殖面积分布

2.1.7 不同养殖品种养殖模式各异

如图 12 所示,2017 年度示范区县工厂化养殖主要以大菱鲆为主,占比为 75%,其次是半滑舌鳎和牙鲆,分别占工厂化养殖总面积的 14% 和 7%,其他品种包括石斑鱼、河鲀等,各占 2%。

池塘养殖的海水鱼主要有海鲈鱼、河鲀、牙鲆以及石斑鱼,分别占池塘养殖总面积的 35%、29%、21% 和 11%,其他海水鱼的池塘养殖面积占比则低于 5%。

普通网箱主要养殖大黄鱼、石斑鱼和海鲈鱼等,如图 14 所示,分别占总养殖面积的 47%、18% 和 12%,普通网箱养殖的海水鱼品种还包含少量河鲀、军曹鱼、卵形鲳鲹以及牙鲆

等。深水网箱养殖以卵形鲳鲹为主,占总面积的 79％,如图 15 所示,此外,深水网箱还养殖河鲀、海鲈鱼等海水鱼品种。

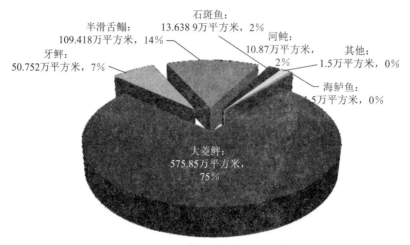

图 12　跟踪示范区县工厂化养殖面积品种分布

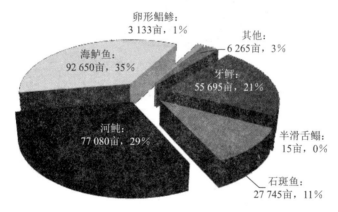

图 13　跟踪示范区县池塘养殖面积品种分布

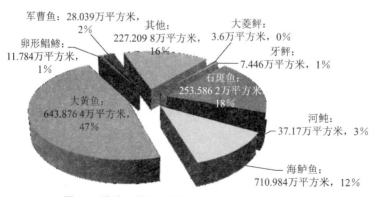

图 14　跟踪示范区县普通网箱养殖面积品种分布

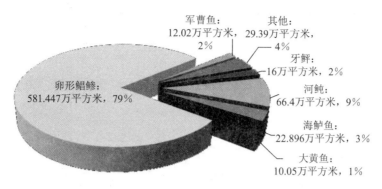

军曹鱼：
12.02万平方米，
2%

其他：
29.39万平方米，
4%

牙鲆：
16万平方米，2%

河鲀：
66.4万平方米，9%

卵形鲳鲹：
581.447万平方米，79%

海鲈鱼：
22.896万平方米，3%

大黄鱼：
10.05万平方米，1%

图15　跟踪示范区县深水网箱养殖面积品种分布

2.2　各品种工厂化养殖面积地区分布

自原鲆鲽类产业技术体系扩展为海水鱼产业技术体系，跟踪调查区域增加，海水鱼品种增加，不同品种工厂化养殖面积的区域分布见表1。大菱鲆主要分布在辽宁、山东、河北等地，分别占养殖总面积的49.53%、32.53%、11.27%；牙鲆主要分布在河北、山东等地，分别占养殖总面积的62.95%、30.84%；半滑舌鳎主要分布在山东、河北等地，分别占养殖总面积的49.05%、43.45%；石斑鱼主要分布在海南、山东及福建等地，分别占总养殖面积的49.27%、21.15%、18.33%；河鲀工厂化养殖主要分布在河北、辽宁地区，分别占总养殖面积的50.60%和40.02%；海鲈鱼工厂化养殖主要在辽宁地区。调查统计地区没有工厂化养殖大黄鱼、卵形鲳鲹和军曹鱼。其他海水鱼品种工厂化养殖主要分布在辽宁、山东等地。

2.3　各品种网箱养殖面积分布

2.3.1　普通网箱养殖面积分布

不同品种普通网箱养殖面积的区域分布见表2。大菱鲆和牙鲆主要分布在山东和辽宁；半滑舌鳎则没有普通网箱养殖模式；石斑鱼主要分布在福建、海南等地，占养殖总面积的62.43%和32.27%；河鲀普通网箱养殖主要分布在辽宁地区，占养殖总面积的比例达到95.64%，另外，山东普通网箱养殖河鲀的面积占养殖总面积的4.04%，福建有少量河鲀普通网箱养殖；海鲈鱼主要分布在福建等地，占养殖总面积的92.37%；大黄鱼集中分布在福建地区，占养殖总面积的98.17%，其余分布在浙江和广东；卵形鲳鲹的普通网箱养殖主要分布在广东和广西，分别占养殖总面积的60.54%和39.46%；军曹鱼普通网箱养殖主要分布在福建和海南，分别占52.81%和46.36%；其他海水鱼品种普通网箱养殖主要分布在福建等地。

2.3.2　深水网箱养殖面积分布

不同品种深水网箱养殖面积的区域分布见表3，主要分布在辽宁、浙江、广西等地。其中，鲆鲽类仅有牙鲆有深水网箱养殖16万平方米，且全部分布在辽宁地区；辽宁还有66万平方

表1 2017年跟踪示范区县各品种工厂化养殖面积分布

	大菱鲆 养殖面积/m²	占总养殖面积的比例(%)	牙鲆 养殖面积/m²	占总养殖面积的比例(%)	半滑舌鳎 养殖面积/m²	占总养殖面积的比例(%)	石斑鱼 养殖面积/m²	占总养殖面积的比例(%)	河鲀 养殖面积/m²	占总养殖面积的比例(%)	海鲈鱼 养殖面积/m²	占总养殖面积的比例(%)	大黄鱼 养殖面积/m²	占总养殖面积的比例(%)	卵形鲳鲹 养殖面积/m²	占总养殖面积的比例(%)	军曹鱼 养殖面积/m²	占总养殖面积的比例(%)	其他 养殖面积/m²	占总养殖面积的比例(%)
辽宁	2 852 000	49.53	27 000	5.32	0	0.00	0	0.00	43 500	40.02	15 000	100.00	0	0.00	0	0.00	0	0.00	14 000	93.33
天津	74 300	1.29	4 520	0.89	75 780	6.93	500	0.35	3 000	2.76	0	0.00	0	0.00	0	0.00	0	0.00	0	0.00
河北	649 000	11.27	319 500	62.95	475 500	43.45	10 000	7.05	55 000	50.60	0	0.00	0	0.00	0	0.00	0	0.00	0	0.00
山东	1 873 200	32.53	156 500	30.84	536 700	49.05	30 000	21.15	4 000	3.68	0	0.00	0	0.00	0	0.00	0	0.00	1 000	6.67
江苏	310 000	5.38	0	0.00	0	0.00	0	0.00	3200	2.94	0	0.00	0	0.00	0	0.00	0	0.00	0	0.00
浙江	0	0.00	0	0.00	5 000	0.46	5 456	3.85	0	0.00	0	0.00	0	0.00	0	0.00	0	0.00	0	0.00
福建	0	0.00	0	0.00	1 200	0.11	26 000	18.33	0	0.00	0	0.00	0	0.00	0	0.00	0	0.00	0	0.00
广东	0	0.00	0	0.00	0	0.00	0	0.00	0	0.00	0	0.00	0	0.00	0	0.00	0	0.00	0	0.00
广西	0	0.00	0	0.00	0	0.00	0	0.00	0	0.00	0	0.00	0	0.00	0	0.00	0	0.00	0	0.00
海南	0	0.00	0	0.00	0	0.00	69 879	49.27	0	0.00	0	0.00	0	0.00	0	0.00	0	0.00	0	0.00
合计	5 758 500	100.00	507 520	100.00	1 094 180	100.00	141 835	100.00	108 700	100.00	15 000	100.00	0	0.00	0	0.00	0	0.00	15 000	100.00

表2　2017年跟踪示范区县各品种普通网箱养殖面积分布

	大菱鲆		牙鲆		半滑舌鳎		石斑鱼		河鲀		海鲈鱼		大黄鱼		卵形鲳鲹		军曹鱼		其他	
	养殖面积/m²	占总养殖面积的比例(%)	养殖面积/m²	占总养殖面积的比例(%)	养殖面积/m²	占总养殖面积的比例(%)	养殖面积/m²	占总养殖面积的比例(%)	养殖面积/m²	占总养殖面积的比例(%)	养殖面积/m²	占总养殖面积的比例(%)	养殖面积/m²	占总养殖面积的比例(%)	养殖面积/m²	占总养殖面积的比例(%)	养殖面积/m²	占总养殖面积的比例(%)	养殖面积/m²	占总养殖面积的比例(%)
辽宁	20 000	55.56	22 960	30.84	0	0.00	0	0.00	355 500	95.64	14 000	0.79	0	0.00	0	0.00	0	0.00	3 500	0.15
天津	0	0.00	0	0.00	0	0.00	0	0.00	0	0.00	0	0.00	0	0.00	0	0.00	0	0.00	0	0.00
河北	0	0.00	0	0.00	0	0.00	0	0.00	0	0.00	0	0.00	0	0.00	0	0.00	0	0.00	0	0.00
山东	16 000	44.44	50 000	67.15	0	0.00	10 000	0.39	15 000	4.04	10 000	0.56	0	0.00	0	0.00	0	0.00	25 000	1.05
江苏	0	0.00	0	0.00	0	0.00	0	0.00	0	0.00	0	0.00	0	0.00	0	0.00	0	0.00	0	0.00
浙江	0	0.00	0	0.00	0	0.00	0	0.00	0	0.00	72 981	4.09	105 634	1.62	0	0.00	0	0.00	97 782	4.13
福建	0	0.00	1 500	2.01	0	0.00	1 583 100	62.43	1 200	0.32	1 646 780	92.37	6 424 914	98.17	0	0.00	148 070	52.81	2 150 218	90.73
广东	0	0.00	0	0.00	0	0.00	104 562	4.12	0	0.00	30 660	1.72	13 850	0.21	71 340	60.54	2 320	0.83	67 380	2.84
广西	0	0.00	0	0.00	0	0.00	20 000	0.79	0	0.00	8 400	0.47	0	0.00	46 500	39.46	0	0.00	26 000	1.10
海南	0	0.00	0	0.00	0	0.00	818 200	32.27	0	0.00	0	0.00	0	0.00	0	0.00	130 000	46.36	0	0.00
合计	36 000	100.00	74 460	100.00	0	0.00	2 535 862	100.00	371 700	100.00	1 782 821	100.00	6 544 398	100.00	117 840	100.00	280 390	100.00	2 369 880	100.00

表 3 2017年跟踪示范区县各品种深水网箱养殖面积分布

	大菱鲆		牙鲆		半滑舌鳎		石斑鱼		河鲀		海鲈鱼		大黄鱼		卵形鲳鲹		军曹鱼		其他	
	养殖面积/m²	占总养殖面积的比例(%)	养殖面积/m²	占总养殖面积的比例(%)	养殖面积/m²	占总养殖面积的比例(%)	养殖面积/m²	占总养殖面积的比例(%)	养殖面积/m²	占总养殖面积的比例(%)	养殖面积/m²	占总养殖面积的比例(%)	养殖面积/m²	占总养殖面积的比例(%)	养殖面积/m²	占总养殖面积的比例(%)	养殖面积/m²	占总养殖面积的比例(%)	养殖面积/m²	占总养殖面积的比例(%)
辽宁	0	0.00	160 000	100.00	0	0.00	0	0.00	664 000	100.00	160 000	69.88	0	0.00	0	0.00	0	0.00	108 000	36.74
天津	0	0.00	0	0.00	0	0.00	0	0.00	0	0.00	0	0.00	0	0.00	0	0.00	0	0.00	0	0.00
河北	0	0.00	0	0.00	0	0.00	0	0.00	0	0.00	0	0.00	0	0.00	0	0.00	0	0.00	0	0.00
山东	0	0.00	0	0.00	0	0.00	0	0.00	0	0.00	0	0.00	0	0.00	0	0.00	0	0.00	10 800	3.67
江苏	0	0.00	0	0.00	0	0.00	0	0.00	0	0.00	0	0.00	5 000	0.56	0	0.00	0	0.00	0	0.00
浙江	0	0.00	0	0.00	0	0.00	0	0.00	0	0.00	0	0.00	791 867	88.74	0	0.00	0	0.00	0	0.00
福建	0	0.00	0	0.00	0	0.00	0	0.00	0	0.00	64 960	28.37	93 100	10.43	0	0.00	9 800	8.16	38 700	13.17
广东	0	0.00	0	0.00	0	0.00	0	0.00	0	0.00	4 000	1.75	2 400	0.27	159 000	2.74	10 400	8.65	36 400	12.39
广西	0	0.00	0	0.00	0	0.00	0	0.00	0	0.00	0	0.00	0	0.00	2 055 470	35.35	0	0.00	0	0.00
海南	0	0.00	0	0.00	0	0.00	0	0.00	0	0.00	0	0.00	0	0.00	3 600 000	61.91	100 000	83.19	100 000	34.03
合计	0	0.00	160 000	100.00	0	0.00	0	0.00	664 000	100.00	228 960	100.00	892 367	100.00	5 814 470	100.00	120 200	100.00	293 900	100.00

表4 2017年跟踪示范区各县各品种普通池塘养殖面积分布

省份	大菱鲆 养殖面积/m²	大菱鲆 占总养殖面积的比例(%)	牙鲆 养殖面积/m²	牙鲆 占总养殖面积的比例(%)	半滑舌鳎 养殖面积/m²	半滑舌鳎 占总养殖面积的比例(%)	石斑鱼 养殖面积(m²)	石斑鱼 占总养殖面积的比例(%)	河鲀 养殖面积/m²	河鲀 占总养殖面积的比例(%)	海鲈鱼 养殖面积/m²	海鲈鱼 占总养殖面积的比例(%)	大黄鱼 养殖面积/m²	大黄鱼 占总养殖面积的比例(%)	卵形鲳鲹 养殖面积/m²	卵形鲳鲹 占总养殖面积的比例(%)	军曹鱼 养殖面积/m²	军曹鱼 占总养殖面积的比例(%)	其他 养殖面积/m²	其他 占总养殖面积的比例(%)
辽宁	0	0.00	55 400	99.47	0	0.00	0	0.00	8 800	10.96	64500	69.62	0	0.00	0	0.00	0	0.00	0	0
天津	0	0.00	0	0.00	0	0.00	0	0.00	0	0.00	0	0.00	0	0.00	0	0.00	0	0.00	0	0
河北	0	0.00	0	0.00	0	0.00	0	0.00	17 812	22.19	0	0.00	0	0.00	0	0.00	0	0.00	0	0
山东	0	0.00	295	0.53	15	100.00	0	0.00	0	0.00	0	0.00	0	0.00	0	0.00	0	0.00	10	0.16
江苏	0	0.00	0	0.00	0	0.00	15	0.06	3 668	4.57	0	0.00	0	0.00	0	0.00	0	0.00	200	3.19
浙江	0	0.00	0	0.00	0	0.00	0	0.00	0	0.00	380	0.41	80	100.00	0	0.00	0	0.00	0	0
福建	0	0.00	0	0.00	0	0.00	3 000	10.81	50 000	62.28	27 770	29.97	0	0.00	0	0.00	0	0.00	200	3.19
广东	0	0.00	0	0.00	0	0.00	3 658	13.18	0	0.00	0	0.00	0	0.00	3 133	100.00	0	0.00	5 855	93.46
广西	0	0.00	0	0.00	0	0.00	0	0.00	0	0.00	0	0.00	0	0.00	0	0.00	0	0.00	0	0
海南	0	0.00	0	0.00	0	0.00	21 072	75.95	0	0.00	0	0.00	0	0.00	0	0.00	0	0.00	0	0
合计	0	0.00	55 695	100.00	15	100.00	27 745	100.00	80 280	100.00	92 650	100.00	80	100.00	3 133	100.00	0	0.00	6265	100.00

米河鲀养殖;海鲈鱼的深水网箱养殖同样以辽宁为主,占比接近70%,28%分布在福建;深水养殖大黄鱼主要集中在浙江和福建,占比分别为88.74%及10.43%;卵形鲳鲹主要分布在海南和广西地区,占比分别为61.91%和35.35%;军曹鱼主要分布在海南,占比为83.19%,还有部分分布在广东和福建,分别占比8.65%和8.15%;根据目前调查数据,石斑鱼尚无深水网箱养殖;其他海水鱼品种深水网箱养殖在辽宁、海南、福建、广东、山东等地均有分布。

2.3.3 围网养殖面积分布

自原鲆鲽类产业技术体系扩展为海水鱼产业技术体系,跟踪调查区域增加,海水鱼品种增加,养殖模式统计新增围网。根据2017年度跟踪示范区县数据反馈,目前围网主要在辽宁养殖牙鲆67万平方米,以及浙江和福建养殖大黄鱼124万平方米,且主要分布在浙江,占比81.22%。

2.4 各品种池塘养殖面积分布情况

自原鲆鲽类产业技术体系扩展为海水鱼产业技术体系,跟踪调查区域增加,海水鱼品种增加,池塘养殖模式除了之前统计的普通池塘养殖外,新增了工程化池塘养殖,而工程化池塘养殖主要分布在广东、海南、江苏等地,养殖品种分别是石斑鱼和卵形鲳鲹。其他品种仍以普通池塘养殖为主。不同品种普通池塘养殖面积的区域分布见表4。大菱鲆无池塘养殖;牙鲆池塘养殖主要分布在辽宁,养殖比例达到99.47%,还有部分分布在山东;半滑舌鳎的池塘养殖面积较少,且主要分布在山东,养殖面积为15亩;石斑鱼池塘养殖主要分布在海南,占比75.95%,还有部分分布在广东、福建等地;河鲀池塘养殖主要分布在福建、河北、辽宁和江苏,分别占比62.28%、22.19%、10.96%及4.57%;海鲈鱼主要分布在辽宁和广东等地,养殖比例分别为69.62%和29.97%;大黄鱼主要在浙江有80亩养殖面积;卵形鲳鲹池塘养殖主要分布在广东地区,养殖面积为3 133亩;军曹鱼无池塘养殖;其他海水鱼池塘养殖主要分布在广东,养殖面积占比为93.46%。

3 2017年跟踪调查区域成鱼养殖存量情况

2016年至2017年第二季度,大菱鲆各养殖模式季末总存量环比不断上升,环比涨幅为0.09%和6.78%。同比呈减少趋势,其中变动幅度分别为-20.10%、-18.08%。2017年度末的总存量为2.6万吨。半滑舌鳎各养殖模式季末总存量环比先下降后上升,环比变动幅度为-2.60%和43.88%。同比呈增长趋势,其中增长幅度分别为52.27%、60.21%。牙鲆各养殖模式季末总存量环比先下降后上升,环比变动幅度为-30.98%和60.53%。同比,第一季度呈减少趋势,第二季度则呈增长趋势,其中变动幅度分别为-20.40%、13.90%。2017年年末,大菱鲆、半滑舌鳎及牙鲆的总存量分别为2.6万吨、1.1万吨和0.3万吨。

2017年年末不同海水鱼养殖存量分布情况见图16:其中海鲈鱼的养殖存量最多,占总海水鱼年末库存量的36%;其次是大黄鱼,占总存量的23%,然后是大菱鲆、石斑鱼、半滑舌鳎、卵形鲳鲹等,分别占总存量的13%、5%、5%和4%。河鲀总存量为2 310.6吨,其中红鳍东方鲀总存量为983.7吨,暗纹东方鲀64.9吨,其他品种河鲀1 262吨,分别占河鲀总存量的42.57%、2.81%和54.62%。石斑鱼总存量为1.1万吨,其中,珍珠龙胆7 847吨,其他石斑鱼3 000吨左右,分别占总存量的69.6%、30.4%。

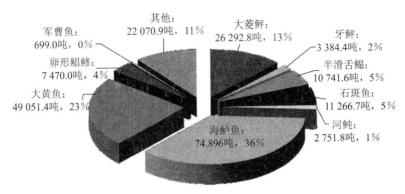

图16 2017年年末跟踪示范区县海水鱼存量分布

4 2017年跟踪示范区县海水鱼苗种产量情况

根据2017年度对跟踪示范区县海水鱼苗种生产销售数据的统计,做出如下分析(图17):2017年度苗种产量最高的为卵形鲳鲹,32 100万尾,占海水鱼苗种总产量的29%;其次是大菱鲆和河鲀,分别占总产量的21%和11%;牙鲆、半滑舌鳎、石斑鱼2017年度的产量约为7 500万尾、5 500万尾和5 600万尾,分别占总产量的7%、5%和5%。

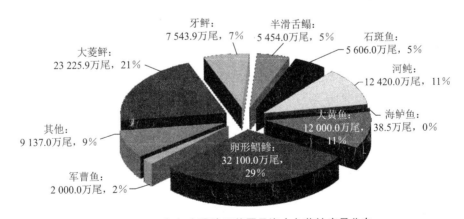

图17 2017年年末跟踪示范区县海水鱼苗钟产量分布

根据2017年度海水鱼苗种的生产情况,做出表5,可以发现:大菱鲆的销售量主要集中在山东,占比为94.15%;牙鲆主要集中在辽宁和山东,分别占比55.47%和32.02%;半滑舌鳎的产量主要集中在河北和山东,分别占比71.43%和24.89%;石斑鱼、卵形鲳鲹、军曹

表 5　2017 年度跟踪示范区县海水鱼苗种销售情况

	大菱鲆		牙鲆		半滑舌鳎		石斑鱼		河鲀		海鲈鱼		大黄鱼		卵形鲳鲹		军曹鱼		其他	
	销售量/万尾	占总销售量的比例（%）	销售量/万尾	占总销售量的比例（%）	销售量/万尾	占总销售量的比例（%）	销售量/万尾	占总销售量的比例（%）	销售量/万尾	占总销售量的比例（%）	销售量/万尾	占总销售量的比例（%）	销售量/万尾	占总销售量的比例（%）	销售量/万尾	占总销售量的比例（%）	销售量/万尾	占总销售量的比例（%）	销售量/万尾	占总销售量的比例（%）
辽宁	100	0.55	4 033	55.47	0	0.00	0	0.00	154	1.26	38.5	100.00	0	0.00	0	0.00	0	0.00	300	6.28
天津	970	5.30	230	3.16	190	3.68	50	1.00	0	0.00	0	0.00	0	0.00	0	0.00	0	0.00	0	0.00
河北	0	0.00	680	9.35	3 690	71.43	0	0.00	0	0.00	0	0.00	0	0.00	0	0.00	0	0.00	0	0.00
山东	17 215	94.15	2 328	32.02	1 286	24.89	290	5.79	120	0.98	0	0.00	0	0.00	0	0.00	0	0.00	667	13.96
江苏	0	0.00	0	0.00	0	0.00	0	0.00	9 950	81.40	0	0.00	0	0.00	0	0.00	0	0.00	0	0.00
浙江	0	0.00	0	0.00	0	0.00	0	0.00	0	0.00	0	0.00	0	0.00	0	0.00	0	0.00	0	0.00
福建	0	0.00	0	0.00	0	0.00	474	9.47	2 000	16.36	0	0.00	0	0.00	0	0.00	0	0.00	0	0.00
广东	0	0.00	0	0.00	0	0.00	0	0.00	0	0.00	0	0.00	0	0.00	2 100	6.54	0	0.00	510	10.68
广西	0	0.00	0	0.00	0	0.00	0	0.00	0	0.00	0	0.00	0	0.00	0	0.00	0	0.00	0	0.00
海南	0	0.00	0	0.00	0	0.00	4 193	83.74	0	0.00	0	0.00	0	0.00	30 000	93.46	1 500	100.00	3 300	69.08
合计	18 285	100.00	7 271	100.00	5 166	100.00	5 007	100.00	12 224	100.00	38.5	100.00	0	0.00	32 100	100.00	1 500	100.00	4 777	100.00

鱼及其他海水鱼的产量则以海南为主,占比分别为 83.74%、93.46%、100% 和 69.08%;河鲀鱼苗的产量主要集中在江苏等地,约为 9 950 万尾,占比 81.40%;海鲈鱼苗种产量不高,且主要在辽宁销售 38.5 万尾;根据追踪数据,大黄鱼则无销售记录。

5 主要养殖品种病害情况

根据示范区县的数据反馈及对海水鱼养殖基地进行实地调研,发现不同品种面临的主要养殖病害是存在差异的。

大菱鲆的病害主要有腹水病、红嘴病、纤毛虫病、肠炎、小瓜虫病、寄生虫病、红眼病以及红底病、赤皮病等;牙鲆的主要病害是腹水病和红底病,还有部分烂尾烂鳃病、线虫病、肠炎等;半滑舌鳎主要的病害有腹水病和烂尾病,以及少量的红嘴病和烂鳃病。

河鲀在养殖中常见的病害有烂尾病和寄生虫病。对河鲀进行实地调研发现:① 养殖河鲀越冬须进行转移。东方鲀是近海肉食性鱼类,性凶残,贪食,板齿坚强,噬断力强,如遇外界的刺激,会即刻做出应激反应。被捕捞时,相互接触,密度过大,彼此攻击,造成外伤。② 养殖河鲀须保证温度适宜、稳定,温度过高会引起纤毛虫寄生,过低则会引起小瓜虫寄生等病害。

对海鲈鱼调研的结果表明:海鲈鱼高密度养殖导致近几年养殖区域海洋水质环境恶化,使鱼生病的概率上升,如常见的寄生虫病(车轮虫、斜管虫等),进而要求更高的养殖成本和更为精密复杂的疾病防控技术。

在大黄鱼养殖产业迅速发展的过程中,各种病害的频繁出现严重威胁产业的健康发展,许多病害往往会给养殖户带来无法弥补的损失。属于寄生虫病的白点病以及属于病毒性疾病的白鳃病最为常见。2017 年 8 月对大黄鱼进行实地调研,19 份调研问卷中除去未填写该项的 3 份问卷,"主要常见病害"这一项全数养殖户选择了白点病,半数选择了白鳃病,其次为黄疸病、肠炎等。鱼病的高发阶段时处夏季高温时期,多为 6～9 月份。养殖户反映当下仍无有效鱼药治疗白点病与白鳃病,这两种鱼病为提高养殖效益的瓶颈。

根据调查结果,卵形鲳鲹在养殖过程中面临的重大疾病是刺激隐核虫病(海水小瓜虫病),严重暴发时会造成很大的经济损失。2016 年,对于广西铁山港来讲,金鲳鱼感染小瓜虫病是毁灭性的灾难,有专家建议养殖户对鱼进行内服虫虫草的疾病预防工作。

6 海水鱼养殖生产投入要素价格变动情况

6.1 饲料价格

6.1.1 鲆鲽类饲料

(1)固体配合饲料价格。海水鱼产业经济岗位调查数据显示,2017 年鲆鲽类养殖生产所使用的固体配合饲料升索、长兴、海康、七好的价格变动情况如图18所示：① 2017年升索饲料价格平均为15.54元/千克，与2016年同期相比，价格下跌2.88%；② 2017年长兴饲料的平均价格为16.75元/千克，2016年价格为17元/千克，价格下跌1.56%；③ 2017年海康饲料的平均价格为16.5元/千克，2016年价格为16元/千克，同比增长3.13%；④ 2017年度鲆鲽类专用饲料青岛七好的均价为16.2元/千克，2016年价格为15元/千克，同比大幅增长7.47%。

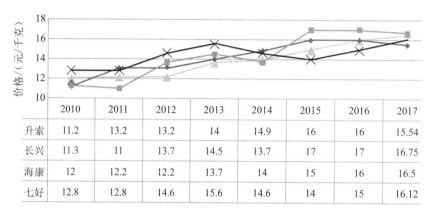

	2010	2011	2012	2013	2014	2015	2016	2017
升索	11.2	13.2	13.2	14	14.9	16	16	15.54
长兴	11.3	11	13.7	14.5	13.7	17	17	16.75
海康	12	12.2	12.2	13.7	14	15	16	16.5
七好	12.8	12.8	14.6	15.6	14.6	14	15	16.12

图18 大菱鲆饲料价格波动

根据调研数据，鲆鲽类固体配合饲料品牌还有东丸、海旗、海瑞、海童、林兼、赛格林、喜盈盈等。2017年7～9月期间，东丸的饲料价格为40元/千克，海旗价格为29元/千克，海瑞价格为28元/千克，海童价格为40元/千克，赛格林价格为30.44元/千克，喜盈盈价格为40元/千克。市场上鲆鲽类饲料增多，饲料厂商之间的竞争有利于养殖户降低成本。

根据统计，鲆鲽类养殖过程中使用固体配合饲料，大菱鲆养殖固体饲料约为13.72元/千克，牙鲆养殖固体饲料约为12.42元/千克，半滑舌鳎养殖固体饲料约为18.28元/千克。

（2）育苗饲料价格。调研对象中只有1家大菱鲆育苗企业，该企业使用升索品牌育苗用饲料，价格为36元/千克。2家牙鲆育苗企业分别使用喜盈盈和日本海童，价格均为20元/千克。半滑舌鳎育苗有2家，分别采用海童饲料和轮虫、卤幼饲料，海童育苗饲料为75元/千克，轮虫、卤幼饲料价格为70元/千克。

（3）冰鲜饲料鱼价格。2017年度养殖大菱鲆使用的冰鲜鱼价格为4.98元/千克，养殖牙鲆使用的冰鲜鱼价格为3.72元/千克。2016年度，山东玉筋鱼的平均价格为7元/千克，辽宁皮条鱼、天津皮条鱼、河北皮条鱼的平均价格为6元/千克。数据显示，冰鲜鱼价格下降。

6.1.2 河鲀饲料

河鲀养殖过程中采用配合饲料和鲜杂鱼饵料相结合。配合饲料品牌有升索，饲料价格为14元/千克；鲜杂鱼饲料有玉筋鱼、面条鱼等，大连1家企业投喂玉筋鱼，价格为6元/千克，其他养殖企业投喂鲜杂小鱼，价格为3.26元/千克。

6.1.3 海鲈鱼饲料

调研主要基于福建福鼎和广东斗门地区,调研发现两地海鲈鱼饲料差别较大:福鼎采用网箱养殖,主要以鲜活饵料为主,颗粒饲料仅在禁渔期作为补充使用;斗门地区采用池塘养殖,投喂配合颗粒饲料。固体配合饲料品牌有海马、海为、粤海、通威、天马、海大等,饲料成本在9～10元/千克,饵料系数浮动在1.3～2.3之间。网箱养殖采用的饲料主要依赖于冰鲜小杂鱼,冰鲜杂鱼成本一般为1.5～2.2元/斤,饵料系数在7～8之间。

6.1.4 卵形鲳鲹饲料

卵形鲳鲹养殖过程中均使用配合饲料,没有使用鲜杂鱼饲料。常见的饲料品牌为福建健马、天马(天马与健马是一家公司下的2个品牌)、恒兴珊瑚、海大、明辉、国联、粤海等。饲料价格约为8 000元/吨,每千克饲料价格约为8元,其中健马饲料的饵料系数约为2.2,恒兴珊瑚的饵料系数为2.4。

6.1.5 大黄鱼饲料

大黄鱼食用的饲料一般以冰鲜鱼和配合饲料为主。冰鲜鱼经加工后投喂,一般用绞肉机将冰鲜鱼切成适口大小的块状,或是把冰鲜鱼绞成肉糜,并拌成黏性强的团状饲料,用手挤压成大小不同的块状物,投入网箱中。配合饲料含有丰富的营养元素,多为粉质颗粒状形态,可直接投喂。

(1)固定配合饲料。养殖户普遍使用的配合饲料品牌有海马、侬好、七好、天邦、健马、海大、鸿利、明辉、海中龙等,饲料市场呈垄断竞争的市场结构,饲料价格一般在0.9万～1.3万元/吨。其中,健马饲料约为10元/千克,侬好饲料约为12.4元/千克,海中龙饲料约为11.5元/千克。

(2)冰鲜杂鱼饲料。大黄鱼冰鲜鱼饲料的价格在2.4～4元/千克之间,禁渔期时冰鲜饲料的价格要高一些。为了鼓励养殖户更多采用配合饲料,浙江省对使用配合饲料有补贴,但具体的补贴方法和补贴总额没有统一标准,各地差异比较大。目前大黄鱼养殖产量最多的福建省宁德地区没有饲料补贴。

6.2 鱼苗价格

(1)大菱鲆苗种价格:调研数据表明,2017年,调查区域大菱鲆苗种价格在0.8～2.6元/尾之间波动,其销售均价为1.90元/尾,高于2016年销售均价,同比涨幅为36.84%(图19)。

(2)牙鲆苗种价格:2017年,调查区域牙鲆苗种销售价格在0.35～2元/尾之间波动,均价为1.1元/尾。同比呈下降趋势,降幅为10%。

(3)半滑舌鳎苗种价格:2017年,调研区域半滑舌鳎苗种销售价格在1～3元/尾之间波动,销售均价为1.61元/尾。同比波动不大。

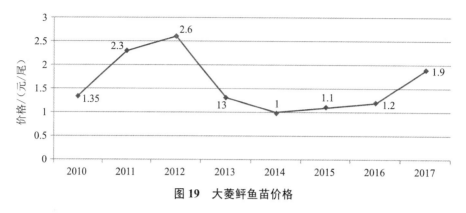

图 19　大菱鲆鱼苗价格

（4）河鲀鱼苗种价格：2017 年，调查区域暗纹东方鲀苗种销售价格 1.5 元/尾左右，成活率达到 80%；红鳍东方鲀苗种销售价格在 0.75~20 元/尾之间不等，主要区别在于苗种规格不同，成活率在 70%~95%，平均成活率达到 87%。

（5）海鲈鱼苗种价格：2017 年，调查区域海鲈鱼苗种销售价格在 0.15~0.8 元/尾之间波动，均价为 0.383 元/尾。鱼苗成活率在 50%~90% 之间，平均成活率为 69.23%。

（6）卵形鲳鲹苗种价格：2017 年，调查区域卵形鲳鲹鱼苗种销售价格在 0.5 元/尾（3 厘米）左右波动（3 月底 4 月初的鱼苗最贵，随后价格下降，均价为 0.5 元/尾），鱼苗的成活率为 85%~90%。其中广西卵形鲳鲹鱼苗多在海南购买，采用合作鱼苗、整池购买形式。

（7）大黄鱼苗种价格：苗种价格普遍在 0.1~0.15 元/尾之间波动，苗种存活率在 40%~50% 之间的养殖户占 52%，存活率在 30% 及以下的占 23%，存活率大于 70% 的占 15%。大黄鱼养殖户投放春苗时间一般在 2~5 月份，投放秋苗在 9~11 月份。近 75% 的养殖户只投放 1 次春苗，其余养殖户投放 2 次苗种。仅投 1 次苗种的养殖户在春季投放所有苗种，投放 2 次苗种的养殖户一般在春季投入较多苗种，秋季投苗量相对较少。

6.3　劳动力价格

养殖户的一般固定雇佣劳动力每人每月工资（基本工资 + 生活补贴等）为 2 500~6 000 元，各企业固定劳动力人员差别较大，1~265 人不等。管理人员工资为 3 000~10 000 元/月，均值为 5 188 元/月，各企业管理人数差别较大，在 1~50 人之间。技术人员工资为 4 500~8 000 元/月，均值为 5 750 元/月。

三成的养殖户会雇佣临时员工，人数为 4~8 人不等，雇佣时间以天计算，工资水平较为平稳，每人每天 100~300 元。养殖户表示，常常在需求劳动力的季度雇不到工人，给予工人的工资正在逐年上升，并且有养殖经验的固定雇佣工年龄普遍为 40 岁以上，青壮年少，临时性雇工在养殖相关知识上较匮乏。

6.4　电费价格

调查数据表明，2017 电费价格为 0.45~1 元/度，平均电价为 0.69 元/度，电价中值为

0.625元/度。但值得注意的是,电费价格地区差异较大,天津电费均价为0.87元/度,河北均价为0.65元/度,辽宁均价为0.67元/度,山东均价为0.60元/度。绝大多数地区养殖生产者的电价在0.5～0.65元/度之间,但少数几个地区因借用别人电压器等原因,出现电费过高现象。

6.5　融资借贷

海水养殖成本涉及鱼苗购买费用、网箱置办费用、工厂建设费用、饲料和鱼药费用、雇佣工人工资、维修费等等几大费用,行业风险大,自有资金有限,当遇到周转困难和突发状况时难免涉及贷款。

福建宁德通过调研14户养殖者,发现仅有1户无任何贷款,64%的养殖户向个人借贷,月利率在1.2%～1.8%之间,14%的养殖户向信用社借贷,14%的养殖户向农业银行借贷。宁德的大黄鱼养殖户反映,在借贷款方面存在着额度小(限制条件高)、手续复杂等现象。在浙江,大黄鱼养殖户通常向商业银行借贷,互相担保以获得贷款,相对能贷到更多资金。

广西对卵形鲳鲹养殖调研时发现,港内普通网箱养殖户多数不会向银行借款,当资金短缺时,主要向朋友借款。少数养殖户通过房屋抵押从信用社贷10万～20万元用于周转。深水网箱养殖规模较大,有企业以利率7%～8%向银行贷款1000万元,目前无法使用海域使用证进行抵押贷款。普通网箱个体养殖户可以从信用社贷10万～20万元用于周转。

6.6　渔业保险

海水养殖抵御自然灾害的能力较弱,从抵御养殖风险的角度来看,渔业保险无疑是一种良好的金融手段,推行渔业保险是为了保证养殖户获得风险保障和再生产能力,维持市场供应。然而,自我国渔业保险进行市场化改革以来,由于渔业保险领域高风险和高赔付率的特点,诸多商业保险公司陆续淡出渔业市场。而渔业互保协会在长期与渔民接触中树立了良好口碑,在渔民群体中具有保险公司难以企及的地位优势。

广西铁山港、钦州港,广东湛江地区调研时,发现养殖者极少参加渔业保险。

福建宁德地区调研大黄鱼时,请养殖户填写了保险问题的14份问卷,仅有1户购买了渔业保险,保费每年14万元左右,其中自费10万元,政府提供补贴4万元(福建政府提供30%的补贴,浙江省提供40%的补贴),其余都未购买渔业保险。养殖户纷纷反映对渔业保险的不了解,提出对于渔业保险效用的不确定,以及对定损、赔偿服务方面的质疑,并且养殖成本本就非常高,背负贷款和利息的养殖户承担不了高额的保费。

7　海水鱼主要品种价格变动趋势

7.1　大菱鲆价格变动趋势

大菱鲆出池价格采用葫芦岛大菱鲆出池价格,数据来自国家海水鱼产业技术体系数据库,从该数据库发现大菱鲆全国主产区的月度出池价格呈现收敛状态。因此,葫芦岛大菱鲆月度出池价格可以反映全国价格的整体走势,数据具有代表性。

7.1.1 长期价格变动趋势

从数据中发现:2012年3月大菱鲆出池价格达到峰值87元/千克,然后逐步下降;从2013年1月到2015年9月,价格在38～56元/千克区间波动;2016年1月,价格下跌至24元/千克(图20)。2017年1月份葫芦岛大菱鲆出池价格为45元/千克,之后价格下降,2～7月份出池价格在36～38元/千克之间波动,2017年9月出池价格开始大幅上涨,11月和12月价格则稍有下降,2017年10月价格为78元/千克,是自2012年以来的最高出池价(表6)。

图20 大菱鲆出池价格走势

表6 葫芦岛大菱鲆出池价格变动情况

月份	2017年出池价格/(元/千克)	2016年出池价格/(元/千克)	2015年出池价格/(元/千克)	2017年与2016年同比增幅(%)	2017年与2015年同比增幅(%)	2016年与2015年同比增幅(%)
1	45	24	38	87.50	18.42	−36.84
2	38	32	44	18.75	−13.64	−27.27
3	37	32	44	15.63	−15.91	−27.27
4	38	30	44	26.67	−13.64	−31.82
5	38	32	50	18.75	−24.00	−36.00
6	36	28	50	28.57	−28.00	−44.00
7	38	28	42	35.71	−9.52	−33.33
8	40	32	41	25.00	−2.44	−21.95
9	58	36	38	61.11	52.63	−5.26
10	78	41	36	90.24	116.67	13.89
11	64	49	34	30.61	88.24	44.12
12	60	47	29	27.66	106.90	62.07
平均价	47.50	34.25	40.83	38.85	22.98	−11.97

2017年大菱鲆平均出池价为47.50元/千克,与2016年同期相比,大菱鲆价格增幅38.85%,与2015年同期相比,大菱鲆价格增幅为22.98%。

7.1.2　年内价格变动趋势

2015年1月至2017年12月,葫芦岛大菱鲆的出池价格变化曲线呈U形。2017年1月葫芦岛大菱鲆出池价格为45元/千克,之后价格下降,2～7月份出池价格在36～38元/千克之间波动,2017年9月出池价格开始大幅上涨,2017年10月出池价格为78元/千克,是自2012年以来的最高价(图21)。

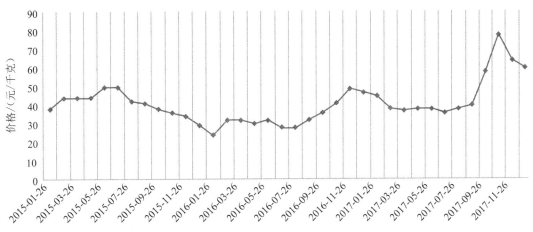

图 21　大菱鲆价格变动情况

7.1.3　后市价格预测

2017年第三季度,大菱鲆出池价格快速上涨,最高价达78元/千克。2017年年底,大菱鲆存量26 293 t,供给仍然充足,而市场需求扩容缓慢,2018年价格继续上行的空间有限。

7.2　牙鲆价格变动趋势

7.2.1　长期价格变动趋势

采用2010年1月至2017年12月连续96个月的牙鲆价格数据,牙鲆价格为河北昌黎牙鲆出池价格,数据来自国家海水鱼产业技术体系数据库。

从数据发现,牙鲆全国主产区的月度出池价格呈现收敛状态,月度出池价格可以反映全国价格的整体走势,数据具有代表性。从牙鲆原始价格可知,牙鲆在2012、2013两年中价格波动剧烈,在2014年后价格一直在低位,且波动较小(图22)。

比较2015～2017年牙鲆价格的变动趋势可以发现,除了2016年前3个月价格略低于2015年,同期价格每年均有上涨。截至2017年12月26日,牙鲆价格最低是2017年6月的40元/千克,同比上涨11.11%,最高为2017年第三季度的46元/千克,同比上涨17%(表7)。

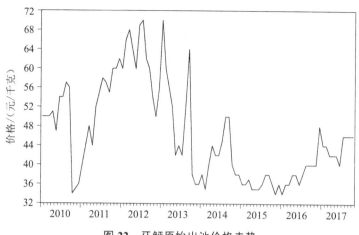

图 22　牙鲆原始出池价格走势

表 7　昌黎牙鲆出池价格变动情况

月份	2017 年出池价格/（元/千克）	2016 年出池价格/（元/千克）	2015 年出池价格/（元/千克）	2017 年与 2016 年同比增幅（％）	2017 年与 2015 年同比增幅（％）	2016 年与 2015 年同比增幅（％）
1	44	34	36	29.41	22.22	−5.56
2	44	36	36	22.22	22.22	0.00
3	42	36	37	16.67	13.51	−2.70
4	42	38	35	10.53	20.00	8.57
5	42	38	35	10.53	20.00	8.57
6	40	36	35	11.11	14.29	2.86
7	46	38	36	21.05	27.78	5.56
8	46	40	38	15.00	21.05	5.26
9	46	40	38	15.00	21.05	5.26
10	46	40	36	15.00	27.78	11.11
11	45	40	34	12.50	32.35	17.65
12	44	48	36	−8.33	22.22	33.33
平均价	43.92	38.67	36.00	14.22	22.04	7.49

7.2.2　年内价格变动趋势

从年内价格变动情况看，2017 年河北昌黎牙鲆的出池价格变动曲线总体呈 V 形，但近期价格开始保持平稳。2017 年 1 月牙鲆出池价格为 44 元/千克，到 6 月份的时候下跌至 40 元/千克，2017 年 7 月出池价格上涨为 46 元/千克，然后在 8～10 月份保持稳定（图 23）。

7.2.3　后市价格预测

从需求因素看，牙鲆消费在向家庭消费和酒店消费并重转变，但无论是来自市场实地调研还是网络大数据调查的结果均表明,牙鲆消费转型相对较为缓慢,市场扩容不是很明显。2017年牙鲆的销售量与季末库存量存在一定差距。综合供需双方因素看,若相关条件无重大变化,牙鲆价格上涨存在难度,应警惕价格下跌风险。

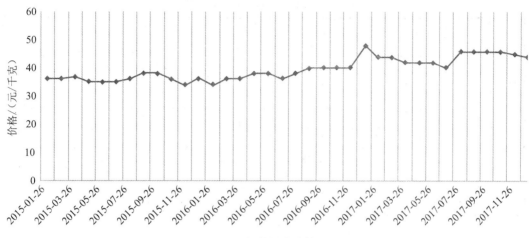

图 23 牙鲆价格变动情况

7.3 半滑舌鳎价格变动趋势

7.3.1 长期价格变动趋势

采用 2010 年 1 月至 2017 年 12 月连续 96 个月的半滑舌鳎价格数据,半滑舌鳎价格为烟台半滑舌鳎出池价格,数据来自国家海水鱼业产业技术体系数据库。从数据发现半滑舌鳎全国主产区的月度出池价格呈现收敛状态,月度出池价格可以反映全国价格的整体走势,数据具有代表性。从半滑舌鳎出池价格可知,出池价格波动剧烈,在 2011 年 9 月价格最高,为 274 元/千克(图 24)。

图 24 半滑舌鳎出池价格走势

跟踪调查的数据显示,2017 年烟台半滑舌鳎的出池价格呈下降趋势,都低于 2016 年的同期价格,但是高于 2015 年的同期价格。2017 年烟台半滑舌鳎的出池均价为 165.83 元/千克,同比下降 9.89%(表 8)。

表 8　烟台半滑舌鳎出池价格变动情况

月份	2017 年出池价格/（元/千克）	2016 年出池价格/（元/千克）	2015 年出池价格/（元/千克）	2017 年与 2016 年同比增幅（%）	2017 年与 2015 年同比增幅（%）	2016 年与 2015 年同比增幅（%）
1	180	145	130	24.14	38.46	11.54
2	180	155	130	16.13	38.46	19.23
3	170	165	130	3.03	30.77	26.92
4	160	170	130	−5.88	23.08	30.77
5	170	200	130	−15.00	30.77	53.85
6	160	200	130	−20.00	23.08	53.85
7	170	205	130	−17.07	30.77	57.69
8	170	210	130	−19.05	30.77	61.54
9	160	200	130	−20.00	23.08	53.85
10	160	200	125	−20.00	28.00	60.00
11	160	200	120	−20.00	33.33	66.67
12	150	200	130	−25.00	15.38	53.85
平均价	165.83	187.50	128.75	−9.89	28.83	45.81

7.3.2　年内价格变动趋势

2017 年,山东烟台半滑舌鳎的出池价格在 150～180 元/千克之间变动。1～3 月份,价格同比有所增加,4～12 月份,同比价格持续下降,12 月份半滑舌鳎价格下降幅度达到 25%。

7.3.3　后市价格预测

2017 年年末半滑舌鳎存量占海水鱼养殖总存量的 5%,考虑到半滑舌鳎市场存量相对较高,同时销售价格相对较贵,家庭消费者大幅扩容难度较大,若相关条件无重大变化,从长期看,半滑舌鳎价格上涨仍需较长时间,且存在下行风险。

7.4　海鲈鱼价格变动趋势

7.4.1　长期价格变动趋势

福建海鲈鱼价格数据来自福建闽威公司市场监测部门从 2013 年 1 月到 2017 年 9 月的月度数据,均为海面收购价格。原始数据包括 100～150 g、400～500 g 和 1 000～1 200 g 3

种规格,价格差异不大,经简单平均后得到 57 个月的平均价格时间序列。广东海鲈鱼价格数据主要来自珠海农产品流通协会从 2009 年 7 月到 2017 年 7 月的数据。由于统计口径问题,广东海鲈鱼分冰鱼和活鱼 2 类,规格不一,为了便于研究,选取市场销量最大且统计数据比较连贯的 500～750 g 规格鲜活海鲈鱼价格进行研究,其中 2011 年 3 月、2013 年 1 月、2013 年 2 月等月数据缺失,依次采用同规格冰鱼前后 2 个月的价格均值进行插补,最终得到 97 个月的月度价格数据(图 25)。

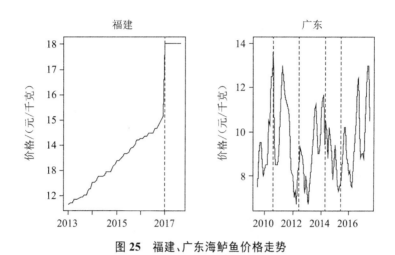

图 25　福建、广东海鲈鱼价格走势

从图 25 可知,从 2013 年 1 月到 2017 年 9 月,福建海鲈鱼价格整体呈现上升趋势。大致分为 2 个阶段:稳定上升期(2013 年 1 月至 2016 年 12 月)和跃升稳定期(2017 年 1 月至 9 月)。海面收购价从 2013 年 1 月到 2016 年 12 月呈稳定上升趋势,价格从均价 11.67 元 / 斤上升到 15.13 元 / 斤,以 2013 年 1 月的价格为基准,从 2013 年 1 月至 2016 年 12 月,4 年累计上涨 30%,平均每年价格同比上涨 6.7%。2017 年 1 月开始,平均价格突然升到 18.03 元 / 斤,单月同比涨幅达 54.5%,单月环比涨幅达 18.9%,且此价格持续到 2017 年 9 月。

广东海鲈鱼价格呈现较为激烈的震荡波动,经历 5 个涨跌周期。第一个周期从 2009 年 7 月至 2010 年 8 月,处于快速上升期,价格从 7.5 元/斤上升到 14 元/斤,以 2009 年 7 月的价格为基准,上涨了 86.7%。第二个周期从 2010 年 8 月到 2012 年 4 月,价格快速下降到历史最低价 6.7 元/斤,该轮价格跌幅达 52.1%。第三个周期从 2012 年 4 月到 2014 年 3 月,价格处于震荡上升期,价格逐渐恢复到 11.7 元/斤,该轮涨幅达 74%。第四个周期从 2014 年 4 月到 2015 年 4 月,价格处于震荡下降期,下跌至 7.3 元/斤,跌幅达 37.6%。第五个周期从 2015 年 4 月至 2017 年 6 月,价格整体处于波动上扬期,上升到 13 元/斤,本轮涨幅达 78%。可见广东海鲈鱼价格暴涨暴跌,涨幅大于跌幅,整体呈现上升趋势,2009～2014 年基本 2 年为一个涨跌周期,2014 年以来涨跌周期缩短,波动频繁。

7.4.2　年内价格变动趋势

福建海鲈鱼在 2017 年出池价格保持稳定,平均价格为 18.03 元/斤,广东海鲈鱼价格在

2017年1月为9元/斤,到5月份上涨为13元/斤,随后价格下降,呈现明显的周期性。养殖户应选择合理的时间售鱼,防止集中出鱼导致利润减少。

7.4.3 后市价格预测

对广东海鲈鱼价格序列做平稳性、白噪声判断,以及模型识别、参数估计、模型检验,并用已观测的数据对随机序列的未来发展,即价格的走势进行预测。针对海鲈鱼平稳序列的特征,采用线性最小方差预测的方法进行向后12期预测(表9)。

表9 广东海鲈鱼价格预测值 （单位:元/斤）

时间	预测值	80%置信下	80%置信上	95%置信下	95%置信上
2017年8月	9.387	8.155	10.619	7.503	11.271
2017年9月	8.746	7.017	10.475	6.102	11.391
2017年10月	8.514	6.543	10.484	5.500	11.527
2017年11月	8.566	6.510	10.622	5.421	11.711
2017年12月	8.772	6.700	10.844	5.603	11.941
2018年1月	9.023	6.950	11.095	5.853	12.192
2018年2月	9.245	7.169	11.322	6.070	12.421
2018年3月	9.405	7.320	11.490	6.216	12.594
2018年4月	9.494	7.402	11.587	6.294	12.695
2018年5月	9.524	7.427	11.621	6.317	12.731
2018年6月	9.513	7.414	11.611	6.303	12.722
2018年7月	9.480	7.381	11.579	6.270	12.690

广东海鲈鱼2017年7月价格跌到10.3元/斤,可能进入新的跌价周期,但由于受到53年一遇的14级台风"天鸽"的重创,加上环保督查等外部因素冲击,海水鱼产品供给乏力,价格波动会更加频繁。目前,台风后旧海鲈鱼升价明显,新鱼规格接不上,市场需求推动下,价格上升,海鲈鱼存塘量已经不多。自然灾害频发,为规避风险,养殖户跟风出鱼上市,目前平衡价格与出鱼效果,珠海养殖户的利润平均3万～6万元/塘,相对理想,加上2016年年末的放苗数量比往年增加,有恐慌前奏,鱼中要求规格越大越好,抓大留小,导致部分新鱼规格接驳不上。同时存在小部分养殖户急于出鱼,利用价格调节,规格不够大的冲击市场,导致新鱼价格下降。

福建海鲈鱼价格序列的趋势很不明显,但近年来有剧烈上升,水平成分和数据本身很接近。原始数据减去拟合值所得残差,即扰动,拟合之后可以得到残差序列图(图26),说明除了离群值外,HW滤波拟合尚可。根据调研,福建闽威海鲈鱼海面平均收购价从2016年12月的15.17元/斤,直接攀升到2017年1月的18.03元/斤,增幅达18.9%,此后价格一直平稳,说明有确定原因。

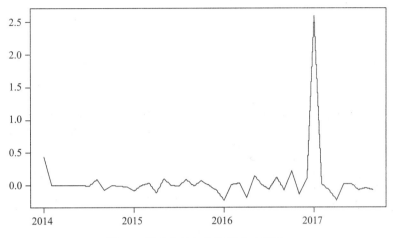

图 26 福建海鲈鱼价格残差序列图

7.5 石斑鱼价格变动趋势

比较福建和海南两地青斑收购价:2016 年 1 月福建地区青斑的收购价为 45 元/千克,
2017 年 1 月青斑收购价为 60 元/千克,与 2016 年同期相比,青斑收购价格上涨了 33. 33%。
2016~2017 年海南青斑收购价走势为先上涨、后下跌、再上涨,2016 年 2 月青斑收购价为 44
元/千克,2017 年 2 月上涨为 63 元/千克,2017 年 5 月价格下跌为 53 元/千克,到 11 月价格
为 64 元/千克,是 2017 年最高价。

比较福建和海南两地珍珠龙胆收购价:2016 年 1 月,1~2 斤的珍珠龙胆在福建和海南
的收购价分别为 70 元/千克和 56 元/千克,2016 年 1 月,2 斤以上的珍珠龙胆在福建和海南
的收购价分别为 49 元/千克和 32 元/千克,可知,珍珠龙胆收购价在福建高于海南,且规格
越大,收购价越低。海南地区 1~2 斤的珍珠龙胆在 2017 年均价为 55. 5 元/千克。

2017 年 5~12 月,海南东星斑(红)和东星斑(黑)的收购价分别为 277 元/千克和 148
元/千克,两者相差 129 元/千克。2017 年 7 月东星斑(红)的收购价为 265 元/千克,9 月收
购价为 290 元/千克,比 7 月上涨了 9. 43%。2017 年 6 月东星斑(黑)的收购价为 136 元/千
克,8 月收购价为 162 元/千克,比 6 月上涨了 19. 12%。可知,与东星斑(黑)的收购价相比,
东星斑(红)的收购价更加平衡。

2017 年 5~12 月,海南老虎斑的收购均价为 78 元/千克,价格呈下跌趋势。2017 年 6
月收购价为 96 元/千克,8 月收购价为 70 元/千克,价格下跌 26 元/千克,跌幅为 23. 75%。
8~12 期间价格保持相对稳定。

7.6 大黄鱼价格变动趋势

大黄鱼收购价格是福建宁德地区的数据,数据来自国家海水鱼业产业技术体系数据库,

数据具有代表性。我国大黄鱼规模化养殖主要集中在福建、浙江和广东3个省份。福建省大黄鱼养殖规模最大，产量最高，约为14万吨。广东其次，浙江排第三位。出口的原产地也主要是福建宁德地区，年出口量约为2万吨，因此，宁德地区大黄鱼收购价格具有一定的代表性。

大黄鱼海面收购价格在2016年波动较大（图27）。2～4两的大黄鱼2016年9月收购价格为29.6元/千克，2016年12月收购价格为23.8元/千克，与2016年9月相比，收购价格下降幅度为19.59%。4～6两的大黄鱼2016年6月收购价格为25.6元/千克，2016年9月收购价格为28.4元/千克，与2016年6月相比，收购价格上升幅度为10.94%。2～4两的大黄鱼收购价格与4～6两的相比，波动幅度更大。2017年2月开始，2～4两与4～6两的大黄鱼海面收购价格趋向一致，2017年1月4～6两的大黄鱼收购价格为28元/千克，2～4两的大黄鱼收购价格为25.4元/千克。2017年2～12月，两者价格均在25.4～28元/千克之间波动。

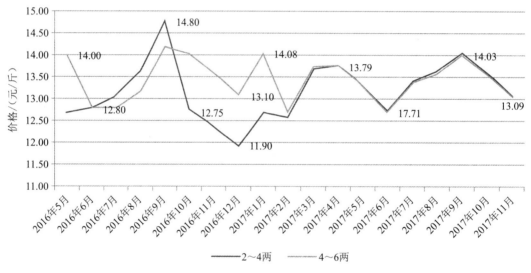

图27 大黄鱼海面收购价格

从大黄鱼当地出厂价格走势（图28、表10）可知，2016年，8两～1斤的大黄鱼当地出厂价格波动剧烈，呈倒U形走势。2016年1月，大黄鱼出厂价格为35.6元/千克，2016年5月，出厂价格为60元/千克，比1月价格上涨68.54%。2016月10月，出厂价格为30元/千克，比5月份下跌50%，价格波动剧烈。6～8两与8两～1斤的大黄鱼出厂价格走势相似，但是价格波动更为平缓。4～6两的大黄鱼波动最为平缓。2017年大黄鱼出厂价格与2016年相比，价格波动更为平缓。2017年，4～6两、6～8两和8两～1斤的大黄鱼出厂均价基本符合规格越大，价格越高。

比较2016年和2017年大黄鱼出厂价格发现，2017年不同规格大黄鱼价格均低于2016年。1～2两、4～6两、6～8两和8两～1斤的大黄鱼出厂价格2017年比2016年分别下跌了 5.37%、4.34%、10.71% 和 19.12%。其中 8 两～1 斤的大黄鱼出厂价格波动最为剧烈。

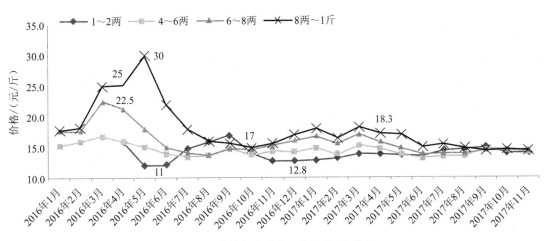

图 28 大黄鱼当地出厂价格（不含税）

表 10 2016～2017 年大黄鱼当地出厂价格（不含税）

	1～2 两/(元/斤)		4～6 两/(元/斤)		6～8 两/(元/斤)		8 两～斤/(元/斤)	
	2016	2017	2016	2017	2016	2017	2016	2017
1 月	15.3	12.9	15.3	14.8	17.5	16.8	17.8	18.0
2 月	15.8	13.1	15.8	13.8	17.7	15.5	18.2	16.5
3 月	16.8	13.9	16.8	15.2	22.5	17.0	25.0	18.3
4 月	16.0	13.9	16.0	14.8	21.3	15.7	25.2	17.3
5 月	12.0	13.7	15.0	13.8	18.0	14.8	30.0	17.0
6 月	12.0	13.4	14.0	13.2	15.0	13.8	22.0	15.0
7 月	14.8	14.6	13.5	13.5	14.2	14.0	17.9	15.5
8 月	15.8	14.6	13.6	13.5	13.7	13.8	16.0	14.8
9 月	17.0	14.9	15.0	14.5	14.6	14.5	15.6	14.5
10 月	13.9	14.0	13.9	14.5	14.9	14.6	15.0	14.6
11 月	12.8	14.0	14.4	14.2	15.3	14.5	15.6	14.5
12 月	12.8	12.6	14.2	14.0	16.1	14.3	17.1	14.4
平均	14.6	13.8	14.8	14.2	16.7	14.9	19.6	15.9

8 养殖生产者成本收益情况

8.1 大菱鲆养殖生产者成本收益情况

以产业经济岗位团队的调研数据为基础,利用 2017 年调研数据及历史调研数据,分析结果表明:2017 年 7 月份大菱鲆的销售均价为 35 元/千克,总养殖成本为 34.21 元/千克,净利润为 0.79 元/千克,成本利润率为 2.31%,销售利润率为 2.26%,边际贡献率为 31.41%。从 2010~2017 年数据可知,大菱鲆销售价格在 2012 年达到最高,在 2016 年达到最低,大菱鲆的养殖成本基本呈现下降趋势。但是 2017 年 9 月价格开始上涨,至 2017 年 10 月底,出池价 70.2 元/千克。按 2017 年季度加权平均出池价格 47.87 元/千克计算,净利润为 13.66 元/千克,成本利润率为 39.93%,边际贡献率为 49.85%。

表 11 2010~2017 年大菱鲆收益情况对照

年份	总成本/（元/千克）	销售价格/（元/千克）	净利润/（元/千克）	成本利润率（%）	销售利润率（%）	边际贡献率（%）
2010	44.62	48.25	3.63	8.14	7.51	28.7
2011	47.57	49.50	1.93	4.06	3.9	26.5
2012	43.66	68.68	25.02	57.31	36.43	50.13
2013	44.40	49.08	4.68	10.54	9.54	32.52
2014	38.09	42.92	4.83	12.68	11.25	31.15
2015	36.73	40.00	3.27	8.91	8.18	31.03
2016	37.38	30.60	−6.78	−18.14	−22.16	41.37
2017	34.21	47.87	13.66	39.93	28.54	49.85

8.2 牙鲆养殖生产者成本收益情况

2017 年我国牙鲆生产成本约为 37.96 元/千克,2017 年 7~8 月份主要规格成品鱼的收购价格约为 50 元/千克,成本利润率为 31.70%,销售利润率为 24.07%。边际贡献率为 47.79%,表明牙鲆养殖中固定成本和利润占销售收入的 50% 左右。

从近 4 年牙鲆养殖的收益分析可知,总体来看,牙鲆的养殖成本在逐年上升,同样,销售价格也有所上涨,可能的原因在于物价上涨,饲料、人工等各项费用均有所增加,净利润总体呈上升趋势。但是 2015 年的成本利润率和销售利润率均高于 2017 年,而边际利润率则是 2014 年最高,2017 年相比 2016 年有所上升,均低于 2014 年和 2015 年,表明牙鲆在养殖生产者养殖品种中所占的比重有所下降,给企业带来的利润有所减少,等等。

表 12 2014～2017 年牙鲆养殖的收益分析

年份	总成本 /（元/千克）	销售 /（元/千克）	净利润 /（元/千克）	成本利润率 （%）	销售利润率 （%）	边际贡献率 （%）
2014	29.02	40.00	10.98	37.83	27.45	55.80
2015	28.26	40.00	11.74	41.54	29.35	51.55
2016	36.31	37.30	0.99	2.73	2.66	24.92
2017	37.96	50.00	12.04	31.70	24.07	47.79

8.3 半滑舌鳎养殖生产者成本收益情况

2017 年半滑舌鳎的养殖成本约为 97.25 元/千克，2017 年 7～8 月份主要规格成品鱼的收购价格约为 160 元/千克。成本利润率为 64.53%，而销售利润率为 39.22%，边际贡献率为 68.84%。从近 3 年半滑舌鳎养殖的收益分析可知，2015～2017 年半滑舌鳎的养殖成本逐年下降，边际贡献率逐年上涨。

表 13 2015～2017 年半滑舌鳎养殖的收益分析

年份	总成本 /（元/千克）	销售 /（元/千克）	净利润 /（元/千克）	成本利润率 （%）	销售利润率 （%）	边际贡献率 （%）
2015	129.37	136	6.63	5.10	4.85	52.94
2016	110.99	187.9	76.91	69.30	40.93	62.85
2017	97.25	160	62.75	64.53	39.22	68.84

8.4 河鲀养殖生产者成本收益情况

2017 年暗纹东方鲀养殖总成本为 50.30 元/千克，红鳍东方鲀养殖总成本为 48.45 元/千克。暗纹东方鲀净利润为 4.70 元/千克，边际贡献率为 39.97%；红鳍东方鲀净利润为 37.35 元/千克，边际贡献率为 52.30%。

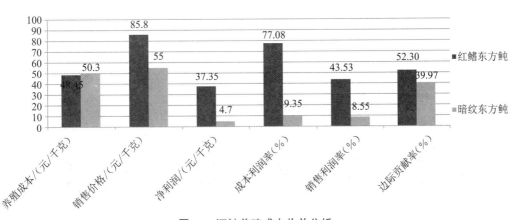

图 29 河鲀养殖成本收益分析

8.5　海鲈鱼养殖生产者成本收益情况

普通网箱养殖净利润最高，小规模池塘养殖净利润最低。普通网箱养殖可达 6.61 元/千克；普通＋深水网箱养殖的净利润略低（6.59 元/千克）；深水网箱养殖的净利润为 3.09 元/千克；池塘养殖净利润仅为 1.58 元/千克，其中大规模池塘养殖可达 3.81 元/千克，小规模池塘养殖仅有 0.22 元/千克。

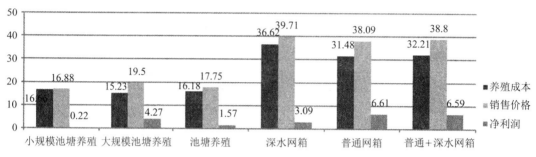

图 30　海鲈鱼养殖成本收益（单位：元/千克）

2017 年海鲈鱼养殖的平均成本利润率低于 25%，销售利润率低于 20%。成本利润率方面，大规模池塘养殖最高（24.28%），普通网箱养殖（21.00%）、深水＋普通网箱养殖次之（20.48%），而深水网箱养殖的成本利润率低于 10%，小规模池塘养殖的成本利润率仅为 1.30%。大规模池塘养殖、普通网箱养殖、普通＋深水网箱养殖的销售利润率分别为 19.54%、17.36%、17.00%，同样高于深水网箱养殖和小规模池塘养殖。这表明我国海鲈鱼养殖业整体处于一种高投入低利润的生产状态，有待进一步提高产品附加值，提高利润。

8.6　石斑鱼养殖生产者成本收益情况

当投入 20 cm 规格的珍珠龙胆鱼苗时，高位池养殖石斑鱼的总成本为 50.78 元/千克，可变成本为 36.19 元/千克，固定成本为 14.59 元/千克。珍珠龙胆养殖的净利润为 19.22 元/千克，成本利润率为 37.84%，销售利润率 27.45%，边际贡献率 48.30%。安全边际率为 56.84%，说明在目前的养殖模式下，养殖户对于固定成本收回的能力较强，能较快地收回当年的固定成本。

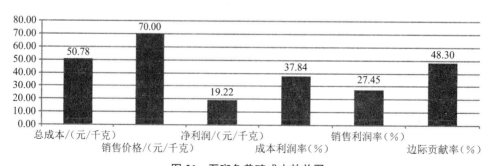

图 31　石斑鱼养殖成本效益图

8.7 军曹鱼养殖生产者成本收益情况

军曹鱼的生产成本约为 23.13 元／千克,2017 年 7～8 月份主要规格成品鱼的收购价格约为 40 元／千克,其中国内批发商收购时,军曹鱼的出池价格为 18～20 元／千克,出口国外时,出池价格为 19～22 元／千克。成本利润率为 72.96%,而销售利润率为 42.18%。边际贡献率为 49.00%,显示出军曹鱼养殖中固定成本和利润占销售收入的 50% 左右。

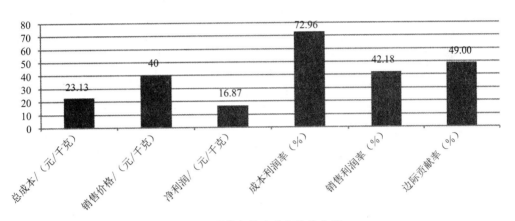

图 32 军曹鱼养殖成本收益分析

8.8 卵形鲳鲹养殖生产者成本收益情况

网箱养殖净利润为 2.83 元／千克,成本利润率为 14.04%,销售利润率为 12.31%,边际贡献率为 23.87%。深水网箱养殖净利润为 4.16 元／千克,成本利润率为 20.95%,销售利润率为 17.32%,边际贡献率为 31.97%。

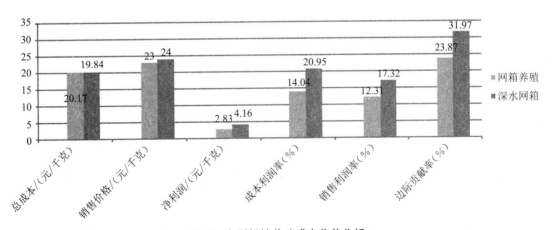

图 33 卵形鲳鲹养殖成本收益分析

8.9 大黄鱼养殖生产者成本收益情况

普通网箱养殖大黄鱼的净利润为 1.73 元／千克，成本利润率为 6.22%，销售利润率为 5.85%，边际贡献率为 19.48%，可知，养殖容易受市场价格波动的影响，规避市场风险的空间较低。

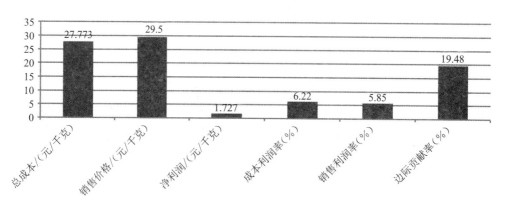

图 34 大黄鱼养殖成本收益情况

9 总结及建议

9.1 总结

综合上述分析，2017 年度海水鱼养殖产业主要呈现如下特征。① 鲆鲽类养殖中，工厂化养殖面积长期看呈下降趋势，网箱养殖面积波动性较强，但总体看呈现平稳趋势，池塘养殖面积呈现季节性波动，总体趋势变化不大。② 对不同海水鱼主要的养殖模式而言，不同养殖模式有明显的养殖品种偏向：工厂化以大菱鲆为主，占比为 75%；池塘养殖相对较为广泛，以海鲈鱼为主；普通网箱养殖主要养殖大黄鱼，占比接近 50%；而深水网箱则主养卵形鲳鲹，占比为 79%。③ 不同海水鱼养殖存量：2017 年度末海鲈鱼的养殖存量最多，占总海水鱼年末库存量的 36%；其次是大黄鱼，占总存量的 23%，然后是大菱鲆、石斑鱼、半滑舌鳎、卵形鲳鲹等，分别占总存量的 13%、6%、5% 和 4%。④ 海水鱼苗种销量情况：2017 年度苗种销量最高的为卵形鲳鲹（32 100 万尾），占海水鱼苗种总销量的 29%，其次是大菱鲆和河鲀，分别占总销量的 21% 和 11%。牙鲆、半滑舌鳎、石斑鱼 2017 年度的销量分别占总销量的 7%、5% 和 5%。⑤ 海水鱼生产投入要素情况：2017 海水鱼养殖中饲料成本比重较高，海鲈鱼、卵形鲳鲹、军曹鱼、大黄鱼的饲料支出分别占总成本的 67%～72%、75%～87%、83% 和 78.85%；大菱鲆、牙鲆和半滑舌鳎的饲料支出分别占总成本的 47.73%、44.21% 和 28.90%。⑥ 主要海水鱼销售价格：2017 年 1 月份葫芦岛大菱鲆出池价格为 45 元／千克，之后价格下降，2～7 月份出池价格在 36～38 元／千克之间波动，2017 年 9 月出池价格开始大幅上涨,到 2017 年 10 月时为 78 元 / 千克,是自 2012 年以来的最高出池价。⑦ 从年内价格变动情况看,2017 年 1～10 月,河北昌黎牙鲆的出池价格总体呈 V 形走势,但近期价格开始保持平稳。2017 年 1～11 月,山东烟台半滑舌鳎的出池价格在 180～160 元 / 千克变动。

9.2　问题

从上述研究,分析总结 2017 年度海水鱼产业发展中存在的主要问题。

(1) 海水鱼生产要素中,饲料仍占主要成本。海水鱼养殖中饲料成本比重较高,海鲈鱼、卵形鲳鲹、军曹鱼、大黄鱼的饲料支出分别占总成本的 67%～72%、75%～87%、83% 和 78.85%,大菱鲆、牙鲆和半滑舌鳎的饲料支出分别占总成本的 47.73%、44.21% 和 28.90%。从调研可知,饲料支出除了在鲆鲽类中占比低于 50%,在其他海水鱼中的比重较高。

(2) 生态环境遭到破坏,养殖风险增加。近年来海水养殖发展迅速,造成近海养殖密度远远超出环境容量,严重影响生态环境,这不仅容易引发鱼病的暴发,增加养殖风险,同时降低成鱼品质在消费者心中的印象,导致鱼价下降。

(3) 海水鱼产品附加值低。目前市场中的海水鱼产品多以活鲜、冰鲜、冷冻的形式流通,初加工方面以整条冷冻产品为主,深加工产品较少,加工产品的附加值潜能未能充分发挥。

(4) 海水鱼产品质量安全不够稳定。养殖者要倡导和坚持无公害养殖,为广大消费者提供放心的水产品。部分养殖户为缩短养殖周期、降低饲料成本,过量或违规使用药物。无公害化生产和加工是水产养殖企业今后发展的趋势。

9.3　建议

综合上述分析,面对海水鱼产品市场的长期变迁和短期变动趋势,建议业界认真审视机遇与挑战,以工业化养殖理念积极推进现代海水鱼产业建设,最终实现产业稳定、高质、高效的可持续发展。为此提出以下建议。

(1) 加大技术创新及推广力度,降低以饲料支出为主的养殖成本。要进一步推进海水养殖配合饲料的研制及推广,鼓励科研机构和企业加强对饲料投喂模式的研究,总结出易掌握、易操作的海水鱼养殖精准投喂和适度规模效益养殖模式。对养殖户加强养殖技术培训,实现成鱼养殖科学化投料,从而降低养殖饵料成本。

(2) 发展健康养殖,保护生态环境。为改善养殖环境,确保海水养殖可持续发展,建议:① 推行健康养殖。改变养殖模式,加快建造养殖污水处理设施,降低养殖自身污染对海水生态环境的破坏。② 定期监测养殖的海水水域。根据监测的资料判断污染物对养殖海区生态环境的影响,建立环境污染预警机制,适时调整养殖规模、养殖种类和养殖密度。③ 发展深水网箱养殖。龙头企业可以采用合作社或租给养殖户网箱的形式进行。

(3) 延长渔业产业链,增加产品附加值。建议:① 转变海水鱼的产品结构,通过深加工提高产品附加值,增加优质、方便的产品供给,改善国内市场结构。② 培育流通及服务业市场,通过水产品生产基地、流通市场与水产品加工紧密结合,实行加工带基地、流通促加工,拉动水产养殖业的深度发展,延伸渔业产业链条。

（4）提高水产品质量安全水平。针对不同沿海区域海洋养殖产业的特征，提升与确保水产品质量。建议：① 强化养殖海域的环保力度，进行环境检测、养殖产品疾病预防、水产品质量检查等活动。② 坚持推广各类绿色水产品养殖的技术与理念，加强对普通养殖户的教育，让最基层的人员能够在实际操作中保证海洋产品的品质。③ 强化水产品养殖期间的监察管理，特别是做好源头如养殖种苗、投喂食物、防疫药物等的把控，确保水产品的品质安全。

（5）建立新型渔业经营组织，实现规模养殖。目前，一些小规模的养殖户抵抗市场风险能力差，需要通过政策与资金引导养殖户提高组织化程度、拓展产业规模，以此来增强养殖户抵御市场风险的能力。这种小规模养殖户的自产自销模式也不利于拓宽市场，基于此，建议：① 相关政府部门及渔业协会积极推动中、小规模养殖户合作经济组织的形成，提高产业集中度、小型化养殖户的组织程度和产地市场的拓展能力。② 搭建销售平台，为养殖户提供供销商信息、销售平台及受法律保护的担保方式，借此规范成鱼购销途径，实现中、小规模养殖主体的"分散养殖、统一销售"。

（6）树立品牌效应、拓宽销售市场。在控制好生产成本和产品质量的前提下，首先，树立品牌效应。针对不同层次的市场需求，加强特种水产的养殖规模和数量，提供有层次的产品和优质服务，实现海水鱼产业的规模化和品牌化经营。其次，加强国内市场培育。特别是内地相对少见的海水产品，必须要从加强市场培育入手，提升消费者的购买欲望。再次，拓宽国外销售市场。针对性地销售国外对海水养殖水产品的种类，使水产品养殖产品的品种多元化，带动海水养殖产品对外贸易朝着更好的方向发展。

（岗位科学家　杨正勇）

大菱鲆种质资源与品种改良技术研究进展

大菱鲆种质资源与品种改良岗位

1　重点任务

2017 年,重点开展了大菱鲆耐高温、抗鳗弧菌等抗逆性状的遗传评估,大菱鲆表型形态体尺度性状和体重性状的遗传动态分析,大菱鲆耐高温 QTL 定位及遗传效应评估,QTL 标记在不同群体中的验证和耐高温 QTL 区间内关键基因分析。相关进展如下。

1.1　大菱鲆耐高温性状遗传参数评估

基于截面线性(CSL)模型和截面阈值 probit(THRp)模型在高温条件下测试成活率,截面阈值 logit(THRl)模型在高温条件下测试天成活率,进行耐高温性状遗传评估。基于 THRl 模型估计的遗传力标准差显著低于其遗传力的估计值,显示 THRl 模型是估计耐高温性状遗传力的理想模型(表 1)。3 种模型估计的家系育种值相关性均较高,不同模型预测的家系育种值排序基本相同。耐高温测试中,个体体重的遗传力是 0.430 9±0.140 2,为高遗传力(表 1)。耐高温性状(成活率)和体重性状间的遗传和表型相关,除 CSLEBV 和体重之间为极低的正相关外,其余均为负值(表 2),性状间极低的正相关表明两性状的间接作用非常低,而负相关表明两性状间存在拮抗作用,因此,对这两个性状开展间接选择或复合选择时,很难取得理想的育种效果。基于大菱鲆耐高温和生长性状之间的遗传分析,应分别选育耐高温品系和快速生长品系,然后通过系间杂交,培育具有耐高温和快速生长性状的大菱鲆新品种。

表 1　耐高温性状(成活率)的方差组分和遗传力

模型	$\sigma_s^2 \pm$ SE	$\sigma_D^2 \pm$ SE	$\sigma_c^2 \pm$ SE	$\sigma_e^2 \pm$ SE	$h^2 \pm$ SE
CSL	0.016 4 ± 0.026 9	0.001 4 ± 0.032 4	0.021 9 ± 0.000 6	0.218 5 ± 0.057	0.025 36 ± 0.411 1
THRp	0.101 3 ± 0.099 7	0.097 2 ± 0.119 7	0.100 0 ± NA	1.000 0 ± NA	0.312 1 ± 0.301 3
THRl	0.102 3 ± 0.070 5	0.100 0 ± 0.089 4	0.100 0 ± NA	1.000 ± NA	0.112 8 ± 0.078 1

注:σ_s^2 表示父性方差,σ_D^2 表示母性方差,σ_c^2 表示全同胞方差,σ_e^2 表示残差,h^2 表示遗传力

表 2　在耐高温条件下成活率和体重性状间的遗传相关和表型相关

性状		成活率		
		CSLEBV	THRpEBV	THRlEBV
体重	遗传相关	0.020 3*	$-6.201\ 8 \times 10^{-4}$	$-3.173\ 7 \times 10^{-4}$
	表型相关	$-0.846\ 9^{**}$	$-0.846\ 9^{**}$	$-0.667\ 1^{**}$

注:* 表示相关性达到显著水平($P < 0.05$);** 表示相关性达到极显著水平($P < 0.01$)

1.2 大菱鲆抗病性状的遗传参数评估

基于 CSL 模型和 THRp 模型在鳗弧菌条件下测试成活率，THRl 模型在鳗弧菌条件下测试天成活率，进行抗鳗弧菌性状遗传评估。基于 THRl 模型估计的遗传力标准差低于估计值，THRl 模型是估计抗鳗弧菌病性状遗传力的理想模型（表3）。3 种模型估计的家系育种值相关性均较高，不同模型预测的家系育种值排序基本相同。抗鳗弧菌测试中，个体体重的遗传力是 $0.435\ 1 \pm 0.138\ 8$，为高遗传力。抗鳗弧菌性状（成活率）和体重性状间的遗传和表型相关均为负值（表4），两性状间存在拮抗作用，因此，对这两个性状开展间接选择或复合选择时，很难取得理想的育种效果。基于大菱鲆抗鳗弧菌和生长性状之间的遗传分析，应分别选育抗鳗弧菌品系和快速生长品系，然后通过系间杂交，培育具有抗鳗弧菌和快速生长性状的大菱鲆新品种。

表3 抗鳗弧菌性状（成活率）的方差组分和遗传力

模型	$\sigma_s^2 \pm$ SE	$\sigma_D^2 \pm$ SE	$\sigma_c^2 \pm$ SE	$\sigma_e^2 \pm$ SE	$h^2 \pm$ SE
CSL	$0.001\ 4 \pm 0.040\ 7$	$0.001\ 4 \pm 0.024\ 8$	$0.022\ 7 \pm 0.000\ 3$	$0.226\ 9 \pm 0.034$	$0.022\ 7 \pm 0.641\ 4$
THRp	$0.096\ 0 \pm 0.143\ 7$	$0.099\ 2 \pm 0.088\ 7$	$0.100\ 0 \pm$ NA	$1.000\ 0 \pm$ NA	$0.296\ 4 \pm 0.417\ 5$
THRl	$0.099\ 0 \pm 0.092\ 3$	$0.100\ 9 \pm 0.587\ 2$	$0.100\ 0 \pm$ NA	$1.000 \pm$ NA	$0.110\ 3 \pm 0.100\ 6$

注：σ_s^2 表示父性方差，σ_D^2 表示母性方差，σ_c^2 表示全同胞方差，σ_e^2 表示残差，h^2 表示遗传力

表4 抗鳗弧菌性状和体重性状间的遗传和表型性状（Pearson 相关）

性状		成活率		
		CSLEBV	THRpEBV	THRlEBV
体重	遗传相关	$-0.184\ 5^*$	$-0.172\ 4^*$	$-0.170\ 3^*$
	表型相关	$-0.157\ 2^*$	$-0.157\ 2^*$	$-0.097\ 7$

注：* 表示相关性达到显著水平（$P < 0.05$）

1.3 大菱鲆表型形态体尺度性状和体重性状的遗传动态分析

基于两性状动物模型，采用 ASReml 软件，进行对体高/体长（BW/BL）及相关生长性状（体重）的遗传评估。估计 3～27 月龄 BW/BL 和体重的遗传力，并计算这两个性状之间的遗传相关系数和表型相关系数，分析 BW/BL 和体重的相关性。研究表明，不同统计月龄 BW/BL 的遗传力范围为 0.216 8～0.314 8（表5），体重性状的遗传力范围为 0.270 2～0.335 6（表6）。在所有统计月龄，两性状的遗传力均为中等遗传力（0.20～0.40）。不同统计月龄 BW/BL 和体重性状的遗传相关范围为 0.437 8～0.821 3，除 24 和 27 月龄为中遗传相关外，其余各统计月龄为高相关；表型相关范围为 0.336 1～0.534 0，其中，9、24 和 27 月龄为低相关，其余为中、高相关（表7）。基于 BW/BL 和体重之间存在显著的遗传相关和表型相关，BW/BL 可作为大菱鲆快速生长选育的体型标记。对于这两个性状，无论采用

间接选择还是多性状复合育种,都能够取得较为理想的育种成效。

表5 大菱鲆不同统计月龄 BW/BL 的方差组分和遗传力

月龄	σ_a^2	σ_f^2	σ_e^2	h^2
3	0.150 0 ± 0.003 8	0.112 8 ± 0.000 1	0.213 7 ± 0.002 7	0.314 8 ± 0.197 1
6	0.122 9 ± 0.012 6	0.083 4 ± 0.000 3	0.293 6 ± 0.013 5	0.245 8 ± 0.121 5
9	0.256 3 ± 0.017 1	0.100 0 ± 0.002 4	0.825 9 ± 0.057 8	0.216 8 ± 0.103 2
12	1.265 2 ± 0.135 9	0.130 0 ± 0.018 4	3.413 4 ± 0.179 3	0.263 1 ± 0.140 6
15	5.580 3 ± 1.274 9	0.089 0 ± 0.001 3	13.729 5 ± 2.458 1	0.287 6 ± 0.154 3
18	18.720 2 ± 3.946 6	0.100 0 ± 0.003 5	47.807 3 ± 7.073 4	0.280 9 ± 0.117 2
24	27.350 8 ± 5.001 2	0.095 1 ± 0.001 4	61.501 1 ± 10.713 0	0.307 5 ± 0.168 3
27	33.331 1 ± 8.701 1	0.016 0 ± 0.001 1	80.312 1 ± 12.673 2	0.293 3 ± 0.159 8

注:σ_a^2 表示加性方差,σ_f^2 表示全同胞方差,σ_e^2 表示残差,h^2 表示遗传力

表6 大菱鲆不同统计月龄体重性状的方差组分和遗传力

月龄	σ_a^2	σ_f^2	σ_e^2	h^2
3	0.101 5 ± 0.019 3	0.112 8 ± 0.000 1	0.161 3 ± 0.040 2	0.270 2 ± 0.114 3
6	12.365 1 ± 6.124 1	0.083 4 ± 0.000 3	29.795 9 ± 11.365 1	0.293 1 ± 0.123 6
9	276.341 6 ± 66.606 0	0.100 0 ± 0.002 4	638.994 9 ± 105.131 6	0.301 9 ± 0.130 8
12	700.260 0 ± 101.098 6	0.130 0 ± 0.018 4	2 218.441 0 ± 283.817 3	0.315 6 ± 0.149 0
15	1 950.150 0 ± 196.814 1	0.089 0 ± 0.001 3	3 858.625 0 ± 415.443 1	0.335 6 ± 0.157 7
18	4 047.030 0 ± 527.378 4	0.100 0 ± 0.003 5	7 584.111 0 ± 994.087 2	0.347 9 ± 0.156 5
24	29 679.150 0 ± 3 043.887 7	0.095 1 ± 0.001 4	59 496.540 0 ± 6 211.432 1	0.332 816 ± 0.148 8
27	49 368.553 2 ± 6 003.087 0	0.016 0 ± 0.001 1	113 783.411 1 ± 20 583.076 3	0.302 5 ± 0.140 1

注:σ_a^2 表示加性方差,σ_f^2 表示全同胞方差,σ_e^2 表示残差,h^2 表示遗传力

表7 BW/BL 和体重性状的遗传和表型相关

月龄	遗传相关 $r_{A_1A_2}$	表型相关 $r_{P_1P_2}$
3	0.821 3 ± 0.021 6**	0.534 0 ± 0.000 3**
6	0.666 7 ± 0.013 7**	0.402 7 ± 0.000 1**
9	0.635 5 ± 0.012 1**	0.435 9 ± 0.000 2**
12	0.701 4 ± 0.017 8**	0.392 9 ± 0.000 0**
15	0.685 4 ± 0.014 2**	0.581 2 ± 0.000 0**
18	0.655 5 ± 0.011 9**	0.638 3 ± 0.000 1**
24	0.437 8 ± 0.012 2**	0.336 1 ± 0.000 0**
27	0.480 4 ± 0.012 9**	0.340 1 ± 0.000 0**

注:* 表示相关性达到显著水平($P < 0.05$),** 表示相关性达到极显著水平($P < 0.01$)

1.4 大菱鲆耐高温 QTL 定位及遗传效应评估

在构建整合图谱的 22 个连锁群的基础上，根据群体性状信息，使用 MapQTL 5.0 的区间作图法（LOD > 3）进行 QTL 的定位，再用 permutation test（置信区间 0.95）筛选性状的 QTL 阈值，根据性状的阈值进行 QTL 定位结果的筛选。统计所有关联区域内的标记与性状的关系，获得表型贡献率，从而进行遗传效应评估。检测得到 7 个与大菱鲆耐高温性状相关的 QTL 位点（表 8），分别位于：LG17 连锁群 0~25.073 cM，该区间包含 15 个标记，可解释表型变异范围为 21.2%~36.3%；LG17 连锁群 69.304~71.051 cM，该区间包含 10 个标记，可解释表型变异范围为 22.2%~23.8%；LG17 连锁群 81.113~88.938 cM，该区间包含 27 个标记，可解释表型变异范围为 21.3%~26.1%；LG20 连锁群 165.38~165.38 cM，该区间包含 2 个标记，可解释表型变异范围为 22.8%；LG21 连锁群 7.02~25.694 cM，该区间包含 8 个标记，可解释表型变异范围为 22.9%~27.3%；LG4 连锁群 108.16~116.943 cM，该区间包含 24 个标记，可解释表型变异范围为 21.4%~26.7%；LG6 连锁群 25.905~25.908 cM，该区间包含 4 个标记，可解释表型变异范围为 23.2%。根据连锁群的信息和标记与耐高温性状的连锁关系，绘制耐高温性状 QTL 分布图（图 1）。耐高温 QTL 区间，标记距离范围在 1.75~25.07 cM，共包含 88 个 SNP 和 2 个 SSR。以可解释表型变异率大于 20% 为鉴定主效 QTL 区间的标准，初步获得 7 个主效 QTL。

表 8　耐高温性状 QTL 分析结果

连锁群	峰值/cM	区间长度	标记数量	可解释表型变异率（%）
LG17	0	25.07	15	21.2~36.3
LG17	69.304	1.75	10	22.2~23.8
LG17	81.113	7.83	27	21.3~26.1
LG20	165.38	0.00	2	22.8
LG21	7.02	18.67	8	22.9~27.3
LG4	108.16	8.78	24	21.4~26.7
LG6	25.905	0.00	4	23.2

1.5 大菱鲆耐高温 QTL 区间内关键基因分析

在 QTL 位点的 88 个侧翼 SNP 标记和 2 个侧翼 SSR 标记中，根据参考基因组注释预测得到 10 个与耐高温相关的基因（表 9），其中有一个基因参与 Rap1 信号通路，一个基因参与糖原代谢，一个基因参与 Hippo 信号通路，一个基因与细胞内吞作用相关。采用 qPCR 技术，对 QTL 区间内 10 个候选基因进行不同温度条件下表达量验证，确定 9 个基因（rho GTP、MAGUK、PLC、α-mannose、CR1-3、MINA、zinc、DLG2、Cyth3）在肝、脾、肾 3 个组织中均稳定表达（图 2）。不同温度条件下，α-mannose、CR1-3、PLC、Cyth3 在 3 个组织中表达量表现出显著差异（图 3），将以上 4 个基因作为关键基因，在今后的工作中深入研究。

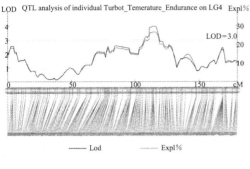
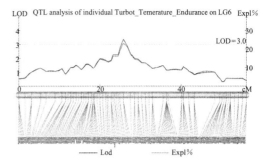
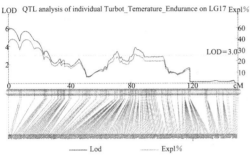
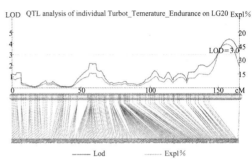
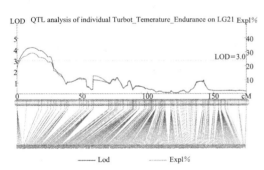

图 1 大菱鲆高密度连锁图谱耐高温性状 QTL 定位结果

注:蓝色曲线表示连锁群上 LG 分子标记的 LOD 值;红色曲线表示分子标记的贡献率;灰色横线表示 LOD 阈值。

表 9 大菱鲆耐高温 QTL 区间内关键基因分析

Pathway	Gene ID	Annotation	Abbreviation	Identity	Score
	Marker 13873	PREDICTED: rho GTPase-activating protein 44-like isoform X3〔Cynoglossus semilaevis〕	rho GTP	35/54 （64.81%）	68
Rap1 signaling pathway	Marker 1734	Guanylate kinase, WW and PDZ domain-containing protein 2-like〔Tetraodon nigroviridis〕	MAGUK	34/36 （94.44%）	75
	Marker 19494	phospholipase C zeta, partial〔Takifugu rubripes〕	PLC	22/27 （81.48%）	50
N-Glycan biosynthesis	Marker 22374	PREDICTED: alpha-mannosidase 2x〔Stegastes partitus〕	α-mannose	32/33 （96.97%）	68

续表

Pathway	Gene ID	Annotation	Abbreviation	Identity	Score
	Marker 29270	CR1-3〔Lycodichthys dearborni〕	CR1-3	27/32（84.38%）	55
	Marker 34789	PREDICTED: bifunctional lysine-specific demethylase and histidyl-hydroxylase MINA〔Larimichthys crocea〕	MINA	27/33（81.82%）	61
	Marker 43952	PREDICTED: zinc finger protein 469〔Stegastes partitus〕	Zinc	26/33（78.79%）	58
Hippo signaling pathway	Marker 5933	PREDICTED: disks large homolog 2-like, partial〔Notothenia coriiceps〕	DLG2	29/29（100.00%）	60
Endocytosis	Marker 7260	PREDICTED: cytohesin-3-like〔Pundamilia nyererei〕	Cyth3	28/29（96.55%）	64
	Marker 79830	PREDICTED: stimulated by retinoic acid gene 6 protein homolog〔Oryzias latipes〕	STRA6	28/32（87.50%）	63

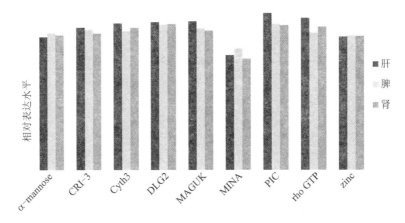

图2 9个基因在肝、脾、肾的表达分析

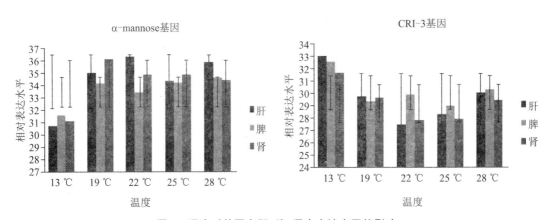

图3 温度对基因在肝、脾、肾中表达水平的影响

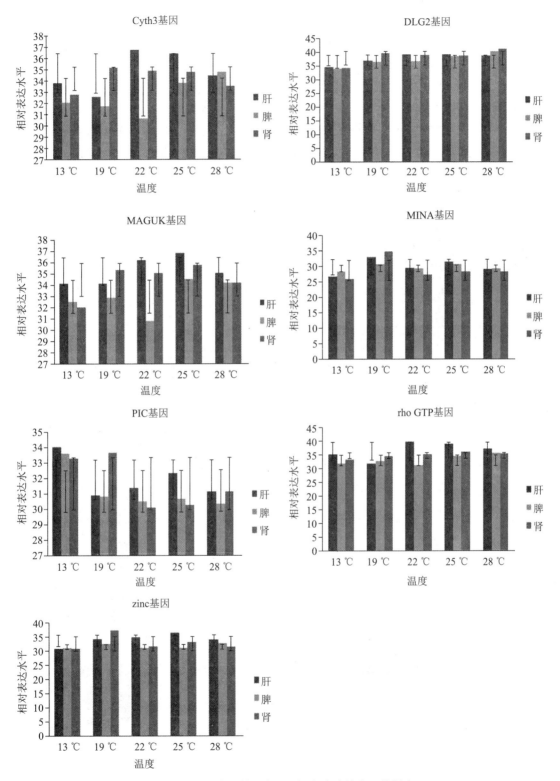

图3（续）　温度对基因在肝、脾、肾中表达水平的影响

2 前瞻性研究

2.1 大菱鲆盐度转录组数据库构建和分析

利用 Illumina HiSeq 测序平台对低盐海水胁迫和正常盐度的肾组织进行从头测序,拼接得到 182 225 个 unigene 并可全部注释到 7 个数据库中,全部基因根据功能聚类成 43 个 GO 范畴(图 4)。还将进一步深入挖掘该转录组的信息,为大菱鲆基因组结构信息的完善及潜在新基因的挖掘提供参考数据。

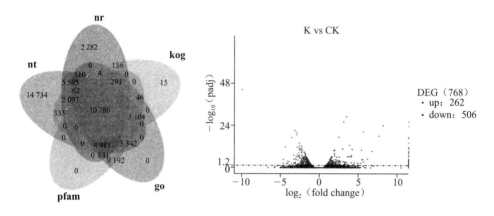

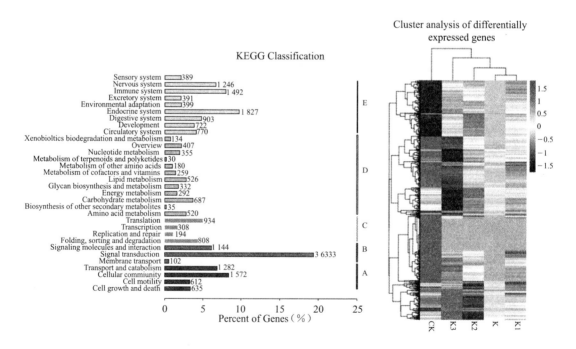

图 4 基因注释分析

利用 qPCR 对生物过程或信号通路代表性靶基因进行表达分析,研究盐度胁迫后的表达模式(图 5)。结果表明,肾、鳃和脾是大菱鲆重要的渗透压调节器官,而且广盐性鱼类的渗透压调节机制存在物种的差异。

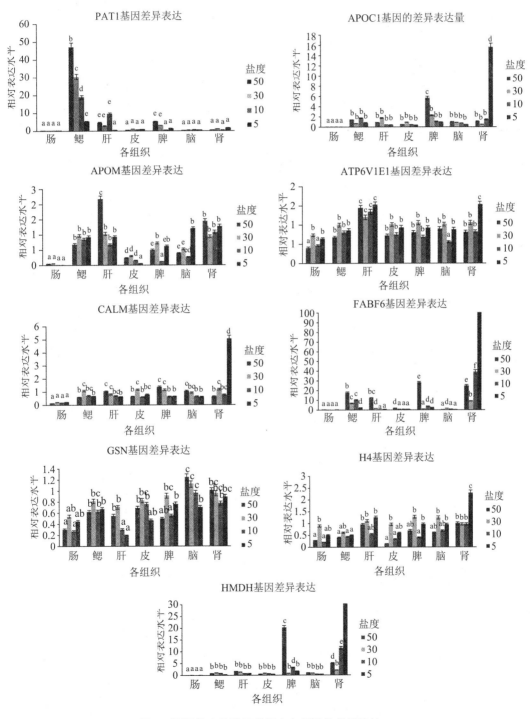

图 5 不同盐度胁迫下基因在各组织的差异表达

2.2 大菱鲆 RL 基因、Na$^+$/K$^+$-ATPase α1 基因对盐度胁迫响应研究

采用 qPCR 技术对不同盐度胁迫下各时间点大菱鲆幼鱼肠、鳃中催乳素（PRL）基因和 Na$^+$/K$^+$-ATPase α1 两种基因的表达量进行检测。结果表明两种基因在两种组织中均有表达，且基因的表达量具有组织和时间特异性（图1）。肠组织 PRL、Na$^+$/K$^+$-ATPase α1 基因的表达量在盐度 50 和盐度 5 的条件下，随胁迫时间的积累呈先升高后降低的变化趋势；鳃组织 PRL 基因表达量在盐度 50 和盐度 5 的条件下，随胁迫时间的积累先升高后降低，而 Na$^+$/K$^+$-ATPase α1 基因表达量在盐度 5 的低盐条件下没有显著变化，在盐度 50 的高盐条件下随时间积累呈现先降低后升高的变化趋势。在肠组织中，两基因存在极显著的协同作用，随着盐度的升高，两基因的表达量都呈现先升高后降低的趋势，且相关系数均接近于 1；在鳃组织中，在盐度 10～40 区间内，两种基因的表达存在明显的拮抗作用，当 PRL 基因的表达量呈现升高（下降）趋势时，Na$^+$/K$^+$-ATPase α1 基因的表达量呈现下降（升高）趋势，且两基因的相关系数均为负值，证实了催乳素具有抑制 Na$^+$/K$^+$-ATP 酶活性的作用，为今后盐度胁迫分子调控机理研究提供理论依据。

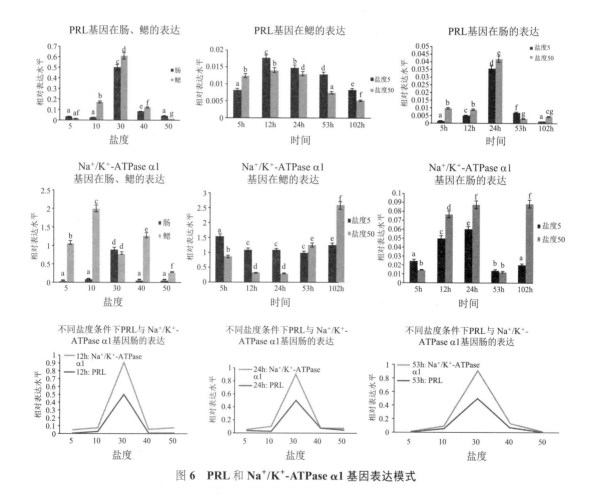

图 6 PRL 和 Na$^+$/K$^+$-ATPase α1 基因表达模式

2.3　大菱鲆盐度相关微卫星标记的筛选

利用本实验室前期筛选出特异性较好的 151 对微卫星标记对大菱鲆盐度性状展开研究。结合分群分离分析法,初步筛选出 4 个在正常盐度组和低盐胁迫组出现差异条带的微卫星位点,然后对 4 个微卫星位点进行单个样本的微卫星分析验证,应用 SPSS 软件分析,得到 1 个极显著($P < 0.01$)相关位点,2 个显著($P < 0.05$)相关位点(图 7)。实验证明,利用分群分离分析与微卫星标记相结合的方法大大缩小了用单个样本检测时需统计的条带长度范围,有效地减少了工作量,为大菱鲆的遗传育种、功能基因开发、遗传图谱的丰富、分子标记辅助育种的发展以及大菱鲆渗透压研究机制提供理论依据。

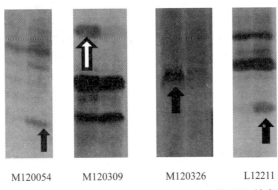

M120054　　M120309　　M120326　　L12211

图 7　引物 M120054、M120309、M120326、L12211 的 SSR 结合 BSA 扩增图

图 8、图 9 为 D 组和 L 组两个基因池差异条带的 PAGE 电泳图。箭头所指为差异条带。

L 组

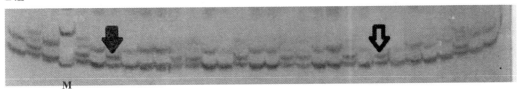

D 组

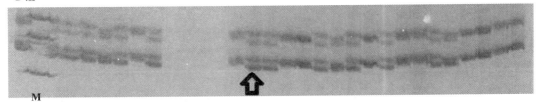

图 8　微卫星引物 M120309 在 D 组和 L 组个体的 PCR 扩增带谱

M:500 bp 分子标记;D 组:死亡组;L 组:存活组

L 组

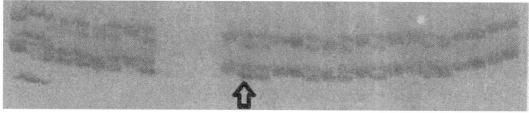

M

D 组

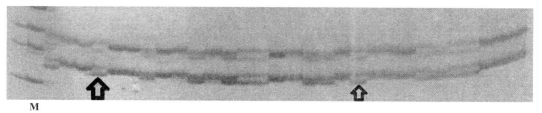

M

图 9　微卫星引物 M120054 在 D 组和 L 组个体的 PCR 扩增带谱

M：500 bp 分子标记；D 组：死亡组；L 组：存活组

（岗位科学家　马爱军）

牙鲆种质资源与品种改良技术研发进展

牙鲆种质资源与品种改良岗位

1 牙鲆新品种苗种培育及示范

自 2016 年 12 月份开始,对"北鲆 2 号"亲鱼(100 尾雌鱼、150 尾雄鱼)采取控温、控光及营养强化等措施,进行亲鱼促熟培育(分 2 批,时间间隔 1 个月)。2017 年 3 月份开始,陆续接到育苗场订购电话,安排受精卵的生产。整个生产季节,共销售"北鲆 2 号"受精卵 50 kg。在"北鲆 2 号"受精卵的主要苗种培育地区——辽宁东港,育苗场将培育苗种至 3 cm 左右,于 5 月中旬,池塘水温稳定在 18 ℃以上时,将苗种投放到海水池塘中,和海蜇、缢蛏、对虾混养。10 月下旬起捕入室内池越冬,回捕率 50%～60%,规格 350～400 g,亩产鱼种 250 kg 左右。采用这种方法进行养殖,提高了海水养殖池塘的综合养殖产量和收益。

在进行受精卵生产的同时,利用北戴河中心实验站的设施,开展"北鲆 2 号"优质苗种的培育,共培育各种规格苗种 50 万尾,主要推广至河北的工厂化养殖场。

2 雌核发育四倍体的诱导

利用冷休克结合静水压的方法诱导牙鲆雌核发育四倍体。首先利用经紫外线照射灭活的真鲷精子激活牙鲆卵子,3 min 后将激活的卵子转移至 0 ℃海水中冷休克处理 45 min 以抑制第二极体释放;冷休克结束后,将卵子转移至 17 ℃海水中孵化 60 min(激活后 105 min);最后,将卵子转移至静水压机,用 650 kg/cm² 的静水压处理 6 min。

在所开展的 3 批次诱导中,处理组的受精率为 20.0%～60.8%,对照组(牙鲆精子和卵子受精,受精后 60 min 以 650 kg/cm² 的静水压处理 6 min)的受精率为 84.8%。处理组的孵化率较低,只有 4.3%～16.5%,而对照组的孵化率则为 56.1%。在畸形率方面,对照组为 41.7%,处理组则高达 80.6%～93.5%(表 1)。

利用流式细胞仪对处理组和对照组所孵化仔鱼的倍性进行了鉴定,并计算了四倍体率。处理组的四倍体率为 50.0%～83.3%,对照组的四倍体率为 94.7%(表 1)。同时,利用染色体滴片法,观察了正常受精二倍体和雌核发育四倍体的染色体。滴片结果显示,正常受精二倍体含有 48 条染色体(图 1A),而雌核发育四倍体的染色体数为 96 条(图 1B),是正常二倍体染色体数的 2 倍。

表 1 牙鲆雌核发育四倍体诱导结果

组别	受精率（%）	孵化率（%）	畸形率（%）	四倍体率（%）
处理 1	60.8	16.5	80.6	83.3
处理 2	20.0	4.8	93.5	63.6
处理 3	43.0	4.3	91.3	50.0
对照	84.8	56.1	41.7	94.7

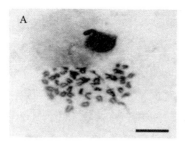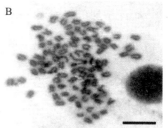

图 1 牙鲆正常受精二倍体（A）和雌核发育四倍体（B）染色体

A：2n = 48；B：4n = 96；比例尺 = 10 μm

利用 6 个高重组率的微卫星标记对所诱导的雌核发育四倍体进行了全母本遗传的验证，总共用 20 尾雌核发育四倍体、20 尾普通四倍体以及 20 尾正常受精二倍体。结果显示，普通四倍体和正常受精二倍体中，每个位点等位基因一个来自于母本，一个来自于父本，而在雌核发育四倍体中，所有位点的等位基因均来自于母本，从而证明了雌核发育四倍体的全母本遗传。

通过研究证明，利用冷休克和静水压结合的方法，可以诱导牙鲆的雌核发育四倍体。此方法的建立，为拓展牙鲆的育种方法以及提高新品种的三倍体化提供了新的途径。

3 纯合克隆系的制备

建立起了牙鲆纯合克隆批量制备的技术体系。2014 年，我们成功制备了纯合克隆二代家系。经过 3 年的精心培育，在 2017 年的繁殖季节，利用纯合克隆二代所产卵子进行减数分裂雌核发育的诱导，成功获得了牙鲆纯合克隆三代家系。同时，利用 1 尾双单倍体的卵子进行减数分裂雌核发育诱导，新制备纯合克隆家系 1 个。

为了检测纯合克隆个体的纯度以及研究不同代际纯合克隆之间的遗传变异，我们利用 3 尾克隆一代、4 尾克隆二代以及 4 尾克隆三代个体进行了高通量重测序和变异分析。测序共产生 raw data 231.252 Gb，过滤后的 clean data 230.438 Gb，各样本的 raw data 为 17 962.334～26 378.262 Mb，测序质量高（Q20 ≥ 95.45%，Q30 ≥ 88.87%），GC 含量为

41.55%～42.41%。clean data 通过 BWA 软件(参数:mem -t 4 -k 32 -M)比对到参考基因组,比对结果经 SAMtools 去除重复(参数:rmdup)。参考基因组大小为 559 089 329 bp,所有样本的比对率为 95.34%～96.46%,对参考基因组(排除 N 区)的平均覆盖深度为 24.97×～37.04×,1× 覆盖度(至少有 1 个碱基的覆盖)在 99.2% 以上。比对结果正常,可用于后续的变异检测及相关分析。采用 SAMtools (mpileup -m 2 -F 0.002 -d 1 000)进行个体 SNP 的检测。结果显示,个体所检测到的 SNP 总数为 2 472 726～2 500 731,杂合度在 0.080‰～0.086‰之间。从 SNP 突变频谱上看,样品间保持着较高的一致性。

同时,利用 SAMtools (mpileup -m 2 -F 0.002 -d 1000)检测长度小于 50 bp 的小片段插入与缺失(InDel),然后用 ANNOVAR 软件对检测出的 InDel 进行注释。结果显示,样品的 InDel 杂合度为 0.025‰～0.027‰。在全基因组水平,样品间的不同长度 InDel 百分比保持着高度的相似性。

4 牙鲆种质资源评价

4.1 《牙鲆种质资源鉴定评价技术规范》的制定

根据牙鲆的生物学特征以及现有的相关国家标准,制定了《牙鲆种质资源鉴定评价技术规范》。该规范涉及指标共三大类 51 个,其中 M(必测)23 个,O(选测)22 个,C(条件监测)3 个。具体监测指标包括种质库编号、种质名称、种质外文名、科名、属名、学名、原产国、原产省、原产地、海拔、经度、纬度、来源地、保存单位名称、保存单位编号、系谱、选育单位、育成年份、选育方法、种质类型、图像、观测地点、水温、盐度、pH、性别、年龄、具体品种/品系、体长、体重、体色、体厚、体高、全长、尾柄长、尾柄高、头长、眼间距、体长/体高、体长/头长、头长/眼间距、背部体色、腹部体色、肌肉灰分比例、肌肉含水量、肌肉脂肪酸含量、肌肉蛋白含量、肌肉氨基酸含量、倍性、生殖方式、遗传多态性。监测频率基础信息为 1 次/年(水温、盐度、pH 为 4 次/年),生物学特征要素为 2 次/年(品种、体色、含肉率等为 1 次/年,以监测指标体系表格为准),品质要素为 1 次/年,其他要素为每 2 年 1 次。对于具体指标的监测方法,在所制定的技术规范里,都列出了相应的国家标准。规范的制定,为更好地开展牙鲆种质资源的鉴定和评价工作奠定了基础。

4.2 "北鲆 2 号"亲鱼含肉率、鱼体组成及营养成分

对牙鲆新品种"北鲆 2 号"3 尾雌性亲鱼和 3 尾雄性亲鱼的含肉率及鱼体组成做了检测。结果显示(表 2),雄鱼的含肉率为 71.59% ± 1.66%,雌鱼的含肉率为 70.41% ± 2.67%,雌雄之间差异不显著($P ≥ 0.05$)。雌鱼的内脏含量为 10.94% ± 0.40%,高于雄鱼的 6.36% ± 0.06%,两者之间差异显著($P < 0.05$)。

表2　牙鲆的含肉率（质量分数）及鱼体组成

组成	雄鱼		雌鱼	
	范围（%）	$\bar{x} \pm SD$	范围（%）	$\bar{x} \pm SD$
肌肉	69.92～73.24	71.59 ± 1.66	67.39～72.44	70.41 ± 2.67
内脏	6.29～6.40	6.36 ± 0.06	10.56～11.36	10.94 ± 0.40
骨骼	7.77～10.34	8.96 ± 1.30	6.59～9.28	7.54 ± 1.51
鳃	1.96～2.24	2.07 ± 0.15	1.76～2.24	1.98 ± 0.24
鳍	3.26～3.51	3.41 ± 0.13	2.33～2.92	2.62 ± 0.30
皮肤	6.29～8.94	7.62 ± 1.32	5.56～7.60	6.51 ± 1.03

在营养成分上，雌雄亲鱼肌肉水分、蛋白质、灰分以及脂肪含量见图2。雌雄亲鱼各成分含量差异不显著（$P \geqslant 0.05$）。

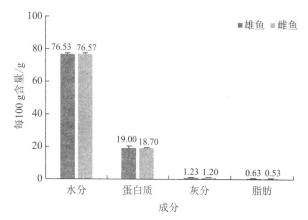

图2　"北鲆2号"雌雄亲鱼肌肉中成分的含量

氨基酸含量上，雄性亲鱼肌肉的氨基酸含量为每100 g（19.02 ± 1.99）g，其中必需氨基酸为（8.04 ± 0.43）g，雌性亲鱼为每100 g（18.38 ± 1.66）g，其中必需氨基酸含量为（7.77 ± 0.70）g。雌雄亲鱼之间，各氨基酸含量差异不显著（$P \geqslant 0.05$）。在所检测的18种氨基酸里，含量最高为谷氨酸，为每100 g 2.57～3.22 g，其次是天冬氨酸，为每100 g 1.75～2.15 g，排在第三的是赖氨酸，为每100 g 1.65～2.05 g，含量最少的氨基酸为色氨酸，每100 g 只有0.14～0.17 g。

脂肪酸含量上，共检测到11种脂肪酸，雌雄个体间含量百分比差异不显著（$P \geqslant 0.05$；表3）。在这11种脂肪酸种，饱和脂肪酸（SFA）3种，单不饱和脂肪酸（MUFA）4种，多不饱和脂肪酸（PUFA）4种。雌雄个体肌肉SFA中，含量最高的为C16:0（棕榈酸）；MUFA中，含量最高的为C18:1n9c（油酸）；PUFA中，C22:6n3（DHA）的含量最高。总体含量上，PUFA > SFA > MUFA。

表 3 "北鲆 2 号"雌雄亲鱼主要脂肪酸组成及含量

脂肪酸组成	脂肪酸含量（%）	
	雄鱼	雌鱼
C14:0（肉豆蔻酸）	3.05 ± 0.35	3.66 ± 0.42
C16:0（棕榈酸）	22.48 ± 0.67	22.97 ± 0.52
C16:1n7（棕榈油酸）	5.69 ± 0.88	6.34 ± 1.10
C18:0（硬脂酸）	7.33 ± 0.50	6.71 ± 0.98
C18:1n9c（油酸）	14.78 ± 0.60	15.26 ± 0.57
C18:2n6c（亚油酸）	1.76 ± 0.50	2.75 ± 1.47
C20:1（顺-11-二十碳一烯酸）	1.28 ± 0.25	1.40 ± 0.55
C20:4n6（花生四烯酸）	6.07 ± 0.92	4.82 ± 0.21
C20:5n3（EPA）	6.57 ± 0.43	5.82 ± 1.73
C24:1n9（神经酸）	1.85 ± 0.15	1.49 ± 0.45
C22:6n3（DHA）	29.14 ± 1.14	28.78 ± 1.63

5 牙鲆育性的转录组分析

为了进一步解析牙鲆不育和可育个体在生殖调控轴上基因表达的差异,利用高通量测序技术分别对 6 尾双单倍体牙鲆(3 尾可育,3 尾不育)的下丘脑(含垂体)、肝脏进行 mRNA和 miRNA 测序研究。通过测序,下丘脑(含垂体) mRNA 获得了 49.39 Gb 的有效数据,肝脏 mRNA 的有效数据量为 45.57 Gb。通过对数据库中已知注释信息进行统计,共获得 36 127 条转录本和 23 130 个基因,总转录本占总基因数比值是 1.6,数据库中具有 GO 注释的基因有 22 320 个,KEGG 注释的基因有 15 622 个。数据库中有效数据经 Top Hat 软件与牙鲆参考基因组进行比对,基因组比对率均在 80% 以上,外显子比对率均大于 90%。基于 Top Hat 的参考基因组比对结果,使用 StringTie 软件组装得到已知转录本和新转录本。通过对基因进行差异分析可知:下丘脑(含垂体)不育组和可育组间差异基因共计 54 个,差异转录本 521 条,其中不育组上调基因 22 个;肝脏不育组和可育组间差异基因共计 115 个,差异转录本 920 条,其中不育组上调基因 77 个。

下丘脑(含垂体)和肝脏的 miRNA 测序共获得 miRNA 6 322 270 条。通过对差异 miRNA 的靶基因预测和富集分析,发现下丘脑(含垂体)不育组下调的 2 个 mRNA 与相应的 miRNA 呈现负调控,这 2 个 mRNA 分别与黑色素生成和 AGE-RAGE 信号通路相关。肝脏不育组中也存在 2 个上调的 mRNA 与相应 miRNA 呈现负调控,这 2 个 mRNA 分别与核糖体和甘油酯代谢通路相关。

6 牙鲆抗淋巴囊肿新品种选育

6.1 抗淋巴囊肿中试鱼制备

在 2016 年染毒试验的基础上,2017 年进行抗病组合的染毒中试养殖。将抗病组合的雌雄亲鱼在同一水泥池培育,繁殖季节自然受精,通过溢流法收集受精卵并进行苗种培育。苗种培育至 3 cm 左右时,转运至昌黎和乐亭的 2 个淋巴囊肿病高发养殖场进行中试养殖。目前,中试养殖正在进行中,试验鱼生长情况良好。

6.2 牙鲆抗淋巴囊肿相关功能基因研究

2017 年,对 *thbs2*、*tbc1d25*、*efhd2* 三个和牙鲆淋巴囊肿抗病相关基因的功能进行了初步研究。克隆了 *thbs2*、*tbc1d25*、*efhd2* 三个基因的 cDNA 全序列。*thbs2* 基因 cDNA 全长 4 313 bp,其中 5'UTR 长 210 bp,3'UTR 长 575 bp,ORF 长 3 528 nt,编码 1 175 个氨基酸,相对分子质量预测为 1.308×10^5。*tbc1d25* 基因全长 3 953 bp,其中 5'UTR 长 108 bp,3'UTR 长 464 bp,ORF 长 3 387 bp,编码 1 128 个氨基酸,相对分子质量预测为 1.26×10^5。*efhd2* 基因全长 5 231 bp,其中 5'UTR 长 142 bp,3'UTR 长 4 390 bp,ORF 长 699 bp,编码 233 个氨基酸,相对分子质量预测为 2.64×10^5。

利用 qPCR 方法,对 *thbs2*、*tbc1d25*、*efhd2* 三个基因在抗病和患病牙鲆的头肾、肝脏、血液、鳃、心脏、性腺、肌肉、肠、脾脏等 9 个组织中的相对表达量进行了研究。结果显示:*thbs2* 基因在抗病鱼的头肾、肝脏、血液、鳃、心脏、肌肉、肠等组织的表达量显著高于患病鱼(图 3);*tbc1d25* 基因在抗病鱼的肝脏、血液、性腺的相对表达量要高于患病鱼,尤其是在血液中的表达量,两者之间差异及其显著(图 4);*efhd2* 基因在抗病鱼的血液、鳃、性腺、肌肉和脾脏的相对表达量高于患病鱼(图 5)。

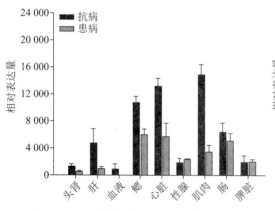

图 3 *thbs2* 基因在抗病和患病鱼各组织的
表达情况

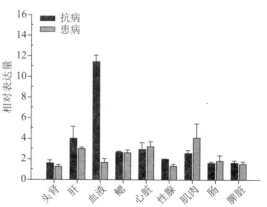

图 4 *tbc1d25* 基因在抗病和患病鱼各组织的
表达情况

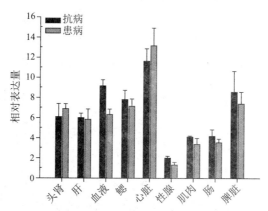

图5　*efhd2* 基因在抗病和患病鱼各组织的表达情况

6.3　牙鲆淋巴囊肿抗病和患病个体头肾转录组重分析

2014年,我们对3尾淋巴囊肿抗病个体和3尾患病个体的头肾进行了高通量转录组测序和分析。受限于当时缺乏牙鲆参考基因组,转录组的注释是以斑马鱼基因组为参考进行的。2017年,基于牙鲆参考基因组序列,对转录组测序结果进行了重新注释和分析,共获得1 024个差异表达基因(DEG),包括594个上调基因和430个下调基因。经GO注释,254个DEG被注释,其中157个参与了生物学进程,14个处于细胞位置,83个具有分子功能。这157个DEG参与了256个生物学进程,其中有显著性差异的生物学进程有47个,包括小分子代谢进程、单机体细胞进程、细胞氨基酸代谢过程、刺激反应进程、有机氮化合物代谢进程、Ras蛋白质信号转导进程、免疫系统进程、炎症反应进程、生物学进程和ATP水解耦合质子运输进程等(图6)。

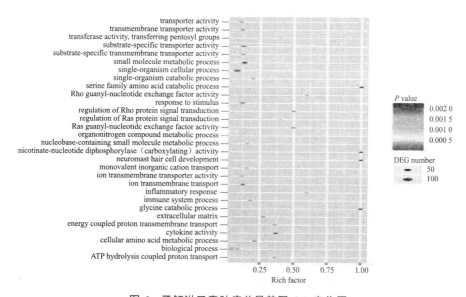

图6　牙鲆淋巴囊肿病差异基因GO富集图

KEGG 分析发现 157 个 DEG 被注释到生物学进程中,这 157 个 DEG 参与了 261 个生物学进程,其中有显著性差异的生物学进程有 10 个,包括类风湿关节炎、收集管酸分泌、吞噬体、TNF 信号通路、百日咳、肺结核、造血细胞谱系、ECM 受体互作、甘氨酸丝氨酸苏氨酸代谢和疟疾通路(图 7)。

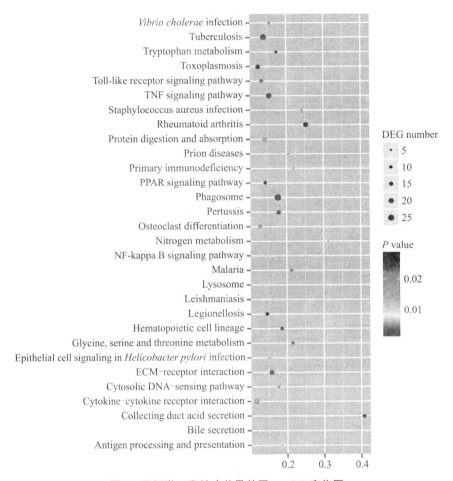

图 7　牙鲆淋巴囊肿病差异基因 KEGG 富集图

将转录组结果和 GWAS 结果进行共分析,筛选获得了 2 个与抗病性状紧密相关的功能基因。目前正在开展功能基因的验证工作。

6.4　牙鲆淋巴囊肿病毒的纯化

首先用 70% 酒精棉球消毒病患部,再用灭菌手术刀片切下囊肿,分装,−80 ℃保存,后利用差速离心、蔗糖密度梯度超速离心法提纯并获得淋巴囊肿病毒。具体方法如下:取10 g 囊肿解冻,4 ℃条件下剥膜、匀浆,反复冻融 4 次后,进行超声波破碎;破碎后的组织匀浆液采用相对离心力为 650 和 78 500 的差速离心获得病毒沉淀物,之后经 6 种蔗糖浓度的密度梯度超速离心获得提纯后的淋巴囊肿病毒。电镜观察证实病毒纯度相对较高,大多数病毒粒子结构完整(图8)。淋巴囊肿病毒的成功纯化为在细胞水平开展抗病功能基因研究提供了材料保障。

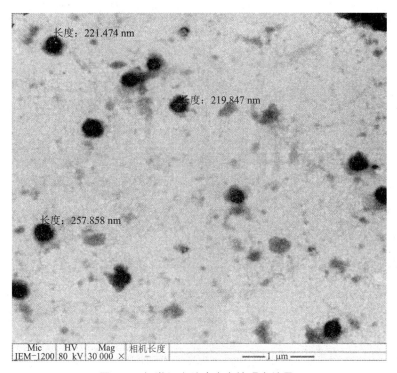

图 8　牙鲆淋巴囊肿病毒电镜观察结果

7　牙鲆配套系新品种选育

2017年4月下旬至5月上旬,利用已有的雌核发育家系(包括"大花"家系1尾、2009年杂合子2尾、3165克隆1尾、2006年抗病家系1尾、2006年雌核发育家系1尾、日本引进3尾、2010年重组率家系1尾、0021雌核二代3尾、2010年抗病鱼1尾、野生抗病雌核发育后代2尾、"北鲆2号"1尾)17尾雌鱼,以及已驯养1～2年的野生牙鲆雌鱼和当年从海上捕获的野生牙鲆雌鱼13尾,共计30尾雌鱼,与34尾野生雄鱼人工授精。每1尾雌鱼与3尾雄鱼分别授精建立3个母系半同胞家系,共使用9尾雌鱼与27雄鱼,建立了27个母系半同胞家系。同样利用剩下的7尾雄鱼和2尾建立母系半同胞家系已使用过的雄鱼,共9尾雄鱼,分别与27尾雌鱼(包括建立母系半同胞家系已使用过的6尾雌鱼)人工授精,建立了27个父系半同胞家系。在苗种伏底后,同一个母系或父系的3个半同胞家系合并在一池培育。10月份,每池牙鲆选择生长最快的100尾打电子标记,并进行体尺测量,然后合并在1个大水泥池进行养殖。10月份对18个混合家系测量的体重、全长、头长、体高、尾柄长、尾柄高见表4。

表4　18个混合家系的生长性状

家系	体重/g	全长/cm	头长/cm	体高/cm	尾柄长/cm	尾柄高/cm
1	120.34 ± 19.37	22.23 ± 1.53	5.70 ± 0.49	7.85 ± 0.57	1.36 ± 0.19	1.93 ± 0.15
2	120.75 ± 21.61	22.25 ± 1.64	5.69 ± 0.52	7.87 ± 0.63	1.39 ± 0.21	1.93 ± 0.16
3	83.86 ± 16.95	19.74 ± 1.65	4.64 ± 0.83	6.61 ± 1.20	1.48 ± 2.91	1.70 ± 0.22
4	84.78 ± 65.08	19.34 ± 2.66	4.54 ± 1.01	6.06 ± 1.75	1.57 ± 2.79	1.55 ± 0.29
5	77.43 ± 65.77	19.48 ± 2.68	4.74 ± 0.94	6.70 ± 1.04	1.14 ± 0.19	1.57 ± 0.24
6	77.70 ± 10.52	18.93 ± 1.43	4.64 ± 0.70	6.43 ± 1.04	1.18 ± 0.23	1.57 ± 0.19
7	95.56 ± 13.44	21.94 ± 1.14	5.42 ± 0.36	7.65 ± 0.46	1.74 ± 0.39	1.84 ± 0.14
8	92.81 ± 12.81	21.09 ± 1.57	5.29 ± 0.35	7.41 ± 0.44	1.34 ± 0.14	1.78 ± 0.13
9	81.32 ± 15.53	20.74 ± 1.57	5.13 ± 0.42	7.09 ± 0.60	1.39 ± 0.18	1.70 ± 0.18
10	75.13 ± 12.92	21.12 ± 1.38	5.25 ± 0.39	7.06 ± 0.52	1.36 ± 0.18	1.70 ± 0.16
11	84.49 ± 23.35	20.43 ± 2.04	5.11 ± 0.52	6.85 ± 0.73	1.42 ± 0.24	1.63 ± 0.19
12	83.75 ± 16.17	21.01 ± 1.42	5.33 ± 0.38	7.25 ± 0.52	1.52 ± 0.22	1.72 ± 0.16
13	81.42 ± 16.65	21.04 ± 2.38	5.32 ± 0.64	7.24 ± 0.87	1.56 ± 0.24	1.68 ± 0.20
14	93.17 ± 67.04	21.76 ± 1.43	5.45 ± 0.45	7.55 ± 0.57	1.54 ± 0.21	1.77 ± 0.14
15	84.60 ± 11.86	20.83 ± 1.51	5.29 ± 0.44	7.28 ± 0.57	1.38 ± 0.22	1.65 ± 0.16
16	75.52 ± 13.19	19.59 ± 1.25	5.00 ± 0.40	7.00 ± 0.51	1.24 ± 0.15	1.58 ± 0.15
17	71.84 ± 10.47	19.38 ± 1.13	4.88 ± 0.34	6.92 ± 0.39	1.29 ± 0.14	1.61 ± 0.12
18	79.05 ± 12.05	19.90 ± 1.50	4.94 ± 0.46	7.11 ± 0.56	1.23 ± 0.18	1.68 ± 0.16

（岗位科学家　王玉芬）

半滑舌鳎种质资源与品种改良技术研发进展

半滑舌鳎种质资源与品种改良岗位

2017年,半滑舌鳎种质资源与品种改良岗位围绕重要群体资源的收集、种质鉴定和多态性评价,雌性比例高、生长快和抗病力强优良家系选育等方面开展了研究,并取得一定的研究进展。

1 半滑舌鳎群体收集、鉴定

2017年,分别在海阳、莱州和天津3个地区开展半滑舌鳎群体的收集和评估工作,收集到海阳群体2 200尾,莱州群体600尾,天津群体600尾,共计3 400尾。采集鱼苗鳍条,提取DNA,利用微卫星标记完成种质鉴定和多态性评估工作。

2 半滑舌鳎精子冷冻保存

建立半滑舌鳎精子冷冻库1个(图1),在中国水产科学研究院黄海水产研究所海阳基地保存精子样品40份,在莱州明波水产公司保存优质精子样品40份。

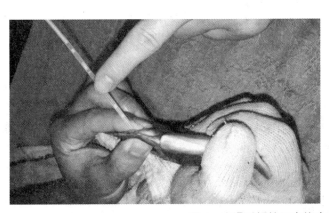

图1 半滑舌鳎精子库的建立

3 半滑舌鳎生长快、高雌、抗病家系筛选

2017年新建半滑舌鳎家系50个。在海阳基地对前期建立的半滑舌鳎家系进行鱼苗雌雄比例鉴定、生长指标测量和抗病力检测,筛选雌性比例高、生长快的3个家系用作后备亲鱼。构建了快速生长或抗病参考群体。

2017年7月和2017年10月进行了两次抗细菌病家系选育实验,成功筛选到抗病家系6个,不抗病家系8个(图2)。

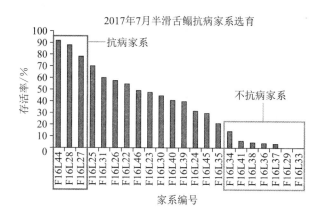

图2 2017年7月和10月半滑舌鳎抗病家系选育

4 突破海水鱼类基因组编辑技术,阐明半滑舌鳎雄性决定基因功能

在完成半滑舌鳎和牙鲆全基因组解析的基础上,突破了鲆鲽鱼类基因组编辑和基因组选择育种技术。在鲆鲽鱼类中率先实现基因组编辑技术的突破。首先以GFP基因为标记基因,突破了对半滑舌鳎受精卵显微注射技术(图3),随后构建了基因组编辑TALEN质粒,

并成功获得基因敲除的成鱼。通过将含有 *dmrt1* 基因的 TALEN 载体显微注射到半滑舌鳎受精卵，成功敲除了 *dmrt1* 并获得基因突变的鱼苗。将 *dmrt1* 基因突变的鱼苗培育为成鱼，发现 *dmrt1* 基因突变的雄鱼精巢发育受阻，发育成卵巢样结构（图 4），特别是观察到有些 *dmrt1* 基因突变的雄鱼生长变快（图 5），不仅进一步证明了 *dmrt1* 基因是半滑舌鳎雄性决定基因，阐明了半滑舌鳎性别决定和分化机制，而且为建立鲆鲽鱼类基因组编辑育种技术奠定了理论基础，提供了技术手段。

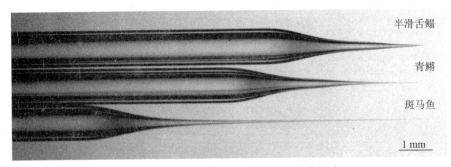

图 3 针对半滑舌鳎设计的显微注射用针头

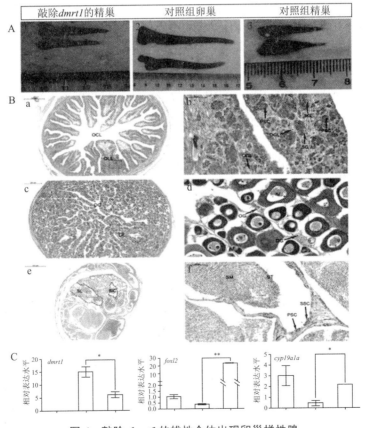

图 4 敲除 *dmrt1* 的雄性个体出现卵巢样性腺

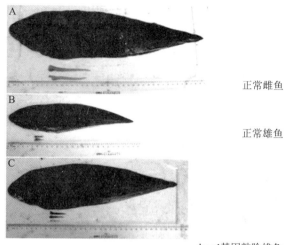

正常雌鱼

正常雄鱼

*dmrt1*基因敲除雄鱼

图5 半滑舌鳎*dmrt1*基因敲除个体生长加快

5 半滑舌鳎基因组育种值（GEBV）的计算和成功应用

使用 Genomic BLUP（GBLUP）和 BayesCπ 两种基因组选择算法,初步建立了半滑舌鳎抗哈维氏弧菌病的基因组选择方法。基于 2014 年感染实验结果,挑选出 863 尾鱼作为参考群体,其亲本（75尾）作为候选群体,上述个体的基因型通过重测序得到,经质量控制过滤后,剩余 1 073 491 个 SNP 用于计算。采用交叉验证（$k = 10$）来验证模型预测的准确性,并将 GEBV 高的雄鱼用于后续育种,结果显示:在标记密度为 1 000 k 时,BayesCπ 的预测能力好于 GBLUP;基因组选择雄鱼后代的感染存活率和养殖存活率分别比普通雄鱼后代高 24.6%和 17.0%。上述结果表明,通过基因组选择挑选出的亲本,后代抗病力确有提高,是选育半滑舌鳎抗哈维氏菌病良种的一种好方法。

（岗位科学家 邵长伟）

大黄鱼育种新技术与品种改良研究进展

大黄鱼种质资源与品种改良岗位

2017 年度,大黄鱼种质资源与品种改良岗位在大黄鱼育种新技术、育苗新模式和品种遗传改良方面开展的主要工作及其成果有如下几个方面。

1　大黄鱼等海水鱼类育种新技术的研发与应用

建立了经济实用的大黄鱼肌肉品质遗传改良技术,并应用到育种生产实践,取得了良好的效果;开展了大黄鱼内脏白点病抗病性状和对低(无)鱼油鱼粉饲料适应性的遗传基础解析和分子育种(基因组选择)技术研发,完成了实验群体的表型测定和覆盖全基因组的分子标记基因型测定。上述创新性育种技术方法的建立,引起了国内外同行研究者,以及大黄鱼等海水鱼类育种研究单位、养殖业者和饲料公司的关注,已先后应邀做学术报告 10 多场次,并有多个育种研究者(单位)和饲料生产公司提出进行相关的合作研发。

1. 1　经济实用的大黄鱼肌肉品质遗传改良技术的研发与应用

养殖大黄鱼品质下降,如肌肉中高不饱和脂肪酸(EPA、DHA 等)含量降低,是影响养殖大黄鱼价格与养殖业经济效益的重要因素。为此,我们针对高不饱和脂肪酸含量的选育建立了全基因组选择育种技术。基于成本考虑,我们进一步建立了利用少量标记(7 个 SNP)但不降低选择精度的选育技术。在此基础上,于 2017 年度分别培育出全长 3. 5 cm 以上的选育鱼苗 70 余万尾(称为“福康 1701”)和 130 多万尾(“福康 1702”),并以同期繁育的“闽优 1号” F9 作为对照。11 月底经随机取样测量,“福康 1701”平均体重 105. 1 g,“福康 1702”平均体重 103. 0 g,“闽优 1 号”平均体重 91. 1 g。与“闽优 1 号”相比,“福康 1701”平均体重高 15. 4%,“福康 1702”平均体重高 13. 1%(表 1),显示出良好的选育效果。本项研究工作为大黄鱼肌肉营养品质的改良开辟了一条经济有效的新途径,也为其他水产养殖动物肉质的遗传改良提供了重要的借鉴。

1. 2　大黄鱼内脏白点病抗病育种技术研究

由变形假单胞菌引起的大黄鱼内脏白点病,是近几年造成养殖大黄鱼死亡的 3 种主要病害之一,该病主要在低温期(水温低于 20 ℃)尤其是在越冬后春季水温回升时发作,此时大黄鱼摄食量下降或已停止摄食,特别是经过越冬期2~3个月停食的大黄鱼,体质屡弱,抗病力很差,而病原菌变形假单胞菌则十分活跃。由于病原菌位于大黄鱼体内脏器中,体表消毒完全无效,而此时大黄鱼不摄食或摄食很差,投喂药物也基本无效,因而病原菌造成了严重的危害。显然,培育抗病品种是解决此病害问题的最佳途径。为此,我们启动了大黄鱼内脏白点病抗病育种技术研究,通过对700尾健康幼鱼进行变形假单胞菌人为攻毒(浸泡),记录了每尾幼鱼从攻毒开始到严重发病死亡的时间,以此作为个体抗病力强弱的表型值。然后挑选了抗病力低(最早及较早死亡)和抗病力高(死亡晚或不发病)2类极端表型个体各100尾,以及抗病表型值在平均值附近的个体32尾(以增加GWAS分析的统计精度),进行基因组重测序(每尾测序量5 Gb)。已完成全部个体的重测序、SNP标记挖掘和对各标记位点的基因型分析与整理,正在进行抗病QTL定位和标记-表型效应分析,拟通过全基因组关联分析,筛选效应值高的主效标记作为辅助育种的分子标记,建立与肌肉高不饱和脂肪酸含量选育相似的经济实用的标记辅助育种技术,2018年春季培育出第一批抗病选育大黄鱼苗种。

表1　2017年春选育大黄鱼鱼苗生长跟踪观测结果

组别	雌鱼		雄鱼		子代		
	体重/g	GEBV	体重/g	GEBV	体重/g (6月18日)	体重/g (10月6日)	体重/g (11月30日)
"福康1701"	701.9	5.07	598.2	5.24	1.77	67.51	105.1
"福康1702"	845.2	2.41	668.2	2.77	1.70	65.03	103.0
"闽优1号"	836.2	—	655.6	—	1.43	55.56	91.1

1.3　大黄鱼耐粗饲(节省鱼粉和鱼油用量)品种选育技术研究

海水鱼类合成长链高不饱和脂肪酸的能力一般较弱或缺乏,需要在饲料中添加大量的鱼油和鱼粉才能满足其营养需求。据初步估算,目前养殖的大黄鱼如果全部改投喂人工配合饲料,每年就需要鱼油1万吨。鱼油、鱼粉供应量不足,价格不断上涨,已成为影响肉食性鱼类及其他水产经济动物养殖业效益的重要因素,并将限制养殖业规模的进一步拓展。通过遗传改良培育对鱼粉、鱼油需求量低的节饲或耐粗饲品种,对于肉食性水产动物养殖业的长续发展具有极其重要和深远的意义。为此,我们在2017年启动了耐粗饲大黄鱼品种选育的研究工作,配制了完全不含鱼油和鱼粉的全人工配合饲料,对530尾体重为4.25~5.75 g和1 925尾体重为1.75~2.50 g的幼鱼进行70 d左右的养殖试验。结果显示,各组幼鱼不同个体之间生长差异巨大,生长最快与最慢个体差异达3倍以上,说明大黄鱼不同个体间对饲料中鱼油和鱼粉的需求差异非常显著,因此利用选择育种的方法选育对鱼粉和鱼油需求量低的耐粗饲品种是完全可行的。从各实验组中分别选取生长快和生长慢两类极端个体合计310尾进行全基因组重测序,目前已完成测序工作,下一步将对采集的实验鱼进行脂肪酸含量分析、分子标记挖掘、GWAS分析、相关性状控制位点定位以及育种分子标记筛选。

1.4　大黄鱼和黄姑鱼性别特异分子标记的开发与应用

大黄鱼和黄姑鱼都是雌鱼生长快于雄鱼,开展全雌化育种,培育遗传全雌苗种,养殖全雌群体,可望在不增加养殖量的情况下大幅度提高群体生长速度和产量。大黄鱼雄鱼体型较修长,体色也比较鲜艳好看,因而售价较高,有些养殖业者希望养殖全雄群体。然而,在实践上很难根据外部形态特征进行大黄鱼与黄姑鱼生理性别的准确鉴别,更无法根据外部形态特征进行大黄鱼与黄姑鱼伪雄鱼(XX♂)、真雄鱼(XY♂)与超雄鱼(YY♂),以及伪雌鱼(XY♀)与真雌鱼(XX♀)的鉴别。性别控制育种以及基因组选择育种实践中都需要借助性别特异分子标记来对大黄鱼与黄姑鱼候选亲本进行遗传性别的准确识别。我们借助所绘制的大黄鱼和黄姑鱼高密度遗传图谱定位了其性别决定区域,通过 GWAS 分析对性别决定位点进行了更精细的定位,然后通过对雌鱼和雄鱼基因组中所定位区域的 DNA 序列进行仔细比对,找到了 X 和 Y 染色体上微小的 DNA 序列差异,以此作为分子标记,分别在大黄鱼和黄姑鱼建立了灵敏、准确的遗传性别鉴别技术,已申请了发明专利,并应用到这 2 种鱼的基因组选择育种实践。还将部分大黄鱼性别特异分子标记提供给本体系的宁波市综合实验站,供其用于开展大黄鱼全雄育种所需的雌鱼、伪雌鱼或雄鱼的鉴别。

2　大黄鱼育苗新模式的研究和应用

大黄鱼历来使用的育苗方式都是"清水育苗"模式,即在育苗过程中为了保持水质新鲜良好,每天进行换水操作,在室内育苗后期,换水量要达到 150%～200%。大黄鱼育苗主要在冬末初春进行,此时海区自然水温低,需要对育苗水体进行人为增温,将水温从 7～10 ℃提高到 22～23 ℃。这样不仅需要消耗大量的海水(因而也产生大量的废水),而且产生了大量的抽水和增温的能耗。为此,本岗位开展了新模式育苗试验,改"清水育苗"模式为"浑水育苗"模式,即在育苗水体中加入一定量的海泥,使育苗水体保持一定的浑浊度,同时延长室内育苗时间,在室内将大黄鱼苗培育到全长 4.0 cm 以上再移到海上网箱。效果:① 大幅度减少育苗用水量,大幅度降低能耗。育苗后期换水量由原来每天 200% 减少到 50%,整个育苗过程换水量比传统育苗模式减少 60%,能耗降低 50% 以上。② 提高育苗效果和育苗设施的生产力。由于换水量少,加上海泥颗粒可以吸附一些有毒有害物质,育苗水体水质得到改善且保持稳定,而且水体透明度降低,减少了鱼苗受到的胁迫与应激。育苗成活率和单位水体出苗量明显提高,而且育出的鱼苗更加整齐健壮,下海后的成活率也得到显著提高(由往年的 30% 左右提高到 50% 以上)。③ 在一定程度上节约了育苗饵料。本岗位今年在协作企业福建省宁德市金玲水产科技有限公司利用新模式培育大黄鱼苗,共培育出全长 4.0 cm 的鱼苗 3 000 万尾左右,单位水体出苗量达到 2.5 万尾/立方米左右,效益显著。

(岗位科学家　王志勇)

石斑鱼种质资源与品种改良技术研发进展

石斑鱼种质资源与品种改良岗位

本年度石斑鱼种质资源与品种改良岗位开展了石斑鱼种质资源保存与评价、石斑鱼优良品种（系）培育、石斑鱼重要性状相关功能基因挖掘和分子标记筛选与应用等方面的技术研究。

1 石斑鱼种质资源评价

进行了石斑鱼种质资源评价，采集3种主养石斑鱼（斜带石斑鱼、鞍带石斑鱼和棕点石斑鱼）不同群体样品，进行群体遗传分析，获得一些重要的种质资源评价数据和信息，初步完成了现有主养石斑鱼的种质资源状况调查报告（图1）。

AMOVA分析				
变异源	总和正方形	方差组件	百分比变异	P值
组间	18.448	0.047	1.381	0.014
在群体中	43.486	0.102	2.987	0.030
在个人内部				
种群	623.593	−0.027	−0.801	−0.008
个体内	657.000	3.284	96.433	0.036
合计	1 342.527	3.106	100.000	

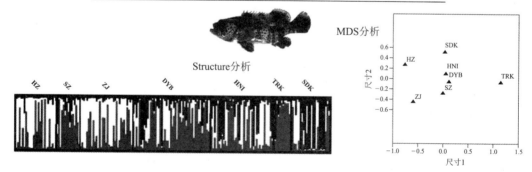

图1 石斑鱼种质资源评价

采集了斜带石斑鱼广东、海南、马来西亚、印度尼西亚等7个群体，鞍带石斑鱼海南野生和养殖各1个群体，棕点石斑鱼海南和马来西亚共3个野生群体。开发微卫星标记和线粒

体分子标记分析群体遗传学特征,获得了三种主养石斑鱼的遗传背景资料,研究结果表明:
① 与野生群体相比,斜带石斑鱼养殖群体的遗传多样性出现了显著下降,马来西亚的野生群体具有较高的遗传变异性,可为我国石斑鱼选育工作提供更多的遗传变异。② 斜带石斑鱼野生群体与养殖群体之间的遗传分化显著,我国、马来西亚和印度尼西亚的野生群体之间分化显著,但我国海域的野生群体间无显著的遗传分化,可作为一个种群管理和保护。③ 鞍带石斑鱼种内遗传多样性处于较低水平,野生群体的遗传多样性要稍高于养殖群体。野生和养殖群体间的遗传分化程度偏弱,养殖群体的遗传结构尚未发生明显变化。④ 棕点石斑鱼海南野生群体的遗传多样性最高,与马来西亚群体有较大的遗传差异,马来西亚两个群体间遗传差异不明显。

2 石斑鱼精子冷冻保存技术

建立了鞍带石斑鱼、棕点石斑鱼、斜带石斑鱼 3 种主养石斑鱼的精子超低温冷冻保存技术,冻存精子具有较高活力、受精率和孵化率,可用于生产实践。

采用 MPRS、TS-2、TS-19、Cortland 和 Hank's 5 种稀释液,分别混合 DMSO、Methanol 和 Glycerol 3 种冷冻保护剂,进行了 3 种常见石斑鱼精子的超低温冷冻保存实验(图 2);使用计算机辅助精子质量检测系统(CASA)对超低温冷冻前后石斑鱼精子质量进行全面分析,

精液的采集及质量评价

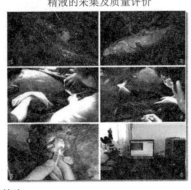

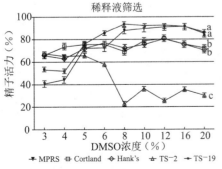

图 2 石斑鱼精子冷冻保存

并对每一次结果进行录像资料采集;筛选出了适合石斑鱼精子超低温冷冻保存的稀释液和抗冻剂配方,确定了冷冻试验的最佳稀释比、最佳冷冻保存体积,并且获得了冷冻精液的受精后数据。结果表明,鞍带石斑鱼冷冻精液的活力、受精率和孵化率最高为91.2% ± 5.6%、92.47% ± 2.4%、51.86% ± 4.1%,棕点石斑鱼冷冻精液的活力、受精率和孵化率最高为93.41% ± 7.83%、92.61% ± 3.37%、62.74% ± 5.26%,斜带石斑鱼冷冻精液的活力、受精率和孵化率最高为88.26% ± 8.59%、91.90% ± 6.12%、54.33% ± 3.2%,3种石斑鱼精液超低温冷冻保存的最适抗冻剂为DMSO,冷冻保存精液与稀释液的最佳比例为1∶1,最适的冷冻保存体积为1 mL以内,冷冻精液的多项参数指标能够接近鲜精水平。

3 石斑鱼优良品种（系）培育

开展了斜带石斑鱼、驼背鲈、棕点石斑鱼、青水石斑鱼、鞍带石斑鱼等多个组合的杂交育种工作,多个杂交组合的后代均表现出良好的经济性状。

3.1 "虎龙杂交斑"新品种亲本来源和培育目标

"虎龙杂交斑"新品种的母本为棕点石斑鱼（*Epinephelus fuscoguttatus*）,父本为鞍带石斑鱼（*Epinephelus lanceolatus*）,见图3。

图3 棕点石斑鱼（左）与鞍带石斑鱼（右）

培育的主要目标:棕点石斑鱼人工繁殖难度小,容易获取大量的受精卵,卵的价格较低（3 000～5 000元/千克）,育苗成活率高,可达16%,但生长速度慢、养殖周期长,养殖效益不理想;鞍带石斑鱼生长速度快,但亲鱼培育及苗种繁育难度大,育苗成活率仍然非常低,只有0.5%～2%的水平,目前仍"一卵难求"（300 00～60 000元/千克）,严重制约了该鱼的养殖产业发展。针对上述现象,我们期望通过远缘杂交技术培育出生长速度快、育苗成活率高的石斑鱼新品种,与此育种目标相一致的具体改良性状包括个体生长速度、育苗成活率。

3.2 虎龙杂交斑育种过程

3.2.1 母本棕点石斑鱼群体选育

2003年从我国台湾引进达到性成熟的棕点石斑鱼良种亲本200尾,体重3.5～6 kg,其中雌鱼140尾,雄鱼60尾,群体中雄性占比为30%。以引进的良种亲本作为原始群体,选择体健无伤、个体大、符合形态标准的个体,建立基础群体（EF）。棕点石斑鱼4～5年性成熟,从2003年到2013年,每5年繁殖一代,已群体选育3代,操作过程见图4。

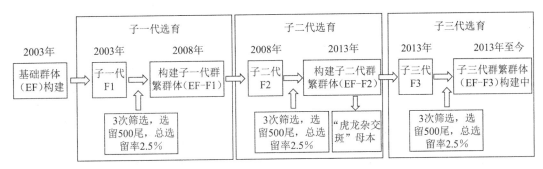

图4　母本棕点石斑鱼群体选育流程图

3.2.2　父本鞍带石斑鱼群体选育

1999年从我国台湾引进200尾鞍带石斑鱼苗开展人工养殖,经过5年培育,至2004年达到性成熟。以上述养殖鞍带石斑鱼作为原始群体,选择体健无伤、个体大、符合形态标准的个体,建立基础群体(EL)。鞍带石斑鱼5年性成熟,从2004年到2014年,每5年繁殖一代,已群体选育3代,操作过程见图5。

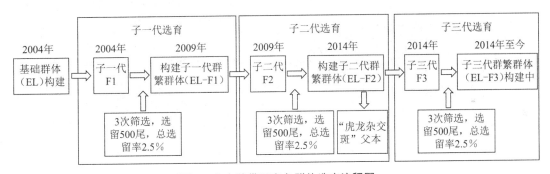

图5　父本鞍带石斑鱼群体选育流程图

3.2.3　"虎龙杂交斑"的繁育

2008年,开始杂交斑的繁育试验,利用2003年引进的我国台湾棕点石斑鱼(2003EF,♀)和2004年养成的鞍带石斑鱼(2004EL,♂)进行杂交产生第一代杂交石斑鱼(2008ZJFL)。2008年随机选择杂交石斑鱼苗(2008ZJFL)100万尾通过池塘生态系育苗模式进行培育,育苗成活率约9.28%。

2009年,利用第一代选育的棕点石斑鱼(2008EF-F1,♀)和第一代选育的鞍带石斑鱼(2009EL-F1,♂)进行杂交产生第二代杂交石斑鱼(2009ZJFL)。2009年随机选择杂交石斑鱼苗(2009ZJFL)500万尾通过池塘生态系育苗模式进行培育,育苗成活率约18.23%。

2014年,利用第二代选育的棕点石斑鱼(2013EF-F2,♀)和第二代选育的鞍带石斑鱼(2014EL-F2,♂)进行杂交产生第三代杂交石斑鱼(2014ZJFL),即为2017年获批的新品种——"虎龙杂交斑"。2014年随机选择杂交石斑鱼苗（2014ZJFL）500万尾通过池塘生态系育苗模式进行培育，育苗成活率约19.75%。当年"虎龙杂交斑"养殖达12月龄时，平均体重达到835 g ± 87.68 g，生长速度比母本棕点石斑鱼（平均体重378 g ± 67.65 g）快120%。"虎龙杂交斑"育苗成活率19.75%，显著高于父本棕点石斑鱼的育苗成活率（1.5%），见图6。

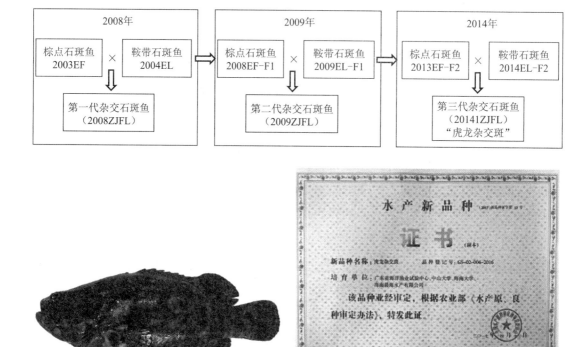

图6 "虎龙杂交斑"新品种选育流程

3.2.4 "虎龙杂交斑"新品种推广应用价值

生产实践表明，"虎龙杂交斑"具有明显的杂种优势，主要表现在以下方面。

（1）生长速度快，大幅缩短了养殖周期。"虎龙杂交斑"生长速度快，平均体重增长比母本提高114.52%，养殖周期缩短了50%以上，极大降低了养殖风险。

（2）育苗成活率高。杂交后代的育苗成活率可达19.75%，显著高于父本的育苗成活率（0.5%～2%）。

（3）养殖效益好。受精卵及鱼苗价格（受精卵3 000～5 000元/千克，3 cm规格鱼苗0.5～1.5元/尾）显著低于鞍带石斑鱼（受精卵30 000～60 000元/千克，3 cm规格鱼苗5～15元/尾），卵及鱼苗成本大幅降低，加上饲料、人工等养殖成本均不同程度降低，从而提高了石斑鱼养殖效益。

"虎龙杂交斑"适应性强，适宜在池塘及工厂化养殖模式下生产，目前已在我国广东、海南、福建、广西、浙江、山东、天津、辽宁等地区示范养殖，迅速成为我国海水养殖业的重要品种。

4 石斑鱼生殖相关功能基因挖掘

4.1 斜带石斑鱼生殖细胞标记基因 *vasa* 与 *slbp2* 的克隆

运用原位杂交和免疫组化手段研究了 *vasa* 基因在斜带石斑鱼性逆转过程中的表达模式,发现 *vasa* 作为生殖细胞的标记基因,在雌雄生殖细胞中均有表达,且在不同发育时期的细胞表达量不同(图7)。

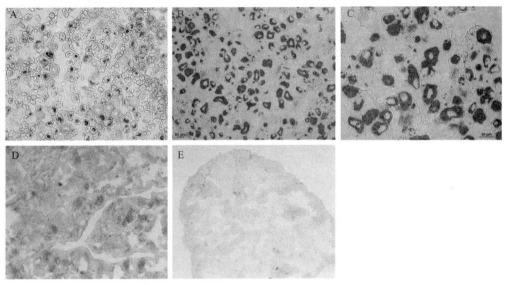

图7 人工诱导斜带石斑鱼性逆转过程中 *vasa* mRNA 在性腺的表达

克隆了 *slbp2* 的 cDNA 全长,发现 *slbp2* 特异地在斜带石斑鱼卵巢中表达。运用原位杂交手段研究了 *slbp2* 在斜带石斑鱼性腺中的表达,发现 *slbp2* 在初级卵母细胞中表达非常丰富,均匀分布在卵母细胞的细胞质。随着卵母细胞发育,其 mRNA 慢慢向卵母细胞边缘迁移,在卵黄发生的卵母细胞中,主要定位于卵母细胞的周边。在人工诱导斜带石斑鱼性逆转过程中,*slbp2* 的表达慢慢减少,原位杂交的结果显示:在雄性生殖细胞中检测不到 *slbp2* mRNA信号。我们的研究结果表明,*slbp2* 可作为斜带石斑鱼雌性生殖细胞的标记基因(图8)。

4.2 GnIH 与性类固醇合成通路关键基因 StAR 和 3βhsd 的关系

克隆得到 StAR 和 3βhsd 基因,分析表明 StAR 主要在性腺组织表达,而 3βhsd 主要在脑和性腺组织表达。已知 GnIH 与斜带石斑鱼的性逆转过程和雄性形状维持有关,在体、离体研究发现 GnIH 多肽显著刺激了 StAR 和 3βhsd 基因 mRNA 的表达(图9),另外,在 MT诱导的性逆转过程中,StAR 和 3βhsd 基因表达量在埋置 MT 过程中逐渐升高。因此,GnIH可以通过刺激 StAR 和 3βhsd 的表达,调控斜带石斑鱼的性逆转或维持雄性性状。

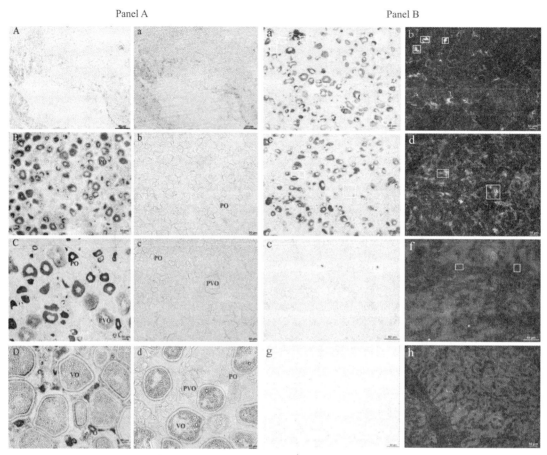

图 8　*slbp2* 在雌性石斑鱼性腺中特异表达情况（**Panel A**）和在人工诱导斜带石斑鱼
性逆转过程中性腺的表达情况（**Panel B**）

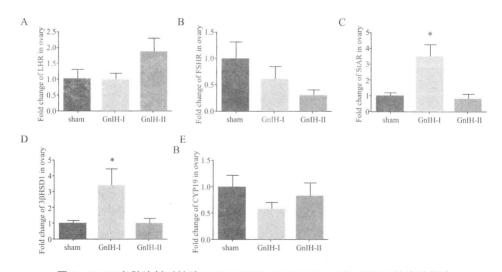

图 9　**GnIH 多肽注射对性腺 LHR、FSHR、StAR、3βhsd 和 CYP19 的表达影响**

4.3 *kiss* 基因介导斜带石斑鱼性类固醇激素反馈调节

　　通过荧光免疫原位杂交共定位研究,发现 *kiss1*、*kiss2* 神经元上均有雌激素受体的表达。在 293T 细胞系中,E2 是通过 *erβ* 而不是 *erα* 调节 2 个 *kiss* 启动子的活性。通过启动子的删减和突变,发现 E2 对 *kiss1* 的调节是分别通过 *erβ1* 介导 ERE 信号通路和 *erβ2* 介导的 AP1 信号通路实现的,而 E2 对 *kiss2* 的调节是分别通过 *erβ1* 介导的 Creb 信号通路和 *erβ2* 介导的 half-ERE 信号通路实现的。

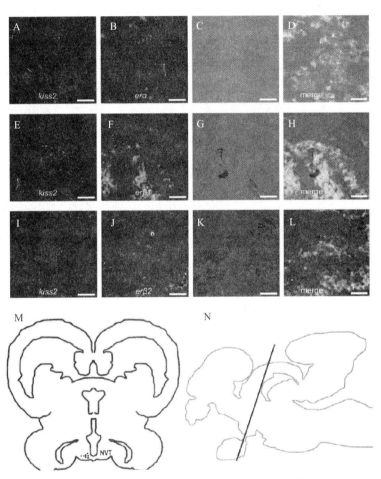

图 10　*kiss2* 基因与 *erα*、*erβ1*、*erβ2* 的共定位研究

NVT:腹后外侧核

5　石斑鱼生长相关分子标记的开发

　　在斜带石斑鱼瘦素基因 leptin 中挖掘到 4 个与生长性状相关的 SNP(c. 182 + 183 TG > GT、c. 447 G > A、c. 531 C > T、c. 149 G > A),在斜带石斑鱼生长激素释放激素基因 GHRH 中挖掘到 1 个与生长性状相关的 SNP(KR269823. 1:g. 475 A > C),这对于斜带石斑

鱼分子辅助育种、建立良种选育家系具有重要的实用价值。

5.1 斜带石斑鱼瘦素基因多态性与生长性状关联分析

获得了斜带石斑鱼瘦素 a 型基因（leptin-a）开放阅读框序列，对其进行了基因注释和多态性分析，发现了 6 个 SNP 位点，内含子中的 2 个 SNP 位点（c.182 T > G、c.183 G > T）处于完全连锁状态。与 12 个生长性状进行相关性分析，发现内含子 1 中的多态性位点 c.182 + 183 TG > GT 能显著地影响体重、体高、尾柄高、吻长性状，突变基因型 AB（TG/GT）与生长性状成正相关。外显子 2 中的 SNP 位点 c.447 G > A 与体重、体高、全长、体长、体厚、头长、尾柄高和眼间距性状显著相关，突变基因型 GA 与生长性状成正相关。外显子 2 中的 SNP 位点 c.531 C > T 与眼径性状显著相关，突变基因型 TT 与生长性状成负相关。获得了斜带石斑鱼瘦素 b 型基因（leptin-b）开放阅读框序列，对其进行了基因注释和多态性分析，发现了 6 个 SNP 位点。与 12 个生长性状进行相关性分析，发现外显子 1 的错义突变位点 c.149 G > A 与体高和头长性状显著相关，突变基因型 GA 与生长性状成负相关（图 11）。

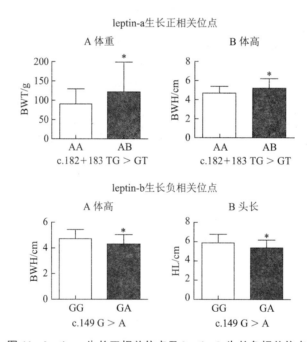

图 11　leptin-a 生长正相关位点及 leptin-b 生长负相关位点

5.2 斜带石斑鱼 22 个候选基因的生长性状关联分析

选取的 22 候选基因包括生长轴上的 13 个基因（*ghrh*、*adcyapa*、*adcyapb*、*ghrhr*、*gh*、*ghr1*、*ghr2*、*igf1*、*igf2*、*igfbp2*、*igf1r1*、*igf1r2*、*igf2r*）、控制肌肉生长的 7 个基因（4*mrf4*、*myf5*、*mstn1*、*mstn2*、*myod1*、*myod2*、*myog*）和调节摄食和能量平衡的 2 个基因（*leptin-a*、*leptin-b*）。序列富集采用长片段 PCR 法，共扩增 41 个片段，总长约 185 kbp。测序采用 Ion PGM 高通

量测序平台 318 芯片,样品为同时孵化的 9 月龄混交 F2 个体。首先进行 20 个极重个体和 22 个极轻个体混合池测序,共检测到 1 623 个高质量 SNP(MAF > 10%),包含位于 *ghr1* 信 mRNA 第一个 ATG 的非同义突变(KR269817. 1: g. 310 G > C)。对极轻组和极重组的检测 发现该突变并不显著影响斜带石斑鱼生长(P > 0. 05),并且该基因的真正起始密码子可能 是开放阅读框内下游另一个 ATG。其次,通过对 159 个个体的上述基因测序,估算该群体 的核苷酸多样性(π)为 0. 003 52,连锁不平衡(r^2)衰减到最大值 50% 的距离约为 11 kbp。利 用混合线性模型矫正群体结构和家系结构,并且经 bonferroni 多重比较校正后,共检测到位 于基因 *ghrh* 外显子 1 的一个同义突变位点(KR269823. 1: g. 475 A > C, c. 72 A > C)分别 与体重、体长和全长显著相关,P 值分别为 $6. 1 \times 10^{-7}$、$1. 4 \times 10^{-6}$ 和 $1. 8 \times 10^{-5}$,分别解释 17. 0%、16. 1% 和 13. 3% 的表型变异(图 12)。

标记 位点	基因	突变 类型	位置	坐标	MAF	性状	P 值	r^2(%)	a	d	d/a
KR2698 23.1:g. 475 A>C	*ghrh*	同义 突变	外显 子1	+72	0.24	BWT	6.1×10^{-7}	17.0	65.1	51.5	0.8
						BL	1.4×10^{-6}	16.1	3.8	2.9	0.8
						OL	1.8×10^{-5}	13.3	3.9	3.0	0.8

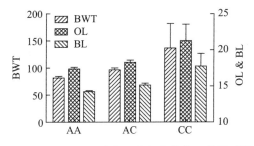

图 12 GHRH 生长显著相关位点及基因型效应

(岗位科学家 刘晓春)

海鲈种质资源与品种改良技术研发进展

海鲈种质资源与品种改良岗位

2017年,本岗位立足于山东省东营市海鲈苗种基地,与珠海斗门海鲈成鱼养殖主产区、福建宁德苗种生产集散区良性互动,共同推进优质苗种生产与种质资源鉴定工作,突破北部海区海鲈生殖调控关键技术,探索低成本育苗模式,取得初步成效。2017年本岗位获得东营市科技合作奖1项,并受政府邀请进行海鲈繁育与养殖技术推介,以本岗位为主要技术依托,成功获批省级海鲈良种场(利津县双瀛水产苗种有限责任公司),为助推该地区海水养殖业增产增效提供技术保障。

1 海鲈繁育工作

1.1 北方海鲈繁育工作

2017年10月中旬,在山东省东营市利津县双瀛水产苗种有限责任公司,挑选室外网箱培育的北方海鲈亲鱼共计78尾(33尾雌鱼、45尾雄鱼),雌鱼3.0~4.0 kg,雄鱼2.5~3.5 kg,进行人工繁殖。2017年10月12日至11月3日,采用干法人工授精,建立全同胞和半同胞共10组家系,家系亲鱼进行芯片标记,共9尾亲鱼产卵,产卵量约为2.6 kg(约160万粒受精卵)。截止到2017年12月12日,共布设10个室内水泥育苗池(5 m×5 m×1 m),约21万尾稚鱼(1 cm左右),其中包括5组家系,约9.5万尾。

1.2 南北方海鲈杂交繁育

2017年11月28日至12月3日,将北方海鲈的冻存精液带到福建福鼎闽威实业有限公司开展南北方海鲈杂交工作。于当地室外网箱内挑选37尾亲鱼(23尾雌鱼、14尾雄鱼)进行激素注射。利用北方海鲈的冻存精液与当地雌鱼卵进行人工授精,共建立4组家系,共获得鱼苗近30万尾。

2 海鲈种质资源评估

以我国沿岸12个采样点(天津、温州、珠海、烟台、汕头、文登、湛江、连云港、海康、吕四、舟山和防城港)野生群体已经报道的遗传多样性分析结果为背景依据,对我国5个主要的海鲈养殖群体进行种质资源鉴定及性状评估。课题组于2017年10月至12月期间,分别在山东东营、山东青岛、福建福鼎、福建漳州和广西北海各地采集30～40尾规格接近(1 kg左右)的海鲈鳍条及组织样本,用于ddRAD测序分型、形态学及肌肉品质评估。从初步分析结果来看,南北方海鲈存在明显的形态差异,计算山东东营、福建福鼎、广东珠海三地海鲈的体长、体重、体高3个可量性状比值发现,体长与体高、体长与体重的比值排序均为山东＞福建＞广东,而体高与体重的比值差异不大。由以上数据可以初步判断,以山东为代表的北方海鲈群体体型较以广东为代表的南方群体修长,而且北方海鲈的生长速度也快于南方海鲈。

3 海鲈亲鱼和精子质量评估

3.1 亲鱼体质量评估

采用模型拟合的方法对2龄海鲈各形态性状分别与体质量进行曲线估计,筛选各形态性状与体质量关系的最优拟合方程,获得鱼体形态性状与体质量之间的关系。并运用相关分析、通径分析和多元回归分析的方法,确定了影响海鲈体质量的主要形态性状及其对体质量影响的直接作用和间接作用的效果,建立起主要形态性状与体质量之间的最优回归方程。研究结果表明,在海鲈的选育过程中,体宽、头长、全长和尾柄高可作为体质量重要的评估测量指标(表1)。

表1 海鲈形态性状对体质量的影响

性状	回归系数	通径系数 直接作用	总计	间接作用			
				体宽	头长	全长	尾柄高
体宽	0.954	0.547	0.407	—	0.107	0.178	0.122
头长	0.862	0.136	0.726	0.431	—	0.175	0.120
全长	0.912	0.206	0.706	0.474	0.115	—	0.117
尾柄高	0.878	0.146	0.732	0.456	0.112	0.164	—

3.2 精子质量评估

在已建立的海鲈精液超低温冷冻技术的基础上进行优化,用CASA平台对海鲈超低温精液冷冻保存技术和精子活性进行进一步实验,拟获得不同精液冷冻技术下精子质量的精确数据,为生产实践提供数据及理论支撑。对获得99%以上活性的鲜精,按比例混合稀释液和冻存液,并分别进行传统三步法和程序冷冻,结果显示,传统三步法冷冻精液稀释后活性为40%～60%,并且保存30 d对精子活性无显著影响(表2)。本研究成果可为海鲈的人工繁殖工作提供技术支撑。

表 2　不同方法及保存时间下海鲈精液活力

		精子密度/（个/视野）	精子成活率（%）	算数平均数	加权平均数
鲜精	鲜精	915.617	99.239	95.3615 ± 3.877 5	97.634 920 08
		238.781	91.484		
	三步法冻存	237.038	50.735	43.877 ± 6.858 0	46.103 620 89
		120.843	37.019		
	程序降温冷存	278.341	5.88	13.303 3 ± 5.883 6	16.785 725 48
		1 009.283	20.27		
		159.006	13.76		
保存 30 d 后	三步法冻存	1 232.248	60.066	56.85 ± 3.767 6	59.542 669 87
		560.06	58.921		
		37.182	51.563		

4　主要环境因子对海鲈仔稚鱼的影响

近年来，在海水鱼类人工育苗过程中亲鱼的繁殖性能及仔稚鱼质量降低的问题越来越严重，成为制约海水鱼类养殖发展的一个瓶颈。课题组针对仔稚鱼质量评定开展了以下几方面研究。

4.1　低氧对海鲈仔鱼的影响

将仔鱼在溶解氧含量为（1.56 ± 0.24）mg/L 水平下胁迫 3 h、6 h、12 h、24 h，然后在正常溶解氧含量即（7.72 ± 0.18）mg/L 水平下恢复 3 h、12 h。结果表明：低氧胁迫能显著上调（$P < 0.05$）白细胞（WBC）、红细胞（RBC）、血红蛋白（HGB）和血小板（PLT）等血液指标；使谷丙转氨酶（ALT）、谷草转氨酶（AST）、乳酸脱氢酶（LDH）和甘油三酯（TG）等生理生化指标显著升高（$P < 0.05$），在恢复常氧后又能降低到正常水平；还能够使碱性磷酸酶（ALP）、总蛋白（TP）、白蛋白（ALB）与总胆固醇（TC）含量先显著下降（$P < 0.05$）后逐渐上升恢复到正常水平（表 3）。低氧胁迫能显著影响海鲈不同组织的氧化应激与能量利用：肝脏中谷胱甘肽-S-转移酶（GST）呈先增加后减少的趋势；鳃组织中超氧化物歧化酶（SOD）、过氧化氢酶（CAT）、GST 和丙二醛（MDA）在低氧胁迫下均有显著变化；肌肉组织中 SOD、CAT、MDA 同样出现显著变化；此外，肝糖原、乳酸和肌糖原也呈现显著变化。结果显示了海鲈在低氧胁迫时抗氧化应激的生理机制，为海鲈苗种的健康养成提供参考依据。

表3 低氧胁迫与恢复对海鲈幼鱼血液生理生化指标的影响

处理	谷丙转氨酶/(U/L)	碱性磷酸酶/(U/L)	总蛋白/(g/L)	总胆固醇/(mmol/L)
C	42.93 ± 13.15[a]	31.17 ± 1.70[b]	44.48 ± 4.12[b]	8.25 ± 1.46[b]
D3	168.07 ± 34.55[c]	28.00 ± 2.95[ab]	45.65 ± 5.19[b]	6.80 ± 1.42[ab]
D6	81.93 ± 21.85[b]	23.23 ± 1.53[a]	40.55 ± 6.48[ab]	6.69 ± 1.12[ab]
D12	64.90 ± 10.52[ab]	30.53 ± 6.44[b]	34.25 ± 4.58[a]	5.56 ± 0.78[a]
D24	51.47 ± 6.23[ab]	25.90 ± 5.31[ab]	38.08 ± 3.84[ab]	6.41 ± 1.25[ab]
R3	47.00 ± 2.12[a]	27.00 ± 2.95[ab]	38.25 ± 2.87[ab]	6.62 ± 1.12[ab]
R12	49.37 ± 13.40[ab]	26.08 ± 3.54[ab]	39.80 ± 4.53[ab]	6.30 ± 1.22[ab]
处理	谷草转氨酶/(U/L)	乳酸脱氢酶/(U/L)	白蛋白/(g/L)	甘油三酯/(mmol/L)
C	270.97 ± 56.86[ab]	205.83 ± 69.59[a]	12.38 ± 0.87[b]	1.71 ± 0.27[ab]
D3	579.23 ± 107.84[d]	800.53 ± 256.98[c]	12.88 ± 1.50[b]	1.92 ± 0.31[b]
D6	419.63 ± 101.27[c]	337.27 ± 156.57[ab]	11.78 ± 2.50[ab]	1.70 ± 0.40[ab]
D12	328.03 ± 132.33[bc]	449.50 ± 140.33[ab]	9.75 ± 1.35[a]	1.33 ± 0.56[a]
D24	175.75 ± 46.58[a]	371.57 ± 62.30[ab]	10.73 ± 1.11[ab]	1.65 ± 0.28[ab]
R3	184.45 ± 50.88[ab]	559.07 ± 74.07[bc]	10.73 ± 0.46[ab]	1.92 ± 0.01[b]
R12	212.20 ± 58.98[ab]	497.20 ± 124.57[b]	10.85 ± 1.53[ab]	2.53 ± 0.22[c]

4.2 盐度和pH对海鲈受精卵及仔鱼的影响

针对不同盐度(0、15、20、25、30、35和40)与pH(5.5、6.5、7.5、8.5和9.5),在低盐0、养殖盐度30与高盐45胁迫下,研究海鲈早期仔鱼生长性能。结果显示,盐度20组每日存活率下降相对平缓,在第8天的每日存活率为12.66%(其他组已为0;表4)。与盐度处理组相比,海鲈初孵仔鱼对pH变化较为敏感,其孵化率及最终每日存活率显著低于盐度处理组(表5)。海鲈早期幼鱼盐度处理组中,低盐0与高盐45对此规格海鲈幼鱼产生较大损伤,以高盐45抑制最显著,应为苗种盐度推广的上限,而海鲈生长盐度30与各处理盐度相比,较适宜海鲈早期仔鱼的生长。研究结果将为北方海域海鲈繁育适宜盐度和pH处理的设定,及提高海鲈孵化率、育苗成活率与早期苗种推广提供基础资料。

表4 海鲈初孵仔鱼在不同盐度下的存活率及生存活力指数

盐度	仔鱼孵化后不同天数时的存活率(%)									SAI
	1 d	2 d	3 d	4 d	5 d	6 d	7 d	8 d	9 d	
0	3.96	0.00	0.00	0.00	0.00	0.00	0.00	0.00	0.00	0.04 ± 0.01*

盐度	仔鱼孵化后不同天数时的存活率（%）									SAI
	1 d	2 d	3 d	4 d	5 d	6 d	7 d	8 d	9 d	
15	97.65	94.12	92.94	92.94	90.59	52.94	7.06	0.00	0.00	15.13 ± 0.19
20	98.73	94.94	94.94	83.54	78.48	64.56	44.30	12.66	0.00	20.99 ± 0.69
25	89.25	78.49	67.74	55.91	54.84	43.01	12.90	0.00	0.00	12.96 ± 0.61
30	82.18	70.30	56.44	42.57	38.61	22.77	4.95	0.00	0.00	9.27 ± 0.41
35	78.49	63.44	48.39	30.11	24.73	12.90	4.30	0.00	0.00	7.02 ± 0.27
40	77.55	62.24	39.80	22.45	6.12	0.00	0.00	0.00	0.00	4.42 ± 0.23

表5　海鲈初孵仔鱼在不同pH条件下的存活率及生存活力指数

pH	仔鱼孵化后不同天数时的存活率（%）								SAI
	1 d	2 d	3 d	4 d	5 d	6 d	7 d	8 d	
5.5	16.48	7.69	4.40	0.00	0.00	0.00	0.00	0.00	0.45 ± 0.04
6.5	89.11	82.18	68.32	52.48	39.36	11.88	5.94	0.00	9.78 ± 0.47
7.5	78.79	63.64	51.52	32.32	25.25	8.08	3.06	0.00	6.86 ± 0.45
8.5	52.43	30.10	22.33	16.16	9.71	5.83	0.00	0.00	12.96 ± 0.61
9.5	24.51	0.03	0.00	0.00	0.00	0.00	0.00	0.00	0.25 ± 0.03

4.3　温度和饵料对幼鱼的影响

为探索北方人工繁育海鲈幼鱼生长最佳温度及投饵模式,测定了海鲈幼鱼在不同温度和限食处理下以及恢复适宜条件后的生长和生化指标,研究海鲈幼鱼的补偿生长规律。经过不同温度和限食处理后,海鲈幼鱼组织匀浆上清部分生化指标包括相关激素水平均发生了明显的变化。经过温度和限食处理后恢复适宜条件,海鲈幼鱼得到了不同程度补偿生长。建议北方海鲈幼鱼培育温度为16 ℃,投喂模式为100%投喂。

5　海鲈分子育种基础性研究

5.1　海鲈第三代全长转录组测序

利用PacBio RSII三代单分子测序平台,对海鲈的多组织（脑、垂体、心、肝、肾、鳃、胃、肠、肌肉、皮肤、鳍条、脾、性腺）混合RNA样品进行全长转录组测序分析。共测6个SMRT cell,获得13.42 Gb的数据,得到插入序列（read of isert, ROI）726 742条,其中全长非嵌合（full-length non-chimeric, FLNC）序列为308 606条。使用SMRT Analysis软件的RS_IsoSeq模块

FLNC 序列进行聚类分析,获得一致性转录本序列(consensus isoform)121 146 条,其中经非全长序列校正后的高质量转录本序列 83 488 条。通过软件 GMAP 将校正后的转录本比对到参考基因组后进行去冗余分析,最终获得 28 809 条转录本序列。本项目还预测出 29 609 个 SSR、14 258 个完整 ORF 序列和 3 112 个 lncRNA(表 6)。

表 6 海鲈全长转录本测序数据统计表

Library	1~2 kb	2~3 kb	3~6 kb	总数
SMRT cell	2	2	2	6
Number of subread	2 933 418	1 466 540	869 243	5 269 201
Mean subread length	1 835	3 178	3 877	2 546
Number of reads of insert	156 048	122 203	85 120	363 371
Mean reads of insert length	2 540	3 482	3 663	3 120
Mean read quality of insert	0.92	0.90	0.87	0.90
Mean number of passes	12	7	5	8.7
Number of full-length reads	62 090	54 840	38 112	154 969
Number of full-length non-chimeric reads	61 392	54 818	38 093	154 249
Mean full-length non-chimeric reads length	1 258	2 159	3 337	2 091
Full-length percentage	39.79%	44.88%	44.77%	42.50%
Number of consensus isoforms	24 188	17 561	18 824	60 573
Mean consensus isoforms read length	1 321	2 360	3 712	2 365

5.2 海鲈鳃转录组测序

采用 Illumina HiSeq 4000 高通量测序平台,对生长在 3 个不同盐度条件(淡水 0、等渗海水 12 和自然海水 30)下海鲈的鳃转录组进行了高通量测序,从转录组水平分析研究海鲈的盐度调节机制。共测得 60 Gb 数据,测序结果经过 de novo 拼接,分别获得 229 918 条 transcript 和 188 803 条 unigene 序列,序列长度为 201~18 749 bp,transcript 平均长度为 775 bp,N_{50} 为 1 539 bp。其中 69 399 条基因在 Nr 数据库中被注释,所占比例为 36.76%,极大丰富了无参考基因组的海鲈基因数据库。通过对不同处理组的比较分析,共获得了 2 215 个差异表达基因,淡水组(FW-S0)与等渗海水组(BW-S12)相比共有 593 个差异表达基因,海水组(SW-S30)与等渗海水组(BW-S12)相比共有 634 个差异表达基因,淡水组(FW-S0)与海水组(SW-S30)相比共有 988 个差异表达基因。基于基因注释、功能富集分类并结合大量文献的查阅工作,进一步筛选得到海鲈鳃组织中参与盐度适应和渗透调控的能量代谢和离子转运候选基因共 113 个(图 1)。本研究结果提供了一系列海鲈参与盐度适应性调节的候选基因，为进一步探讨这些基因在海鲈盐度适应及渗透调节中的作用，为揭示海鲈的盐度响应分子机制提供了理论基础。

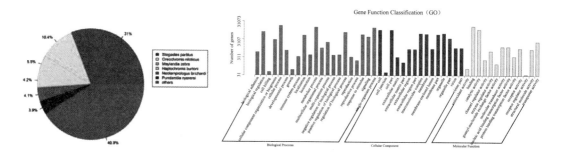

A. 数据库比对到的物种组成分析

B. 基因功能分类分析

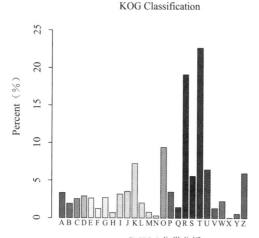

C. KOG分类分析

(A) RNA processing and modification
(B) Chromatin structure and dynamics
(C) Energy production and conversion
(D) Cell cycle control，cell division，chromosome partitioning
(E) Amino acid transport and metabolism
(F) Nucleotide transport and metabolism
(G) Carbohydrate transport and metabolism
(H) Coenzyme transport and metabolism
(I) Lipid transport and metabolism
(J) Translation，ribosomal structure and biogenesis
(K) Translation
(L) Replication,recombination and repair
(M) Cell wall/membrane/envelope biogenesis
(N) Cell motility
(O) Posttranslational modification，protein turnover，chaperones
(P) Inorganic ion transport and metabolism
(Q) Secondary metabolitrs biosynthesis，transport and catabolism
(R) General function prediction only
(S) Function unknown
(T) Signal transduction mechanisms
(U) Intracellular trafficking， secretion,and vesicular transport
(V) Defense mechanisms
(W) Extracellular structures
(X) Unamed protein
(Y) Nuclear structure
(Z) Cytoskeleton

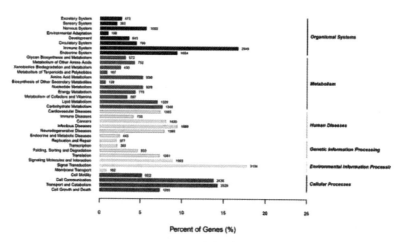

D. KEGG分类分析

图 1　海鲈鳃转录组基因注释情况

5.3 海鲈鳃 miRNA 测序

为了探究 miRNA 在海鲈渗透调节中的作用,对不同盐度(淡水 0、等渗海水 12、自然海水 30)处理下海鲈的鳃组织进行 miRNA 建库测序分析。测得的数据分布情况见表 7。通过与 mRNA、Rfam 及 Repbase 数据库进行比对过滤,获得的数据进一步与 miRase 数据库进行比对,共获得 520 个已知 miRNA 和 120 个新 miRNA。进一步对各个盐度处理组的 miRNA 进行差异表达分析,发现:淡水组(FW-S0)与等渗海水组(BW-S12)相比共有 20 个差异表达 miRNA,其中上调 10 个,下调 10 个;海水组(SW-S30)与等渗海水组(BW-S12)相比共有 28 个差异表达 miRNA,其中上调有 12 个,下调有 16 个;淡水组(FW-S0)与海水组(SW-S30)相比共有 32 个差异表达 miRNA,其中上调 19 个,下调有 13 个。这是在海鲈中建立的首个 miRNA 数据库,也是对海鲈非编码 RNA 的首次报道,为后续研究海鲈非编码 RNA 的调控机制奠定了基础。

表 7 海鲈鳃组织 miRNA 测序数据统计

Library	Type	Total	% of total	Uniq	% of uniq
Raw reads	NA	98 128 742	100	11 432 039	100
3ADT & length filter	Sequence type	18 942 578	19.30	5 769 986	50.47
Junk reads	Sequence type	86 901	0.09	52 705	0.46
Rfam	RNA class	3 536 300	3.60	90 684	0.79
Repeats	RNA class	1 864	0.00	97	0.00
Valid reads	Sequence type	75 561 356	77.00	5 518 602	48.27
rRNA	RNA class	2 277 383	2.32	54 028	0.47
tRNA	RNA class	470 916	0.48	12 763	0.11
snoRNA	RNA class	47 643	0.05	3 903	0.03
snRNA	RNA class	411 604	0.42	9 347	0.08
Other Rfam RNA	RNA class	328 754	0.34	10 643	0.09

5.4 海鲈耐盐/盐碱相关功能基因的批量开发

利用课题组获得的海鲈全基因组、转录组数据库,对海鲈耐盐/盐碱相关功能基因家族包括 *nhe*、*cldn*、*mapk*、*aqp* 家族等进行了系统的鉴定和分析(图 2、图 3),为解析海鲈盐度调节及渗透压调控机制,及海鲈耐盐碱品系的选育提供了理论基础。

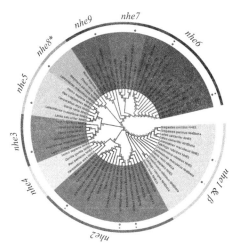

图 2　海鲈 *nhe* 基因家族的系统进化分析

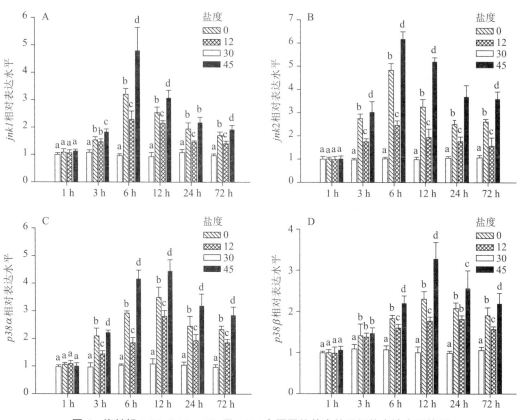

图 3　海鲈鳃 *jnk1*、*jnk2*、*p38α* 及 *p38β* 在不同的盐度处理组的表达水平检测

（岗位科学家　温海深）

卵形鲳鲹种质资源与品质改良工作进展

卵形鲳鲹种质资源与品质改良岗位

1 重点任务

2017 年,重点开展了卵形鲳鲹种质资源评价、亲鱼催产技术、苗种培育技术优化、肌肉品质评价等工作,并取得重要进展。

1.1 卵形鲳鲹不同地理群体遗传多样性评价

采集海南省乐东(LD)、新村(XC)、林旺(LW)、岭仔(LZ),深圳南澳(NA)、七星湾(QXW) 6 个养殖群体和 1 个近岸野生群体(WI)样本,利用筛选获得的 9 个微卫星标记对 7 个群体的个体水平和群体水平进行了遗传多样性评估。研究表明,所用的 9 个微卫星标记中 3 个为中等多态性,其余为高度多态性。所有位点在群体中均符合哈迪-温伯格平衡,两两之间不存在显著的连锁不平衡,整个群体也符合哈迪-温伯格平衡(表 1)。

表 1 卵形鲳鲹遗传多样性参数

Sample	N	A_r	N_e	H_o	H_e	F	N_e (95% CI)	Groups
LD	30	3.583	2.584	0.602	0.595	−0.024	33.6(14.5～286.2)	16
XC	30	3.428	2.484	0.654	0.585	−0.115[a]	∞(34.1～∞)	12
LW	30	3.437	2.385	0.597	0.558	−0.062	22.7(9.7～122.6)	13
LZ	30	3.699	2.608	0.642	0.603	−0.054	14.7(7.8～32.6)	12
NA	32	4.476	2.609	0.544	0.582	0.085	16.9(10.0～32.6)	14
QXW	30	3.695	2.314	0.525	0.494	−0.066	∞(36.9～∞)	13
WI	30	3.646	2.518	0.580	0.580	0.009	48.6(19.0～∞)	15
Whole	212	3.709	2.597	0.592	0.591	−0.032	137.9(91.3～232.4)	34

注:LD、XC、LW、LZ、NA 和 QXW 表示养殖群体,WI 表示野生群体,Whole 表示整个群体,第一行标题栏依次表示样本名、群体大小、等位基因丰度、有效等位基因数、观测杂合度、期望杂合度、近交系数、有效群体大小和推测的半同胞家系系数

群体总的分化水平为 0.020 91($P = 0.00$),表明养殖群体和野生群体之间分化不明显,分化主要存在于养殖群体之间,可见人为操作对群体产生了明显影响(表 2 和图 1 左)。基

于生物学假设的方法 STRUCTURE（图 2）和多变量分析方法 DAPC（图 3）、PCoA（图 1 右）均没有显示明显的群体结构，且群体的杂合度为 0.591，与野生群体无显著差异。由此可见，卵形鲳鲹的遗传多样性较低，需要在后续的育种中严格监控。因此，在卵形鲳鲹遗传育种过程中，需要建立更大的选育群体以控制群体间的自交系数。

表 2　卵形鲳鲹各群体间的分化水平

	LD	XC	LW	LZ	NA	QXW	WI
LD	—	0.121 43	0.002 38*	0.211 90	0.021 43	0.002 38*	0.059 52
XC	−0.001 7	—	0.002 38*	0.009 52	0.014 29	0.002 38*	0.016 67
LW	0.045 4	0.050 0	—	0.002 38*	0.002 38*	0.002 38*	0.002 38*
LZ	−0.001 2	0.000 1	0.042 4	—	0.026 19	0.002 38*	0.002 38*
NA	0.007 8	0.001 7	0.051 9	0.006 0	—	0.028 57	0.016 67
QXW	0.026 0	0.033 1	0.070 6	0.028 4	0.012 0	—	0.002 38*
WI	0.005 7	0.008 1	0.063 5	0.012 3	0.003 8	0.017 6	—

注：下三角为分化水平，上三角为显著性水平；*表示经过 Bonferroni 校正后仍显著

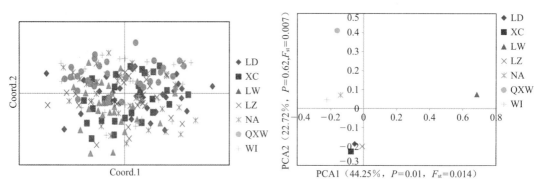

图 1　利用主成分分析群体和个体水平遗传分化

左图表示群体水平，右图表示个体水平

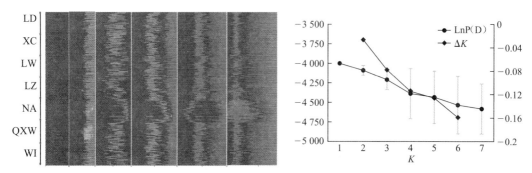

图 2　利用 STRUCTURE 分析群体结构

左图表示群体结构重要参数 $\ln P(D)$ 和 ΔK 随群体数目的变化趋势并没有典型的群体分化特征；

右图表示群体数目分别为 2～7 时各群体中的个体在各群体中的比例

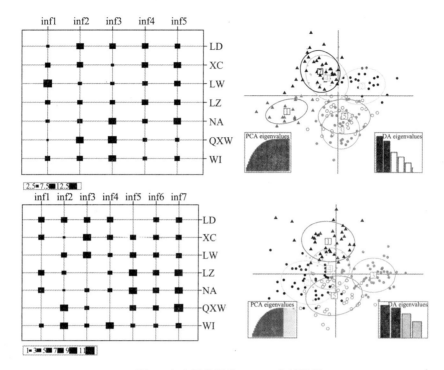

图 3 多变量分析法 DAPC 分析结果

1.2 卵形鲳鲹亲鱼催熟与催产

1.2.1 亲鱼催熟

为保障卵形鲳鲹产卵效果,自 2017 年 1 月开始,加强了卵形鲳鲹亲鱼催熟。亲鱼大小为 3~4 千克/尾;养殖地点为海南陵水县新村港;网箱大小为 6 m×6 m×3 m;放养密度为每个网箱 90~100 尾。每天投喂两次,上午、下午各一次,饱食投喂。投喂饵料为新鲜的小杂鱼和鱿鱼,如枪乌贼、蓝圆鲹等,同时添加适量的复合维生素和维生素 E,促进性腺发育。

1.2.2 亲鱼催产

为了进一步确定卵形鲳鲹适宜催产剂量和配比,2017 年 4 月,以不同催产剂配比分别对同一养殖群体各 60 尾卵形鲳鲹亲鱼进行催产实验,根据产卵量和优质鱼卵结果确定了在实验范围内 HCG 1 500 IU/kg、LRH-A2 50 μg/kg、LRH-A3 100 μg/kg 配比效果为最佳(表 3)。

表 3 不同催产剂配比的卵形鲳鲹亲鱼产卵效果

实验组别	HCG/(IU/kg)	LRH-A2/(μg/kg)	LRH-A3/(μg/kg)	产卵量/kg	优质鱼卵比例/%
实验组 1	1 000	40	80	1.1	72
实验组 2	1 500	50	100	1.8	91
实验组 3	2 000	60	120	1.4	82

1.3 卵形鲳鲹苗种培育技术优化

优化确定了苗种培育过程中最适饵料组合、饵料密度、盐度、温度以及投喂策略。结果表明：幼鱼养殖初期，轮虫投喂密度以 10～20 个／毫升为宜（图 4）；不同轮虫密度下，轮虫和桡足类共同投喂期间，轮虫的密度对幼鱼食物的选择有显著影响（$P < 0.05$，图 5），温度、盐度对卵形鲳鲹仔稚鱼的生长发育影响实验结果表明 26～29 ℃为卵形鲳鲹仔稚鱼生长发育的最适温度，温度过高或过低均对卵形鲳鲹仔稚鱼生长、存活及发育产生负面影响（图6）。卵形鲳鲹仔稚鱼可以在盐度高于 18 的条件下饲养，最适饲养盐度为 34（表 4）。利用 AlgaMac-3080、海水拟微球藻、螺旋藻 3 种强化剂强化卤虫无节幼体后投喂卵形鲳鲹仔稚鱼，实验结果表明，AlgaMac-3080 强化卤虫无节幼体可促进稚鱼生长，降低畸形率，采用拟微球藻强化卤虫无节幼体可提高稚鱼成活率，但畸形率较高（图 7）。颗粒饲料投喂策略实验结果确定了卵形鲳鲹最早的颗粒饲料投喂时间为孵化后第 13 天，最适颗粒饲料投喂时间应在孵化后第 16～22 天（图 8）。

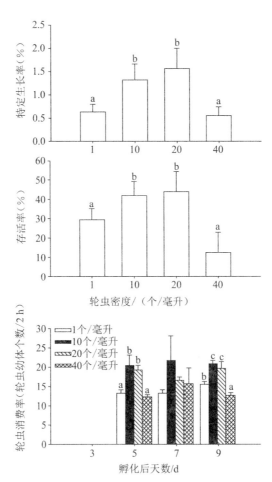

图 4　轮虫密度对卵形鲳鲹 3～9 日龄幼鱼特定生长率、存活率的影响

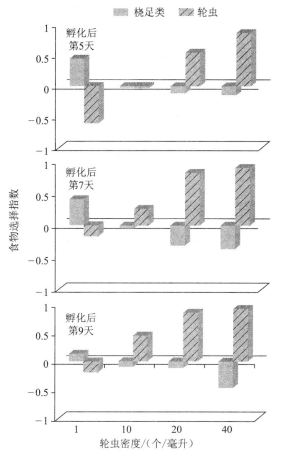

图 5 不同轮虫密度下卵形鲳鲹幼鱼饵料选择性

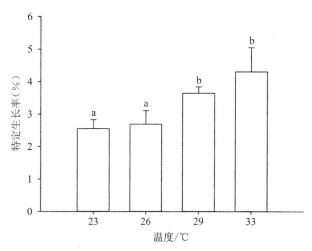

图 6 卵形鲳鲹在 23 ℃、26 ℃、29 ℃和 33 ℃下的生长比较

表 4　不同盐度对卵形鲳鲹生长、存活等指标的影响

指标参数	盐度			
	10	18	26	34
第一阶段（24 d）				
初始体重/g	3.11 ± 0.35[a]	3.21 ± 0.41[a]	3.19 ± 0.52[a]	3.43 ± 0.59[a]
终体重/g	3.21 ± 0.52[b]	3.45 ± 0.48[ab]	3.72 ± 0.39[ab]	4.19 ± 0.86[a]
第二阶段（36 d）				
初始体重/g	3.21 ± 0.52[a]	3.45 ± 0.48[a]	3.72 ± 0.39[a]	4.19 ± 0.86[a]
终体重/g	4.64 ± 0.18[a]	6.34 ± 0.75[b]	6.38 ± 0.43[b]	12.22 ± 2.43[c]
特定生长率（%）	1.23 ± 0.11[a]	2.01 ± 0.27[b]	1.79 ± 0.21[b]	3.54 ± 0.21[c]
产量/（kg/m³）	0.12 ± 0.06[a]	0.22 ± 0.03[b]	0.34 ± 0.02[c]	0.35 ± 0.04[c]
存活率（%）	66.07 ± 9.74[a]	82.04 ± 6.32[ab]	94.28 ± 3.71[c]	87.12 ± 0.64[b]
RNA/DNA	7.69 ± 3.32[a]	11.85 ± 1.32[ab]	12.85 ± 0.83[b]	15.84 ± 2.38[bc]
胃蛋白酶活力/U	366.64 ± 72.42[a]	349.52 ± 26.38[a]	355.92 ± 76.17[a]	362.72 ± 55.43[a]
淀粉酶活力/U	2.82 ± 0.53[a]	7.97 ± 4,68[a]	20.46 ± 4.49[b]	20.16 ± 2.98[b]
饲料系数	8.66 ± 0.44[c]	6.58 ± 1.02[b]	5.02 ± 0.74[b]	2.50 ± 0.53[a]

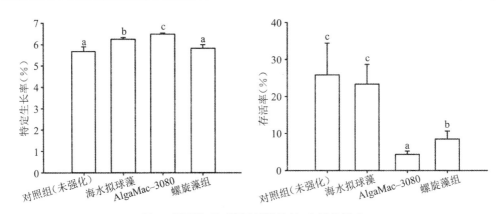

图 7　不同处理对卵形鲳鲹生长、存活的影响

1.4　卵形鲳鲹工厂化苗种培育实验

2017 年 4 月，开展了卵形鲳鲹工厂化苗种培育，结合苗种培育技术优化条件，对工厂化苗种培育过程中受精卵孵化、仔稚鱼培育、饲料驯化、分级筛选等流程进行优化，初步建立了卵形鲳鲹工厂化苗种培育技术。经过 1 个多月的培育，得到体长 3 cm 左右的卵形鲳鲹苗种 12 万尾（图 9）。5 月份开展了卵形鲳鲹优质大规格苗种在海南新村海域的网箱养殖，经过 6 个月，养殖平均成活率为 78%，鱼体平均体重达到（506 ± 12）g，获得了较好的经济效益。

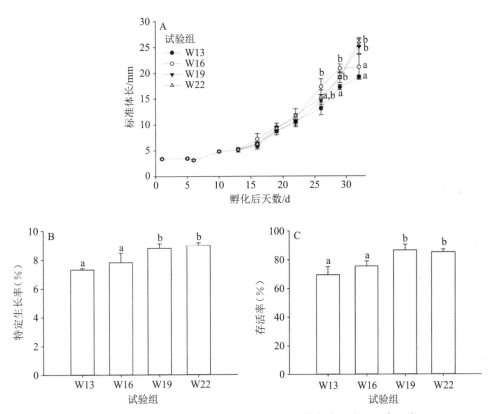

图 8　不同实验组卵形鲳鲹幼鱼的标准体长、特定生长率以及存活率

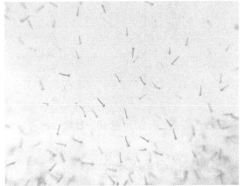

图 9　卵形鲳鲹工厂化苗种培育初探

1.5　盐度对卵形鲳鲹生长的影响

研究了 5、15、25、35 四个不同盐度对卵形鲳鲹幼鱼生长的影响。结果表明，卵形鲳鲹能够适应范围较大的盐度变化，但无法适应在淡水中存活。生长数据显示，盐度 15 时，饲养 56 d 的卵形鲳鲹幼鱼的终体重、增重率、特定生长率均显著高于盐度 5 时的结果，但饵料系数和脏体比在盐度为 5 的条件下显著高于盐度 15 的条件下。不同盐度下幼鱼的存活率、肥满度和内脏指数没有显著差异（表5）。基于终体重做出的拟合曲线反映出卵形鲳鲹幼鱼生长的最佳盐度为21.36（图10）。由此可见，低盐度或高盐度养殖条件对卵形鲳鲹生长有抑制作用。

表5　各处理组生长相关指标的变化（平均值 ± 标准误差）

指标参数	盐度			
	5	15	25	35
初始体重/g	12.07 ± 0.20[a]	12.20 ± 0.22[a]	12.00 ± 0.15[a]	11.93 ± 0.20[a]
终体重/g	54.33 ± 1.88[b]	88.07 ± 2.75[a]	78.53 ± 9.68[ab]	67.69 ± 9.60[ab]
存活率（%）	100.00 ± 0.00[a]	100.00 ± 0.00[a]	100.00 ± 0.00[a]	100.00 ± 0.00[a]
增重率（%）	350.24 ± 15.59[b]	619.90 ± 22.46[a]	554.39 ± 80.66[ab]	467.27 ± 80.41[ab]
特定生长率（%）	2.69 ± 0.065[b]	3.52 ± 0.058[a]	3.33 ± 0.22[ab]	3.06 ± 0.27[ab]
饵料系数	2.21 ± 0.05[a]	1.54 ± 0.05[b]	1.63 ± 0.076[b]	1.82 ± 0.15[b]
肥满度	3.73 ± 0.045[a]	3.55 ± 0.068[a]	3.66 ± 0.18[a]	3.79 ± 0.09[a]
肠道指数	1.26 ± 0.15[a]	0.80 ± 0.049[b]	1.07 ± 0.056[a]	1.06 ± 0.056[a]
内脏指数	5.36 ± 0.28[a]	5.18 ± 0.10[a]	4.89 ± 0.047[a]	5.11 ± 0.23[a]

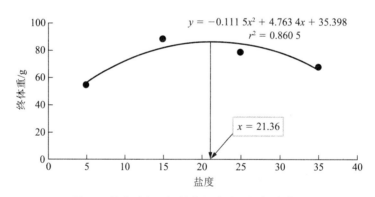

图10　盐度对卵形鲳鲹生长终体重的拟合曲线

1.6　卵形鲳鲹肌肉品质评价

研究了不同养殖模式、不同饵料类型以及不同脂肪源对卵形鲳鲹肌肉品质的影响，结果表明，不同养殖模式下卵形鲳鲹肌肉品质存在一定差异。其中网箱养殖卵形鲳鲹的粗蛋白含量、氨基酸含量（除脯氨酸外）、AAS、CS 和 EAAI 均为最高；3 种卵形鲳鲹的 WEAA∶WTAA 为 0.39～0.41，WEAA∶WNEAA 为 0.79～0.82，均完全符合普通蛋白质 0.40 左右和 0.60 以上的标准。利用颗粒饲料、冰鲜鱿鱼（中国枪乌贼）、冰鲜杂鱼（竹荚鱼）3 种饵料定量投喂卵形鲳鲹，实验结果表明，冰鲜鱿鱼组卵形鲳鲹肌肉中 LC-PUFA 含量最高（$P < 0.05$），颗粒饲料组肌肉中的 PUFA（主要是 C18∶1n9）含量较高。鱼油、磷虾油、豆油、玉米油、鱼油-豆油（1∶1）、鱼油-玉米油（1∶1）、磷虾油-豆油（1∶1）、磷虾油-玉米油

（1∶1）8种不同脂肪源对卵形鲳鲹生长影响的研究结果表明,鱼油组增重率显著高于其他实验组,而磷虾油-玉米油（1∶1）组饵料系数最小,为 1.62 ± 0.23。研究结果为卵形鲳鲹品质改良奠定了基础。

2 前瞻性研究

开展了卵形鲳鲹生长相关基因、免疫相关基因以及免疫基因与抗病性状关联研究,为卵形鲳鲹生长、免疫调控以及分子辅助育种奠定了基础。

2.1 卵形鲳鲹生长相关基因研究

解析了卵形鲳鲹生长激素基因(gh)、生长激素受体基因(ghr)的特征,研究了 gh、ghr 基因在不同饵料投喂实验组中的表达模式,结果表明,gh、ghr 基因表达受到投喂饵料的影响,在投喂冰鲜杂鱼实验组中 gh 基因表达量为最高,在冰鲜鱿鱼投喂组中 ghr 基因表达量为最高。对生长激素受体基因的微卫星进行预测,在受体1和2中分别得到12个和1个微卫星位点。通过基因分型在受体1中筛选得到3个多态性含量丰富的微卫星位点,分别为ToGHR1-M2、ToGHR1-M8 和 ToGHR1-M9。

2.2 卵形鲳鲹白介素及其受体基因的研究

克隆获得了卵形鲳鲹白介素及其受体的基因,研究了其组织表达模式,$il7$ 和 $il8$ mRNA 在卵形鲳鲹13个组织中均有表达,分别在肝脏、小肠、肾脏、胃、鳍、眼中表达量较高。感染美人鱼发光杆菌（$Photobacterium\ damselae$）3 h后,卵形鲳鲹 $il7$ mRNA 在肾脏和小肠中表达量显著高于 $il8$ mRNA 的表达量,而在肝脏中表达量相反。由此可见,卵形鲳鲹白介素及其受体参与了免疫防御。

2.3 MHC 基因多态性与卵形鲳鲹抗病性状关联分析

开展美人鱼发光杆菌感染实验,根据感染死亡情况,以 20 d 为界限,建立了美人鱼发光杆菌易感组和抗性组,研究了 mhc 基因的表达模式。开展了 mhc 基因核苷酸多态性分析,在 278 bp 序列中发现了 69 个核苷酸突变位点,变异率为 24.8%,其中 28 个位点是多态位点,变异率为 38.29%。通过与大菱鲆和石斑鱼 mhc Ⅱ β 的氨基酸序列进行比对,确定了推测的卵形鲳鲹 mhc Ⅱ β 基因的抗原结合位点（PBR）,所有序列在 PBR 区的平均 w 值为 6.60（>1）,证明该区域的核苷酸多样性受正向选择的影响。进一步探讨卵形鲳鲹基因组中存在的 mhc Ⅱ β 基因位点数目,揭示卵形鲳鲹基因组中至少存在 2 个 mhc Ⅱ β 基因位点。对获得的基因在抗感组和易感组中进行频率分布的统计分析,初步推断 TO-DAB-01 位点与卵形鲳鲹对美人鱼发光杆菌的抗感性显著相关,而 TO-DAB-04、TO-DAB-05 和 TO-DAB-10 与卵形鲳鲹对美人鱼发光杆菌的易感染性具有显著关联性。

3 年度进展小结

（1）系统评价了卵形鲳鲹 6 个养殖群体和 1 个野生群体遗传多样性水平,筛选优异种质构建了核心种质群体。

（2）优化了卵形鲳鲹苗种培育技术,建立了优质苗种规模化培育技术体系,初步探究了工厂化苗种培育技术,培育推广养殖苗种 12 万尾。

（3）评价了卵形鲳鲹对盐度的耐受性及盐度对生长的影响,确定了卵形鲳鲹最适生长盐度为 15～25。

（4）评价了不同养殖模式、不同饵料以及不同脂肪源对卵形鲳鲹肌肉营养品质的影响。

（5）开展了卵形鲳鲹生长、免疫相关基因功能研究,研究了 mhc Ⅱ β 基因与美人鱼发光杆菌抗感性关联分析,初步筛选出与卵形鲳鲹对美人鱼发光杆菌的抗感性显著相关位点 1 个,与美人鱼发光杆菌易感染性显著关联性位点 3 个。

（岗位科学家　张殿昌）

军曹鱼种质资源与品种改良技术研发进展

军曹鱼种质资源与品种改良岗位

2017年,军曹鱼种质资源与品种改良岗位重点开展了军曹鱼硬底池塘规模化种苗培育新模式构建及中试、军曹鱼基础养殖群体和亲鱼储备群体收集以及军曹鱼基础生物学研究等工作,并取得了一定进展。

1　军曹鱼硬底池塘规模化种苗培育技术

开展了军曹鱼苗种生产技术优化研究工作,以六大核心技术为支撑,构建了军曹鱼硬底池塘规模化种苗培育技术体系,培育了军曹鱼优质大规格苗种13万尾,以满足广东、广西、海南等周边地区军曹鱼养殖需求。

1.1　亲鱼可控产卵技术

构建繁殖群体,根据备选亲鱼性成熟年龄和性腺发育特点挑选适宜进行强化培育和调控产卵的个体,通过营养强化促进亲鱼同步成熟,并通过光强、光周期、流态、水温和盐度等生态价调节,调控雌、雄同步产卵,实现亲鱼可控产卵(图1)。生产性实验结果表明,军曹鱼亲鱼成熟率、同步繁殖率和受精率分别达到87.7%、75.3%和77.5%,比无调控亲鱼的对照组分别提高了17.0%、15.0%和10.8%。

1.2　新型孵化器孵化技术

利用新型鱼类孵化器进行军曹鱼受精卵的孵化,提高受精卵孵化率。生产性实验结果表明,受精卵的孵化率为88.0%～93.2%,平均91.3%,比常规孵化方法提高了11.3%。

1.3　清水布苗技术

采用清水布苗技术,与传统池塘育苗先"肥水"再放苗的技术相比,可以降低布苗劳动强度,提高仔鱼开口率。生产性实验结果表明,仔鱼开口率为43.26%～55.94%,平均52.18%,比传统布苗技术仔鱼开口率提高了12.18%。

1.4　富营养化养殖废水生物饵料规模化培育技术

利用富营养化养殖废水培育军曹鱼育苗过程中所需的生物饵料,减少生物饵料培育成本和饵料池面积,缩短培养周期,使生物饵料培养的高峰期与育苗生产需求相统一,实现生物饵料稳定供应。生产性实验结果表明:应用该技术的生物饵料培育成本为 10.32～11.78元/千克,平均 10.8 元/千克,比常规施肥生物饵料培育方法的成本(平均 12.16 元/千克)节约 11%;生物饵料的培育周期为 18～22 d,比常规方法缩短 2～3 d。

1.5　育苗期限饵水质调控与育苗水体有机物分解去除技术

通过合理高效的育苗期投饵管理,控制生物饵料供应量,利用浮游动物对藻类的控制作用,通过生态调控使育苗期间水体的藻相保持相对稳定,使育苗水体生态环境保持动态平衡,减少换水量。同时,通过对换水、投放复合益生菌、藻相调控等多项常规水处理技术进行集成与结构改造,降低育苗池塘有机负荷,减少换水量。生产性实验结果表明,采用新技术的育苗池塘种苗培育期的藻相稳定周期为 17～25 d,显著好于采用常规水质调控技术的对照组(藻相稳定周期为 6～9 d)。育苗期间,采用新技术的育苗池塘 NH_3-N 的变化范围为 0.03～0.32 mg/L,平均 0.18 mg/L,比对照组(0.53～2.44 mg/L,平均 1.73 mg/L)降低 1.2 mg/L 左右;COD 的变化范围为 0.52～1.62 mg/L,平均 1.12 mg/L,比对照组(4.32～10.23 mg/L,平均 6.86 mg/L)降低 5.74 mg/L 左右。

图 1　军曹鱼亲鱼培育

2　军曹鱼硬底池塘规模化种苗培育育苗生产性实验

2017 年 3～7 月共开展育苗生产性试验 4 批次,共生产平均体长 10.1 cm(7.8～13.6 cm)的军曹鱼大规格种苗 13 万尾(图 2),平均育苗周期 36 d,平均育苗成活率达 29.9%(表 1)。

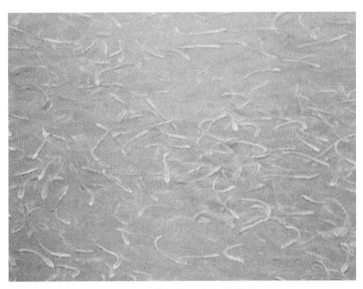

图 2　军曹鱼优质大规格苗种

生产性实验的结果表明,综合运用优质军曹鱼种苗规模化繁育新技术使得军曹鱼亲鱼成熟率、同步产卵率和受精率分别达到 87.7%、75.3% 和 77.5%;从初孵仔鱼培育至平均体长 7 cm 商品苗规格的育苗成活率达 30.43%,平均亩[①]产 1.62 万尾,平均育苗周期比常规育苗方法缩短 6 d(图 3)。综上,各项技术指标都比原有水平有显著提高,规模化育苗总体技术达到国内领先水平。

表 1　军曹鱼大规格种苗培育生产性实验情况

批次	总面积/亩	仔鱼投放日期	仔鱼放养量/万尾	育苗周期/d	商品种苗数量/万尾	商品苗规格/cm	育苗成活率（%）
1	2	2017-03-25	9.5	28～33	2.5	7.8～9.4	26.17
2	3	2017-04-22	15.2	32～41	4.1	8.3～12.9	27.02
3	2	2017-06-02	10.5	30～40	3.2	7.9～13.6	30.24
4	2	2017-07-14	10.0	32～40	3.6	8.5～13.2	36.17

---

① 注:"亩"为非法定单位,考虑到生产实际,本书予以保留。1 亩 ≈ 666.7 m²。

图 3　军曹鱼苗种的池塘培育

3　军曹鱼基础生物学研究进展

3.1　军曹鱼染色体核型分析

为了解军曹鱼的细胞遗传学特征，采用植物血球凝集素（PHA）、秋水仙碱胸腔注射，取头肾细胞，经空气干燥法制片，分析了军曹鱼染色体核型。结果表明，军曹鱼核型为 2n = 48 = 48 t，染色体总臂数（NF）为 48（图4、表2）。

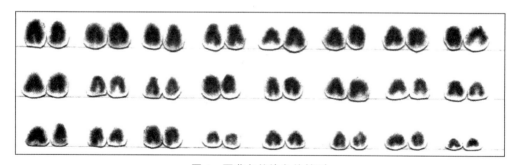

图 4　军曹鱼的染色体核型

表 2　军曹鱼染色体相对长度和臂比

染色体序号	相对长度（%）	臂比
1	5.56 ± 0.09	∞
2	5.35 ± 0.08	∞
3	5.00 ± 0.04	∞
4	4.83 ± 0.05	∞
5	4.75 ± 0.03	∞

续表

染色体序号	相对长度（％）	臂比
6	4.60 ± 0.04	∞
7	4.53 ± 0.02	∞
8	4.39 ± 0.05	∞
9	4.20 ± 0.01	∞
10	4.15 ± 0.01	∞
11	4.11 ± 0.06	∞
12	4.08 ± 0.05	∞
13	4.06 ± 0.07	∞
14	4.03 ± 0.04	∞
15	3.98 ± 0.06	∞
16	3.92 ± 0.03	∞
17	3.90 ± 0.04	∞
18	3.86 ± 0.01	∞
19	3.89 ± 0.02	∞
20	3.50 ± 0.02	∞
21	3.40 ± 0.05	∞
22	3.35 ± 0.07	∞
23	3.25 ± 0.06	∞
24	2.38 ± 0.08	∞

3.2 军曹鱼 mtDNA 全序列测定

mtDNA 全序列获取日益快捷,已被广泛用于种以上高级分类阶元的分析,很适合解决军曹鱼等单型种的系统进化问题。通过长距 PCR 法测得军曹鱼 16 758 bp 的 mtDNA 基因组全序列(图5~7),结构组成与其他硬骨鱼类基本一致。

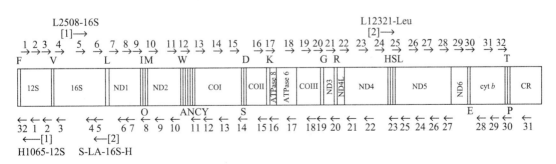

图 5　线粒体基因组结构与测序策略

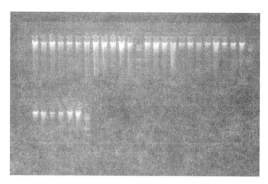

图 6　军曹鱼尾鳍基因组 DNA 电泳结果

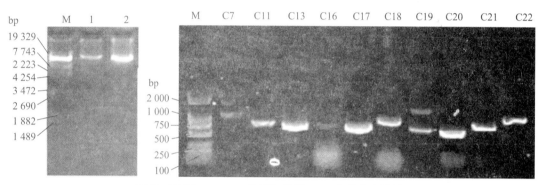

图 7　军曹鱼 mtDNA 长距和常规 PCR 产物电泳结果

4　年度进展小结

（1）开展了军曹鱼苗种生产技术优化研究工作，以亲鱼可控产卵技术等六大核心技术为支撑，构建了军曹鱼硬底池塘规模化种苗培育技术体系。

（2）开展了军曹鱼硬底池塘规模化种苗培育育苗生产性实验共 4 批次，共生产平均体长 10.1 cm（7.8～13.6 cm）的军曹鱼大规格种苗 13 万尾，平均育苗周期 36 d，平均育苗成活率达 29.9%。

（3）开展了军曹鱼染色体核型分析和 mtDNA 全序列测定等基础生物学研究工作，为军曹鱼种质资源评价和品种改良工作奠定了坚实的工作基础。

（岗位科学家　陈　刚）

河鲀种质资源与品种改良技术研发进展

河鲀种质资源与品种改良岗位

1 重点任务

重点开展了红鳍东方鲀和暗纹东方鲀品种资源的调查和样本采集,选留了1个生长速度最快的家系作为快速生长家系的育种材料,选择并留种红鳍东方鲀种鱼1 400多尾,对雌激素诱导的红鳍东方鲀进行了伪雌鱼判别,对红鳍东方鲀白肌组织和红肌组织进行了转录组测序与比较分析,对23个肌肉生长候选基因进行了表达分析,完成了红鳍东方鲀大规模苗种的生产和推广工作。

1.1 红鳍东方鲀和暗纹东方鲀品种资源的调查和样本采集

2017年,在大连天正实业有限公司养殖二场和三场、大连富谷水产有限公司、莱州明波水产有限公司、荣成市泓泰渔业有限公司、文登市昌阳水产有限公司、文登骏马水产食品有限公司、辽宁省东港祥顺水产有限公司、山东省乳山口育苗场等多家红鳍东方鲀和暗纹东方鲀养殖企业,对红鳍东方鲀的种质资源进行了调研,采集了259尾红鳍东方鲀种鱼的生物样本。经调查,红鳍东方鲀的亲鱼主要集中在2~3家养殖场中,且这2~3家养殖场的亲鱼可能来源于亲缘关系比较近的始祖。

本岗位到江苏中洋集团对暗纹东方鲀进行了种质资源调查。经调查,江苏中洋集团有暗纹东方鲀种鱼1万余尾,其中2龄后备种鱼3 500余尾,3龄种鱼2 000余尾,4龄种鱼2 000余尾,5龄种鱼2 000余尾,6龄以上的种鱼1 000余尾,占全国暗纹东方鲀种鱼的90%以上。采集了50尾暗纹东方鲀的生物样本。

1.2 红鳍东方鲀家系的构建与选择

近年来,红鳍东方鲀无论在生长势、适应性、抗逆性等均出现了近交衰退现象,影响了红鳍东方鲀养殖者的积极性。目前,国内缺乏红鳍东方鲀良种。本岗位开展了红鳍东方鲀的同父异母半同胞家系的构建、养殖和选育。构建了10个家系,经自然淘汰和人工选择,2017年5月将选留的4个优良家系于土池塘养殖。这4个家系于10月份被收回至室内水泥池塘养殖越冬。对这4个家系进行了7月龄的体重和体全长的测定。经生物统计分析,这4个家系在体重、体全长等生长性状上存在显著差异(表1)。

表 1　红鳍东方鲀不同家系间体重和体长的分析

系别	个体数量	体重/g	体长/mm
36 号	100	242. 19 ± 50. 88[ab]	200. 08 ± 15. 44[ac]
37 号	99	206. 78 ± 58. 60[a]	193. 44 ± 19. 66[b]
38 号	100	218. 76 ± 57. 08[a]	197. 21 ± 19. 39[ab]
39 号	100	245. 13 ± 41. 30[b]	218. 11 ± 11. 43[c]

由表 1 可见,家系 39 生长性状的表型值最高,家系 36 生长性状的表型值次之,这两个家系间的生长性状差异不显著。家系 38、家系 37 生长性状的表型值较低,与家系 39 和家系 36 的生长性状间存在显著差异($P < 0.05$)。最终选留了家系 39 作为快速生长家系选育的材料。

1.3　红鳍东方鲀种鱼的选择与标记

依据红鳍东方鲀的种质外形特征和选种记录,选留了红鳍东方鲀 2 龄后备种鱼 500 多尾、3 龄种鱼 400 多尾、4 龄种鱼 500 多尾,对 4 龄种鱼进行了 PIT 标记,标记了 259 尾。这些种鱼的选留为 2018 年度红鳍东方鲀的育种工作奠定了基础。

1.4　红鳍东方鲀的伪雌鱼判别

对诱导的 83 尾红鳍东方鲀的鳍条样本进行基因组 DNA 提取,PCR 扩增性别基因,将 PCR 产物送生物公司进行了测序,对测序峰图进行 SNP 位点的双峰和单峰分析,该 SNP 位点为双峰的个体为遗传上的雄性个体,单峰的个体为遗传上的雌性个体(图 1)。经分析,诱导的 83 尾红鳍东方鲀中有 38 尾伪雌鱼,为全雄红鳍东方鲀制种提供了材料。

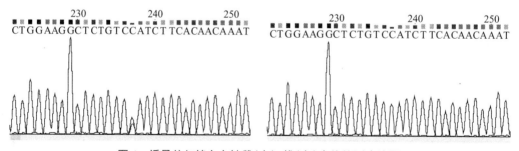

图 1　诱导的红鳍东方鲀雌(右)、雄(左)个体的测序峰图

1.5　红鳍东方鲀健康苗种的生产与推广

培育健康的红鳍东方鲀苗种 200 多万尾,推广到辽宁省东港市、大连市,山东省威海市、莱州市等,河北省的唐山市及其周边的养殖场。将 10 kg 红鳍东方鲀受精卵推广到东港、庄河、威海等地的养殖场。

2　前瞻性研究

开展了红鳍东方鲀肌肉组织的转录组测序与分析，以及红鳍东方鲀生长性状候选基因的表达分析。

2.1　红鳍东方鲀白(快)肌组织和红(慢)肌组织的转录组测序与比较分析

在红鳍东方鲀白肌中，获得了 54 193 900 个 clean read，其中 45 897 743 个 read 能匹配到基因组；红肌慢中获得 42 970 834 个 clean read，其中 36 394 431 个 read 可以匹配到基因组(表2)。这些匹配到基因组中的序列在基因中的位置包括外显子区、内含子区和基因间区。白肌和红肌中，clean read 匹配到外显子区的比例分别为 81.9% 和 76.8%，匹配到内含子区的比例分别是 1.5% 和 1.6%，匹配到基因间区的比例分别为 16.7% 和 21.6%。

表 2　转录组数据与参考基因组比对信息

项目	read 数目	
	白肌	红肌
Raw reads	55 465 758	44 000 232
Clean reads	54 193 900	42 970 834
Total mapped	45 897 743(84.69%)	36 394 431(84.7%)
Multiple mapped	1 425 643(2.63%)	691 951(1.61%)
Uniquely mapped	44 472 100(82.06%)	35 702 480(83.09%)
Reads map to "＋"	22 217 054(41%)	17 872 216(41.59%)
Reads map to "－"	2 225 046(41.07%)	17 830 264(41.49%)
Non-splice reads	18 634 471(34.38%)	22 392 331(52.11%)
Splice reads	25 837 629(47.68%)	13 310 149(30.97%)

2.1.1　SNP 和 InDel 分析

本研究中，发现红肌和白肌中的 SNP 分别为 53 085 个和 53 744 个，InDel 分别为 10 465 个和 10 592 个。

2.1.2　基因表达水平分析

白肌和红肌中的基因表达水平见表3。

2.1.3　差异表达基因分析

白肌和红肌是红鳍东方鲀体内 2 种重要的组织。2 种组织都来源于外胚层，其差异性主要表现在肌原纤维、蛋白质组成和分子结构等方面。为分析 2 种肌肉组织的基因表达特征，我们采用转录组测序分析技术，分别从白肌和红肌中得到 5 400 万和 4 400 万个 clean read，共鉴定了 580 个白肌特异性基因、1 533 个红肌特异性基因和 11 806 个在 2 种组织中共表达的基因（图2）。共得到1508个差异表达基因,其中636个基因在红肌中高表达,872个基因在白肌中高表达(图3)。

表3　基因表达水平统计表

FPKM	基因个数	
	白肌	红肌
0~1	9 043（42.20%）	8 090（37.75%）
1~3	3 348（15.62%）	3 567（16.65%）
3~15	5 145（24.01%）	6 136（28.63%）
15~60	2 554（11.92%）	2 447（11.42%）
>60	1 339（6.25%）	1 189（5.55%）

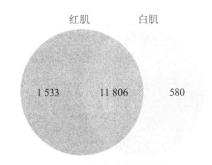

图2　基因表达维恩图

每个圆圈中的数字之和代表该类别表达的基因总数,
圆圈交叠的部分表示2个类别共有的表达基因,以FPKM>1为基因表达的标准

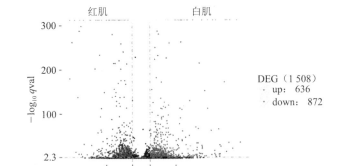

图3　差异表达基因的火山图

2.1.4　差异表达基因的KEGG代谢通路分析

对差异表达基因进行KEGG富集分析,共有230个差异表达基因以及1399个共表达基因被注释到135个代谢通路中,其中氧化磷酸化途径是骨骼肌生长过程中一条非常重要的调节路径,它能导致骨骼肌中线粒体的减少,从而导致肌肉的功能紊乱。共有144个基因

被注释到这条通路(图 4),其中有 89 个为差异表达基因,只有 1 个差异表达基因(ATP 酶)在白肌中上调表达,其余 88 个差异表达基因(包括 *ndufs*、*sdhc*、*cox*、*cyt*、*qcr*、f-type ATPase 和 v-type ATPase 等)都在红肌中上调表达。散点图(图 4)是 KEGG 富集分析结果的图形化展示方式,KEGG 富集程度通过 rich factor、*q* 值和富集到此通路上的基因个数来衡量。其中 rich factor 指该通路中富集到的差异表达基因个数与注释基因个数的比值。rich factor 越大,表示富集的程度越大。*q* 值是做过多重假设检验校正之后的 *p* 值,*q* 值的取值范围为 [0,1],越接近于 0,表示富集越显著。富集最显著的 20 条通路如图 5 所示。

2.1.5 肌球蛋白家族基因分析

对红肌、白肌转录组差异表达基因进行 GO 分析,在不同 term 中,共富集 1 256 个差异表达基因,其中 533 个差异表达基因为上调基因,723 个为下调基因。蛋白质水解涉及生物体内大量进程,如图 6A 所示。在本研究中共注释到 30 个肌球蛋白家族差异表达基因(图 6B),其中 14 个在白肌中上调表达,16 个在红肌中上调表达。这些肌球蛋白的亚型蛋白在胚胎和成体发育中均具有不同作用。

2.1.6 泛素蛋白酶水解途径分析

白肌和红肌分别有其特殊的调节蛋白质合成与降解的功能。在本研究中,34 个泛素家族差异表达基因被注释,其中 29 个基因在白肌中高表达,其余 5 个基因在红肌中高表达(图 6C)。其中去泛素化家族基因(*usp5*、*usp28*、*usp9*、*usp47*、*usp2*)的表达趋势与淡水白鲳肌肉组织中的表达相一致。泛素家族蛋白同样能够调节 NF-κB 信号通路,而 NF-κB 信号通路是免疫信号传导过程的中心途径。

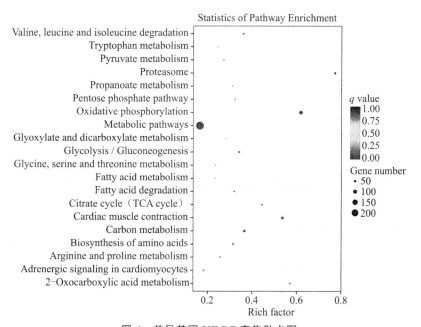

图 4 差异基因 KEGG 富集散点图

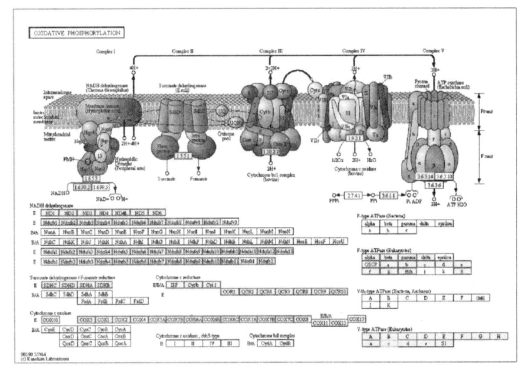

图5　氧化磷酸化代谢通路图

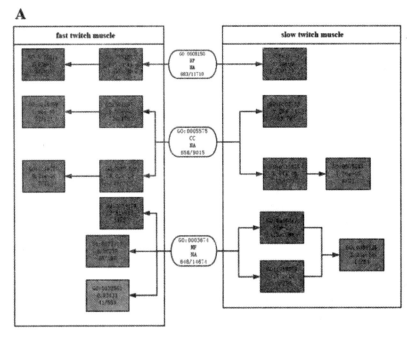

图6　肌球蛋白家族基因与泛素家族基因分析

A：差异基因的有向无环图

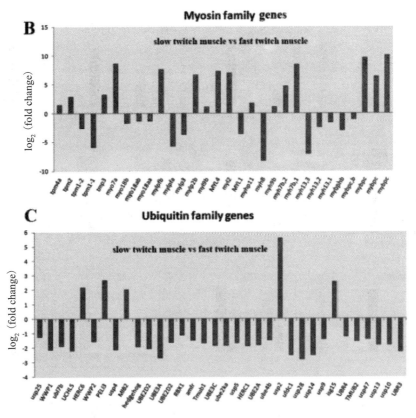

图6(续)　肌球蛋白家族基因与泛素家族基因分析

B:肌球蛋白家族基因的表达结果;C:泛素家族基因的表达结果

2.2　生长性状候选基因的表达分析

选取了与红鳍东方鲀生长性状相关的23个候选基因,进行白肌组织和红肌组织的qPCR分析(图7),发现生长激素受体2基因(*ghr2*)和转化生长因子β2基因(*tgfb2*)在白肌和红肌中的表达差异极显著,为研究白肌、红肌的功能和培育快速生长红鳍东方鲀新品系提供了参考。

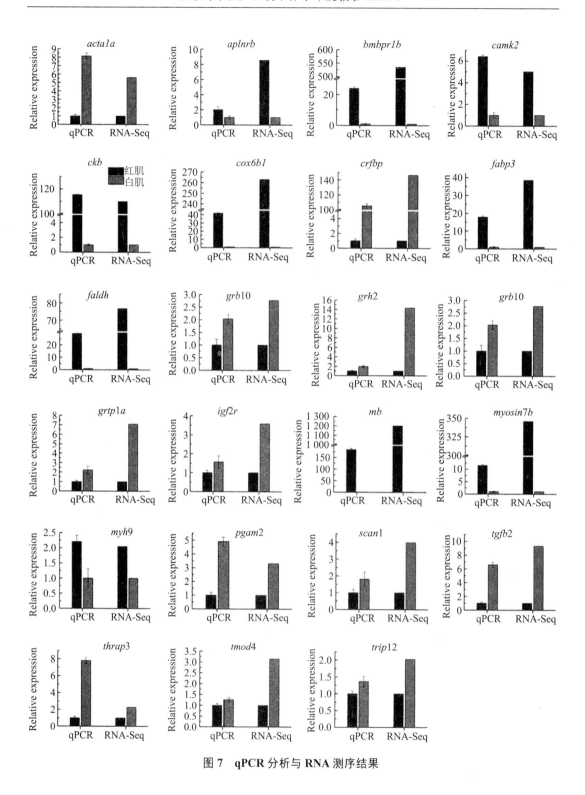

图 7　qPCR 分析与 RNA 测序结果

（岗位科学家　王秀利）

鲆鲽类营养需求与饲料技术研发进展

鲆鲽类营养需求与饲料岗位

系统评估了鲆鲽类对 4 种饲料常用蛋白源的消化率,探讨了膨化、发酵、外源酶添加等技术对消化率的影响;评估了南极磷虾粉、玉米蛋白粉等作为鲆鲽类饲料蛋白源的应用价值;研究了饲料中添加白藜芦醇、丁酸钠等功能性物质对鱼体健康的影响。该系列研究进一步提高了鲆鲽类对非鱼粉蛋白的利用效率,降低了其对鱼粉这一有限资源的依赖,提升了养殖鱼类的生长率、饲料转化率和养殖生产效益,对支撑鲆鲽类产业的健康发展具有重要意义。

1 大菱鲆饲料蛋白源的表观消化率研究

研究探讨了大菱鲆对 4 种蛋白源的表观消化率,旨在从消化率角度评测不同的蛋白源在大菱鲆饲料中的应用。对饲料进行膨化、微生物发酵和添加外源酶的处理,探究其对蛋白源表观消化率的影响,寻找提高消化率的方法和途径。选取 9 g 左右的大菱鲆幼鱼为实验养殖对象。选取鱼粉(fish meal, FM)、豆粕(soy bean meal, SBM)、玉米蛋白粉(corn gluten meal, CGM)和葵花粕(sun flower meal, SFM)为蛋白源,然后按照 70% 基础饲料 +30% 实验蛋白源的方法配制实验饲料。

1.1 饲料膨化技术对蛋白源表观消化率的影响

非膨化条件下,大菱鲆对 4 种饲料原料中干物质的表观消化率为 22.92% ～ 60.70%。其中,鱼粉的干物质表观消化率最高,为 60.70%;玉米蛋白粉的干物质表观消化率为 35.89%;豆粕的干物质表观消化率为 33.34%;葵花粕的干物质表观消化率最低,为 22.92%。饲料进行膨化处理之后,除葵花粕的干物质表观消化率未发生显著变化($P >$ 0.05)外,各蛋白源的干物质表观消化率均得到显著的提高($P <$ 0.05),其中,豆粕的干物质表观消化率提高了 4.52%,玉米蛋白粉的干物质表观消化率提高了 6.55%,鱼粉的干物质表观消化率提高了 4.97%(表 1)。

表1 饲料的膨化处理对饲料原料中干物质和总能的表观消化率（%）的影响

项目	FM1	FM2	SBM1	SBM2	SFM1	SFM2	CGM1	CGM2
干物质	60.70 ± 0.45[e]	65.67 ± 0.50[f]	33.34 ± 0.23[b]	37.86 ± 0.50[c]	22.92 ± 0.88[a]	24.99 ± 0.66[a]	35.89 ± 0.58[bc]	42.44 ± 1.08[d]
总能	77.72 ± 1.10[d]	81.51 ± 0.24[e]	49.61 ± 0.45[ab]	57.07 ± 0.17[c]	48.22 ± 1.26[a]	50.14 ± 0.42[ab]	52.14 ± 0.12[b]	56.44 ± 0.75[c]

注：同一行数据中具有不同上标的表示差异显著；后标注"1"的为非膨化组，后标注"2"的为膨化组

1.2 微生物/外源酶发酵技术对蛋白源表观消化率的影响

研究了微生物发酵、外源酶添加等技术对豆粕表观消化率的影响。豆粕微生物发酵方式有2种，一种是乳酸菌发酵，另外一种是曲霉菌发酵。外源酶组以豆粕为蛋白源，添加的3种酶依次为植酸酶（酶活力为10 000 U/g，添加量为0.05%）、非淀粉多糖酶（酶活力为200 000 U/g，添加量为0.01%）和中性蛋白酶（酶活力为100 000 U/g，添加量为0.01%），添加外源酶后对高筋小麦粉进行适当调整。

结果表明：添加植酸酶和非淀粉多糖酶后，大菱鲆幼鱼对豆粕的干物质表观消化率未受到显著影响（$P > 0.05$）；但是添加蛋白酶后，豆粕的干物质表观消化率显著高于对照组，提高了6.41%；添加外源酶后，三者之间的干物质表观消化率没有显著差异。未发酵豆粕与两种发酵豆粕之间的干物质表观消化率差异显著（$P < 0.05$），且两种发酵豆粕之间的干物质表观消化率亦差异显著（$P < 0.05$）。其中，乳酸菌发酵豆粕的干物质表观消化率最高，为50.92%，提高了17.58%；曲霉菌发酵豆粕次之，为43.02%，提高了9.68%；未发酵豆粕最低，为33.34%（表2）。

表2 外源酶和微生物发酵对饲料原料中干物质和总能的表观消化率（%）的影响

项目	SBM1	SBM2	SBM3	SBM4	FSBM1	FSBM2
干物质	33.34 ± 0.24[a]	35.53 ± 0.78[ab]	39.75 ± 1.44[bc]	34.49 ± 1.36[a]	43.02 ± 0.22[c]	50.92 ± 1.02[d]
总能	49.61 ± 0.45[a]	51.20 ± 0.30[ab]	52.76 ± 0.46[b]	50.04 ± 0.48[ab]	59.49 ± 0.92[c]	64.14 ± 0.05[d]

注：同一列后不同的字母表示差异显著（$P < 0.05$）；SBM1为豆粕组（对照），SBM2为非淀粉多糖酶组，SBM3为蛋白酶组，SBM4为植酸酶组，FSBM1为曲霉菌发酵豆粕，FSBM2为乳酸菌发酵豆粕

2 玉米蛋白粉作为新蛋白源在大菱鲆饲料的应用效果评价

2.1 大菱鲆对玉米蛋白粉的表观消化率的测定

以鱼粉为蛋白源，小麦粉为糖源，鱼油和大豆卵磷脂为脂肪源配置基础饲料，以70%基础饲料＋30%玉米蛋白粉为实验饲料，测定了大菱鲆幼鱼对玉米蛋白粉的表观消化率，同时在实验饲料中分别添加胆汁酸（B-CGM）或木瓜蛋白酶和中性蛋白酶（E-CGM），检测其对玉米蛋白粉表观消化率的影响。结果表明：玉米蛋白粉干物质消化率为25.99%，添加胆汁

酸或酶处理后,各消化率相比对照组显著提高($P < 0.05$),且胆汁酸处理组显著高于酶处理组(表3)。添加胆汁酸或利用酶进行处理可以显著提高玉米蛋白粉的氨基酸消化率(表4)。

表3 大菱鲆幼鱼对玉米蛋白粉的表观消化率(%)

处理组	干物质消化率	粗蛋白消化率	总氨基酸消化率	能量消化率
CGM	25.99 ± 0.65[c]	48.62 ± 1.16[c]	48.41 ± 0.54[c]	35.07 ± 0.31[c]
B-CGM	43.34 ± 2.31[a]	60.72 ± 0.39[a]	67.67 ± 0.88[a]	52.34 ± 0.20[a]
E-CGM	33.81 ± 0.71[b]	52.99 ± 0.73[b]	52.80 ± 0.86[b]	47.32 ± 0.55[b]

表4 大菱鲆幼鱼对玉米蛋白粉氨基酸的表观消化率(%)

氨基酸		CGM	B-CGM	E-CGM
必需氨基酸	Thr	37.32 ± 0.16[a]	63.95 ± 0.14[c]	50.08 ± 0.31[b]
	Val	42.91 ± 0.15[a]	66.29 ± 0.08[c]	51.19 ± 0.23[b]
	Arg	47.49 ± 0.42[a]	75.79 ± 0.24[c]	59.03 ± 0.35[b]
	Leu	54.36 ± 0.53[b]	63.28 ± 0.03[c]	48.01 ± 0.06[a]
	Phe	51.59 ± 0.23[a]	66.91 ± 0.25[b]	51.89 ± 0.14[a]
	Ile	49.65 ± 0.32[b]	63.93 ± 0.75[c]	37.69 ± 0.01[a]
	Lys	37.17 ± 0.41[b]	78.97 ± 0.33[c]	30.32 ± 0.29[a]
	His	54.13 ± 0.40[a]	65.01 ± 0.31[b]	52.64 ± 0.34[a]
	Met	69.43 ± 0.32[c]	60.00 ± 0.33[b]	47.67 ± 0.30[a]
非必需氨基酸	Asp	32.61 ± 0.12[a]	64.41 ± 0.29[c]	51.15 ± 0.41[b]
	Ser	47.35 ± 0.17[a]	67.90 ± 0.59[c]	60.19 ± 0.17[b]
	Cys	40.86 ± 0.34[a]	66.48 ± 0.54[c]	51.14 ± 0.22[b]
	Tyr	49.61 ± 0.87[a]	73.22 ± 0.38[c]	55.21 ± 0.52[b]
	Glu	41.59 ± 0.15[a]	65.86 ± 0.26[c]	54.68 ± 0.31[b]
	Gly	56.22 ± 0.11[a]	81.09 ± 0.45[b]	56.34 ± 0.31[a]
	Ala	53.58 ± 0.17[a]	66.81 ± 0.83[b]	52.36 ± 0.54[a]

2.2 玉米蛋白粉在大菱鲆饲料中的应用效果评价

为评估玉米蛋白粉在大菱鲆饲料中的应用前景,开展了玉米蛋白粉替代大菱鲆幼鱼饲料中鱼粉的效果评价实验。以含有60%鱼粉组为对照组(FM组),使用玉米蛋白粉分别替代饲料中10%、20%、30%、40%的鱼粉(分别为CP10、CP20、CP30、CP40组),并分别向各替代组中添加1%胆汁酸(分别为BCP10、BCP20、BCP30、BCP40组)。配制9种等氮等能的试验饲料。用上述饲料饲喂初始体重为(13.00 ± 0.01)g的大菱鲆幼鱼58 d。实验结束后,测定了鱼体生长、饲料利用、肠道结构等指标。

结果表明:玉米蛋白粉替代大菱鲆饲料中鱼粉,当替代水平达到20%时,鱼体的末体重、增重率、特定生长率显著低于鱼粉组（$P < 0.05$）。玉米蛋白粉替代鱼粉后添加胆汁酸，鱼体的生长性能有所改善，但是对鱼体体组成及形体指标无影响（表5）。玉米蛋白粉替代鱼粉，当替代水平达到20%时，饲料的蛋白消化率、鱼体肠道绒毛长/直径比值显著降低；当替代水平达到30%时，干物质表观消化率显著降低，相应替代水平下，饲料中添加胆汁酸可以提高干物质消化率、蛋白消化率以及肠道绒毛长/直径比值（表6）。

表5　玉米蛋白粉替代鱼粉对大菱鲆生长性能及饲料利用的影响

处理组	末体重/g	增重率（%）	特定生长率（%）	饲料效率（%）	摄食率/（g/d）
FM	93.82 ± 2.25[a]	6.83 ± 0.18[a]	3.21 ± 0.04[a]	1.49 ± 0.02[a]	1.62 ± 0.02[a]
CP10	87.95 ± 1.24[abc]	6.32 ± 0.10[abc]	3.11 ± 0.02[ab]	1.48 ± 0.01[a]	1.60 ± 0.01[a]
CP20	82.75 ± 1.82[cde]	5.89 ± 0.15[cde]	3.01 ± 0.03[bc]	1.48 ± 0.02[a]	1.58 ± 0.01[a]
CP30	79.92 ± 0.71[de]	5.66 ± 0.06[de]	2.96 ± 0.01[c]	1.46 ± 0.02[ab]	1.59 ± 0.01[a]
CP40	70.2 ± 0.68[f]	4.85 ± 0.06[f]	2.76 ± 0.02[d]	1.37 ± 0.03[b]	1.62 ± 0.03[a]
BCP10	90.22 ± 0.87[ab]	6.53 ± 0.08[ab]	3.15 ± 0.02[ab]	1.50 ± 0.00[a]	1.60 ± 0.00[a]
BCP20	87.60 ± 1.50[abc]	6.29 ± 0.12[abc]	3.10 ± 0.03[ab]	1.48 ± 0.00[a]	1.60 ± 0.01[a]
BCP30	84.03 ± 0.78[bcd]	6.00 ± 0.07[bcd]	3.04 ± 0.02[b]	1.46 ± 0.01[a]	1.60 ± 0.01[a]
BCP40	76.63 ± 1.64[ef]	5.39 ± 0.14[ef]	2.90 ± 0.03[c]	1.39 ± 0.02[b]	1.63 ± 0.02[a]

表6　玉米蛋白粉替代鱼粉对饲料消化率和鱼体肠道结构的影响

处理组	干物质消化率（%）	蛋白消化率（%）	绒毛长/直径
FM	73.31 ± 0.35[a]	90.25 ± 0.10[a]	0.41 ± 0.00[a]
CP10	72.69 ± 0.07[ab]	89.97 ± 0.13[ab]	0.35 ± 0.00[cd]
CP20	72.50 ± 0.06[ab]	90.15 ± 0.09[a]	0.39 ± 0.00[b]
CP30	70.44 ± 0.45[ab]	86.02 ± 0.18[c]	0.34 ± 0.00[cd]
CP40	72.25 ± 1.51[ab]	88.55 ± 0.24[b]	0.36 ± 0.00[c]
BCP10	63.65 ± 0.98[de]	83.28 ± 0.40[d]	0.33 ± 0.00[de]
BCP20	69.56 ± 0.51[bc]	86.10 ± 0.23[c]	0.35 ± 0.01[c]
BCP30	62.57 ± 0.35[e]	79.34 ± 0.54[e]	0.30 ± 0.01[f]
BCP40	66.20 ± 0.56[cd]	82.43 ± 0.40[d]	0.3104 ± 0.01[ef]

3　体外模拟培养草鱼肠道菌群发酵豆粕的应用效果研究

选取池塘养殖的鲜活草鱼进行肠道食糜取样,利用体外肠道模拟培养系统培养草鱼肠道完整菌群,运用所得具备混菌体系的培养液,以豆粕为原料进行发酵处理,以期能够弥补植物蛋白源消化率低、适口性差以及存在大量抗营养因子等的缺陷。实验以豆粕、新鲜菌液发酵豆粕、保种活化菌液发酵豆粕分别替代饲料中30%、40%、50%、60%的鱼粉蛋白进行大菱鲆养殖实验,分析不同饲料投喂后对大菱鲆幼鱼生长、营养利用、体组成、消化生理、肝肠组织学及血液指标等各方面的影响,从而对发酵豆粕进行应用价值评定,期待用菌液发酵后的豆粕最终能高水平地替代鱼粉且不影响大菱鲆幼鱼的正常生长和生理状态。

结果表明:与鱼粉组相比,豆粕替代超过40%,新鲜菌液发酵豆粕替代超过50%会显著性降低大菱鲆末体重、增重率和特定生长率。除30%替代外,同等替代水平发酵豆粕组末体重、增重率和特定生长率均高于豆粕组。豆粕替代超过30%,新鲜菌液和保种活化菌液发酵豆粕替代超过50%会显著降低大菱鲆饲料效率。各发酵豆粕处理组与鱼粉组相比,摄食率没有显著差异(表7)。

表7　豆粕和发酵豆粕替代鱼粉对大菱鲆幼鱼生长性能的影响

处理组	初重/g	末重/g	增重率(%)	特定生长率(%)	饲料效率(%)	摄食率/(g/d)
M	8.48 ± 0.00	41.32 ± 0.26[a]	3.87 ± 0.03[a]	2.44 ± 0.01[a]	1.27 ± 0.01[ab]	1.60 ± 0.01[b]
D-1	8.51 ± 0.01	40.84 ± 1.11[a]	3.80 ± 0.13[a]	2.41 ± 0.04[a]	1.19 ± 0.01[cd]	1.69 ± 0.02[ab]
D-2	8.50 ± 0.01	37.65 ± 0.76[ab]	3.43 ± 0.09[abc]	2.29 ± 0.03[ab]	1.17 ± 0.01[d]	1.67 ± 0.02[ab]
D-3	8.52 ± 0.02	35.54 ± 0.5[bc]	3.17 ± 0.06[cd]	2.20 ± 0.02[bc]	1.06 ± 0.00[f]	1.77 ± 0.01[a]
D-4	8.60 ± 0.11	31.72 ± 0.46[c]	2.69 ± 0.03[d]	2.01 ± 0.01[c]	1.10 ± 0.01[ef]	1.61 ± 0.00[b]
X-1	8.43 ± 0.11	39.11 ± 1.26[ab]	3.64 ± 0.14[abc]	2.36 ± 0.04[ab]	1.25 ± 0.00[abc]	1.60 ± 0.03[b]
X-2	8.50 ± 0.01	41.61 ± 0.62[a]	3.89 ± 0.06[a]	2.44 ± 0.02[a]	1.30 ± 0.02[a]	1.57 ± 0.03[b]
X-3	8.50 ± 0.01	40.30 ± 1.23[ab]	3.74 ± 0.15[abc]	2.39 ± 0.05[ab]	1.22 ± 0.02[bcd]	1.64 ± 0.04[ab]
X-4	8.50 ± 0.00	35.51 ± 0.56[bc]	3.18 ± 0.06[bcd]	2.20 ± 0.03[bc]	1.16 ± 0.01[de]	1.62 ± 0.03[b]
B-1	8.51 ± 0.01	37.48 ± 0.98[ab]	3.40 ± 0.11[abc]	2.28 ± 0.04[ab]	1.24 ± 0.02[abc]	1.56 ± 0.03[b]
B-2	8.50 ± 0.01	41.68 ± 1.75[a]	3.90 ± 0.21[a]	2.45 ± 0.06[a]	1.30 ± 0.01[a]	1.56 ± 0.01[b]
B-3	8.49 ± 0.01	40.45 ± 1.04[ab]	3.76 ± 0.12[abc]	2.40 ± 0.04[a]	1.21 ± 0.01[bcd]	1.65 ± 0.03[ab]
B-4	8.41 ± 0.09	38.22 ± 1.00[ab]	3.54 ± 0.14[abc]	2.33 ± 0.05[ab]	1.16 ± 0.02[de]	1.69 ± 0.04[ab]

注:FM组为鱼粉对照组,D-1、D-2、D-3、D-4分别为豆粕30%、40%、50%、60%替代组,X-1、X-2、X-3、X-4分别为新鲜菌液发酵豆粕30%、40%、50%、60%替代组,B-1、B-2、B-3、B-4分别为保种活化菌液发酵豆粕30%、40%、50%、60%替代组

4　高比例豆粕替代饲料中添加白藜芦醇对大菱鲆肠道损伤的修复作用研究

实验以鱼粉、谷蛋白粉为主要蛋白源，小麦粉为糖源，鱼油、大豆卵磷脂为脂肪源配制基础饲料。以含 60% 鱼粉组（FM 组）为阳性对照组，以豆粕替代基础饲料中 45% 鱼粉组（CON组）为阴性对照组，分别向替代组饲料中添加白藜芦醇［添加水平为 0.05%（0.05R 组）、0.5%（0.5R 组）和 1%（0.1R 组）］，配制 5 种等氮等能的实验饲料。用上述饲料饲喂初始体重为（7.50 ± 0.01）g 的大菱鲆幼鱼 56 d，每 2 周称重一次，按照大菱鲆体重的 1.5% 进行投喂，实验在室内养殖系统中进行，每个处理组设 3 个重复，每个重复 30 尾鱼。实验结束后测定了添加白藜芦醇对大菱鲆生长、饲料利用、肠道结构的影响。

结果表明：豆粕替代饲料中 45% 鱼粉后，添加白藜芦醇对大菱鲆末体重、增重率、特定生长率均无显著影响；饲料中添加 1% 的白藜芦醇显著降低了大菱鲆的增重率、特定生长率、饲料效率（P < 0.05；表 8）。饲料中添加白藜芦醇对大菱鲆幼鱼血浆中的抗氧化酶 CAT、MDA 无显著影响，添加 1% 白藜芦醇组总 SOD 酶活力显著高于其他组（表 9）。

表 8　饲料添加白藜芦醇对大菱鲆幼鱼生长性能和饲料利用的影响

	CON	FM	0.05R	0.5R	1R
末体重/g	33.12 ± 0.16[ab]	39.31 ± 0.77[c]	32.42 ± 0.74[ab]	35.68 ± 0.70[bc]	27.83 ± 2.0[a]
增重率（%）	341.54 ± 2.07[ab]	424.11 ± 10.25[c]	332.31 ± 9.81[ab]	375.73 ± 9.29[bc]	271.12 ± 26.38[a]
特定生长率（%）	2.65 ± 0.07[abc]	2.96 ± 0.04[c]	2.61 ± 0.04[ab]	2.78 ± 0.03[bc]	2.33 ± 0.13[a]
摄食率（%）	1.76 ± 0.03[ab]	1.72 ± 0.04[a]	1.83 ± 0.05[ab]	1.73 ± 0.01[a]	1.91 ± 0.03[b]
饲料效率（%）	1.28 ± 0.03[b]	1.41 ± 0.05[b]	1.22 ± 0.04[ab]	1.34 ± 0.01[b]	1.08 ± 0.06[a]

表 9　大菱鲆饲料中添加白藜芦醇对大菱鲆幼鱼血浆酶活力的影响

	CON	FM	0.05R	0.5R	1R
CAT	20.33 ± 3.81	27.19 ± 6.02	18.66 ± 1.37	23.44 ± 4.55	15.93 ± 3.56
T-SOD	45.76 ± 3.23[a]	49.51 ± 4.90[a]	49.56 ± 2.90[a]	46.78 ± 3.91[a]	101.70 ± 2.18[b]
MDA	9.84 ± 0.79	17.21 ± 2.00	12.76 ± 0.51	9.97 ± 1.38	17.97 ± 3.30

5　植物蛋白替代鱼粉饲料中添加丁酸钠对大菱鲆幼鱼生长、消化的影响

实验以鱼粉、豆粕、玉米蛋白粉、谷蛋白粉、花生粕、啤酒酵母为蛋白源，小麦粉为糖源，鱼油、椰子油、大豆卵磷脂为脂肪源配制基础饲料。以含 60% 鱼粉组（FM 组）为阳性对照组，

以复合植物蛋白源替代基础饲料中 50% 鱼粉组（CON 组）为阴性对照组，分别向替代组饲料中添加丁酸钠 [1.5 g/千克（D1 组）、3.0 g/千克（D2 组）和 6.0 g/千克（D3 组）]，配制等氮等能的实验饲料。用上述饲料饲喂初始体重为（13.00 ± 0.01）g 的大菱鲆幼鱼 58 d，实验在室内养殖系统中进行，每个处理组设 3 个重复，每个重复 30 尾鱼。

结果表明：复合植物蛋白源替代鱼粉后添加适量丁酸钠能够提高大菱鲆幼鱼的生长性能、表观消化率和肝脏抗氧化功能；然而过高添加量会对肠道造成损伤，降低生长性能（表10、表 11）。在此实验原料配伍下，大菱鲆幼鱼饲料中丁酸钠的添加适宜水平为 0.15%～0.30%。

表 10　丁酸钠对大菱鲆幼鱼生长指标的影响

处理组	初体重 /g	末体重 /g	增重率（%）	饲料效率（%）	特定生长率（%）	摄食率（%）
FM	13.01 ± 0.01	79.39 ± 0.34^a	5.10 ± 0.02^a	1.31 ± 0.01^a	3.12 ± 0.01^a	1.89 ± 0.01
CON	12.99 ± 0.01	63.42 ± 0.60^c	3.88 ± 0.05^c	1.22 ± 0.02^b	2.73 ± 0.02^b	1.87 ± 0.02
D1	13.02 ± 0.01	79.87 ± 2.58^a	5.13 ± 0.19^a	1.34 ± 0.01^a	3.13 ± 0.05^a	1.85 ± 0.01
D2	13.00 ± 0.02	72.69 ± 2.54^b	4.59 ± 0.19^b	1.30 ± 0.01^a	2.97 ± 0.06^b	1.85 ± 0.02
D3	12.99 ± 0.01	63.55 ± 2.18^c	3.89 ± 0.17^c	1.21 ± 0.02^b	2.73 ± 0.06^b	1.88 ± 0.01

表 11　丁酸钠对大菱鲆幼鱼饲料表观消化率的影响

处理组	干物质消化率（%）	蛋白消化率（%）
FM	55.08 ± 1.73^a	79.89 ± 1.44^a
CON	46.37 ± 0.18^b	71.89 ± 0.46^c
D1	53.30 ± 0.73^a	78.53 ± 0.26^a
D2	50.31 ± 1.56^{ab}	75.40 ± 0.26^b
D3	50.76 ± 1.50^{ab}	73.23 ± 0.45^{bc}

6　蛋氨酸缺乏对大菱鲆肌肉细胞生理代谢调控的影响

蛋氨酸是多种植物蛋白源中的第一限制性氨基酸，植物蛋白源替代鱼粉后往往引起饲料中蛋氨酸水平的降低。本项目以大菱鲆肌肉细胞系为研究模型，研究了蛋氨酸缺乏条件下，鱼类氨基酸感知系统的活性变化。

结果表明：蛋氨酸缺乏条件下，大菱鲆肌肉细胞中氨基酸感知系统 TOR 信号系统被抑制，S6K、S6 和 4E-BP1 的磷酸化水平显著降低；细胞内能量感知因子 AMPK 信号通路被激活；蛋氨酸缺乏可以显著提高大菱鲆肌肉细胞氨基酸应答通路 AAR 信号通路中关键调控因子 GCN2、ATF3、ASNS、CHOP 的 mRNA 表达量，AAR 信号通路的下游信号分子 Sestrin 的表达量也显著升高。

7 磷脂酸对大菱鲆细胞增殖、代谢的调控机制

以大菱鲆为养殖对象,使用植物蛋白源替代50%的鱼粉蛋白,并在各替代组中分别添加0%、0.05%、0.1%和0.5%的磷脂酸,配制成四种等氮等能的饲料。选取初始体重为(9.80±0.02)g的大菱鲆幼鱼进行研究。

结果显示:饲料中添加0.5%的磷脂酸可以起到促进鱼体生长的作用,同时磷脂酸还可以提高鱼体消化酶活力、血脂含量,可作为饲料中的免疫增强剂增强鱼体免疫功能。

(岗位科学家　麦康森)

大黄鱼营养需求与饲料技术研发进展

大黄鱼营养需求与饲料岗位

本年度共开展了涉及大黄鱼幼鱼脂肪代谢调控、脂肪源替代和功能性添加剂的开发研究等方面的 7 个相关实验,取得相关研发进展如下。

1　植物油精准替代鱼油的比例研究

当豆油替代鱼油水平小于或达到 66.7% 时,大黄鱼幼鱼的特定生长率、饲料效率和肝体比与对照组相比差异不显著($P > 0.05$)。而当替代水平为 100% 时,其特定生长率和饲料效率显著低于对照组($P < 0.05$),肝体比则显著高于对照组($P < 0.05$;表 1)。大黄鱼肝脏和肌肉的脂肪酸组成反映了饲料的脂肪酸组成,随着豆油替代鱼油水平的升高,大黄鱼肝脏和肌肉组织中亚油酸水平逐渐上升,而 EPA 和 DHA 水平逐渐下降。在血清生化指标中,66.7% 替代组大黄鱼血清甘油三酯(TG)、低密度脂蛋白胆固醇(LDL-C)和高密度脂蛋白胆固醇(HDL-C)的含量与对照组无显著差异,而 100% 替代组大黄鱼血清 TG 和 LDL-C 含量显著高于对照组,HDL-C 含量显著低于对照组。66.7% 替代组肝脏 *il1b*、*tnfa* 和 *il6* mRNA 表达量与对照组相比无显著差异($P > 0.05$),而 100% 替代组肝脏 *il1b*、*tnfa* 和 *il6* mRNA 表达量显著高于对照组($P < 0.05$;图 1)。综上所述,饲料中豆油可以替代 66.7% 的鱼油而不影响大黄鱼的生长、饲料效率和血清生化指标,对肝脏 *ifng*、*tnfa* 和 *il6* mRNA 表达量无显著影响。

表 1　饲料中豆油替代鱼油对大黄鱼生长性能的影响

测定项目	0%替代组	33.3%替代组	66.7%替代组	100%替代组
初体重/g	15.87 ± 0.24	15.88 ± 0.25	15.83 ± 0.27	15.89 ± 0.29
末体重/g	37.84 ± 0.99^a	36.29 ± 0.75^a	36.53 ± 0.10^a	31.19 ± 1.58^b
存活率(%)	89.44 ± 1.47	87.78 ± 2.00	88.33 ± 1.67	89.44 ± 1.47
特定生长率(%)	1.24 ± 0.05^a	1.18 ± 0.03^{ab}	1.20 ± 0.02^{ab}	0.96 ± 0.10^b
摄食率(%)	2.06 ± 0.01	2.06 ± 0.09	2.07 ± 0.04	2.26 ± 0.05
饲料效率(%)	0.57 ± 0.02^a	0.54 ± 0.02^a	0.55 ± 0.01^a	0.41 ± 0.05^b
肝体比	1.92 ± 0.11^b	2.00 ± 0.12^{ab}	2.31 ± 0.07^{ab}	2.33 ± 0.12^a

续表

测定项目	0%替代组	33.3%替代组	66.7%替代组	100%替代组
脏体比	6.91 ± 0.26	6.75 ± 0.30	7.19 ± 0.20	7.09 ± 0.33
肥满度	0.99 ± 0.04	1.03 ± 0.02	1.01 ± 0.02	1.01 ± 0.02

注：数据以平均值 ± 标准误差表示，表中标注不同字母的数字表示处理组间存在显著差异（$P < 0.05$）

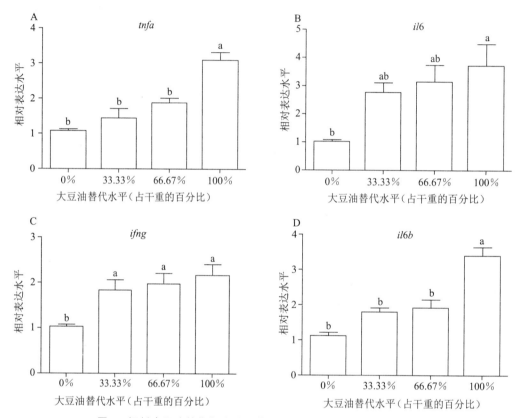

图1 饲料中豆油替代鱼油对大黄鱼肝脏炎性相关基因表达的影响

不同字母表示处理组间存在显著差异（$P < 0.05$）

2 替代脂肪源的开发与利用

2.1 混合脂肪源丨替代鱼油实验研究

75%豆油、亚麻油和猪油替代组中添加肉碱800 mg／千克可以显著提高大黄鱼幼鱼的增重率和饲料效率，并对大黄鱼幼鱼肝体比具有一定的降低作用（表2）。检测体组成和血清生化指标时发现，用豆油、亚麻油、猪油等量混合替代75%鱼油基础上添加800 mg／千克肉碱可以抑制大黄鱼幼鱼肝脏脂肪异常沉积，降低血清 TG 和 LDL-C，并增加血清中 HDL-C 的含量。相比于75%替代组的大黄鱼，用豆油、亚麻油、猪油等量混合替代75%鱼油中添加800 mg／千克肉碱，可以增加大黄鱼幼鱼肝脏抗氧化酶活力。相比于对照组，用豆油、亚麻油、猪油等量混合替代 75% 鱼油中添加 800 mg / 千克肉碱,可显著增加大黄鱼幼鱼肝脏脂肪的分解、氧化和转运相关基因的表达,并改善大黄鱼肝脏炎性相关基因的表达。

表 2　豆油、亚麻油和猪油混合替代鱼油对大黄鱼生长性能的影响

测定项目	0% 替代组	75% 替代组	75% 替代 + 肉碱组
初体重 /g	15.82 ± 0.25	15.84 ± 0.24	15.85 ± 0.16
末体重 /g	35.60 ± 0.32[b]	38.22 ± 0.46[a]	37.93 ± 0.35[a]
存活率(%)	87.92 ± 1.97	90.83 ± 0.83	89.17 ± 1.60
增重率(%)	125.19 ± 1.94[b]	141.51 ± 5.60[a]	139.28 ± 0.29[a]
摄食率(%)	2.13 ± 0.02	2.12 ± 0.02	2.10 ± 0.02
饲料效率(%)	0.52 ± 0.00[b]	0.56 ± 0.01[a]	0.56 ± 0.01[a]
肝体比	1.98 ± 0.04[b]	2.14 ± 0.03[a]	2.07 ± 0.05[ab]
脏体比	6.92 ± 0.23	7.18 ± 0.21	7.05 ± 0.30
肥满度	1.02 ± 0.03	1.05 ± 0.02	1.00 ± 0.04

注:数据以平均值 ± 标准误差表示,表中标注不同字母的数字表示处理组间存在显著差异($P < 0.05$)

表 3　豆油、亚麻油和猪油混合替代鱼油对大黄鱼体常规的影响

测定项目		0% 替代组	75% 替代组	75% 替代 + 肉碱组
每 100 g(湿重)全鱼	水分 /g	74.99 ± 0.40	75.06 ± 0.73	75.96 ± 0.80
	脂肪 /g	7.16 ± 0.19	6.91 ± 0.37	6.54 ± 0.17
	蛋白 /g	14.74 ± 0.15	14.86 ± 0.28	14.32 ± 0.17
每 100 g(湿重)肝脏	水分 /g	59.64 ± 1.08[a]	53.10 ± 1.11[b]	56.80 ± 1.53[ab]
	脂肪 /g	22.10 ± 0.66[b]	27.13 ± 0.63[a]	23.32 ± 0.94[b]
每 100 g(湿重)肌肉	水分 /g	73.31 ± 0.61[b]	72.53 ± 0.48[b]	74.48 ± 0.64[a]
	脂肪 /g	7.95 ± 0.37	8.53 ± 0.34	8.60 ± 0.38

注:数据以平均值 ± 标准误差表示,表中标注不同字母的数字表示处理组间存在显著差异($P < 0.05$)

2.2　混合脂肪源 II 替代鱼油实验研究

75% 豆油、亚麻油和鸡油替代组中添加 800 mg / 千克肉碱可以显著提高大黄鱼幼鱼的增重率和饲料效率,并对大黄鱼幼鱼肝体比具有一定的降低作用(表 4)。在体组成和血清生化指标中,用豆油、亚麻油、鸡油等量混合替代 75% 鱼油基础上添加 800 mg / kg 肉碱可以抑制大黄鱼幼鱼肝脏脂肪异常沉积,降低血清 TG、总胆固醇和 LDC-C,并增加血清中 HDL-C 的含量。相比于 75% 替代组的大黄鱼,用豆油、亚麻油、鸡油等量混合替代 75% 鱼油中添加 800 mg / kg 肉碱,可以增加大黄鱼幼鱼肝脏 SOD 和总抗氧化酶活力。相比于对照组,用豆油、亚麻油、鸡油等量混合替代 75% 鱼油中添加 800 mg / kg 肉碱,可以增加大黄鱼幼鱼肝脏 *cpt1*、hepatic lipase 和 *cd36* 基因的表达,并改善大黄鱼肝脏炎性相关基因的表达。

表4 豆油、亚麻油和鸡油混合替代鱼油对大黄鱼生长性能的影响

测定项目	0%替代组	75%替代组	75%替代 + 肉碱组
初体重/g	15.74 ± 0.14	15.86 ± 0.20	15.76 ± 0.16
末体重/g	35.29 ± 0.77[b]	38.85 ± 0.45[a]	38.28 ± 0.09[a]
存活率（%）	87.92 ± 1.97	91.25 ± 2.49	88.33 ± 1.93
增重率（%）	124.17 ± 4.32[b]	145.15 ± 5.81[a]	142.93 ± 2.89[a]
摄食率（%）	2.14 ± 0.04	2.07 ± 0.02	2.05 ± 0.01
饲料效率（%）	0.51 ± 0.02[b]	0.58 ± 0.01[a]	0.58 ± 0.01[a]
肝体比	1.85 ± 0.07[b]	2.08 ± 0.05[a]	2.00 ± 0.06[ab]
脏体比	6.56 ± 0.18	6.90 ± 0.24	7.24 ± 0.19
肥满度	1.04 ± 0.02	1.09 ± 0.02	1.05 ± 0.03

注：数据以平均值 ± 标准误差表示，表中标注不同字母的数字表示处理组间存在显著差异（$P < 0.05$）

表5 豆油、亚麻油和鸡油混合替代鱼油对大黄鱼体常规的影响（%湿重）

测定项目		0%替代组	75%替代组	75%替代 + 肉碱组
每100 g（湿重）全鱼	水分/g	74.11 ± 0.70	74.45 ± 1.02	75.70 ± 0.17
	脂肪/g	7.31 ± 0.44	7.53 ± 0.46	6.45 ± 0.16
	蛋白/g	14.65 ± 0.18	14.50 ± 0.21	14.16 ± 0.25
每100 g（湿重）肝脏	水分/g	59.12 ± 1.03	55.00 ± 1.54	56.35 ± 2.20
	脂肪/g	22.03 ± 0.85[b]	26.99 ± 1.03[a]	24.06 ± 0.46[b]
每100 g（湿重）肌肉	水分/g	73.19 ± 0.61	73.66 ± 1.36	73.78 ± 1.04
	脂肪/g	7.83 ± 0.49	8.18 ± 0.44	8.37 ± 0.34

注：数据以平均值 ± 标准误差表示，表中标注不同字母的数字表示处理组间存在显著差异（$P < 0.05$）

3 功能性添加剂开发与应用

3.1 饲料中添加茶多酚养殖大黄鱼的实验研究

在饲料中添加茶多酚对大黄鱼存活率和生长没有显著影响（$P > 0.05$）。添加0.02%的茶多酚可以显著降低大黄鱼肝脏和鱼体的脂肪含量（$P < 0.05$；表6）。0.02%组血浆胆固醇含量显著低于对照组（$P < 0.05$），最高的 HDL-C 和最低的 LDL-C 分别出现在0.02%和0.05%组（$P < 0.05$）。在肝脏中，饱和脂肪酸含量随着饲料茶多酚的增加逐渐下降，n-3 PUFA 和 n-6 PUFA 随着饲料中茶多酚的增多而增多（$P < 0.05$）。在饲料中添加茶多酚可以显著降低血浆丙二醛含量（$P < 0.05$），在0.02%组达到最低。SOD 和总抗氧化能力分别在0.01%组和0.02%组显著高于对照组（$P < 0.05$）。在饲料中添加0.01%到0.02%的茶

多酚可以显著提高 *ppara*、*cpt1* 和 *aco* 的基因表达($P < 0.05$)。*lpl* 基因的表达在茶多酚添加组均显著低对照组($P < 0.05$;图 2)。因此,在饲料中添加 0.01% ~ 0.02% 的茶多酚可以显著降低肝脏脂肪和鱼体脂肪含量,可能与增加脂肪酸氧化相关基因的表达有关。

表 6　饲料中添加茶多酚对大黄鱼生长性能的影响

测定项目	茶多酚添加量(占干重的百分比)			
	0.00%	0.01%	0.02%	0.05%
初体重/g	15.89 ± 0.02	15.89 ± 0.23	15.88 ± 0.09	15.87 ± 0.13
末体重/g	36.71 ± 3.05	37.96 ± 2.45	37.53 ± 0.37	36.80 ± 0.50
增重率(%)	131.02 ± 18.88	138.98 ± 17.39	136.52 ± 14.24	131.77 ± 2.37
特定生长率(%)	1.21 ± 0.07	1.26 ± 0.05	1.24 + 0.04	1.20 ± 0.02
存活率(%)	86.67 ± 1.67	87.78 ± 2.55	85.00 ± 1.67	85.44 ± 0.96
肝体比	2.96 ± 0.31	2.92 ± 0.39	3.03 ± 0.12	2.93 ± 0.26
脏体比	8.53 ± 0.32	8.04 ± 0.20	7.98 ± 0.16	8.15 ± 0.28

注:数据以平均值 ± 标准误差表示,表中标注不同字母的数字表示处理组间存在显著差异($P < 0.05$)

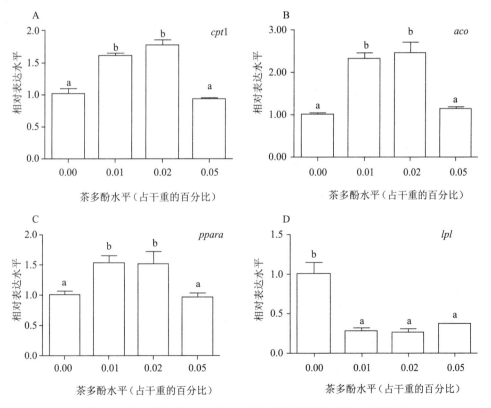

图 2　饲料中添加茶多酚对大黄鱼体脂代谢相关基因表达的影响

不同字母表示处理组间存在显著差异($P < 0.05$)

3.2 姜黄素对大黄鱼幼鱼降脂作用的研究

在饲料中添加0.04%的姜黄素可以显著提高大黄鱼增重率和特定生长率（$P < 0.05$；表7），显著降低大黄鱼肝脏和鱼体的脂肪含量（$P < 0.05$）。0.06%组血浆胆固醇、TG和LDL-C含量显著低于对照组，0.04%组的HDL-C显著高于对照组（$P < 0.05$）。在肝脏中，n-3 PUFA随着饲料中姜黄素的增多而增多。饲料中添加0.04%的姜黄素可以显著降低血浆中ALT活性、AST活性和MDA含量（$P < 0.05$），显著提高SOD活性（$P < 0.05$）。在饲料中添加0.04%到0.06%的姜黄素可以显著提高cpt1、aco和ppara的基因表达量（$P < 0.05$），显著降低srebp1和fas基因的表达量（$P < 0.05$）。因此，在饲料中添加0.04%的姜黄素可以显著降低肝脏脂肪和鱼体脂肪含量，可能与增加脂肪酸氧化相关基因的表达和抑制脂肪合成相关基因的表达有关。

表7 饲料中添加姜黄素对大黄鱼生长性能的影响

测定项目	姜黄素添加量（占干重的百分比）			
	0.00%	0.02%	0.04%	0.06%
初体重/g	15.85 ± 0.02	15.85 ± 0.16	15.90 ± 0.14	15.72 ± 0.09
末体重/g	35.59 ± 0.66[a]	35.36 ± 2.70[a]	38.11 ± 2.38[b]	35.71 ± 1.91[a]
增重率（%）	124.58 ± 4.48[a]	123.17 ± 19.28[a]	139.86 ± 16.64[b]	127.15 ± 11.76[ab]
特定生长率（%）	1.16 ± 0.03[a]	1.15 ± 0.01[a]	1.25 ± 0.04[b]	1.17 ± 0.04[ab]
存活率（%）	86.67 ± 1.67	88.89 ± 0.96	85.00 ± 1.67	86.11 ± 2.55
肝体比	3.31 ± 0.25	2.81 ± 0.30	3.18 ± 0.21	2.95 ± 0.56
脏体比	8.56 ± 1.00	8.15 ± 0.37	8.55 ± 0.40	8.36 ± 0.12

注：数据以平均值 ± 标准误差表示，表中标注不同字母的数字表示处理组间存在显著差异（$P < 0.05$）

3.3 饲料中添加白藜芦醇养殖大黄鱼的实验研究

添加白藜芦醇饲料组大黄鱼的特定生长率显著升高，肝体比指数显著降低（$P < 0.05$；表8）。鱼体和肝脏粗脂肪含量、血浆TG含量随饲料中白藜芦醇添加量的增加呈显著降低趋势（$P < 0.05$）。随着饲料中白藜芦醇添加水平的增加，大黄鱼肝脏丙二醛含量显著下降，肝脏抗氧化酶活力呈先升高后降低趋势（$P < 0.05$）。肝脏tnfa和il1b表达量呈降低趋势，arg1表达量呈升高趋势。肝脏srebp1和scd1表达量显著降低，fas和dgat2表达量呈先降低后升高趋势，apob、mtp、cpt1和aco表达量显著升高（$P < 0.05$；图3）。综上所述，饲料中添加白藜芦醇能促进大黄鱼的生长，提高肝脏抗氧化酶活力及抗炎能力，缓解因饲喂高脂饲料所引起的鱼体脂肪异常沉积。本实验饲料中白藜芦醇的最适添加量为0.1%。

表8 饲料中添加白藜芦醇对大黄鱼生长性能影响

测定项目	白藜芦醇添加量（占干重百分比）			
	0.00%	0.05%	0.10%	0.15%
存活率（%）	85.00 ± 0.96	87.78 ± 1.11	88.89 ± 1.47	87.22 ± 1.46
终末体重/g	47.45 ± 0.28[b]	56.80 ± 0.33[a]	55.22 ± 0.51[a]	55.86 ± 0.25[a]
增重率（%）	160.70 ± 1.56[b]	212.09 ± 1.81[a]	203.39 ± 2.79[a]	203.96 ± 1.36[a]
特定生长率（%）	1.37 ± 0.01[b]	1.63 ± 0.01[a]	1.59 ± 0.01[a]	1.60 ± 0.01[a]
摄食率（%）	1.03 ± 0.01	1.19 ± 0.02	1.13 ± 0.04	1.14 ± 0.01
饲料效率（%）	0.72 ± 0.01[b]	0.91 ± 0.01[a]	0.92 ± 0.03[a]	0.87 ± 0.03[a]
肝体比	2.55 ± 0.13[a]	2.32 ± 0.13[ab]	2.13 ± 0.16[ab]	2.07 ± 0.04[b]
脏体比	6.76 ± 0.41	6.56 ± 0.21	6.46 ± 0.76	6.50 ± 0.22

注：数据以平均值 ± 标准误差表示，表中标注不同字母的数字表示处理组间存在显著差异（$P < 0.05$）

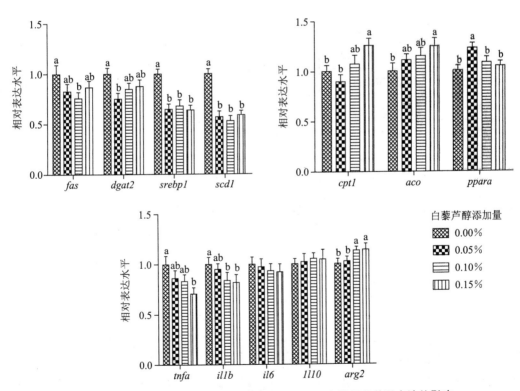

图3 饲料中添加白藜芦醇对大黄鱼体脂代谢和炎性相关基因表达的影响

不同字母表示处理组间存在显著差异（$P < 0.05$）

3.4 饲料中添加黄连素养殖大黄鱼的实验研究

添加黄连素饲料组大黄鱼的特定生长率显著升高，肝体比显著降低（$P < 0.05$；表9）。鱼体和肝脏粗脂肪含量、血浆 TG 含量随饲料中黄连素添加量的增加呈显著降低趋势（$P < 0.05$）。随着饲料中黄连素添加水平的增加，大黄鱼肝脏丙二醛含量显著下降，肝脏 T-AOC、SOD、CAT 和 GSH-Px 等抗氧化酶活力显著增加（$P < 0.05$）。肝脏 *tnfa* 和 *il1b* 表达量显著降低，*srebp1* 和 *fas* 表达量呈先降低后升高的趋势，*scd1* 和 *dgat2* 表达量显著降低，*apob* 和 *mtp* 表达量随饲料中黄连素添加水平的增加而显著升高（$P < 0.05$；图4）。综上所述，饲料中添加黄连素能促进大黄鱼的生长，提高肝脏抗氧化酶活力及抗炎能力，缓解因饲喂高脂饲料所引起的鱼体脂肪异常沉积，其最适添加量为 0.05% 左右。黄连素发挥作用的机制可能是通过上调脂肪分解及转运基因的表达并抑制脂肪合成基因的表达。

表9 饲料中添加黄连素对大黄鱼生长性能影响

测定项目	黄连素添加量（占干重的百分比）			
	0.00%	0.02%	0.05%	0.10%
存活率（%）	85.00 ± 0.96	87.78 ± 1.11	88.89 ± 1.47	88.92 ± 1.46
终末体重/g	47.45 ± 0.28[b]	54.64 ± 1.84[a]	54.07 ± 1.77[a]	52.93 ± 1.34[a]
增重率（%）	160.70 ± 1.56[b]	200.20 ± 10.10[a]	197.11 ± 9.74[a]	195.31 ± 7.36[a]
特定生长率（%）	1.37 ± 0.01[b]	1.57 ± 0.05[a]	1.55 ± 0.05[a]	1.53 ± 0.04[a]
摄食率（%）	1.07 ± 0.01[b]	1.19 ± 0.02[a]	1.18 ± 0.02[a]	1.15 ± 0.03[a]
饲料效率（%）	0.72 ± 0.01	0.83 ± 0.04	0.84 ± 0.05	0.82 ± 0.05
肝体比	2.55 ± 0.13[a]	2.34 ± 0.12[ab]	2.06 ± 0.03[b]	2.15 ± 0.02[b]
脏体比	6.76 ± 0.41	6.55 ± 0.29	6.52 ± 0.33	6.49 ± 0.18

注：数据以平均值 ± 标准误差表示，表中标注不同字母的数字表示处理组间存在显著差异（$P < 0.05$）

4 年度进展小结

本年度研究成果在一定程度上推动了水产动物营养与饲料学科的发展，部分成果已产业化，取得了显著的社会和经济效益。通过与青岛七好营养科技有限公司以及福建大北农水产科技有限公司合作，开发出大黄鱼仔稚鱼和成鱼微颗粒饲料2种，生产的大黄鱼仔稚鱼饲料在价格、稳定性等方面较进口饲料有明显优势。生产推广专用系列大黄鱼人工微颗粒配合饲料100余吨，成鱼配合饲料3000余吨，产值达5000余万元。

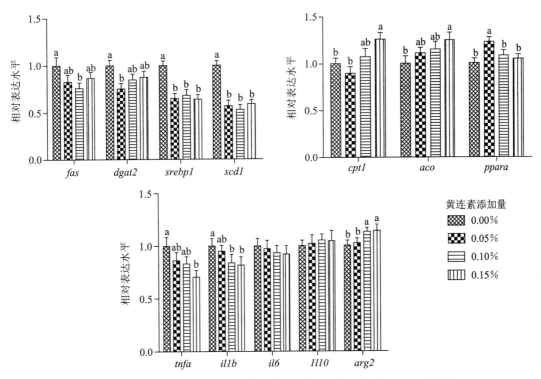

图 4 饲料中添加黄连素对大黄鱼体脂代谢和炎性相关基因表达的影响

不同字母表示处理组间存在显著差异($P < 0.05$)

（岗位科学家 艾庆辉）

石斑鱼营养需求与饲料技术研发进展

石斑鱼营养需求与饲料岗位

2017 年，本岗位针对石斑鱼饲料产业所面临的一系列共性瓶颈问题——营养需求参数和原料数据库不完善、鱼粉鱼油资源短缺、养殖环境污染日益严重、配合饲料普及率偏低等，以珍珠龙胆石斑（龙虎斑）为研究对象，开展了基于陆基工业化循环水养殖模式的精准营养参数研究、原料消化率数据库构建、新型蛋白源开发与应用、绿色饲料添加剂研发以及高效饲料研发与推广示范等工作，进展如下。

1 主要营养参数研究与高效饲料开发

1.1 常量营养素需要量研究

研究了 3 种规格（幼鱼、中鱼、大鱼）的珍珠龙胆石斑鱼对蛋白质、脂肪、碳水化合物的需要量（图 1～3）。珍珠龙胆石斑鱼幼鱼的蛋白质适宜添加水平为 51.1%，脂肪适宜添加水平为 11.73%，碳水化合物适宜添加水平为 26.79%；珍珠龙胆石斑鱼中鱼的蛋白质适宜添加水平为 47.4%，脂肪适宜添加水平为 12.57%，碳水化合物适宜添加水平为 27.12%；珍珠龙胆石斑鱼大鱼的蛋白质适宜添加水平为 45.3%，脂肪适宜添加水平为 14.44%，碳水化合物适宜添加水平为 34.67%。

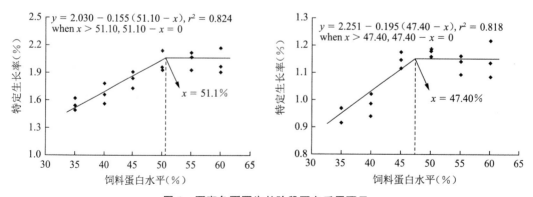

图 1　石斑鱼不同生长阶段蛋白质需要量

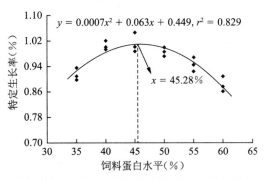

图 1（续）　石斑鱼不同生长阶段蛋白质需要量

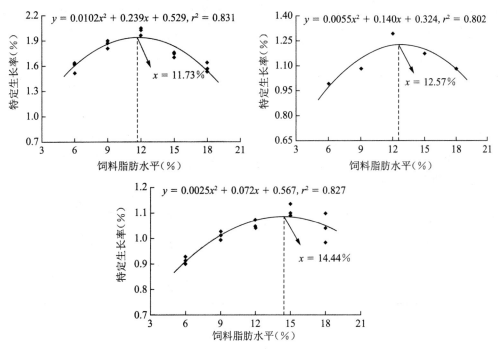

图 2　石斑鱼不同生长阶段脂肪需要量

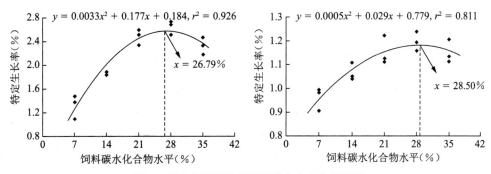

图 3　石斑鱼不同生长阶段碳水化合物需要量

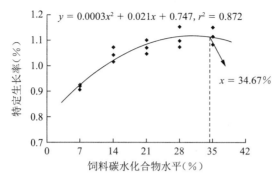

图3（续）　石斑鱼不同生长阶段碳水化合物需要量

3种规格（幼鱼、中鱼、大鱼）的珍珠龙胆石斑鱼对蛋白质、脂肪、碳水化合物、限制性氨基酸、脂肪酸等主要营养素的需要量分别见表1、表2。

表1　珍珠龙胆幼鱼阶段常量营养素需要量

营养素	初始体重/g	需要量
蛋白质	10.0	51.1%
脂肪	9.1	11.73%
碳水化合物	9.0	26.79%
蛋白能量比	10.0	29.2%
赖氨酸	9.6	3.0 mg/kJ
甲硫氨酸	9.5	1.4%（0.46% Cys）
精氨酸	9.6	2.7%
卵磷脂	10.1	2.1%
n-3 HUFA	9.9	1.18%

注：养殖周期为8周，评价指标为特定生长率

表2　珍珠龙胆中鱼、大鱼阶段常量营养素需要量

阶段	营养素	初始体重/g	需要量
中　期	蛋白质	102.8	47.4%
	脂肪	102.6	12.57%
	碳水化合物	102.2	27.12%
	蛋白能量比	101.3	29.2%
	赖氨酸	102.1	2.6 mg/kJ
	甲硫氨酸	101.9	1.06%（0.46% Cys）
	精氨酸	102.5	2.5%
	卵磷脂	102.2	3.3%
	n-3 HUFA	101.9	1.45%

续表

阶段	营养素	初始体重/g	需要量
	蛋白质	275.1	45.3%
	脂肪	278.5	14.44%
	碳水化合物	292.4	34.67%
	蛋白能量比	287.9	26.45%
后 期	赖氨酸	285.6	2.4 mg/kJ
	甲硫氨酸	279.1	0.88%
	精氨酸	290.2	2.2%
	卵磷脂	291.0	3.6%
	n-3 HUFA	288.8	1.42%

注:养殖模式为近岸浮式网箱(3 m×3 m×3 m),养殖周期为10周,评价指标为特定生长率

1.2 微量营养素需要量研究

研究了珍珠龙胆石斑鱼幼鱼阶段对维生素、矿物元素的需要量。石斑鱼初始体重 10 g 左右,饲养时间为 10～12 周。研究结果见表 3。石斑鱼幼鱼阶段每千克饲料中脂溶性维生素 A、D、E 的适宜添加量分别为 2 500～3 000 IU、2 000～2 500 IU 和 45～60 mg,水溶性维生素 C、B_1、B_2、B_6、肌醇的适宜添加量分别为 800 mg、10～15 mg、20 mg、17.5 mg、600～900 mg,矿物元素 Zn、Fe、Cu、Mn、Co、Se 的适宜添加量分别为 35～50 mg、60～82 mg、6.30～6.89 mg、10.5～15.42 mg、17.75～19.40 mg、1.29～1.46 mg。

表 3 珍珠龙胆石斑鱼维生素、矿物元素需要量

营养素		初始体重/g	养殖周期	评价指标	需要量
矿物元素	Zn	11.2	10 周	特定生长率、骨骼 Zn 含量	35～50 mg/kg
	Fe	10.9	10 周	特定生长率、骨骼 Fe 含量	60～82 mg/kg
	Cu	10.4	12 周	特定生长率	6.30～6.89 mg/kg
	Mn	11.5	12 周	特定生长率	10.50～15.42 mg/kg
	Co	10.8	12 周	特定生长率	17.75～19.40 mg/kg
	Se	10.6	12 周	特定生长率	1.29～1.46 mg/kg
维生素	A	11.0	12 周	增重率、MLS	2 500～3 000 IU
	D	10.9	12 周	增重率、饲料效率	2 000～2 500 IU
	E	10.8	12 周	增重率、MLS	45～60 mg/kg
	K	10.3	12 周	增重率、MLS	NR
	C	11.2	12 周	增重率	800 mg/kg

营养素		初始体重/g	养殖周期	评价指标	需要量
维生素	B1	11.2	12周	增重率、饲料效率	10～15 mg/kg
	B2	10.9	12周	增重率	20 mg/kg
	B6	10.7	12周	增重率	17.5 mg/kg
	肌醇	11.0	12周	增重率、MLS	600～900 mg/kg

1.3 石斑鱼资源节约型高效环保饲料开发与示范

集成相关技术,开发出基于工业化循环水养殖的珍珠龙胆石斑鱼饲料配方1套,在福建漳浦海瑞饲料公司(图4)生产并推广应用,3个不同生长阶段饲料中鱼粉降低20%(图5),养成期前期、中期饲料中鱼油分别降低50%和33%(图6),饲料系数降低8%～10%(图7),氮磷、COD排放量降低20%以上。

2 海水鱼饲料新型蛋白源开发及利用

弄清了2种非粮新型蛋白源——特种面包虫、发酵高蛋白棉粕的营养参数,并对这2种非粮蛋白源在石斑鱼养殖的应用效果进行了评价;开发新型饲料添加剂2种——免疫增强剂1种、诱食剂1种,在此基础上构建了2种新型蛋白源在石斑鱼全周期养殖的饲料配制技术并推广应用。

图4 福建漳浦石斑鱼工业化养殖实验基地

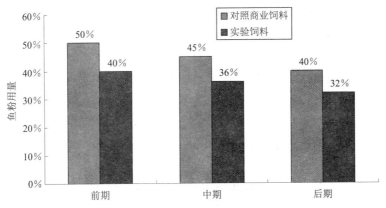

图 5　养成期不同生长阶段饲料中鱼粉用量

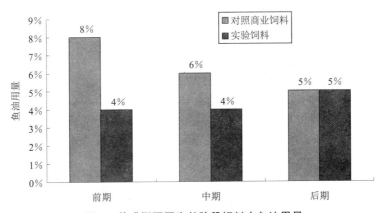

图 6　养成期不同生长阶段饲料中鱼油用量

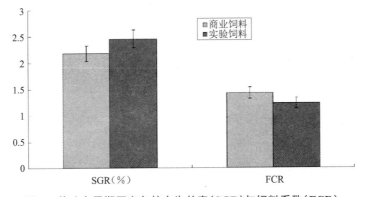

图 7　养殖全周期石斑鱼特定生长率(SGR)与饲料系数(FCR)

2.1　面包虫(商品名:"天虫优")在石斑鱼饲料中的应用技术

研究饲料中"天虫优"替代不同比例的鱼粉对珍珠龙胆石斑鱼生长性能、饲料利用及免疫力的影响,为开发新型饲料蛋白源提供技术支撑。

各组饲料配方见表4。饲料中"天虫优"替代不同比例的鱼粉对珍珠龙胆石斑鱼生长性能的影响见表5。由表中可以看出：T0、T6、T12、T31各组间珍珠龙胆的终末体重差异显著，其余各组间差异不显著（$P > 0.05$）。珍珠龙胆的存活率数值在96%～100%内，T12组存活率与其余组间差异显著（$P < 0.05$），其余各组间无显著性差异。T0、T6、T12、T31各组间的增重率差异显著，其余各组间差异不显著（$P > 0.05$），当鱼粉替代比例达到12.5%时，增重率最大。T6组的特定生长率与T12、T18、T25、T31组的特定生长率存在显著性差异（$P < 0.05$），其余各组间差异不显著（$P > 0.05$）。

表4　实验饲料配方（占干重的百分比）

项 目	组别					
	T0	T6	T12	T18	T25	T31
低温蒸汽红鱼粉	40	37.5	35	32.5	30	27.5
"天虫优"	0	2.5	5	7.5	10	12.5
去皮豆粕	16	16	16	16	16	16
玉米蛋白粉	7	7	7	7	7	7
小麦谷蛋白粉	5.4	5.6	5.8	6.0	6.2	6.5
面粉	20	20	20	20	20	20
鱼油	3.8	4	4.2	4.4	4.6	4.8
磷脂	2.5	2.5	2.5	2.5	2.5	2.5
磷酸二氢钙	1.5	1.5	1.5	1.5	1.5	1.5
多维	0.3	0.3	0.3	0.3	0.3	0.3
多矿	0.4	0.4	0.4	0.4	0.4	0.4
抗氧化剂	0.05	0.05	0.05	0.05	0.05	0.05
维生素C	0.03	0.03	0.03	0.03	0.03	0.03
氯化胆碱	0.5	0.5	0.5	0.5	0.5	0.5
微晶纤维素	2.2	1.78	0.36	0.94	0.52	0
蛋氨酸	0.32	0.34	0.36	0.38	0.4	0.42
合计	100	100	100	100	100	100
营养组成						
粗蛋白	51.15	51.13	51.10	51.08	51.07	51.11
粗脂肪	9.32	9.33	9.34	9.35	9.36	9.37
磷	1.88	1.8	1.73	1.66	1.59	1.51
钙	2.49	2.38	2.26	2.13	2.01	1.89

表5 "天虫优"替代饲料中不同水平的鱼粉对石斑鱼生长、饲料利用的影响

组别	初始体重/g	终末体重/g	成活率（%）	增重率（%）	饲料系数	特定生长率（%）
T0	6.6	67.03 ± 1.56^b	100 ± 0.00^b	915.66 ± 23.57^b	0.81 ± 0.01^{ab}	4.67 ± 0.10^{ab}
T6	6.6	57.70 ± 1.74^a	100 ± 0.00^b	774.24 ± 26.43^a	0.82 ± 0.03^{ab}	4.56 ± 0.23^a
T12	6.6	72.84 ± 0.48^d	96.67 ± 0.03^a	1 003.58 ± 7.20^d	0.81 ± 0.18^{ab}	4.85 ± 0.09^b
T18	6.6	70.82 ± 0.57^{cd}	100 ± 0.00^b	973.03 ± 8.71^{cd}	0.81 ± 0.18^a	4.84 ± 0.17^b
T25	6.6	70.57 ± 1.38^{cd}	100 ± 0.00^b	969.19 ± 20.71^{cd}	0.85 ± 0.03^b	4.79 ± 0.09^b
T31	6.6	70.17 ± 0.49^c	100 ± 0.00^b	963.13 ± 7.44^c	0.82 ± 0.02^{ab}	4.82 ± 0.01^b

血常规数据表明当替代比例超过18%时,替代组的血清总蛋白和白蛋白下降,血清甘油三酯和总胆固醇在替代比例达18%时均降至最低(表6)。

血清中碱性磷酸酶含量T0与其余组间存在显著性差异($P < 0.05$),T6、T12、T31与T18、T25存在显著性差异($P < 0.05$),其余各组间差异不显著;血清中酸性磷酸酶含量T0与T18、T25、T31存在显著性差异($P < 0.05$),T6与T18、T31存在显著性差异($P < 0.05$),其余各组间差异不显著($P > 0.05$);血清中谷胱甘肽还原酶含量T0与T6、T18、T25、T31存在显著性差异($P < 0.05$),T12与T18、T25、T31存在显著性差异($P < 0.05$),其余各组间差异不显著($P > 0.05$);血清中SOD含量T6与T0、T12间有显著性差异($P < 0.05$),其余各组间差异不显著(表7)。

养殖实验结束后,进行哈氏弧菌攻毒实验,根据预实验计算出$LD_{50} = 2.79 \times 10^9$ CFU/mL,每个处理组选择10尾进行攻毒,每尾鱼采用腹腔注射法注射哈氏弧菌0.2 mL,注射部位是胸鳍基部。连续观察7 d,每隔12 h统计一次。统计累积死亡率,并计算相对免疫保护力。由攻毒实验的数据可知,当"天虫优"替代鱼粉比例达到18.75%时,累计死亡率最低,相对保护率最高(图8)。

表6 "天虫优"替代鱼粉对珍珠龙胆石斑鱼血常规指标的影响

项目	组别					
	T0	T6	T12	T18	T25	T31
总蛋白/（g/dL）	54.92 ± 2.17^b	54.87 ± 3.50	55.62 ± 10.26	45.37 ± 6.78	41.22 ± 2.73^a	44.90 ± 3.63^{ab}
白蛋白/（g/dL）	682.50 ± 4.95^b	659.50 ± 2.12^b	609.00 ± 91.92^b	489.00 ± 9.90^a	479.50 ± 12.02^a	499.50 ± 2.12^a
甘油三酯/（mmol/L）	1.31 ± 0.13^c	1.16 ± 0.03^c	0.90 ± 0.05^b	0.69 ± 0.03^a	0.83 ± 0.01^{ab}	0.93 ± 0.05^b
总胆固醇/（mmol/L）	2.11 ± 0.11^{ab}	2.26 ± 0.08^{bc}	2.38 ± 0.43^{bc}	1.81 ± 0.06^a	2.18 ± 0.03^{ab}	2.66 ± 0.18^c
高密度脂蛋白胆固醇/（mmol/L）	3.19 ± 0.05^{ab}	3.25 ± 0.01^{bc}	3.22 ± 0.08^{ab}	3.16 ± 0.02^a	3.25 ± 0.05^{bc}	3.30 ± 0.02^c
低密度脂蛋白胆固醇/（mmol/L）	0.71 ± 0.08^a	0.85 ± 0.03^a	0.75 ± 0.07^a	0.76 ± 0.09^a	0.80 ± 0.04^a	1.20 ± 0.04^b

续表

项 目	组别					
	T0	T6	T12	T18	T25	T31
葡萄糖/（mmol/L）	6.62 ± 0.12	6.28 ± 0.64	4.18 ± 0.55	6.15 ± 1.83	4.96 ± 1.22	6.11 ± 2.83

表7 "天虫优"替代鱼粉对石斑鱼血清中非特异免疫酶活性的影响

项 目	组别					
	T0	T6	T12	T18	T25	T31
碱性磷酸酶/（U/L）	194.50 ± 2.12[a]	169.33 ± 7.37[b]	155.00 ± 16.97[b]	122.50 ± 7.78[a]	127.00 ± 5.66[a]	149.00 ± 4.24[b]
酸性磷酸酶/（U/L）	6.07 ± 0.33[a]	5.50 ± 0.33[ab]	4.81 ± 1.48[abc]	3.52 ± 0.79[c]	3.93 ± 0.38[c]	3.52 ± 1.32[c]
谷胱甘肽还原酶/（U/L）	62.97 ± 14.24[a]	27.06 ± 18.89[b]	38.91 ± 14.90[b]	22.56 ± 7.61[b]	17.95 ± 9.87[b]	23.15 ± 4.03[b]
SOD/（U/mg）	13.84 ± 0.43[a]	9.82 ± 0.56[b]	13.64 ± 3.21[a]	12.16 ± 0.86[ab]	11.69 ± 1.82[ab]	12.11 ± 0.75[ab]

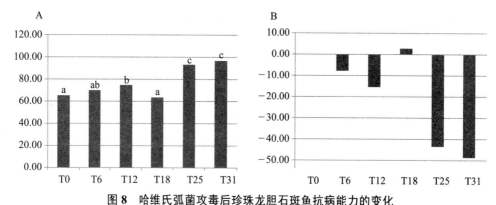

图8 哈维氏弧菌攻毒后珍珠龙胆石斑鱼抗病能力的变化

A：累计死亡率；B：相对免疫保护率

2.2 浓缩棉籽蛋白在石斑鱼饲料的应用技术

评价了饲料中浓缩棉籽蛋白替代鱼粉后对珍珠龙胆石斑鱼生长、饲料利用、肝脏抗氧化能力和肠道发育的影响。实验设计了6组等氮等能的饲料（表8），每组3个重复，分别以浓缩棉籽蛋白替代饲料中鱼粉蛋白的0%（对照组）、12%、24%、36%、48%和60%。实验在半循环水养殖系统中进行，分6个处理，每个处理3个重复，每个重复30尾鱼。结果表明：随着饲料中浓缩棉籽蛋白替代水平的升高，增重率和特定生长率呈现先上升后下降的趋势，在24%替代水平获得最大增重率和特定生长率，且显著高于其余各组。饲料系数在24%替代组降低且显著其余各组。肝体比在36%替代组升高且显著高于其余各组。根据增重率和饲料系数，饲料中浓缩棉籽蛋白最适替代水平为32.8%。生长与饲料利用结果见表9。

表8　实验饲料配方（占干重的百分比）

成分	浓缩棉籽蛋白替代比例					
	0%	12%	24%	36%	48%	60%
红鱼粉	60	52.8	45.6	38.4	31.2	24
浓缩蛋白	0	7.2	14.4	21.6	28.8	36
玉米蛋白粉	5	5	5	5	5	5
小麦谷蛋白粉	0.51	1.00	1.49	1.98	2.47	2.96
面粉	18	18	18	18	18	18
鱼油	0.87	1.64	2.42	3.19	3.97	4.75
磷脂	2	2	2	2	2	2
磷酸二氢钙	2	2	2	2	2	2
多维	0.5	0.5	0.5	0.5	0.5	0.5
多矿	0.5	0.5	0.5	0.5	0.5	0.5
抗氧化剂	0.05	0.05	0.05	0.05	0.05	0.05
氯化胆碱	0.5	0.5	0.5	0.5	0.5	0.5
微晶纤维素	7.57	6.09	4.58	3.11	1.60	0.11
羟甲基纤维素钠	2	2	2	2	2	2
蛋氨酸1.34	0	0.08	0.17	0.24	0.33	0.41
赖氨酸3.18	0	0.14	0.29	0.43	0.58	0.72
Y_2O_2	0.5	0.5	0.5	0.5	0.5	0.5
营养组成						
粗蛋白	50	50	50	50	50	50
粗脂肪	10	10	10	10	10	10

表9　浓缩棉籽蛋白替代不同水平鱼粉对生长与饲料利用的影响

组别	增重率（%）	特定生长率（%）	饲料系数	摄食量/g	存活率（%）	肝体比（%）	肥满度（%）
0%	445.97 ± 10.59[a]	2.91 ± 0.22[bc]	1.02 ± 0.02[ab]	1 511.25 ± 138.46[a]	96.67 ± 5.77[d]	1.49 ± 0.19[a]	2.69 ± 0.07[b]
12%	452.38 ± 39.02[a]	3.05 ± 0.13[c]	1.01 ± 0.04[ab]	1 604.48 ± 85.19[a]	98.89 ± 1.92[d]	1.65 ± 0.14[a]	2.69 ± 0.24[b]
24%	553.62 ± 42.88[b]	3.24 ± 0.21[c]	0.93 ± 0.07[a]	1 505.91 ± 58.30[a]	100.00 ± 0.00[d]	1.76 ± 0.22[ab]	2.96 ± 0.22[c]
36%	465.40 ± 41.92[a]	2.51 ± 0.13[ab]	1.07 ± 0.02[b]	1 643.50 ± 124.92[ab]	75.00 ± 2.36[b]	3.71 ± 0.04[d]	2.74 ± 0.07[bc]
48%	390.77 ± 25.82[a]	2.16 ± 0.04[a]	1.05 ± 0.03[ab]	1 465.21 ± 74.39[a]	66.67 ± 0.00[a]	2.49 ± 0.49[c]	2.38 ± 0.20[a]
60%	443.42 ± 18.57[a]	2.85 ± 0.31[bc]	1.12 ± 0.10[b]	1 854.30 ± 24.30[b]	90.00 ± 0.00[c]	1.85 ± 0.08[b]	2.44 ± 0.29[a]

2.3 不同植物蛋白源替代鱼粉对珍珠龙胆幼鱼生长性能、抗氧化能力和肠道发育的影响

评价了不同植物蛋白源替代鱼粉后对珍珠龙胆生长、饲料利用、肝脏抗氧化能力和肠道免疫力的影响。实验设计了6组等氮等能的饲料（表10），每组4个重复，分别以豆粕、花生粕、棉籽蛋白A、棉籽蛋白B、豆粕（AA）替代饲料中50%的鱼粉蛋白。实验在半循环水养殖系统中进行，分6个处理，每个处理4个重复，每个重复40尾鱼。结果表明：增重率和特定生长率方面，棉籽蛋白A替代组显著高于豆粕组、花生粕组、棉籽蛋白B组和豆粕（AA）组，棉籽蛋白A组和全鱼粉组饲料系数无显著差异，且均显著低于其余各组。肝体比在全鱼粉组和棉籽蛋白A组获得最大值，且均显著高于其余各组。各组之间存活率和肥满度无显著差异（表11）。

表10 实验饲料配方（占干重的百分比）

成分	鱼粉	豆粕	花生粕	蛋白1	豆粕（AA）	蛋白2
红鱼粉	60	33	33	33	33	33
豆粕	0	38.58			38.58	
花生粕	0		34.78			
蛋白1	0			29.55		
蛋白2						
小麦谷蛋白粉	4.51	4.51	4.51	4.51	4.51	4.51
面粉	15	15	15	15	15	15
鱼油	1.25	2.93	1.30	4.09	2.93	4.09
磷脂	2	2	2	2	2	2
磷酸二氢钙	1.5	1.5	1.5	1.5	1.5	1.5
多维	0.5	0.5	0.5	0.5	0.5	0.5
多矿	0.5	0.5	0.5	0.5	0.5	0.5
抗氧化剂	0.05	0.05	0.05	0.05	0.05	0.05
氯化胆碱	0.5	0.5	0.5	0.5	0.5	0.5
微晶纤维素	14.19	0.93	6.36	8.80	0.15	5.35
蛋氨酸	0	0	0	0	0.27	0
赖氨酸	0	0	0	0	0.51	0
营养组成						
粗蛋白	50	50	50	50	50	50
粗脂肪	10	10	10	10	10	10

表 11　饲料中添加不同蛋白源对生长与饲料利用的影响

组别	增重率(%)	特定生长率(%)	饲料系数	摄食量/g	存活率(%)	肝体比(%)	肥满度(%)
全鱼粉组	507.42 ± 15.99[c]	3.17 ± 0.03[c]	0.92 ± 0.02[a]	2 241.29 ± 95.76[b]	98.33 ± 2.89[b]	1.68 ± 0.19[c]	2.67 ± 0.28[b]
豆粕	321.03 ± 23.14[a]	2.55 ± 0.09[a]	1.38 ± 0.19[b]	2 053.57 ± 132.31[ab]	98.75 ± 2.50[b]	1.11 ± 0.13[a]	2.64 ± 0.25[b]
花生粕	318.10 ± 9.32[a]	2.53 ± 0.04[a]	1.45 ± 0.13[b]	2 136.39 ± 193.50[b]	98.75 ± 1.44[b]	1.16 ± 0.12[a]	2.65 ± 0.22[b]
蛋白 1	399.27 ± 5.17[b]	2.87 ± 0.01[b]	1.05 0.14[a]	1 872.84 ± 79.20[a]	98.13 ± 2.39[b]	1.59 ± 0.17[bc]	2.66 ± 0.21[b]
豆粕（AA）	324.91 ± 17.28[a]	2.55 ± 0.04[a]	1.34 ± 0.26[b]	2 166.27 ± 86.32[b]	100.00 ± 0.00[b]	1.43 ± 0.13[b]	2.73 ± 0.21[b]
蛋白 2	307.42 ± 7.13[a]	2.41 ± 0.01[a]	1.39 ± 0.03[b]	2 041 ± 110.29[b]	75.00 ± 0.00[a]	1.18 ± 0.11[a]	1.89 ± 0.23[a]

（岗位科学家　谭北平）

军曹鱼、卵形鲳鲹营养需求与饲料技术
研发进展

军曹鱼、卵形鲳鲹营养需求与饲料岗位

2017 年重点开展了如下工作：① 军曹鱼和卵形鲳鲹的营养需求与饲料研究及产业发展现状调研；② 卵形鲳鲹对必需脂肪酸的需求特点及配合饲料中 DHA/EPA 适宜添加比例研究；③ 卵形鲳鲹对维生素 E 和 C 的适宜需求研究；④ 木本植物在卵形鲳鲹饲料中的应用研究；⑤ 短链脂肪酸在卵形鲳鲹配合饲料中的应用研究。取得的主要研究进展如下：

1 军曹鱼和卵形鲳鲹的营养需求研究

2017 年 7～11 月，本团队到广东的湛江、珠海、阳江，海南的海口、陵水，广西的北海、钦州等军曹鱼和卵形鲳鲹主养区及其饲料生产企业调研（图 1～6），了解到我国军曹鱼和卵形鲳鲹的年养殖产量分别达 4 万吨和 12 万吨，其主要养殖模式为近岸网箱、深水网箱单养以及池塘混养（卵形鲳鲹）。卵形鲳鲹从幼鱼到成鱼的全生长期都可摄食配合饲料，其配合饲料市场容量可达 20 万吨/年；军曹鱼成鱼由于无适宜粒径的配合饲料，目前仍以冰鲜鱼饲养为主。卵形鲳鲹养殖生产中存在饲料系数和饲料成本偏高、养殖效益较低、脂肪肝、高温期易患肠炎等制约产业发展的问题。通过实地调研，基本摸清了这两种鱼的营养需求及饲料产业发展现状，为本岗位产业技术攻关内容的确定提供依据。

图 1 广东粤海饲料公司考察

图 2 广东恒兴饲料公司考察

图 3　海南陵水金鲳及军曹鱼养殖区调研

图 4　广西钦州金鲳及军曹鱼养殖区调研

图 5　广东珠海溢多利生物科技公司、通威海壹饲料公司调研

图 6　广东阳江渔乡子水产
科技公司调研

2　卵形鲳鲹必需脂肪酸需求特性研究

2.1　卵形鲳鲹必需脂肪酸种类的确定

以鱼油(富含 DHA、EPA 等 HUFA)、豆油[缺乏 HUFA,富含亚油酸(LA)]和亚麻籽油[(缺乏 HUFA,富含亚麻酸(ALA)]为脂肪源,配制 7 种脂肪含量均为 12% 但脂肪酸组成不同的配合饲料。其中,添加鱼油的饲料为对照组,6 种添加植物油饲料的 ALA/LA 比值分别为 0.13、0.5、1.0、2.0、3.0 和 3.5。以上述 7 种饲料进行 8 周养殖试验后,通过比较分析各饲料投喂组鱼的成活率、生长性能、抗氧化性能指标等,评估卵形鲳鲹是否具有将 ALA 和 LA 转化为 HUFA 的能力,从而确定其必需脂肪酸的种类。结果显示:各植物油饲料投喂组鱼的存活率明显低于对照组,其增重率和特定生长率显著低于对照组($P < 0.05$;表 1);同时,各植物油组鱼的过氧化氢酶(CAT)和谷胱甘肽(GSH)等抗氧化性能指标也显著低于对照组($P < 0.05$;图 7、图 8)。这些结果说明,仅添加植物油的饲料不能满足卵形鲳鲹对必需脂肪酸的需求,说明该鱼不具有将 ALA 和 LA 转化为 HUFA 的能力或该能力较弱。因此,卵形鲳鲹的必需脂肪酸为 EPA 和 DHA 等 HUFA,其配合饲料中需要添加适量富含 HUFA 的鱼油才能满足鱼体正常生长发育对必需脂肪酸的需要。

表 1　用 ALA/LA 比值不同的饲料养殖卵形鲳鲹 8 周后的生长性能指标

指标	ALA/LA 比值						
	FO	0.13	0.5	1.0	2.0	3.0	3.5
初始体重/g	8.40 ± 0.00	8.27 ± 0.07	8.27 ± 0.07	8.27 ± 0.07	8.27 ± 0.07	8.40 ± 0.00	8.40 ± 0.00
终末体重/g	46.57 ± 3.19[b]	29.69 ± 1.32[a]	30.65 ± 1.10[a]	30.27 ± 2.77[a]	32.78 ± 0.75[a]	31.35 ± 1.28[a]	31.12 ± 0.94[a]
增重率（%）	454.40 ± 37.98[b]	259.00 ± 9.21[a]	257.64 ± 7.12[a]	266.32 ± 59.18[a]	296.68 ± 20.73[a]	273.19 ± 15.26[a]	270.47 ± 11.11[a]
特定生长率(%)	3.05 ± 0.21[b]	2.28 ± 0.04[a]	2.27 ± 0.17[a]	2.30 ± 0.16[a]	2.46 ± 0.05[a]	2.35 ± 0.07[a]	2.33 ± 0.05[a]
饲料系数	1.38 ± 0.19[b]	2.53 ± 0.16[a]	2.84 ± 0.06[a]	2.96 ± 0.26[a]	2.44 ± 0.08[a]	2.44 ± 0.22[a]	2.42 ± 0.64[a]
肝体指数	1.80 ± 0.15[a]	3.87 ± 0.5[bc]	4.80 ± 0.21[c]	3.95 ± 0.41[bc]	3.17 ± 0.25[ab]	3.60 ± 0.19[bc]	3.18 ± 0.32[ab]
存活率（%）	100	89.33	68.00	70.67	73.33	92.00	92.00

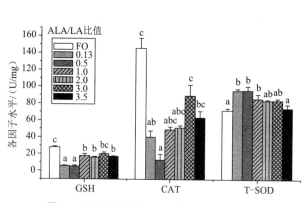

图 7　各饲料投喂组鱼肝脏抗氧化性能指标

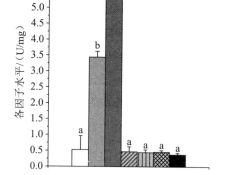

图 8　各饲料投喂组鱼肝脏丙二醛（MDA）水平

2.2　卵形鲳鲹幼鱼配合饲料中 DHA/EPA 适宜添加比的确定

根据"卵形鲳鲹的必需脂肪酸为 EPA 和 DHA"这一结论，以鱼油、混合植物油、DHA 精制油和 EPA 精制油为脂肪源，配制脂肪含量均为 12.5%，DHA/EPA 比分别为 0.53、0.81、1.10（鱼油组）、1.17、1.48、1.69 和 2.12 的 7 种配合饲料。经过 9 周的养殖试验后，比较不同饲料投喂组鱼的存活率、生长性能、抗氧化酶活性、组织脂肪酸组成和脂质代谢相关基因的表达水平。结果显示，卵形鲳鲹对各组饲料都易接受，其存活率都为 100%（表 2）。DHA/EPA 比为 1.17～1.48 的饲料投喂组鱼的特定生长率显著高于其他各组，且饲料系数显著低于其他各组（$P < 0.05$）。DHA/EPA 比为 1.48 的饲料投喂组鱼的血清甘油三酯和总

胆固醇值最低,肝脏 GSH-Px、SOD 和 CAT 最高,说明该组饲料有利于鱼体的物质代谢和抗氧化能力。

表2 用 DHA/EPA 比不同的饲料养殖卵形鲳鲹9周后的生长性能指标

指标	DHA/EPA 比						
	FO	0.053	0.81	1.17	1.48	1.69	2.12
初始体重 /g	7.23 ± 0.09	7.53 ± 0.07	7.19 ± 0.19	7.33 ± 0.06	7.13 ± 0.16	7.28 ± 0.06	7.24 ± 0.11
终末体重 /g	35.85 ± 0.42^a	36.75 ± 0.17^a	36.02 ± 0.86^a	39.13 ± 0.21^b	39.02 ± 0.11^b	36.48 ± 0.84^a	36.58 ± 0.55^a
增重率 (%)	396.03 ± 0.39^a	387.94 ± 6.29^a	401.1 ± 6.64^a	433.64 ± 4.73^b	447.25 ± 7.74^b	401.11 ± 11.61^a	405.38 ± 8.96^a
特定生长率 (%)	2.29 ± 0.01^a	2.26 ± 0.02^a	2.30 ± 0.02^a	2.39 ± 0.01^b	2.43 ± 0.02^b	2.30 ± 0.03^a	2.31 ± 0.03^a
饲料系数	1.48 ± 0.03^{bc}	1.52 ± 0.04^c	1.39 ± 0.02^{ab}	1.35 ± 0.01^a	1.37 ± 0.03^a	1.51 ± 0.02^c	1.51 ± 0.05^c
存活率 (%)	100	100	100	100	100	100	100
常规成分							
干物质 (%)	32.46 ± 0.57	32.90 ± 0.52	34.34 ± 0.48	34.65 ± 0.74	33.26 ± 0.56	31.91 ± 0.42	32.53 ± 0.64
粗蛋白 (%)	17.10 ± 0.33	17.31 ± 0.03	17.38 ± 0.11	16.81 ± 0.34	17.56 ± 0.25	17.33 ± 0.08	17.82 ± 0.02
粗脂肪 (%)	13.77 ± 0.93	14.17 ± 0.37	15.88 ± 0.62	15.94 ± 0.34	14.16 ± 1.07	13.5 ± 0.41	13.73 ± 0.61
灰分 (%)	4.18 ± 0.08^b	3.95 ± 0.02^{ab}	3.82 ± 0.26^{ab}	3.24 ± 0.34^a	4.07 ± 0.02^b	4.14 ± 0.09^b	4.07 ± 0.06^b

在肌肉品质方面,饲料 DHA/EPA 比对肌肉总 HUFA 水平无影响,但显著影响其 DHA 和 EPA 水平以及 DHA/EPA 比($P < 0.05$)。肌肉脂肪酸组成在很大程度上反映饲料的脂肪酸组成,其 DHA/EPA 比随着饲料 DHA/EPA 比的增加而升高。同时,鱼体肌肉的酥脆度、咀嚼度、黏附性和胶黏性也随着饲料 DHA/EPA 比的提高而增大。饲料 DHA/EPA 比显著影响肌肉脂肪沉积相关基因的表达水平。肌肉中 cd36、acsl3、acsl6 和 cpt1 的 mRNA 表达水平随着饲料 DHA/EPA 比的升高而提高,其中 DHA/EPA 比为 1.10~2.12 的饲料投喂组鱼肌肉 cd36 mRNA 表达水平显著高于 DHA/EPA 比为 0.53 的组鱼,DHA/EPA 比为 1.69 和 2.12 两组鱼的 acsl3、acsl6 和 cpt1 的 mRNA 表达水平显著高于其他组($P < 0.05$)。但是,fasn mRNA 表达水平不受饲料 DHA/EPA 比的影响。以上结果说明,饲料中 DHA/EPA 比升高可促进肌肉脂肪酸的转运和氧化,降低其脂肪含量,从而影响肌肉的酥脆度、咀嚼度、黏附性和胶黏性等品质。

总之，饲料中 DHA/EPA 比可显著影响卵形鲳鲹幼鱼的生长性能、抗氧化能力、脂质代谢能力和肌肉品质。综合考虑饲料成本，卵形鲳鲹幼鱼配合饲料中 DHA/EPA 的适宜添加比为 1.17～1.48。

3 卵形鲳鲹对维生素 E 和 C 适宜需要量的确定

针对卵形鲳鲹幼鱼对维生素 E 和 C 的需求量缺乏可参考数据的问题，分别设计 5 组维生素 E 添加水平（E1～E5：0 mg/kg、40 mg/kg、80 mg/kg、160 mg/kg 和 320 mg/kg）和 5 组维生素 C 添加水平（C1～C5：0 mg/kg、30 mg/kg、60 mg/kg、120 mg/kg 和 240 mg/kg）的配合饲料开展 8 周养殖实验。结果显示，80 mg/kg 维生素 E 组鱼和 60 mg/kg 维生素 C 组鱼的增重率和特定生长率都显著高于其他添加组（$P < 0.05$；表3、表4）。饲料维生素 C 水平对饲料系数、蛋白质效率、脏体比及全鱼粗蛋白、粗脂肪、水分和灰分等指标无显著影响（$P > 0.05$），但显著影响肌肉的常规生化成分，其中 C1 和 C2 组鱼肌肉的粗蛋白、粗脂肪含量都显著低于其他各组，而水分和灰分显著高于其他各组（$P < 0.05$）。同时，C1 组鱼血清的总胆固醇、SOD 等指标显著低于其他各组（$P < 0.05$）。饲料维生素 C 水平过低和过高对鱼体健康产生负面影响，显著降低其血清的总抗氧化能力，提高血清的溶菌酶水平（$P < 0.05$；表5）。因此，卵形鲳鲹幼鱼配合饲料中维生素 E 和 C 的适宜添加量分别为 80 mg/kg 和 60 mg/kg。维生素 E 处理组实验样品的生理生化指标仍在分析监测中。

表3　用维生素 E 水平不同的饲料养殖卵形鲳鲹 8 周后的生长性能指标

指标	组别				
	E1	E2	E3	E4	E5
初始体重/g	13.27 ± 0.18	13.33 ± 0.18	13.678 ± 0.44	13.47 ± 0.18	13.27 ± 0.07
终末体重/g	47.14 ± 0.92[b]	43.28 ± 0.87[a]	52.63 ± 1.38[c]	47.03 ± 1.12[b]	48.56 ± 0.84[b]
增重率（%）	355.81 ± 4.13[b]	327.72 ± 8.54[a]	385.96 ± 13.94[c]	348.82 ± 4.39[ab]	366.11 ± 5.66[bc]
特定生长率（%）	2.27 ± 0.02[bc]	2.10 ± 0.02[a]	2.41 ± 0.01[d]	2.21 ± 0.04[b]	2.32 ± 0.02[c]
饲料系数	1.68 ± 0.16	1.46 ± 0.10	1.53 ± 0.00	1.39 ± 0.03	1.41 ± 0.06
蛋白质效率（%）	30.50 ± 2.68	34.75 ± 2.42	32.96 ± 0.06	36.36 ± 0.69	36.02 ± 1.67
肝体比（%）	2.42 ± 0.34	2.35 ± 0.20	2.82 ± 0.21	2.14 ± 0.12	2.50 ± 0.22
脏体比（%）	8.46 ± 0.44[a]	8.73 ± 0.20[a]	9.95 ± 0.47[b]	8.32 ± 0.26[a]	9.03 ± 0.48[ab]

表4　用维生素 C 水平不同的饲料养殖卵形鲳鲹 8 周后的生长性能指标

指标	组别				
	C1	C2	C3	C4	C5
初始体重/g	13.53 ± 0.24	13.53 ± 0.24	13.80 ± 0.12	13.40 ± 0.31	13.60 ± 0.12
终末体重/g	42.53 ± 0.91[a]	44.61 ± 0.80[ab]	55.36 ± 0.97[c]	46.78 ± 1.02[b]	42.22 ± 0.72[a]

续表

指标	组别				
	C1	C2	C3	C4	C5
增重率（%）	314.36 ± 4.55^a	329.49 ± 8.17^{ab}	401.20 ± 4.50^c	349.31 ± 11.52^b	310.37 ± 8.93^a
特定生长率（%）	2.04 ± 0.01^a	2.13 ± 0.06^{ab}	2.48 ± 0.01^c	2.23 ± 0.04^b	2.02 ± 0.06^a
饲料系数	1.41 ± 0.03	1.36 ± 0.03	1.49 ± 0.04	1.48 ± 0.03	1.47 ± 0.07
蛋白质效率（%）	35.79 ± 0.66	36.90 ± 0.79	33.73 ± 1.03	34.15 ± 0.64	34.16 ± 1.58
肝体比（%）	1.79 ± 0.18^a	2.22 ± 0.19^{ab}	2.38 ± 0.19^{ab}	2.60 ± 0.25^b	2.42 ± 0.20^b
脏体比（%）	7.59 ± 0.27	7.74 ± 0.28	8.40 ± 0.51	8.32 ± 0.26	8.68 ± 0.87

表 5　用维生素 C 水平不同的饲料养殖卵形鲳鲹 8 周后的血清抗氧化免疫指标

指标	组别				
	C1	C2	C3	C4	C5
SOD/(U/mL)	8.77 ± 0.46^a	12.30 ± 0.75^b	11.23 ± 0.53^b	11.56 ± 0.64^b	11.96 ± 0.30^b
GSH-Px/(U/mL)	260.09 ± 6.96	277.39 ± 16.72	278.04 ± 5.72	284.35 ± 9.93	278.26 ± 11.18
过氧化氢酶/(U/mL)	6.70 ± 0.97	9.40 ± 1.33	6.68 ± 1.55	11.31 ± 3.38	6.18 ± 1.16
谷胱甘肽/(μmol/L)	15.64 ± 2.33	14.26 ± 1.02	15.45 ± 3.40	24.16 ± 5.83	14.65 ± 2.11
MDA/(nmol/mL)	10.80 ± 0.60	9.06 ± 0.56	10.00 ± 1.21	10.25 ± 0.18	9.38 ± 0.82
总抗氧化能力/(nmol/mL)	0.67 ± 0.03^a	0.74 ± 0.02^{ab}	0.75 ± 0.04^{ab}	0.77 ± 0.03b	0.67 ± 0.04^a
溶菌酶/(μg/mL)	164.68 ± 32.50^a	45.58 ± 1.96^b	57.39 ± 12.88^b	35.21 ± 13.39^b	187.58 ± 9.83^a
IgM/(ng/mL)	2 072 ± 26.69^b	2 114.62 ± 37.93^b	2 009.42 ± 62.18^{ab}	2 040.98 ± 56.22^{ab}	1 885.80 ± 66.69^a

4　木本植物叶粉在卵形鲳鲹养殖中的饲料化利用研究

以构树和桑树的树叶干粉为原料，配制叶粉添加水平分别为 0%（对照组）、2%、4%、6% 和 8% 的 5 种配合饲料，对卵形鲳鲹幼鱼开展 8 周的养殖实验。结果显示，饲料中添加 2%～8% 构树叶或桑叶干粉对卵形鲳鲹的成活率和饲料系数均无显著影响（$P > 0.05$），但是，饲料中添加构树叶可使鱼的增重率和特定生长率显著降低（$P < 0.05$）。与对照组相比，6% 和 8% 桑叶添加组鱼的增重率和特定生长率显著高于对照组（$P < 0.05$；图 9）。饲料中添加桑叶对鱼的脏体比和肝体比无显著影响（$P > 0.05$）。饲料中添加 6% 桑叶可减少 16.67% 的豆粕添加量。研究结果为木本植物资源在水产动物中的饲料化利用提供了依据，对卵形鲳鲹高效低成本配合饲料研发具有重要意义。

5 短链脂肪酸在卵形鲳鲹配合饲料中的应用

为探讨三丁酸甘油酯应用于卵形鲳鲹配合饲料的可行性，配制粗蛋白和粗脂肪水平分别为43％和6.5％，三丁酸甘油酯水平分别为0％（T1）、0.1％（T2）、0.2％（T3）、0.4％（T4）的4种等氮等脂配合饲料，对卵形鲳鲹开展8周的养殖实验。结果显示，鱼的增重率、特定生长率随三丁酸甘油酯添加量增加而先升高后降低，其中，0.2％添加组鱼的生长性能指标（增重率、特定生长率）最优，饲料系数最低（表6）。饲料三丁酸甘油酯水平对血清谷丙转氨酶（ALT）、碱性磷酸酶（ALP）活性及低密度脂蛋白胆固醇（LDL-C）和丙二醛（MDA）水平有显著影响（$P < 0.05$）。因此，从生长性能和血清生化指标来看，三丁酸甘油酯在卵形鲳鲹幼鱼配合饲料中的适宜添加量为0.2％左右，这为短链脂肪酸在卵形鲳鲹配合饲料中的应用提供了依据。

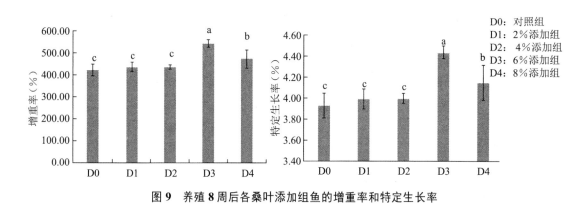

D0：对照组
D1：2％添加组
D2：4％添加组
D3：6％添加组
D4：8％添加组

图9 养殖8周后各桑叶添加组鱼的增重率和特定生长率

表6 不同三丁酸甘油酯添加水平对卵形鲳鲹养殖8周后的血清抗氧化免疫指标的影响

指标	组别			
	T1	T2	T3	T4
初始体重/g	26.5 ± 0.12	26.2 ± 0.12	26.0 ± 0.25	26.2 ± 0.10
终末体重/g	110.43 ± 1.19[a]	111.87 ± 0.41[ab]	115.17 ± 1.11[b]	121.73 ± 1.12[c]
增重率（％）	322.18 ± 0.34[a]	339.70 ± 3.41[b]	368.17 ± 2.71[c]	340.72 ± 2.08[b]
特定生长率（％）	2.57 ± 0.01[a]	2.64 ± 0.01[b]	2.76 ± 0.01[c]	2.65 ± 0.01[b]
饲料系数	1.41 ± 0.02[c]	1.34 ± 0.01[b]	1.25 ± 0.01[a]	1.32 ± 0.01[b]
肥满度（％）	3.73 ± 0.14	3.84 ± 0.11	3.82 ± 0.07	3.91 ± 0.14

6 年度进展小结

（1）基本弄清了军曹鱼和卵形鲳鲹的养殖业、饲料产业的发展现状及存在的主要问题，明确了产业技术的主要攻关内容。

（2）弄清了卵形鲳鲹的必需脂肪酸为 EPA、DHA 等 HUFA,配合饲料中需要添加适量鱼油才能满足鱼体正常生长发育对必需脂肪酸的需要。

（3）确定了卵形鲳鲹配合饲料中 DHA/EPA 的适宜添加比为 1.17～1.48,维生素 E 和 C 的适宜添加量分别为 80 mg／千克和 60 mg／千克。

（4）确定了桑叶粉可作为卵形鲳鲹的饲料原料,在配合饲料中添加 6%或 8%可显著促进生长,可减少 16.67%以上的豆粕添加量,为木本植物资源的有效利用提供依据,对于降低饲料成本、节约资源具有重要意义。

（5）短链脂肪酸三丁酸甘油酯可应用于卵形鲳鲹幼鱼配合饲料,其适宜添加量为 0.2%左右。

（岗位科学家 李远友）

海鲈营养需求与饲料技术研发进展

海鲈营养需求与饲料岗位

海鲈营养与饲料岗位基于"海鲈精准营养调控与高效饲料配制技术"的研发任务,开展了海鲈营养需要量、豆粕和鱼粉利用差异和提高植物利用等方面的研究。主要研究进展如下。

1 高温下海鲈对磷的需要量及晶体蛋氨酸利用的研究

1.1 磷的需要量研究

以三水磷酸氢二钾($K_2HPO_4 \cdot 3H_2O$)和二水磷酸二氢钠($NaH_2PO4 \cdot 2H_2O$)为磷源,设计 7 个磷水平的饲料,磷含量分别为 0.49%、0.72%、0.95%、1.18%、1.41%、1.64%、1.87%。配制 7 组实验饲料,分别投喂初始体重为(4.26 ± 0.03) g 的海鲈 10 周后,实验结果表明:随饲料磷水平的增加,海鲈增重率、特定生长率、蛋白质效率、蛋白质沉积率呈先升高后降低的趋势,而饲料系数、肝体比、脏体比、肝脏脂肪含量则相反(表1);全体水分与粗脂肪随磷水平增加呈现先降低后升高的趋势,而全体粗蛋白含量则呈现相反趋势;全体灰分随磷水平增加而显著上升。谷草转氨酶(AST)、谷丙转氨酶(ALT)、碱性磷酸酶(AKP)的活性均随磷水平增加而呈现先降低后增加的趋势。脂肪酸分析结果表明,除饱和脂肪酸 C22:0 差异不显著以外,其他脂肪酸差异显著,其中饱和脂肪酸 C16:0 与不饱和脂肪酸 C18:1 含量随着磷水平的升高而显著降低,多不饱和脂肪酸比例都随着磷水平的升高而增加(表2)。消化率结果表明,随着磷水平的增加,干物质的消化率呈上升趋势,而磷的消化率呈下降趋势,饲料钙的消化率则呈现先降低后升高的趋势。海鲈肝脏组织学观察发现,低磷处理组的海鲈肝细胞空泡化比较严重,脂肪滴丰富。综上,饲料中磷水平会显著影响海鲈的生长,低磷会导致肝脏脂肪沉积,减少多不饱和脂肪酸比例。

表 1 饲料磷水平对海鲈生长性能及饲料利用率的影响

磷水平 (%)	增重率 (%)	饲料系数	蛋白质沉积率 (%)	成活率 (%)	肝体比 (%)	脏体比 (%)	肝脏脂肪含量 (%)
0.49	936.6 ± 14.8[a]	1.12 ± 0.01[d]	33.82 ± 0.66[a]	100 ± 0.00[b]	2.28 ± 0.03[e]	14.47 ± 0.18[c]	5.46 ± 0.15[d]

续表

磷水平 （%）	增重率 （%）	饲料系数	蛋白质沉积率 （%）	成活率 （%）	肝体比 （%）	脏体比 （%）	肝脏脂肪含量 （%）
0.72	1 372.6±7.6^b	1.03±0.01^{bc}	37.57±0.45^{bc}	100±0.00^b	1.85±0.01^d	13.62±0.67^{abc}	4.42±0.05^c
0.95	1 523.6±60.7^b	0.91±0.01^a	42.39±0.38^d	100±0.00^b	1.42±0.02^{bc}	12.30±0.35^a	1.74±0.14^a
1.18	1 461.8±53.0^b	1.02±0.00^b	38.76±0.85^c	100±0.00^b	1.28±0.06^a	12.79±0.18^{ab}	2.95±0.10^b
1.41	1 384.0±74.7^b	1.06±0.01^c	36.46±0.26^b	97.78±2.22^{ab}	1.32±0.03^{ab}	12.67±0.20^{ab}	2.70±0.36^b
1.64	1 401.5±44.1^b	1.05±0.01^{bc}	35.72±0.9^b	98.89±1.11^b	1.40±0.07^{ab}	13.01±0.40^{abc}	2.86±0.13^b
1.87	1 004.7±65.6^a	1.11±0.01^d	32.55±0.22^a	95.56±1.11^a	1.53±0.04^c	13.91±0.83^{bc}	2.58±0.17^b

表2　饲料磷水平对海鲈肝脏脂肪酸的影响

磷水平（%）	0.49	0.72	0.95	1.18	1.41	1.64	1.87
饱和脂肪酸							
C12:0	0.03±0.00^a	0.03±0.00^b	0.02±0.00^{ab}	0.03±0.00^{ab}	0.02±0.00^{ab}	0.03±0.00^{ab}	0.03±0.00^b
C14:0	2.12±0.02^{ab}	2.10±0.04^{ab}	1.97±0.07^{ab}	2.23±0.08^b	2.16±0.10^b	1.87±0.14^a	2.24±0.08^b
C15:0	0.10±0.00^a	0.11±0.00^a	0.13±0.00^b	0.18±0.00^c	0.17±0.00^c	0.14±0.00^b	0.16±0.00^c
C16:0	29.7±0.31^c	28.8±0.44^c	25.18±0.58^b	24.9±0.36^{ab}	24.6±0.64^{ab}	23.9±0.94^{ab}	23.0±0.66^a
C17:0	0.19±0.01^a	0.22±0.01^{ab}	0.26±0.01^{bc}	0.28±0.01^c	0.26±0.03^{bc}	0.28±0.02^c	0.28±0.01^c
C18:0	7.14±0.26^a	7.67±0.07^{ab}	7.91±0.08^b	7.42±0.23^{ab}	7.64±0.31^{ab}	7.45±0.26^{ab}	7.51±0.25^{ab}
C19:0	1.44±0.15^{ab}	1.60±0.18^{ab}	1.19±0.08^a	1.19±0.14^a	1.19±0.05^a	1.41±0.19^{ab}	1.67±0.11^b
C20:0	0.12±0.00^a	0.13±0.00^b	0.15±0.01^{ab}	0.16±0.01^c	0.16±0.00^c	0.15±0.01^{ab}	0.16±0.01^c
C22:0	0.05±0.00	0.07±0.03	0.09±0.02	0.07±0.01	0.08±0.03	0.07±0.01	0.10±0.02
单不饱和脂肪酸							
C16:1	10.5±0.20^b	9.66±0.12^b	8.01±0.22^a	7.77±0.20^a	8.13±0.31^a	8.04±0.44^a	7.41±0.46^a
C18:1	36.1±0.50^b	35.5±0.61^{ab}	35.0±0.36^{ab}	32.2±0.79^a	34.9±1.66^{ab}	33.0±1.67^{ab}	32.2±1.20^a
C20:1	0.81±0.03^a	0.82±0.04^a	0.86±0.05^a	1.06±0.03^b	0.93±0.08^{ab}	0.90±0.09^{ab}	0.91±0.02^{ab}
C22:1	0.24±0.00^a	0.30±0.01^b	0.33±0.02^{ab}	0.42±0.02^d	0.37±0.02^c	0.35±0.01^c	0.35±0.01^c
高不饱和脂肪酸							
C18:2	4.13±0.08^a	4.51±0.12^{ab}	5.71±0.24^{bc}	7.87±0.27^d	7.00±0.81^{cd}	5.48±0.38^{ab}	7.41±0.58^d
C18:3n-6	1.81±0.11^a	2.08±0.15^a	3.76±0.38^b	2.44±0.16^a	2.48±0.38^a	2.18±0.62^a	2.57±0.19^a

续表

C18：3n-3	0.37 ± 0.01ᵃ	0.40 ± 0.01ᵃᵇ	0.55 ± 0.03ᵇᶜ	0.84 ± 0.02ᵉ	0.85 ± 0.10ᵈᵉ	0.86 ± 0.04ᵃᵇᶜ	0.87 ± 0.08ᶜᵈ
C20：2	0.07 ± 0.01ᵃ	0.07 ± 0.00ᵃ	0.08 ± 0.01ᵃᵇ	0.12 ± 0.01ᶜ	0.09 ± 0.01ᵃᵇ	0.08 ± 0.00ᵃᵇ	0.10 ± 0.01ᵇ
C20：3	0.18 ± 0.02ᵃ	0.18 ± 0.02ᵃ	0.2 ± 0.00ᵃ	0.19 ± 0.00ᵃ	0.16 ± 0.01ᵃ	0.18 ± 0.02ᵃ	0.25 ± 0.02ᵇ
C20：4	0.36 ± 0.02ᵃ	0.39 ± 0.02ᵃ	0.56 ± 0.01ᵇ	0.71 ± 0.03ᶜᵈ	0.55 ± 0.07ᵇ	0.59 ± 0.05ᵃᵇ	0.74 ± 0.06ᵈ
C20：5	0.89 ± 0.04ᵃ	1.04 ± 0.03ᵃ	1.42 ± 0.05ᵇ	1.92 ± 0.05ᶜ	1.56 ± 0.11ᵇ	1.5 ± 0.15ᵇ	2.04 ± 0.21ᶜ
C22：3	0.05 ± 0.00ᵃ	0.05 ± 0.00ᵃ	0.10 ± 0.01ᶜ	0.07 ± 0.00ᵇ	0.06 ± 0.00ᵃᵇ	0.07 ± 0.00ᵃᵇ	0.08 ± 0.00ᵇ
C22：4	0.12 ± 0.01ᵃ	0.14 ± 0.00ᵃ	0.22 ± 0.02ᵇ	0.25 ± 0.02ᵇᶜ	0.2 ± 0.03ᵇ	0.24 ± 0.03ᵇᶜ	0.29 ± 0.03ᶜ
C22：5	0.30 ± 0.05ᵃ	0.38 ± 0.03ᵃᵇ	0.56 ± 0.02ᶜᵈ	0.66 ± 0.06ᵈ	0.47 ± 0.07ᵃᵇᶜ	0.53 ± 0.08ᵇᶜᵈ	0.6 ± 0.06ᶜᵈ
C22：6	3.06 ± 0.23ᵃ	3.72 ± 0.08ᵃ	5.72 ± 0.17ᵇ	7.23 ± 0.14ᶜ	5.95 ± 0.34ᵇ	6.8 ± 0.52ᶜ	8.49 ± 0.24ᵈ

1.2 海鲈对两种蛋氨酸源利用的研究

研究了饲料羟基蛋氨酸钙（MHA）与 DL-蛋氨酸（DLM）的生物效价及在饲料中适宜的蛋氨酸添加水平。分别向饲料中添加外源蛋氨酸有效含量为 0%、0.2%、0.4%、0.6%、0.8%的 MHA 或 DLM，配制 9 种实验饲料。用这 9 种饲料分别投喂初始体重为（5.67 ± 0.05）g 的海鲈 8 周后，采集样品进行分析。实验结果表明，蛋氨酸形式与水平均显著影响鱼体增重率、饲料系数与鱼体组分。随饲料蛋氨酸水平的增加，鱼体增重率呈先升高后降低的趋势，并在蛋氨酸添加量为 0.6%时达到最大值；此外，MHA 组鱼体增重均显著高于同水平 DLM 组（表3）。鱼体粗蛋白、粗灰分和水分含量随饲料蛋氨酸水平的升高呈增加的趋势，但鱼体粗脂肪含量与此相反。随蛋氨酸水平的升高，肝脏超氧化物歧化酶、过氧化氢酶、谷胱甘肽还原酶活性呈现显著增加的趋势，而还原型谷胱甘肽、丙二醛呈现显著降低的趋势（表4）。随饲料中蛋氨酸添加水平的增加，肠道蛋白酶活性均呈先升高后降低的趋势，并在0.6%添加量时达到最高。综上，饲料添加外源蛋氨酸会显著促进海鲈的生长，其中，添加0.6%水平的蛋氨酸，海鲈的生长和饲料利用率最高。与 DLM 相比，MHA 的生物学效价更高，为 DLM 的 134.15%。添加外源蛋氨酸可以提高海鲈肝脏抗氧化能力，有利于鱼的肝脏健康。

表3　饲料不同蛋氨酸源及水平对海鲈生长性能及饲料利用率的影响

组别	末均重/g	增重率（%）	特定生长率（%）	饲料系数（%）	氮保留率（%）	成活率（%）
对照	29.7 ± 0.9ᵇ	425.2 ± 19.7ᵃᵇ	3.12 ± 0.016ᵃᵇ	2.07 ± 0.04ᶜ	0.65 ± 0.05ᵃ	97.7 ± 3.8
MHA 0.2%	30.6 ± 1.3ᵇ	443.4 ± 23.4ᵃᵇᶜ	3.24 ± 0.013ᶜᵈ	1.94 ± 0.05ᵃᵇᶜ	0.70 ± 0.02ᵃᵇᶜ	97.7 ± 3.8
MHA 0.4%	31.4 ± 1.8ᵃᵇ	449.0 ± 28.6ᵇᶜ	3.28 ± 0.009ᵈ	1.89 ± 0.09ᵃᵇ	0.72 ± 0.02ᵇᶜ	95.5 ± 3.8
MHA 0.6%	32.8 ± 0.9ᶜ	481.1 ± 18.5ᶜ	3.29 ± 0.065ᵈ	1.85 ± 0.04ᵃ	0.75 ± 0.03ᵇᶜ	95.5 ± 7.6
MHA 0.8%	31.6 ± 1.5ᵃᵇ	454.9 ± 24.9ᵃᵇ	3.23 ± 0.03ᶜᵈ	2.05 ± 0.04ᶜ	0.69 ± 0.02ᵃᵇ	95.5 ± 7.6

续表

组别	末均重/g	增重率（%）	特定生长率（%）	饲料系数（%）	氮保留率（%）	成活率（%）
DLM 0.2%	30.3 ± 0.6[b]	433.5 ± 11.5[abc]	3.17 ± 0.008[abc]	2.09 ± 0.05[c]	0.68 ± 0.02[ab]	97.7 ± 3.8
DLM 0.4%	30.9 ± 0.7[b]	443.6 ± 14.5[abc]	3.19 ± 0.04[bc]	1.87 ± 0.07[a]	0.76 ± 0.05[bc]	95.5 ± 7.6
DLM 0.6%	31.7 ± 0.2[ab]	459.7 ± 8.9[bc]	3.25 ± 0.03[cd]	1.79 ± 0.03[a]	0.78 ± 0.02[c]	93.3 ± 6.6
DLM 0.8%	27.7 ± 0.1[a]	390.9 ± 1.8[a]	3.09 ± 0.001[a]	2.04 ± 0.05[bc]	0.69 ± 0.07[ab]	97.7 ± 3.8
P 值						
蛋氨酸源	0.01	0.01	0.04	0.58	0.66	1.00
蛋氨酸水平	0.00	0.00	0.02	0.00	0.00	0.80
交互作用	0.02	0.06	0.00	0.03	0.80	0.97

表4 饲料不同蛋氨酸源及水平对海鲈肝脏抗氧化能力的影响

组别	谷胱甘肽还原酶（U/g）	还原型谷胱甘肽（mol/g）	过氧化氢酶（U/mg）	超氧化物歧化酶（U/mg）	丙二醛（nmol/mg）
对照	5.34 ± 0.68[ab]	48.41 ± 0.38[b]	139.68 ± 5.07[a]	334.58 ± 3.13[ab]	7.10 ± 0.34[c]
MHA 0.2%	5.93 ± 0.36[abc]	46.53 ± 1.94[ab]	173.99 ± 2.39[cd]	343.42 ± 3.55[abc]	6.43 ± 0.17[bc]
MHA 0.4%	6.74 ± 0.51[c]	46.27 ± 0.90[ab]	188.23 ± 3.57[de]	364.64 ± 8.08[d]	6.10 ± 0.97[bc]
MHA 0.6%	5.37 ± 0.18[ab]	46.16 ± 1.32[ab]	156.43 ± 3.95[b]	341.88 ± 7.52[abc]	4.73 ± 1.03[ab]
MHA 0.8%	5.63 ± 0.50[abc]	47.90 ± 1.01[ab]	152.64 ± 4.28[ab]	337.97 ± 4.87[ab]	7.14 ± 1.29[c]
DLM 0.2%	5.84 ± 0.47[abc]	47.31 ± 0.95[ab]	159.75 ± 8.42[bc]	335.88 ± 6.25[ab]	5.08 ± 0.25[abc]
DLM 0.4%	6.10 ± 0.61[abc]	46.55 ± 0.50[ab]	183.87 ± 8.39[de]	329.94 ± 5.38[a]	3.56 ± 0.13[a]
DLM 0.6%	6.31 ± 0.21[bc]	45.90 ± 1.15[ab]	192.08 ± 7.32[e]	345.89 ± 6.17[bc]	4.57 ± 0.82[ab]
DLM 0.8%	4.89 ± 0.17[a]	45.26 ± 0.51[a]	163.55 ± 5.22[bc]	356.89 ± 1.83[cd]	5.50 ± 0.40[abc]
P 值					
蛋氨酸源	0.55	0.34	0.01	0.06	0.00
蛋氨酸水平	0.00	0.01	0.00	0.00	0.00
交互作用	0.05	0.07	0.00	0.00	0.03

2 海鲈对鱼粉和豆粕利用率的差异比较研究

开展豆粕替代鱼粉的研究，发现豆粕替代 50% 鱼粉后，海鲈肠道炎症因子 *tnfa*、*il1b*、*il2*、*il8* 等表达显著上调，抗炎因子 *il4* 显著下调，肠道通透性增加，导致肠发生炎性反应，破坏肠黏膜屏障功能（图1～3）。因此，缓解豆粕型肠炎的营养策略将是提高豆粕利用的有效途径。

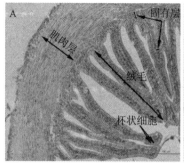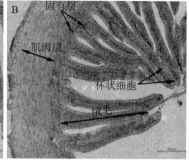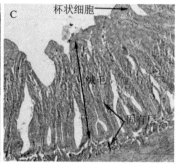

图1　豆粕替代鱼粉对海鲈肠道组织结构的影响

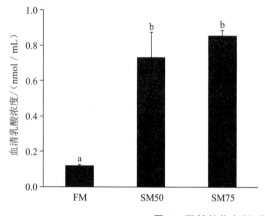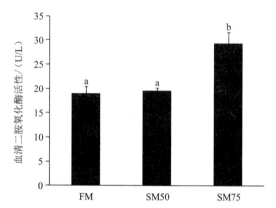

图2　豆粕替代鱼粉对海鲈肠道通透性的影响

3　植物蛋白利用率提升研究

　　为提高植物蛋白利用率，减少海鲈饲料对鱼粉的依赖，开展了发酵豆粕的研究。用自主开发的海水鱼肠道原籍有益微生物——短小芽孢杆菌 SE5、酵母菌 ZR，固体发酵豆粕（30 ℃，48 h，水与底物比 1∶1），发酵后豆粕中大豆球蛋白、β- 伴大豆球蛋白等抗营养因子显著降低（图4）。养殖实验表明，发酵豆粕替代 40％鱼粉，对海鲈的生长无显著影响，而未发酵豆粕替代 40％鱼粉会导致鱼体的生长显著变慢（图5）。肠道炎性因子基因表达结果表明，豆粕替代 80％鱼粉可显著上调肠道炎性因子 *tnfa* 和 *il1b* 基因的表达，而应用发酵豆粕可显著降低上述炎性因子的基因表达（图6），说明本研究的发酵过程减少了豆粕中诱导海鲈肠道炎症的因子，从而改善了海鲈肠道健康。

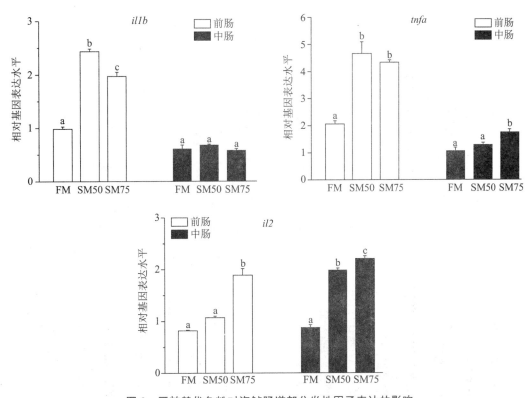

图 3 豆粕替代鱼粉对海鲈肠道部分炎性因子表达的影响

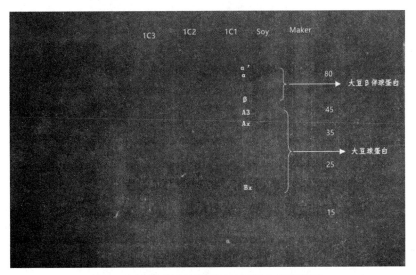

图 4 电泳图示豆粕发酵后抗原蛋白消除情况

Soy 为未发酵豆粕，1C1、1C2、1C3 为发酵豆粕

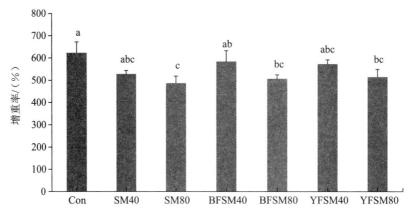

图 5　鱼粉替代对海鲈增重率的影响

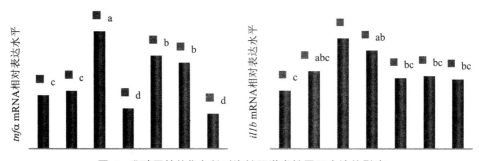

图 6　发酵豆粕替代鱼粉对海鲈肠道炎性因子表达的影响

（岗位科学家　张春晓）

河鲀营养需求与饲料技术研发进展

河鲀营养需求与饲料岗位

针对任务书要求共设计了 10 个相关实验,内容涉及红鳍东方鲀幼鱼营养需求〔包括对赖氨酸、蛋氨酸和花生四烯酸(ARA)的营养需求〕、脂肪代谢及脂肪沉积的营养调控策略,河鲀饲料原料的筛选,河鲀类专用饲料开发,海水鱼新蛋白源开发,等等。具体进展如下。

1 红鳍东方鲀幼鱼营养需求研究

1.1 红鳍东方鲀对赖氨酸的需求量

以鱼粉、玉米蛋白粉和豆粕为蛋白源,以鱼油和豆油为脂肪源,在饲料中分别添加 0%、0.80%、1.6%、2.4%、3.2%、4.0% 的赖氨酸晶体制成 6 组等氮等能饲料,对初始体重为(13.83 ± 0.61) g 的红鳍东方鲀在室内流水系统进行 76 d 的生长实验,探讨红鳍东方鲀对赖氨酸的需求量。每组饲料投喂 3 个重复,每桶放 30 尾实验鱼。成活率为 $74.44\% \sim 96.67\%$。赖氨酸添加 2.4% 组成活率最高,显著高于对照组和赖氨酸添加 0.8% 组$(P < 0.05)$,与赖氨酸添加 3.2%、4.0% 组无显著差异$(P > 0.05)$;特定生长率以赖氨酸添加 3.2% 组最高,显著高于对照组和赖氨酸添加 4.0% 组$(P < 0.05)$,与赖氨酸添加 0.80%、1.6%、2.4%、3.2% 组无显著差异$(P > 0.05)$;饲料效率与特定生长率有相同的变化趋势;赖氨酸添加 3.2%、4.0% 组的摄食率显著高于其他组;肥满度各组无显著差异;对照组的肝体比、脏体比显著高于赖氨酸添加组$(P < 0.05)$,赖氨酸添加 0.80%、1.6%、2.4%、3.2%、4.0% 各组间肝体比、脏体比无显著差异$(P > 0.05)$。以特定生长率为评价指标,经二次曲线回归得出 13.8 g 红鳍东方鲀幼鱼对赖氨酸的需求量为 3.93%(图 1)。

1.2 红鳍东方鲀对蛋氨酸的需求量

在饲料中分别添加 0%、0.30%、0.6%、0.9%、1.2%、1.5% 的蛋氨酸晶体制成 6 组等氮等能饲料,使饲料中蛋氨酸水平分别为 0.61%、0.85%、1.10%、1.39%、1.60%、1.84%,对初始体重为(13.83 ± 0.61) g 的红鳍东方鲀在室内流水系统进行 76 d 的生长实验,探讨红鳍东方鲀对蛋氨酸的需求量。每组饲料投喂 3 个重复,每桶放 30 尾实验鱼。成活率 $76.67\% \sim 97.78\%$。蛋氨酸水平为 0.85%、1.10% 及 1.84% 组有较高的成活率,显著高于蛋氨酸水平1.60%组（$P < 0.05$），与对照组和蛋氨酸水平1.39%组无显著差异（$P > 0.05$）。特定生长率随饲料中蛋氨酸水平的升高先升高再下降，蛋氨酸水平为1.60%时特定生长率最高，与蛋氨酸水平为1.39%组无显著差异（$P > 0.05$）。饲料效率及蛋白效率比随饲料蛋氨酸水平先升高再下降，蛋氨酸水平为1.60%时特定生长率最高。摄食率随饲料蛋氨酸水平的升高先升高再下降，蛋氨酸水平为1.39%时达到最高，显著高于对照组（$P < 0.05$）。各组蛋白沉积率无显著差异（$P > 0.05$）。肝体比及脏体比随饲料蛋氨酸水平的升高先升高再下降，蛋氨酸水平为1.60%时达到最大，显著高于对照组（$P < 0.05$），与其他组无显著差异（$P > 0.05$）。各组肥满度无显著差异（$P > 0.05$）。各组鱼体粗蛋白、水分和粗灰分无显著差异（$P > 0.05$），粗脂肪随饲料蛋氨酸水平的升高先升高再下降，蛋氨酸水平为1.60%时达到最高。血清谷草转氨酶、谷丙转氨酶及肝脏谷丙转氨酶的活性无显著差异；血清胆汁酸、甘油酸酯及血糖总胆固醇随饲料蛋氨酸水平的升高先升高再下降，蛋氨酸水平为1.39%时达到最大，与蛋氨酸水平为1.60%组无显著差异（$P > 0.05$）；各组总胆固醇、高密度脂蛋白胆固醇、低密度脂蛋白胆固醇、总蛋白无显著差异（$P > 0.05$）；血糖的含量在蛋氨酸水平0.61%组达到最高，显著高于其他组（$P < 0.05$）。以特定生长率为评价指标进行一元二次回归分析，得出13.83 g左右红鳍东方鲀对蛋氨酸的需求量为1.38%，占饲料蛋白质的2.71%（图2）。

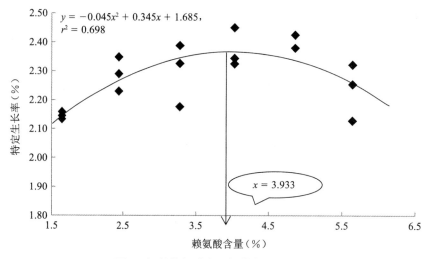

图1　饲料赖氨酸水平与特定生长率的关系

1.3　红鳍东方鲀对ARA的需求量

以初始体重为（11.95 ± 0.31）g的红鳍东方鲀为实验对象，探究饲料中添加不同水平ARA对红鳍东方鲀幼鱼生长的影响。通过在基础饲料中添加ARA纯化油，制成ARA含量（占饲料干重）分别为0.05%（对照组，C）、0.20%（ARA-1）、0.36%（ARA-2）、0.73%（ARA-3）、1.41%（ARA-4）及3.06%（ARA-5）的6组等氮等能的实验饲料，进行为期74 d

的生长实验。每组饲料投喂 3 个重复,每桶放 30 尾实验鱼。结果显示:饲料中不同 ARA 水平对红鳍东方鲀成活率、增重率、摄食率、饲料效率和肥满度均无显著影响;ARA-5 组具有最低的增重率和饲料效率;ARA-5 组肝体比和脏体比显著高于 ARA-1 组;ARA-5 组鱼体水分含量显著低于 ARA-1 和 ARA-3 组;饲料中花生四烯酸的增加降低了鱼体肝脏和肌肉中 n-3 脂肪酸的含量。以上结果表明,花生四烯酸非红鳍东方鲀的必需脂肪酸,饲料中过多的花生四烯酸可能会对其生长性能产生副作用。

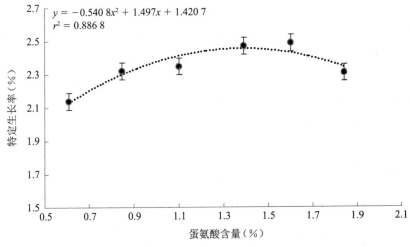

$y = -0.540\,8x^2 + 1.497x + 1.420\,7$
$r^2 = 0.886\,8$

图 2　饲料蛋氨酸水平与特定生长率关系

2　河鲀脂肪代谢及脂肪沉积的营养调控策略研究

2.1　虾青素对红鳍东方鲀生长性能及脂肪代谢的影响

虾青素具有很强的生物活性,有研究已经证明虾青素制剂抑制大鼠肝匀浆脂质过氧化的作用比维生素 E 强千倍以上。以初始体重为(11.95 ± 0.31)g 的红鳍东方鲀为实验对象,探究饲料中添加不同虾青素对红鳍东方鲀幼鱼生长的影响。通过在基础饲料中添加 0 mg/kg(对照组 C 组)、50 mg/kg(ASTA1 组)、100 mg/kg(ASTA2 组)和 500 mg/kg(ASTA3 组)虾青素,制成含不同虾青素梯度的实验饲料。另设第 5 组(KM 组),实验饲料为以磷虾粉形式提供 100 mg/kg 虾青素(在饲料中添加 20% 的磷虾粉来替代其中原占饲料 20% 的鱼粉);第 6 组(HL-A 组),实验饲料为在添加 100 mg/kg(ASTA2 组)的基础上,将饲料脂肪升高 4%(以鱼油的形式)作为高脂组。每组饲料投喂 3 个重复,每桶放 30 尾实验鱼。实验周期为 74 d。实验结果显示:添加虾青素的各组间实验鱼生长性能没有显著差异。添加 50 mg/kg 虾青素组(ASTA1 组)实验鱼的增重率显著高于 KM 组,表明以磷虾粉形式提供虾青素时可能会对实验鱼的生长性能造成负面影响。添加虾青素的高脂肪饲料组

(HL-A组)其生长性能与对照组没有显著差异,初步表明添加虾青素可能降低饲料高脂肪对生长的抑制作用。适量(50 mg/千克)虾青素的添加有升高红鳍东方鲀鱼体饱和脂肪酸和亚油酸,降低n-3系列脂肪酸并降低n-3/n-6比例的趋势,在肌肉中尤为明显。过高的虾青素(500 mg/千克)会降低实验鱼的存活率,表明其可能具有毒害作用。

2.2 红鳍东方鲀基因表达对高脂饲料投喂的响应

以初始体重为(11.95 ± 0.31)g的红鳍东方鲀为实验对象,通过转录组学技术探究饲料中脂肪升高4%时,实验鱼肝脏基因表达的变化。实验饲料分为2组:基础饲料(脂肪含量9%)和高脂饲料(脂肪含量13%)。实验方法同前一个实验,每组饲料投喂3个重复,每桶放30尾实验鱼。实验周期为74 d。实验结束后,取肝脏组织进行转录组学分析。实验结果表明:与对照组相比,高脂组肝脏27个基因的表达升高(图3),而38个基因的表达降低。差异表达基因的总体聚类分析表明,差异表达基因的表达在组内重复性较好(图4)。对差异表达基因的GO聚类分析表明,差异表达基因主要富集在分子功能方面(图5)。对差异表达基因的KEGG聚类分析表明,差异表达基因不但包括亚麻酸和亚油酸代谢相关基因,而且还涉及酪氨酸代谢及蛋白呈递等基础蛋白代谢过程。该结果表明,红鳍东方鲀对高脂饲料具有较好的耐受力,高脂饲料可能会对红鳍东方鲀幼鱼的蛋白质合成产生负面影响。

3 河鲀专用饲料原料的选择、实用配方筛选、配合饲料工艺优化

3.1 浒苔、江蓠、藻渣、菌渣替代鱼粉对红鳍东方鲀生长性能及饲料利用的影响

以60%鱼粉配制基础饲料(FM对照1),分别以江蓠(JL)、浒苔(HT)、藻渣(ZZ)、菌渣(JZ)和谷蛋白粉、玉米蛋白粉、豆粕组成复合植物蛋白替代基础饲料中30%的鱼粉,以45%鱼粉为对照组2,分别制成5种等氮等脂的饲料,投喂初始体重为(17.33 ± 0.55)g的红鳍东方鲀幼鱼56 d。结果表明:① 浒苔组特定生长率(SGR)显著高于其他5组($P < 0.05$),藻渣组SGR显著高于对照组2和江蓠组($P < 0.05$),与对照组1和菌渣组无显著差异($P > 0.05$);对照组1和浒苔组饲料效率(FER)显著高于对照组2和菌渣($P < 0.05$),与江蓠和藻渣组无显著差异($P > 0.05$);对照组1的蛋白质沉积率(PPV)和蛋白质效率(PER)显著高于对照组2和菌渣组($P < 0.05$),与江蓠组、浒苔组和藻渣组无显著差异($P > 0.05$)。② 各组血清和肝脏中谷丙转氨酶(GPT)和谷草转氨酶(GOT)活性均无显著差异($P > 0.05$);各组血清丙二醛(MDA)含量和超氧化物歧化酶(SOD)活性均无显著差异($P > 0.05$)。③ 菌渣组鱼体粗蛋白质含量显著高于藻渣组($P < 0.05$),与对照组1、对照组2、江蓠组和浒苔组无显著差异($P > 0.05$);浒苔组和藻渣组鱼体粗脂肪含量显著高于对照组2($P < 0.05$),与对照组1、江蓠组和菌渣组无显著差异($P > 0.05$)。综合来看,将10%江蓠、

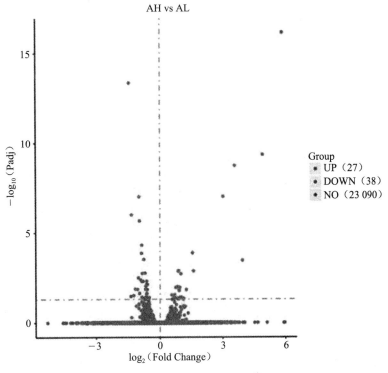

图 3 差异表达基因火山图

AH 为高脂组，AL 为对照组

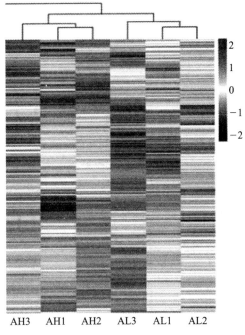

图 4 差异表达基因聚类热图

浒苔、藻渣和菌渣与植物蛋白质配合后替代饲料中 30% 的鱼粉,对红鳍东方鲀幼鱼的生长性能无不良影响,并且浒苔可以显著提高红鳍东方鲀的生长性能。

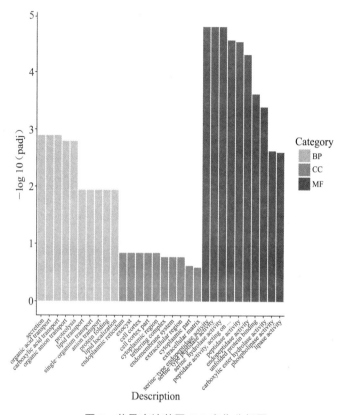

图 5　差异表达基因 GO 富集分析图

3.2　饲料中添加牛磺酸对红鳍东方鲀幼鱼生长性能和相关生化指标的影响

共配制 4 种等氮等脂的饲料,含 60% 鱼粉的对照 1 和 45% 鱼粉对照 2,以植物蛋白替代对照 1 中 30% 鱼粉后分别添加 0.5% 牛磺酸和 1% 牛磺酸的 2 组植物蛋白组,投喂初始体重为(17.33 ± 0.55) g 的红鳍东方鲀幼鱼 56 d,旨在研究饲料中添加牛磺酸对红鳍东方鲀幼鱼生长性能和牛磺酸合成关键酶的影响。结果表明:① 各组存活率(SR)无显著差异($P >$ 0.05);1% 牛磺酸组 SGR 最高,对照 2 最低,但各组间无显著差异($P > 0.05$);对照 1 和 0.5% 牛磺酸组 FER 显著高于对照 2,与 1% 牛磺酸组无显著差异($P > 0.05$);各组 PPV、PER、肝体比(HSI)、脏体比(VSI)和肥满度(CF)均无显著差异($P > 0.05$)。② 各组血清和肝脏中 GPT 和 GOT 活性均无显著差异($P > 0.05$);各组肝脏中半胱氨酸双加氧酶(CDO)活性均无显著差异($P > 0.05$);对照 2 半胱亚磺酸脱羧酶(CSD)活性显著高于对照 1、0.5% 牛磺酸组和 1% 牛磺酸组($P < 0.05$)。③ 各组鱼体水分、粗蛋白、粗脂肪和灰分含量均无显著差异($P > 0.05$)。综合来看,饲料中添加 0.5%、1% 牛磺酸替代 15% 及 30% 鱼粉对红鳍东方鲀幼鱼生长性能没有影响。

在此基础上对配方和加工工艺进行优化,制定了红鳍东方鲀专用饲料配方一套,并进行了试生产,生产红鳍东方鲀专用配合饲料 3 t,已在海阳黄海水产有限公司、唐山海都水产有限公司、荣成弘泰渔业公司进行了鲜杂鱼与配合饲料的对比实验,目前实验仍在进行中。

4　海水鱼饲料新型蛋白源开发及利用

4.1　江蓠、浒苔、藻渣和菌渣对大菱鲆幼鱼生长性能的影响

以 60% 鱼粉配制基础饲料(FM),分别以江蓠(JL)、浒苔(HT)、藻渣(ZZ)、菌渣(JZ)和谷蛋白粉、玉米蛋白粉、豆粕组成复合植物蛋白替代基础饲料中 35% 的鱼粉,制成 4 种等氮等脂的饲料,投喂初始体重为(16.00 ± 0.11) g 的大菱鲆幼鱼 77 d,研究其对大菱鲆生长性能、血清和肝脏生化指标、体组成和肠道形态方面的影响。结果表明:① 江蓠组、藻渣组和菌渣组的增重率、SGR 与对照组(鱼粉)无显著差异($P > 0.05$),浒苔组显著低于鱼粉组($P < 0.05$);鱼粉组和江蓠组的 FER 无显著差异($P > 0.05$),显著高于浒苔、藻渣、菌渣组($P < 0.05$);鱼粉组的蛋白质沉积率显著高于浒苔组、藻渣组、菌渣组($P < 0.05$),与江蓠组无显著差异($P > 0.05$)。② 江蓠组、浒苔组的鱼体粗蛋白含量显著低于鱼粉组($P < 0.05$),藻渣组、菌渣组的粗脂肪含量显著高于鱼粉组($P < 0.05$);江蓠组、浒苔组、藻渣组和菌渣组肌肉中的组氨酸和牛磺酸显著低于鱼粉组($P < 0.05$),浒苔组和藻渣组的赖氨酸显著低于鱼粉组($P < 0.05$);各组血清中 GPT、GOT 活性和肝脏 GOT 无显著差异($P > 0.05$),鱼粉组肝脏 GPT 活性显著高于江蓠组和菌渣组($P < 0.05$),与浒苔组和藻渣组无显著差异($P > 0.05$)。③ 菌渣组的前肠和中肠皱襞高度都显著高于鱼粉组($P < 0.05$),藻渣组的前肠皱襞高度显著高于鱼粉组($P < 0.05$),各组肠道微绒毛高度无显著差异($P > 0.05$)。综合来看,以 10% 的江蓠、藻渣和菌渣配合植物蛋白替代 35% 鱼粉对大菱鲆生长性能并无不良影响,并且藻渣和菌渣对鱼体的肠道组织结构有改善作用。

4.2　饲料中添加含氮小分子化合物对大菱鲆生长性能、相关酶活性、肠道组织形态及相关基因表达的影响

以初始体重为(9.46 ± 0.01) g 的大菱鲆为研究对象,30% 鱼粉组为正对照,豆粕替代30% 鱼粉蛋白组(SB)为负对照,在负对照组饲料中分别添加 1% 牛磺酸(SBT)、0.6% 羟脯氨酸(SBH)、0.03% 核苷酸混合物(SBN)、0.39% 肌肽(SBC),制成 6 组等氮等脂的饲料,在室内流水养殖系统进行为期 10 周的实验,旨在探究饲料中添加含氮小分子化合物对大菱鲆生长性能、体组成、相关酶活性、肠道组织形态及生长相关基因表达的影响。结果显示:SB组 SGR、PER 及 PPV 显著低于对照组($P < 0.05$),且与 SBN、SBC 组无显著性差异($P > 0.05$);与 SB 组相比,SBT 组 SGR 显著升高($P < 0.05$),SBT、SBH、SBN、SBC 组摄食率显著升高($P < 0.05$),SBT、SBH 组 PER 及 PPV 显著升高($P < 0.05$),且均与对照组无显

著差异（$P > 0.05$）；SBT、SBH、SBN、SBC组总氨基酸和必需氨基酸含量显著高于SB组和对照组（$P < 0.05$）；SBT、SBN组血清谷草转氨酶（GOT）活性显著低于SB组和SBC组（$P < 0.05$），且与对照组无显著差异（$P > 0.05$），SBH组血清GPT活性显著低于其他实验组（$P < 0.05$），而肝脏GOT及GPT活性呈相反趋势；SBT、SBH组幽门盲囊胰蛋白酶活性显著高于豆粕组（$P < 0.05$），SBH组肠道淀粉酶活性显著高于豆粕组（$P < 0.05$）；与SB组相比，SBT组中肠皱襞高度、绒毛高度显著升高（$P < 0.05$），SBC组中肠皱襞高度及肠上皮细胞高度显著升高（$P < 0.05$），SBH、SBC组肠上皮细胞高度及绒毛高度显著升高（$P < 0.05$）；添加含氮小分子组 npy、pept1 mRNA 相对表达量均显著高于SB组（$P < 0.05$），而除SBN略高于SB组外，igf1 相对表达量均显著高于SB组（$P < 0.05$）。综上所述，饲料中添加含氮小分子化合物能够提高大菱鲆摄食率，提高 igf1、npy、pept1 基因表达量，改善中肠组织形态，且豆粕替代30%鱼粉蛋白后添加1%牛磺酸组生长效果最好。

5　饲料中虾青素对红鳍东方鲀肠道健康的影响

以初始体重为（11.95 ± 0.31）g的红鳍东方鲀为实验对象，探究饲料中添加不同水平虾青素对红鳍东方鲀幼鱼肠道组织形态和肠道黏膜屏障功能的影响。在基础饲料中添加0 mg/kg（对照组C）、50 mg/kg（ASTA1）、100 mg/kg（ASTA2）和500 mg/kg（ASTA3）虾青素，制成含等氮等脂的实验饲料。每组饲料投喂3个重复，每桶放30尾实验鱼，实验周期74 d。实验结果显示：饲料中添加不同剂量的虾青素对鱼体后肠组织形态结构没有明显影响，各处理组之间没有明显变化；ASTA2组的实验鱼后肠紧密连接蛋白 ZO-1 和 Claudin-4 的基因表达量显著高于对照组（$P < 0.05$），而ASTA1组的实验鱼后肠促炎因子 TNF-α 的基因表达量显著低于对照组。综上，添加适量的虾青素（50 mg/kg 和 100 mg/kg）能够改善红鳍东方鲀幼鱼的肠道黏膜屏障功能。

（岗位科学家　梁萌青）

海水养殖鱼类病毒病防控技术研发进展

病毒病防控岗位

2017年,病毒病防控岗位重点开展了我国主要海水养殖鱼类重要病毒性病原流行病学调查、鱼类细胞系建立、病原分离鉴定、病原检测技术及鱼类抗病益生菌筛选等工作,并取得重要进展。

1 主要海水养殖鱼类重要病毒的流行暴发情况监测

针对我国主要的海水养殖鱼类,包括石斑鱼、篮子鱼、斑石鲷、大黄鱼、海鲈鱼、金鲳和鳗鲡等,在我国海水养殖的主要养殖区(海南、广州、福建、山东和广西等地)开展系统的海水鱼病毒性病害情况调研。病鱼的症状包括:黑身、趴底、脾脏肿大、鳍条出血、游泳能力减弱、鳍条和吻端出血痘样凸起、死亡等。根据病鱼的病理特征,初步判定病原可能为虹彩病毒。选取虹彩病毒科中代表种病毒,包括新加坡石斑鱼虹彩病毒(SGIV)、传染性脾肾坏死症病毒(ISKNV)、淋巴囊肿病毒(LCDV)、斑石鲷虹彩病毒(SKIV)等,利用其特异性引物做PCR检测。在所检测的样品中,SGIV和ISKNV检出率较高(图1)。另外,在海水鱼仔鱼养殖阶

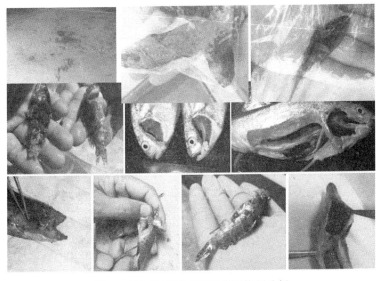

图1 病鱼的病变特征和病原检测分析

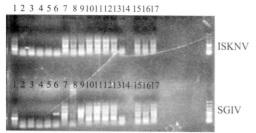

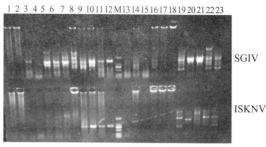

1：红友鱼，2～5：篮子鱼，6～8：石斑鱼，9：龙胆，
10～12：石斑鱼，13～14：石斑鱼，15～17：石斑鱼

1～23：石斑鱼

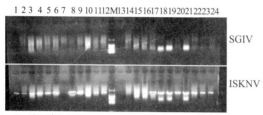

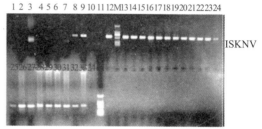

1～15：斑石鲷，16～17：赤点石斑鱼，18～24：老虎斑

1～27：大黄鱼，28～33：鳗鲡

图1（续） 病鱼的病变特征和病原检测分析

段,鱼出现急速打转游泳现象,初步判断为神经坏死症病毒（VNNV）。利用 PCR 检测发病的鱼体组织中 VNNV 感染或携带情况。在不同阶段的发病鱼体中均能检测到 NNV 阳性,宿主包括石斑鱼、金鲳和大黄鱼等。初步确定了我国主要海水养殖鱼类重要病毒的流行株为 SGIV、ISKNV 和 VNNV,为将来疫苗的研究提供了重要的病原参考数据;积累了季节性我国鲆鲽类主产区病害流行资料,为疫苗的产业化应用提供流行病学参考。

2 主要海水养殖鱼类（金鲳和斑石鲷）细胞系的建立

2.1 卵形鲳鲹尾鳍组织细胞系的建立

利用组织贴块法成功建立了卵形鲳鲹的尾鳍细胞系,命名为 TOCF。鳍条组织细胞多数以成纤维样形态为主。目前该细胞系已经稳定传代超过 60 代。TOCF 细胞在含 10% FBS 的 L15 培养基中保持良好的生长趋势,培养的适合温度为 28 ℃。TOCF 的染色体数目为 54 条。转染的外源基因能够在 TOCF 细胞中表达。此外,病毒敏感性测定结果表明,TOCF 细胞对 SGIV 敏感,SGIV 感染能够引起明显的细胞病变,超微结构显示在病变的细胞中存在大量的病毒粒子（图 2）。结果表明 TOCF 细胞系不仅能够用于体外遗传操作,而且可以用于研究水生动物病毒的病理发生和病毒与宿主的相互作用。

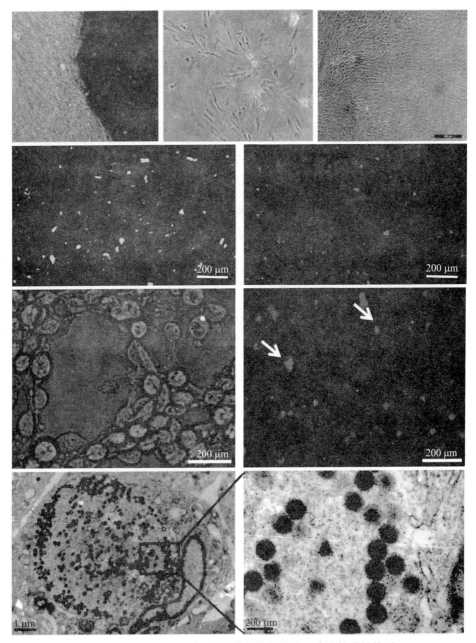

图 2　TOCF 细胞的形态、外源基因转染情况及病毒敏感性检测。

2.2　斑石鲷脑组织细胞系的建立及 SKIV 的鉴定分离

通过流行病学调研发现,引起斑石鲷大量死亡的病原为 SKIV,属于虹彩病毒科细胞肿大病毒属成员。为分离纯化 SKIV,制备该病原的灭活疫苗提供细胞平台,建立了来源于斑石鲷不同组织的细胞系。采用胰酶消化法进行斑石鲷组织(肝脏、脾脏、肾脏、头肾、脑和心脏)细胞的原代培养,采用贴块培养法进行斑石鲷鳍条细胞的原代培养(图 3)。斑石鲷脑、头肾和心脏组织的原代细胞均可进行传代培养。脑组织传代细胞在细胞生长初期，上皮样和成纤维样细胞同时存在，上皮样细胞占多数。但随着传代进行到第 8 代，成纤维样细胞逐渐为主要形态。至今，斑石鲷脑组织细胞已传至第 12 代。斑石鲷鳍条组织细胞在贴块第 7 天开始有细胞从组织块迁出，在贴块第 20 天时，细胞基本铺满培养瓶，开始进行传代。鳍条组织细胞以上皮样形态为主。两种组织的细胞分别隔代进行细胞冻存。分别抽取冻存的第 2 代和第 4 代斑石鲷脑组织细胞进行复苏，细胞复苏率达到 80% 以上。此外，斑石鲷肾脏组织细胞和心脏组织细胞也进行了稳定传代和冻存。

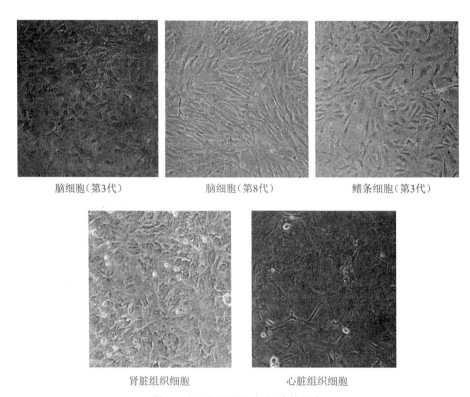

脑细胞（第3代）　　　　脑细胞（第8代）　　　　鳍条细胞（第3代）

肾脏组织细胞　　　　　　心脏组织细胞

图 3　斑石鲷不同组织细胞的形态

将自主建立的斑石鲷脑组织细胞用于病毒分离纯化。将患病斑石鲷的脾脏和肾脏组织研磨悬液过滤，接种到斑石鲷脑组织细胞。接种第 5 天开始，细胞变圆，接种第 10 天后，大约 80% 的细胞变圆。将病变的细胞反复冻融三次后，作为 F1 代病毒，继续接种细胞，进行病毒的第二代扩增。感染的第 3 天，观察到明显的细胞病变，感染第 10 天，约 80% 的细胞变圆（图 4），将病变的细胞收集并反复冻融，用 PCR 检测病毒是否在细胞中成功增殖。对从病变细胞中获得的 PCR 阳性样品进行主要衣壳蛋白（MCP）基因全长扩增，测序并进行序列分析，发现斑石鲷中分离到的 SKIV 与 ISKNV 的 mcp 基因同源性最高，达到 99%。证实斑石鲷致病病原即为虹彩病毒科肿大病毒属成员。

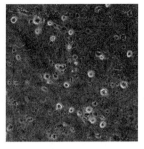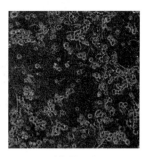

| 正常脑细胞 | 感染第3天 | 感染第10天 |

图 4 斑石鲷脑组织细胞感染 SKIV 的病变特征

3 基于适配体的夹心法 ELISA 检测 RGNNV 方法的构建

利用 Cell-SELEX,成功筛选到能够特异性识别 RGNNV 感染细胞的 3 条 ssDNA 核酸适配体,针对特异性识别 RGNNV 衣壳蛋白(CP)的适配体 A10,开发基于适配体的夹心法 ELISA 用于石斑鱼神经坏死病毒的检测。开发了两种夹心 ELISA 方法("适配体 -CP- 适配体"夹心法和"适配体 -CP- 抗体"夹心法),两种方法均可检测 RGNNV 的 CP,"适配体 -CP- 适配体"夹心法检测到的浓度范围稍宽一些。基于 A10 适配体的"适配体 -CP- 适配体"夹心对 RGNNV 检测具有高度特异性,该方法检测 CP 或 RGNNV 病毒粒子具有适配体的剂量依赖性,用于最后检测的适配体的最佳工作浓度为 200 nM(图5)。基于适配体的夹心法 ELISA 可以检测低达 4×10^3 VNNV 感染的 GB 细胞的裂解物(图6)。在"适配体-CP-适配体"夹心法的操作过程中,适配体和待测物孵育温度为 4～25 ℃时,结合效率最为稳定。在 ≥ 25 ℃情况下,随着温度的升高,实验组和对照组的差异程度持续降低。

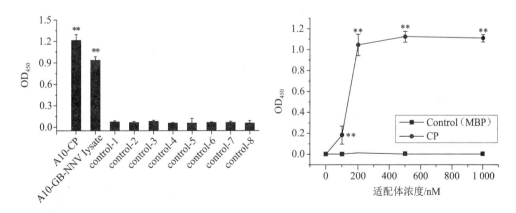

图 5 基于 A10 的"适配体 -CP- 适配体"夹心法 ELISA 的特异性和适配体的最佳工作浓度

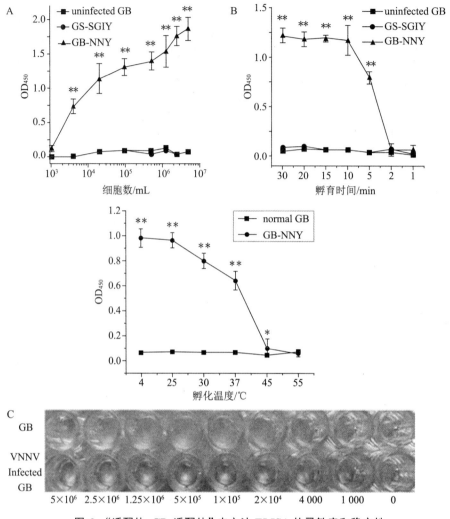

图 6 "适配体-CP-适配体"夹心法 ELISA 的灵敏度和稳定性

用该夹心法 ELISA 检测 30 例疑似感染 RGNNV 的石斑鱼野外样品，16 例（53.3%）检测结果为阳性，这 16 例在 RGNNV CP 基因的 RT-PCR 分析检测中均为阳性。30 例样品中，总共 19 例（63.3%）可通过 RT-PCR 分析检测出阳性。根据夹心法 ELISA，在 RT-PCR 检测阴性的 11 例样品中都没有阳性。只有 3 例（10%）通过 RT-PCR 显示为 RGNNV 感染的阳性样品未被夹心法 ELISA 检测出来。因此，夹心法 ELISA 技术检测的结果与 RT-PCR 的结果基本一致，其缺点是灵敏度略低（10% 以下）。

4 石斑鱼肠道益生菌——枯草芽孢杆菌 7K 的分离鉴定及益生特征

从石斑鱼肠道分离得到一株菌，命名为 7K。菌落形态为白色不透明，干燥，边缘不整齐,中间有星状突起。革兰染色后在 1 000 倍显微镜下观察,该株菌为革兰阳性菌,可见菌体中透亮的芽孢,可初步鉴定为芽孢菌属。菌株 7K 的 16S rDNA 序列与枯草芽孢杆菌的 16S rDNA 序列相似度达 99%,可进一步断定分离得到的该菌株为枯草芽孢杆菌。生化鉴定及生理生化特征实验结果表明,菌株 7K 与枯草芽孢杆菌的生理生化特征一致(表 1)。

表 1 菌株 7K、K2 的生化鉴定及生理生化特征实验结果

生化实验		7K	K2
接触酶实验		+	+
明胶液化实验		+	+(呈碟状缓慢液化)
淀粉水解实验		+	+
V-P 实验		+	+
硝酸盐还原实验		+	+
酪蛋白水解实验		+	+
柠檬酸盐利用实验		+	—
糖发酵实验	D-葡萄糖	+	+
	L-阿拉伯糖	+	+
	D-木糖	+	+
	D-甘露醇	+	+
	蔗糖	+	+
耐盐性试验	NaCl 2%	+	+
	NaCl 5%	+	+
	NaCl 7%	+	+
	NaCl 10%	+	+

注:"+"为阳性反应,"—"为阴性反应。

　　耐热试验中的细胞存活曲线表明,经 100 ℃沸水浴 2 min 后,枯草芽孢杆菌 7K 孢子减少的速度缓慢,表现出较强的耐热性。而大肠杆菌在经沸水浴 30 s 后便全部死亡,菌株 7K 营养体在沸水浴 60 s 后全部死亡。耐胃液实验中的细胞存活曲线表明,在模拟胃液中,15 min 内大肠杆菌和枯草芽孢杆菌的滋养体存活数便急剧下降,至 15 min 全部死亡。而菌株 7K 经过 60 min 处理后孢子的死亡数低于 100.03 logCFU/mL。可见菌株 7K 孢子对模拟胃液有较强的耐受性。在模拟肠液培养 3 h,菌株 7K 的芽孢表现出较高的耐受性,存活率几乎为 100%。菌株 7K 的营养体从 106.43 logCFU/mL 下降到 1.56 logCFU /mL,表现出高度的敏感性。而大肠杆菌在模拟肠液中的数量稳定(图 7)。

　　菌株 7K 的胞外抑菌结果见表 2。结果显示,菌株 7K 发酵培养后的上清液可以对海洋鱼类 6 种常见病原菌形成明显的圆形抑菌区(图 8),提示其具有胞外抑菌活性。在所选的海洋鱼类 6 种常见病原菌中,哈维氏弧菌、金黄色酿脓葡萄球菌、溶壁微球菌、溶藻弧菌受到的抑菌效果更为显著。另外,利用高效液相色谱(HPLC)法初步测定上清液中可能含有多种抑

菌相关化学物质（图9）。说明枯草芽孢杆菌菌株7K可能具有提高海洋鱼类抗病能力的益生潜能，具有开发利用价值。

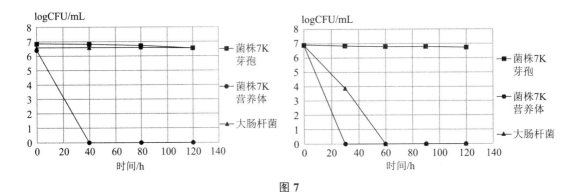

图 7

表 2　菌株 7K 发酵培养后上清液的抑菌实验结果

海洋鱼类常见病原体	抑菌区域大小
嗜水气单胞菌（*Aeromonas. hydrophila*）	＋＋
创伤弧菌（*Vibrio vulnificus*）	＋
哈维氏弧菌（*Vibrio harveyi*）	＋＋＋
金黄色酿脓葡萄球菌（*Staphylococcus aureus*）	＋＋＋
溶壁微球菌（*Micrococcus lysodeikticus*）	＋＋＋
溶藻弧菌（*Vibrio alginolyticus*）	＋＋＋

注："＋"表示抑菌区域直径为0.5～1 mm，"＋＋"表示抑菌区域直径为1～15 mm，"＋＋＋"表示抑菌区域直径为15～20 mm。

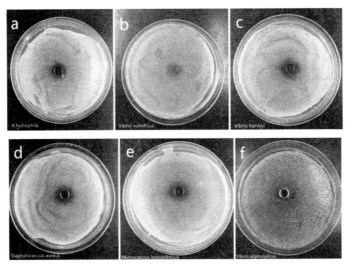

图 8　菌株 7K 发酵培养后上清液对常见病原菌所形成的抑菌区

（a）嗜水气单胞菌；（b）创伤弧菌；（c）哈维氏弧菌；（d）金黄色酿脓葡萄球菌；（e）溶壁微球菌；（f）溶藻弧菌

5 年度进展小结

（1）完成了 2017 年我国主要海水养殖鱼类重要病毒性病原流行病学调查，检测样品 210 个，摸清了主要的病毒性病原为虹彩病毒和神经坏死症病毒，其中虹彩病毒主要流行种株为 SGIV 和 ISKNV。

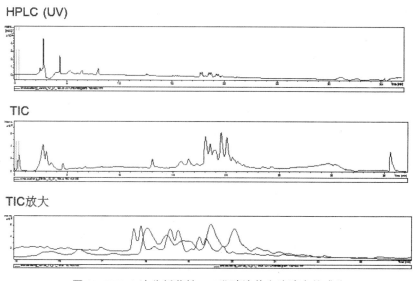

图 9 HPLC 法分析菌株 7K 发酵培养上清液中的成分

（2）建立了卵形鲳鲹鳍条细胞系 1 个、斑石鲷组织细胞系 2 个（脑组织和鳍条组织细胞系）、褐篮子鱼脑组织细胞系 1 个。

（3）从患病斑石鲷和老虎斑中自主分离到一株斑石鲷虹彩病毒，属于细胞肿大病毒属的分离株。

（4）完成 RGNNV 的核酸适配体吸附检测夹心法 ELISA 的研发，可以在石斑鱼养殖过程中快速检测 RGNNV 感染，具有操作简便快捷、稳定性强、灵敏度高等优点。

（5）筛选到一株来源于石斑鱼肠道的抗病益生菌——枯草芽孢杆菌 7K，该菌株具有提高海洋鱼类抗病能力的益生潜能，具有开发利用价值。

（岗位科学家　秦启伟）

海水鱼细菌病防控技术研发进展

细菌病防控岗位

1 鲆鲽类专用疫苗研制开发

1.1 大菱鲆鳗弧菌基因工程活疫苗新兽药注册申报

弧菌病作为鲆鲽鱼类的重要细菌性病害,严重威胁着以大菱鲆为代表的海水养殖鱼类的生产安全。细菌病防控岗位经过多年临床前研究及临床试验开发,成功获得一株对弧菌病具有良好免疫防控效力的疫苗产品。针对弧菌病,通过注射或浸泡免疫接种方式可实现大菱鲆免疫保护率 70% 以上。为加速推进该疫苗产品的商品化转化进程,2016 年年底向农业农村部提交了疫苗产品注册申报材料。2017 年 4 月 21 日,由岗位主持自主研制的大菱鲆鳗弧菌基因工程活疫苗(MVAV6203 株)通过农业农村部兽药评审中心技术审查,准予进入疫苗产品复核检验阶段,接受中国兽医药品监察所的复核检验。已委托农业部兽用 GMP 生产资质疫苗企业试生产疫苗产品三批,并于 11 月 17 日向中监所提交复核用疫苗产品及相关申报材料,等待农业农村部最终的复核检验结果,为最后冲刺获批我国首例海水鱼基因工程活疫苗新兽药注册证提供了可靠产品保障。

图 1 大菱鲆弧菌病活疫苗新兽药注册申报农业部审批及中监所复核检验函件

1.2 鲆鲽类弧菌病疫苗生产应用示范

为推进鲆鲽弧菌病疫苗产业化进程和完善生产免疫接种规程,细菌病防控岗位在山东、辽宁、河北、天津等省市的鲆鲽养殖主产区工厂化养殖企业开展了生产性应用示范和应用推广培训工作,累计完成了35万尾份大菱鲆和牙鲆的免疫接种示范,其中注射接种25万尾(幼鱼,10 cm以上),浸泡接种10万尾(稚鱼,3~5 cm)。主要示范企业有山东东方海洋科技股份有限公司大季家养殖基地、天津奕鸣泉水产养殖有限公司、辽宁兴城龙运水产有限公司等。根据生产应用示范效果,对鲆鲽养殖生产过程适宜接种的免疫空间和免疫方式进行了优化,完善了《鲆鲽疫苗生产性免疫接种操作规程》中的相关接种鱼龄标准与接种操作规范,使接种规程根据不同养殖生产方式更加具有适用性和标准化、规范化。同时示范效果表明目标病害防控效果明显,病害发生率平均降低30%~40%,鲆鲽免疫后生长状态优于生产对照,有助于今后为养殖企业建立更为安全有效的病害防控生产体系提供示范参考。

图2 鲆鲽弧菌病疫苗生产应用示范

1.3 大菱鲆腹水病疫苗生产应用推广

由细菌病防控岗位自主研制的大菱鲆腹水病迟钝爱德华氏菌活疫苗已于2015年转让浙江诗华诺倍威生物技术有限公司,并于2016年获得农业农村部生产批文。2017月9日,本岗位与企业签订了"技术服务合作协议",协助企业开展疫苗的推广示范工作,不仅为企业提供疫苗接种的相关技术规程支持,也在推广示范过程中因地制宜地帮助企业解决实际问题,树立产学研三者无缝对接的协同创新新模式。9月至12月间,生产企业在辽宁、山东等地开展疫苗推广活动,累计免疫大菱鲆 58 100 尾,本岗位作为疫苗原创研发单位,给予了相应的技术支持,并协助疫苗企业为养殖用户解答疫苗使用问题。

2 红鳍东方鲀弧菌病疫苗研制

为拓展弧菌病疫苗未来的生产应用范围,以海水重要经济养殖品种红鳍东方鲀为新应用靶动物,2017年度在完成弧菌病活疫苗临床前免疫效力和安全性评价基础上,在辽宁大连富谷集团庄河循环水养殖与深海网箱养殖基地实施了小规模田间试验验证(平均体长 20 cm,2 万尾份),主要对免疫接种操作的陆海衔接、鱼龄规格、免疫后管理等内容进行了田间评估,为今后开展系统临床评价和临床申报提供前期研究积累与开发依据。

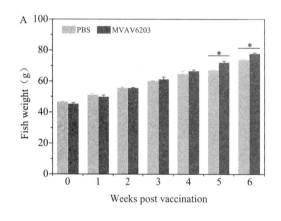
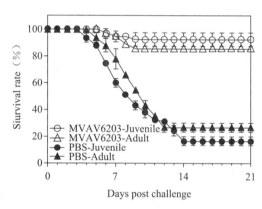

图3 红鳍东方鲀弧菌病疫苗田间试验(A- 生长性能影响;B- 免疫效力评价)

3 杀鱼爱德华氏菌功能基因组与疫苗创新研究

以大菱鲆腹水病致病病原杀鱼爱德华氏菌为研究对象,在全基因组层面上,利用转座元件构建突变株文库,使用突变株文库对大菱鲆进行腹腔感染,在感染的不同阶段进行回收突变株,利用高通量测序对文库中突变株的丰度变化进行检测。实验结果显示已知的三型和六型分泌系统在感染初期并非必需基因,而到感染后期成为条件必需基因。本研究的创新点在于对 Tn-seq 技术进行改进,开发出了多时间点的聚类分析方法(PACE, Pattern Analysis of Conditional Essentiality)。利用活疫苗靶点基因的动态模型,寻找到了新的优良候选疫苗靶点基因,为疫苗理性设计提供了新的思路。该最新杀鱼爱德华氏菌侵染机制与疫苗设计创新性研究成果发表于美国微生物学会权威期刊 mBio(2017,8(5):e01581-17)。

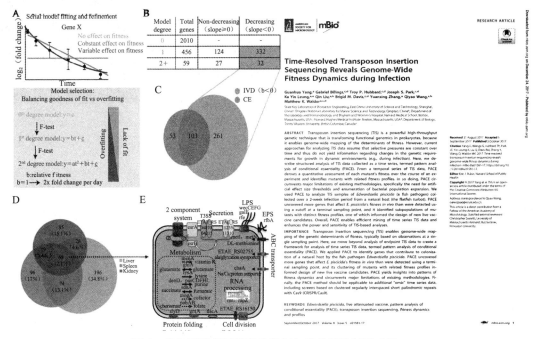

图4 杀鱼爱德华氏菌侵染机制与疫苗设计创新成果

4 我国海水鱼重要养殖品种细菌性病害调研与病原分离

2017 年度针对海水鱼重要养殖品种(红鳍东方鲀、半滑舌鳎、大黄鱼、石斑鱼),在辽宁、天津、山东、浙江和福建等省市的养殖主产区域进行了新一轮病原分离普查,采集样本 100 余份,分离获得 4 株重要流行性病害病原,为建立重要病原毒株菌库奠定了基础,并为新型疫苗的研究提供了对照病原。

同时筹备优化了动物感染模型实验条件,为进一步开展病原致病机制研究与新型疫苗设计与临床前研究提供了技术保障。这些工作积累了季节性我国重要海水养殖鱼类品种主产区病害流行资料,为进行精准疫苗的产业化开发用户应用提供流行病学参考依据。同时,协同深远海养殖岗位对适宜养殖品种(大黄鱼)的流行性病害进行了初步筛查与鉴定工作,为今后开发建立深远海养殖品种的免疫防控配套技术提供流行病学依据。

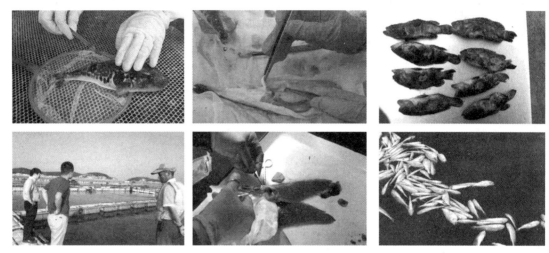

图 5　重要海水鱼病害调研与病原分离鉴定

5　年度进展小结

（1）大菱鲆鳗弧菌基因工程活疫苗（MVAV6203）新兽药注册申报通过农业部兽药评审中心技术审查，进入中国兽医药品监察所复核检验阶段，弧菌病疫苗药证即将获批。

（2）在鲆鲽养殖主产区（辽宁、山东、河北、天津等省市），累计实施了 35 万尾份大菱鲆弧菌病疫苗、5 万尾份大菱鲆腹水病疫苗生产应用推广示范工作，完善了疫苗生产免疫接种规程。

（3）以海水重要养殖品种红鳍东方鲀为新应用靶动物，在辽宁地区进行了弧菌病疫苗临床前免疫效力与安全评价试验，并初步开展了田间试验，为全面开展河鲀弧菌病疫苗开发奠定了坚实的临床前研究积累。

（4）针对海水重要养殖品种（红鳍东方鲀、半滑舌鳎、大黄鱼、石斑鱼）进行了新一轮病原分离普查，获得 4 株重要流行性病害病原，为进一步开展病原致病机制研究与新型疫苗设计与临床前研究提供了病原种质保障。

（5）在重要细菌性病原杀鱼爱德华氏菌感染机制及新疫苗创新研究领域获得重要成果，并在国际权威期刊发表，获得国际同行关注。

（岗位科学家　王启要）

海水鱼寄生虫病防控技术研发进展

寄生虫病防控岗位

2017年,寄生虫病防控岗位重点开展了刺激隐核虫病早期精准预警预报技术开发、鱼感染刺激隐核虫的免疫反应机制研究、两种刺激隐核虫疫苗前期开发、大黄鱼淀粉卵涡鞭虫病调查和刺激隐核虫病的中草药治疗研究。

1 新型快速处理水样检测刺激隐核虫的方法建立与探究

该检测技术以刺激隐核虫 rDNA 的 ITS-2 和 18S 设计保守、特异性引物,用 PCR 扩增得到 540 bp 片段构建质粒标准品,最后测定线性化质粒的浓度并梯度稀释得到标准品溶液。设计特异引物,利用荧光定量 PCR 方法可检测到 5 个幼虫,初步形成一套检测海水中幼虫的方法(图1)。该方法可以较准确检测出水体幼虫数量,为观察海水中幼虫活动规律奠定了技术基础。

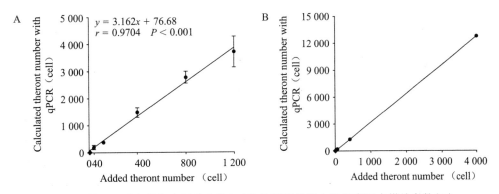

图1 计算出的幼虫数与实际幼虫数(**A**)和计算出的幼虫数和实际水样幼虫数(**B**)

2 鱼类感染刺激隐核虫的免疫反应机制初步研究

2.1 篮子鱼与刺激隐核虫寄生的相互影响

篮子鱼对刺激隐核虫易感性显著低于大黄鱼,篮子鱼与大黄鱼的刺激隐核虫半数致死剂量分别为 264 只/ 克和 2 236 只/ 克。篮子鱼在感染后第 1 天摄食量只下降了 14.6%，并在第 2 天恢复正常摄食，继发二次感染对摄食没有影响，而大黄鱼在第 1 天的摄食量下降了50%并在第 3 天停止了摄食，继发二次感染时全部死亡（图2）。这说明了篮子鱼感染刺激隐核虫的损伤轻微，能短暂的防止刺激隐核虫继发感染。篮子鱼的感染强度在感染后 3 h 显著下降刺激隐核虫的繁殖效率只有 8%，相反，大黄鱼的感染强度在 0～72 h 没有显著的变化，刺激隐核虫的繁殖效率高达 59.05 倍（图3）。另外，在篮子鱼寄生的刺激隐核虫个体显著小于大黄鱼的。本实验结果暗示了篮子鱼能在刺激隐核虫寄生早期阶段驱除刺激隐核虫和限制其生长。

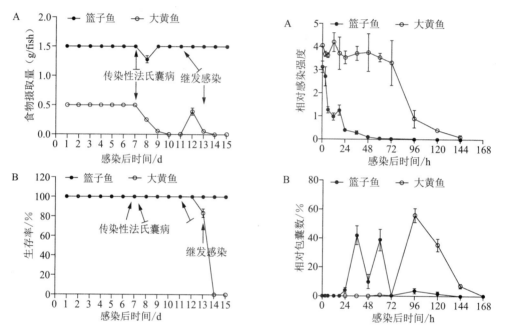

图2　篮子鱼和大黄鱼感染刺激隐核虫后摄食量（A）和存活率（B）变化

图3　篮子鱼和大黄鱼感染刺激隐核虫后相对感染强度（A）和相对包囊数（B）变化

2.2　石斑鱼感染刺激隐核虫后转录组及免疫相关基因表达分析

初次构建了石斑鱼局部感染刺激隐核虫模型（图4），并在此基础上利用高通量测序技术对石斑鱼皮肤转录组进行测序，共获得 4.82 亿条高质量 read，去除被原生动物污染的 read后，最终得到 4.79 亿条高质量 read。通过序列拼接共得到 91 082 个 unigene，其中 38 704和 48 617 个 unigene 分别在 NCBI-NR 数据库和斑马鱼数据库中得到注释。对感染皮肤组（Isk）、同一条感染鱼的未感染皮肤组（Nsk）以及健康皮肤组（C）进行比较转录组研究，分别在比较组 Isk/C、Isk/Nsk、Nsk/C 中发现 10 115、2 275 和 4 566 个差异表达基因。从差异表达基因的火山分布图可以明显看出更多的基因在感染位点差异表达（图5）。基于聚类分析和维恩图分析，发现石斑鱼皮肤对刺激隐核虫感染有不同的应答模式，总体来看，感染位点

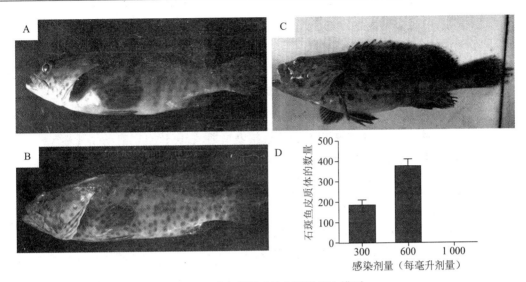

图4 石斑鱼局部感染刺激隐核虫模型

（A）600 只/毫升刺激隐核虫感染的石斑鱼；（B）300 只/毫升刺激隐核虫感染的石斑鱼；
（C）1 000 只/毫升刺激隐核虫感染的石斑鱼；（D）感染 3 d 后皮肤上滋养体数目

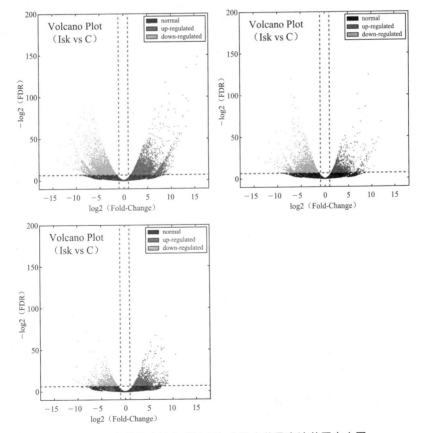

图5 感染刺激隐核虫后石斑鱼皮肤中差异表达基因火山图

基因的变化程度明显高于未感染位点（图 6）。进一步对差异表达基因进行 GO term 功能富集，结果显示比较组 Isk/C 和 Isk/Nsk 中"炎症反应"term 均显著变化，说明局部的炎症反应在早期的抗虫免疫应答中发挥重要作用。KEGG 通路差异富集显示，"补体通路""趋化因子信号通路""白细胞迁移""Toll 样受体信号通路"等先天性免疫相关通路中的大量基因发生了显著变化，而适应性免疫通路 term 如"T/B 细胞受体信号通路"和"抗原递呈"中的部分基因也出现显著变化，说明在刺激隐核虫感染早期，石斑鱼主要启动先天性免疫应答，同时为下阶段的适应性免疫应答做了前期准备。此外，在 KEGG 通路差异富集的基础上，我们筛选得到 92 个具有代表性的免疫相关差异表达基因，其中 65 个基因在感染位点和未感染位点均差异表达，而 27 个基因只在感染位点差异表达。

参照转录组数据，扩增得到了两个 C 型凝集素受体：EcCD209 和 EcCTL。扩增获得 3 个趋化因子：CXCL10、CXC-like 1、CXC-like 2。

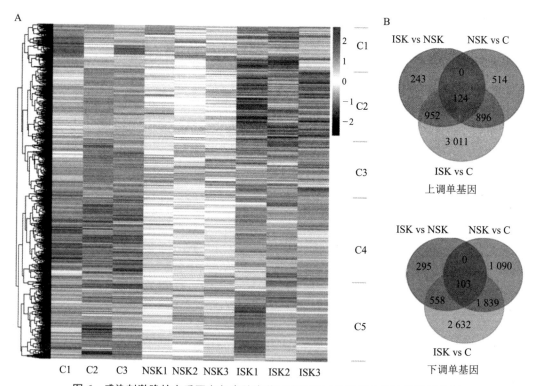

图 6　感染刺激隐核虫后石斑鱼皮肤中差异表达基因的聚类分析和维恩图分析

（A）Isk/C 组的 10 117 个差异基因的聚类分析，图中标注的 C1～C5 为聚类分析得到的 5 个主要 cluster。
Isk 和 Nsk 组的 CPM 值用 C 组的 CPM 值做归一化处理。（B）12 107 个差异基因的维恩图分析。
图中标示的数字为在各个比较组中上调和下调基因的数目

2.3　刺激隐核虫和海豚链球菌共感染免疫分析

实验发现，两种病原共同感染的致死率（96.67% ± 1.67%）显著高于单独感染刺激隐核虫（25% ± 2.89%）和单独感染海豚链球菌（48.33% ± 3.33%）的情况。实验条件下，单独浸泡海豚链球菌的致死率较低(11.67% ± 1.67%),而两种病原共同浸泡死亡率显著高于单独浸泡(51.67% ± 4.41%;图7)。两种病原共同注射的致死率相比单独注射海豚链球菌则没有显著差异,说明刺激隐核虫的皮肤感染可能是海豚链球菌感染和致死率增加的原因。进一步实验中,人为使用注射器针头造成鱼皮肤损伤,然后浸泡海豚链球菌,其死亡率显著高于皮肤未损伤浸泡组。通过测定不同感染组皮肤和血清免疫相关酶活力发现,LZM、GSH-Px、AKP 等酶在两种病原共感染时处于一定的抑制下调状态。两种病原单独感染和共同感染的转录组分析更加全面地反映出不同感染模式下,补体通路、趋化因子通路、炎症因子、抗菌因子、模式识别受体相关通路等免疫基因的表达模式有所差异。综合实验结果,我们推测:刺激隐核虫感染直接或者由于鱼感染后"蹭网"等间接造成鱼体皮肤受损,增加了鱼对水体中致病细菌的易感性,同时寄生虫诱导产生的 Th2 免疫反应及相关免疫反应会对细菌诱导的 Th1 免疫反应有抑制作用,导致鱼体本身抗菌能力有所下降,两种原因共同造成致病性病原菌对感染刺激隐核虫的鱼有更高的致死率。

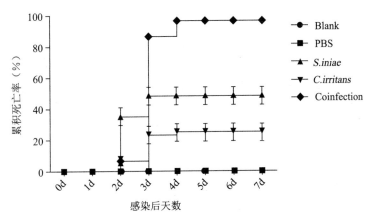

图7 刺激隐核虫和海豚链球菌单个和合并感染的累积死亡率比较

3 刺激隐核虫疫苗研制

3.1 刺激隐核虫幼虫灭活疫苗研究

建立以卵形鲳鲹为实验性感染的动物模型,在此模型动物体上,虫体繁殖效率约为200倍,可能繁殖大量虫体以满足生产疫苗的抗原需求。根据刺激隐核虫的生活史特征,设计了一种虫体收集装置(图8),即刺激隐核虫包囊收集器,能够方便地收集大量包囊。在体外人工条件下孵化出大量幼虫,经福尔马林灭活后制成幼虫灭活疫苗,由广东永顺生物制药股份有限公司进行中试生产,经腹腔注射免疫,可使石斑鱼获得80%以上的免疫保护率(表1)。该疫苗需经反复验证,有望达到刺激隐核虫幼虫疫苗的产业化生产。

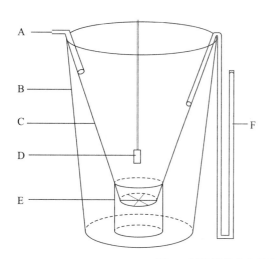

图 8 刺激隐核虫包囊收集器

A. 进水管；B. 160 L 塑料桶；C. 漏斗；D. 气石；E. 2 L 烧杯；F. 出水管

表 1 接种刺激隐核虫幼虫灭活疫苗对石斑鱼的免疫保护性

分组	鱼个体数	攻毒前抗体滴度（最大稀释度）				存活率
		ELISA		Immobilization		
		血清	皮肤黏液	血清	皮肤黏液	
对照组	200	0	0	0	0	0%
腹腔注射组（IP 组）	200	112 ± 32	28 ± 8	14 ± 4	2 ± 0	82%
体表感染组（SE 组）	200	56 ± 16	48 ± 8	12 ± 4.6	6 ± 2.3	89%

3.2 刺激隐核虫亚单位疫苗的研究

本实验在前期研究中，建立了刺激隐核虫 3 个发育阶段（包囊、幼虫和滋养体）转录组数据库，并采用免疫蛋白组学技术建立了刺激隐核虫免疫保护抗原数据库，随后可利用软件初筛出具膜蛋白典型结构域的基因，挑选在幼虫阶段显著表达的膜蛋白基因，同时利用刺激隐核虫免疫保护抗原数据库筛选出疫苗候选基因。筛选到 9 个保护抗原的疫苗候选基因，分别命名为 *GDCi1~GDCi9*，选取 *GDCi1* 作为基因分析，用以分析 *GDCi1* 基因限制性酶位点，对目的基因进行改造（两端设计特异性酶切位点、去除 GPI-Anchor 结构、添加标签等），然后对改造过的目的基因和专用载体（pTIEV4 载体、pTIEV4-Grl 载体）进行双酶切，连接后构建成穿梭载体。将构建好的穿梭载体和 pD5H8 载体连接后，构建成四膜虫的表达载体，用于转化四膜虫。用不同浓度的巴龙霉素对转化后的虫株进行梯度筛选，最终获得携带外源基因的阳性虫株，该虫株能成功大量表达目的蛋白（图 9）。阳性虫株经诱导表达的 *GDCi1* 可被兔抗刺激隐核虫多抗识别（图 10），说明了四膜虫表达的蛋白具有良好的免疫原性。该表达系统的成功建立为后续亚单位疫苗研究奠定了良好的基础。

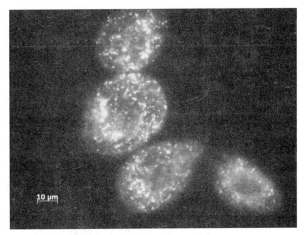

图9 表达抗原的荧光检测

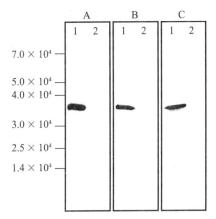

图10 经镍柱纯化后的重组蛋白可被兔抗刺激隐核虫多抗识别

1:纯化后的重组蛋白;2:对照;A:兔抗滋养体血清;B:兔抗幼虫血清;C:兔抗包囊血清

4 淀粉卵涡鞭虫病调研

调查发现,大黄鱼淀粉卵涡鞭虫病多发于春季、夏初和秋季,水温24 ℃左右,该公司在淀粉卵涡鞭虫病暴发时多用 $1 \times 10^{-6} \sim 2 \times 10^{-6}$ 铜铁合剂进行防治,但防治效果不稳定。现场调查发现病鱼死亡率高达80%以上,病鱼浮于表面,游泳速度缓慢,呼吸困难。病鱼体表肉眼可观察大量小白点,与白点病相似。随机抽取10尾病鱼,首先对鳃丝和皮肤进行镜检,将鱼鳃丝寄生虫分离于24孔板中,加入2 mL灭菌海水,置于室温(24 ~ 26 ℃)下孵化,每6 h观察分裂情况。发现淀粉卵涡鞭虫生活史中的包囊为对等二分裂的繁殖方式(图11),从形成包囊到幼虫孵化出来约48 h。说明淀粉卵涡鞭虫生活史周期短,感染鱼后能迅速繁殖,从而造成鱼的大量死亡。

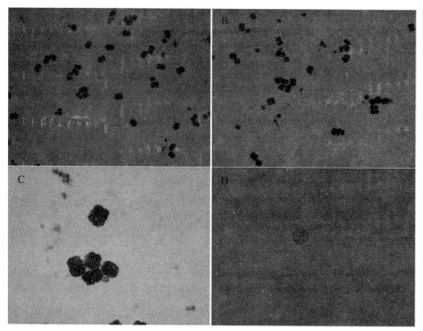

图 11　淀粉卵涡鞭虫包囊不同分裂期（**A、B、C**）和其幼虫（**D**）

5　中草药体外杀灭刺激隐核虫及乌梅预防的效果研究

研究了6种中草药水提取物对刺激隐核虫的体外杀灭效果,发现用 7. 14 mg/mL 的乌梅、槟榔、贯众和石榴皮的水提物分别处理幼虫 5 min,幼虫死亡率达 100%（表2）,用 28. 57 mg/mL 处理包囊 4 h,包囊死亡率达 84. 1% 以上。为评估喂服乌梅水提物对珍珠石斑鱼预防刺激隐核虫病的效果,投喂后第 14 天对石斑鱼的增重、溶菌酶活性、补体旁路途径溶血活性、鱼体滋养体数量及死亡率进行测试和评估。结果显示:药物组石斑鱼的增重和旁路补体溶血活性与对照组没有显著差异,溶菌酶活性均显著高于对照组,感染刺激隐核虫后滋养体数量均显著低于对照组;致死剂量攻毒后,药物组（11. 4 g/kg、6. 84 g/kg、3. 42 g/kg）和对照组鱼的成活率分别为 40%、20%、46. 67% 和 0%。结果表明乌梅在预防刺激隐核虫病具有一定的开发前景。

表 2　中草药水提物杀灭刺激隐核虫幼虫的效果

时间 /min	评价标准	药物质量浓度/（mg/mL）						
		槟榔 *Areca catechu*	乌梅 *Fructus mume*	贯众 *Dryopteris setosa*	石榴 *Punica granatum* 皮	青蒿 *Artemisia carvifolia*	苦参 *Sophora flavescens*	海水
60	MLC	3. 57	3. 57	3. 57	0. 89	14. 28	14. 28	—
	EC	1. 78	1. 78	1. 78	0. 45	7. 14	7. 14	—

续表

时间/min	评价标准	药物质量浓度/(mg/mL)						
		槟榔 *Areca catechu*	乌梅 *Fructus mume*	贯众 *Dryopteris setosa*	石榴 *Punica granatum* 皮	青蒿 *Artemisia carvifolia*	苦参 *Sophora flavescens*	海水
30	MLC	7.14	3.57	3.57	1.78	28.57	14.28	—
	EC	3.57	1.78	1.78	0.89	14.28	7.14	—
15	MLC	7.14	3.57	7.14	1.78	—	—	—
	EC	3.57	1.78	3.57	0.89	—	—	—
5	MLC	7.14	7.14	7.14	7.14	—	—	—
	EC	3.57	3.57	3.57	3.57	—	—	—

注:MLC,最低致死浓度;EC,有效浓度;—,表示中草药水提物对幼虫没有杀灭效果

（岗位科学家 李安兴）

海水鱼环境胁迫性疾病与综合防控技术研发进展

环境胁迫性疾病与综合防控岗位

2017年，环境胁迫性疾病与综合防控岗位重点围绕海水鱼生理生化参数监测、鱼类应激标志基因筛选、免疫调节剂研发等体系重点任务开展工作。测定了不同地域大黄鱼、大菱鲆和石斑鱼在正常环境条件下的生理生化参数；完成了大黄鱼低氧胁迫转录组测序工作，鉴定大黄鱼低氧应激标志基因2个；筛选、获得了具有改善养殖环境功效的益生菌2株；获得免疫调节剂1种，可通过抑制NF-κB激活负调节炎性反应，显著提高大黄鱼细菌感染后的存活率；以鱼类细胞因子作为疫苗佐剂与细菌疫苗联合使用，显示出了明显的免疫增强效果。相关工作为海水鱼环境胁迫性疾病的诊断和综合防控提供了技术支撑。

1 海水鱼类在正常环境状态下的生理生化参数检测

本年度在秋冬季节对不同海区养殖的健康大黄鱼、大菱鲆、石斑鱼进行采样，分析正常养殖条件下各种鱼血液的常规生理生化指标数值，为进一步了解海水鱼健康水平做初步调研。其中采样的大黄鱼规格216 ± 15 g，养殖水温17℃ ± 1℃、盐度30 ± 1、氨氮 < 0.5 mg/L。大菱鲆规格322.5 ± 15.8 g，养殖水温16℃ ± 1℃、盐度30 ± 0.5、氨氮 < 0.5 mg/L。石斑鱼规格270.3 ± 21.6 g，养殖水温20℃ ± 1℃、氨氮 < 0.5 mg/L。对以上三种鱼采集血液分离血清，测定了血清生理生化等相关指标，详细数据如表1所示。

通过以上采样分析大黄鱼、大菱鲆和石斑鱼在正常环境条件下的血液生理生化指标，初步建立数据库，为今后养殖海水鱼环境胁迫性疾病诊断提供参考依据。从以上数据分析可以初步筛选鱼血清中的总抗氧化能力（T-AOC）、超氧化物歧化酶（T-SOD）、过氧化氢酶（CAT）、溶菌酶（LSZ）等指标作为以上三种海水鱼健康指示指标。以上数据库的建立还需在以后多年工作中继续积累资料，特别是进一步调查一年不同季节中水温等水环境影响因子变化后对鱼类血液生理生化指标的影响、数据库的进一步完善也是今后工作的重要内容之一。

表 1 三种海水鱼血清生理生化指标

编号	指标名称	单位	数据范围		
			大菱鲆	石斑鱼	大黄鱼
1	总抗氧化能力（T-AOC）	U/mL	0.4～7.6	3.10～11.50	2.3～9.9
2	总一氧化氮合成酶（NOS）	U/mgprot	18.2～48.1	1.7～68.0	18～60
3	溶菌酶（LSZ）	U/mL	537.2～1624.3	15.0～65.0	104～493
4	超氧化物歧化酶（T-SOD）	U/mL	38.89～60.66	31.3～81.0	23.3～71.3
5	过氧化氢酶（CAT）	U/mL	8.12～103.3	3.1～86.0	9～73
6	总 ATP 酶（ATP）	U/mL	0.216～7	0.2～4.57	2～8.1
7	肌酐（Cre-P）	μmol/L	18.0～63	36～88	1-5
8	γ-谷氨酰基转移酶（GGT）	U/L	4.0～15.0	4.0-24.0	0
9	总接胆红素（T-Bil）	μmol/L	0.8～6.9	3.6～9.6	2.6～13.1
10	尿素氮（UREA）	mmol/L	1.23～6.44	0.72～3.88	0.16～0.36
11	丙氨酸氨基转移酶（ALT）	U/L	0	24～156	0～7
12	碱性磷酸酶（ALP）	U/L	6.0～36.0	116～188	2～12
13	直接胆红素（D-Bil）	μmol/L	0.2～1.4	0.4～1.2	0.1～1.4
14	高密度脂蛋白胆固醇（HDL-C）	mmol/L	1.34～2.94	1.48～2.92	0.56～1.71
15	低密度脂蛋白胆固醇（LDL-C）	mmol/L	1.52～5.10	1.4～2.76	0.34～1.44
16	天门冬氨酸氨基转移酶（AST）	U/L	6.0～66	12.0～60.0	9～30
17	甘油三酯（TG）	mmol/L	0.72～10.76	0.72～1.80	0.9～5.25
18	总蛋白（TP）	g/L	20.2～39.6	44.8～61.2	4.0～6.2
19	白蛋白（ALB）	g/L	6.6～13.6	8.8～11.6	3～3.7
20	总胆固醇（TC/CHO）	mmol/L	1.22～8.88	2.56～6.52	2.7～4.01
21	葡萄糖（GLU）	mmol/L	0.24～2.19	2.64～7.36	0.61～3.02
22	尿酸（UA）	umol/L	18～166	4.0～72.0	3～23
23	钙离子（Ca）	mmol/L	2.16～3.36	2.56～4.28	0.3～0.68
24	镁离子（Mg）	mmol/L	0.834～1.695	1.46～3.37	0.17～1.06
25	二氧化碳（CO_2）	mmol/L	11.4～16.8	6.4～16.8	0.8～2.1
26	无机磷（IP）	mmol/L	2.49～5.60	3.40～6.24	0.96～2.11

2　鱼类应对环境胁迫的应激标志基因筛选

大黄鱼对低氧极为敏感，为了筛选大黄鱼低氧应激标志基因，使用 Illumina 平台对大黄鱼肌肉转录组进行测序，统计低氧处理 0 h（Mu_0h）、1 h（Mu_1h）、6 h（Mu_6h）、9 h（Mu_9h）、24 h（Mu_24h）和 72 h（Mu_72h）后的大黄鱼肌肉转录组数据发现，每个时段的数据产量都大于 4 G。测序所得的原始数据（raw reads）经过质控（quality control）后，clean reads 的数量在 50 M 左右。与对照组（0 h）比较，一共获得了 8 838 个差异表达基因，其中表达水平上调的基因 4 292 个，表达水平下调的基因 509 个，其余基因在某些时段上调而另一些时段下调（图 1）。差异表达基因数量最多的时段是 72 h，有 4 472 个基因，说明 72 h 是大黄鱼应对低氧胁迫比较关键的时间点。

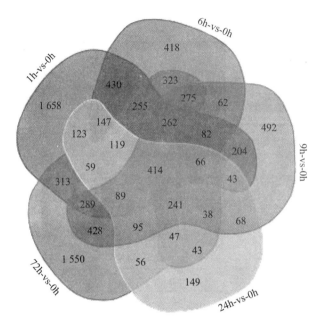

图 1　低氧胁迫不同时间点差异表达基因数量

通过在线分析数据库 DAVID 对 8 838 个差异表达基因进行了功能分类，其中 5 606 个差异表达基因得到了 DAVID 的功能注释。"cellular component"、"molecular function" 和 "biological process" 对应的基因数目分别为 4 317、4 514 和 4 403，DAVID 功能注释在 "cellular component" 中注释了 15 个亚类，其中基因数量最多的是 "cell"，占基因总数的 23%；在 "molecular function" 中注释了 13 个亚类，基因数量最多的是 "binding"，占基因总数的 47.6%；在 "biological process" 中注释了 23 个亚类，其中基因数量最多的是 "cellular process" 占基因总数的 15%（图 2）。

在低氧诱导的大黄鱼肌肉转录组中，环境缺氧应答密切相关的低氧诱导因子（HIF-1α）表达水平，在低氧胁迫 1 h 和 6 h 显著上调了 2 倍，其调控的血管内皮生长因子 1（VEGFA1）表达水平在 6 h 也上调了 6 倍，6 h 后表达量持续增高（图 3A）；Real-time PCR 获得的大黄鱼 HIF-1α 和 VEGFA1 基因表达趋势与转录组数据基本一致（图 3B）。以上结果说明低氧胁迫诱导大黄鱼 HIF-1α 和 VEGFA1 基因的表达，而大黄鱼 HIF-1α 和 VEGFA1 可能在大黄鱼低氧应答过程中发挥重要作用。这两个基因都可以作为大黄鱼应对低氧胁迫的应激标志基因，用于大黄鱼低氧胁迫性疾病的诊断。

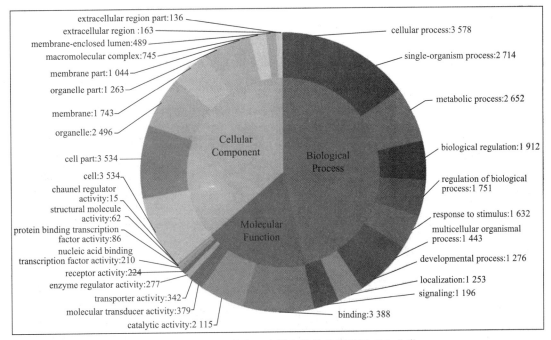

图 2 低氧诱导大黄鱼肌肉转录组的差异基因 GO 分类

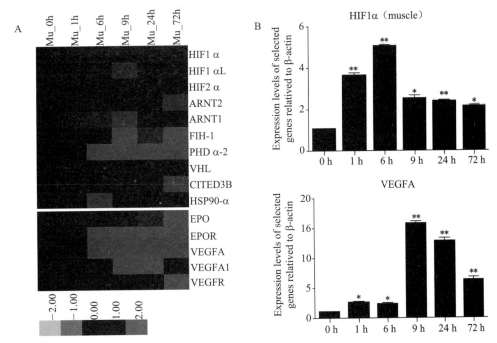

图 3 HIF-1 及其相关基因表达水平变化

（A）转录组数据热图,每一列代表一个时间点,时间点标注在每一列的最上方;每一行代表一个基因,每一行显示一个基因在不同时段的表达水平变化。基因的表达水平用颜色来表示,不同的变化倍数用不同颜色表示,红色表示表达水平上调,绿色表示表达水平下调。对表达量数值取 log2 之后作图。（B）Real-time PCR 验证,对大黄鱼进行低氧处理后分 6 个时间点 0 h、1 h、6 h、9 h、24 h 和 72 h 分别取肌肉组织,对每个时间点的样品(来自 6 尾鱼肌肉组织的混合样品)提取样品总 RNA,β-actin 作为内参,进行荧光定量 PCR 检测。*$p < 0.05$,**$p < 0.01$。

3 益生菌筛选

利用平板稀释分离法对采集的水样进行细菌分离纯化,经 16S 序列比对和实验分析,获得了 2 株芽孢杆菌:枯草芽孢杆菌(*Bacillus subtilis* strain 203)和地衣芽孢杆菌(*Bacillus licheniformis* 207)(图 4),能够有效改善养殖水质,可作为微生态制剂开发的潜在益生菌。

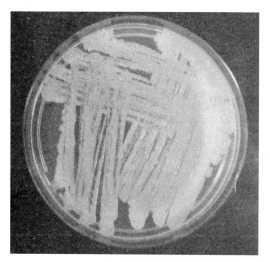 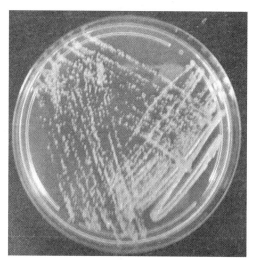

枯草芽孢杆菌   地衣芽孢杆菌

图 4 益生菌筛选

4 海水鱼免疫调节剂研发

大黄鱼过氧化物酶 4(LycPrxIV)cDNA 全长包括 951 个核苷酸,编码 260 个氨基酸的蛋白质。利用原核系统对 LycPrxIV 进行了重组表达,获得了 LycPrxIV 重组蛋白(图 5A)。活性发现重组 LycPrxIV 蛋白在存在 DTT 的情况下才能水解 H_2O_2(图 5B),说明 LycPrxIV 是硫依赖型抗氧化酶。同时重组 LycPrxIV 蛋白注射大黄鱼可显著地增加 LycPrxIV 在体内的水平,伴着 LycPrxIV 在体内含量的增加,NF-κB 活性则明显降低(图 5C),说明了 LycPrxIV 可负调控转录因子 NF-κB 活性。NF-κB 是前炎性基因表达的重要调控因子之一,NF-κB 可介导前炎性因子 TNF-α、IL-1β 和一些趋化因子的表达。进一步研究发现,LycPrxIV 蛋白的活体过表达则明显下调前炎性因子 TNF-α 和 CC 型趋化因子的表达水平,(图 5D 和 E),大黄鱼细菌感染后的存活率显著提高(图 5F)。因此,可以认为 LycPrxIV 可通过转录因子 NF-κB 抑制前炎性因子的表达和上调抗炎因子的表达,负调节炎症反应,显著提高大黄鱼细菌感染后的存活率。

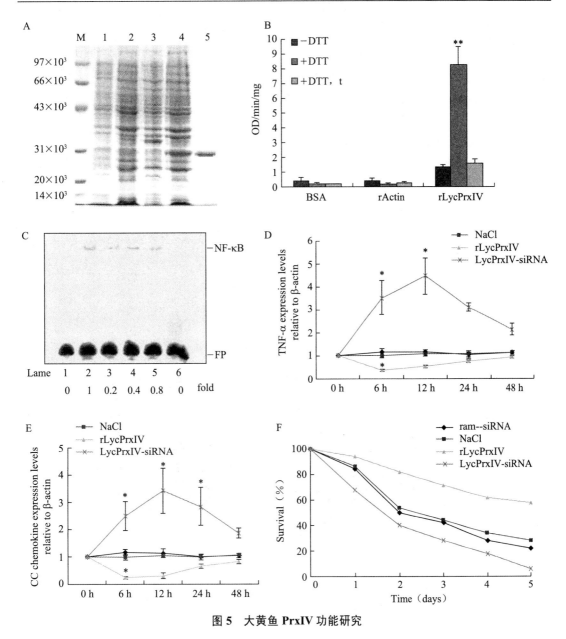

图 5 大黄鱼 PrxIV 功能研究

A：重组大黄鱼 PrxIV 蛋白表达的 SDS-PAGE 分析。1：非诱导 pET-His-28a/BL-21（仅作载体对照）；2：诱导的 pET-His-28a/BL-21；3：非诱导 pET-His-PrxIV/BL-21（含大黄鱼 PrxIV 基因）；4：诱导的 pET-His-PrxIV/BL-21；5：纯化的重组大黄鱼 PrxIV 蛋白。B：重组大黄鱼 PrxIV 蛋白体外抗氧化活性检测。"-DTT"代表 10 μg 蛋白中不含 DTT；"+DTT"代表 10 μg 蛋白中含 10 mmol/L DTT；"DTT, t"代表 10 μg 灭活蛋白（0.5% SDS 中高温灭活 5 min），含 DTT 10 mmol/L。C，大黄鱼 PrxIV 蛋白过表达对 NF-κB 的影响。D，E：炎症相关因子表达分析；F：攻毒实验。

5　细菌疫苗和免疫增强剂联合应用效果研究

　　分别以 2.5 μg、10 μg 和 50 μg 的大黄鱼细胞因子作为疫苗佐剂与细菌亚单位疫苗

（DLD）联合使用，免疫后大黄鱼产生的血清抗体效价从 14 天开始就显著高于仅注射细菌亚单位疫苗的对照组，28 天时效果最为明显，抗体效价提高了 2 倍以上，说明制备的大黄鱼细胞因子佐剂能够显著地增加大黄鱼血清中特异性抗体的产生。后续又进行了弧菌攻毒保护实验，8 天后注射大黄鱼细胞因子佐剂与细菌亚单位疫苗的实验组存活率达到 78%，而仅注射细菌亚单位疫苗的对照组，大黄鱼的存活率只有 54%，说明大黄鱼细胞因子作为疫苗佐剂显著提高了细菌亚单位疫苗的保护效果（图 6），显示出了明显的免疫增强效果。在此基础上起草了细菌疫苗和免疫佐剂联合使用的技术规程草案，为以后海水养殖鱼类细菌疫苗和免疫佐剂的使用提供规范。

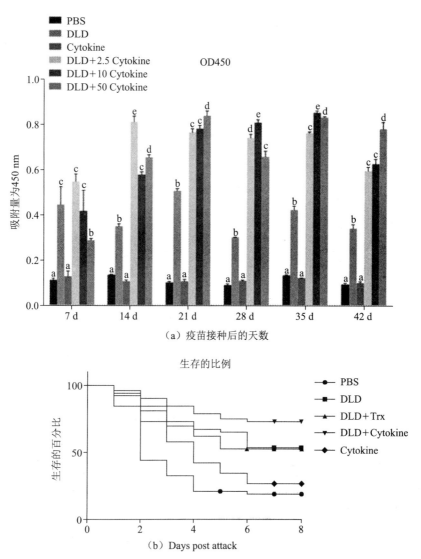

图 6　细菌疫苗和免疫增强剂联合应用效果

6 年度进展小结

（1）针对海水鱼环境胁迫性疾病诊断方法缺乏的问题，开展了3种海水鱼类生理生化指标测定工作。本年度测定了冬季不同地域大黄鱼、大菱鲆和石斑鱼在正常的环境条件下血清中转氨酶、碱性磷酸酶、葡萄糖等生理生化参数，为海水鱼环境胁迫性疾病诊断提供数据支撑。

（2）开展了鱼类免疫调节剂制品研发工作，获得大黄鱼抗氧化物酶，可通过抑制 NF-κB 激活负调节炎性反应，显著提高大黄鱼细菌感染后的存活率，在海水鱼类养殖中具有良好的应用前景。

（3）以鱼类细胞因子作为疫苗佐剂与细菌疫苗联合使用，显示出了明显的免疫增强效果。

（岗位科学家　陈新华）

海水鱼循环水养殖系统与关键装备研发进展

养殖设施与装备岗位

2017年，养殖设施与装备岗位主要开展了导轨式自动投饲技术、旋转式鱼种自动分级技术、大黄鱼工业化循环水养殖系统设计以及船载平台养殖模式方面设施与装备技术等研究，取得的研究进展总结如下。

1 导轨式自动投饲技术熟化研究

为进一步完善导轨式自动投饲技术，以解决投饲过程中拐弯易卡塞、定位定量精度低、系统可操控性差等问题，开展导轨式自动投饲系统技术熟化研究。该技术在天津海发珍品养殖有限公司进行了为期8个月的示范应用，各项指标都达到了预期效果，并通过了国家渔业机械仪器质量监督检验中心的质量和性能检测。

图1 导轨式自动投饲系统（天津海发海珍品实业发展有限公司示范点）

通过将T型铸铁轨道轮调整为铸铁芯聚氨酯轮并增加包塑轴承滑轮作为导向轮等优化措施，解决了针对行走摆动大、拐弯易卡塞和行走噪音大等问题。将铸铁齿轮组为主体的传动系统调整为步进电机和铝制同步轮同步带为主的驱动方式，进一步提高了系统维护的便利性，同时将系统载料量提高到了150 kg。取消超声波定位装置，创新性地将无线射频RFID技术应用于行走装置的定位，大幅度提高了定位的可靠性和精度，使定位精度提高到±10 mm内。优化料仓设置，使其可同时储存和投喂两种规格饲料。开发由星形下料器、步进电机、计数器和旋转撒料器构成的下料计量和撒料一体化装置，进一步将投饲系统的定量精度提高到±5g,撒料区域半径达到2.5m。开发基于PLC和触摸屏的远程无线控制系统,人机交互功能进一步增强。

2 旋转式鱼种分级装备研发

本年度完成了1台旋转鱼种分级机样机试制,该装置设计根据鱼体厚度判别规格大小,适用规格5g~200g。分级机样机设计直径140cm,分级能力可达6000kg/h;设置4个出鱼口,可同时分选4种规格鱼种。相对于现阶段主流分级机设计采用的长条形鱼槽结构,旋转分级机创新采用圆形辐条状分级槽,通过电机带动旋转,具有结构紧凑、效率高等特点,更适合于在室内工厂化养殖车间内使用。

图2 旋转式鱼种分级装备

3 大黄鱼循环水养殖技术研究

大黄鱼养殖以近岸网箱和流水养殖为主,投喂鲜杂鱼或部分软颗粒饲料,存在养殖规范化程度低、环境资源消耗大、病害发生率高等问题。为实现大黄鱼养殖产业升级和可持续发展,在宁德官井洋大黄鱼养殖有限公司开展大黄鱼循环水养殖技术研究。

3.1 大黄鱼循环水养殖系统工艺设计

系统养殖设施设计采用钢混结构养殖池,每个鱼池根据二次流原理设计双路出水:底排从鱼池底部中央位置排出,在水流推动作用下将水体内的固形物带出鱼池,进入转鼓式微滤机进行过滤处理;侧排从鱼池侧壁通过溢流管排出,固形物含量较低,通过管道直接流入泵池。每个鱼池设计 4 个进水口：其中 2 个为循环水处理后的回水，设计流量各为 90 m³/h；另外 2 个接入外源水，可进行流水养殖。系统水处理工艺如图 3 所示，分别设计集成了粗、精两道物理过滤、三级生物过滤和紫外线消毒杀菌。

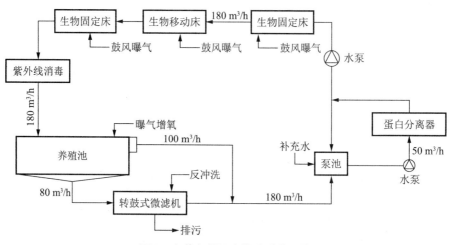

图 3　大黄鱼循环水养殖系统工艺

3.2　核心装备技术

（1）转鼓式微滤机：针对 60 μm 以上固形物的去除，设计采用筛滤技术，使用 1 台处理量 80 m³/h 的转鼓式微滤机，筛网孔径 200 目，具备自动反冲洗功能。配转鼓电机 1 台，0.37 kW；反冲洗水泵 1 台 0.55 kW。

（2）蛋白分离器：针对 60 μm 以下固形物的去除，设计使用 1 台 50 m³/h 的蛋白分离器，采用并联方式集成在主循环上。同时，添置臭氧发生器，将臭氧添加在蛋白分离器内提高微细悬浮物的去除效果。

（3）生物固定床技术，装填 ϕ200 立体弹性填料，微量曝气。主要用于截留固形物，同时为残余臭氧提供缓冲和分解停留时间。

（4）生物移动床技术，装填 ϕ25×4 悬浮 PE 生物填料，充分曝气，氨氮去除效率较高，但是固形物截留效果较差。

（5）紫外杀菌器：通过紫外线对微生物的照射，以改变及破坏微生物的组织结构，导致核酸结构突变，使生物体丧失复制、繁殖能力，功能遭受破坏，从而达到消毒、杀菌目的。设计采用渠道式紫外线消毒杀菌装置，波长为 253.7 nm，处理量 180 m³/h，全流量对养殖水体进行消毒杀菌处理。

3.3　车间设计

官井洋大黄鱼养殖有限公司工业化循环水养殖示范车间为轻钢加砖混结构厂房，总面积 6 223 m²，长×宽为 80.4 m×77.4 m，檐高 5.0 m，顶高 7.2 m。主要技术指标如表 1 所示：

表 1　官井洋大黄鱼养殖有限公司工业化循环水养殖车间设计指标

序号	内容	数量	单位
1	车间面积	6 222.96	m^2
2	大黄鱼循环水养成系统	16	套
3	总水体量	3 696	m^3
4	养殖水体量	2 880	m^3
5	水处理水体量	816	m^3
6	总水面	2 808	m^2
7	养殖水面	2 400	m^2
8	水处理水面	408	m^2
9	道路面积	1 500	m^2
10	养殖水面占比	3 8.57	%
11	道路面积占比	24.1	%

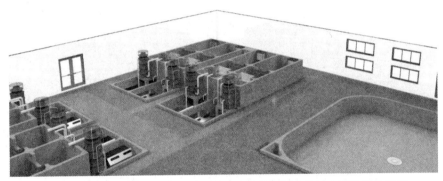

图 4　宁德官井洋大黄鱼养殖有限公司工业化循环水养殖车间设计效果图

图 5　宁德官井洋大黄鱼养殖有限公司工业化循环水养殖车间施工现场图

4 大型游弋式平台舱养模式研究与系统研发

以石斑鱼、黄条鰤、大黄鱼等海水经济性鱼类为主养对象,开展了舱养水体流态流场模拟分析、集排污技术研发、水处理工艺研究、养殖工艺总体设计,研发 2 种海水鱼类船舱养殖系统。研究成果可为我国深远海养殖模式的发展提供参考借鉴。

4.1 封闭式多锥底结构养鱼水舱及高效集排污技术设计

以一艘 32 万吨矿砂船为目标船型,以标准舱为研究对象进行流态模拟和集排污系统改造设计研究。

4.1.1 鱼舱集排污系统改造设计

单个标准舱主尺寸 37.8 m×19.9 m×26 m,养殖水面 752 m²,养殖水深为 23 m。如图 6 所示,鱼舱截面平均流速远低于残饵、粪便等颗粒物的最低沉降速度。另外,原舱底为完整的平底,不利于固形物的集中收集和去除。针对以上特殊情况,岗位团队设计将鱼舱舱底分割设计为 6 锥底结构,水体中的固形物在沉淀作用下可以方便地集中到各个锥体内;每个锥

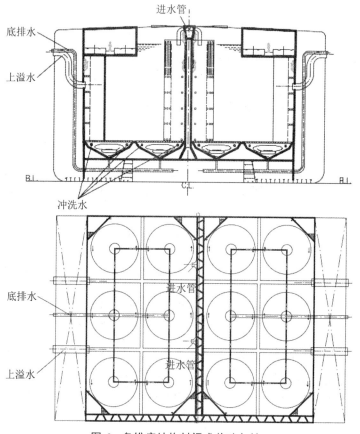

图 6 多锥底结构封闭式养殖鱼舱

底连接排水总管,溢流排出舷外;考虑到锥底内沉淀的固形物较多,利用水压排水无法彻底排出,在锥体切线方向布置 2 路反冲洗水流,定期对锥体内部进行冲刷清洗;最后,在锥体顶部设置多孔格栅板,增强对锥底的冲刷效果,避免水流扩散到养殖舱上部。

另外,每个养殖舱 4 个角落加装 1 块导流板,在角落内形成 7 个生物过滤腔,长 × 宽为 4.75 m×4.75 m,在腔体内部装填浮性滤料进行生物过滤去除养殖过程产生的氨氮。每个生物过滤腔内布置 1 个气提腔,气提腔内布置气提管,在水深 2 m 处通过剧烈曝气将舱内水体提升进生物过滤腔。

4.1.2 鱼舱流态模拟

对鱼舱结构设计方案进行流态模拟和参数优化,并对比了不同反冲水流量以及格栅孔板开孔率条件下,舱内水体流态以及流速分布情况。

图 7 显示了锥顶无隔板,不同反冲洗水流条件下舱内水体流态分布情况。反冲洗水流大量扩散到了鱼舱上部,无法对锥体内的沉积物进行有效冲刷。鱼池主区由于顶部入流的推动作用,呈现总体旋转向下的流动,四周壁面附近流速大于中区中心流速。虽然底部锥体的入流大部分进入鱼池主区,但由于流量较小对主区的流动影响有限。因此,三种底部入流流量情况,鱼池主区的流动相似。

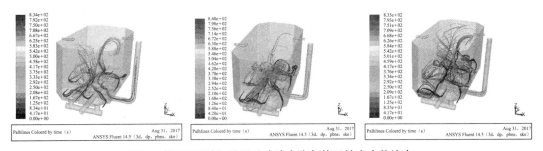

图 7　锥顶无隔板,不同反冲洗水流条件下舱内水体流态
(a)反冲洗流量 100 m³/h;(b)反冲洗流量 200 m³/h;(c)反冲洗流量 300 m³/h

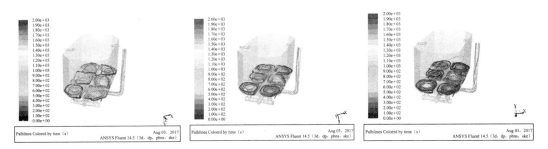

图 8　锥顶隔板开孔率 30%,不同反冲洗水流条件下舱内水体流态
(a)反冲洗流量 100 m³/h;(b)反冲洗流量 200 m³/h;(c)反冲洗流量 300 m³/h

(a)锥体上的隔板是非常有必要的,它是形成锥体内旋转冲刷流动的关键。通过比较不同开孔率隔板的流动情况发现,隔板的开孔率对池体内尤其是锥体内的流动影响不大。

（b）隔板的设置将流动分为上下两个部分，当顶部无入流时，上部流动几乎为零，且对锥体内流动几乎没有影响；当顶部有入流时，隔板上下两部分流动彼此分开，但上部流动会因受重力作用全部穿过隔板，带动锥体内流体向椎体底部流动，有利于将椎体表面污物冲刷并及时排出。（c）底部入流流速大于 $200~\mathrm{m}^3/\mathrm{h}$，可使底部椎体壁面附近流速大于 $2~\mathrm{m/s}$，有利于椎体壁面的污物冲刷排出。

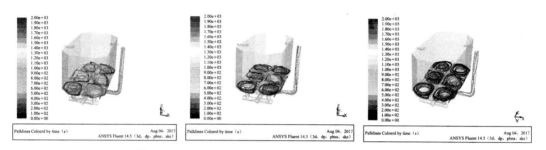

图 9　锥顶隔板开孔率 60%，不同反冲洗水流条件下舱内水体流态

（a）反冲洗流量 $100~\mathrm{m}^3/\mathrm{h}$；（b）反冲洗流量 $200~\mathrm{m}^3/\mathrm{h}$；（c）反冲洗流量 $300~\mathrm{m}^3/\mathrm{h}$

4.2　封闭式和浸没式舱养系统工艺设计研发

4.2.1　封闭式舱养系统工艺研究

系统工艺设计：通过外循环和内循环同时进行可保持舱内水质良好和稳定，维持养殖对象快速和健康生长。系统外循环设计由上溢水和底排水组成，总换水率 0.5 次/小时。上溢水流量较大，通过舷侧开设的溢流管排出鱼舱，维持水体内的氨氮和溶解氧水平；底排水流量较小，通过锥形舱底的管道排出鱼舱，主要用以排出沉淀在底部的固形物；养殖舱底部排水口除连接至溢流管外，还连接 1 台水泵，通过管路可将舱内水体全部排出养殖舱，设计流量参考每 2 小时排出 50% 养殖水体，增加系统管理的灵活性。内循环主要用于辅助净化养殖水质，设计将养殖舱的角落改造为移动床生物滤器，并采用气提技术将养殖水体抽入反应器内，净化水质。

4.2.2　浸没式舱养系统工艺研究

系统工艺设计：浸没式舱养系统工艺与封闭式舱养系统相比较为简单，如图 11 所示，利用海水鱼舱内水体的自由交换维持养殖水质，另外通过适当鼓风曝气保证水体溶解氧含量。

4.2.3　旧船改造技术研究

以 30 万吨散货船为目标船型，以老虎斑、大黄鱼为主养对象，完成从亲本蓄养到成鱼养殖完整船载养殖生产系统的方案设计工作。

（1）繁育系统。

在养殖舱上方空间搭建钢结构厂房 8 栋，主尺寸 37.8 m×10.9 m×5 m。用于 0～5 g 经济性海水鱼类人工规模化繁育，内部布置亲鱼产卵系统、受精卵孵化系统和苗种培育系统。设计可蓄养雄鱼 40 尾，雌鱼 100 尾；可培育 5 g 鱼苗 736 万尾，满足舱养系统设计需求。

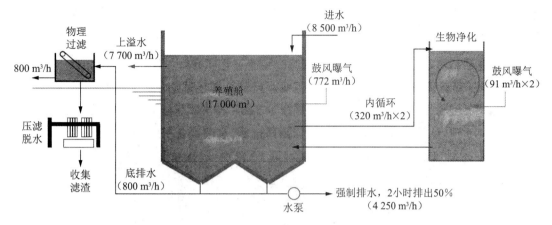

图 10 封闭式舱养系统工艺

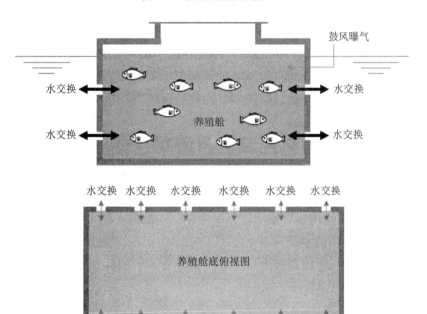

图 11 浸没式舱养系统工艺

（2）舱养系统。

目标船型货舱断面如图 12 所示，通过增设中纵舱壁，同时将现有纵舱壁向两侧平移将平台内部空间划分为 14 个大型养殖舱。改造设计后共 2 种舱型，分别为标准舱和艏舱。系统设计用于 5 g～200 g 规格海水鱼大规格苗种培育；以及 200 g～500 g 规格海水鱼养成，最高养殖密度 25 kg/m³。

以标准舱为例，外循环流量为 8 500 m³/h。其中，上溢水溢流高度为船体结构吃水线以上 2 m，溢水流量 7 700 m³/h，占总换水量的 90%；底排水从舱底 6 个锥底排污口通过管路连接至高位排水管，高度同样为船体结构吃水线以上 2 m，设计流量 800 m³/h。排出水流入水处理系统进行处理后排入外海，占总换水量的10%。养殖舱底部排水口除连接至溢流管外还连接至1台水泵，通过管路可将舱内水体全部排出养殖舱，设计流量4 250立方米/小时·舱。内循环主要设计集成生物移动床技术，利用悬浮填料表面附着生长的微生物分解去除养殖水体中的氨氮等营养盐。

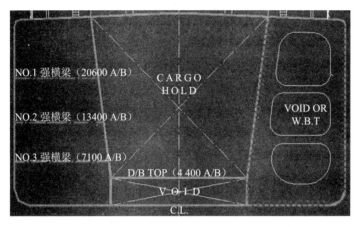

图12　30万吨级目标船型原货舱断面图

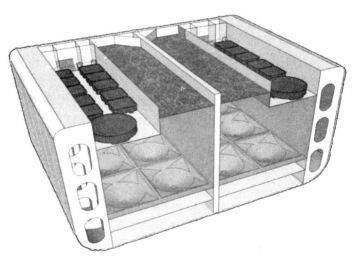

图13　养殖鱼舱改造设计效果图

（岗位科学家　倪　琦）

海水鱼类养殖水环境调控技术研发进展

养殖水环境调控岗位

2017年，养殖水环境调控岗位开展了大菱鲆亲鱼性腺发育成熟诱导调控技术的优化、大菱鲆优质受精卵、苗种生产技术规范的制定，海水鱼类养殖水质调控技术以及养殖尾水处理工艺的研发等工作，取得重要进展。

1 鲆鲽类优质苗种高效扩繁技术应用与示范

针对鲆鲽类苗种生产过程存在亲鱼基数大、成活率低的问题，开展了鲆鲽类优质苗种高效扩繁技术应用与示范，提升了大菱鲆和牙鲆以及牙鲆与夏鲆种间杂交优质亲鱼培育和优质受精卵生产技术工艺。

1.1 大菱鲆与牙鲆优质亲鱼培育和优质受精卵生产示范

留种和保育大菱鲆优质亲鱼2 000余尾、牙鲆亲鱼300余尾，通过优化温、光调控及激素诱导亲鱼性腺发育成熟的方法，实现大菱鲆、牙鲆性腺同步成熟率达92%以上；筛选优质的雄性大菱鲆、牙鲆亲鱼并诱导获得优质精子，采用新筛选的稀释液和抗冻剂进行冷冻保存，共冻存优质精子200余毫升，解冻复活率皆大于80%以上；采用盐度、温度、流水、光照等环境因子调控相结合的手段完善了大菱鲆、牙鲆优质受精卵规模化培育技术工艺，实现大菱鲆受精率、孵化率、苗种成活率分别达到87%、83%、78%，示范生产大菱鲆、牙鲆优质受精卵290余千克，生产大菱鲆优质苗种200余万尾。

1.2 牙鲆与夏鲆种间杂交优质亲鱼培育和优质杂交受精卵生产示范

留种保育优质夏鲆种鱼300余尾，牙鲆种鱼230尾；筛选优质的雄性夏鲆种鱼并诱导获得大量优质精子，并进行冷冻保存，共冻存优质精子150余毫升；通过采用性腺发育同步成熟诱导技术、延长雄性亲鱼产精期及增精技术、提高受精率人工授精技术，完善了优质杂交受精卵规模化生产技术工艺，实现杂交受精率达80%，受精卵孵化率75%以上，示范生产优质杂交受精卵30余千克。苗种培育过程中通过优化温、光调控、营养转换与强化，实现受精卵孵化率75%以上，苗种成活率60%以上，示范生产杂交鲆等优质苗种60余万尾。

图 1　大菱鲆及牙鲆亲鱼培育

图 2　大菱鲆优质受精卵及苗种生产

1.3　鲆鲽鱼类正常体色苗种培育技术改进

调整牙鲆、夏鲆亲鱼培育温度调控策略,补充静息期低温处理措施,营养强化时机与剂量的调整;通过对杂交苗种进行光照、温度调控、营养强化及培育密度控制,提高了正常体色苗种比例,实现正常体色率达 90% 以上。

1.4　大菱鲆高效扩繁核心种质库构建样本的遗传学评估

通过采用 5 对高效扩增的 AFLP 引物组合对储备的 6 个大菱鲆繁育群体和 2 个子代群体共计 160 个个体进行扩增评估,8 个群体皆具有较高的遗传多样性水平,法国群体的最高,遗传变异最丰富;群体分化指数揭示繁育群体间的遗传变异达到了 22.87%,溯祖分析结果显示丹麦群体、智利北群体等繁育群体和两个子代群体为复合群体,法国群体与其他群体分化明显,独立成群,研究结果为后续大菱鲆繁育核心种质库的构建及高效。

2　海水鱼类养殖水环境调控技术应用与示范

针对当前养殖过程中缺乏海水鱼类对不同养殖阶段水质环境的需求问题,开展了大菱鲆优质苗种养殖水环境调控技术研发,并针对当前养殖过程中养殖尾水直排问题,开展了养殖尾水处理系统构建工作。

2.1　养殖水流速对大菱鲆生长影响

通过采用推流泵推流增加养殖池流速至 0.08～0.14 m/s,可以有效提升大菱鲆幼鱼的摄食率、特定生长率最高和饵料系数,保持养殖池中总氨氮、亚硝酸盐氮、硝酸盐氮、COD 等水质指标浓度稳定,实现养殖成活率达 94%;采用提高养殖池水位高度的调控手段,能够显著提高大菱鲆养殖增重率、特定生长率和肥满度,同时显著降低养殖水的固体悬浮物和氨氮含量,实现养殖成活率达 96%。

图 3　大菱鲆优质苗种养殖流速、水深调控

2.2　光谱环境对大菱鲆仔稚鱼影响

人工光源的光谱成分决定了水体吸收或投射的光谱成分,直接影响养殖生物健康。本岗位开展了不同光谱环境对大菱鲆仔稚鱼发育的影响研究,初步筛选出大菱鲆仔稚幼鱼最

适光谱,发现蓝光可显著促进大菱鲆苗种早期发育生长。

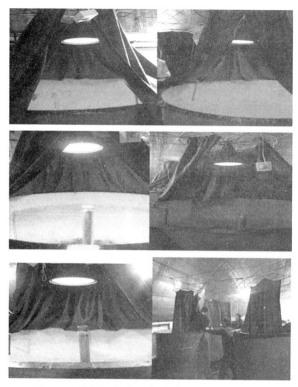

图4　大菱鲆受精卵及苗种培育适宜光谱筛选

养殖源水源水质调控技术研究。通过采用养殖源水添加还原剂方法,可以有效提升条石鲷苗种培育成活率,实现条石鲷苗种培育成活率达75%,成活率提高32%,生产优质条石鲷苗种30余万尾。

养殖尾水排放处理系统及技术工艺的构建。通过机械过滤,物理过滤,结合生物处理等,初步构建养殖尾水处理系统,在天津乾海源水产养殖公司建立养殖尾水处理系统一套(面积1 000 m²,拟处理量600 m³/h),运转良好,养殖尾水经系统处理后,初步可实现达标排放。

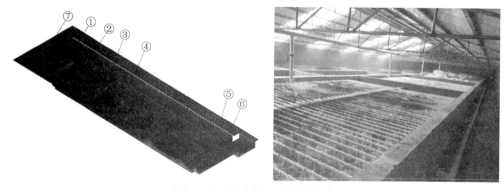

图5　养殖尾水处理系统的构建

3 年度进展小结

（1）优化、提升大菱鲆和牙鲆以及牙鲆与夏鲆种间杂交优质亲鱼培育和优质受精卵生产技术工艺，实现大菱鲆受精率、孵化率、苗种成活率分别达到87％、83％、78％，示范生产大菱鲆、牙鲆优质受精卵290余千克，生产大菱鲆优质苗种200余万尾；示范生产优质杂交受精卵30余千克，生产杂交鲆等优质苗种60余万尾；通过亲鱼和苗种早期协同环境调控和营养强化技术，提高了正常体色苗种比例，实现正常体色率达90％以上。

（2）开展了大菱鲆高效扩繁核心种质库构建样本的遗传学评估，为后续大菱鲆繁育核心种质库的构建及高效扩繁奠定了种质基础。

（3）通过采用推流泵推流增加养殖池流速和提高养殖池水位高度调控手段，能够显著提高大菱鲆养殖成活率，同时显著降低养殖水的固体悬浮物和氨氮含量。

（4）开展了不同光谱环境对大菱鲆仔稚鱼影响研究，寻找大菱鲆仔稚鱼最优光环境，调整水环境，推动福利化水产养殖的发展。

（5）初步构建养殖尾水处理系统，并进行运转试验处理养殖尾水后，初步可满足环保部门对养殖尾水外排放要求。

（6）参与大宗淡水鱼体系牵头的跨重点任务"水产养殖智能高效装备研发与示范"，开展了加州鲈等淡水苗种工厂化循环水规模化繁育技术研发工作，实现每立方米出苗量达5万～6万尾，苗种培育成活率为91.2％。

（岗位科学家　李　军）

海水鱼类网箱养殖技术研发进展

网箱养殖岗位

2017年，网箱养殖岗位围绕离岸网箱养殖及配套设施与技术，开展了福建省近海传统网箱升级改造模式研究、网箱养殖区水环境变化监测与评估、近海养殖网箱布局优化、离岸大型浮绳式围网与钢制管桩围栏的研制以及大型深远海养殖平台水动力特性试验，主要进展如下。

1 福建省传统网箱设施与养殖模式升级

实施福建省宁德市三都澳海区传统木质网箱升级改造工程，设计并试制出方形、圆形平台式 HDPE 绿色环保新型网箱，用以替代传统的木质港湾渔排网箱，建立了"海水网箱养殖产业升级模式示范基地"1个。其中，试制的周长 80 m 的圆形网箱相当于传统木质网箱 60～95 个，试制的 20 m×20 m×7 m 方形网箱相当于传统木质网箱 50～75 个，在养殖水体相同条件下，可大幅减少网箱布设数量，减轻近海环境压力。此外，由于该新型网箱采用平台式结构设计，不仅方便网箱养殖日常操作，而且还可作为休闲垂钓平台使用。进行深水网箱区、传统养殖区与升级改造示范区养殖对比试验。其中，深水网箱养殖区布设 HDPE 网箱 4 个，参数为周长 80 m，深 7 m，每个网箱养殖 3 万尾规格为 200～300 g 的大黄鱼，投喂浮性配合饲料，每周投喂一次，每次投喂 125 kg 饲料；传统养殖区布设木质网箱，参数为 5 m×4 m×4 m；升级改造示范区布设新型塑胶网箱，参数为 5 m×4 m×4 m。传统木质网箱和新型塑胶网箱，每个网箱养殖 650 尾规格为 150±50 g 大菱鲆，投喂杂鱼饵料，每周投喂 2～3 次，每次投喂量约 25 kg。通过对示范基地网箱养殖区的环境因子取样调查，新型养殖网箱及健康布局模式已初步显现出环境友好的产业升级优势。

2 网箱养殖区水环境变化监测与评估

选取宁德三都澳近海深水大网箱养殖、深水大网箱对照区（1）、传统木质养殖区、升级改造示范区和 2 者对照（2）进行水环境变化监测，共设置 5 个点位。于 2016 年 12 月、2017 年 5 月、2017 年 12 月（数据尚在分析）进行取样调查。调查的主要环境因子包括：表层和底层的温度、盐度、溶解氧、pH、营养盐(包括总氮、总磷、硝酸氮、氨氮、亚硝酸氮、活性磷酸盐、硅酸盐)、悬浮颗粒物浓度、COD、总有机碳、石油类及沉积物(硫化物、总有机碳、总氮、总磷、细菌生物量)等。

图 1 环保新型网箱

图 2 海水网箱养殖产业升级模式示范基地

2.1 各站位水环境监测主要结果

2 次监测各监测站点表底层海水化学需氧量、活性磷酸盐和石油类含量指标值均符合《国家海水水质标准》(GB 3097—1997)第一类海水水质标准(图3、图4)。在 2016 年 12 月时各点位表底层海水无机氮含量均严重超标,无机氮含量养殖区稍高于对照区,深水网箱养殖区和新型环保养殖区均稍低于传统木质养殖。在 2017 年 5 月监测时各站点无机氮含量明显降低,为三类水质,但还是达不到二类渔业养殖用水标准;由于在 3 月份新型环保网箱和传统木质网箱中养殖的大菱鲆已经全部移除水体,而对照区还受其他网箱养殖影响,因此导致养殖区比对照区无机氮含量高。

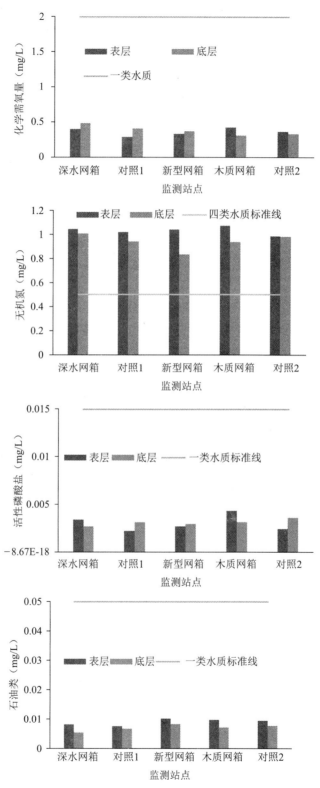

图3 2016年12月水环境监测指标值

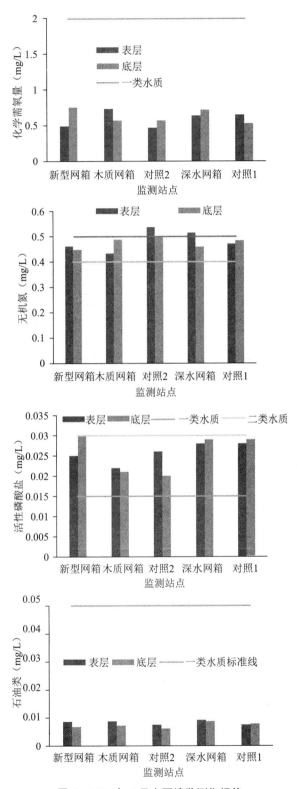

图 4 2017 年 5 月水环境监测指标值

2.2 各站位沉积环境监测结果

2次监测各监测站点沉积物中硫化物和有机碳含量指标（图5、图6）均符合《国家海洋沉积物质量》（GB 18668—2002）第一类沉积物质量标准。各监测区域沉积物中粪大肠菌群数量均为＜2个/克，各监测站点沉积物中粪大肠菌群数量均符合《国家海洋沉积物质量》（GB 18668—2002）第一类沉积物质量标准。

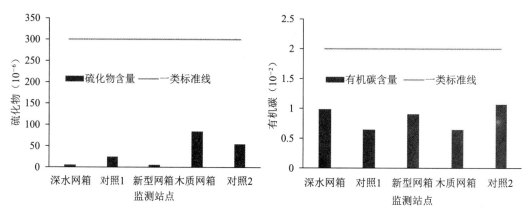

图5 2016年12月沉积环境监测指标值

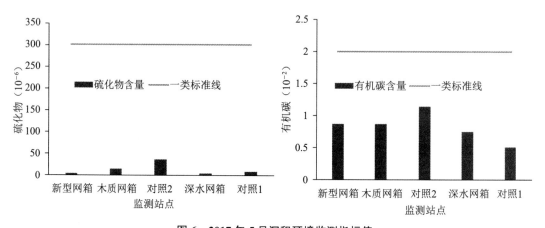

图6 2017年5月沉积环境监测指标值

2.3 水质环境评估

水质富营养化指数：通过公式计算得出2016年12月和2017年5月各监测站点的水质富营养化指数值（表1）。2016年12月数据显示，各监测站点水质富营养化指数均小于1，水质为贫营养状态；2017年5月，深水网箱养殖区表底层和新型塑胶网箱底层水质富营养化指数均大于2小于5，水质为中度富营养状态，其他站位水质富营养化指数均是大于1小于2，水质为轻度富营养状态；2016年12月，表层养殖区富营养化指数值均高于对照区；在2次监测中新型环保型网箱养殖区表层富营养化指数值均最低。

表 1　各站位水质富营养化指数计算值

E 值		深水网箱	对照 1	新型网箱	木质网箱	对照 2
2016.12	表层	0.31 < 1	0.14 < 1	0.20 < 1	0.43 < 1	0.19 < 1
	底层	0.28 < 1	0.26 < 1	0.19 < 1	0.20 < 1	0.26 < 1
2017.05	表层	2 < 2.04	1.90 < 2	1.25 < 2	1.54 < 2	1.46 < 2
	底层	2 < 2.13	1.65 < 2	2 < 2.24	1.30 < 2	1.26 < 2

水质有机污染指数:通过公式计算得出 2016 年 12 月和 2017 年 5 月各监测站点的水质有机污染指数值(表 3)。2016 年 12 月和 2017 年 5 月 2 次监测中,全部站点有机污染指数值均大于 4,为严重污染。由表 2 可以看到,除 2017 年 5 月深水网箱养殖区底层有机污染指数小于对照区 1 外,其他各点均是养殖区大于对照区,网箱养殖对其所在海区造成了较严重的有机污染。表层水有机污染指数值,深水网箱养殖区和新型环保型网箱养殖区均小于传统木质网箱区,而且 HDPE 深水网箱和新型环保型网箱不会产生“白色泡沫”污染,因此深水网箱和新型环保型网箱在减少环境污染上优于传统木质网箱。

表 2　各站位水质有机污染指数值

A 值		深水网箱	对照 1	新型网箱	木质网箱	对照 2
2016.12	表层	9.59	9.19	9.58	10.05	9.03
	底层	9.23	8.59	7.64	8.68	9.14
2017.05	表层	5.87	5.39	5.17	6.03	4.77
	底层	5.62	5.77	5.66	5.43	5.41

3　近海养殖网箱布局优化

通过水质环境监测和评估结果,结合近海网箱养殖相关标准,我们对福建近海内湾型传统渔排网箱养殖区提出优化方案(图 7):小网箱升级改造为大网箱;传统木质网箱升级为新型环保型网箱。

4　离岸大型浮绳式围网与钢制管桩围栏的研制

海水鱼体系网箱养殖岗位、高效养殖模式岗位和莱州综合试验站联合,继续开展离岸大型浮绳式围网的研制工作。经过多次研讨和设计方案的修改,优化改进了 2 个大型浮绳式围网(规格:100 m×50 m×12 m),完成了 7 个月的海上使用验证;开展了鱼(梭鱼和圆斑星鲽)、贝(海湾扇贝)、藻(龙须菜和脆江蓠)多营养层次养殖试验。同时,设计建造大型钢制管桩围栏 1 个,围栏为环形结构,外层周长 400 m,形成养殖水体 15.7 万 m³。管桩围栏安装在

3 号海区内,中心点坐标:37°30′13. 60″,120°03′11. 30″。水深低潮位 12. 4 m,高潮位 13. 5 m,不正规半日潮。流向东北—西南流,流速 26. 83 cm/s。离岸最近距离大于 10 km。管桩大型围栏用管桩为 Φ508 mm 螺旋钢管,长度 26 m。管桩打到海底下 8. 50 m,海底上 17. 50 m,管桩就位后低潮位时管桩露出海面 5. 10 m,高潮位时管桩露出海面 4. 00 m。该围网由 172 根钢制管桩和超高相对分子质量网衣组成,配套 2 个大型多功能平台和 6 个小型平台,拥有活鱼运输船、自动吸鱼泵等生产设备,具备规模化立体养殖功能。浮绳式与管桩围栏阶段性研究成果于 2017 年 11 月 24 日通过了专家现场验收。

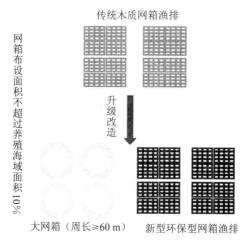

图 7　福建近海内湾传统渔排优化方案图

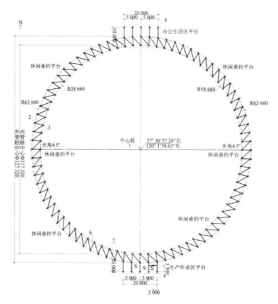

图 8　离岸大型钢制管桩围栏

图 8（续）　离岸大型钢制管桩围栏

5　大型深远海养殖平台水动力特性试验

由挪威萨尔玛公司设计的养殖容量达 25 万立方米的半潜式大型深海渔场是发展深远海养殖的新型设施,为摸清该设施的水动力特性和工程结构性能,开展了该新型设施的水动力特性物模试验分析研究,现已完成设施的波流水槽试验和相关数据的初步分析,为后续研发国产化大型深远海养殖设施奠定了基础。

5.1　试验条件及模型布设

试验在大连理工大学海岸和近海国家重点实验室进行。试验场地为大波流水槽,水槽长 69 m,宽 2 m,深 1.8 m。工作水深 1 m,波浪周期范围 0.8 s～1.8 s,配备液压伺服规则波、不规则波造波系统,微机控制及数据采集系统,2 台 0.8 m³/s 轴流泵的双向流场模拟系统。试验仪器:浪高仪、流速仪、CCD 高速采集相机、测力传感器、计算机数台以及其他一些试验辅助设备。试验半潜式网箱模型尺寸为直径为 1 m,高度为 0.41 m,半潜式网箱周长为 3.2 m。采用 1:120 的几何比例尺,按照重力相似准则设计,结合网衣变尺度模型,网衣采用原型网衣。模型对称布置于水槽中段,水槽前端为造波机,后端设置消浪装置,避免波浪反射。半潜式网箱模型如图 9 所示。

本试验通过 CCD 图像采集设备拍摄网箱上布置的二极管跟踪点运动图像的方法来记录跟踪点的运动过程,锚绳力通过 4 个布置于锚绳底端的拉力传感器测量获得,锚绳受力峰值由迎浪面两根锚绳受力最大值的平均值进行比较获得。所有数据均在试验条件基本达到稳定的情况下进行测量。试验时每组试验条件重复 3 次,以 3 次的平均值作为分析依据。

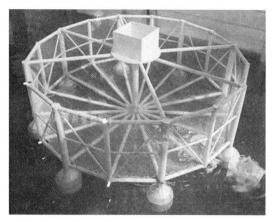

图9 半潜式网箱试验布置图

图10 下潜状态试验

5.2 主要试验结果及分析

网箱框架的纵荡值易受波浪周期的影响，在波高不变的情况下，随着波浪周期的增加，纵荡值逐渐增大；随着网箱吃水深度增加，网箱越稳定；波高的增加也会导致网箱框架的纵荡值的增加。网箱框架升沉值易受波浪周期的影响，在波高不变的情况下，随着波浪周期的增加，升沉值逐渐增大；随着网箱的吃水深度增加，网箱越稳定；波高的增加也会导致网箱框架升沉值的增加。

网箱框架的纵荡值易受波浪周期的影响，在波高不变的情况下，随着波浪周期的增加，纵荡值逐渐增大。网箱在加流后，纵荡值和升沉值两个指标受影响较明显，纵摇值受影响较弱。

网箱受流的影响较大，建议在网箱的迎浪侧加粗锚绳，以增加安全性；同时应该将网箱放置流速平稳或者相对较弱的海域。

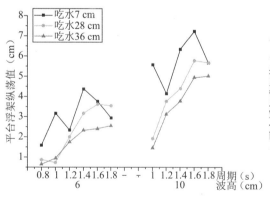

图11 不同吃水深度网箱的纵荡值

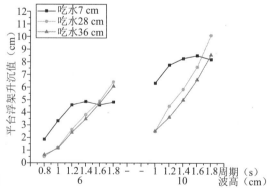

图12 不同吃水深度网箱浮架的升沉值

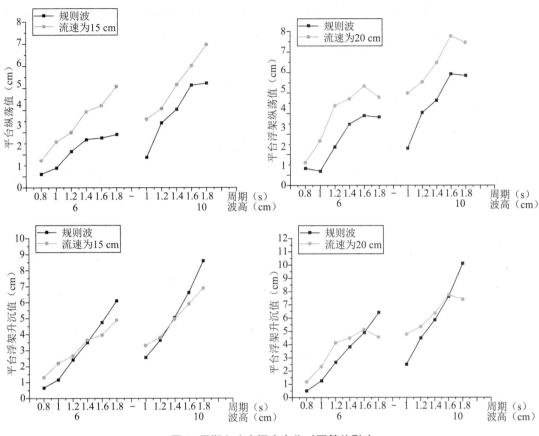

图 13 周期和吃水深度变化对网箱的影响

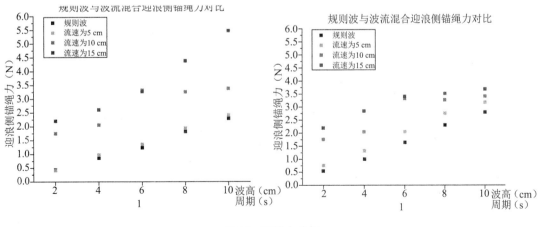

图 14 锚绳力分析

5.3 主要结论

总体而言,半潜式网箱的运动响应(纵荡值、升沉值、纵摇值)易受波浪周期的影响,在波高不变的情况下,随着波浪周期的增加,纵荡值逐渐增大;随着网箱的吃水深度增加,网箱越稳定;波高的增加也会导致网箱框架的纵荡值的增加。波流共同作用时,网箱在纵荡值和升沉值两个指标受影响较明显,纵摇值受影响较弱。

6 年度进展小结

(1)制作了新型环保型网箱,布设在宁德三都澳近海养殖区域,并进行养殖试验。

(2)选取宁德三都澳近海深水大网箱养殖区、传统木质养殖区和升级改造示范区进行养殖环境跟踪监测。

(3)提出近海传统木质渔排网箱升级改造和示范基地布局优化方案。

(4)优化改进了大型浮绳式围网结构与网衣固定工艺,进行了大型围网鱼、贝、藻生态养殖试验;设计并建造了环形结构大型钢制管桩围栏平台。

(5)开展了半潜式大型深海渔场设施的水动力特性物模试验研究。

(岗位科学家 关长涛)

海水鱼类池塘养殖技术研发进展

池塘养殖岗位

2017年,池塘养殖岗位开展了牙鲆岩礁池塘工程化高效养殖示范、河鲀陆海接力养殖示范、鱼类生殖调控机制、养殖鱼类肠道生理健康评价等系列研发工作,取得了重要研究进展。

1 牙鲆工程化岩礁池塘高效养殖示范

在胶南基地开展了牙鲆的岩礁池塘工程化养殖示范。养殖池塘面积为10亩,在池塘底部设置了集污减排控制系统和增氧环流系统。5月,放养全长14~16 cm的牙鲆苗种50 000尾,放养水温14~16 ℃。按照本岗位制定的鲆鲽类工程化池塘养殖技术规范进行生产,对水环境指标进行动态监测,水温:3 ℃~31 ℃,盐度28~32,日换水率为80%。日投喂2次,投喂率2%~3%。养殖过程中,定时进行底污的检测和收集,有效减少了池塘底部残饵粪便等的堆积。在早晚开启内循环装置2~3小时,保障了养殖水体溶氧水平和水质清洁。至11月底,养成鱼平均体重512.6克/尾,养殖单产为2 117千克/亩,养殖成活率为82.6%。

2 河鲀陆海接力高效养殖示范

在辽宁庄河基地,利用"工厂化育苗+池塘中间培育+网箱养殖"模式开展了河鲀陆海接力养殖示范。1月利用工厂化育苗车间开展河鲀苗种培育工作,共培育河鲀优质苗种120万尾。当苗种生长至全长4 cm时部分转入本岗位设计建设的工程化池塘循环水精养系统(图1)进行中间培育。系统总面积17亩,主要包括回水处理池1个、4个串联排列的养殖池塘(3亩)、独立的进排水系统,同时安装了轴流泵提水装置、增氧造流装置、水质检测系统等设施。5月中旬,当外海水温14~15 ℃时,按照10 000尾/亩密度将12万尾河鲀苗种转入池塘养殖。养殖条件:水温14 ℃~25 ℃,盐度27~29,日换水率为50%。日投喂2次,投喂率3%~5%。遵循本岗位制定的池塘养殖技术规范进行养殖,本年度河鲀苗种池塘中间培育成活率达86.5%,有效降低了残食,促进了生长。至7月中旬,苗种全长达7~9 cm达到网箱养殖规格后,转入海上深水网箱(10 m×10 m×6 m)进行养殖,至10月份水温降至16 ℃时再转入陆上车间越冬保育,经5个月的接力养殖,当年苗种生长至体重200 g以上,养殖效果良好。

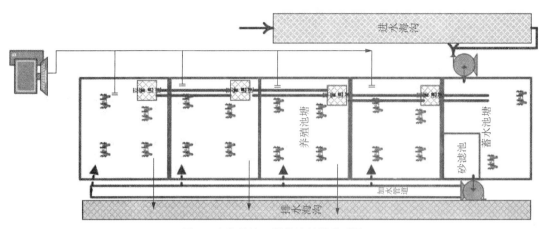

图1　大连基地工程化池塘精养系统

3　黄条鰤生殖调控与苗种培育技术

利用优选的黄条鰤亲鱼组建了繁殖群体。采用"水温＋光周期＋水流刺激"综合调控方案,经70天左右的调控培育,黄条鰤亲鱼性腺发育成熟,并在培育池内成功自然产卵,获得了批量受精卵。探明了受精卵孵化的最佳环境条件(水温19～23℃,盐度25～35),建立黄条鰤胚胎孵化技术工艺。摸清了仔稚幼鱼生长发育规律,摸清了黄条鰤早期生长发育形态特征(图2),突破了饵料系列与投喂、残食防除、苗种分选等关键技术,培育出大规格苗种2.3万尾,初步形成了黄条鰤苗种培育技术,为深远海养殖提供了优良品种。

图2　黄条鰤苗种生长发育特征

4 应用基础研究

4.1 视黄酸受体克隆与表达研究

克隆和解析了半滑舌鳎视黄酸受体结构与表达特性,为深入认识养殖半滑舌鳎无眼侧黑化调控机制奠定了基础。RAR-α cDNA 序列全长为 1 823 bp,编码 443 个氨基酸,编码蛋白预测相对分子质量 49×10^3,等电点 8.47。RAR-γ cDNA 序列全长为 1 959 bp,编码 498 个氨基酸,编码蛋白预测相对分子质量 55.8×10^3,等电点 4.99。

半滑舌鳎 RAR-α 的氨基酸序列与牙鲆同源性最高达 87.9% 和(97.0%)。RAR-γ 的氨基酸序列同样与牙鲆同源性最高达 97%,与其他鱼类的同源性都达 90.5% 以上。RAR-α 和 RAR-γ 的氨基酸序列相似度为 60.8%。RAR-α mRNA 在肾脏中表达量最高,眼、脑、胃、无眼侧白皮肤、脾脏、鳃和性腺中也检测到较高表达量;RAR-γ mRNA 在脾脏中表达量最高,在鳃、心脏和肾脏、脑、眼、胃、性腺、无眼侧白皮肤也有较高表达。无眼侧白皮肤中两种 RAR 基因 mRNA 的表达量最高,其次为无眼侧黑化皮肤,最低的为有眼侧皮肤。另外,肾脏、脾脏、脑、眼、胃、无眼侧白皮肤、性腺等组织中,两种 RAR mRNA 表达水平都较高。在同一组织中,脾脏、心脏、鳃、肾脏、无眼侧白皮肤、垂体中 RAR-γ mRNA 表达量高于 RAR-α,而在眼、胃、肠、性腺、肌肉、肝脏、有眼侧皮肤和无眼侧黑化皮肤中,RAR-α mRNA 表达量高于 RAR-γ,脑中两种 RAR mRNA 表达量基本一致(图 3),表明这两种 RAR 分子在同一组织中可能起着不同的生理调控作用。

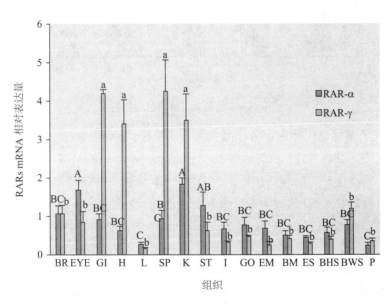

图 3 半滑舌鳎 RAR mRNA 在不同组织中的相对表达量

P:垂体;BR:脑;ES:有眼侧皮肤;BHS:无眼侧黑化皮肤;BWS:无眼侧白皮肤;EM:有眼侧肌肉;BM:无眼侧肌肉;SP:脾脏;L:肝脏;I:肠;ST:胃;H:心脏;K:肾脏;HK:头肾;GO:性腺;GI:鳃;EM:有眼侧肌肉;BM:无眼侧肌肉。不同字母代表差异显著($P < 0.05$)

4.2 许氏平鲉肠道菌群结构的发育与演替规律研究

探明了许氏平鲉早期生长发育阶段肠道菌群结构与丰度变化规律：随仔稚鱼生长，肠道菌群的物种丰度与多样性总体呈现下降趋势；在不同饵料时期，仔稚鱼肠道菌群分布逐渐发生改变，但优势种 *Acinetobacter*、*Vibrio*、*Brevibacilluss* 等始终定植于肠道（图4）。明确了仔稚鱼肠道菌群 α-多样性与物种共有率的变化：初孵仔鱼（1日龄）的肠道微生物群多样性较高，摄食后菌群多样性出现不同程度的下降。同时，除20日龄外，在属水平肠道共有物种数目总体呈现上升趋势。所有仔稚鱼肠道共有菌属为32个，在不同日龄仔稚鱼肠道微生物群中的比例为 35.96%～61.54%。

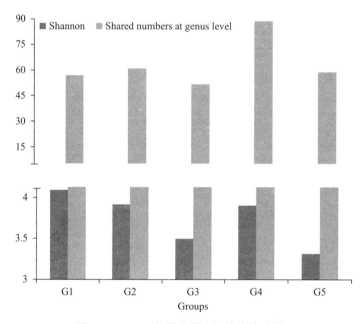

图4 Shannon 指数和属水平的物种数目

摸清了许氏平鲉肠道优势菌群随仔稚鱼生长的变化：肠道中菌群主要由 *Proteobacteria* 和 *Firmicutes* 组成。在属水平，各肠道样品中的 *Acinetobacter* 的相对含量最高，平均值为 36.10%（图5），仔稚鱼开始摄食后在不同的饵料时期，该菌属的丰度出现不同程度的波动。*Vibrio* 在轮虫期（12.41%）开始成为丰度排列前十的菌属，且也是整个发育阶段含量最高的时期。在属水平，*Acinetobacter*、*Vibrio*、*Brevibacillus* 等均为不同饵料期仔稚鱼肠道共有的优势菌属。

解析了仔稚鱼肠道菌群结构的变化：除20日龄和95日龄中的个别样品外，绝大多数样品分布在1日龄仔稚鱼周围空间中（图6）。说明在整个发育期，仔稚鱼肠道菌群组成比较相似。但是，随仔稚鱼生长，在不同饵料期其肠道菌群的分布在逐渐发生变化。

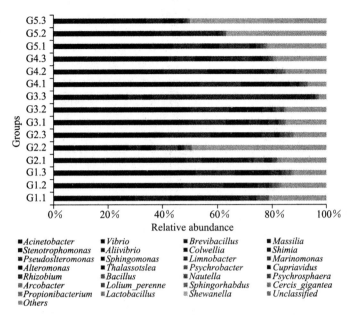

图 5 许氏平鲉肠道菌群属水平的优势物种组成

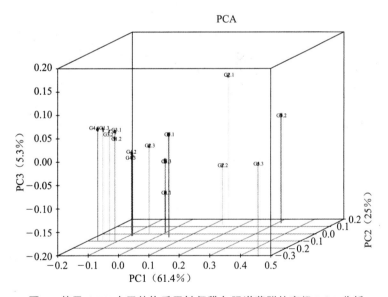

图 6 基于 OTU 水平的许氏平鲉仔稚鱼肠道菌群的高级 PCA 分析

4.3 半滑舌鳎性早熟的内分泌调控机制研究

针对养殖半滑舌鳎性早熟制约产业发展的问题,开展了能量信号分子 leptin 及其受体与脂肪分布及性腺发育的互作关系研究。

(1)半滑舌鳎 Leptin A 和 Leptin B 结构特征。

Leptin A 的 cDNA 序列全长为 1265 bp,共编码 160 个氨基酸。Leptin B 的 cDNA 序

列（GenBank NO.：XM_008315543）ORF 区长为 477 bp，编码 158 个氨基酸。半滑舌鳎
Leptin A 与其他棘鳍总目的鱼类聚为一个大分支，与鲈形目和鲽形目鱼类聚为一个小分支。
Leptin B 与其他棘鳍总目的鱼类聚为一个大的分支，与鲈形目和鲤形目鱼类聚为一个小分
支。同源性分析表明，半滑舌鳎 Leptin A 与 Leptin B 的氨基酸序列同源性仅为 18.8%，表明
其在进化过程中发生了较大变异。leptin A 在卵巢中表达水平最高，其次为脑、垂体、脾脏、
鳃，而在肝脏和肠道中表达水平较低，表明卵巢与脑为其主要的靶器官，与其他鱼类不同。
Leptin B 主要在肝脏中表达，在性腺、脑、胃、心脏等组织中都有相对较高表达（图 7）。

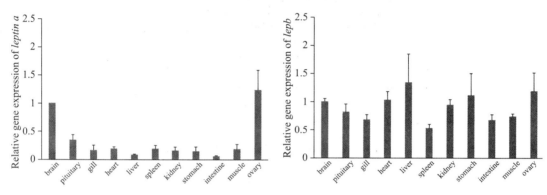

图 7　半滑舌鳎 Leptin A（左）和 Leptin B（右）的组织表达特性

（2）Leptin R 的结构特征分析

半滑舌鳎 Leptin R 的 cDNA 序列全长为 4 576 bp，共编码 1 133 个氨基酸。系统进化
分析表明，硬骨鱼类的 Leptin R 聚为一个独立的分支。半滑舌鳎 Leptin R 与其他棘鳍总目
的鱼类聚为一个大的分支。同源性分析表明，半滑舌鳎 Leptin R 的氨基酸序列与大菱鲆具
有较高的同源性（64.6%），与其他脊椎动物的同源性低于 50%，表明其进化的保守性不高。
lepr mRNA 主要在雌鱼卵巢表达，其次为垂体、鳃和肾脏，在其他组织中表达量较低（图 8）。

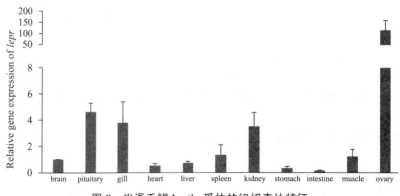

图 8　半滑舌鳎 leptin 受体的组织表达特征

（3）半滑舌鳎性腺分化前后体脂肪的数量分布特征。

性腺分化前，脂肪组织主要是在内脏部位分布，性腺分化完成后，脂肪组织逐渐转向以

皮下分布为主,成鱼的脂肪组织主要是在皮下组织分布(图9)。因此,可在性腺分化前后加强营养调控,抑制性腺过早发育。另外,7月龄前的苗种脂肪含量相对较高(高于7%),其中以150日龄的苗种脂肪含量最高(10%以上),而1龄后的成鱼体脂肪含量相对降低,仅占总体积的2%左右。

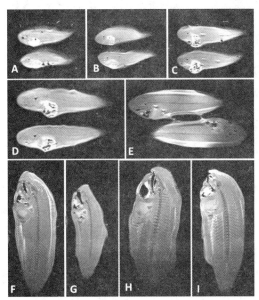

图9 不同年龄半滑舌鳎苗种和成鱼体脂肪的分布特征

A. 50 d苗种;B. 90 d苗种;C. 120 d苗种;D. 150 d苗种;E. 210 d苗种;
F. 1龄雌鱼;G. 1龄雄鱼;H. 2龄雌鱼;I. 2龄雄鱼

(4)黄条鰤养殖基础生物学研究。

① 黄条鰤染色体带型研究。

黄条鰤(*Seriola aureovittata*)染色体Ag-NORs带型:分裂期细胞的核仁数目为1~3个,1个和2个核仁的间期核数目最高(图10)。同源染色体近着丝粒的臂内具次缢痕,是Ag-NORs所在的区域,该区域分布有大量的结构异染色质(图11)。染色体G-带核型共有114条阳性带、阴性带和可变带(图12)。

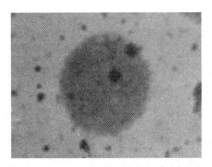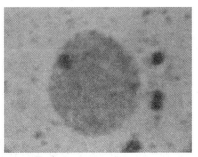

图10 具有2个(左)和1个(右)细胞核银染细胞

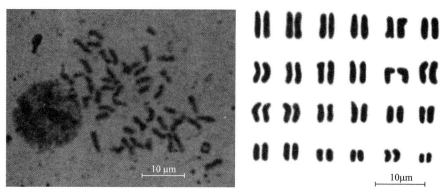

图 11　黄条鰤 Ag 染中期分裂相（左）和染色体核型 Ag-NORs（右）

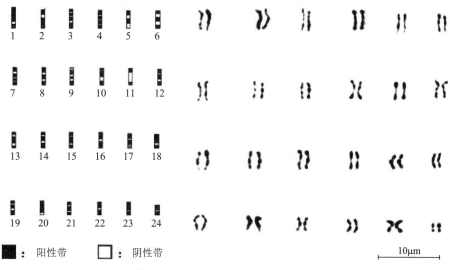

■：阳性带　　□：阴性带

图 12　黄条鰤 G 带示意图和中期分裂相 G 带图谱

② 黄条鰤年龄鉴定研究。

建立了利用鳞片和脊椎骨横纹鉴定黄条鰤年龄的方法，鳞片与脊椎骨的年轮特征表现为疏密型。0+ 龄黄条鰤鳞片与脊椎骨没有年轮。1+ 龄黄条鰤的鳞片与脊椎骨有 1 个年轮线，脊椎骨有 1 个年轮。2+ 龄黄条鰤的鳞片与脊椎骨分别有 2 个年轮线。3+ 龄黄条鰤的鳞片与脊椎骨有 3 个年轮线（图 13）。

③ 黄条鰤生长因子克隆与表达特性研究。

a. gh 基因克隆、组织分布及雌雄垂体表达差异分析。

黄条鰤 gh 基因 cDNA 全长为 852 bp，编码 204 个氨基酸的前体蛋白（GenBank 登录号：KY405019），成熟肽的相对分子质量及等电点分别为 21.36×10^3 和 6.48。

黄条鰤 GH 前体多肽与鲈形目鱼类同源性最高。黄条鰤 GH 与其他鱼类 GH 聚为一支，不同于四足类。gh mRNA 主要在垂体中表达，其次为性腺和脑，在心脏、肠等其他外周组织中表达量较低（图 14）。此外，雌性黄条鰤垂体 gh mRNA 表达量大约为雄性的 9 倍（图 14）。

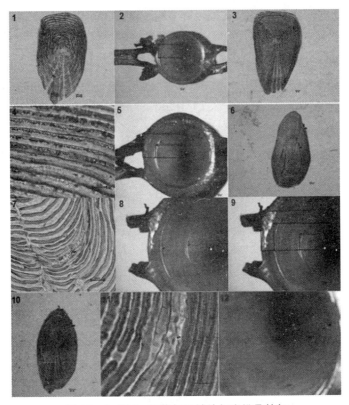

图 13 0+ 到 3+ 龄黄条鰤鳞片与脊椎骨特征

注:图 13-1 中 R:0+ 龄黄条鰤脊椎骨的半径;图 13-5 中 R:1+ 龄黄条鰤脊椎骨半径;R1:黄条鰤脊椎骨 1 龄年轮线半径;
图 13-9 中 R:2+ 龄黄条鰤脊椎骨半径;R1:黄条鰤脊椎骨 1 龄年轮线半径;R2:黄条鰤脊椎骨 2 龄年轮线半径。

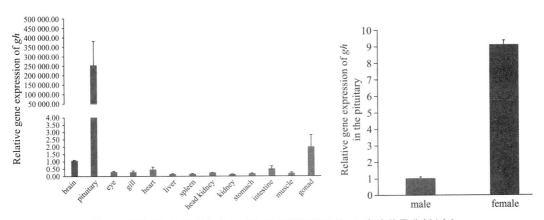

图 14 黄条鰤 gh 组织分布(左)和雌雄黄条鰤垂体 gh 表达差异分析(右)

b. 黄条鰤 igf1 及 igf2 基因克隆及组织表达差异分析

黄条鰤 igf1 基因 cDNA 全长为 1 946 bp,编码 185 个氨基酸的前体蛋白(GenBank 登录号:KY405020),成熟肽的相对分子质量及等电点分别为 7.49×10^3 和 7.76。igf2 基因 cDNA 全长为 1 154 bp,编码 215 个氨基酸的前体蛋白(GenBank 登录号:KY405021),成熟肽的相对分子质量及等电点分别为 7.88×10^3 和 5.02。

黄条鰤 IGF1 与鲈形目、鲽形目和鲀形目鱼类同源性较高（88.95%～98.38%）。IGF2 与鲈形目、鲽形目及鲀形目鱼类同源性较高（88.37%～95.81%）。脊椎动物 IGF 家族分为三大支，其中黄条鰤 IGF1 和 IGF2 分别与其他鱼类 IGF1 和 IGF2 聚为一支。igf1 mRNA 主要在性腺和肝脏中表达，其次为垂体，在眼等其他外周组织中表达量较低（图 15A）；igf2 mRNA 主要在鳃和肝脏中表达，其次为性腺、肠、眼，在肾脏等其他外周组织中表达量较低（图 15B）。雌性肝脏中 igf1 mRNA 的表达量为雄性的 1.5 倍（图 16A）；雌性卵巢中 igf1 mRNA 的表达量为雄性黄条鰤精巢的 24 倍（图 16B）。

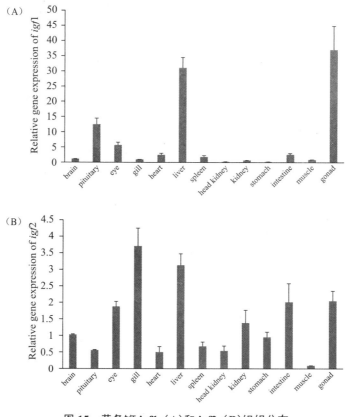

图 15　黄条鰤 igf1（A）和 igf2（B）组织分布

③ 黄条鰤消化系统结构特征

认识了黄条鰤成鱼的消化系统结构特征。食道具有明显的单层柱状上皮（SCE），黏膜层上有许多黏膜褶，突起排列较整齐。后肠在不同发育阶段变化特征明显，血管（V）、中央乳糜管（CL）增多、黏膜褶变短，杯状细胞（GC）增加、细胞染色加深，杯状细胞分泌物可以润滑食物，加上发达的环肌，可迅速收缩和舒张，便于食物吞咽。胃部发达，不同发育阶段的胃部切片都发现具有发达的肌肉（M）和肌层（ML）（图 17）。

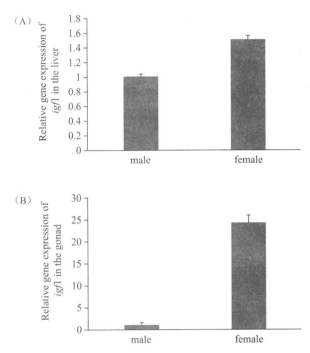

图 16 雌雄黄条鰤肝脏（A）和性腺（B）igf1 表达差异分析

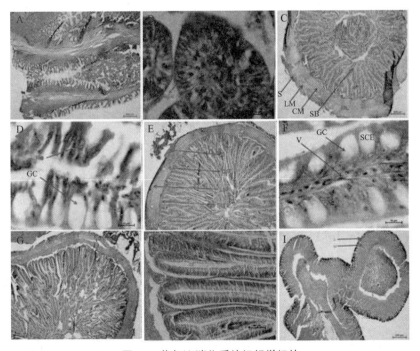

图 17 黄条鰤消化系统组织学切片

A: 食道 B: 食道 C: 前肠 D: 前肠 E: 中肠 F: 中肠 G: 后肠 H: 后肠 I: 胃; V: 血管; SCE: 单层柱状上皮; E: 上皮; ML: 肌层; LM: 纵肌; CM: 环肌; SB: 纹状缘; S: 浆膜; RC: 梨状细胞; GC: 杯状细胞; SM: 黏膜下层; CL: 中央乳糜管; M: 肌肉; L: 管腔。

④ 黄条鰤盐度适应机制研究。

研究了幼鱼对盐度突变(5、10、15、20、25、30、35)、盐度渐变的适应能力,测定了鳃形态结构和尿液、血清、血浆中渗透压、离子(Na^+、K^+、Cl^-)的浓度变化、鳃 Na^+—K^+—ATPase 和 SOD 活力、消化酶活力的变化。

a. 盐度变化对渗透压的影响：盐度对黄条鰤血清渗透压具有明显的影响。在盐度渐变过程中,血清、血浆、尿中渗透压随盐度的增加逐渐升高(图18)。

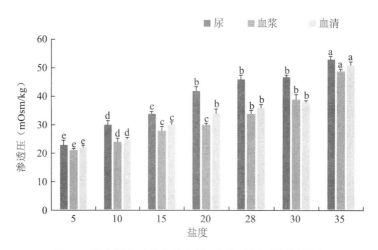

图18　盐度渐变对黄条鰤血清、血浆、尿中渗透压影响

b. 鳃 Na^+-K^+-ATP 酶和过氧化物歧化酶(SOD)活力变化

盐度渐变组：鳃 Na^+/K^+-ATP 酶活性随盐度降低而降低,其中盐度 35 组 Na^+/K^+-ATP 酶活性最高($P < 0.05$)(图19)。盐度 20 组与盐度 35 组间 SOD 活力无显著性差异($P > 0.05$),但均显著高于盐度 28 组($P < 0.05$),盐度 5 组 SOD 活力显著低于其他盐度组($P < 0.05$)。

盐度突变组：盐度 5~15 组随着处理时间的增加,鳃 Na^+/K^+-ATP 酶活力逐渐降低($P < 0.05$)；盐度 10 组在 72 h 之后保持稳定。盐度 35 组随着处理时间的增加,鳃 Na^+/K^+-ATP 酶活力先逐渐上升,72 h 达到峰值($P < 0.05$),之后降低并在 96 h 后保持稳定($P > 0.05$)(图24)。盐度 5 组随时间增加 SOD 活力逐渐降低,120 h 时显著低于其他盐度组($P < 0.05$)；盐度 10 组 SOD 活力随时间增加逐渐升高,48~96 h 之间无显著性差异($P > 0.05$)；盐度 15 组 SOD 活力在 96 h 之前一直升高,120 h 时降低($P < 0.05$)；盐度 35 组 SOD 活力在 6 h 和 12 h 显著低于其他盐度组($P < 0.05$),12 h 之后逐渐升高,48 h 之后逐渐稳定($P > 0.05$)(图20)。

c. Na^+、K^+ 与 Cl^- 浓度对盐度变化的响应。

黄条鰤尿中 Na^+ 浓度随盐度降低而降低,盐度 15 组 Na^+ 含量显著降低($P < 0.05$)。血浆和血清中 Na^+ 含量随盐度降低而降低。尿中 K^+ 含量随着盐度增加而增加。血浆中 K^+ 含量随盐度降低而降低,盐度 5 组显著低于其他盐度组($P < 0.05$)。血清中 K^+ 含量随盐度

降低而降低,峰值出现在盐度为 35 时。随着盐度的降低,尿、血浆和血清中 Cl^- 含量降低,各试验组间差异显著($P < 0.05$)。

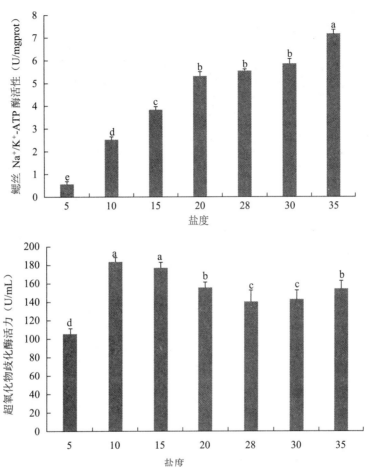

图 19 鳃中 Na^+-K^+-ATP 酶和 SOD 酶活力

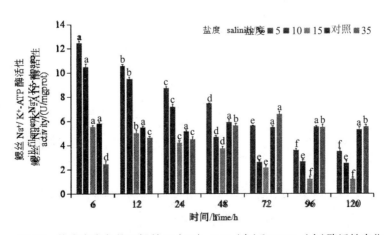

图 20 盐度突变条件下鳃丝 Na^+/K^+-ATP(左)和 SOD(右)酶活性变化

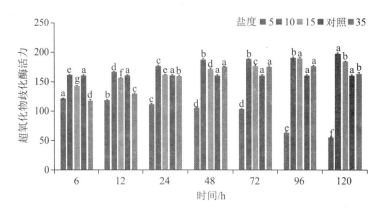

图 20（续） 盐度突变条件下鳃丝 Na^+/K^+-ATP（左）和 SOD（右）酶活性变化

d. 盐度变化对血清甲状腺素（T4）水平的影响。

盐度渐变组：盐度从 28 下降的过程中，血清甲状腺素浓度逐渐升高，盐度 5 和 10 组显著高于其他盐度组（$P < 0.05$）；盐度上升过程中，甲状腺素浓度也升高，盐度 35 组与盐度 30 组有显著性差异（$P < 0.05$）；盐度 20 和 30 组与盐度 28 组间甲状腺素浓度无显著性差异（$P > 0.05$）。

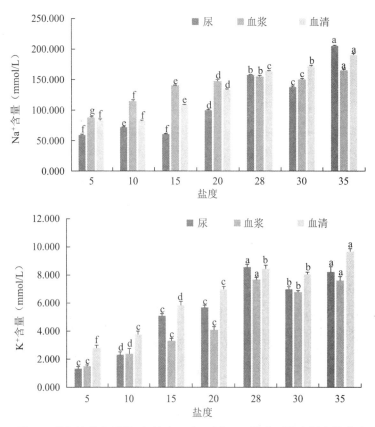

图 21 黄条鰤幼鱼尿液、血液中 Na^+、K^+ 与 Cl^- 浓度对盐度渐变的响应

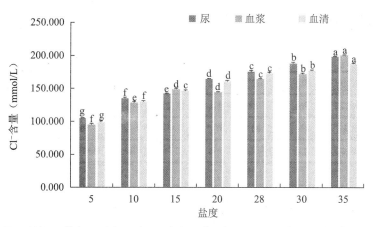

图 21（续）　黄条鰤幼鱼尿液、血液中 Na⁺、K⁺ 与 Cl⁻ 浓度对盐度渐变的响应

盐度突变组：突变 6～24 h 时各实验组 T4 浓度显著升高（$P < 0.05$）；盐度 5 组在在 72 h 后趋于稳定，120 h 时显著下降（$P < 0.05$）；盐度 10 组甲状腺素浓度持续降低，96 h 后保持稳定；盐度 15 和 35 组在 24～72 h 下浓度相当，均时间增加而降低，96 h 后趋于稳定。

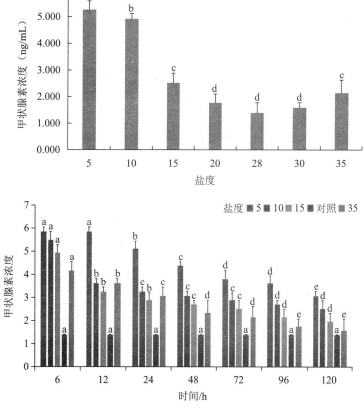

图 22　盐度渐变（左）和突变（右）对血清甲状腺素浓度影响

5 年度研发进展小结

(1)牙鲆工程化岩礁池塘养殖示范:利用面积10亩的工程化岩礁池塘,在5月放养全长14～16 cm的牙鲆苗种50 000尾,至11月底,养成鱼平均体重512.6克/尾,养殖单产为2117千克/亩,养殖成活率为82.6%。

(2)河鲀陆海接力养殖示范:采用"工厂化育苗+池塘中间培育+网箱养殖"模式开展了河鲀陆海接力养殖示范,河鲀苗种池塘中间培育成活率达86.5%,经5个月的接力养殖,当年苗种生长至体重200 g以上,养殖效果良好。

(3)黄条鰤生殖调控与苗种培育关键技术:获得了亲鱼自然产卵,培育出全长13 cm以上的大规格苗种2.3万尾,为发展深远海养殖提供了优良品种支撑。

(岗位科学家　柳学周)

海水鱼类工厂化养殖模式技术研发进展

工厂化养殖模式岗位

2017 年，工厂化养殖模式岗位围绕着四大重点研发任务——"工厂化循环水系统优化、工厂化高效健康养殖技术、健康养殖技术规范制定和系统装备信息化与智能化应用技术"重点开展了鲆鲽类和红鳍东方鲀的工厂化循环水养殖环境调控与高效养殖技术研究、工厂化养殖生产装置研发、鲆鲽类工厂化高效养殖模式集成构建与示范等工作，并取得重要进展。

1 鲆鲽类和红鳍东方鲀的工厂化循环水养殖环境调控与高效养殖技术研究

1.1 工厂化高密度胁迫对大菱鲆获得性免疫能力的影响研究

研究了工厂化高密度胁迫对大菱鲆获得性免疫能力的影响，注射减毒疫苗后大菱鲆免疫器官中 sIg+ 细胞的变化比较明显，说明 sIg+ 细胞在特异性免疫应答方面起着重要的作用。其中 sIg+ 细胞在血液中含量最高，其次是脾脏和头肾，在三个密度下均是这种情况。另外，我们还发现脾脏中 sIg+ 细胞的含量高于头肾，表明脾脏比头肾在特异性免疫应答过程中起更重要的作用。随着密度的增加 sIg+ 细胞含量不断减少，并且免疫刺激后高密度条件下 sIg+ 细胞含量达到峰值的时间要相应往后延迟。当腹腔注射减毒疫苗后血清皮质醇含量大幅上升。实验结果表明鱼类特异性免疫系统中的获得性体液免疫受密度影响较大，在高密度养殖条件下，特异性 IgM 含量明显低于中密度组和低密度组，说明拥挤胁迫不利于抗体的产生。

为了更好地研究拥挤胁迫与免疫应答的关系，事先对不同密度下的大菱鲆均注射了相同剂量的减毒疫苗（0.1 mL/ 尾），对高密度组获得的 40 762 条 unigenes 与低密度组获得的 40 843 条 unigenes 进行差异表达基因筛选与分析总共获得 758 个差异表达基因，其中 100 个基因显著上调，658 个基因显著下调，下调基因远高于上调基因数，说明拥挤胁迫抑制了鱼体细胞各项功能的正常运行；同时炎症因子的过度表达说明对细胞产生了损伤。试验结果显示当大菱鲆幼鱼养殖密度超过 20 kg/m^2 时，所造成的拥挤胁迫可抑制特异性抗体产生。

1.2 工厂化养殖条件下亚硝酸盐、氨氮暴露对红鳍东方鲀应激反应、氧化、免疫及相关基因表达研究

工厂化循环水系统中经常面临着氨氮、亚硝酸盐、CO_2 等物质的胁迫，对养殖鱼类造成较大影响。氨氮和亚硝酸盐是水体中主要的有毒物质，影响鱼类的生长、渗透压、免疫功能等各项生理功能。在红鳍东方鲀中，关于氨氮和亚硝酸盐胁迫的报道较少，且其毒性机制尚不明确。

1.2.1 红鳍东方鲀亚硝酸盐 96 h 半致死浓度与死亡情况

如表 1 所示，红鳍东方鲀在 96 h 半致死浓度试验中水环境亚硝酸盐浓度为 500 mg/L 时死亡率为 0。随着水体亚硝酸盐浓度的增加死亡率增加，当水体亚硝酸盐浓度达到 1 500 mg/L 时，死亡率达到 100%。

表 1　红鳍东方鲀亚硝酸盐 96 h 半致死浓度与死亡情况

亚硝酸盐浓度（mg/L）	死亡尾数	死亡率（%）
500	0	0
622.87	3	30
775.92	5	50
966.59	7	70
1 204.11	9	90
1 500	10	100

1.2.2 红鳍东方鲀氨氮 96 h 半致死浓度与死亡情况

如表 2 所示，红鳍东方鲀在氨氮 96 h 半致死浓度试验中水环境氨氮浓度为 200 mg/L 时死亡率为 0。随着水体氨氮浓度的增加死亡率增加，当水体氨氮浓度达到 600 mg/L 时，死亡率达到 100%。

表 2　红鳍东方鲀氨氮 96 h 半致死浓度与死亡情况

氨氮浓度（mg/L）	死亡尾数	死亡率（%）
200	0	0
249.146 2	30	30
310.369 1	50	50
386.636 4	60	60
481.644 9	90	90
600	100	100

1.2.3 急性毒理实验

根据急性毒性 96 h 半致死浓度结果设计亚硝酸盐、氨氮的急性毒性实验浓度。实验分

6组,每组 3 个平行组,亚硝酸盐浓度分别为 0、5、25、50、100、200 mg/L,氨氮浓度 0、1、5、25、50、100 mg/L。急性毒性在 400 L 圆锥型玻璃钢水槽中进行,每桶放红鳍东方鲀 20 尾,每天换等温等浓度水 2 次,每次换水量 1/2,期间不投喂,微充气。分别于 12 h、24 h、48 h 及 96 h 不同时间段进行血样、头肾、肝脏、肌肉、脾脏、鳃及甲状腺等样品的采集,用于后续免疫、应激、代谢及相关基因的检测分析。

根据寇式法计算得出亚硝酸盐半致死浓度为 793.16 mg/L,氨氮半致死浓度 324.31 mg/L,96 h 的安全浓度分别为 79.32 和 32.43 mg/L。由此可以得出一龄红鳍东方鲀对亚硝酸盐的耐受程度明显高于氨氮,红鳍东方鲀对氨氮毒性的耐受能力较低,这为下一步工厂化循环水高效养殖提供基础数据。

1.3　大菱鲆工厂化优质苗种生产的基础生物学研究

通过兼并引物扩增及 RACE 技术,克隆获取了与大菱鲆卵母细胞发育和性别调控密切相关的雌激素受体,分析其相应生物信息学特征,结果发现同其他硬骨鱼类类似,大菱鲆雌激素受体有三个亚型(ERα1,ERβ1,ERβ2),时空表达研究发现大菱鲆 ERα 和 ERβs 具有组织特异性表达,ERα 主要在肝脏表达,参与介导肝脏卵黄蛋白原合成,而 ERβs 则主要在卵巢表达,参与调控卵母细胞生长和成熟、影响(图 1)。相关研究丰富了大菱鲆卵母细胞发育调控研究内容,同时为大菱鲆种苗生产精细化操作奠定了理论基础。

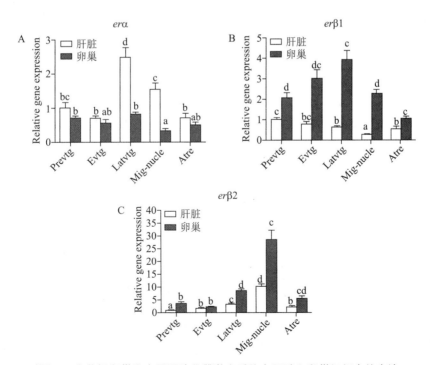

图 1　大菱鲆卵巢发育不同阶段雌激素受体在肝脏和卵巢组织中的表达

1.4 工厂化养殖条件下高脂饲料抗氧化营养素对大菱鲆生长和健康影响

工厂化养殖饲喂高脂肪饲料条件下，抗氧化营养素添加剂维生素 E 对大菱鲆生长和健康影响。选用 540 尾初均重为 151.50 ± 0.93 g 的大菱鲆，分别投喂高脂饲料（HLD），VE（480 mg·kg^{-1}），高脂 + VE1（240 mg·kg^{-1}）高脂 + VE2（480 mg·kg^{-1}），高脂 + VE3（960 mg·kg^{-1}）养殖 110 d，研究维生素 E 对高脂饲料诱导肝脏脂肪沉积及免疫应激调控。结果发现，高脂饲料组导致大菱鲆饲料系数（FCR）增加、特异生长率（SGR）和末体重（FW）的下降、肝体比（HSI）和脏体比（VSI）的显著增加，添加不同剂量维生素 E 后则可显著改善高脂肪饲料导致的肝体比、脏体比和饲料系数增加，特异生长效率降低，其中高脂饲料添加 480 mg·kg^{-1} VE 组效果最佳，同时各处理组存活率均为 100%，无显著差异。这初步表明，应用高脂饲料，影响大菱鲆生长，易导致肝脏脂肪沉积，添加维生素 E 则可显著改善高脂肪饲料导致的生长迟缓。对肝脏抗氧和免疫反应检测也表明，维生素 E 显著缓解高脂饲料诱导的肝脏超氧化物歧化酶（SOD）、过氧化氢酶（CAT）活性下降和丙二醛含量升高（图 2）。同时血清溶菌酶活性、中性粒细胞杀菌活性（NBT 阳性细胞数），白细胞吞噬指数（PI）也呈现类似变化趋势（图 3）。

对脂肪合成和调控的相关基因研究发现，高脂饲料可分别显著提高和降低肝脏脂蛋白脂酶（LPL）和脂肪酸合成酶（FAS）转录表达，诱导应激蛋白 HSP70、HSP90 转录上调和免疫相关基因补体 3（C3）、肿瘤坏死因子 α（TNFα）转录下调，而添加 480 mg·kg^{-1} 维生素 E 可显著改变高脂饲料诱导的上述基因转录表达（图 4）

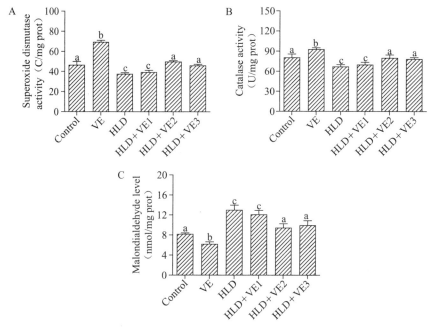

图 2 高脂饲料添加不同剂量维生素 E 对大菱鲆肝脏抗氧化性能影响

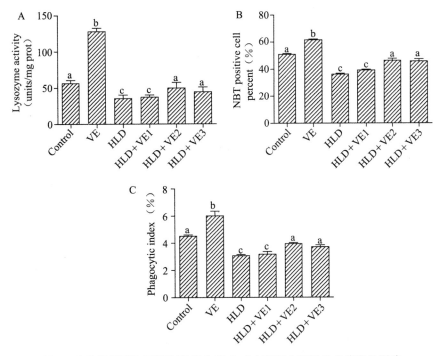

图3 高脂饲料添加不同剂量维生素E对大菱鲆非特异性免疫活性影响

因此,维生素E作为一种广泛应用的抗氧化剂,通过调控大菱鲆脂肪合成相关基因的表达,有效改善高脂饲料诱导的肝脏脂肪沉积、缓解肝脏氧化应激和非特异性免疫活性下降,在工厂化饲料投喂养殖过程中,可作为有效饲料添加剂,保障大菱鲆健康养殖。

1.5 工厂化养殖不同饲料投喂率对大菱鲆幼鱼生长的影响研究

在工厂化养殖条件下,对平均体重 8 ± 0.1 g/尾的大菱鲆幼鱼进行了投喂水平和投喂周期实验,实验共分为 5 个不同的投喂率,分别为 1.2%、1.5%、1.8%、2.1% 和 2.4%,其中 F2 组作为对照组,进行周期为 8 周的摄食、生长实验,研究不同的投喂率对大菱鲆幼鱼摄食和生长速度的影响。结果表明,在大菱鲆生长方面,随着投喂率的提高,相对增重率(WGR)逐渐升高。随着投饲率的增加,大菱鲆幼鱼死亡数逐渐增加。随着投喂率的增加,饲料系数显著升高。综合 8 周以来的实验过程以及结果,我们认为投喂率过低会降低鱼的生长,大多数鱼显现出营养不良的特征,而过高同样不利于大菱鲆的健康生长,大菱鲆幼鱼很容易感染疾病造成死亡,而且饵料系数也很高。综上所述,大菱鲆幼鱼在水温为 13.5 ± 0.5 ℃ 工厂化流水养殖条件下,最适合的投饲率水平为 1.5%~1.8%。投喂周期为每天投喂 3 次,每投喂 6 天停食 1 天,这为工厂化健康养殖技术规范制定提供了科学依据。

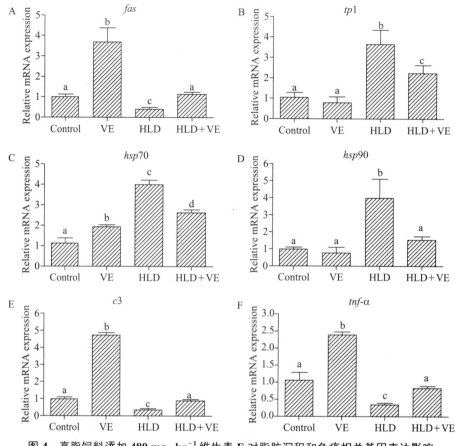

图 4　高脂饲料添加 **480 mg·kg⁻¹** 维生素 E 对脂肪沉积和免疫相关基因表达影响

表 3　不同饲料投喂率水平对大菱鲆幼鱼生长性能的影响

项目	组别				
	1.2%	1.5%	1.8%	2.1%	2.4%
增重率（%）	46.25 ± 0.75^a	61.05 ± 0.95^b	72.50 ± 0.56^c	85.00 ± 0.90^d	96.65 ± 0.45^e
饲料系数	0.55 ± 0.01^a	0.59 ± 0.01^b	0.60 ± 0.01^b	0.60 ± 0.01^b	0.60 ± 0.01^b
存活率（%）	97.22 ± 0.29^b	97.94 ± 0.15^b	97.57 ± 0.51^b	96.65 ± 0.51^{ab}	94.92 ± 0.40^a
特定生长率（%）	1.66 ± 0.50^a	1.92 ± 0.60^{ab}	2.25 ± 0.90^{bc}	2.48 ± 0.60^{cd}	2.78 ± 0.90^d

1.6　工厂化与网箱陆海接力养殖模式下红鳍东方鲀生长特性研究

开展红鳍东方鲀工厂化和网箱陆海接力养殖模式下生长特性研究，首先将红鳍东方鲀在工厂化养殖至 400 g 左右，而后转移到海上网箱进行养殖，养殖密度 2～3 kg/m³ 水体，研究发现经过 100 d 养殖，红鳍东方鲀体重由初重 446.83 ± 56.89 g，增重至 930.92 ± 50.26 g；体长由 24.3 ± 0.73 cm，增长至 29.71 ± 0.66 cm，肝体比达 12.17 ± 15.12（图5）。上述结果初步表明将红鳍东方鲀通过早期苗种工厂化精细养殖至较大规格（400 g 左右），而后转移至网箱养殖,可显著提高养殖品种的生长速度,同时也降低了单位时间内养殖管理费用,因此实施工厂化和网箱阶段性养殖,打造陆海接力养殖模式,将有效地提高养殖效率,并突破以往"北厂南网"的产业布局,为水产养殖业注入新鲜活力。

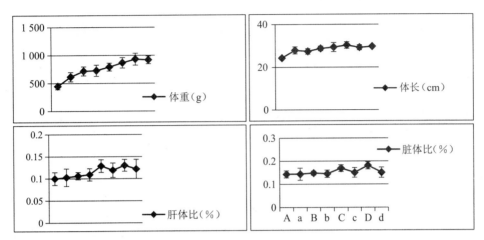

图5 网箱养殖红鳍东方鲀生长参数

2 工厂化养殖生产装置

2.1 促进石斑鱼苗种生长和提高存活率的工厂化养殖照明系统

通过将几种单色LED发光芯片进行组合,构成复合式LED灯组并根据石斑鱼幼鱼对特定光谱、光强和光照周期的喜好进行开发和设置,配套开发的智能控制系统能够有效减少普通照明系统对石斑鱼苗的应激反应并实现复合式LED灯组的光照强度和光照时间的智能控制。已获国家发明专利(ZL201510437957.7),逐渐在相关养殖企业中推广、应用。

2.2 用于即时在线水产动物营养代谢研究的装置

提供一种即时在线水产动物营养代谢研究系统,可以即时连续检测水产动物摄食后各种营养素在体外的变化,从而获得对于其代谢机理的更深入理解。同时本发明也可以即时检测水产动物摄食的水产饲料中各营养素的保留情况,快速评估各种水产饲料的营养平衡性。装置包括养殖池、粪便收集系统、空气供应系统、在线检测系统(智能数字传感器系统)、支架系统、外联检测系统、后台处理存储系统等。已获国家发明专利(ZL2015107322937),逐渐在相关养殖企业中推广、应用。

2.3 工厂化养殖冷水鱼类水流循环装置

基于工厂化养殖的细鳞鲑对水质环境和水流流速要求较高的特点,研发了一种细鳞鲑饲养水流循环装置,能够有效实现对于饲养水的循环使用,产生流动的同时还能增加制冷效果。这种细鳞鲑饲养水流循环装置,已获国家实用新型专利授权(ZL201621269109.6),逐渐在相关养殖企业中推广、应用。

2.4 工厂化养殖鲆鲽鱼类苗种分级装置

在鲆鲽鱼类苗种繁育过程中,由于个体发育差异和外源性营养摄入不均衡,仔鱼的抗性和生长会表现出明显差异,因此,要不定期进行苗种分集挑选,传统的分级挑选通常根据鱼体大小逐级挑选,费时、费力,同时挑选过程对鱼苗产生外源性胁迫,导致苗种抗性下降,影响苗种质量等问题,设计的多级自动分筛的装置具有设计合理、结构简单、自动多级分筛、人工操作少、鱼苗损伤小、易操作、拆卸方便等诸多优点,可以弥补和完善现有技术的不足。目前该装置已获得国家实用新型专利授权(ZL201720138450.6),逐渐在相关养殖企业推广应用。

2.5 研究电磁场对鱼类影响装置

装置包括线圈内径模、线圈、接线端子、固定螺旋、圆柱形水槽、支撑杆、变频电源:线圈内径模位于圆柱形水槽的外部、上部,支撑杆支撑线圈内径模,支撑杆下端与圆柱形水槽的下端位于同一水平线上;线圈位于圆柱形水槽的外部、线圈内径模的内部,且由线圈内径模内壁上的固定螺旋调节高度;线圈的两个末端即为接线端子,接线端子与变频电源相连。具有结构简单、体积小、便携等特点,可用来开展磁场对鱼类卵子孵化、仔幼鱼早期发育影响研究。已获国家实用新型专利授权(ZL201720210304.X),逐渐在相关养殖企业中推广、应用。

3 鲆鲽类工厂化高效养殖模式集成构建与示范

以体系工厂化养殖模式岗位为主体的鲆鲽类工厂化高效养殖模式集成构建与示范项目,围绕着工厂化健康养殖技术和提质增效这条主线,针对鲆鲽类养殖生物学特性,集成构建了节能型工厂化循环水养殖系统;重点开展了鲆鲽类工厂化循环水养殖生产过程中优质苗种筛选、健康高效养殖与水质环境调控、精准投饲技术、特定病原快速监测以及生产管理策略等关键技术研究与应用,基于发明专利技术的工厂化分层取水清水循环的方法,集成应用了太阳能和热泵等清洁能源技术、智能化监测技术和循环设备节能技术等多项技术,系统构建了节能型工厂化循环水养殖系统和清水循环法养殖系统,较国外循环水养殖系统和国内传统工厂化养殖系统节能 15%,设备成本下降 30%;

创制了大菱鲆工厂化"三段高效养殖法"技术和"半滑舌鳎与斑石鲷工厂化循环水立体养殖技术",实现大菱鲆平均成活率 98.8%,最高养殖密度达 52.3 kg/m²,平均养殖密度达 34.56 kg/m²,较常规养殖模式成活率提高 5%以上,饵料系数降低 15%,形成了单位面积产量提高 130%的创新性成果;立体养殖技术实现单位产量提高 20%以上,能耗成本降低 10%以上的成效;经第三方评价机构评价,该成果整体水平达到国际先进水平。

开展了海水鱼工厂化健康养殖示范点规划设计工作。分别在山东寿光大盛观水产养殖有限公司和山东科合海洋高技术有限公司建立海水鱼工厂化循环水健康养殖示范点 2 个，完成新拟建工厂化循环水养殖车间设计面积 17 500 m²，部分循环水系统采用了新型的低扬程大流量跑道式养殖模式与技术。

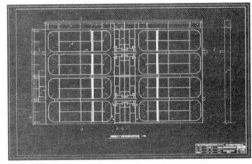

图 6　规划效果图与设计图纸

4　年度进展小结

（1）大菱鲆和红鳍东方鲀工厂化循环水高密度胁迫对鱼类获得性免疫能力的影响实验中获得大菱鲆高密度组 40 762 条独立基因（unigenes）与低密度组 40 843 条独立基因（unigenes），并对其进行了差异表达基因筛选与分析。总共获得 758 个差异表达基因，其中 100 个基因显著上调，658 个基因显著下调，下调基因数远高于上调基因数，结果表明拥挤胁迫抑制了鱼体细胞各项功能的正常运行。试验结果显示当大菱鲆幼鱼养殖密度超过 20 kg/m² 时，所造成的拥挤胁迫可抑制特异性抗体产生。

（2）开展的红鳍东方鲀工厂化养殖条件下适宜放养密度和关键水环境因子对其生长影响的阶段性研究，发现一龄红鳍东方鲀 96 h 亚硝酸盐和氨氮的安全浓度分别为 79.32 mg/L 和 32.43 mg/L，表明红鳍东方鲀对亚硝酸盐的耐受程度明显高于氨氮，对氨氮毒性的耐受能力较低，为下一步工厂化循环水高效养殖提供基础数据。

（3）在创制的大菱鲆工厂化"三段高效养殖法"基础上，针对工厂化养殖精准管理技术薄弱问题，开展了大菱鲆工厂化优质苗种生产的基础生物学和投喂水平、投喂周期及抗氧化营养素对大菱鲆生长、免疫和生理代谢影响研究。

（4）研发促进石斑鱼苗种生长和提高存活率的工厂化养殖照明系统、即时在线水产动物营养代谢研究的装置、细鳞鲑饲养水流循环装置、鲆鲽鱼类苗种的分级装置、研究电磁场对鱼类影响装置等工厂化养殖生产装置 5 套，分别授权国家发明专利和实用新型专利。

（5）完成山东寿光大盛观水产养殖有限公司和山东科合海洋高技术有限公司工厂化循环水养殖车间规划设计任务。

（岗位科学家　黄　滨）

海水鱼类深远海养殖技术研发进展

深远海养殖岗位

2017年度，为推动海水鱼养殖提质增效和绿色发展，海水鱼体系深远海养殖岗位重点开展了大型围栏设施或单点系泊箱梁框架式大型养殖平台等深远海养殖设施相应水动力性能试验以及创新设计，评估养殖种类对深远海养殖的适应性并初步筛选适于深远海特定海域环境条件下的养殖品种或模式，以及深远海养殖设施、水环境和养殖鱼类动态监测系统等配套系统的技术与装备的调查研究等相关工作，并取得重要进展。

1 深远海养殖设施构件水动力性能试验设计

根据现有的深远海养殖设施或平台，先后完成大型围栏养殖设施、单点系泊框架式养殖平台等2种深远海养殖设施水动力性能试验设计，并研制了相关的试验设备。

1.1 大型围栏设施水动力性能试验设计

以现有大型围栏设施的结构为原型，设计不同波高和周期、流速、水深等要素并开展围栏设施的水动力性能试验；并自主研发了可用于大型围栏设施网片单元水动力性能试验的专业试验装备。

为开展较大尺寸规格网片水动力性能试验，并利用静水池可造波及大流速等试验条件，基于现有静水槽拖车系统，研制了角度可自动旋控式试验装置，可开展不同规格网衣网片及围栏设施模型等水槽试验，该装置通过两套电动旋转台与角度控制器系统控制试验模型的旋转与角度设定，角度的精度可达到 0.005 度，角度范围为 0～360 度，角度的设定可通过控制器的屏幕触摸式键盘输入，也可以通过模型状态观察手动调整，装置在模型更换时可控制下部装置垂向旋转，由水下转到水上的合适高度或角度位置进行模型更换，不需要装卸其他部件。该装置结合静水槽及拖车的使用，拓宽了水槽试验模型的尺寸限制，并可在较大流速范围内开展试验，拖车速度范围为 0～2.5 m/s。

1.2 单点系泊框架式养殖平台水动力特性试验设计

拟通过模型试验和数值计算技术，获得不同流速、波高等海况条件下养殖平台的水动力特性,明确养殖平台抗风浪性能,提出适用深远海特征的海域;分析不同浪流、结构和材料的养殖箱体及其连接部件、锚泊系统的水动力性能,获得其适配结构和优化参数,指导设施结构优化和装配方法;判定养殖平台及养殖箱体在不同载荷下的受力分布和应力集中点,指导养殖设施连接方式,提高养殖设施的安全性。

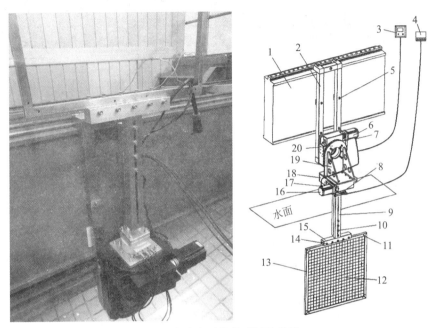

图1 角度自动旋控式试验装置

1.2.1 单点系泊框架式养殖平台实物参数

单点系泊框架式养殖平台具体实物参数为:框架宽度:53.95 m,框架高度:3.0 m,扶手高度:1.2 m,浮框廊架宽度:2 m,连接部分(目)长度:2.6 m,方形浮框中部相隔距离:4 m。实物工程制图见图2和图3。

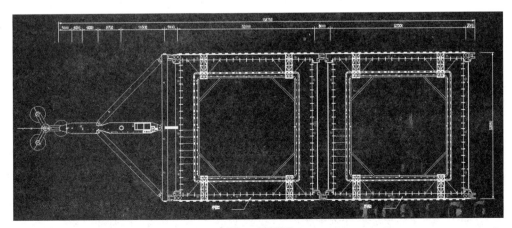

图2 平面图

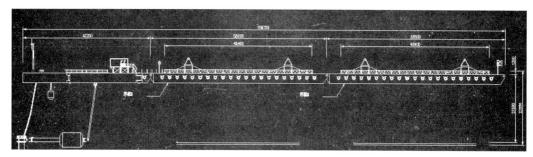

图3 侧面图

1.2.2 单点系泊养殖框架式养殖平台模型

养殖平台浮在海面上，主要受到重力作用，应用重力相似准则设计模型。设计尺度比为 $\lambda = 40$。

模型的所有外形尺度应与实物保持一致，模型的网线材料与实物相同，各部位网片的 d/a 值与实物相应部位网片的 d/a 值相同。实物网网线直径为 4 mm 尼龙经编网，铜网衣为直径 4 mm 斜方网，网目尺寸均为 $2a = 80$ mm，模型设计为：① 箱体全部为尼龙网衣，网线直径为 1 mm，目大 $2a = 20$ mm；② 箱体迎流面为铜网衣，其他部分为尼龙网衣，其中铜网衣网线直径为 2 mm，目大 $2a = 40$ mm，尼龙网衣直径为 1 mm，网目尺寸为 $2a = 20$ mm。

2 大型远海牧场式围栏设施创新优化设计与研发

2.1 大型围栏养殖设施与装备创新优化设计

深远海养殖岗位联合大陈岛养殖公司，对原有围栏养殖设施与装备进行了创新优化设计：对矩形布局围栏设施的迎流面进行了弧形柱桩布局设计，可以有效提高围栏设施的抗风浪能力；开展了大黄鱼养殖鱼群游泳行为跟踪测试与空间定位分析，基于鱼群行为观测，创新建立了多仓分隔养殖方式，通过人为隔离养殖群体，减小群体密度，以防止局部缺氧而影响鱼类健康生长，同时有利于鱼品分级，根据市场及养殖需求调整养殖方式。新围栏设施于2017 年投入养殖应用，养殖平台集成了水文监测与视频监控系统，该系统可以更科学地指导投喂策略并实时监测鱼类活动状态。目前，新型牧场式养殖围栏放养大黄鱼 70 万尾，以大陈岛海域现有围栏养殖数据计算，2017 年提质增效预计可达数千万元。通过对远海围栏设施装备的创新升级，有效提高了围栏养殖的远海适养能力，促进了海水鱼养殖的提质增效，进一步推动了我国深远海养殖发展。

2.2 大型远海牧场式围栏设施研发

拟建围栏选址点位于小峋山北部海域，距岛岸约 200 米，设施选址点的东南侧约 100 米处为一天然岛礁，且设施处于岛礁的背流面，水流较缓且流向复杂，利于鱼群聚集，同时区域水质良好,流水交换好,是开展海水鱼类养殖的优良海域。根据该海区地理自然环境及海流条件,嵊山岛围栏设施的主体形状设计为矩形,在迎流面的两个拐角处进行倒角,以降低水流阻力,设施的主体结构尺寸为 182 m × 48 m,周长为 440 m,面积约 8 300 平方米,养殖水体可达 5 万立方米以上。

设施主要结构由钢管桩与铜合金网衣组成,上部建有人工步行道,侧边设计养殖平台,设施将集成半自动投饵系统及养殖监测系统,预计年产鱼类 150 吨。嵊山岛围栏设施的设计图见图 4,网衣布局与设施等见图 5。

3 养殖种类对深远海养殖适应性评估

3.1 深远海养殖拟选海域养殖适宜条件调查

以江苏南通如东海域为例,开展了拟定海域养殖适宜条件调查,包括海区位置、海区底质、水深、流速、风浪等。海区的水质条件至关重要,关系到养殖鱼类品种与养殖方式的确定,水质监测包括水温、盐度、pH、溶解氧、光照与透明度、污染及重金属、营养盐类及天然饵料调查等,相比近岸及浅海养殖,深远海养殖的优势之一在于外海海水的良好水质条件,优良的水质及丰富的生物资源,可以为深远海养殖鱼类的提质增效提供保证。

3.2 养殖品种深远海养殖可行性分析及养殖模式分析

每种鱼类适宜生长的海区环境不尽相同,深远海养殖品种的确定需要根据对应海区水质及自然条件进行选择。以我国东海区为例,东海区的适养品种包括了由北至南的经济鱼种,如鲆鲽类、鲈鱼、鲷鱼、大黄鱼、石斑鱼等。选取了东海区具有代表性的 4 个养殖品种进行深远海养殖可行性分析。

现有的鱼类接力式养殖主要有海陆接力、南北接力、海域接力及运输暂养等。开展接力式养殖,可充分利用深远海的优良水质及自然环境,提高养殖鱼类的阶段性生长速度及鱼类品质,增加养殖鱼类的收益,同时结合深远海养殖鱼类的品种差异、季节差异、地区差异、生态差异和价格差异,合理开发,发挥深远海鱼类养殖的优势,可成为海水鱼类养殖提质增效的重要组成部分。深远海鱼类养殖的目标比较明确,即为市场提供优质的成品鱼供应,其养殖方式可以定位为成品鱼周期性接力养殖,即投放一定规格的苗种,经过一定周期的养成后起捕上市。

3.3 深远海养殖方案分析

以江苏大丰海上风电场为例,大丰风电场位于大丰港东侧海域,该区域水质较好,满足国家二类海水标准,水温范围为 6~29 ℃(图 6),盐度范围在 2.8~3.1(图 7),鲈鱼基本适宜全年养殖,鲷科鱼类及大黄鱼宜采用阶段性养殖,其中春季到秋季的水温范围为 14~29 ℃,盐度范围也满足养殖需求,适宜开展鲷科鱼类及大黄鱼的水产养殖。

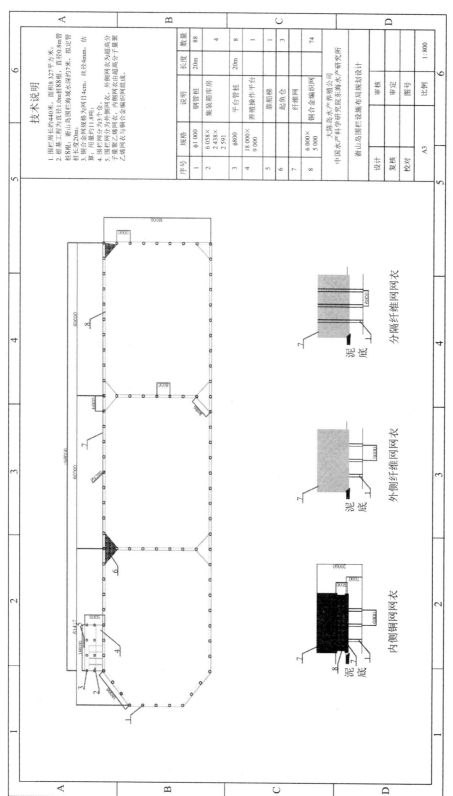

序号	规格	说明	长度	数量
1	φ1 000	钢管桩	20m	88
2	6 058× 2 438× 2 591	集装箱库房		4
3	φ800	平台管桩	20m	8
4	18 000× 9 000	养殖操作平台		1
5		靠船梯		1
6		起鱼仓		3
7		纤维网		74
8	6 000× 5 000	铜合金编织网		

大连岛民水产养殖公司
中国水产科学研究院黄海水产研究所
嵛山岛围栏设施布局规划设计

设计		审核	
复核		审定	
校对		图号	
A3		比例	1:800

技术说明

1. 围栏周长约440米，面积8 327平方米。
2. 桩基工程采用直径1.0m围栏桩88根，直径0.8m管桩8根。嵛山岛围栏海域水深约7米，拟定管桩长度20m。
3. 铜合金网规格为网目4cm，丝径4mm，估算，用量约11.8吨。
4. 围栏网分为3个仓。
5. 围栏网分为外侧网衣，外侧网衣为超高分子聚乙烯网衣。内侧网衣由铜合金编织网组成。

内侧铜网衣　　外侧纤维网衣　　分隔纤维网衣

泥底　　　　　泥底　　　　　　泥底

图4　设施整体布局及网衣设置

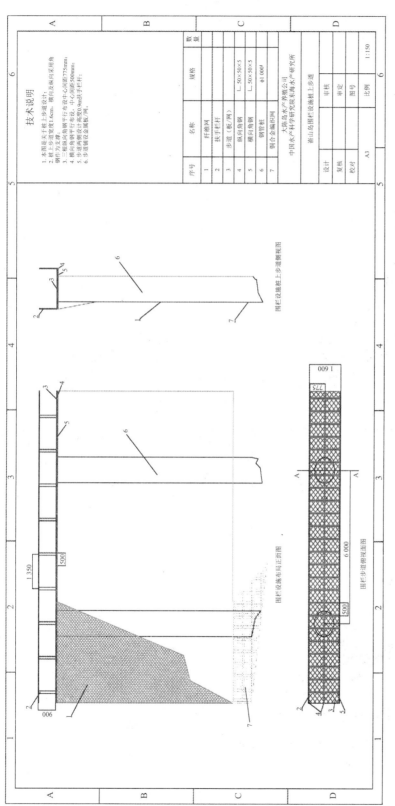

图5　设施网衣布局及步行道设计

以大黄鱼养殖方案为例,在大丰风电场开展大黄鱼养殖,适宜在每年的春夏季(4~6月份,参考实际水文数据)投放鱼苗,规格在300~500 g,养殖6~8个月起捕上市,其上市成鱼的规格在500~750 g。由于其远海水域养殖特点,按目前浙江台州地区远海大型牧场式围栏设施养殖大黄鱼的市场价格推测,其养殖成鱼的售价可达150元/千克以上。

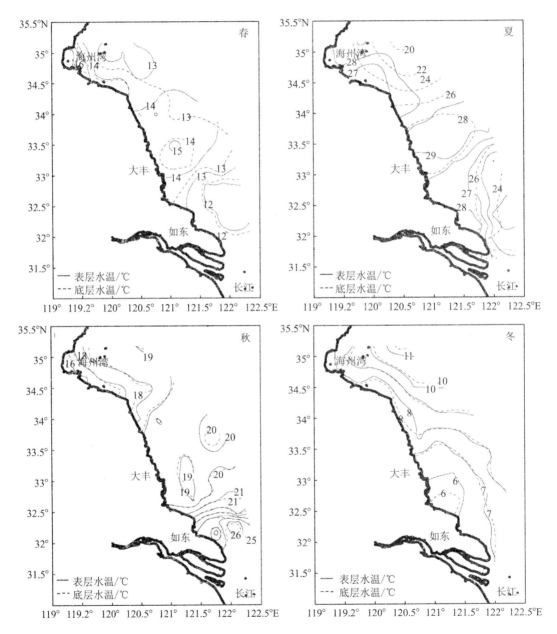

图6　江苏海域表层及底层水温分布(℃)

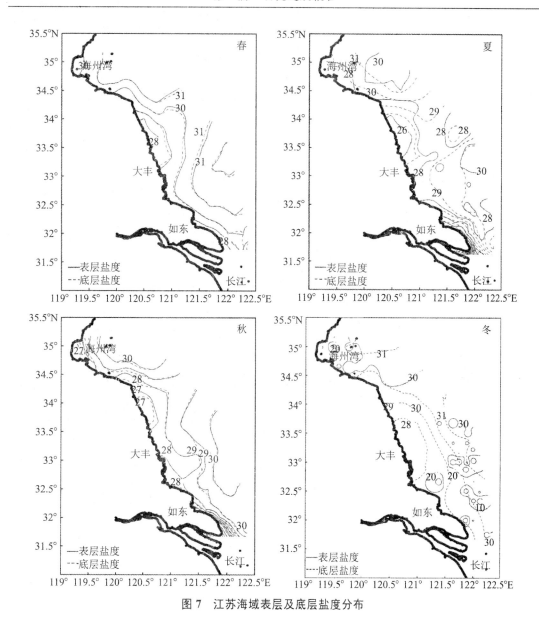

图 7 江苏海域表层及底层盐度分布

如果是在南方海域,如福建或广东等沿海海域,由于该区域水温较高,可全年进行成鱼养殖,但养殖方式也宜采取接力式养殖,即投放适当规格的鱼苗,养殖周期一年左右,以发挥深远海养殖设施的优势,提高经济收益。

4 水质动态监测系统集成设计

采用有线式 4 信道超声波标志跟踪系统(FRX-4002 型,FUSION,日本)对围栏内大黄鱼进行跟踪。超声波标志使用同公司的 FPX-1030 型自带压力(深度)传感器小型标志,发射频率为 60 kHz，外观尺寸长约 35 mm，直径约为 10 mm（图 8），声源级 155 dB，电池寿命在 1 s 发射间隔时为 2 天。使用 31 bit 的 M 序列伪随机编码对发射声波进行相位调制编码，按设置的发射周期发射声波，编码信号通过接收机匹配滤波后识别，最多可同时跟踪 24 个目标，标志发射脉冲声波间隔可以使用磁铁开关计数调整，本次实验设置的脉冲发射间隔为 5 秒。

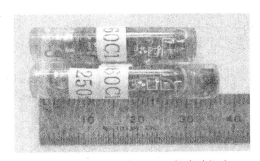

图 8 FPX-1030 型 60 kHz 超声波标志

标志跟踪接收单元包括由 4 个水听器组成阵列和接收机（图 9），水听器通过数据线与接收机连接，再通过 USB 数据线将接收机和笔记本电脑连接，接收机通过专用软件实时接收来自 4 个水听器的数据，并以 .CSV 文件格式储存在电脑中，数据文件按每小时自动分割。本次实验将 4 个水听器放置在大型围栏网 4 个角的水下 2 m 处，组成矩形阵列，阵列长为 75.50 m，宽为 48.65 m。

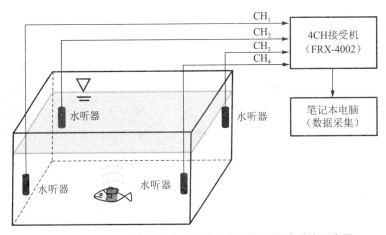

图 9 FRX-4002 型有线式（4 信道）超声波标志跟踪系统示意图

（岗位科学家 王鲁民）

海水鱼保鲜与贮运技术研发进展

保鲜与贮运岗位

2017年,海水鱼保鲜与贮运岗位重点开展了臭氧水减菌化处理结合冰温保鲜技术处理卵形鲳鲹保鲜工艺、不同贮藏温度对半滑舌鳎品质特性及保鲜效果影响、不同降温速率处理后无水活运对海鲈鱼肝组织影响等工作,并取得重要进展。

1 臭氧水减菌化处理结合冰温保鲜技术处理卵形鲳鲹保鲜工艺研发

1.1 冰温条件与臭氧水浓度测定结果

绘制 −18 ℃下卵形鲳鲹的温度 − 时间曲线,测得卵形鲳鲹的冰点为 −1.2 ℃,卵形鲳鲹的冰温带为 0～−1.2 ℃。设置恒温箱的温度为 −0.6 ℃,用多点温度采集仪测定此温度条件下的恒温箱温度波动范围为 −1.1～0 ℃,在卵形鲳鲹的冰温带范围内,满足冰温技术要求。经测定活氧水机产出的臭氧水质量浓度为 1.8 mg/L。

1.2 综合感官评定结果

卵形鲳鲹的感官评定结果如表1所示。随着贮藏时间的延长各处理组的感官评分逐渐下降。其中冷藏组的下降速度明显比冰温组和臭氧冰温组快,冷藏组在第6天以后生鱼块和水煮鱼块均不可接受,而冰温处理组可保藏卵形鲳鲹14～16 d,臭氧冰温组可保持17 d,均明显优于冷藏组。臭氧冰温组与冰温组的生鱼块在 14 d 以后存在显著差异($P < 0.05$),水煮鱼块虽不显著($P > 0.05$),但臭氧冰温组平均得分高于冰温组,这表明 1.8 mg/L 的臭氧水处理对卵形鲳鲹的生鱼块有一定的保鲜效果。

表1 卵形鲳鲹感官品质评定结果

处理	生鱼片			水煮鱼片		
	冷藏	冰温	臭氧冰温	冷藏	冰温	臭氧冰温
0 d	5.00 ± 0.00[a]	5.00 ± 0.00[a]	5.00 ± 0.00[a]	5.00 ± 0.00[a]	5.00 ± 0.00[a]	5.00 ± 0.00[a]
2 d	4.50 ± 0.11[a]	4.75 ± 0.05[b]	4.85 ± 0.05[b]	4.50 ± 0.08[a]	4.65 ± 0.08[ab]	4.80 ± 0.11[b]

续表

处理	生鱼片			水煮鱼片		
	冷藏	冰温	臭氧冰温	冷藏	冰温	臭氧冰温
4 d	3.85 ± 0.08ᵃ	4.20 ± 0.11ᵃ	4.80 ± 0.13ᵇ	4.00 ± 0.08ᵃ	4.50 ± 0.04ᵃᵇ	4.60 ± 0.08ᵇ
6 d	3.05 ± 0.12ᵃ	4.00 ± 0.20ᵇ	4.50 ± 0.10ᶜ	3.40 ± 0.15ᵃ	4.25 ± 0.15ᵇ	4.05 ± 0.08ᵇ
8 d	1.50 ± 0.12ᵃ	4.05 ± 0.41ᵇ	4.28 ± 0.12ᵇ	1.77 ± 0.00ᵃ	4.10 ± 0.23ᵇ	4.23 ± 0.08ᵇ
10 d	1.00 ± 0.00ᵃ	3.82 ± 0.09ᵇ	4.00 ± 0.06ᵇ	—	3.80 ± 0.12ᵃ	3.90 ± 0.14ᵃ
12 d	—	3.57 ± 0.08ᵃ	3.82 ± 0.09ᵃ	—	3.41 ± 0.15ᵃ	3.72 ± 0.11ᵃ
14 d	—	3.10 ± 0.17ᵃ	3.51 ± 0.14ᵇ	—	3.12 ± 0.12ᵃ	3.53 ± 0.12ᵃ
16 d	—	2.95 ± 0.15ᵃ	3.22 ± 0.04ᵇ	—	3.02 ± 0.17ᵃ	3.28 ± 0.06ᵃ
17 d	—	2.21 ± 0.13ᵃ	3.10 ± 0.07ᵇ	—	2.72 ± 0.16ᵃ	3.13 ± 0.10ᵃ
18 d	—	1.80 ± 0.06ᵃ	2.52 ± 0.12ᵇ	—	2.20 ± 0.08ᵃ	2.52 ± 0.12ᵃ

注：（1）表中数据为样品的"感官平均分值 ± 标准差"（$n = 5$）；（2）表中同一行的不同字母表示差异显著（$P <$ 0.05）；（3）"–"表示鱼肉样品腐败未测。

1.3 菌落总数（APC）变化

卵形鲳鲹菌落总数的变化情况如图 1 所示。

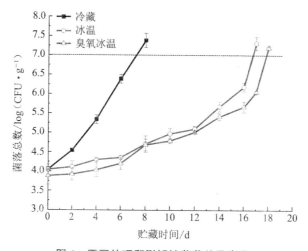

图 1 不同处理卵形鲳鲹菌落总数变化

在贮藏期间，冷藏组菌落总数明显上升，到第 8 天已超出 7.0 lg（CFU/g）卵形鲳鲹细菌总数限量标准，而冰温组和臭氧冰温组分别在 17 和 18 d 超过 7.0 lg（CFU/g），在第 2 天与冷藏组相比菌落总数就差异显著（$P < 0.05$），这表明冰温贮藏与冷藏相比能够明显抑制微生物的生长。在贮藏初期，冰温组 APC 为 4.0 log（CFU/g）、臭氧冰温组 APC 为 3.8 lg（CFU/g），臭氧水处理后的 APC 减少 5%，与 Gioacchino B. 等[99] 用 0.3 mg/L 的臭氧水处理后鲻鱼的

APC 含量减少近 30% 相比偏少, 这可能与鱼片的初始 APC 和经臭氧水处理后的沥干过程中接触空气有关。臭氧水处理组比冰温组延长货架期 1 d。

1.4 挥发性盐基氮(TVB-N)变化

挥发性盐基氮是水产品腐败评价的重要指标。SC/T 3103—2010 鲜冻卵形鲳鲹标准规定, 卵形鲳鲹的 TVB-N 值一级品 ≤ 18 mg/100 g, 合格品 ≤ 30 mg/100 g。

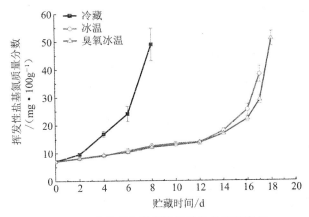

图 2 不同处理卵形鲳鲹挥发性盐基氮变化

如图 2 所示, 各处理组的 TVB-N 值均呈上升趋势, 冷藏组在第 8 天为 48.92 mg/100 g 已超出限量标准, 为不可接受。冰温组和臭氧冰温组在前 14 d 的 TVB-N 值上升缓慢, 均处于一级鲜度标准, 在 14 d 以后明显上升, 冰温组到 17 d 超出限量指标, 臭氧冰温组到 18 d 超出限量指标。可能的原因是, 冰温贮藏前期主要是由鱼肉僵直收缩释放的蛋白酶使蛋白质分解为一些胺类物质, 所以上升缓慢, 随着贮藏时间的延长, 鱼肉处于自溶阶段, 微生物大量繁殖产生大量的胞外蛋白酶, 使氨基酸发生脱酸脱胺反应生成大量的胺类物质, 导致上升趋势明显。这与菌落总数变化结果相一致。臭氧水处理与冰温贮藏相比的卵形鲳鲹在贮藏前 16 d, TVB-N 变化上均不明显($P > 0.05$), 上升趋势基本一致。

1.5 硫代巴比妥酸(TBA)变化

TBA 是反映脂肪氧化程度的重要指标。酶水解和自动氧化是导致脂肪氧化的主要原因, 主要发生在自溶阶段。

如图 3 所示, 各个处理组的 TBA 值大体上均保持上升趋势, 冷藏组上升趋势明显大于冰温组和臭氧冰温组, 在贮藏前 14 d 冰温组和臭氧冰温组上升缓慢, 这表明: 冰温贮藏能够明显延缓脂肪的氧化速率。在贮藏过程臭氧冰温组 TBA 值总体低于冰温组, 臭氧水处理能够延缓脂肪的氧化。虽然臭氧具有强氧化性, 脂肪中的不饱和脂肪酸中的双键等容易被氧化, 但经 1.8 mg/L 的臭氧水浸渍 10 min 处理的卵形鲳鲹可能由于臭氧水浓度过低或处理时间较短等原因而并不会促进脂肪氧化, 而臭氧水对卵形鲳鲹片微生物有一定的抑制作用,使自由基等促进脂肪氧化物质含量降低,从而延缓脂肪氧化。

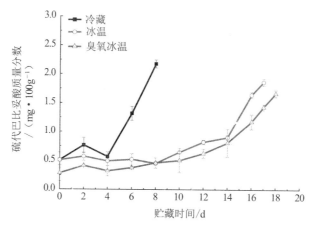

图 3 不同处理卵形鲳鲹硫代巴比妥酸变化

1.6 三甲氨(TMA-N)变化

三甲胺〔$(CH_3)_3N$〕是由氧化三甲胺〔$(CH_3)_3NO$〕在细菌作用下还原生成的。同时微生物代谢也能将卵磷脂等物质生成三甲胺,在鱼肉中三甲胺含量越高,表明其鲜度越差。

如图 4 所示,各不同处理组的卵形鲳鲹三甲胺含量在贮藏前期(前 4 d)均比较低,在 2.5 μg/g 以下,冷藏组第 4 d 以后明显升高,而冰温组和臭氧冰温组明显低于冷藏组($P < 0.01$),可能原因是冰温能够显著抑制产 TMA 菌等微生物的生长。冰温组和臭氧冰温组在前 14 d,出现上下波动,但均保持在较低含量(< 5 μg/g),在 14 d 以后出现显著增加,可见臭氧水处理对 TMA-N 在前 14 d 影响效果不显著($P > 0.05$)。

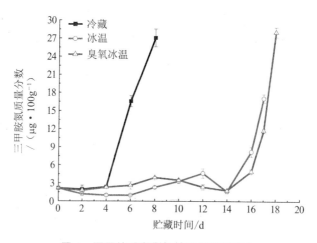

图 4 不同处理卵形鲳鲹三甲胺氮变化

1.7　pH变化

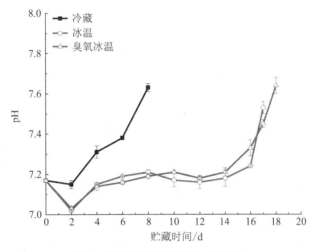

图 5　不同处理卵形鲳鲹 pH 变化

1.8　*K*值变化

研究表明 *K* 值作为评价鱼种早期的鲜度指标,即杀鱼时的 *K* 值在 10% 以下, *K* 值在 20% 以下为一级鲜度标准,可作为生鱼片。20%～40% 为二级鲜度,60% 以下为可供一般食用与加工,60%～80% 为初期腐败。

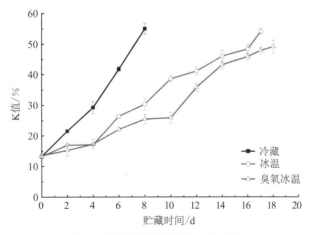

图 6　不同处理卵形鲳鲹 *K* 值变化

如图 6 所示,随着贮藏时间的延长,各不同处理组 *K* 值均呈现上升趋势,冷藏组显著高于冰温组和臭氧冰温组(*P* < 0.05)。到第 8 天冷藏组 *K* 值达 54.98%,而冰温组和臭氧冰温组 *K* 值分别为 30.32% 和 25.45%。可见,冰温贮藏能延缓 ATP 的降解,延长僵硬期。臭氧冰温组与冰温组 *K* 值与 TVB-N、TBA、TMA 等指标相比在贮藏初期上升趋势要明显,可

能原因是在冷藏与冰温贮藏条件下,在鱼体死亡早期,微生物数量相对较少,鱼体自身酶仍有活性,K 值与自身的生物化学反应相关作用较大。因此,与 TMA、TBA 相比,在贮藏初期 K 值更能反映卵形鲳鲹的新鲜程度。

2 不同贮藏温度对半滑舌鳎品质特性及保鲜效果影响

2.1 半滑舌鳎冰点确定

从图 7 中可以明显看出,半滑舌鳎在冻结过程中分为 3 个阶段:新鲜的半滑舌鳎鱼样在室温下温度为 24.57 ℃,随着时间的延长,鱼样温度先迅速下降直至 0 ℃ 以下。当温度下降为 −1.723 ℃ 时,鱼样温度出现拐点,并在 5 min 内基本维持稳定,这时鱼样开始形成冰晶体,释放潜热,理论上这个拐点所在温度为半滑舌鳎的冻结点。随后,鱼样温度再次进入快速下降阶段,直至达到冻结状态。综上所述,半滑舌鳎的冰点温度为 −1.723 ℃。微冻保鲜定义规定贮藏温度为冰点温度以下 1～2 ℃,同时为便于温度控制,故该实验中选取微冻温度为 −3 ℃。

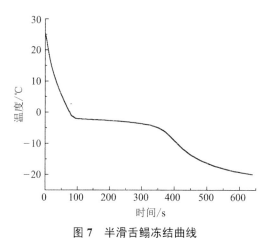

图 7 半滑舌鳎冻结曲线

2.2 感官评价

感官评价可直观反映半滑舌鳎在贮藏过程中的品质变化,不同贮藏环境贮藏的半滑舌鳎感官品质变化情况如图 8 所示。

不同贮藏环境中半滑舌鳎的感官评分变化趋势体现出一致性:感官品质均随贮藏时间的延长而下降,这主要是由于半滑舌鳎在贮藏过程中微生物生长繁殖及酶活性化学反应的共同作用所致。其中,10 ℃ 的半滑舌鳎感官品质下降最快,贮藏 9 d 后感官达到不可接受程度;4 ℃ 和 0 ℃ 在贮藏前 10 d 差异不显著($P < 0.01$),随后 4 ℃ 变化速率明显大于 0 ℃,分别贮藏 12 d、15 d 后接近感官不可接受程度;相比较于 10 ℃、4 ℃ 和 0 ℃ 贮藏,−3 ℃ 贮藏环

境中的半滑舌鳎感官品质保持最好,这说明降低温度可明显延缓半滑舌鳎感官品质劣变,微冻保鲜具有明显优势。

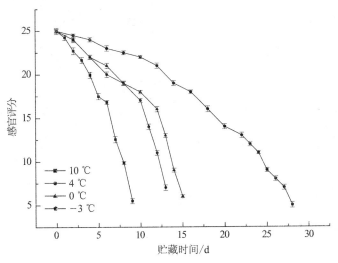

图8　不同贮藏温度下半滑舌鳎感官评分的变化

2.3　电导率变化

电导率衡量的是水产品浸出液的导电能力,是评定水产品鲜度的快速有效方法之一。

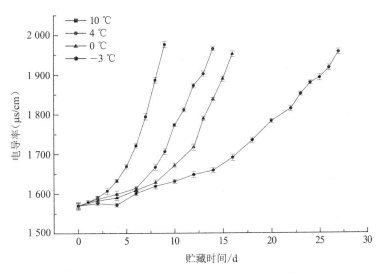

图9　不同贮藏温度下半滑舌鳎电导率的变化

如图9所示,新鲜的半滑舌鳎电导率为1 579 μs/cm,各温度贮藏环境中的半滑舌鳎电导率都呈上升趋势,这是由于半滑舌鳎会随着贮藏时间的延长发生自溶现象,蛋白质、脂肪等大分子营养物质一方面因微生物生长繁殖所需,另一方面会因内源性酶的作用而分解为小分子物质,主要以离子的形式存在,直接导致其浸出液的离子浓度增大,导电能力增强。10 ℃贮藏环境中的电导率增长最快,4 ℃、0 ℃、−3 ℃贮藏环境中的半滑舌鳎电导率在前7 d无明显差异,从第10 d起出现明显差异,其中 −3 ℃变化最缓慢,27 d才达到1 957 μs/cm。这说明半滑舌鳎的电导率与贮藏温度密切相关,低温可通过抑制营养物质分解达到延缓品质劣变进程,延长货架期。

2.4 保水性分析

保水性可有效衡量海产品的肌肉品质状况,直接影响着海产品的感官品质、风味及营养品质,通常由蒸煮损失和滴水损失进行评价。

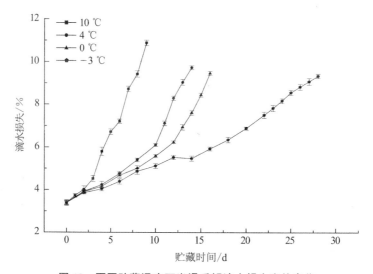

图10 不同贮藏温度下半滑舌鳎滴水损失率的变化

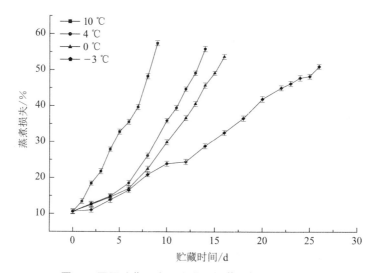

图11 不同贮藏温度下半滑舌鳎蒸煮损失率的变化

从图10、11可知,半滑舌鳎滴水损失、蒸煮损失都随着温度的下降而降低,且4 ℃、0 ℃、-3 ℃贮藏环境中的滴水损失和蒸煮损失率明显低于10 ℃,这可能是由于降低温度可大幅减少因肌肉蛋白质变性而引起肌球蛋白网状结构的失水作用,从而达到提高保水性能的目的,这表明降低贮藏温度可有效保持其保水性能,减少营养损失。随着时间的延长,不同贮藏温度下的半滑舌鳎滴水损失、蒸煮损失都呈上升的变化趋势,变化差异极显著($P <$ 0.01)。同时,滴水损失和蒸煮损失率在10 ℃、4 ℃、0 ℃、-3 ℃的相关系数分别为0.991、0.989、0.986、0.986($P < 0.01$),可见两者对评价半滑舌鳎品质具有高度一致性。

2.5 TVB-N值分析

TVB-N值是评价海产品新鲜度的一个重要指标,GB 2733—2015《鲜、冻动物性水产品卫生标准》规定:TVB-N ≤ 13 mg/100 g,一级鲜度;TVB-N ≤ 20 mg/100 g,二级鲜度;TVB-N>30 mg/100 g,不可接受程度。

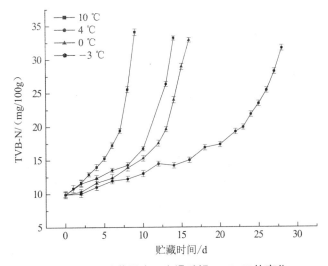

图 12 不同贮藏温度下半滑舌鳎 TVB-N 的变化

从图12可看出,新鲜半滑舌鳎TVB-N值为9.91 mg/100 g,为一级鲜度。10 ℃贮藏的半滑舌鳎TVB-N值迅速上升,第9 d可达到34.08 mg/100 g,超过可食用极限。4 ℃、0 ℃条件下的TVB-N值10 d后迅速上升,分别于第15 d、17 d后超过可接受范围。-3 ℃条件下的曲线在贮藏早期较为平缓,第22 d为19.26 mg/100 g,未超过二级鲜度,直至第28 d才达到不可接受程度。综上所述,从TVB-N值的角度出发,10 ℃、4 ℃、0 ℃、-3 ℃贮藏的半滑舌鳎货架期分别为8 d、13 d、15 d、27 d。同时,观察图9和图12,可看出两者在表征半滑舌鳎鲜度具有一定的相关性,经相关性分析,半滑舌鳎在10 ℃、4 ℃、0 ℃、-3 ℃条件下的电导率与TVB-N值相关系数分别为0.984、0.961、0.989、0.984($P < 0.01$),这与张丽娜等人对草鱼电导率与鲜度指标相关性研究中得出的结果一致。

2.6 K 值分析

K 值可反映海产品在贮藏过程中 ATP 分解的程度，进而衡量海产品鲜度状况。一般而言，若 K 值低于 20%，为极新鲜状态，可用于生食；若 K 值处于 20% 与 60% 之间，为新鲜状态，可用于食品加工；若 K 值超过 60%，则进入腐败状态，鲜度下降，可能是由于贮藏后期微生物生长繁殖的能量需求极大地加快 ATP 分解速率。

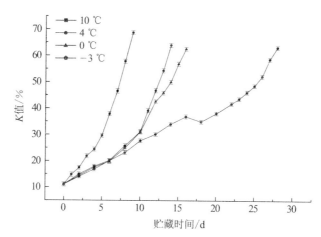

图 13 不同贮藏温度下半滑舌鳎 K 值的变化

从图 13 可知，10 ℃贮藏环境中的半滑舌鳎 K 值变化差异显著（$P < 0.01$），在第 9 d 可上升为 68.73 %，进入腐败阶段。在贮藏 9 d，4 ℃、0 ℃、−3 ℃条件下的 K 值变化无明显差异之后，4 ℃、0 ℃条件下的 K 值变化速率明显高于 −3 ℃，在第 14 d、16 d 分别达到 63.94 %、62.54 %，而 −3 ℃的半滑舌鳎在第 22 d 时仅有 38.11 %，直至在 28 d 时才超过 60%（63.17%）。这表明，贮藏温度与半滑舌鳎鲜度下降速率密切相关，采用 −3 ℃微冻贮藏可大幅度保持其品质特性，因为降低温度可抑制 ATP 分解相关酶的活性，从而抑制 ATP 分解，延缓半滑舌鳎品质劣变。

2.7 生物胺分析

生物胺与海产品的食用安全性密切相关，海产品有可能因贮藏环境因素而生成过量的生物胺造成食物中毒，直接对人体健康构成威胁。赵中辉等发现，红肉鱼易引起大量组胺生成而导致中毒，但红肉鱼并不是判断组胺中毒的绝对依据，作为白肉鱼的牙鲆在 20 ℃贮藏 4 d 后体内含有的组胺已超过美国 FDA 规定的 50×10^{-6} 组胺安全限量。

本实验中发现，10 ℃、4 ℃、0 ℃条件下的半滑舌鳎在贮藏期间主要积累了尸胺、腐胺和酪胺，仅有极少量精胺生成，可忽略不计。贮藏相同时间的半滑舌鳎尸胺含量最多，腐胺次之，酪胺相对较少。−3 ℃贮藏的半滑舌鳎仅在贮藏后期有极少量精胺生成，可忽略不计，其他生物胺均未检出。这是由于 −3 ℃低温使微生物的生长繁殖得到了抑制，鱼自身含有的各种酶活性也很低。由图 14、15、16 可看出，10 ℃、4 ℃、0 ℃贮藏的半滑舌鳎尸胺、腐胺、酪

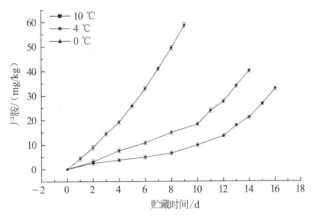

图 14 不同贮藏温度下半滑舌鳎中尸胺的变化

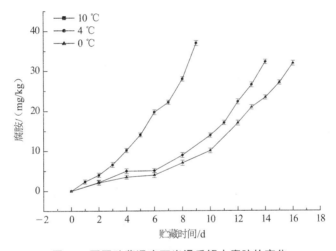

图 15 不同贮藏温度下半滑舌鳎中腐胺的变化

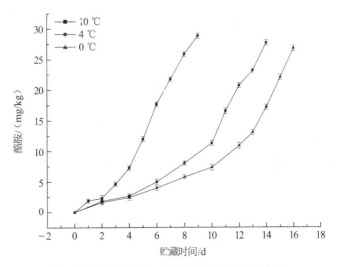

图 16 不同贮藏温度下半滑舌鳎中酪胺的变化

胺变化差异显著($P < 0.01$),尸胺最多可积累到 58.65 mg/千克,腐胺、酪胺分别为 38.52 mg/千克和 29.74 mg/千克,且产生速率随着贮藏温度的降低明显降低。同时,可看出,半滑舌鳎贮藏后期在一定程度上存在安全隐患,因酪胺本身毒性较大,而腐胺和尸胺反应可生成杂环类致癌物质,降低贮藏温度可明显降低半滑舌鳎在贮藏过程中生物胺的积累。

2.8 氨基酸分析

氨基酸含量可衡量海产品的蛋白质特性状况,实验中发现半滑舌鳎含有 16 种氨基酸,种类较齐全。

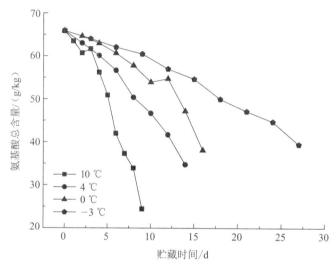

图 17 不同贮藏温度下半滑舌鳎氨基酸总量变化

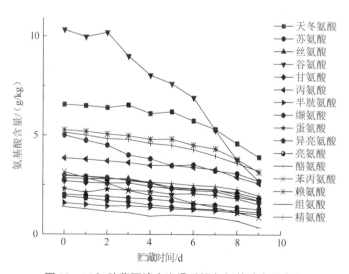

图 18 10 ℃贮藏环境中半滑舌鳎各氨基酸含量变化

　　由图17可知,半滑舌鳎中含有的氨基酸总量呈下降趋势,不同温度贮藏的半滑舌鳎氨基酸总量变化幅度稍有差异,10 ℃变化速率最快,−3 ℃最慢。其中,10 ℃的半滑舌鳎贮藏9 d后氨基酸总量由最初的65.88 g/kg降为24.45 g/kg,而 −3 ℃的半滑舌鳎氨基酸总量贮藏27 d后仍为39.48 g/kg,这表明 −3 ℃可以显著降低氨基酸含量变化速率。对于存在于半滑舌鳎中的每一种氨基酸,从图18、19、20、21可看出,不同贮藏温度下的半滑舌鳎均谷氨酸含量最多,天冬氨酸仅次之,且两者变化差异显著($P < 0.01$),降低速率随着温度的降低而减小。同时,组氨酸、精氨酸等含量低且变化不明显,这与生物胺中精胺、组胺的极少生成量结果相一致。总而言之,降低贮藏温度可以有效减缓氨基酸含量的降低,保持半滑舌鳎良好品质。

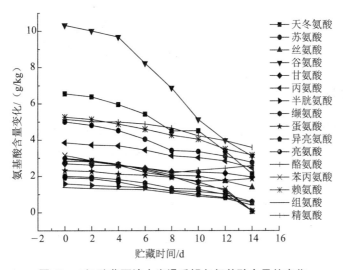

图19　4 ℃贮藏环境中半滑舌鳎各氨基酸含量的变化

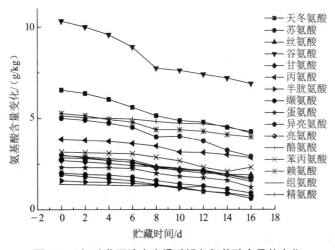

图20　0 ℃贮藏环境中半滑舌鳎各氨基酸含量的变化

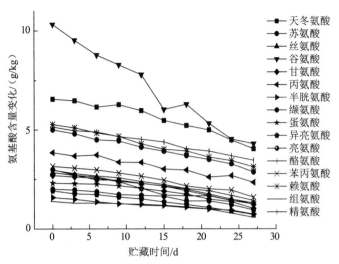

图 21　-3℃贮藏环境中半滑舌鳎各氨基酸含量的变化

2.9　菌落总数分析

微生物生长繁殖是引起海产品腐败变质的重要缘由,我国海水鱼类卫生标准规定:菌落总数低于 4 lg cfu/g 为一级鲜度,菌落总数介于 4 lg cfu/g 与 6 lg cfu/g 为二级鲜度。

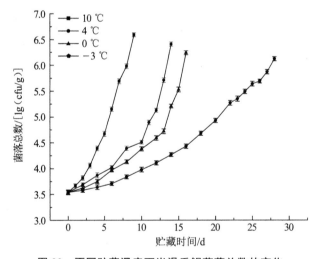

图 22　不同贮藏温度下半滑舌鳎菌落总数的变化

从图 22 可知,不同贮藏温度的半滑舌鳎菌落总数变化差异显著($P < 0.01$),菌落总数随着贮藏温度的下降而减少,10 ℃环境中的菌落总数第 8 d 接近不可接受界限,4 ℃、0 ℃条件下的菌落总数分别于 14 d、16 d 超出可接受范围。在贮藏早期,-3 ℃贮藏的半滑舌鳎菌落总数呈下降趋势,可能是因为 -3 ℃处于最大冰晶生成温度带,细菌体液中水分发生一定程度冻结,体积增大所产生的挤压作用会使菌体破裂死亡。随后,-3 ℃贮藏的半滑舌鳎菌

落总数开始上升但增速相对缓慢,直至第 28 d 才为 6.12 lg cfu/g。Duun 等发现,低温可抑制蛋白分解酶等酶活性,从而减缓了营养物质分解为小分子的速率,从而影响微生物生长过程中对营养物质的需求,延缓了品质劣变。从菌落总数变化来看,10 ℃、4 ℃、0 ℃、−3 ℃贮藏的半滑舌鳎货架期分别为 8 d、13 d、15 d、27 d,这与 TVB-N 得出的货架期一致。

3 不同降温速率处理后无水活运对海鲈鱼肝组织影响

实验通过对海水鱼肝组织半胱氨酸蛋白酶-3(Caspase-3)活性、丙二醛(MDA)含量、血清中 PCSK-9、谷丙转氨酶(ALT)、谷草转氨酶(AST)活性变化的研究,探讨贮运过程中由于不同降温速率对海鲈鱼肝组织造成的影响,为其保活运输工艺的开发提供理论参考。

3.1 不同降温速率无水活运下海鲈鱼肝组织中 Caspase-3 活性

结果表明,运输 0 h(只经历了降温过程),各处理组与 CK 组之间相比肝组织中 Caspase-3 活性明显升高($P < 0.05$),且不同降温速率处理组数据差异明显。随着运输时间的延长,3 个不同降温速率组的 Caspase-3 酶活性不断增强,运输结束后 Caspase-3 酶活呈下降趋势,说明运输恢复后海鲈鱼肝组织细胞凋亡减弱。1 ℃/h 组 Caspase-3 酶活性显著高于 3 ℃/h、5 ℃/h 组($P < 0.05$),这可能是由于降温处理时间过长,环境刺激肝组织细胞,导致 Caspase-3 酶活性强。5 ℃/h 组 Caspase-3 酶活性低于 1 ℃/h 组,可能是由于降温速率快,处理时间短,低温抑制了 Caspase-3 酶活性。这表明降温速率可以通过影响 Caspase-3 酶活性,进而影响海鲈鱼肝组织细胞凋亡程度。

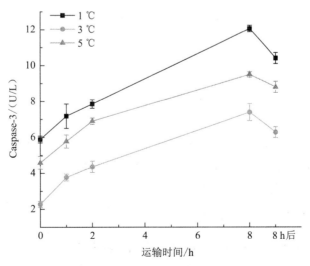

图 23 不同降温速率处理后无水活运下海鲈鱼肝组织中 Caspase-3 活性变化

3.2 不同降温速率处理后无水活运下海鲈鱼肝组织中 MDA 浓度

结果表明,随着运输时间的延长,3 个不同降温速率组的 MDA 浓度不断增强,运输结束后 MDA 浓度呈下降趋势。3 ℃/h 组肝组织内 MDA 浓度显著低于 1 ℃/h、5 ℃/h 组($P < 0.05$),但与 CK 组相比依然明显升高($P < 0.05$)。这说明不同降温速率模拟运输海鲈鱼导致其肝组织产生剧烈脂质过氧化,造成肝组织细胞大量凋亡与损伤,这可能也是海鲈鱼无法长时间活运的主要原因。运输恢复后海鲈鱼肝组织内 MDA 浓度呈下降趋势,但依然很高,表明这种对肝脏的损伤是不可逆的。

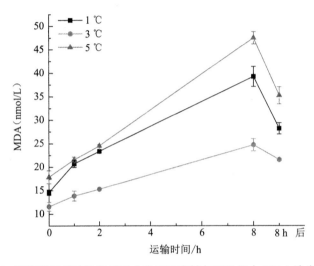

图 24 不同降温速率处理后无水活运下海鲈鱼肝组织中 MDA 浓度变化

3.3 不同降温速率处理后无水活运下海鲈鱼血清中 PCSK-9 活性

前蛋白转化酶枯草溶菌素-9(PCSK-9)可进入体循环影响血脂水平,还可参与细胞的凋亡。不同降温速率处理后无水活运下海鲈鱼血清中 PCSK-9 活性变化如图 25 所示:运输 0 h 时,5 ℃/h 组海鲈鱼血清中 PCSK-9 活性低于 1 ℃/h、3 ℃/h 组($P < 0.05$);这可能是由于降温速率快,温差大从而抑制了海鲈鱼血清中 PCSK-9 活性。运输 2 h 后,3 ℃/h 组海鲈鱼血清中 PCSK-9 活性明显低于 1 ℃/h、5 ℃/h 组($P < 0.05$);PCSK-9 参与了海鲈鱼的细胞凋亡,海鲈鱼血清中 PCSK-9 活性变化与上述海鲈鱼肝组织中 Caspase-3 活性变化数据相一致。运输 8 h 后,3 ℃/h、5 ℃/h 组海鲈鱼血清中 PCSK-9 活性明显增高,这可能是由于运输结束后使用常温养殖水直接唤醒,再次诱发了鱼体产生应激。

3.4 不同降温速率无水活运下海鲈鱼血清中 AST、ALT 活性

肝脏中含有丰富的谷丙转氨酶 ALT、谷草转氨酶 AST,是表示肝脏损伤的重要指示酶。不同降温速率处理后无水活运下海鲈鱼血清中 AST、ALT 活性变化如图 26 和图 27 所示。

运输 0 h，1 ℃/h、3 ℃/h、5 ℃/h 组海鲈鱼血清中 AST、ALT 活性明显高于 CK 组（$P < 0.05$），表明降温速率会对鱼体的肝脏造成损伤。3 ℃/h 组海鲈鱼血清中 AST、ALT 活性明显低于 1 ℃/h、5 ℃/h 组（$P < 0.05$），表明 3 ℃/h 组因降温处理时间短、温差小能够适当缓解海鲈鱼因为运输操作造成的肝脏损伤。运输 8 h，3 组海鲈鱼血清中 AST、ALT 活性均呈上升趋势，但 1 ℃/h 组海鲈鱼血清中 AST、ALT 活性低于 5 ℃/h 组（$P < 0.05$），且 5 ℃/h 组 ALT 活性升高速度快，表明降温速率快会导致鱼体肝脏组织受损加重。运输 8 h 恢复后，3 组海鲈鱼血清中 AST、ALT 活性较运输过程中的增长势头减缓。这可能是由于长时间低温无水环境，机体代谢逐渐以无氧呼吸为主，体内抗氧化系统出现问题，导致"唤醒"后的海鲈鱼肝脏恢复缓慢或已产生不可修复的损伤。

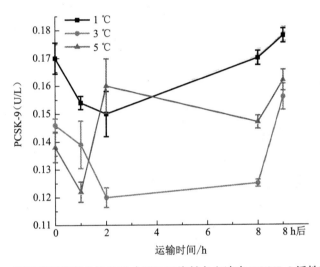

图 25　不同降温速率处理后无水活运下海鲈鱼血清中 PCSK-9 活性变化

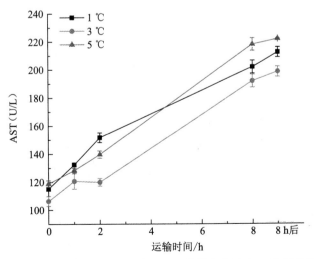

图 26　不同降温速率处理后无水活运下海鲈鱼血清中 AST 活性变化

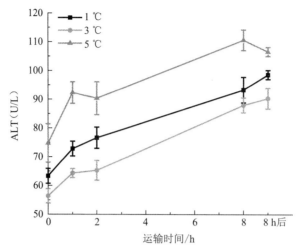

图27　不同降温速率处理后无水活运下海鲈鱼血清中 **ALT** 活性变化

3.5　不同降温速率处理后无水活运下海鲈鱼死亡率

1 ℃/h、3 ℃/h、5 ℃/h 不同降温速率处理后无水活运下海鲈鱼苏醒时间分别为 19 min、15 min 和 16 min。将生态冰温无水活运法运输后的海鲈鱼直接放入常温（22～23 ℃）水中，可以观察到鱼尾摆动幅度越来越大，鱼鳃开始不规律地开闭，呼吸频率越来越大，逐渐接近正常水平，大约 20 min，鱼体恢复正常的游动。

表2　不同降温速率处理后无水活运下海鲈鱼死亡率

组别／运输后时间	8 h(%)	1 d(%)	2 d(%)
暂养6 h、1 ℃/h	20	50	70
暂养6 h、3 ℃/h	10	20	50
暂养6 h、5 ℃/h	10	40	60

不同降温速率处理后无水活运下海鲈鱼死亡率如表2所示，海鲈鱼常温水中恢复8 h后各组均出现死鱼现象。1 ℃/h组海鲈鱼在运输后1 d，死亡率就高达50％；随着时间的延长，1 ℃/h组海鲈鱼死亡率不断升高。3 ℃/h组处理后海鲈鱼死亡率在三组中最低，但与业界期望值还有差距。这可能是本实验操作"唤醒"步骤时采用了常温快速唤醒，海鲈鱼已经过降温、包装、运输过程中的应激，体内能量已不足，免疫系统紊乱，适应环境能力差，将此时的海鲈鱼放入与之前运输箱内环境差异较大的地方，导致海鲈鱼再次应激，因而存活率不高。

4　年度进展小结

（1）研究冷藏、冰温贮藏和臭氧水处理后冰温贮藏下卵形鲳鲹品质的变化。冰温贮藏和臭氧冰温贮藏分别能够保藏 16 和 17 d，与冷藏相比，冰温贮藏能够显著延长卵形鲳鲹的货架期 10 d,是冷藏的 2.7 倍。

（2）开展不同贮藏温度对半滑舌鳎品质特性及保鲜效果的影响。10 ℃、4 ℃、0 ℃货架期分别为 8 d、13 d、15 d,相比较于 10 ℃、4 ℃、0 ℃贮藏,采用 −3 ℃微冻贮藏可分别延长半滑舌鳎货架期 19 d、14 d、12 d,可见降低温度可明显延长半滑舌鳎货架期

（3）开展不同降温速率处理后无水活运对海鲈鱼肝组织影响的研究。海鲈鱼可以通过低温诱导休眠的方式进行无水保活,且无水保活时间可达到 8 h。3 ℃/h 组处理后无水活运对海鲈鱼肝组织损害程度低,存活率高,建议将降温速率设定为 3 ℃/h。

（岗位科学家 谢 晶）

海水鱼鱼肉特性与加工关键技术研发进展

鱼品加工岗位

1 海鲈鱼肉特性与加工关键技术

1.1 海鲈肉质特性研究

为解决大宗养殖鲈鱼大量养殖但缺乏加工技术的局面,必须先了解海鲈鱼肉的营养和肉质特性。通过对大宗养殖海水鲈鱼(海鲈)进行肌肉的常规营养成分、氨基酸组成、脂肪酸组成和微量元素检测分析,研究分析了鲈鱼的各部分比例、基本成分、蛋白质组成、pH、采肉率、熟肉率、系水力、滴水损失、鱼肉色泽和质构等肉质特性,并与淡水养殖鲈鱼(大口黑鲈)进行比较,结果表明:海水鲈鱼营养丰富,其中蛋白质含量(20.30 ± 0.68)%,背部脂肪含量(1.13 ± 0.09)%,腹部脂肪含量(10.22 ± 0.15)%,内脏脂肪含量(72.24 ± 0.03)%,灰分含量(0.94 ± 0.14)%,水分含量(77.92 ± 0.32)%,氨基酸种类齐全,特别是富含人体所需的必需氨基酸,鲜味氨基酸含量丰富,脂肪酸中以多不饱和脂肪酸为主。海鲈鱼的营养组成优于淡水鲈鱼,海水养殖的海鲈鱼蛋白质含量比淡水鲈鱼高21.6%;含有人体所必需的优质氨基酸,氨基酸总量比淡水鲈鱼高10.27%。不饱和脂肪酸含量比淡水鲈鱼高15.8%。海鲈鱼体重与全长的比例为14.58%,海鲈鱼与大口黑鲈的形体参数和色泽差异显著($P < 0.05$);海鲈鱼内脏脂肪含量比大口黑鲈高;海鲈鱼鱼肉pH为7.17,熟肉率高;鱼肉的滴水损失率和失水率均较低,仅是大口黑鲈的一半;而且海鲈鱼采肉率高,很适合鱼糜、鱼片等产品的加工。

表 1 海鲈和大口黑鲈基本成分的比较(湿重 g/100g $n = 5$)

养殖方式	品种	水分	蛋白质	灰分	背肌脂肪	腹肌脂肪	内脏脂肪
海水	海鲈	77.92 ± 0.32^a	20.30 ± 0.68^A	0.94 ± 0.14	1.13 ± 0.09^a	10.22 ± 0.15	72.24 ± 0.03^A
淡水	大口黑鲈	76.65 ± 0.44^b	16.70 ± 0.30^B	1.05 ± 0.43	0.81 ± 0.04^b	10.06 ± 0.02	25.99 ± 1.10^B

注:同列数据上标不同小写字母者表示差异显著($P < 0.05$);不同大写字母表示差异极显著($P < 0.01$)。

表 2 海鲈鱼和大口黑鲈蛋白质组成及含量比较(湿重%)

鱼种类	粗蛋白	非蛋白氮	水溶性蛋白	盐溶性蛋白	碱溶性蛋白	碱不溶性蛋白
海鲈	19.93 ± 0.39^A	1.82 ± 0.20	3.91 ± 0.33	9.79 ± 0.92	2.97 ± 0.20^A	0.33 ± 0.15^B
大口黑鲈	18.49 ± 0.68^B	1.63 ± 0.13	4.25 ± 0.25	8.76 ± 0.33	1.98 ± 0.07^B	0.68 ± 0.05^A

表3　海鲈与大口黑鲈的氨基酸含量(湿重 g/100g)与脂肪酸组成(%)比较

种类		海鲈鱼	大口黑鲈
必需氨基酸	Thr	0.92 ± 0.09	0.82 ± 0.09
	Val	1.03 ± 0.19	0.96 ± 0.04
	Met	0.64 ± 0.08	0.56 ± 0.05
	Phe	0.88 ± 0.14	0.56 ± 0.02
	Ile	0.98 ± 0.11	0.89 ± 0.11
	Leu	1.65 ± 0.04	1.49 ± 0.10
	Lys	1.97 ± 0.08	1.83 ± 0.05
	Arg	1.19 ± 0.24	1.08 ± 0.11
	His	0.46 ± 0.07	0.45 ± 0.10
非必需氨基酸	Ala	1.19 ± 0.20	1.07 ± 0.09
	Gly	1.02 ± 0.11	0.86 ± 0.08
	Glu	3.01 ± 0.24	2.70 ± 0.08
	Asp	2.07 ± 0.12	1.90 ± 0.06
	Ser	0.77 ± 0.05	0.71 ± 0.04
	Tyr	0.73 ± 0.07	0.64 ± 0.05
	Pro	0.61 ± 0.03	0.58 ± 0.05
	TAA	19.12 ± 0.6	17.34 ± 0.59
	EAA	9.72 ± 0.47	8.88 ± 0.42
	DAA	7.29 ± 0.83	6.53 ± 0.75
	EAA/TAA(%)	50.84	51.21
	DAA/TAA(%)	38.13	37.66
脂肪酸	C12:0	0.7 ± 0.13	0.1 ± 0.03
	C14:0	2.5 ± 0.21	4.5 ± 0.21
	C14:1n5	0.2 ± 0.08	0.1 ± 0.04
	C15:0	0.3 ± 0.07	0.7 ± 0.10
	C16:0	19.4 ± 0.37	21.3 ± 0.75
	C16:1n7	6.7 ± 0.74	7.9 ± 0.12
	C17:0	0.3 ± 0.09	0.7 ± 0.12
	C18:0	2.8 ± 0.20	4.2 ± 0.60
	C18:1n9c	18.5 ± 0.93	3.3 ± 0.64
	C18:1n6c	14.4 ± 0.51	2.5 ± 0.12
	C20:0	0.2 ± 0.06	0.2 ± 0.07
	C18:1n6	0.3 ± 0.10	0.1 ± 0.06

续表

种类		海鲈鱼	大口黑鲈
脂肪酸	C20：1	0.7 ± 0.12	0.7 ± 0.11
	C18：ln3	3.0 ± 0.57	0.8 ± 0.12
	C21：0	＜ 0.05	0.2 ± 0.04
	C20：2	0.2 ± 0.04	0.3 ± 0.10
	C22：0	2.7 ± 0.30	3..4 ± 0.56
	C20：ln3	＜ 0.05	0.1 ± 0.02
	C22：ln5	0.3 ± 0.07	0.1 ± 0.05
	C20：ln8	0.4 ± 0.05	1.5 ± 0.11
	C24：0	0.9 ± 0.07	5.6 ± 0.15
	C20：ln3	6.4 ± 0.22	12.5 ± 0.58
	C24：ln9	＜ 0.05	0.2 ± 0.04
	C22：ln3	12.8 ± 0.77	18.0 ± 0.65
	脂肪酸总量	93.7 ± 5.95	89.0 ± 5.69
	不饱和脂肪酸	63.9 ± 6.13	48.1 ± 5.38
	脂肪酸不饱和度	68.2	54.0

注：同列数据上标不同小写字母者表示差异显著（$P ＜ 0.05$）；不同大写字母表示差异极显著（$P ＜ 0.01$）。

表4 海鲈鱼和大口黑鲈理化特性比较

鱼种类	pH	熟肉率/%	滴水损失/%	失水率/%	系水率/%
海鲈	7.17 ± 0.03[A]	88.06 ± 2.29	1.64 ± 0.48[B]	2.95 ± 0.54[B]	97.05 ± 0.54[A]
大口黑鲈	6.92 ± 0.03[B]	85.24 ± 1.89	3.62 ± 0.98[A]	6.07 ± 1.11[A]	93.93 ± 1.11[B]

表5 大口黑鲈和海鲈鱼质构参数比较

鱼种类	硬度/g	黏力/g	黏性/mJ	弹力	内聚力	弹性/mm	胶着性/g	咀嚼性/mJ
海鲈	123.71 ± 16.95[B]	1.55 ± 0.28[B]	0.01 ± 0.00[B]	0.41 ± 0.07[A]	0.62 ± 0.08[A]	3.37 ± 0.32	76.55 ± 10.56	2.54 ± 0.49
大口黑鲈	189.04 ± 19.02[A]	3.30 ± 0.84[A]	0.25 ± 0.04[A]	0.26 ± 0.05[B]	0.44 ± 0.03[B]	3.01 ± 0.27	88.52 ± 12.80	2.63 ± 0.54

1.2 海鲈鱼片加工关键技术研究

1.2.1 鲈鱼片的半脱脂技术研究

为解决养殖鲈鱼脂肪含量较高不利于后续加工和贮藏氧化的问题，采用脂肪酶B4000和P1000，在室温条件下对鲜鲈鱼鱼片进行脱脂处理，分析鱼片的脱脂率和蛋白损失率以及感官变化，比较脂肪酶B4000和P1000的脱脂效果，结果表明：脂肪酶B4000对鲜鲈鱼鱼片的脱脂率为46.22%，蛋白损失率为7.19%；脂肪酶P1000的脱脂率为37.74%，蛋白损失率为 7.04%，均对鱼片感官无影响。采用 L934 正交试验法优化脂肪酶 B4000 和 P1000 复合酶最佳脱脂工艺：脂肪酶 B4000：P1000 酶浓度比为 50：20 U/mL，料液比（$W:V$）1:3，室温下处理 60 min，脱脂率达到 51.06%，蛋白损失率为 8.18%。该脱脂工艺可有效脱除鲜鲈鱼片 50% 的脂肪，有利于后续产品的加工贮藏和保持产品品质。

表6　复合酶对鲜鲈鱼片脱脂工艺正交试验结果

序号	A	B	C	脱脂率 / %	蛋白损失率 / %
1	1	1	1	9.76 ± 0.98	3.84 ± 0.11
2	1	2	3	28.42 ± 1.02	4.76 ± 0.09
3	1	3	2	22.47 ± 1.31	7.09 ± 0.14
4	2	1	3	47.18 ± 1.09	6.38 ± 0.21
5	2	2	2	51.06 ± 1.29	8.18 ± 0.16
6	2	3	1	49.61 ± 1.46	8.01 ± 0.13
7	3	1	2	34.72 ± 1.34	5.42 ± 0.12
8	3	2	1	37.45 ± 1.07	6.34 ± 0.20
9	3	3	3	20.26 ± 1.06	9.6 ± 0.23
K_1（脱脂率%）	20.22	30.55	32.27		
K_2（脱脂率%）	49.28	38.98	36.08		
K_3（脱脂率%）	30.81	37.00	31.95		
R（脱脂率%）	29.06	8.43	4.13		
K_1（蛋白损失率%）	5.23	5.21	6.06		
K_2（蛋白损失率%）	6.86	5.76	6.23		
K_3（蛋白损失率%）	7.13	8.25	6.92		
R（蛋白损失率%）	1.90	3.04	0.86		

表7　脱脂前后鲈鱼肉中脂肪酸含量的变化（%）

脂肪酸种类	鲜鲈鱼片	复合酶法脱脂后鲈鱼片
辛酸（C8：0）	0.2 ± 0.01	0.2+0.01
月桂酸（C12：0）	0.1 ± 0	—
肉豆蔻酸（C14：0）	4.2 ± 0.06	4.2+0.04
十五碳酸（C15：0）	0.8 ± 0.02	0.8+0.01
棕榈酸（C16：0）	22.9 ± 0.23	22.7+0.26
棕榈油酸（C16：ln7）	7.0 ± 0.09	6.9+0.10
十七碳酸（C17：0）	0.9 ± 0.03	0.9+0
十七碳一烯酸（C17：ln7）	0.7 ± 0.01	0.7+0.01
硬脂酸（C18：0）	4.8 ± 0.12	4.8+0.10

续表

脂肪酸种类	鲜鲈鱼片	复合酶法脱脂后鲈鱼片
油酸（C18：ln9c）	18.2±0.28	17.9+0.32
亚油酸（C18：2n6c）	3.0±0.14	3.0+0.09
亚麻酸	0.1±0	0.1+0.01
亚麻酸	0.9±0.06	0.9+0.04
花生酸	0.2±0	0.3+0.01
二十碳一烯酸	0.8±0.07	0.7+0.09
二十碳二烯酸	0.3±0.04	0.3+0.02
二十碳三烯酸	0.2±0.06	0.2+0.03
花生四烯酸	1.4±0.08	1.5+0.06
二十碳三烯酸	0.1±0	0.1+0.01
二十碳五烯酸	3.3±0.24	3.4+0.22
二十二碳酸	0.1±0	—
芥酸	0.3±0.02	0.4+0.01
二十二碳六烯酸	19.1±0.27	19.6+0.24
二十四碳一烯酸	0.3±0.01	0.3+0.03
$\sum$饱和脂肪酸	34.2±0.30	33.9+0.26
$\sum$单不饱和脂肪酸	27.3±0.19	26.9+0.24
$\sum$多不饱和脂肪酸	28.4±0.25	29.1+0.20
$\sum$EPA+DHA	22.4±0.32	23.0+0.26
$\sum$脂肪酸	89.9±0.41	89.9+0.37

1.2.2　鲈鱼片的脱腥、抑菌技术研究

为开发一种天然有效脱除鲜鲈鱼片腥味的脱腥剂，通过对脱腥剂的筛选，采用天然食用植物香菜和香茅对鲜鲈鱼片进行脱腥处理，通过感官评定和顶空固相微萃取-气相色谱-质谱联用技术对鲈鱼片脱腥处理前后挥发性成分进行分析和鉴定，并测定脱腥前后鱼片的菌落总数，分析抑菌效果，从而建立了鲈鱼片脱腥抑菌工艺技术，通过该技术处理后的鲈鱼片无腥味，菌落总数明显降低50%以上，经检测鲈鱼片菌落总数≤$1×10^5$ cfu/g，大肠菌群≤30 MPN/100 g，致病菌未检出。大大延长鲈鱼鲜度保持时间。

1.2.3　冻海鲈鱼片加工技术规范制定及企业生产线建立

根据上面有关海鲈鱼片加工关键技术的研究结果，以及生产过程对卫生质量控制情况等需求，通过在生产中反复实践，取得大量翔实资料的基础上，根据标准化工作导则GB/T1.1—2009和GB/T1.3等系列标准的编写规定，制定了《冻海鲈鱼片加工技术规范》。

并在企业进行示范,建立生产线。

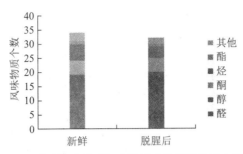

图1　脱腥处理前后挥发性风味物质种类及个数

图2　海鲈鱼片加工生产线

2　军曹鱼加工关键技术研究进展

2.1　军曹鱼片的半脱脂技术

通过调研军曹鱼的养殖和加工情况,针对企业提出的军曹鱼脂肪含量较高,难于加工的问题,对军曹鱼不同部位的脂肪和蛋白质组成进行分析,研究采用物理法、化学法和生物法对军曹鱼片进行脱脂处理,结果表明,军曹鱼脂肪含量较高,其中背部肌肉脂肪含量(干重计)为39.5%,腹部肌肉脂肪含量(干重计)为52.5%,鱼皮脂肪含量(干重计)为13.4%。采用物理法脱脂效果差;采用化学法有一定的效果,通过比较,采用一定浓度的碳酸钠与乙醇结合可以脱除40%左右的脂肪;采用生物法结合超声波技术,可以有效脱除鲜鱼肉中50%左右的脂肪,脱脂效果好,而且脱脂后鱼片进行脱皮容易。对鱼肉的感官分析表明,采用生物法结合超声波技术脱脂,鱼肉口感好,鱼肉滑且有弹性,没有异味,进一步采用响应面法优化脱脂工艺,确定了军曹鱼片的最佳脱脂工艺条件,脱脂率为52.20%。

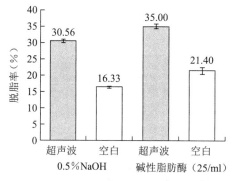

图 3 超声波辅助对军曹鱼片脱脂效果的影响

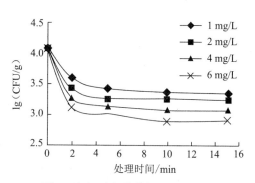

图 4 臭氧对鱼片菌落总数的影响

2.2 无磷保水剂开发与应用技术

通过测定菌落总数、感官评价和鱼片色差等指标,筛选军曹鱼片最佳的减菌剂和处理条件。结果表明:壳聚糖、固体二氧化氯、臭氧水、以及 NaClO 4 种减菌剂分别对军曹鱼片的最佳减菌条件为:2 g/L 壳聚糖处理 8 min;200 mg/L ClO_2 处理 10 min;6 mg/L 臭氧水处理 10 min;100 mg/L NaClO 处理 5 min。壳聚糖、ClO_2、NaClO 对鱼片感官品质影响较大,而臭氧水不仅减菌作用明显且不影响鱼片的感官品质,是最佳的军曹鱼片减菌剂。通过优化获得军曹鱼片最佳减菌处理工艺条件为:6 mg/L 臭氧水,处理时间 10 min,减菌率达到 90%以上。

通过将军曹鱼片用 5 种不同的保水剂浸渍处理,并与浸泡蒸馏水组进行比较,分析鱼片的增重率,液滴损失以及破断力等物性指标,筛选出冷冻军曹鱼片的最适无磷保水剂。结果表明:2%的海藻糖、0.4%褐藻酸钠裂解物、0.4%琼胶低聚糖分别与 0.5%柠檬酸组成的保水剂都能明显提高军曹鱼片的重量。而经 0.4%褐藻酸钠裂解物与 0.5%柠檬酸组成的保水剂处理的军曹鱼片在冻藏过程中对鱼片的液滴损失率、盐溶性蛋白、肌原纤维蛋白 $Ca^{2+}-$ATPase 活性影响方面均优于其他几种保水剂,能有效地防止冻鱼片的冷冻变性,能降低鱼肉的破断力,增加胶黏性和咀嚼性,使军曹鱼片具有良好的弹性。进一步优化集成了军曹鱼片加工过程的减菌和品质改良技术,即脱皮后的鱼片在温度为 5 ℃条件下,用 6 mg/L 臭氧水处理 10 min,再用 0.4%褐藻酸钠裂解物与 0.5%柠檬酸组成的无磷保水剂浸泡 30 min。

表 8　不同无磷保水剂对军曹鱼片自由液滴和加热液滴损失率的影响

处理号	自由液滴损失率(%)		加热液滴损失率(%)	
	7 d	15 d	7 d	15 d
1	11. 56 ± 0. 14	16. 85 ± 0. 11	30. 24 ± 6. 51	36. 62 ± 5. 23
2	8. 79 ± 1. 33	13. 66 ± 0. 12	24. 10 ± 2. 32	28. 13 ± 1. 35
3	13. 59 ± 2. 44	18. 16 ± 0. 56	19. 01 ± 5. 12	25. 67 ± 4. 61
4	10. 86 ± 0. 31	13. 77 ± 0. 22	17. 26 ± 4. 30	24. 02 ± 1. 2
5	13. 14 ± 0. 51	17. 41 ± 0. 53	19. 28 ± 3. 18	25. 31 ± 5. 92
6	9. 82 ± 0. 32	12. 91 ± 0. 26	21. 29 ± 1. 14	24. 24 ± 2. 48

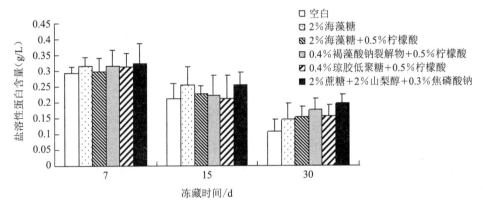

图 5　不同无磷保水剂对军曹鱼片盐溶性蛋白的影响

2.3　冻军曹鱼加工技术规范

根据军曹鱼片加工过程的技术要求,质量控制情况和加工过程存在问题,通过反复实践,在取得大量翔实资料的基础上,根据标准化工作导则 GB/T1. 1—2009 和 GB/T1. 3 等系列标准的编写规定,制定了《冻军曹鱼片加工技术规范》。

2.4　冻军曹鱼片加工示范生产线建设

我们在广东省饶平县展雄水产品有限公司建立军曹鱼片加工示范生产线。

冻军曹鱼片的生产工艺流程如下:

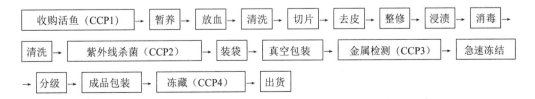

图6　军曹鱼加工生产线

3　鲈鱼调理食品加工技术研究

为满足当前消费饮食发展的需要,特别是消费者所追求的健康、营养、美味、安全、方便的食材需求,根据鲈鱼的特点,开发了以下三种鲈鱼调理食品加工工艺技术。

3.1　淡腌半干鲈鱼的加工工艺

运用栅栏技术,通过分析淡腌半干鲈鱼加工过程各主要栅栏因子对制品的感官品质、风味和细菌总数的影响,优化前处理、腌制工艺(食盐、糖、酒、柠檬酸、腌制温度和时间)、干燥工艺(干燥方式、温度和水分活度)和包装工艺(包装前处理、杀菌方式、包装方式)等多种栅栏因子,获得最佳生产工艺。结果表明,鲈鱼前处理选择 $4\ \mathrm{g\cdot L^{-1}}$ 柠檬酸进行浸泡清洗,采用食盐 $60\ \mathrm{g\cdot L^{-1}}$,糖 $20\ \mathrm{g\cdot L^{-1}}$,酒 $15\ \mathrm{mL\cdot L^{-1}}$,在 $4\ ℃$ 腌制 $4\ \mathrm{h}$,在 $(30\pm2)\ ℃$ 热泵干燥机中烘 $12\ \mathrm{h}$,产品水分活度(Aw)控制在 0.88 左右,将产品真空包装在 $0\sim4\ ℃$ 放置 $24\ \mathrm{h}$ 后进行巴氏杀菌($85\ ℃$,杀菌 $30\ \mathrm{min}$),能很好地保持产品品质和风味,有效减少微生物数量,延长保质期,经贮藏实验表明淡腌鲈鱼半干制品在 $4\ ℃$ 条件下可贮藏 2 个月以上。

表9　不同腌制条件对产品感官评价及微生物的影响

不同腌制条件		菌落总数/lg（CFU·g⁻¹）	感官评价/（分）			
			外观	口感、质地	风味	综合得分
腌制温度（℃）	4	6.29 ± 0.01	3	3	3	9
	25	6.60 ± 0.02	2	3	3	8
腌制时间（h）（4℃）	1	6.52 ± 0.01	2	1	1	4
	2	6.47 ± 0.01	2	1	2	5
	3	6.42 ± 0.01	2	2	2	6
	4	6.29 ± 0.01	3	3	3	9
	5	6.22 ± 0.05	3	3	3	9

表 10　不同水分活度对产品质构的影响

样品编号	水分活度	质构	
		硬度(g)	弹性
1	0.925	90.50	0.95
2	0.899	102.25	0.92
3	0.883	143.50	0.83
4	0.866	250.50	0.79

3.2　茶香淡腌鲈鱼的加工工艺

在单因素实验的基础上,对影响产品品质风味的主要因素:腌制温度、加盐量、调味料配比和调味时间进行正交实验优化,确定淡腌鲈鱼加工的最佳工艺条件。结果表明:当腌制温度为 8℃,加盐量为 10.5 (g/100g),调味料总量为鱼质量的 44 (g/100g),调味时间为 6 h,其感官评分最高,与过氧化值作为评价指标的分析结果一致。验证实验结果表明该工艺条件下的产品是一款美味健康的预烹饪即食方便水产品。对贮藏在 4℃、15℃、25℃下的茶香淡腌鲈鱼进行 pH、过氧化值(POV)、菌落总数(TVC)、亚硝酸盐和生物胺含量的监测,建立茶香淡腌鲈鱼的品质动力学模型,利用 Arrhenius 方程预测茶香淡腌鲈鱼的货架寿命。茶香淡腌鲈鱼在贮藏中 pH 和过氧化值(POV)遵循 0 级反应,菌落总数、亚硝酸盐和生物胺的品质变化遵循 1 级反应,采用 TVC 作为品质指标的货架寿命(Qs)预测模型是: $Qs = 22 \exp(-0.3921\frac{T-4}{10})(4\sim15℃)$, $Qs = 14 \exp(-0.75155\frac{T-15}{10})(15\sim25℃)$,相对误差小于 6%。

3.3　调理啤酒鲈鱼片加工工艺技术研发

针对年轻消费者的喜好和消费特点,研究开发调理啤酒鲈鱼片食品。通过实验,确定了调理啤酒鲈鱼片的调味液配方,30% 的啤酒,6% 的盐,1% 的糖,0.5% 的味精溶于水中配制而成;建立了调味工艺条件:在 4℃下调味 4 h 时,调味后取出鱼片,在常温风干箱中(风速为 1 000 m³/h)风干沥水 1 h 左右,至鱼片表面无水分,然后进行包装,在低温下贮藏。调理啤酒鲈鱼片采用气调包装优于真空包装,货架期在 4℃贮藏可达 12 d,比真空包装延长 4 d;在 -3℃微冻下贮藏货架期可达 50 d,较真空包装延长 15 d。与 4℃贮藏相比,气调包装调理啤酒鲈鱼片在 -3℃条件下能明显保持产品的品质并延长货架期,可满足当前冰鲜流通和消费的需求,为调理啤酒鲈鱼片的开发提供技术依据。

3.4　调理啤酒鲈鱼片在微冻贮藏过程中的微生物群落多样性分析

为研究调理啤酒鲈鱼制品采用气调包装和微冻贮藏过程中微生物变化规律,揭示其腐败本质,为优化产品工艺和推广产品提供理论依据。采用 Illumina MiSeq 测序技术解析调理啤酒鲈鱼制品采用气调包装和 −3 ℃贮藏过程中微生物群落多样性，并比较其与采用真空包装在 4 ℃贮藏的鲈鱼片的微生物群落多样性的区别。结果表明，鲈鱼制品在贮藏过程中的优势微生物为：厚壁菌门（firmicutes）、变形菌门（proteobacteria）、拟杆菌门（bacteroidetes）。真空包装的未调味鲈鱼片在 4 ℃贮藏过程中微生物多样性比在 −3 ℃贮藏的气调包装调理啤酒鲈鱼丰富，且在贮藏第 6 d 时，开始出现了索丝菌（brochothrix）等常见的腐败微生物，到第 10 d 时，索丝菌属（brochothrix）、假单胞菌属（pseudomonas）丰度迅速增大，出现了希瓦氏菌属（Shewanella），造成鲈鱼片彻底腐败变质。气调包装的调理啤酒鲈鱼制品在第 20 d 时才开始出现假单胞菌（pseudomonas）和希瓦氏菌属（Shewanella）等腐败菌，之后在 CO_2 的抑制作用下，腐败菌丰度逐渐减小，直到货架期终点时，假单胞菌（pseudomonas）才迅速增长，且出现了嗜冷杆菌属（Psychrobacte），造成了鲈鱼制品的彻底腐败变质。这说明气调包装和啤酒调理的加工方式及 −3 ℃贮藏可以有效延长产品的货架期。

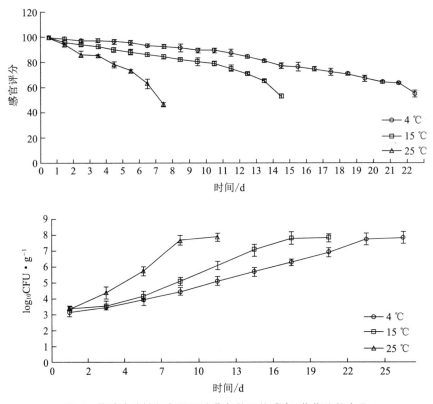

图 7　茶香淡腌鲈鱼在不同贮藏条件下的感官、菌落总数变化

3.5　鲈鱼调理食品加工中试生产线建设

在南海水产研究所花都基地中试车间，建立了一条鲈鱼调理食品加工中试生产线，对研发的工艺进行放大试验。

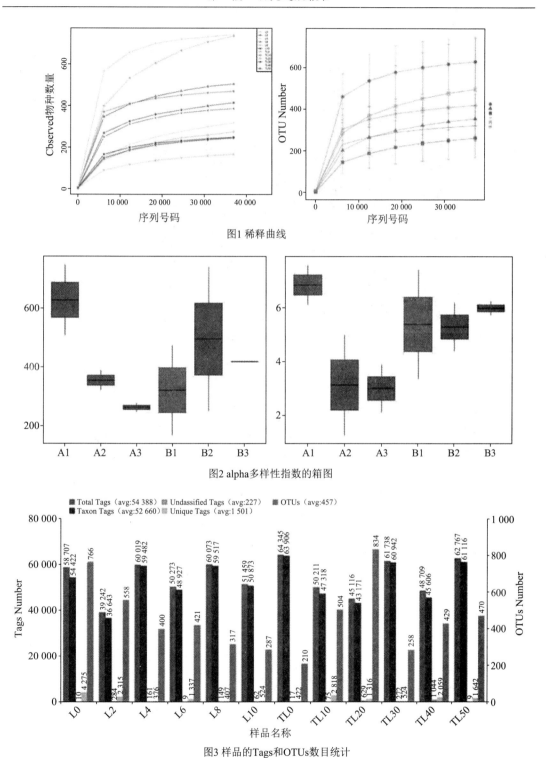

图1 稀释曲线

图2 alpha多样性指数的箱图

图3 样品的Tags和OTUs数目统计

图 8 基于 OTUs、Alpha 多样性计算、Venn 和花瓣图分析调理啤酒鲈鱼片贮藏过程微生物群落多样性

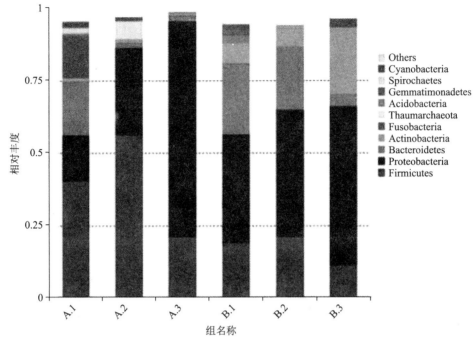

图5 门水平上的物种相对丰度柱形图

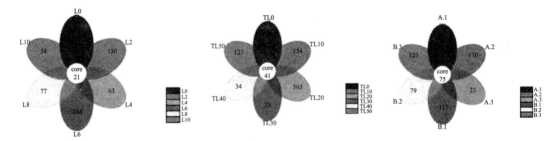

图 8（续） 基于 OTUs、Alpha 多样性计算、Venn 和花瓣图分析调理啤酒鲈鱼片贮藏过程微生物群落多样性

（岗位科学家　吴燕燕）

海水鱼质量安全与营养评价技术研发进展

质量安全与营养评价岗位

2017年,质量安全与营养评价岗位重点开展了海水鱼片保鲜贮藏技术研究、海水鱼危害因子风险评估、探索海水鱼过敏原消减方法、水产品药残快速检测方法的研究等工作,并取得重要进展。

1 海水鱼保鲜贮藏技术研发

1.1 海水鱼新型包装材料研发

针对海水鱼片的保鲜问题,研发一种能够缓释精油的保鲜膜。通过将大蒜精油和凹凸棒土添加到低密度聚乙烯薄膜中,制成了一种具有大蒜精油缓释功能的新型活性包装薄膜。制作过程为:首先将活性物质(大蒜精油或大蒜精油凹土混合物)与成膜辅助剂乙烯醋酸乙烯共聚物(EVA)混合,随后加入低密度聚乙烯树脂颗粒混合均匀,置于吹膜机的内层料斗,外层料斗放入聚丙烯树脂颗粒,分别设置内外层的螺杆区温度为185 ℃、245 ℃进行双螺杆共挤吹塑,得到双层活性薄膜。

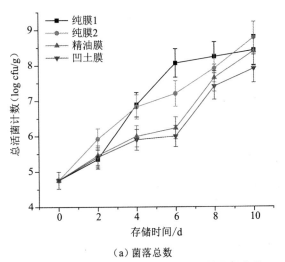

（a）菌落总数

图1 大黄鱼在不同保鲜膜包装下的微生物变化

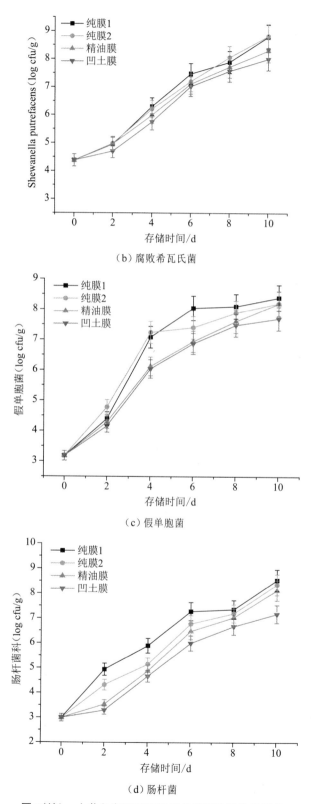

（b）腐败希瓦氏菌

（c）假单胞菌

（d）肠杆菌

图1（续）　大黄鱼在不同保鲜膜包装下的微生物变化

测定大黄鱼冷藏过程中,菌落总数、腐败希瓦氏菌、假单胞菌和肠杆菌的生长变化,如图1-a,图1-b,图1-c和图1-d所示。初始时大黄鱼的腐败希瓦氏菌、假单胞菌和肠杆菌分别是 4.38、3.18、3.0 lg(cfu/g),这说明大黄鱼初始优势腐败菌是腐败希瓦氏菌,随着贮藏时间的延长,大黄鱼的腐败希瓦氏菌、假单胞菌和肠杆菌的数量在不同贮藏时间的变化趋势基本与菌落总数变化相一致,均表现逐渐上升趋势($P < 0.05$),且组间存在显著性差异($P < 0.05$)。其中,凹土膜组变化最为缓慢,其次是精油膜组,而纯膜组上升最快,这可能是因为凹土膜可以更有效地控制精油的释放速率,使精油缓慢释放,一方面,能够实现浓度的积累,与微生物的生长速率相一致,从而能够有效抑制微生物的生长;另一方面,精油能够逐渐从鱼体表面渗入鱼肉当中,起到持续抑菌的作用。

另通过测定 POV、TBA 指标显示活性薄膜可以持续抑制大黄鱼脂质的氧化,同时菌落总数、TVB-N 指标显示新型薄膜可以对包装内的大黄鱼起到持续抑菌效果。综合保鲜指标,缓释型大蒜精油活性包装薄膜可以延长冷藏条件下被包装的大黄鱼约 2 天的货架期,为精油缓释型薄膜的研制提供了借鉴意义,同时也可被开发用于水产品的超市陈列和家庭冷藏保鲜。

1.2 腐败微生物生长预测模型及程序研发

针对易腐败的新鲜鱼肉,从微生物的角度来解释鱼肉腐败过程机制。采用直接提取水产品中微生物总 DNA 并对其 16S rDNA 区段进行扩增、测序的方法,对腐败终点水产品进行微生物多样性分析,根据 Alpha 指数稀释曲线图(图2)可以看出曲线趋于平缓或者达到平台期,认为测序深度已经基本覆盖到样品中所有的物种,在此基础上的分析较为可靠。

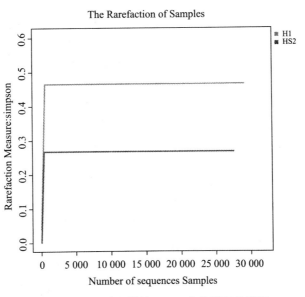

图 2 样品物种多样性 Alpha 指数稀释曲线图

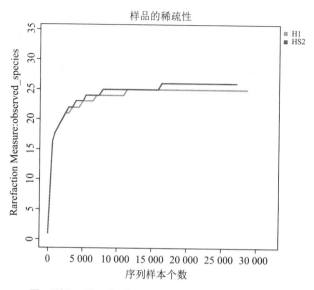

图 2（续） 样品物种多样性 Alpha 指数稀释曲线图

在此基础上，分析菌群结构及组成物种（图 3），进一步确证优势腐败菌并明确所有参与腐败的微生物所占比例，为后续探究微生物间相互作用奠定基础。

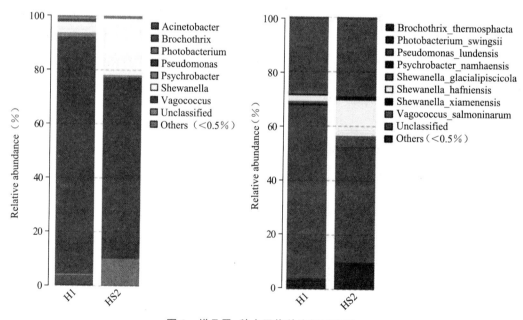

图 3 样品属、种水平物种比例示意图

以水产品中实际生长的微生物数量为研究对象，探究主要腐败微生物随储藏时间延长的变化趋势，选用在预测微生物中最常用到的 Baranyi and Roberts 模型和修正的 Gompertz 模型，对菌落总数、希瓦氏菌和假单胞菌的实验数据进行非线性拟合，选取最优模型分别建立微生物生长预测模型。

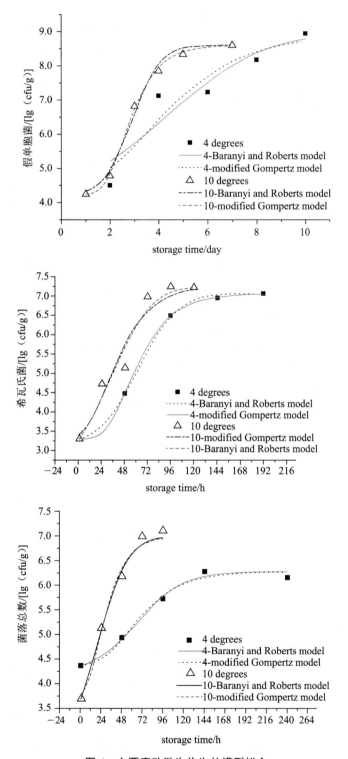

图 4 主要腐败微生物生长模型拟合

将模型公式、计算方法及相关参数用 VB 语言进行编写,形成三文鱼腐败微生物生长预测程序。该程序无需安装,可在任一电脑上运行,使基础测定结果更直观且易于在实际中应用。以希瓦氏菌的生长为例,用户打开界面后在相应输入框中输入当前三文鱼的"储藏温度"、历经的"储藏天数"及"初始微生物数量",单击"当前微生物数量及生长趋势"即可预测得出微生物的数量,同时可以看到相应微生物生长曲线的绘制及目前所处阶段,便于用户判断预期储藏时间。

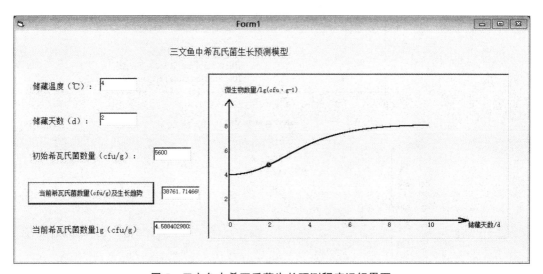

图5　三文鱼中希瓦氏菌生长预测程序运行界面

为更贴合实际应用,在恒温测定的基础上,进行了变温储藏过程中微生物生长情况的测定,与恒温实验结果相结合,以期发现变温储藏过程微生物生长规律,建立水产品变温储藏微生物生长预测模型并编写相应程序,为实际生产、流通过程中的储运提供指导。

2　海水鱼危害因子风险评估与过敏原消减技术

2.1　药物残留等危害因子与食品安全的关系研究

对山东省食品药品监督管理局自2014年4月16日至2017年3月1日期间共39期食品安全监督抽检信息通告中有关水产品的数据进行了汇总分析,共统计不合格的水产及水产制品338次,识别出24种质量安全风险及其来源。

利用风险矩阵工具对这24种风险进行了风险等级评定,结果如图6所示,发现以下五种质量安全风险的风险等级为高:硝基呋喃类药物、孔雀石绿(含隐性孔雀石绿)、苯甲酸、胭脂红及其铝色淀、菌落总数,需采取一定的风险应对措施。另外还简单地做了检出不合格的水产及水产制品的类别统计及检出不合格的质量安全风险年度间对比统计。最后针对在调查分析过程中发现的问题对山东省质量安全监管提出了四点建议:建立统一的食品安全信息共享平台;完善数据处理分析系统,深入挖掘数据;加强后续的风险监管措施;加强人才队伍建设。

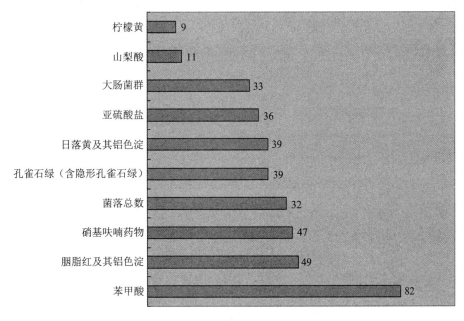

图6　抽检不合格次数最多的前十位风险因子

2.2　木糖葡萄球菌发酵海鲈鱼过程中过敏原性的变化及对品质的影响研究

为探究微生物发酵对鱼肉过敏原小清蛋白 IgE 结合能力的影响,选用木糖葡萄球菌,Sx 作为发酵剂,以海鲈鱼为研究对象,利用兔抗鲈鱼多克隆抗体及鱼过敏患者血清,通过十二烷基硫酸钠-聚丙烯酰胺凝胶电泳、免疫印迹及间接酶联免疫吸附对发酵过程中鱼肉过敏原蛋白进行鉴定,通过模拟胃液消化实验分析发酵后的鱼肉蛋白的消化稳定性。

图7结果表明,经 Sx 发酵后鱼肉蛋白的 IgE 结合能力降低,并且发酵后的 PV 更易被胃蛋白酶分解。此研究为降低海水鱼过敏源提供了新的思路和方法。

3　快速检测方法建立

3.1　水产品中恩诺沙星胶体金免疫层析毛细管检测方法及其前处理研究

通过结合胶体金标记法与免疫层析法的原理,以玻璃毛细管为载体,建立了一种新型检测恩诺沙星的胶体金免疫层析毛细管检测方法(CICA)。使用该方法检测恩诺沙星的视觉检测限为 5 ng/mL、半定量检测限 1.29 ng/mL,同时对其代谢产物环丙沙星也具有较灵敏的视觉检测限 10 ng/mL,初步实现多残留检测。对新建立的方法进行了重复性等性能与实际样品检测的验证,该方法在检测不同水平的添加回收实验中,添加回收率均在

76.84%～129%，变异系数均在 10%以下，满足检测技术的基本要求，说明胶体金免疫层析毛细管技术能耐受水产品基质的复杂程度而较准确地的检测水产品恩诺沙星残留。对于进行海水鱼类产品渔药残留的快速检测提供了有效的方法。

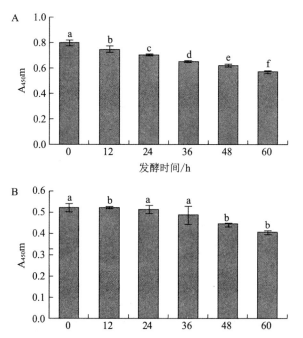

图 7　发酵后肌肉蛋白 **IgG（A）**和 **IgE（B）**结合能力的间接 **ELISA** 分析

（岗位科学家　林　洪）

第二篇
海水鱼主产区调研报告

天津综合试验站产区调研报告

1 示范县(市、区)海水鱼养殖现状

本综合试验站下设五个示范县(市、区),分别为:天津市塘沽区、天津市大港区、天津市汉沽区、天津市宁河区、浙江省温州市苍南县。其育苗、养殖品种、产量及规模见附表1:

1.1 育苗面积及苗种产量

1.1.1 育苗面积

五个示范县育苗总面积为 59 160 m²,其中汉沽 59 160 m²。按品种分:大菱鲆育苗面积 43 120 m²、牙鲆 5 600 m²、半滑舌鳎 8 440 m²,珍珠龙胆 2 000 m²。

1.1.2 苗种年产量

五个示范县共计 9 户育苗厂家,总计育苗 2 368 万尾,其中:大菱鲆 1 830 万尾、牙鲆 230 万尾、半滑舌鳎 258 万尾、珍珠龙胆 50 万尾。各县育苗情况如下:

汉沽区:9 户育苗厂家,生产大菱鲆苗种 1 830 万尾、牙鲆苗种 230 万尾、半滑舌鳎苗种 258 万尾,用于天津地区养殖及供应山东、河北、辽宁,珍珠龙胆苗种 50 万尾,用于天津地区养殖及供应福建。

1.2 养殖面积及年产量、销售量、年末库存量

1.2.1 工厂化养殖

养殖方式有工厂化循环水养殖、工厂化非循环水养殖,养殖企业共有 16 家,工厂化养殖面积 163 100 m²,年总生产量为 1 217.91 吨,销售量为 1 439.87 吨,年末库存量为 489.44 吨。其中:

塘沽区:2 户,养殖面积 45 500 m²,养殖半滑舌鳎 45 000 m²,年产量 407.06 吨,销售 430.5 吨,年末库存量 280.56 吨,养殖珍珠龙胆 500 m²,年产量 52 吨,销售量 147 吨,年末库存量 0 吨。

汉沽区:10 户,养殖面积 100 920 m²,大菱鲆 723 000 m²,年产量 509.25 吨,销售量 639.25 吨,年末库存量 120 吨;牙鲆 4 520 m²,年产量 17.9 吨,销售量 28.3 吨,年末库存量 0 吨;半滑舌鳎 18 100 m²,年产量 82.75 吨,销售量 52.75 吨,年末库存量 74.5 吨。

大港区：3户，养殖面积11 680 m²，半滑舌鳎8 680 m²，年产量66吨，销售量65.32吨，年末库存量8.18吨，红鳍东方鲀3 000 m²，年产量58吨，销售量54.8吨，年末库存量3.2吨。

苍南县：仅1户，半滑舌鳎5 000 m²，年产量25吨，销售量22吨，年末库存量3吨。

1.2.2　池塘养殖（亩）

只有天津市宁河区采用池塘养殖的方式，种类为海鲈，采用与南美白对虾池塘混养，养殖户1户，养殖面积20亩，年总生产量为5吨，销售量为5吨，年末库存量为0吨。

1.3　品种构成

品种养殖面积及产量占示范县养殖总面积和总产量的比例：见附表2。

统计五个示范县海水鱼养殖面积调查结果，各品种构成如下：

工厂化育苗总面积为59 160 m²，其中大菱鲆为43 120 m²，占总面积的72.89%；牙鲆为5 600 m²，占总育苗面积的9.46%；半滑舌鳎8 440 m²，占总面积的14.27%；珍珠龙胆2 000 m²，占总育苗面积的3.38%。

工厂化育苗总出苗量为2 368万尾，其中大菱鲆为1 830万尾，占总出苗量的77.28%；牙鲆为230万尾，占总出苗量的9.72%；半滑舌鳎为258万尾，占总出苗量的10.89%；珍珠龙胆为50万尾，占总出苗量的2.11%。

工厂化养殖总面积为163 100 m²，其中大菱鲆为74 300 m²，占总养殖面积的45.55%；牙鲆为4 520 m²，占总养殖面积的2.77%；半滑舌鳎为80 780 m²，占总养殖面积的49.54%；珍珠龙胆为500 m²，占总养殖面积的0.3%；红鳍东方鲀为3 000 m²，占总养殖面积的1.84%。

工厂化养殖总产量为1 217.96吨，其中大菱鲆为509.25吨，占总养殖产量的41.81%；牙鲆为17.9吨，占总养殖产量的1.47%；半滑舌鳎为580.81吨，占总养殖产量的47.69%；珍珠龙胆为52吨，占总养殖产量的4.27%；红鳍东方鲀为58吨，占总养殖产量的4.76%。

池塘养殖总面积为20亩，全部为天津宁河养殖本地海鲈。

池塘养殖总产量为5吨，全部为天津宁河养殖本地海鲈。

从以上统计可以看出，在五个示范县内，半滑舌鳎、牙鲆、大菱鲆三个品种养殖面积和产量都占绝对优势。

2　示范县（市、区）科研开展情况

2.1　科研课题情况

试验站依托单位天津渤海水产研究所积极申请海水鱼产业相关项目，做好产业技术支撑，目前承担着天津市地方产业技术体系海水鱼岗位工作，延伸和推广国家海水鱼产业体系在养殖模式、设施渔业和健康养殖先进理念，开展适合天津地区的水产健康养殖模式、养殖环境调控方式的研究与示范,实现产业增效,农民增收,使天津市海水鱼类养殖产业的技术水平和市场竞争力得到明显提升。组织示范区内养殖企业到莱州综合试验站、青岛综合试验站学习交流。天津地区作为半滑舌鳎苗种供给的主产区,我站承担着天津市种业科技重大专项"半滑舌鳎野生种质资源收集及开发利用的研究",收集不同地理种群的半滑舌鳎野生资源,建立本地的半滑舌鳎繁育后备亲鱼群体。利用现代生物技术研究半滑舌鳎亲鱼的提纯复壮和强化培育技术,建立半滑舌鳎标准化亲鱼培育及苗种生产技术与工艺,为天津市乃至华北地区提供半滑舌鳎优质苗种,服务于半滑舌鳎产业发展。

2.2　发表论文情况

获得专利 8 项,其中发明专利 1 项,实用新型 7 项。

[1] 一种底层水层耦合界面的水样和底泥采集装置,实用新型,201621038604.6,贾磊,张博。

[2] 用于鲆鱼和舌鳎类亲鱼精卵采集的辅助装置,发明专利,201510963050.4,张博,刘克奉,贾磊。

[3] 一种水生动物组织样品采集剪,实用新型,201621312694.3,张博,贾磊。

[4] 一种鲆鲽鱼类鱼体厚度测量装置,实用新型,201621177726.3,张博,贾磊,郑德斌。

[5] 一种模拟鲆鲽鱼野生底栖环境的工厂化养殖装置,实用新型,201621217501.6,张博,贾磊。

[6] 用于鲆鲽类和舌鳎类性腺观察及标记识别的辅助装置,实用新型,201620863267.8,张博,贾磊。

[7] 一种鱼类防逃脱捞网,实用新型,201621312727.4,张博,贾磊。

[8] 一种气托鱼体固定装置,实用新型,201621312695.8,张博,贾磊。

发表论文 4 篇,其中 SCI 1 篇。

[1] 尚晓迪,陈春秀,贾磊。N-氨甲酰谷氨酸对大菱鲆幼鱼生长性能的影响[J]. 饲料研究,2017(3)。

[2] 尚晓迪,陈春秀,贾磊。N-氨甲酰谷氨酸对大菱鲆幼鱼营养组成及免疫功能的影响[J]. 饲料工业,2017(38)18。

[3] 贾磊,张博,刘克奉。基于 2b-RAD 简化基因组测序的半滑舌鳎群体遗传多样性分析[J]. 水产研究,2017,4(4)。

[4] 张博,贾磊。The complete mitochondrial genome of *Cynoglossus joyneri* and its novel rearrangement[J]. Mitochondrial DNA Part B, 2017, 2(2)。

3 海水鱼产业发展中存在的问题

3.1 育种与繁育问题

半滑舌鳎种质退化问题严重，存在雌雄个体生长差异大、雌性比雄性生长快 2～4 倍等问题，因而严重影响了半滑舌鳎苗种的推广和养殖产业的发展。

3.2 养殖模式及养殖技术

天津市海水水质条件较差，淡水资源也不丰富，外源水的水质维持也是困扰养殖企业的重要难题。

3.3 养殖设施与装备技术

封闭式循环水养殖设施的资金投入问题。封闭式循环水养殖前期需要投入大量资金用于完善设施设备，并且对企业员工的知识水平和操作能力也要求很高，需要政府出台支持政策和配套融资措施。

3.4 病害防控技术

各种养殖品种病害还是影响养殖成活率的主要因素，目前大菱鲆、牙鲆的病害还没彻底解决，半滑舌鳎新的病害又不断出现，严重影响养殖企业的养殖热情。

附表1　天津综合试验站示范县海水鱼育苗及成鱼养殖情况统计

品种	塘沽区		汉沽区				大港区		宁河区	苍南县
	半滑舌鳎	珍珠龙胆	大菱鲆	牙鲆	半滑舌鳎	珍珠龙胆	半滑舌鳎	红鳍东方鲀	海鲈	半滑舌鳎
育苗 面积(m²)	—	—	43 120	5 600	8 440	2 000	—	—	—	—
育苗 产量(万尾)	—	500	1 830	230	258	50	—	—	—	—
工厂化养殖 面积(m²)	45 500	500	723 000	4 520	18 100	—	8 680	3 000	—	5 000
工厂化养殖 年产量(t)	407.06	52	509.25	17.9	82.75	—	66	58	—	25
工厂化养殖 年销售量(t)	430.5	147	639.25	28.3	52.75	—	65.32	54.8	—	22
工厂化养殖 年末库存量(t)	280.56	0	120	0	74.5	—	8.18	3.2	—	3
池塘养殖 面积(苗)	—	—	—	—	—	—	—	—	20	—
池塘养殖 年产量(t)	—	—	—	—	—	—	—	—	5	—
池塘养殖 年销售量(t)	—	—	—	—	—	—	—	—	5	—
池塘养殖 年末库存量(t)	—	—	—	—	—	—	—	—	0	—
户数 育苗户数	—	1	3	2	3	1	—	—	—	—
户数 养殖户数	1	1	5	1	4	—	2	1	1	1

附表 2　天津综合试验站 5 个示范县养殖面积、养殖产量及品种构成

项目 ＼ 品种	年总产量	大菱鲆	牙鲆	半滑舌鳎	珍珠龙胆	红鳍东方鲀	海鲈
工厂化育苗面积(m^2)	59 160	43 120	5 600	8 440	2 000	—	—
工厂化出苗量(万尾)	2 368	1 830	230	258	50	—	—
工厂化养殖面积(m^2)	163 100	74 300	4 520	80 780	500	3 000	
工厂化养殖产量(t)	1 217.96	509.25	17.9	580.81	52	58	
池塘养殖面积(亩)	20	—	—	—	—	—	20
池塘年总产量(t)	5	—	—	—	—	—	5
网箱养殖面积(m^2)	—						
网箱年总产量(t)	—						
各品种工厂化育苗面积占总面积的比例(%)	100	72.89	9.46	14.27	3.38	—	—
各品种工厂化出苗量占总苗量的比例(%)	100	77.28	9.72	10.89	2.11	—	—
各品种工厂化养殖面积占总面积的比例(%)	100	45.55	2.77	49.54	0.3	1.84	—
各品种工厂化养殖产量占总产量的比例(%)	100	41.81	1.47	47.69	4.27	4.76	—
各品种池塘养殖面积占总面积的比例(%)	100	—	—	—	—	—	100
各品种池塘养殖产量占总产量的比例(%)	100	—	100	—	—	—	100

（天津综合试验站站长　贾磊）

秦皇岛综合试验站产区调研报告

1　示范县(市、区)海水鱼类养殖现状

秦皇岛综合试验站下设 5 个示范县(市、区),分别为:昌黎县、乐亭县、滦南县、丰南区、黄骅市。2017 年育苗、养殖品种、产量及规模见附表 1。

1.1　育苗面积及苗种产量

1.1.1　育苗面积

5 个示范县育苗总面积为 137 00 m^2,其中昌黎县 3 500 m^2、黄骅市 8 000 m^2、乐亭县 2 000 m^2、丰南 200 m^2。按品种分:大菱鲆育苗面积 2 100 m^2、半滑舌鳎 1 500 m^2、牙鲆 10 100 m^2。

1.1.2　苗种年产量

5 个示范县共计 10 户育苗厂家,年育苗量 761.8 万尾,其中:大菱鲆 220.9 万尾、半滑舌鳎 200 万尾、牙鲆 340.9 万尾。各示范县育苗情况如下:

昌黎县:共有育苗厂家 4 个,育苗水体共计 3 500 m^2。其中牙鲆育苗厂家 2 个,育苗水体 2 000 m^2,年生产牙鲆苗种 200 万尾;半滑舌鳎育苗厂家 2 个,育苗水体 1 500 m^2,年生产半滑舌鳎苗种 200 万尾。

黄骅市:共有牙鲆育苗厂家 2 个,育苗水体 8 000 m^2,年生产牙鲆苗种 140 万尾。

乐亭县:共有大菱鲆育苗厂家 2 个,育苗水体共计 2 000 m^2,年生产大菱鲆苗种 220 万尾。

丰南区:共有育苗厂家 2 个,育苗水体 200 m^2。其中大菱鲆育苗厂家 1 个,育苗水体 100 m^2,年生产大菱鲆苗种 0.9 万尾;牙鲆育苗厂家 1 个,育苗水体 100 m^2。年生产牙鲆苗种 0.9 万尾。

滦南县:2017 年无海水鱼类育苗厂家。

1.2　养殖面积及年产量、销售量、年末库存量

1.2.1　工厂化养殖

5 个示范县共有工厂化养殖户 96 家,养殖面积 832 000 m^2,年总生产量 2 745.255 吨,年销售量 3 687.41 吨,年末库存量 3 522.915 吨。其中:

昌黎县：69户，养殖面积603 000 m²。其中大菱鲆养殖45户，养殖面积415 000 m²，产量1 029.6吨，销售量1 676.8吨，年末库存量1 862.9吨；牙鲆养殖16户，养殖面积111 500 m²，年产量5.98吨，销售量498.9吨，年末库存量1 042.36吨；半滑舌鳎养殖4户，养殖面积73 500 m²，年产量123.42吨，年销售量324.3吨，年末库存量218.81吨；红鳍东方鲀养殖4户，养殖面积3 000 m²，年产量32.4吨，年销售量15.1吨，年末库存量17.3吨。

丰南区：2户，养殖面积4 000 m²。牙鲆养殖1户，养殖面积1 000 m²，年产量8.96吨，年销售量8.96吨，年末库存量0吨；大菱鲆养殖1户，养殖面积3 000 m²，年产量13.25吨，年销售量13.25吨，年末库存量0吨。

滦南县：3户，养殖面积27 000 m²。其中，牙鲆养殖2户，养殖面积7 000 m²，年产量62.175吨，年销售量27.28吨，年末库存量34.895吨；红鳍东方鲀养殖1户，养殖面积20 000 m²，年产量167.5吨，年销售量0吨，年末库存量167.5吨。

乐亭县：21户，养殖面积197 000 m²。其中，大菱鲆养殖20户，养殖面积195 000 m²，年产量1269.9吨，年销售量1 105.2吨，年末库存量164.7吨；半滑舌鳎养殖1户，养殖面积2 000 m²，年产量27.07吨，年销售量17.62吨，年末库存量9.45吨。

黄骅市：1户，牙鲆养殖面积1 000 m²，年产量5吨，年销售量0吨，年末库存量5吨。

1.2.2 池塘养殖

5个示范县共有普通池塘养殖户4家，养殖面积1 600亩，年总生产量66.31吨，年销售量43.99吨，年末库存量22.32吨。其中：

昌黎县：红鳍东方鲀养殖3户，养殖面积1 000亩，年产量52.56吨，年销售量30.24吨，年末库存量22.32吨。

黄骅市：红鳍东方鲀养殖1户，养殖面积600亩，年产量13.75吨，年销售量13.75吨，年末库存量0吨。

丰南县、滦南县、乐亭县内2017年无海水鱼池塘养殖。

1.2.3 网箱养殖

本站示范区内2017年未进行海水鱼网箱养殖。

1.3 品种构成

每个品种养殖面积及产量占示范县养殖总面积和总产量的比例见附表2。

统计5个示范县海水鱼类育苗、养殖情况，各品种构成如下：

工厂化育苗总面积为13 700 m²。其中牙鲆10 100 m²，占育苗总面积的73.72%；大菱鲆2 100 m²，占育苗总面积的15.33%；半滑舌鳎1 500 m²，占总面积的10.95%。

年总出苗量为761.8万尾。其中牙鲆为340.9万尾，占总出苗量的44.75%；大菱鲆为220.9万尾，占总出苗量的29.0%；半滑舌鳎为200万尾，占总出苗量的26.25%。

工厂化养殖总面积为832 000 m²。其中大菱鲆为611 000 m²，占总养殖面积的

73.44%；牙鲆为 122 500 m²，占总养殖面积的 14.72%；半滑舌鳎为 75 500 m²，占总养殖面积的 9.08%；红鳍东方鲀为 23 000 m²，占总养殖面积的 2.76%。

工厂化养殖总产量为 2 745.255 吨。其中大菱鲆为 2 312.75 吨，占总量的 84.25%；牙鲆 82.115 吨，占总量的 2.99%；半滑舌鳎为 150.49 吨，占总量的 5.48%；红鳍东方鲀为 199.9 吨，占总量的 7.28%。

池塘养殖总面积为 1 600 亩，养殖品种为红鳍东方鲀，年总产量为 66.31 吨。

从以上统计数据可以看出，5 个示范县内，工厂化养殖以大菱鲆占绝对优势，其次是牙鲆，半滑舌鳎和红鳍东方鲀养殖较少。

2　示范县(市、区)科研开展情况

2.1　科研开展情况

2017 年河北省海水鱼类项目 3 个：

"全封闭循环海水工厂化养殖技术示范与推广"，省科技厅项目，承担单位河北省海洋与水产科学研究院，项目资金 30 万元。采用机械过滤、生物过滤器、紫外消毒机、增氧机等手段，使养殖废水循环利用，单产达到 20 kg/m²，当年推广面积 3 万 m²。

"海水工厂化养殖污水处理及综合利用技术研究与示范"，省科技厅项目，承担单位河北省海洋与水产科学研究院，项目资金 30 万元。购进弧形筛、紫外消毒器、生物填料、滤料等材料建造海水工厂化养殖污水处理系统，养殖示范面积 1 000 m²，养殖产量达 20 kg/m²。

"河北省现代农业产业体系海产品创新团队海水鱼健康增养殖及配套技术研究岗位"，依托单位河北省海洋与水产科学研究院，2017 年度资金 30 万元。开展全雌牙鲆"北鲆 1 号"和野生牙鲆大规模苗种培育对比实验，建立全雌牙鲆养殖示范区 1 个，繁育全雌牙鲆苗种 30 万尾，养殖单产 20 kg/m²，比普通牙鲆平均体重增长 16.5% 以上。

2017 年秦皇岛综合试验站通过与基层农技推广体系对接，在昌黎示范县进行全封闭循环海水工厂化养殖模式示范与推广，目前已有 7 个养殖大户采用了全封闭循环海水工厂化养殖模式，水体达到 11 万 m²。其中秦皇岛江鹏水产科技开发公司 4.5 万 m²、秦皇岛鼎盛海洋生态水产养殖有限公司 2 万 m²、秦皇岛粮丰海洋生态科技开发股份有限公司 4.5 万 m²。2017 年，我站与河北省现代农业产业技术体系特色海产品创新团队海水鱼健康增养殖及配套技术研究岗位密切合作，通过实验研究和工厂化循环海水养殖技术推广，提高了海水鱼类单位面积产量，减少了养殖尾水排放，产生了较好的示范效果。

2.2　发表论文情况

2017 年 5 个示范县发表海水鱼类研究论文共计 4 篇，出版专著 1 部。分别是：

(1)"北鲆一号""北鲆二号"与野生牙鲆规模化苗种培育比较研究。

宫春光,殷蕊.河北农大海洋学院、河北省海洋与水产科学研究院;科学养鱼,2017.3.

（2）牙鲆侧线神经肿胀症的防控。

宫春光,殷蕊.河北农业大学海洋学院、河北省海洋与水产科学研究院,科学养鱼,2017.2.

（3）海水鱼工厂化养殖水流波动式增氧技术试验。

张丽敏.昌黎县农林畜牧水产局,河北渔业,2017.5.

（4）引进点篮子鱼生态防治海水池塘大型丝藻技术。

崔兆进,付仲,赵春龙,赵海涛.河北渔业,2017.5.

专著:

现代渔业养殖实用技术（第二章第八节"比目鱼工厂化循环水养殖技术"、第三章第七节"鲆鲽鱼新品种"）

孙桂清,陈秀玲.河北省海洋与水产科学研究院,河北科学技术出版社,2017.

3　海水鱼养殖产业发展中存在的问题

一是随着环保力度的加强,对海水鱼养殖尾水排放提出了更高的要求,养殖尾水的处理与循环利用势在必行,加之水资源税即将出台,水产养殖面临着极大考验,为适应新形势,应积极探索新的养殖模式。开展封闭式循环水养殖投入太高,完全由企业出资进行设备设施改造困难很大,需要政府出台政策支持和配套融资措施,企业自身也应该采取相应措施,努力争取一些财政项目支持,如河北省的燃油补贴项目,有一部分资金用于工厂化循环水改造。

二是海水鱼人工繁育苗种质量有待提高,长期自产自养,种质严重退化,表现为生长速度慢、发病率高、养殖周期延长,养殖成本提高,养殖效益下降。

三是今年由于半滑舌鳎成品鱼价格较高,保持在80～90元/斤,养殖企业的积极性较高,但因半滑舌鳎雄性苗种率80%左右,急需雌性比率较高的优质苗种及半滑舌鳎苗种规模化培育技术。牙鲆价格走低,最低17元/斤,养殖户多出现亏损,而大菱鲆成品鱼销售价格一直走高,保持在30元/斤,多数企业迷茫,不知养什么好,还在观望。

附表1　2017年秦皇岛综合试验站示范县海水鱼类育苗及成鱼养殖情况统计表

项目		昌黎县				丰南区		滦南县		乐亭县		黄骅市	
	品种	大菱鲆	牙鲆	半滑舌鳎	红鳍东方鲀	大菱鲆	牙鲆	牙鲆	红鳍东方鲀	大菱鲆	半滑舌鳎	牙鲆	红鳍东方鲀
育苗	面积（m²）	415 000	2 000	1 500		100	100			2 000		8 000	
	产量（万尾）	1 029.6	200	200		0.9	0.9			220		140	
工厂化养殖	面积（m²）	111 500	73 500	3 000		3 000	1 000	7 000	20 000	195 000	2 000	1 000	
	年产量（吨）	1 676.8	5.98	123.42	32.4	13.25	8.96	62.175	167.5	1 269.9	27.07	5	
	年销售量（吨）	1 862.9	498.94	324.3	15.1	13.25	8.96	27.28	0	1 105.2	17.62	0	
	年末库存量（吨）		1 042.36	218.81	17.3	0	0	34.895	167.5	164.7	9.45	5	
池塘养殖	面积（亩）				1000								600
	年产量（吨）				52.56								13.75
	年销售量（吨）				30.24								13.75
	年末库存量（吨）				22.32								0
户数	育苗户数	2	2	2		1	1			2		2	
	养殖户数	45	16	4	7	1	1	2	1	20	1	1	1

注：未填项数据为零。

附表 2　秦皇岛综合试验站五个示范县养殖面积、养殖产量及品种构成

项目 品种	年总产量	大菱鲆	牙鲆	半滑舌鳎	红鳍东方鲀
工厂化育苗面积（m²）	13 700	2 100	10 100	1 500	
工厂化出苗量（万尾）	761.8	220.9	340.9	200	
工厂化养殖面积（m²）	832 000	611 000	122 500	75 500	23 000
工厂化养殖产量（吨）	2 745.255	2 312.75	82.115	150.49	199.9
池塘养殖面积（亩）	1 600				1 600
池塘年总产量（吨）	66.31				66.31
各品种工厂化育苗面积占总面积的比例（%）	100	15.33	73.72	10.95	
各品种工厂化出苗量占总出苗量的比例（%）	100	29.0	44.75	26.25	
各品种工厂化养殖面积占总面积的比例（%）	100	73.44	14.72	9.08	2.76
各品种工厂化养殖产量占总产量的比例（%）	100	84.25	2.99	5.48	7.28

注：未填项数据为零。

（秦皇岛综合试验站站长　赵海涛）

北戴河综合试验站产区调研报告

1　示范县(市、区)海水鱼养殖现状

北戴河综合试验站下设五个示范县,分别为:河北省唐山市曹妃甸区,秦皇岛市山海关区,辽宁省盘锦市盘山县,辽宁省营口市老边区和辽宁省盖州市。曹妃甸示范县和盖州示范县兼具工厂化养殖和池塘养殖模式,其中曹妃甸示范县工厂化养殖的鱼类包括半滑舌鳎、牙鲆、红鳍东方鲀、大菱鲆和老虎斑,池塘养殖的鱼类以红鳍东方鲀为主;盖州示范县工厂化养殖的鱼类为大菱鲆和红鳍东方鲀,池塘养殖以牙鲆为主。山海关示范县以工厂化养殖大菱鲆为主。盘山示范县以池塘养殖海鲈鱼为主,老边示范县以池塘养殖海鲈鱼、牙鲆和红鳍东方鲀为主。

1.1　育苗面积及苗种产量

示范县育苗情况见附表1。

1.1.1　育苗面积

五个示范县只有曹妃甸示范县进行海水鱼育苗,面积为 35 000 m^2,育苗品种主要为牙鲆和半滑舌鳎,其中牙鲆 5 000 m^2,半滑舌鳎 30 000 m^2。

1.1.2　苗种年产量

曹妃甸区有育苗厂家7户,其中牙鲆育苗厂家4户,培育苗种 550 万尾;半滑舌鳎育苗厂家3户,培育苗种 3 700 万尾,累计培育苗种 4 250 万尾。

1.2　养殖面积及年产量、销售量、年末库存量

示范县各养殖模式的养殖情况见附表1。

五个示范县成鱼养殖厂家共 1 007 家,包括工厂化养殖、池塘养殖和网箱养殖。山海关区、盘山县和老边区为单一模式养殖,其中山海关区为工厂化养殖,盘山县和老边区为池塘养殖。曹妃甸区和盖州市为多种模式混合养殖,其中曹妃甸区为工厂化养殖和池塘养殖,盖州市为工厂化养殖、池塘养殖和网箱养殖。

1.2.1　工厂化养殖

工厂化养殖主要集中在曹妃甸区、山海关区和盖州市,养殖面积 707 500 m^2,年总生产

量为 11 514.88 吨,销售量为 3 866.2 吨,年末库存量为 9 498.38 吨。其中:

曹妃甸区:牙鲆养殖户 5 家、半滑舌鳎养殖户 3 家、大菱鲆养殖户 3 家,老虎斑养殖户 1 家、红鳍东方鲀养殖户 3 家,养殖面积 648 000 m²,全年生产量 10 839.08 吨,全年销售量 3 421.7 吨,年末库存量 9 209.98 吨。其中牙鲆养殖面积 200 000 m²,全年生产量 1 507 吨,全年销售量 387 吨,年末库存量 1 386 吨;半滑舌鳎养殖面积 400 000 m²,全年生产量 9 096.28 吨,全年销售量 2 922.5 吨,年末库存量 7 650.78 吨;大菱鲆养殖面积 3 000 m²,全年生产量 62.6 吨,全年销售量 112.2 吨,没有年末库存;老虎斑养殖面积 10 000 m²,全年生产量 23.2 吨,无销售量,年末库存量 23.2 吨;红鳍东方鲀养殖面积 35 000 m²,全年生产量 150 吨,无销售量,年末库存量 150 吨。

山海关区:养殖厂家 4 家,其中企业 2 家,个体 2 家。养殖面积 32 000 m²,均养殖大菱鲆,全年生产量 153.3 吨,全年销售量 198.5 吨,年末库存量 11.9 吨。

盖州市:大菱鲆养殖户 7 家,红鳍东方鲀养殖户 1 家,养殖面积 27 500 m²,全年生产量 522.5 吨,全年销售量 246 吨,年末库存量 276.5 吨。其中大菱鲆养殖面积 26 000 m²,全年生产量 502.5 吨,全年销售量 226 吨,年末库存量 276.5 吨;红鳍东方鲀养殖面积 1 500 m²,全年生产量 20 吨,全部售出,没有年末库存。

1.2.2 池塘养殖

除山海关区外,另外四个示范县均有池塘养殖,面积为 52 312 亩,年产量 1 612.91 吨,全部售出。池塘养殖的品种主要为红鳍东方鲀、海鲈鱼和牙鲆。红鳍东方鲀池塘养殖面积为 17 912 亩,全年生产量 1 147.21 吨,全部售出;海鲈鱼池塘养殖面积为 34 000 亩,全年生产量 450 吨,全部售出。牙鲆池塘养殖面积 400 亩,全年生产量 15.7 吨,全部售出。

曹妃甸区:养殖户 357 家,养殖面积 17 812 亩,全部养殖红鳍东方鲀,全年生产量 1 144.41 吨,全部售出。

盘山县:养殖户 600 家,池塘养殖面积 30 000 亩,养殖品种为海鲈鱼,养殖年产量 225 吨,全部售出。

老边区:养殖户 22 家,池塘养殖面积 4 300 亩,包括海鲈鱼 4 000 亩、牙鲆 200 亩和红鳍东方鲀 100 亩。养殖产量 236.8 吨,包括海鲈鱼 225 吨、牙鲆 9 吨和红鳍东方鲀 2.8 吨。均全部售出,没有年末库存。

盖州市:养殖户 1 家,池塘养殖面积 200 亩,养殖品种为牙鲆,全年生产量为 6.7 吨,全部售出。

1.2.3 网箱养殖

盖州市使用在池塘中加网箱的养殖方式,网箱规格为 2 m×3 m。养殖面积为 12 960 m²,养殖品种为牙鲆,全年生产量 29.1 吨,全部售出。

1.3 品种构成

每品种养殖面积及产量占示范县养殖总面积和总产量的比例见附表 2。

统计 5 个示范县海水鱼养殖面积调查结果,各品种构成如下:

工厂化育苗总面积为 35 000 m²。其中牙鲆为 5 000 m²,占总养殖面积的 14.28%;半滑舌鳎为 30 000 m²,占总养殖面积的 85.72%。

工厂化育苗总出苗量为 4 250 万尾。其中牙鲆为 550 万尾,占总出苗量的 12.94%;半滑舌鳎为 3 700 万尾,占总出苗量的 87.06%。

工厂化养殖总面积为 707 500 m²。其中大菱鲆为 61 000 m²,占总养殖面积的 8.62%;牙鲆为 200 000 m²,占总养殖面积的 28.27%;半滑舌鳎为 400 000 m²,占总养殖面积的 56.54%;红鳍东方鲀为 36 500 m²,占总养殖面积的 5.16%;老虎斑为 10 000 m²,占总养殖面积的 1.41%。

工厂化养殖总产量为 11 514.88 吨。其中大菱鲆为 718.4 吨,占总量的 6.24%;牙鲆 1507 吨,占总量的 13.09%;半滑舌鳎为 9 096.28 吨,占总量的 78.99%;红鳍东方鲀为 170 吨,占总量的 1.48%;老虎斑为 23.2 吨,占总量的 0.20%。

池塘养殖总面积为 52 312 亩。其中牙鲆为 400 亩,占总养殖面积的 0.77%;红鳍东方鲀为 17 912 亩,占总养殖面积的 34.24%;海鲈鱼为 34 000 亩,占总养殖面积的 64.99%。

池塘养殖总产量为 1 612.91 吨。其中牙鲆 15.7 吨,占总量的 0.97%;红鳍东方鲀为 1 147.21 吨,占总量的 71.13%;海鲈鱼为 450 吨,占总量的 27.90%。

网箱养殖总面积为 12 960 m²,全部养殖牙鲆。

网箱养殖总产量为 29.1 吨,全部为牙鲆。

从以上统计数据可以看出,五个示范县内,只有曹妃甸区开展牙鲆和半滑舌鳎的育苗,半滑舌鳎的育苗面积和出苗量占比最高,分别为 85.72% 和 87.06%。半滑舌鳎的工厂化养殖面积和产量占比最高,分别为 56.54% 和 78.99%。海鲈鱼的池塘养殖面积占比最高,达到了 64.99%,但是产量占比仅为 27.90%。池塘养殖产量占比最高的是红鳍东方鲀,达到了 71.13%。网箱养殖只有牙鲆一个品种。

从成品鱼价格来看,半滑舌鳎最高,在 70 元/斤～90 元/斤;大菱鲆价格在 14～26 元/斤;牙鲆价格在 16～26 元/斤;红鳍东方鲀价格在 30～37 元/斤;老虎斑价格在 78～80 元/斤;海鲈鱼价格在 9～30 元/斤。规格不同价格差别较大,如第四季度盘山示范县 1～1.5 斤/尾的海鲈鱼,单价 9～11 元/斤,2 斤/尾以上的单价 25～30 元/斤。又如曹妃甸示范县 1～1.5 斤/尾的半滑舌鳎单价 70～72 元/斤,2.0 斤/尾以上的单价 90 元/斤。

随季节和地区不同价格变化也较大,老边示范县第四季度海鲈鱼价格最低,1.5～2 斤/尾仅为 10 元/斤,盘山示范县第四季度海鲈鱼价格最高,为 20～25 元/斤。大菱鲆前两个季度价格整体比较低,仅为 14～18 元/斤,第三、四季度有所回升。牙鲆前三个季度价格整体较高,为 20～26 元/斤,但是第四季度有所下降,仅为 16～20 元/斤。

2 示范县（市、区）科研开展情况

五个示范县 2017 年只有曹妃甸示范县实施了一个区级科研项目：半滑舌鳎种质保持与养殖模式优化研究与示范，项目金额 20 万元。

3 海水鱼产业发展中存在的问题

3.1 现有养殖模式不可持续，产业亟待转型升级

工厂化养殖导致地下水资源过度消耗；循环水养殖成本过高，养殖户无法负担。此外现有养殖模式养殖废水直排较为普遍，在水产养殖环保风暴下生存空间越来越小。

3.2 市场需求和价格变动幅度大

2017 年第一、二季度大菱鲆的价格低迷，在 14～18 元/斤之间，而养殖成本却在 17～22 元/斤，养殖户能挺住的都在亏本经营，租厂房和资金有限的大都撤摊了。造成大菱鲆价格低迷的原因，一是高档酒店的需求急剧减少，二是舆论对大菱鲆"药残"事件的过度渲染。这种情况在下半年有所好转。

3.3 养殖过程中病害严重

常见牙鲆疾病有纤毛虫病、淋巴囊肿病、出血病和腹水症。常见大菱鲆疾病主要是肠炎和皮疣病。常见半滑舌鳎疾病有烂底腐皮病、断尾症、寄生虫病、肠炎病、腹水病。

3.4 从业者生产技能有待提高

海水鱼从业人员多为当地农民或渔民，从业素质较低，对新现象、新问题认识不足，处理不当，导致养殖效益不稳定，影响了海水鱼产业健康持续发展。

附表1　2017年度北戴河综合试验合站示范县海水鱼育苗及成鱼养殖情况统计表

项目		曹妃甸					山海关	盘山		老边		盖州		
		牙鲆	半滑舌鳎	大菱鲆	老虎斑	红鳍东方鲀	大菱鲆	海鲈	牙鲆	红鳍东方鲀	海鲈	大菱鲆	牙鲆	红鳍东方鲀
育苗	面积（m²）	5 000	30 000											
	产量（万尾）	550	3 700											
工厂养殖	面积（m²）	200 000	400 000	3 000	10 000	35 000	32 000					26 000		1 500
	年产量（吨）	1 507	9 096.28	62.6	23.2	150	153.3					502.5		20
	年销售量（吨）	387	2 922.5	112.2	0	0	198.5					226		20
	年末库存量（吨）	1386	7 650.78	0	23.2	150	11.9					276.5		0
池塘养殖	面积（亩）					17 812		30 000	200	100	4 000		200	
	年产量（吨）					1 144.41		225	9	2.8	225		6.7	
	年销售量（吨）					1 144.41		225	9	2.8	225		6.7	
	年末库存量（吨）					0		0	0	0	0		0	
网箱养殖	面积（m²）					360		600					12 960	
	年产量（吨）												29.1	
	年销售量（吨）												29.1	
	年末库存量（吨）												0	
户数	育苗户数	4	3	3	1									
	养殖户数	5	3	3	1		4		1	1	20	7	1	1

附表 2　北戴河综合试验站示范县海水鱼养殖面积、养殖产量及品种构成

项目＼品种	年产总量	大菱鲆	牙鲆	半滑舌鳎	红鳍东方鲀	海鲈鱼	老虎斑
工厂化育苗面积（m²）	35 000		5 000	30 000			
工厂化出苗量（万尾）	4 250		550	3 700			
工厂化养殖面积（m²）	707 500	61 000	200 000	400 000	36 500		10 000
工厂化养殖产量（吨）	11 514.88	718.4	1507	9 096.28	170		23.2
池塘养殖面积（亩）	52 312		400		17 912	34 000	
池塘年总产量（吨）	1 612.91		15.7		1 147.21	450	
网箱养殖面积（m²）	12 960		12960				
网箱年总产量（吨）	29.1		29.1				
各品种工厂化育苗面积占总面积的比例（%）	100		14.28	85.72			
各品种工厂化出苗量占总出苗量的比例（%）	100		12.94	87.06			
各品种工厂化养殖面积占总面积的比例（%）	100	8.62	28.27	56.54	5.16		1.41
各品种工厂化养殖产量占总产量的比例（%）	100	6.24	13.09	78.99	1.48		0.20
各品种池塘养殖面积占总面积的比例（%）	100		0.77		34.24	64.99	
各品种池塘养殖产量占总产量的比例（%）	100		0.97		71.13	27.90	
各品种网箱养殖占总面积的比例（%）	100		100				
各品种网箱养殖产量占总产量的比例（%）	100		100				

（北戴河综合试验站站长　于清海）

丹东综合试验站产区调研报告

1　示范县(市、区)海水鱼养殖现状

　　丹东综合试验站负责大连市的旅顺口区、瓦房店市、庄河市、营口市的鲅鱼圈区、丹东市的东港市五个示范县(市、区)。5个示范县区的海水鱼养殖模式和品种各有不同。全区现有海水鱼养殖410户,示范基地7处。养殖模式分别为全封闭循环水养殖、流水工程化养殖、海上网箱和陆基工厂化结合的陆海接力养殖以及沿海池塘生态养殖。养殖品种主要为大菱鲆、牙鲆、红鳍东方鲀、欧洲舌齿鲈等。在示范县和示范基地主要进行海水鱼养殖技术的示范和推广工作,各个示范县区的人工育苗、养殖品种、产量及规模见附表1和2。

1.1　育苗面积及苗种产量

1.1.1　育苗面积

　　丹东综合试验站所辖5个示范县的育苗总面积为17 800 m²,其中,旅顺口区2 000 m²、营口市鲅鱼圈区2 000 m²、庄河市8 000 m²、东港市5 800 m²。按品种分:牙鲆11 800 m²、红鳍东方鲀3 000 m²、欧洲舌齿鲈3 000 m²。

1.1.2　苗种年产量

　　5个示范县共计10户育苗厂家,总计育苗3 131.5万尾,其中:牙鲆2 933万尾、红鳍东方鲀160万尾、海鲈鱼38.5万尾。各县育苗情况如下:

　　旅顺口区:1户育苗厂家,生产牙鲆苗300万尾,全部用于完成放流任务。

　　鲅鱼圈区:1户育苗厂家,生产牙鲆苗300万尾,全部用于完成放流任务。

　　庄河市:1户育苗厂家,生产牙鲆苗335万尾,红鳍东方鲀苗10万尾,欧洲舌齿鲈鱼苗38.5万尾。

　　东港市:7户育苗厂家,生产牙鲆苗1 900万尾,红鳍东方鲀苗150万尾。

1.2　养殖面积及年产量、销售量、年末库存量

1.2.1　工厂化养殖

　　5个示范县共计11家养殖户,工厂化流水养殖面积33 000 m²,年总生产量为152 t,年销售量108.5 t,年末库存量为153 t;工厂化循环水养殖面积61 000 m²,年总生产量为167 t,

年销售量 115 t，年末库存量为 931 t。其中：

旅顺口区：养殖 3 户，工厂化流水养殖面积 25 000 m²。其中养殖大菱鲆 15 000 m²，全年生产量 100 t，销售量 80 t，年末库存量 100 t；养殖牙鲆 10 000 m²，用于室内越冬，年末库存量为 30 t。

瓦房店市：养殖 1 户，养殖种类为大菱鲆，工厂化流水养殖面积 6 000 m²，年产量 51 t，销售量 27.5 t，年末库存量 31 t。

庄河市：养殖 1 户，工厂化循环水养殖面积 49 000 m²。其中，红鳍东方鲀养殖面积 20 000 m²，年产量 64 t，年销售量 115 t，年末库存量 364 t；欧洲舌齿鲈养殖面积 15 000 m²，年末室内越冬库存量 120 t；鲕鱼 14 000 m²，年产量 87 t，年销售量 0 t，年末室内越冬库存 320 t。

东港市：养殖 5 户，工厂化循环水养殖面积 12 000 m²，用于室内越冬。其中，红鳍东方鲀养殖面积 2 000 m²，年末库存量 16 t；牙鲆养殖面积 10 000 m² 年末库存量为 127 t。

1.2.2　池塘养殖

本试验站只有东港市进行池塘养殖牙鲆、红鳍东方鲀，均采用混养方式，池塘养殖总面积为 40 000 亩，产量 3 043 t，销售量 2 896 t，年末库存量为 0 t。其中：养殖牙鲆 34 000 亩，产量 2 560 t，销售量 2 433 t；养殖红鳍东方鲀 6 000 亩，产量 480 t，销售量 464 t。

1.2.3　网箱养殖

5 个示范县共计 2 家养殖户，普通网箱养殖面积 70 500 m²，深水网箱养殖 50 000 m³。其中：

旅顺口区：养殖 1 户，普通网箱养殖面积 30 000 m²。大菱鲆养殖面积 20 000 m²，养殖网箱 400 个（5 m × 5 m），200 个（10 m × 5 m），年产量为 213 t，销售量 235 t，年末转入室内，网箱养殖库存 0 t；牙鲆养殖面积 10 000 m²，养殖网箱 200 个（5 m × 5 m），100 个（10 m × 5 m），年产量为 227 t，销售量 195 t，年末转入室内，网箱养殖库存 0 t。

庄河市：养殖 1 户，深水网箱养殖 50 000 m³，养殖黄条鲕鱼，年产量为 183 t，销售量 95 t，年末转入室内；普通网箱养殖面积 42 000 m²，养殖网箱 420 个（10 m × 10 m），养殖红鳍东方鲀、欧洲舌齿鲈等，年产量为 361 t，销售量 100 t，年末转入室内，网箱养殖库存 0 t。

1.3　品种构成

经过对本试验站内五个示范县区的海水鱼养殖情况的调查统计，每个品种的养殖面积及产量占示范县养殖总面积和总产量的比例情况（附表 2）如下：

工厂化育苗总面积为 17 800 m²，其中，牙鲆为 11 800 m²、红鳍东方鲀 3 000 m²、欧洲舌齿鲈 3 000 m²，分别占总育苗面积的 66.30%、16.85%、16.85%。

工厂化育苗的总出苗量为 3 131.5 万尾，其中，牙鲆 2 933 万尾、红鳍东方鲀 160 万尾、欧洲舌齿鲈 38.5 万尾，分别占总出苗量的 93.66%、5.11%、1.23%。

工厂化养殖的总面积为 94 000 m²，其中，牙鲆为 21 000 m²、大菱鲆为 22 000 m²、红鳍东方鲀为 22 000 m²、欧洲舌齿鲈为 15 000 m²、黄条鰤为 14 000 m²,分别占总养殖面积的 22.34%、23.40%、23.40%、15.96%、14.89%。

工厂化养殖的总产量为 319 t,其中,牙鲆 34 t、大菱鲆为 230.5 t、红鳍东方鲀 5 t、欧洲舌齿鲈为 5 t、黄条鰤为 5 t,分别占总产量的 10.66%、72.26%、1.56%、1.56%、1.56%。

池塘养殖总面积为 40 000 亩,其中,牙鲆 34 000 亩、红鳍东方鲀 6 000 亩,分别占总养殖面积的 85%、15%。

池塘养殖总产量为 3 040 t,其中,牙鲆 2 560 t、红鳍东方鲀 480 t,分别占总产量的 84.21%、15.79%。

普通网箱养殖面积 70 500 m²,其中,养殖大菱鲆 20 000 m²、牙鲆 11 000 m²、红鳍东方鲀 25 500 m²、欧洲舌齿鲈 14 000 m²,分别占总养殖面积的 28.37%、15.60%、36.17%、19.86%。

普通网箱养殖总产量 801 t,其中,大菱鲆 213 t、牙鲆 227 t、红鳍东方鲀 241 t、欧洲舌齿鲈 120 t,分别占总产量的 26.59%、28.34%、30.09%、14.98%。

深水网箱养殖体积 50 000 m³,全部养殖黄条鰤 183 t,面积及产量占全部的 100%。

从以上统计可以看出,在 5 个示范县内,育苗为牙鲆、红鳍东方鲀、欧洲舌齿鲈;工厂化养殖为大菱鲆和牙鲆;池塘养殖品种为牙鲆、红鳍东方鲀;网箱养殖为大菱鲆、牙鲆、黄条鰤、欧洲舌齿鲈。

2 示范县(市、区)科研、示范开展情况

2.1 科研课题情况

大连市旅顺口区示范区、庄河市示范区、瓦房店市示范区、营口市鲅鱼圈区、丹东市东港市示范区进行科研项目 2 项,承担单位为辽宁省海洋水产科学研究院,"辽宁省村级综合服务平台建设"、"圆斑星鲽室内外接力养殖技术研究"。

2.2 示范开展情况

在庄河市大连富谷食品有限公司建成现代产业园区,进行封闭循环水工厂化养殖试验与示范。养殖红鳍东方鲀、黄条鰤等;瓦房店大连灏霖水产有限公司进行大菱鲆、大连富谷食品有限公司进行红鳍东方鲀疫苗免疫示范与试验 5 万尾;旅顺大连万洋渔业养殖有限公司、大连富谷食品有限公司进行红鳍东方鲀、大菱鲆、圆斑星鲽陆海接力养殖示范 1.2 万 m²;东港市景仕水产有限公司、东港恩达水产有限公司等进行全雌牙鲆、红鳍东方鲀等良种养殖示范 3 000 亩;推动农业提质增效、推进农业绿色发展,促进农民增产增收,在瓦房店市颢霖水产、庄河富谷食品等企业,建立出口定点企业 2 家。

2.3 发表论文、标准、专利情况

2017年,丹东综合试验站内各示范区发表论文2篇:

赫崇波,高磊,苏浩等。辽宁省水产种质基因库信息平台构建,水产科学,2017,36(1):113-117。

李荣,徐永江,柳学周,等,黄条鰤(*Seriola aureovittata*)形态度量与内部结构特征,渔业科学进展,2017,38(1):142-149。

3 海水鱼产业发展中存在的问题

丹东综合试验站各示范县区主养大菱鲆、牙鲆、红鳍东方鲀、黄条鰤、欧洲舌齿鲈等,少量养殖舌鳎、星鲽等鱼类。各示范县区养殖条件与品种不同,养殖存在的问题也不同。

3.1 大菱鲆工厂化养殖存在的问题

大菱鲆工厂化养殖红嘴病流行,严重影响养殖业发展,造成养殖效益减少,养殖积极性受挫。因此应集中产业科研优势,重点攻关,解决红嘴病病害,提振大菱鲆养殖业成为当务之急。同时大菱鲆工厂化养殖疫苗防治效果较好,但厂家缺少使用知识,应加快推广普及。

3.2 牙鲆池塘养殖存在的问题

牙鲆池塘养殖受市场价格的大幅下降及其他养殖品种发展影响,养殖面积及产量大幅下降。发展池塘多品种生态养殖,提高产量、降低成本成为牙鲆池塘养殖发展的出路。

3.3 红鳍东方鲀养殖存在的问题

红鳍东方鲀工厂化养殖成本较高,如何降低成本,发展节能减排养殖技术,发展池塘养殖及陆海接力养殖,急待解决。

4 当地政府对产业发展的扶持政策

辽宁省和大连市政府对海水鱼产业发展采取一定的扶持政策。支持科研机构与企业联合创新,建立多个海水鱼原、良种场,大力发展高效、节能工厂化全封闭循环水养殖示范基地,大力支持无公害水产品养殖,制定养殖地方标准。大力开展辽宁省村级服务平台建设,进行技术培训、科技下乡、专家帮扶等活动。

5 海水鱼产业技术需求

5.1 陆海接力及池塘高效生态养殖技术

降低养殖成本,进行陆海接力养殖技术。池塘高效多品种生态养殖技术。

5.2 病害防治综合控制技术

优良苗种采购,饲料质量的保证,应用生态制剂及疫苗预防疾病发生,各种养殖环境控制技术。

5.3 新品种养殖技术

需要进一步开发海水鱼土著优良品种,合理科学推广和扩大养殖规模。

附表1　2017年度丹东综合试验站示范县海水鱼育苗及成鱼养殖情况统计表

类别	项目	庄河 红鳍东方鲀	庄河 黄条鰤	庄河 欧洲舌齿鲈	庄河 牙鲆	鲅鱼圈 牙鲆	旅顺 大菱鲆	旅顺 牙鲆	瓦房店 大菱鲆	东港 红鳍东方鲀	东港 牙鲆
育苗	面积(m²)	2 000		3 000	3 000	2 000		2 000	2 000	1 000	4 800
	产量(万尾)	10		38.5	433	300		300	200	150	1 900
工厂养殖	面积(m²)	20 000	15 000	14 000			15 000	10 000	6 000	2 000	10 000
	年产量(t)	64	87	120			100	0	51	0	0
	年销售量(t)	115	0	0			80	0	27.5	0	0
	年末库存量(t)	364	320	120			100	30	31	16	127
池塘养殖	面积(亩)	25 500		14 000	2 500		20 000	10 000		6 000	34 000
	年产量(t)	241		120	量少,不计		213	227		2 560	480
	年销售量(t)	100		0	量少,不计		235	195		2 433	464
	年末库存量(t)	0		0	量少,不计		0	0		0	0
网箱养殖	面积(m²)		50 000(m³)								
	年产量(t)		183								
	年销售量(t)		95								
	年末库存量(t)		0								
户数	育苗户数	1	0	1	1	0	0	1	0	1	6
	养殖户数	1	1	1	1	1	3	2	1	60	335

附表 2 丹东站五个示范县养殖面积、养殖产量及主要品种构成

品种 ＼ 项目	年产总量	牙鲆	大菱鲆	红鳍东方鲀	黄条鰤	欧洲舌齿鲈
工厂化育苗面积(m²)	17 800	11 800		3 000		3 000
工厂化出苗量(万尾)	3 131.3	2 933		160		38.5
工厂化养殖面积(m²)	94 000	21 000	22 000	22 000	14 000	15 000
工厂化养殖产量(t)	319	34	230.5	5	5	5
池塘养殖面积(亩)	40 000	34 000		6 000		
池塘年总产量(t)	3 040	2 560	480			
网箱养殖面积(m²)	70 500	11 000	20 000	25 500		14 000
网箱年总产量(t)	801	227	213	241		120
深水网箱养殖(m³)	50 000				50 000	
深水网箱年总产量(t)	183				183	
各品种工厂化育苗面积占总面积的比例(%)	100	66.3		16.85		16.85
各品种工厂化出苗量占总出苗量的比例(%)	100	93.66		5.11		1.23
各品种工厂化养殖面积占总面积的比例(%)	100	22.34	23.40	23.40	14.89	15.96
各品种工厂化养殖产量占总产量的比例(%)	100	10.66	72.26	1.56	1.56	1.56
各品种池塘养殖面积占总面积的比例(%)	100	85		15		
各品种池塘养殖产量占总产量的比例(%)	100	84.21		15.79		
各品种网箱养殖面积占总面积的比例(%)	100	15.60	28.37	36.17		19.86
各品种网箱养殖产量占总产量的比例(%)	100	28.34	26.59	30.09		14.98

（丹东综合试验站站长　赫崇波）

葫芦岛综合试验站产区调研报告

1 示范县（市、区）海水鱼养殖现状

本综合试验站下设五个示范县（市、区），分别为：兴城市、绥中县、葫芦岛龙港区、锦州滨海经济区、凌海市。其育苗、养殖品种、产量及规模见附表1。

1.1 育苗面积及苗种产量

1.1.1 育苗面积

五个示范县育苗总面积为 10 000 m²，其中兴城市 5 000 m²，凌海市 5 000 m²。

1.1.2 苗种年产量

五个示范县共计 2 户育苗厂家，总计育苗 250 万尾，其中大菱鲆苗种 100 万尾；牙鲆苗种 150 万尾，用于牙鲆增殖放流。

1.2 养殖面积及年产量、销售量、年末库存量

五个示范县均为陆基工厂化养殖，养殖户 753 户，面积 276 万 m²，年生产量为 30 758.5 t，销售量为 29 329.5 t，年末存池量为 16 230 t。其中：

兴城市：大菱鲆养殖户 510 户，养殖面积 200 万 m²，年产量 22 645 t，销售量 22 180 t，年末存池量 12 740 t。

绥中县：大菱鲆养殖户 220 户，养殖面积 70 万 m²，年产量 7 690 t，销售量 6 612 t，年末存池量 3 080 t。

葫芦岛龙港区：大菱鲆养殖户 20 户，养殖面积 5 万 m²，年产量 354.5t，年销售量 502.5 t，年末存池量 380 t。

锦州市滨海新区：大菱鲆养殖户 1 户，其他海水鱼 2 户，大菱鲆养殖面积 1 万 m²，其他海水鱼养殖面积 3 400 m²。大菱鲆年产量 70 t，销量 35 t，年末存池量 30 t。其他海水鱼年产量 56.7 t，销量 5 t，年末存池量 51.7 t。

凌海市：养殖户 1 户，育苗水体 5 000 m²，年育牙鲆鱼苗 150 万尾，用于增殖放流。

1.3 品种构成

本试验站五个示范县养殖面积、养殖产量及主要品种构成：见附表2。

统计五个示范县海水鱼养殖面积、品种构成如下：

工厂化育苗总面积为 10 000 m²，其中：大菱鲆为 5 000 m²，占育苗面积 50%；牙鲆 5 000 m²，占育苗面积 50%。

工厂化育苗总出苗量为 250 万尾，其中大菱鲆 100 万尾，占总出苗量的 40%；牙鲆 150 万尾，占总出苗量的 60%。

工厂化养殖总面积 276 万 m²，大菱鲆养殖面积 276 万 m²，总养殖面积 100%。

工厂化养殖总产量 30 758.5 t，大菱鲆总产量 30 758.5 t，占产量 100%。

池塘养殖面积为 13.95 亩，三文鱼养殖占养殖面积 100%。

从以上统计可以看出，在五个示范县内，工厂化养殖大菱鲆为主要养殖品种，其他海水鱼占极小部分。

2　示范县（市、区）科研开展情况

2.1　"农业部动物疫情监测与防治——病原菌耐药性普查"项目

葫芦岛兴城示范县通过开展该项目，对大菱鲆发病所做的药敏试验，水产养殖主要病原微生物耐药性，逐步摸清大菱鲆发病原因及对症的药物治疗。抗菌药在水生动物细菌性传染病的控制中起到了非常重要的作用。长期以来，由于人们缺乏水生动物致病菌对各种抗菌药物敏感性变化的了解，在养殖过程中盲目滥用抗菌药，加重了水生动物越来越严重的耐药性，使抗菌药对水生动物细菌性疾病的控制效果越来越差。不但造成药物浪费，还延误病情，给水产养殖业造成严重的损失。

通过开展水生动物主要病原菌耐药性普查，获得病原菌对渔用抗菌素感受性及其变化的基础数据，了解和掌握部分养殖品种重要病原菌的耐药性及其变化规律，为指导水产养殖业者规范使用渔用抗菌素提供科学依据，促进水产品质量安全水平逐步提高。同时，为新型渔药的研发提供参考，为制修订渔药标准提供依据。承担单位为辽宁省水产技术推广总站、葫芦岛市水产技术推广站、兴城龙运井盐水水产养殖有限责任公司。

2.2　大菱鲆新品种引进及健康养殖试验示范

葫芦岛兴城示范县进行科技项目一项，名称为：大菱鲆新品种引进及健康养殖试验示范，投入资金 40 万元，项目承担单位为葫芦岛市水产技术推广站，引进的苗种已经通过了辽宁省水产技术推广总站组织的验收。

2.3　辽宁省科技村级综合服务平台建设——新型农业社会化服务体系建设示范试点水产品项目

辽宁省兴城、绥中示范县开展"辽宁省科技村级综合服务平台建设——新型农业社会化服务体系建设示范试点水产品项目，重点解决在海水鱼——大菱鲆养殖中出现的问题"，承担单位为辽宁省海洋水产科学研究院。

3 海水鱼养殖产业发展中存在的问题

3.1 海水鱼养殖产业发展现状

葫芦岛综合试验站所辖五个示范县，分别为：兴城市、绥中县、龙港区、凌海市、锦州滨海新区。五个示范区县海水鱼养殖方式主要为工厂化养殖，养殖的主要品种为大菱鲆，小规模养殖的品种有半滑舌鳎、圆斑星鲽、三文鱼等，放流的品种为牙鲆鱼。

葫芦岛市海岸线长达 261 千米，占辽宁省第二位。海岸线虽长，但沿海滩涂面积居辽宁省末位，海水池塘面积较少，淡水资源更加缺乏。多年来，葫芦岛市的养殖业一直落后于全省沿海各市。自从 2001 年大菱鲆养殖落户兴城以来，海水鱼养殖业得到了迅猛发展，凸显出葫芦岛地区独有的地下井盐水资源优势，由兴城市起步，辐射带动了绥中县、龙港区、凌海市、锦州滨海新区的海岸线海水鱼养殖业发展。截止到目前，葫芦岛试验站所属示范县共有大菱鲆养殖企业 753 家，养殖面积近 276 万 m^2，年产量 30 758 万吨。其中兴城市养殖户 510 户、养殖面积 200 万 m^2；绥中县 220 户、养殖面积 70 万 m^2；龙港区养殖户 20 户、养殖面积 5 万 m^2；凌海市育苗户 1 户，育苗面积 5 000 m^2；锦州滨海新区养殖面积 1 万 m^2。凌海市、锦州滨海新区海水鱼养殖业正在起步。

葫芦岛地区大菱鲆年产量占辽宁省的 92.7%，成为名符其实的海水鱼工厂化养殖基地，已成为辽宁省葫芦岛市渔业经济乃至海洋经济发展的重要增长点。

随着海水鱼工厂化养殖业的影响，凌海市、锦州滨海经济区海水养殖业也得到了发展，海水资源得到开发利用，凌海市大有乡达莲海珍品养殖有限责任公司被确定为辽宁省褐牙鲆定点放流企业，年放流牙鲆鱼 150 余万尾。凌海市大有乡达莲海珍品养殖有限责任公司、凌海市金海水产养殖公司等均为海水养殖的龙头企业，带动了当地海水养殖产业的发展。锦州滨海新区海水工厂化养殖面积 1 万余 m^2，海水养殖空间正在逐步扩展。

海水鱼养殖业的发展，彰显了新兴渔业在沿海经济建设中的生机与活力，有力地促进了渔业的转型升级。在国家海水鱼产业体系的引领及葫芦岛综合试验站、地方渔业部门的共同努力下，带动了葫芦岛综合试验站示范县的 15 个乡镇海水鱼工厂化养殖的崛起，并在沿海一线形成了带状布局和快速拓展的产业格局。

海水鱼产业体系建立以来，提升了海水鱼养殖技术和管理水平，改变了传统渔业的过程和发展方式，向"产业规模化、设施工程化、生产规范化、生态养殖化、品牌名优化、质量溯源化"的发展目标迈进。

3.2 海水鱼养殖业存在问题

养殖品种还比较单一，适合地区养殖的海水鱼养殖品种急需引进和推广；现有的工厂化养殖苗种生产缺乏抗病良种,生长速度缓慢,存在一定程度的种质退化;水资源的压力,诸如水质下降、提水成本大幅增加、水量供应大量减少、病害多发、废水污染加重等;海水鱼质量安全体系亟待健全和完善;从苗种繁育到生产、销售,从饲养、养殖技术服务到产品的冷链加工、储藏和运输等都没有形成一个较完整的产业链;没有形成市场价格的控制力,市场一有风吹草动,整个海水鱼产业就受到冲击和影响;海水鱼产业还处于低端运行状态,深加工、冷链物流还是短板。

按照农业供给侧结构改革和提质增效、绿色发展的总体要求,这就急需开发、推广、应用海水鱼类抗病良种和循环水养殖方式。海水鱼类养成生产中,饲料使用不规范,迫切需要研制和推广使用养殖过程各个时期的专用配合饲料。为海水鱼类养殖业的健康、稳步、快速发展,加大循环水养殖推广力度,进行循环用水标准化养殖技术集成与示范及工厂化养殖水体利用效率提高的示范及推广,减少养殖尾水排放,将现有养殖新技术进行集成示范,解决目前面临的突出问题,带领示范区企业和养殖者采用先进技术,增加海水鱼养殖产量,提高养殖品种质量,共同应对养殖突发事件,以提升海水鱼类养殖业整体水平,达到稳步、健康发展的目标。

4　当地政府对产业发展的政策

4.1　改善生态环境,确保大菱鲆养殖产业健康持久

随着经济的快速发展和人口的增长以及城市化建设的推进,工业废水和生活污水的排放量与日俱增,环保设施建设滞后,所排放的废水得不到有效处理,加之水产养殖的自身污染等,造成近岸海域尤其河口区等重要增养殖水域污染加重,加剧了生态环境的恶化,给海水养殖业带来了严重影响。一些传统水域的养殖功能逐渐削弱甚至丧失,不仅使水产养殖生产成本和风险加大,水产品质量安全也面临严峻挑战。

兴城示范县兴城河口湿地与红海滩生态环境综合整治工程为中央2015海岛和海域保护资金项目,总投资1.25亿元,项目实施内容为岸滩翅碱蓬整体修复面积170 hm²,其中翅碱蓬种植约106 hm²,沙蚕种群修复35 hm²、微生物培养剂包埋29 hm²、修建滨海栈道7 300 m。这项工程需对岸滩300余眼大菱鲆养殖用取水深井进行迁移、井台下埋。为不影响到大菱鲆养殖生产,兴城市政府制定了水井迁移及井台下埋措施,确保了兴城红海滩生态环境综合整治与大菱鲆养殖生产的有机结合。

4.2　打造地理标志,确保质量安全

为了更好地推动大菱鲆产业发展,提升质量安全,打造"兴城多宝鱼"地理标志,兴城市委、市政府支持产业发展,对于质量合格的大菱鲆产品给予大力支持,对不合格的大菱鲆产品给以坚决打击和处罚。

5　海水鱼产业技术需求

5.1　养殖尾水处理技术

目前，工厂化养殖及池塘养殖，养殖尾水大都直接排放到外海，长久势必影响到生态环境，影响到产品质量及产业发展，因此急需养殖尾水处理技术，达到环保要求。

5.2　病害防控技术

随着养殖环境的变化，海水鱼在养殖过程中时有病害发生，由于养殖业者缺少必要的检测设备及诊断技术，对在养殖过程中发生的病害束手无策，因此病害防控技术直接影响到养殖效益。

5.3　海水鱼养殖产业链亟待健全和完善

从苗种繁育到生产、销售，从饲养、养殖技术服务到产品的冷链加工、储藏和运输等要建立一个较完整的产业链。

5.4　缺少科学合理的用药措施

在选择抗生素类药物治疗水产养殖动物疾病时，没有了解药物的作用机理，对确定药物的使用剂量和给药方式没有科学性。大剂量用药、用药时间过长容易造成药物中毒和残留。使用剂量过小、用药时间过短，不仅起不到彻底杀灭病原菌的作用，很容易诱发菌株产生耐药性，给该病的治疗增加难度。在使用具有抑菌作用的药物时，就必须使药物在水产养殖动物机体内保持一定的浓度和一定时间，需要准确计算用药剂量和用药时间。

5.5　养殖户用药观念有待转变

加强渔民、基层技术人员抗生素知识的更新，坚持通过科技宣传来指导临床用药，减少广谱抗生素药品的滥用和多种抗生素的联合使用。加强科普宣传，提高养殖户的素质，转变用药指导思想，不要把养殖鱼类的健康寄希望于用药上，要从改善饲养条件和提高养殖水平上下功夫。

附表1 2017年度葫芦岛综合试验站五个示范县海水鱼育苗及成鱼养殖情况表

项目	品种	兴城市 大菱鲆	绥中县 大菱鲆	龙港区 大菱鲆	锦州市滨海新区 大菱鲆	锦州市滨海新区 其他海水鱼	凌海市 牙鲆
育苗	面积（m²）	5 000	—	—	—	—	5 000
育苗	产量（万尾）	100	—	—	—	—	150
工厂养殖	面积（m²）	2 000 000	700 000	50 000	10 000	—	5 000
工厂养殖	年产量（吨）	22 645	7 690	354.5	70	—	—
工厂养殖	年销售量（吨）	22 180	6 612	502.5	35	—	—
工厂养殖	年末库存量（吨）	12 740	3 080	380	30	—	—
池塘养殖	面积（亩）	—	—	—	—	13.95	—
池塘养殖	年产量（吨）	—	—	—	—	56.7	—
池塘养殖	年销售量（吨）	—	—	—	—	5	—
池塘养殖	年末库存量（吨）	—	—	—	—	51.7	—
网箱养殖	面积（m²）	—	—	—	—	—	—
网箱养殖	年产量（吨）	—	—	—	—	—	—
网箱养殖	年销售量（吨）	—	—	—	—	—	—
网箱养殖	年末库存量（吨）	—	—	—	—	—	—
户数	育苗户数	1	0	0	0	-	1
户数	养殖户数	510	220	20	3	-	0

附表2 葫芦岛综合试验站五个示范县养殖面积、养殖产量及主要品种构成

项目 品种	年总产量	牙鲆	大菱鲆	其他海水鱼
工厂化育苗面积（m²）	10 000	5 000	5 000	—
工厂化出苗量（万尾）	250	150	100	—
工厂化养殖面积（m²）	2 760 000	—	2 760 000	—
工厂化养殖产量（吨）	30 758.5	—	30 758.5	—
池塘养殖面积（亩）	13.95	—	—	13.95
池塘年总产量（吨）	56.7	—	—	56.7
网箱养殖面积（m²）	—	—	—	—
网箱年总产量（吨）	—	—	—	—
各品种工厂化育苗面积占总面积的比例（%）	100	60	40	—
各品种工厂化出苗量占总出苗量的比例（%）	100	-	100	—

续表

项目＼品种	年总产量	牙鲆	大菱鲆	其他海水鱼
各品种工厂化养殖面积占总面积的比例(%)	100	—	100	—
各品种工厂化养殖产量占总产量的比例(%)	100	—	100	—
各品种池塘养殖面积占总面积的比例(%)	100	—	—	100
各品种池塘养殖产量占总产量的比例(%)	100	—	—	100

(葫芦岛综合试验站站长　王辉)

大连综合试验站产区调研报告

1　示范县(市、区)海水鱼养殖现状

本综合试验站下设五个示范县(市、区),分别为:大连市金普新区、大连市甘井子区、大连市长海县、福建省漳浦县、盘锦市大洼县。试验站主要示范、推广品种为红鳍东方鲀、双斑东方鲀等。本试验站育苗、养殖品种、产量及规模见附表1:

1.1　育苗面积及苗种产量

(1)育苗面积:五个示范县海水鱼育苗总面积 15 500 m²,其中金普新区无海水鱼育苗企业、甘井子区 5 500 m²、长海县无育苗企业、漳浦县 10 000 m²、大洼县无育苗企业。按品种分:牙鲆育苗面积 5 000 m²,双斑东方鲀育苗面积 10 000 m²,许氏平鲉育苗面积 500 m²。

(2)苗种年产量:五个示范县共计 8 户育苗厂家,总计育苗 3 300 万尾,其中:双斑东方鲀 2 000 万尾(4～5 cm)、许氏平鲉 300 万尾(5～6 cm)、牙鲆 1 000 万尾,各县育苗情况如下:

金普新区:无海水鱼育苗企业。

甘井子区:德洋水产、大连天正实业有限公司(大黑石基地)、鹤圣丰水产 3 家,主要生产褐牙鲆苗种、许氏平鲉苗种。

长海县:无海水鱼育苗企业。

漳浦县:有 5 家双斑东方鲀育苗室,生产双斑东方鲀苗种 2 000 万尾(4～5 cm),全部用于本县养殖。

大洼县:无海水鱼育苗企业。

1.2　养殖面积及年产量、销售量、年末库存量

(1)工厂化养殖:甘井子区、大洼县、漳浦县均有工厂化养殖模式,除漳浦县主要用于育苗外,其他两个示范县作为成鱼养殖,养殖户普遍为开放式流水养殖,仅大连天正实业有限公司大黑石基地为全封闭式循环水养殖,共计养殖户 34 家,养殖面积 70 000 m³,年总产量为 840 吨,销售量为 700 吨,年末库存量 140 吨。其中:

金普新区:无工厂化养殖企业。

甘井子区:33 户,养殖面积 50 000 m³,其中 10 000 m³ 封闭式循环水养殖模式。大菱鲆养殖面积 45 000 m³,产量 700 吨,销售 600 吨,年末库存量 100 吨;牙鲆养殖面积 5 000 m³,

产量 100 吨,全年销售量 80 吨,年末库存量 20 余吨。

长海县:无工厂化养殖企业。

漳浦县:仅 10 余家工厂化养殖企业,主要用于育苗生产。

大洼县:1 户,养殖面积 20 000 m²。红鳍东方鲀养殖面积 20 000 m²,产量 40 吨,销售 20 吨,年末库存量 20 吨。

(2)网箱养殖:金普新区、长海县、漳浦县是主要的网箱模式养殖地,共计养殖户 587 家,普通网箱养殖面积 183.35 万 m²,深水网箱养殖总水体 104 万 m³,年总生产量为 3 375 吨,销售量为 2 715 吨,年末库存量 660 吨。其中:

金普新区:38 户,普通网箱养殖面积 33.35 万 m²,深水网箱养殖水体 40.2 万 m³。红鳍东方鲀普通网箱养殖面积 33 万 m²,深水网箱养殖水体 40 万 m³,产量 830 吨,销售量 830 吨,年末库存量 0 吨;许氏平鲉普通网箱养殖面积 3 500 m²,产量 20 吨,销售量 10 吨,年末库存量 10 吨。

甘井子区:无网箱养殖企业。

长海县:58 户,深水网箱总水体 64 万 m³。牙鲆养殖水体 16 万 m³,产量 300 吨,销售量 300 吨,年末库存量 0 吨;红鳍东方鲀养殖水体 26.4 万 m³,养殖产量 400 吨,销售量 400 吨,年末库存量 0 吨;海鲈鱼养殖水体 16 万 m³,养殖产量 250 吨,销售量 250 吨,年末库存量 0 吨;许氏平鲉养殖水体 5.6 万 m³,养殖产量 75 吨,销售量约 25 吨,年末库存量 50 吨。

大洼县:无网箱养殖企业。

漳浦县:491 户,普通网箱养殖面积 150 万 m²,以石斑鱼养殖为主,养殖产量 1 500 吨,销售量 900 吨,年末库存量 600 吨。

(3)池塘养殖:金普新区、甘井子区、大洼县、漳浦县为主要的池塘养殖区,共计养殖户 1 698 户,主要为普通池塘养殖,养殖面积 10.42 万亩,年总产量为 2 420 吨,销售量为 1 220 吨,年末库存量 1 200 吨。其中:

金普新区:200 户,普通池塘养殖面积 2 万亩,主要为海参池塘套养牙鲆、海鲈鱼。其中,海鲈鱼养殖面积 2 万亩,养殖产量 90 吨,销售量 90 吨,年末库存量 0 吨;牙鲆养殖面积 2 万亩,养殖产量 60 吨,销售量 60 吨,年末库存量 0 吨。

甘井子区:50 户,普通池塘养殖面积 10 000 m²,以海参池塘套养海鲈鱼为主,养殖产量 40 吨,销售量 40 吨,年末库存量 0 吨。

长海县:无池塘养殖企业。

大洼县:20 户,普通池塘养殖总面积 4 200 亩,牙鲆养殖面积 1 000 亩,产量 60 吨,销售量 60 吨,年末库存量 0 吨;红鳍东方鲀养殖面积 2 500 亩,产量 100 吨,销售量 100 吨,年末库存量 0 吨;暗纹东方鲀养殖面积 200 亩,养殖产量 20 吨,销售量 20 吨,年末库存量 0 吨;海鲈鱼养殖面积 500 亩,产量 50 吨,销售量 50 吨,年末库存量 0 吨。

漳浦县:1 428 户,普通池塘养殖总面积 5 万亩,以双斑东方鲀养殖为主,养殖总产量 2 000 吨,销售量 800 吨,年末库存量 1 200 吨。

1.3 品种构成

每品种养殖面积及产量占示范县养殖总面积和总产量的比例：见附表2。

统计五个示范县各类海水鱼养殖面积调查结果，各品种构成如下：

工厂化育苗总面积为 15 500 m²，其中牙鲆为 5 000 m²，占总育苗面积的 32.26%；双斑东方鲀为 10 000 m²，占总面积的 64.52%；许氏平鲉为 500 m²，占总面积的 3.23%。

工厂化育苗总出苗量为 3 300 万尾，其中牙鲆 1 000 万尾，占总出苗量的 30.3%；双斑东方鲀为 2 000 万尾，占总出苗量的 60.6%；许氏平鲉为 300 万尾，占总出苗量的 9.1%。

工厂化养殖总面积为 70 000 m²，其中大菱鲆 45 000 m²，占总养殖面积的 64.29%；牙鲆为 5 000 m²，占总养殖面积的 7.14%；红鳍东方鲀为 20 000 m²，占总养殖面积的 28.57%。

工厂化养殖总产量为 840 吨，其中大菱鲆 700 吨，占总产量的 83.33%，牙鲆为 100 吨，占总产量的 11.9%；红鳍东方鲀为 40 吨，占总产量的 4.76%。

普通网箱养殖总面积 183.35 万 m²，深水网箱养殖总水体 1 040 万 m³。普通网箱养殖以石斑鱼、红鳍东方鲀和许氏平鲉为主，养殖面积分别为 150 万 m²、33 万 m²、0.35 万 m²；深水网箱养殖上，牙鲆养殖水体 16 万 m³，占总水体 15.38%；红鳍东方鲀养殖水体 66.4 万 m³，占总水体 63.85%；海鲈鱼养殖水体 16 万 m³，占总水体 15.38%；许氏平鲉养殖水体 5.6 万 m³，占总水体 5.38%。

网箱养殖总产量 3 375 吨，其中普通网箱养殖产量 1 850 吨，深水网箱养殖产量 1 525 吨。其中，红鳍东方鲀深水网箱养殖产量 900 吨，普通网箱养殖产量 330 吨；石斑鱼普通网箱养殖产量 1 500 吨；牙鲆深水网箱养殖总产量 300 吨；海鲈鱼深水网箱养殖 250 吨；许氏平鲉网箱产量 95 吨。

池塘养殖总面积为 10.42 万亩，其中牙鲆 2.1 万亩，占总产量的 20.15%；红鳍东方鲀为 0.25 万亩，占总产量的 2.40%；暗纹东方鲀 200 亩，占总产量的 0.19%；双斑东方鲀 5 万亩，占总产量的 47.98%；海鲈鱼 3.05 万亩，占总产量的 29.27%。

池塘养殖总产量为 2 420 吨，其中牙鲆产量 120 吨，占总产量的 4.96%；红鳍东方鲀产量 100 吨，占总产量的 4.13%；暗纹东方鲀养殖产量 20 吨，占总产量的 0.83%；双斑东方鲀养殖产量 2 000 吨，占总产量的 82.64%；海鲈鱼养殖产量 180 吨，占总产量的 7.44%。

从以上统计可以看出，在五个示范县内，主要养殖品种为石斑鱼、红鳍东方鲀、双斑东方鲀、大菱鲆、牙鲆和海鲈鱼。

2　示范县（市、区）科研开展情况

2.1 科研课题情况

课题情况：

金普新区示范县进行科研项目 4 项，名称为："农业部数字农业建设试点项目——大连海水鱼养殖数字化关键技术集成与应用示范"、"农业部——水产品质量安全可追溯试点建设"、"大连综合试验站自研项目——云纹石斑鱼网箱养殖试验"、"大连综合试验站自研项目——斑石鲷网箱养殖试验"等，主要参与人员张君。

甘井子区示范县进行科研项目6项，名称为："国家海洋局海洋公益项目——新型海水养殖疾病防治绿色系列产品研发及其产业化应用"、"大连市海洋与渔业局——大连市水产品质量安全追溯体系建设项目"、"大连市海洋渔业指挥部项目——大连市人工鱼礁海域褐牙鲆增殖放流实验及回捕率研究"、"大连综合试验站自研项目——许氏平鲉苗种规模化培育及放流试验项目"、"大连综合试验站自研项目——红鳍东方鲀雄核发育诱导与全雄新品种创制"、"大连综合试验站自研项目——三文鱼工厂化养殖试验"等，主要参与人员刘海金、刘圣聪、张涛等。

长海县示范县进行科研项目1项，名称为："大连综合试验站自研项目——鲟鱼网箱养殖试验"，主要参与人员包玉龙。

漳浦县和大洼县暂无海水鱼领域相关科研项目。

获奖情况：

2017年，金普新区示范县科研项目"离岸抗风浪网箱水动力特性与安全评估关键技术研究及应用"获评辽宁省科技进步二等奖。

2.2 发表论文情况

目前大连综合试验站发表论文7篇。包括《海上网箱养鱼药浴中双氧水扩散分析》（刘圣聪 2017年发表）、《矩形曲面网板水动力性能的数值模拟》（刘圣聪 2017年发表）、《饥饿和再投喂对大菱鲆摄食和生长的影响》（张涛 2017年发表）、《红鳍东方鲀的病害防治简述》（张涛 2017年发表）、《大规格哲罗鲑活鱼运输的研究》（包玉龙 2017年发表）、《利用微卫星标记技术对红鳍东方鲀（$Takifugu\ rubripes$）家系系谱认证的研究》（2017年发表）、《井水和库水对哲罗鲑受精卵孵化及苗种培育的影响》（包玉龙 2017年发表）。

2017年制定并发布地方标准2项，分别为大连市农业技术规范《养殖大菱鲆加工操作规范》（DB 2102T 0196—2017）、《黄条鰤深水网箱养殖技术规程》（DB 2102T 0198—2017），参与国家标准制定1项，《海水重力式网箱设计技术规范》；开展辽宁省地方标准制定3项，分别为《海水鱼航空运输包装配送规程》、《河豚鱼池塘混养技术规程》、《鲐鱼工厂化养殖技术规程》。大连天正实业有限公司修订并发布食品安全企业标准5项，包括《鲜、冻养殖河鲀制品》（Q/DTZ 0001S—2017）、《速冻调制养殖河鲀制品》（Q/DTZ 0002S—2017）、《速冻养殖河鲀饺子》（Q/DTZ 0003S—2017）、《养殖河鲀罐头》（Q/DTZ 0008S—2017）、《生食养殖红鳍东方鲀制品》（Q/DTZ 0011S—2017）。

3　海水鱼养殖产业发展中存在的问题

3.1　金普新区养殖业存在的问题

金普新区以普通网箱和深水网箱养殖为主,养殖品种包括红鳍东方鲀、许氏平鲉,主要存在问题在于养殖产品的产量受到市场的制约,产量难以扩大。许氏平鲉养殖长期依赖于野生苗种,冬季网箱越冬安全性不高等,养殖品种也较为单一。

3.2　甘井子区养殖业存在的问题

甘井子区濒临渤海,冬季结冰,网箱等海上设施无法投放,基本以工厂化及池塘养殖为主,而池塘养殖受海参养殖热的影响,海水鱼养殖只能作为增加产值的副产品。

工厂化养殖以大菱鲆、牙鲆为主,天正基地冬季有一部分海上养殖河豚鱼进入车间越冬。工厂化养殖仍旧存在着病害频发等问题,目前以天正为代表的规模企业已经进行了新型绿色疾病防控产品的使用,并开展海水鱼养殖投保,确保养殖安全性。

3.3　长海县养殖业存在的问题

长海县以深水网箱为主,养殖品种包括红鳍东方鲀、海鲈、鲕鱼、许氏平鲉等,由于大连海域仅许氏平鲉可能自然越冬,因此冬季其他种类海水鱼必须尽快销售或运输至车间等,而长海县水域位置限制了工厂化养殖的发展,很难为当年养殖鱼提供足够的越冬场所,造成秋季养殖鱼大批量、集中上市,价格受到影响。此外长海县水温略低,养殖鱼生长速度慢。

3.4　大洼县养殖业存在的问题

大洼县海域处于渤海北部,夏季养殖周期短,影响鱼的生长速度及出池规格。

3.5　漳浦县养殖业存在的问题

漳浦县养殖海水鱼从业者众多,几乎家家户户开展海水鱼网箱养殖或池塘养殖,不过该地区养殖规模化程度低,很少有大型的龙头企业,不能够有效推动地区海水鱼产业的发展。

（大连综合试验站站长　孟雪松）

附表1　2017年度大连综合试验示范县海水鱼育苗及成鱼养殖情况统计表

	甘井子区				金普新区				长海县				大洼县				漳浦县	
	大菱鲆	牙鲆	海鲈	许氏平鲉	红鳍东方鲀	许氏平鲉	牙鲆	海鲈	许氏平鲉	海鲈鲀	红鳍东方鲀	牙鲆	红鳍东方鲀	牙鲆	暗纹东方鲀	海鲈	石斑鱼	双斑东方鲀
育苗 面积(m²)		5 500		500														10 000
育苗 产量(万尾)		1 000		300														2 000
工厂养殖 面积(m²)	45 000	5 000											20 000					
工厂养殖 年产量(t)	700	100											40					
工厂养殖 年销售量(t)	600	80											20					
工厂养殖 年末库存量(t)	100	20											20					
池塘养殖 面积(亩)			10 000				20 000	20 000					2 500	1 000	200	500		50 000
池塘养殖 年产量(t)			40				60	90					100	60	20	50		2 000
池塘养殖 年销售量(t)			40				60	90					100	60	20	50		800
池塘养殖 年末库存量(t)			0				0	0					0	0	0	0		1 200
网箱养殖 面积(m²)					330 000 + 400 000 m³	3 500 m²			56 000 m³	160 000 m³	264 000 m³	160 000 m³					1 500 000 m²	
网箱养殖 年产量(t)					830	20			75	250	400	300					1 500	
网箱养殖 年销售量(t)					830	10			25	250	400	300					900	
网箱养殖 年末库存量(t)					0	10			50	0	0	0					300	
户数 育苗户数		3		1														10
户数 养殖户数	26	7	52		14	5	91	107	3	12	31	12	12	2	4	2	491	1 428

附表2　五个示范县养殖面积、养殖产量及主要品种构成

项目\品种	年产总量	双斑东方鲀	红鳍东方鲀	石斑鱼	大菱鲆	牙鲆	海鲈	许氏平鲉	暗纹东方鲀
工厂化育苗面积（m²）	15 500	10 000				5 000		500	
工厂化出苗量（万尾）	3 300	2 000				1 000		300	
工厂化养殖面积（m²）	70 000		20 000		45 000	5 000			
工厂化养殖产量（t）	840		40		700	100			
池塘养殖面积（亩）	104 200	50 000	2 500			21 000	30 500		200
池塘年总产量（t）	2 420	2 000	100			120	180		20
网箱养殖面积（m²）	1 833 500		330 000	1 500 000				3 500	
网箱年总产量（t）	1 850		330	1 500				20	
深水网箱养殖（m³）	1 040 000		664 000			160 000	160 000	56 000	
深水网箱年总产量（t）	1 525		900			300	250	75	
各品种工厂化育苗面积占总面积的比例（%）	100	64.52				32.26		3.23	
各品种工厂化出苗量占总出苗量的比例（%）	100	60.61				30.30		9.09	
各品种工厂化养殖面积占总面积的比例（%）	100		28.57		64.29	7.14			
各品种工厂化养殖产量占总产量的比例（%）	100		4.76		83.33	11.90			
各品种池塘养殖面积占总面积的比例（%）	100	47.98	2.40			20.15	29.27		0.19
各品种池塘养殖产量占总产量的比例（%）	100	82.64	4.13			4.96	7.44		0.83
各品种普通网箱养殖面积占总面积的比例（%）	100		18.00	81.81				0.19	
各品种网箱养殖产量占总产量的比例（%）	100		17.84	81.08				1.08	
各品种深水网箱养殖水体占总水体的比例（%）	100		63.85			15.38	15.38	5.38	
各品种深水网箱养殖产量占总产量的比例（%）	100		59.02			19.67	16.39	4.92	

南通综合试验站产区调研报告

1 示范县（市、区）海水鱼养殖现状

本综合试验站下设五个示范县（市、区），分别为：江苏省南通市启东市、江苏省南通市海安县、江苏省南通市如东县、江苏省南通市通州湾示范区和广东省江门市新会区。示范基地七处，分别是江苏中洋集团股份有限公司、江苏通州湾渔业产业发展有限公司、上海市水产研究所启东科研基地、南通维尔思水产科技有限公司、如东县鑫茂特种水产专业合作社、南通龙洋水产有限公司江门基地，以及一个养殖户。在示范县和示范基地主要进行暗纹东方鲀养殖技术的示范和推广工作，其他海水养殖品种有石斑鱼、黄鳍鲷和半滑舌鳎等。各示范县区的人工育苗、养殖品种、产量及规模见附表1。

1.1 育苗面积及苗种产量

1.1.1 育苗面积

五个示范县育苗总面积为 89 000 m²，在江苏省南通市海安市，繁育的苗种为暗纹东方鲀。

1.1.2 苗种年产量

五个示范县共计 1 户育苗厂家，总计育苗 10 000 万尾，全部为暗纹东方鲀苗种，用于江苏、上海、广东等地养殖。

1.2 养殖面积及年产量、销售量、年末库存量

五个示范县的工厂化养殖模式有流水式和循环水式两种，两种养殖模式的面积分别为 3 200 m² 和 400 m²，年总养殖产量均为 6.9 吨。主要养殖品种为暗纹东方鲀和黄鳍鲷，养殖模式有工厂化养殖、池塘养殖和网箱养殖等模式。

1.2.1 工厂化养殖

五个示范县的工厂化养殖模式有流水式和循环水式两种，两种养殖模式的面积分别为 10 950 m² 和 490 m²，其中有 5 250 平方米的工厂化养殖系统为 2017 年新建成的养殖设施，尚未投入使用。全年生产量 22.9 吨，销售量 22 吨，年末库存量 13.3 吨。其中暗纹东方鲀养殖面积 3 200 平方米，养殖产量为 6.9 吨；漠斑牙鲆养殖面积 1 000 m²，产量 12 吨，年销售

量 16 吨,年末库存量 13.3 吨;半滑舌鳎养殖面积 1 554 m²,年产量 4 吨,年销量 6 吨;鲷鱼养殖面积 56 m²,主要用于科学实验和增殖放流。

1.2.2 池塘养殖

五个示范县池塘养殖面积为 14 343 亩,其中普通池塘养殖面积为 14 083 亩(10 000 亩为新挖池塘),工程化池塘养殖面积为 260 亩;海水鱼养殖全年产量 1 774.3 吨,年销量 1 275.1 吨,年末库存量为 499.2 吨,其中暗纹东方鲀养殖面积 3 668 亩,全年生产量为 1 764.4 吨,年销量为 1 265.2 吨,年末库存量 499.2 吨;鲷鱼养殖面积 800 亩,全年生产量 34 吨,年销量为 27 吨,年末库存量 7 吨;石斑鱼养殖面积为 15 亩,全年生产量 1.4 吨,年销量为 1.4 吨,没有年末库存;漠斑牙鲆养殖面积 100 亩,全年生产量为 2.3 吨,年销量为 2.9 吨,没有年末库存。

1.2.3 网箱养殖

本试验站有一个示范县有网箱养殖,采用普通网箱进行大黄鱼养殖,养殖面积为 5 000 m³,全年养殖产量为 6 吨,没有销售,年末库存量为 6 吨。

1.3 品种构成

经过对本试验站内五个示范县区的海水鱼养殖情况的调查统计,每个品种的养殖面积及产量占示范县养殖面积和总产量的比例(附表 2)情况如下:

工厂化育苗总面积为 89 000 m²,其中暗纹东方鲀为 89 000 m²,占总育苗面积的 100%。

工厂化育苗的总出苗量为 1 000 万尾,其中暗纹东方鲀 10 000 万尾,占总出苗量的 100%。

工厂化养殖的总面积为 8 940 m²,但本试验站的工厂化养殖设施为新建成或者养殖量少,工厂化养殖产量不计入统计。

池塘养殖总面积为 4 607 亩,其中暗纹东方鲀 3 792 亩,占总养殖面积的 82.31%;鲷鱼为 800 亩,占总养殖面积的 17.36%;石斑鱼为 15 亩,占总养殖面积的 1.4%。

池塘养殖总量为 1 870.25 吨,其中暗纹东方鲀 1 834.85 吨,占总产量的 98.11%;鲷鱼为 34 吨,占总产量的 1.82%;石斑鱼为 1.4 吨,占总产量的 0.07%。

网箱养殖总面积为 5 000 m³,其中大黄鱼为 5 000 m³,占总养殖面积的 100%。

网箱养殖总产量为 6 吨,其中大黄鱼为 6 吨,占总养殖面积的 100%。

从以上统计数据可以看出,五个示范县内,育苗主要是暗纹东方鲀,其育苗面积和出苗量均达到了 100%。工厂化养殖设施为新建或者科研用,没有生产或者生产量很小,不计入统计。池塘养殖面积和产量以暗纹东方鲀为最高,占比分别为 82.31% 和 98.11%,其次是鲷鱼和石斑鱼。网箱养殖面积和产量最大的均是大黄鱼,其他品种未有养殖。

2 示范县（市、区）科研开展情况

江苏中洋集团股份有限公司是南通综合试验站的建设依托单位，试验站始终保持与体系内外科研院所、岗位科学家、教授协作进行暗纹东方鲀种质资源调查和改良，营养饲料、养殖技术等各方面的合作和研究，并配合体系进行暗纹东方鲀等海水鱼品种的养殖技术试验和示范等工作。

2017年江苏中洋集团携手华东师范大学陈立侨教授团队成功入选江苏省"双创团队"，研究的课题是"生态高效环保饲料研制和应用创新体系研究和应用"。

2017年7月15日，江苏中洋集团与中国水产科学研究院黄海水产研究所合作承担的江苏省科技支撑计划项目"暗纹东方鲀大规模家系选育技术及优良品系培育"通过验收。

3 海水鱼养殖产业发展中存在的问题

3.1 河鲀市场认知度不够高

目前，河鲀的主要消费市场还是集中在日韩、国内的江浙沪一带，其他地区消费很少。人们一提到河鲀首先想到的是有毒，其实，暗纹东方鲀经过十几年的筛选和优化，已经达到无毒级别，可以放心食用。接下来要做的是加大宣传，让"河鲀美味"飘香更多的地区。

3.2 颗粒饲料急需研发和推广

大部分海水鱼养殖过程中还是主要采用冰鲜或粉料进行喂养，对养殖水环境造成很大的污染，同时提高了养殖成本，不利于海水鱼产业的健康发展。

3.3 河鲀越冬期间"打印病"较为严重，急需病原菌的鉴定和防治技术

"打印病"是影响河鲀越冬的常见疾病，2013—2014年，试验站也联合专家进行鉴定和治疗，但是目前看来效果并不理想，亟待新的治疗和预防方法。

3.4 海水鱼深加工产品不足，急需食品加工工艺的改进和创新

人们的饮食习惯偏重于吃鲜活，对于海水鱼的接受度不是很高，特别是内陆地区，部分海水鱼即使加工成相关产品，但销量均不是特别理想。急需扩大海水鱼深加工产品的宣传力度，加大科研力量打造新产品，打造人们更易于接受的产品，共同促进海水鱼产业的壮大和发展。

3.5 产业发展遇到瓶颈

本试验站产区部分海水鱼类养殖品种少、成本高，与优良苗种、营养饲料、养殖模式、日

常管理等都有着紧密的关系。产业也面临着消费市场小等问题,需要相关部门加大力度进行改进,开拓市场。

4　当地政府对产业发展的扶持政策

为促进现代渔业的绿色健康发展,依照农业部对水产养殖户的扶持政策,南通市对于渔用柴油涨价补贴,渔业资源保护和转产转业财政项目、渔业互助保险保费补贴、发展水产养殖业补贴,包括水产养殖机械补贴、良种补贴、养殖基地补贴,另有渔业贷款贴息、税收优惠等政策。对于渔业用地也有相应的经营财政补贴政策。

5　海水鱼产业技术需求

5.1　海水鱼种质资源保种育种技术

十三五规划提出要加快蓝色海洋粮仓的建设,而目前海水鱼类的良种选育研发还处于滞后阶段,良种覆盖率较低,急需抗病、抗逆新品种的研发技术来改良、优化种质以确保优质的苗种上市。

5.2　海水鱼养殖用水的水质调控技术

养鱼先养水,要做到绿色、健康的养殖,水质的调控技术需要不断提升和创新。

5.3　功能性饲料开发应用技术

对于滞后的冰鲜冷冻式喂养,新型蛋白原功能性饲料的研发和利用能重点缓解海水鱼对于鱼粉、鱼油蛋白原等自然资源的依赖,以保证养殖鱼类的正常营养摄入。

5.4　鱼病防控系统和病虫害资料库的建立及推广技术

国家海水鱼产业技术体系成立以来,海水鱼产业在不断发展壮大,海水鱼病害防控系统和相关的疾病疫苗创新技术与应用也需求迫切。

5.5　海水鱼产业深加工技术

目前我国海水鱼的深加工和副产物利用水平低,鱼皮、鱼骨等大量浪费,急需研发出相应的深加工技术去实现减损、提质、增效、减排的目标。

附表1 2017年度本综合试验站示范县海水鱼育苗及成鱼养殖情况表

项目	品种	海安市 暗纹东方鲀	新会区 暗纹东方鲀	新会区 黄鳍鲷	如东县 暗纹东方鲀	如东县 大黄鱼	如东县 石斑鱼	如东县 鲷鱼	如东县 半滑舌鳎	如东县 其他	启东市 石斑鱼	启东市 暗纹东方鲀	启东市 鲷鱼	通州湾示范区 其他
育苗	面积（m²）	89 000												
育苗	产量（万尾）	10 000												
工厂养殖	面积（m²）								18	43 000			36	5 250
工厂养殖	年产量（t）								科研用	空置			科研用	新建待用
工厂养殖	年销售量（t）								科研用	空置			科研用	新建待用
工厂养殖	年末库存量（t）								科研用	空置			科研用	新建待用
池塘养殖	面积（亩）	400	3 200	600	83		15	200			2	109	7	10 000
池塘养殖	年产量（t）	205	1 558.6	25.5	7.7		1.4	8.5			科研用	63.55	科研用	新建待用
池塘养殖	年销售量（t）	147	1 117.4	18.5	0.8		1.4	8.5			科研用	6.55	科研用	新建待用
池塘养殖	年末库存量（t）	58	441.2	7	6.9						科研用	57	科研用	新建待用
网箱养殖	面积（m³）					5 000								
网箱养殖	年产量（t）					6								
网箱养殖	年销售量（t）													
网箱养殖	年末库存量（t）					6								
户数	育苗户数	1												
户数	养殖户数	2	1	1	2	1	1	1	1	1	1	1	1	1

附表 2　本综合试验站五个示范县养殖面积、养殖产量及主要品种构成

项目 ＼ 品种	年总量	暗纹东方鲀	鲷鱼	大黄鱼	石斑鱼
工厂化育苗面积(m²)	89 000	89 000	—	—	—
工厂化出苗量(万尾)	10 000	1 000	—	—	—
工厂化养殖面积(m²)	8 940	—	—	—	—
工厂化养殖产量(t)	新建或科研	—	—	—	—
池塘养殖面积(亩)	4 607	3 792	800		15
池塘年总产量(t)	1 870.25	1 834.85	34		1.4
网箱养殖面积(m²)	5 000	—	—	5 000	—
网箱年总产量(t)	6	—	—	6	—
各品种工厂化育苗面积占总面积的比例(%)	100	100	—	—	—
各品种工厂化出苗量占总出苗量的比例(%)	100	100	—	—	—
各品种工厂化养殖面积占总面积的比例(%)	100	—	—	—	—
各品种工厂化养殖产量占总产量的比例(%)	100	—	—	—	—
各品种池塘养殖面积占总面积的比例(%)	100	82.31	17.36	—	0.33
各品种池塘养殖产量占总产量的比例(%)	100	98.11	1.82	—	0.07
各品种网箱养殖面积占总面积的比例(%)	100	—	—	100	—
各品种网箱养殖产量占总产量的比例(%)	100	—	—	100	—

(南通综合试验站站长　朱永祥)

宁波综合试验站产区调研报告

1 示范县（市、区）海水鱼类养殖现状

宁波综合试验站下设五个示范县（市、区），分别为舟山市普陀区、宁波市象山县、台州市椒江区、温州市洞头区、温州市平阳县。其育苗、养殖品种、产量及规模见附表1：

1.1 育苗面积及育苗产量

1.1.1 育苗面积

五个示范区县中仅象山存在育苗厂家，育苗总面积为18 986 m²，按品种分：大黄鱼5 460 m²、鲷鱼3 370 m²、珍珠龙胆9 200 m²、赤点石斑鱼360 m²。

1.1.2 苗种年产量

象山县共计育苗厂家12户，总计育苗量15 733万尾，其中大黄鱼12 000万尾、鲷鱼3 455万尾、珍珠龙胆70万尾、赤点石斑鱼6万尾。

1.2 养殖面积及年产量、销售量、年末库存量

1.2.1 工厂化循环水养殖

五个示范区县中仅有象山县存在工厂化循环水养殖，共计3户，养殖面积5 456 m²，全年生产量216吨，销售量55吨，库存量159吨

1.2.2 普通网箱养殖

五个示范区县均存在普通网箱养殖，共计养殖户632户，养殖面积276 396 m²，全年生产量12 876.43吨，销售量5 850.44吨，库存量6 956.1吨。其中：

普陀区：11户，养殖面积10 269 m²。养殖大黄鱼4 660 m²，产量691.65吨，销售量161.15吨，年末库存量577.5吨；海鲈鱼2 046 m²，产量41.24吨，销售量19.85吨，年末库存量31.75吨；美国红鱼2 048 m²，产量161.25吨，销售量110吨，年末库存量57.5吨；鲷鱼1 014 m²，产量74.5吨，销售量57吨，年末库存量17.5吨。

象山县：309户，养殖面积225 000 m²。养殖大黄鱼93 200 m²，产量3 690吨，销售量1 915吨，年末库存量1775吨；海鲈鱼65 400 m²，产量1350吨，销售量205吨，年末库存量1 045吨；美国红鱼10 800 m²，产量387吨，销售量140吨，年末库存量247吨；鲷鱼18 000

m², 产量 393 吨, 销售量 130 吨, 年末库存量 263 吨。

椒江区: 0 户。

洞头区: 83 户, 养殖面积 36 765 m²。养殖大黄鱼 3 375 m², 产量 300.99 吨, 销售量 148.69 吨, 年末库存量 152.3 吨; 海鲈鱼 5 535 m², 产量 1 839.2 吨, 销售量 854 吨, 年末库存量 985.2 吨; 鲷鱼 675 m², 产量 60.8 吨, 销售量 17.6 吨, 年末库存量 43.2 吨; 美国红鱼 17 055 m², 产量 2 615 吨, 销售量 1 337 吨, 年末库存量 1 278 吨。

平阳县: 10 户, 养殖面积 4 399 m², 全部养殖大黄鱼, 产量 69 吨, 销售量 56 吨, 年末库存量 13 吨。

1.2.3 深水网箱养殖

五个示范区县深水网箱养殖面积 634 867 m³, 全年生产量 2 187.5 吨, 销售量 1 505.8 吨, 库存量 837.2 吨。其中:

象山县, 深水网箱养殖面积 1 500 m³, 均养殖大黄鱼, 年产量 5 吨, 销售量 3.3 吨, 年末库存量 1.7 吨;

普陀区, 深水网箱养殖面积 174 433 m³, 年产量 295.75 吨, 销售量 395 吨, 年末库存量 120.5 吨, 其中, 大黄鱼年产量 249 吨, 销售量 361 吨, 年末库存量 104 吨; 鲷鱼年产量 35.75 吨, 销售量 23 吨, 年末库存量 16.5 吨。

椒江区, 深水网箱养殖面积 379 500 m³, 均养殖大黄鱼, 年产量 730 吨, 销售量 650 吨, 年末库存量 80 吨。

平阳县, 深水网箱养殖面积 192 226 m³, 均养殖大黄鱼, 年产量 1 040 吨, 销售量 450 吨, 年末库存量 590 吨。

洞头区, 深水网箱养殖面积 44 208 m³, 均养殖大黄鱼, 年产量 63.5 吨, 销售量 18.5 吨, 年末库存量 45 吨。

1.2.4 围网养殖

五个示范区县围网养殖面积 1 009 717 m², 全年生产量 1 801.4 吨, 销售量 1 103 吨, 库存量 698.4 吨。其中:

象山县, 围网面积 180 000 m², 均养殖大黄鱼, 年产量 211 吨, 销售量 111 吨, 年末库存量 100 吨。

普陀区, 围网 0

椒江区, 围网面积 85 000 m², 均养殖大黄鱼, 年产量 780 吨, 销售量 530 吨, 年末库存量 350 吨。

平阳县, 围网面积 353 437 m², 均养殖大黄鱼, 年产量 520 吨, 销售量 320 吨, 年末库存量 200 吨。

洞头区, 围网面积 436 280 m³, 均养殖大黄鱼, 年产量 290.4 吨, 销售量 142 吨, 年末库存量 148.4 吨。

1.3 品种构成

统计五个示范区县主要养殖品种养殖面积及产量占示范区县养殖面积和总产量的比例:见附件 2,各品种构成如下:

工厂化育苗总面积为 18 986 m²,其中大黄鱼为 5 460 m²,占育苗总面积的 28.76%;鲷鱼为 3 370 m²,占育苗总面积的 17.75%;赤点石斑鱼为 360 m²,占育苗总面积的 1.90%;珍珠龙胆为 9 200 m²,占育苗总面积的 48.46%。

工厂化育苗总产量为 15 733 万尾,其中大黄鱼为 12 000 万尾,占育苗总产量的 76.27%;鲷鱼为 3 455 万尾,占育苗总产量的 21.96%;赤点石斑鱼为 6 万尾,占育苗总产量的 0.04%;珍珠龙胆为 70 万尾,占育苗总产量的 0.44%。

工程化养殖中,仅存在珍珠龙胆,养殖面积 5 456 亩,养殖产量 216 吨。

普通网箱养殖总面积为 276 397 m²,其中大黄鱼为 105 634 m²,占育苗总面积的 38.22%;海鲈鱼为 72 981 m²,占总面积的 26.40%;鲷鱼为 19 689 m²,占总面积的 7.12%;美国红鱼为 29 903 m²,占总面积的 10.82%;赤点石斑鱼为 29 903 m²,占总面积的 24.57%。

普通网箱养殖总产量为 12 876.43 吨,其中大黄鱼为 4 751.64 吨,占育苗总产量的 36.90%;海鲈鱼为 3 230.44 吨,占育苗总产量的 25.09%;鲷鱼为 528.3 吨,占育苗总产量的 4.10%;美国红鱼为 3 163.25 吨,占育苗总产量的 24.57%。

深水网箱养殖均为大黄鱼,总面积为 634 867 m²,总产量为 2 187.5 吨。围网养殖均为大黄鱼,总面积为 1 009 717 m²,总产量为 1 804.4 吨。

从以上统计可以看出,除了在育苗面积上,珍珠龙胆大于大黄鱼外,在其他方面,大黄鱼都占绝对优势。

2 示范县(市、区)科研开展情况

2.1 科研课题进展

2.1.1 大黄鱼"甬岱1号"生长对比测试

2017 年开展了大黄鱼"甬岱1号"F4 和普通大黄鱼鱼种(对照组)同箱养殖测试。起始放养的平均体重 194.9 g,平均体长 22.7 cm 的大黄鱼"甬岱1号"F4 代 1 龄鱼种,经 190 天养殖,平均体重 720.3 g,平均体长 32.4 cm,养殖成活率 73.6%。同期同箱放养的平均体重 189.0 g,平均体长 21.3 cm 的普通大黄鱼 1 龄鱼种,经 190 天养殖,平均体重 540.8 g,平均体长 28.1 cm,养殖成活率 73.2%。大黄鱼"甬岱1号"F4 比普通大黄鱼生长快 33.2%,养殖成活率无显著差异。

2.2.2 大黄鱼"甬岱1号"中试规模养殖

分别在象山港海区和三门湾海区中试养殖大黄鱼"甬岱1号"F4。其中在象山港海区示范企业示范基地养殖 133 只网箱,共 11 030 m³ 水体,起始放养全长 6 cm 的大黄鱼"甬岱1 号" F4 苗种 30 万尾,经 528 天养殖,大黄鱼平均体重 659.8 g,平均体长 33.4 cm,体高/体长为 0.28。

在三门湾高塘海区网箱养殖示范基地养殖 398 只网箱,共 44 576 m³ 水体,起始放养全长 6 cm 的大黄鱼"甬岱 1 号" F4 苗种 40 万尾,经 528 天养殖,大黄鱼平均体重 595.9 g,平均体长 32.4 cm,体高/体长为 0.28。

经统计,在象山港和三门湾两个不同养殖环境条件下,大黄鱼"甬岱 1 号"体高/体长比值无显著差异。

2.2　创新技术研发

2.2.1　大黄鱼性别逆转技术研究

项目组 2016 年开展生理性雌鱼诱导技术研究,结果成功实现性别人工诱导,遗传性雄鱼雌化诱导率 90% 以上。2017 年利用该诱导技术基础流程,诱导构建 1 个性转处理群体,至年底共获得处理鱼苗约 2 000 尾,平均体重 124.3 g;经解剖观察,群体雌性化率达 96.8%,采用岗位科学家王志勇教授提供的大黄鱼遗传雄性分子标记鉴定雌性个体中有 53.3% 个体为雄性基因型,为全雄育种提供了基础群体。

2.2.2　内脏白点病疫苗菌株构建

开展内脏白点病病原 PP_exoU 蛋白重组及细胞定位,明确其结构及细胞毒性;成功构建了 PP_exoU 缺失突变菌株、T3SS 转录调控蛋白 ExsA 缺失突变菌株、Scafold17-97、Scafold17-121 突变株也已构建,其中 T3SS 菌株具备较强的免疫保护活性。

3　海水鱼养殖产业发展中存在的问题

3.1　产业发展存在的共性问题

(1)抗台灾能力不足,养殖空间受限。海水鱼养殖主要分布在内湾(传统网箱),岛礁旁(抗风浪网箱、围栏),未真正实现离岸深水养殖;可养区域缺乏养殖容量研究和有效的环境保护与管控措施。

(2)养殖技术和工艺粗放,机械化、自动化程度低,养殖管理劳动强度大;大型工程化围栏养殖等新型养殖方式、养殖工艺不够成熟

(3)主要品种良种缺乏,应用率低,苗种生产能力不足,优质苗种缺乏,优质苗种企业更缺乏。

(4)主要品种病害频发,有效防控措施缺乏,养殖成活率不高。

(5)养殖普遍使用冰鲜小杂鱼饲料,配合饲料使用率低。

(6)养殖产品保鲜和加工率低,产业链尚不完善。

3.2　产业发展存在的其他问题

（1）海水网箱主养品种大黄鱼，2017年福建、浙江等主养区在未增养殖空间情况下，放养量剧增，养殖密度过高，病害频发，大黄鱼"三白"疾病（白点病、内脏白点病和白鳃病）流行，养殖成活率下降（象山西沪港等一些内湾养殖区，养殖成活率已不到50％）。

（2）受福建大黄鱼养殖产量增加的影响，2017年普通网箱养殖的大黄鱼鱼价跌幅达20％，从2016年的50元/千克，跌至36～40元/千克，养殖效益影响较大。

（3）工商和金融资本投资工程化围栏养殖热情高涨，发展迅速，但工程化围栏养殖工艺研究滞后，标准缺乏，人才紧缺；一些工程化围栏养殖项目建设和运行中缺乏环评和环境保护措施，存在环境风险。

4　当地政府产业发展的扶持政策

产业政策一直是产业发展的助推器，各地政府对渔业养殖产业也进行不同程度的产业扶持。浙江作为东海区主要的渔业省份之一，政府更多地作为产业引导者和基础培养者的角色。如象山县、平阳县、普陀区等推进水产品质量安全工作，加强海水鱼产品的质量安全监督和企业自律，开展了包括水产品质量安全培训、网箱养殖技术培训、科学用药技术培训等，2017年仅象山县总计培训人数400余人。在品牌建设方面各地由政府或水产行业协会牵头，出台品牌建设相关方案，并制定可行性发展目标，打造地方特色渔业品牌。同时宁波市、平阳县、台州市等都组织当地企业参加包括上海、杭州等地的农博会，通过制作展板、产品实际展览等方式逐步扩大企业品牌影响力。在产业发展扶持方面，平阳县自2016年起推进深水抗风浪养殖网箱建设项目，政府补助资金达1 066万元，建设周期至2018年。在省级层面，浙江省科技厅自启动水产育种专项以来，先后开展了大黄鱼、黄姑鱼等海水鱼新品种培育工作，形成了产、学、研、推四位一体的产业推动格局，构建了以新品种培育为抓手、良法养殖为配套、市场拓展为导向的产业提升新模式。在媒体宣传方面，2017年宁波利用央视等国家媒体对大黄鱼产业及产品进行了报道，扩大产业影响。通过上述的政策引导和扶持，使海水鱼类地方特色品种养殖产业形成特点，更多地惠及基层养殖户。

5　浙江海水鱼产业技术需求

循环水陆基养殖品种需求：当前能够作为陆基循环水养殖的高值适养品种较为单一，缺乏市场的认可度；同时循环水养殖水处理技术相对较为薄弱，体系稳定性不高。

寄生虫病害防控：作为海水鱼主养品种的大黄鱼，目前存在最大的难点在于寄生虫的防控，尤其以刺激隐核虫和本尼登虫为主，需要效果较好的口服防治药物。

配合饲料的使用与认可：配合饲料在海水鱼养殖中的使用比例逐步提高，但部分养殖户特别是小型养殖户的观念较为保守;同时仍然缺乏针对鱼类不同生长阶段及不同季节的差异化配合饲料。

养殖品种单一:由于浙江海区浑水、低盐、温差大等特点,大型高值的适养品种较为缺乏,急需开发优质品种充实产业及市场。

附表1 2017年度宁波综合试验站示范区县海水鱼育苗及鱼养殖情况统计表

| | | 舟山市普陀区 | | | | 宁波市象山县 | | | | | | 台州市椒江区 | 温州洞头区 | | | | 温州平阳县 |
		大黄鱼	海鲈	鮸鱼	美国红鱼	大黄鱼	海鲈	赤点石斑鱼	珍珠龙胆	鮸鱼	美国红鱼	大黄鱼	大黄鱼	海鲈鱼	鮸鱼	美国红鱼	大黄鱼
育苗	面积（m²）					5 460		360	9 200	3 370							
	产量（万尾）					12 000		6	70.00	3 455							
工程化池塘	面积（苗）					80											
	产量（吨）					11.5											
工厂化循环水	面积（m²）								5 456								
	产量（吨）								216								
普通网箱	面积（m²）	4 660	2 046	1 014	2 048	93 200	65 400			18 000	10 800		3 375	5 535	675	17 055	4 399
	产量（吨）	691.65	41.24	74.5	161.25	3 690	1 350			393	387		300.99	1 839.2	60.8	2 615	69
深水网箱	面积（m²）	174 433				1 500						379 500	44 208				192 226
	产量（吨）	249				5						730	63.5				1 140
围网	面积（m²）	0				180 000						85 000	436 280				353 437
	产量（吨）					211						780	290.4				520
户数	育苗户数					3		1	2	3							
	养殖户数	5	10	8	5	99	75			73	56	7	68	65			10

附表 2 宁波试验站示范县养殖面积、养殖产量及主要品种构成

项目 \ 品种	年产总量	大黄鱼	海鲈鱼	鲷鱼	美国红鱼	赤点石斑鱼	珍珠龙胆
工厂化育苗面积(m^2)	18 986	5 460		3 370		360	9 200
工厂化育苗产量(万尾)	15 733	12 000		3 455		6	70
工程化池塘养殖面积(亩)							5 456
工程化池塘养殖产量(吨)							216
普通网箱养殖面积(m^2)	276 397	105 634	72 981	19 689	29 903		
普通网箱养殖产量(吨)	12 876.43	4 751.64	3 230.44	528.3	3 163.25		
深水网箱养殖面积(m^2)	634 867	634 867					
深水网箱养殖产量(吨)	2 187.5	2 187.5					
围网养殖面积(m^3)	1 009 717	1 009 717					
围网养殖产量(吨)	1 801.4	1 804.4					
各品种育苗面积占育苗总面积的比例(%)	100	28.76		17.75		1.90	48.46
各品种育苗量占总育苗量的比例(%)	100	76.27		21.96		0.04	0.44
各品种普通网箱养殖面积占总面积的比例(%)	100	38.22	26.40	7.12	10.82	24.57	
各品种普通网箱养殖产量占总产量的比例(%)	100	36.90	25.09	4.10	24.57		
各品种深水网箱养殖面积占总面积的比例(%)	100	100					
各品种深水网箱养殖产量占总产量的比例(%)	100	100					
各品种围网养殖面积占总面积的比例(%)	100	100					
各品种围网养殖产量占总产量的比例(%)	100	100					

（宁波综合试验站站长　吴雄飞）

宁德综合试验站产区调研报告

1 示范县（市、区）海水鱼养殖现状

宁德综合试验站下设五个示范县（市、区），分别为福建省宁德市的蕉城区、霞浦县、福安市以及福建省漳州市的东山县、诏安县。示范基地 10 处，分别是宁德市富发水产有限公司、宁德市达旺水产有限公司、霞浦县蔡建华养殖场、霞浦县陈忠养殖场、福安市陈时红养殖场、福安市林亦通养殖场、东山县祥源汇水产养殖有限公司、福建省逸有水产科技有限公司、诏安县郑祖盛养殖场、诏安县高忠明养殖场，其示范区育苗、养殖品种、产量和规模见附表 1。

1.1 育苗面积和苗种产量

1.1.1 育苗面积

五个示范县育苗总面积为 103 700 m²，其中蕉城区为 60 000 m²，霞浦和福安未统计到育苗场；东山县为 33 650 m²，诏安县为 10 050 m²；按品种来分，大黄鱼育苗面积为 60 000 m²，石斑鱼为 9 300 m²，鲷鱼为 13 200 m²，鲈鱼为 13 000 m²，美国红鱼为 2 800 m²，鲆鱼为 5 400 m²。

1.1.2 苗种年产量

五个示范县育苗户数为 572 户，总育苗量为 29.27 亿尾，其中大黄鱼为 29 亿尾，石斑鱼为 380 万尾，鲷鱼为 950 万尾，鲈鱼为 650 万尾，美国红鱼为 120 万尾，鲆鱼为 620 万尾。各县的育苗数量如下：

蕉城区：共有育苗户 65 家，共计育大黄鱼苗 29 亿尾；

东山县：共有育苗户 470 家，苗种繁育数量为 2 180 万尾，其中石斑鱼苗 350 万尾，鲷鱼苗 890 万尾，鲈鱼苗 200 万尾，美国红鱼苗 120 万尾，鲆鱼苗 620 万尾；

诏安县：共有育苗户 37 家，苗种繁育数量为 540 万尾，其中石斑鱼苗 30 万尾，鲷鱼苗 60 万尾，鲈鱼苗 450 万尾。

1.2 养殖面积及年产量、销售量、年末库存量

1.2.1 工厂化养殖

五个示范县工厂化养殖面积为 21 900 m²，其养殖产量为 245 吨，其中年销售量为 252.6

吨,年库存量为148.4吨。各县的养殖情况如下:蕉城区工厂化养殖面积1900 m²,养殖产量30吨,为全部销售;东山县工厂化养殖面积24 000 m²,养殖总产量286吨,年销售量为171.6吨,年库存量为114.4吨;诏安县工厂化养殖面积7 500 m²,养殖总产量为85吨,年销售量为51吨,年库存量为34吨。

1.2.2 池塘养殖

五个示范县池塘养殖面积为1 461 000 m²,养殖产量为1 326吨,其中年销售量为677吨,年库存量为649吨。各县养殖情况如下:蕉城区池塘养殖面积为110 000 m²,年产量为51吨,为全部销售;福安市池塘养殖面积为1 350 000 m²,年产量为1 160吨,年销售量为560吨,库存600吨;东山县池塘养殖总面积750 m²,年产量为80吨,销售量为45吨,库存35吨;诏安县池塘养殖总面积为250 m²,年产量35吨,销售21吨,库存14吨。

1.2.3 网箱养殖

五个示范县网箱养殖总面积为35 402 560 m²,总产量为109 341吨,其中年销售量为65 698.6吨,库存43 642.4吨。各示范县的养殖情况如下:蕉城区网箱养殖面积为27 050 000 m²,养殖产量为52 291吨,销售31 374.6吨,库存20 916.4吨;霞浦县网箱养殖面积为6 130 000 m²,养殖产量为32 630吨,销售19 578吨,库存13 052吨;福安市网箱养殖面积为1 900 000 m²,养殖产量为7 320吨,销售4 392吨,库存2 928吨;东山县网箱养殖面积为295 590 m²,养殖产量为14 595吨,销售8 856吨,库存5 739吨;蕉城区网箱养殖面积为26 970 m²,养殖产量为2 505吨,销售1 498吨,库存1 007吨。

1.3 品种构成

每品种养殖面积及产量占示范县养殖总面积和总产量的比例见附表2。

统计5个示范县海水鱼养殖面积调查结果,各品种构成如下:

育苗面积:总育苗面积为103 700 m²,其中大黄鱼育苗面积为60 000 m²,占总育苗面积的57.86%;石斑鱼为9 300 m²,占总育苗面积的8.97%;鲷鱼为13 200 m²,占总育苗面积的12.73%;鲈鱼为13 000 m²,占总育苗面积的12.54%;美国红鱼为2 800 m²,占总育苗面积的2.7%;鲆鱼为5 400 m²,占总育苗面积的5.21%。

育苗产量:五个示范县育苗总量为292 720万尾,其中大黄鱼为290 000万尾,占总育苗量的比例为99.07%;石斑鱼育苗数量为380万尾,所占比例为0.13%;鲷鱼育苗数量为950万尾,所占比例为0.32%;鲈鱼育苗数量为650万尾,所占比例为0.22%;鲈鱼育苗数量为650万尾,所占比例为0.04%;鲆鱼育苗数量为620万尾,所占比例为0.21%。

工厂化养殖面积:工厂化养殖总面积为21 900 m²,其中大黄鱼养殖面积为1 900 m²,所占比例为8.68%;石斑鱼养殖面积为20 000 m²,所占比例为91.32%。

工厂化养殖产量:工厂化养殖总产量为245吨,其中大黄鱼养殖产量为30吨,所占比例为12.24%;石斑鱼养殖产量为215吨,所占比例为87.76%。

池塘养殖面积：池塘养殖总面积为 1 461 000 m²，其中大黄鱼池塘养殖面积为 35 080 000 m²，所占比例为 99.93%；石斑鱼池塘养殖面积为 1 000 m²，所占比例为 0.07%。

池塘养殖产量：池塘养殖总产量为 1 326 吨，其中大黄鱼池塘养殖产量为 1 211 吨，所占比例为 91.33%；石斑鱼养殖产量为 115 吨，所占比例为 8.67%。

网箱养殖面积：网箱养殖总面积为 35 402 560 m²，其中大黄鱼养殖面积为 35 080 000 m²，所占比例为 99.09%；石斑鱼养殖面积为 79 950 m²，所占比例为 0.23%；鲷鱼养殖面积为 86 440 m²，所占比例为 0.24%；鲈鱼养殖面积为 59 200 m²，所占比例为 0.17%；美国红鱼养殖面积为 53 870 m²，所占比例为 0.15%；鲆鱼养殖面积为 43 100 m²，所占比例为 0.12%。

网箱养殖产量：网箱养殖总产量为 109 341 吨，其中大黄鱼网箱养殖产量为 92 241 吨，所占比例为 84.36%；石斑鱼网箱养殖产量为 4 424 吨，所占比例为 4.05%；鲷鱼网箱养殖产量为 4 623 吨，所占比例为 4.23%；鲈鱼网箱养殖产量为 3 265 吨，所占比例为 2.99%；美国红鱼网箱养殖产量为 2 660 吨，所占比例为 2.43%；鲆鱼网箱养殖产量为 2 128 吨，所占比例为 1.95%。

2 示范县（市、区）科研开展情况

2.1 主要科研课题情况

（1）引进集美大学室内循环水养殖技术，建设福建省海洋经济创新区域发展示范项目。项目建成大黄鱼工厂化循环水养殖系统，系统具备在线实时监控、自动调控与投饵、产品达到无公害优质健康水产品标准等特点；开展大黄鱼精准高密度循环水养殖示范生产，形成集成生物、信息与工程技术的循环水养殖大黄鱼精准生产体系。

（2）引进我国台湾承虹生物科技股份有限公司在保护海水鱼类肠胃系统及其健康成长的最新研究成果，实施福建省对外合作项目。双方合作研发了一种适合大黄鱼肠胃系统的保护并促进大黄鱼鱼体健康成长的功能性胜肽，作为大黄鱼的饵料改进剂，并进行了科学投喂和养殖方式改进。采用功能性胜肽结合软颗粒饲料投喂，示范养殖 50 多万尾大黄鱼。

（3）与中国科学院福建物质结构研究所合作开展 STS 项目"经济适用型大黄鱼口服疫苗佐剂的研发与示范"。拟集成实施单位在大黄鱼育苗、养殖以及疫苗佐剂的最新研究成果，研发针对大黄鱼病原的经济适用型口服疫苗及其新型疫苗佐剂，并加以示范、推广，以提高大黄鱼的抗病力，减少病害造成的损失，从而保障大黄鱼养殖业的可持续健康发展。

（4）主持承担的"大黄鱼良种的培育与推广"项目于 2017 年 9 月荣获福建省科技进步奖三等奖。该项目首次建立了大黄鱼海上活体种质库、陆上活体种质库和室内冷冻精子库的多渠道保护大黄鱼种质资源的种质库。系统总结了大黄鱼种质资源保护、种质库建设与优化更新机制及其资源增殖、养殖主要病害及防控等原创性成果，开展大黄鱼亲本更新与隔离保种、病害防治、种质库优化操作等种质库优化更新机制研究，实现其可持续种质保持和开发利用,进一步丰富我国大黄鱼研究领域的理论与实践。在前期工作基础上,利用优化的种质库种质资源,结合家系选择和传统群体选育技术,辅以冷冻精子等生物技术手段,构建了大黄鱼选育的核心基础群体,为大黄鱼良种化提供了更多可供选择的遗传育种材料,确保了种质库亲鱼的遗传多样性;成功开发出具生长优势的"富发1号"新品系,培育和推广新品系2亿多尾,增殖放流原种子一代453万尾,收获商品大黄鱼2 500多吨,产值8 500多万元,利润2 200多万元,进一步保护大黄鱼海区种质资源,取得了良好的经济效益和应用推广价值。项目执行期间(2012—2017年)共申请专利25项,获授权发明专利7项,实用新型专利17项,出版专著1部,发表论文8篇。

(5)宁德站联合福建省农科院等单位,在防治刺激隐虫病方面取得重大进展。建立了刺激隐核虫病预报系统,制定环境调控措施,研发免疫制剂和新型药物以及大黄鱼粉状功能配合饲料,通过技术集成,构建了刺激隐核虫病综合防控体系。建立免疫制剂制备、抗虫药物筛选、功能蛋白筛选以及软颗粒饲料制备等工艺。研发1种刺激隐核虫浸浴型疫苗,3种注射型疫苗,2种口服型免疫制剂,2种抗虫植物源药物,1种化学药物,共9种试验新产品。研发的软颗粒大黄鱼配合饲料可100%替代冰鲜杂鱼。最后集成优良苗种、配合饲料、药物、设施等方面的技术成果在宁德大湾海区、池下海区、崳山岛、霞浦海区,共示范397口网箱;综合防控技术推广应用8 450口网箱,大黄鱼的成活率提高10%,产量提高10%～15%;项目实施期间新增产值2亿元。

2.2　发表论文、标准、专利情况

申请发明专利2项、获得专利授权6项;制定国家标准1项,已发布实施;完成水产行业标准报批稿1项。

(1)专利申请:申请发明专利2项。

《一种水产动物的蜂巢式水底遮蔽物及使用方法》,申请号:2017100949119,专利类型:发明专利,申请日期:2017年2月22日;

《一种鱼类实验生物学观测装置及使用方法》,申请号:2017107828079,专利类型:发明专利,申请日期:2017年9月3日。

(2)专利授权:授权专利6项,其中发明专利1项,实用新型专利5项。

《一种野生大黄鱼活体种质的收集网具》,专利号:ZL201510234937.X,专利类型:发明专利,授权日期:2017年5月3日;

《一种水产品养殖网箱》,专利号:ZL201620856254.8,专利类型:实用新型专利,授权日期:2017年1月11日;

《一种养鱼池防逃排水装置》,专利号:ZL201620856025.6,专利类型:实用新型专利,授权日期:2017年1月11日;

《一种水产养殖的新型育苗池》,专利号:ZL201620856389.4,专利类型:实用新型专利,授权日期:2017年1月11日;

《一种鱼池的供氧装置》，专利号：ZL201620857334.5，专利类型：实用新型专利，授权日期：2017年3月8日；

《一种养鱼池自动投喂装置》，专利号：ZL201620856327.3，专利类型：实用新型专利，授权日期：2017年3月8日；

（3）标准：制定国家标准1项，完成水产行业标准报批稿1项。

国家标准《大黄鱼》GB/T 32755—2016，于2017年1月1日施行；

水产行业标准《大黄鱼繁育技术规范》SC/T 2089-XXXX，已完成报批稿，待发布实施。

3 示范县（市、区）海水鱼产业发展中存在的问题

（1）由于宁德海水鱼类单位面积产量的提升和养殖规模的扩大，造成供给增长过快，而消费需求却因宏观背景变动、突发事件冲击等因素的影响而下降，导致鱼价下跌，大批养殖企业和养殖户亏损，严重影响了产业的健康发展。

（2）传统网箱养殖密度过大，大面积病害损耗现象时有发生，同时由于化学药物和抗生素的滥用、乱用加剧了海区环境的污染，影响了原有的生态环境。

（3）经累代繁育与养殖，原有的优良经济性状出现严重衰退趋势，优质苗种缺乏，生长缓慢、性成熟早、个体变小等，导致养殖成本提高，养殖效益下降。

（4）养殖模式单一，新型模式尚处于研发阶段，高品质养殖产品产量不足，产业综合效益空间日益萎缩，需要政府出台支持政策和配套融资措施。

（5）精深加工技术欠缺，产品少，附加值低，产业链尚不完善。

附表1　2017年度本综合试验站示范县海水鱼育苗及成鱼养殖情况表

项目	指标	蕉城区 大黄鱼	霞浦县 大黄鱼	福安市 石斑鱼	东山县 鲷鱼	东山县 鲈鱼	东山县 美国红鱼	东山县 鲆鱼	东山县 石斑鱼	诏安县 鲷鱼	诏安县 鲈鱼	诏安县
育苗	面积（m²）	60 000	0	0	8 500	12 450	4 500	2 800	5400	800	750	8 500
	产量（万尾）	290 000	0	0	350	890	200	120	620	30	60	450
工厂化养殖	面积（m²）	1 900	0	0	12 500	0	0	0	11 500	7 500	0	0
	年产量（吨）	30	0	0	130	0	0	0	156	85	0	0
	年销售量（吨）	30	0	0	78	0	0	0	93.6	51	0	0
	年库存量（吨）	0	0	0	52	0	0	0	62.4	34	0	0
池塘养殖	面积（m²）	110 000	0	1 350 000	750	0	0	0	0	250	0	0
	年产量（吨）	51	0	1160	80	0	0	0	0	35	0	0
	年销售量（吨）	51	0	560	45	0	0	0	0	21	0	0
	年库存量（吨）	0	0	600	35	0	0	0	0	14	0	0
网箱养殖	面积（m²）	27 050 000	6 130 000	1 900 000	69 000	78 280	51 340	53 870	43 100	10 950	8 160	7 860
	年产量（吨）	52 291	32 630	7 320	3 407	3 865	2 535	2 660	2128	1017	758	730
	年销售量（吨）	31 374.6	19 578	4 392	2 040	2 319	1 521	1 596	1 380	610	450	438
	年库存量（吨）	20 916.4	13 052	2 928	1 367	1 546	1 014	1 064	748	407	308	292
户数	育苗户数	65	0	0	240	120	30	30	50	10	8	19
	养殖户数	3 350	2 450	830	410	380	265	270	250	310	260	250

附表 2　本综合试验站五个示范县养殖面积、养殖产量及主要品种构成

	年总产量	大黄鱼	石斑鱼	鲷鱼	鲈鱼	美国红鱼	鲆鱼
育苗面积（m²）	103 700	60 000	9 300	13 200	13 000	2 800	5 400
育苗产量（万尾）	292 720	290 000	380	950	650	120	620
工厂化养殖面积（m²）	21 900	1 900	20 000	0	0	0	0
工厂化养殖产量（吨）	245	30	215	0	0	0	0
池塘养殖面积（m²）	1 461 000	1 460 000	1 000	0	0	0	0
池塘养殖产量（吨）	1 326	1 211	115	0	0	0	0
网箱养殖面积（m²）	35 402 560	35 080 000	79 950	86 440	59 200	53 870	43 100
网箱养殖产量（吨）	109 341	92 241	4 424	4 623	3 265	2 660	2 128
各品种育苗面积占总面积的比例（%）	100	57.86	8.97	12.73	12.54	2.70	5.21
各品种出苗量占总出苗量的比例（%）	100	99.07	0.13	0.32	0.22	0.04	0.21
各品种工厂化养殖面积占总面积的比例（%）	100	8.68	91.32				
各品种工厂化养殖产量占总产量的比例%	100	12.24	87.76				
各品种池塘养殖面积占总面积的比例（%）	100	99.93	0.07				
各品种池塘养殖产量占总产量的比例（%）	100	91.33	8.67				
各品种网箱养殖面积占总面积的比例（%）	100	99.09	0.23	0.24	0.17	0.15	0.12
各品种网箱养殖产量占总产量的比例（%）	100	84.36	4.05	4.23	2.99	2.43	1.95

（宁德综合试验站站长　郑炜强）

漳州综合试验站产区调研报告

1 示范县(市、区)海水鱼养殖现状

漳州综合试验站在国家海水鱼产业技术体系的统一管理下,以海鲈鱼良种选育与健康苗种繁育、网箱升级优化、海鲈鱼新蛋白源饲料技术示范推广、海鲈鱼产品加工工艺等为研究方向,在下设福建省宁德市福鼎市、福建省福州市连江县、福建省福州市罗源县、福建省漳州市云霄县、广东省潮州饶平县五个示范县内开展工作,并将福鼎市作为海水鱼技术推广的重点市。其育苗、养殖品种、产量及规模见附表1。

1.1 育苗面积及苗种产量

1.1.1 育苗面积

五个示范县育苗总体积为 121 090 m^3,其中福鼎市为 37 330 m^3、连江县为 54 760 m^3、罗源县为 20 500 m^3、饶平县为 8 500 m^3,云霄县没有苗种生产。按品种分:大黄鱼为 53 940 m^3、鲈鱼为 42 170 m^3、鲷鱼 22 070 m^3。

1.1.2 苗种年产量

五个示范县年育苗 8 411 万尾,其中:大黄鱼 4 300 万尾、鲈鱼 3 011 万尾、鲷鱼 1 100 万尾。各县育苗情况如下:

福鼎市:年生产海鲈鱼苗种 2 000 万尾,大黄鱼苗种 2 300 万尾,鲷鱼 360 万尾。

连江县:年生产海鲈鱼苗种 411 万尾,大黄鱼苗种 1 300 万尾,鲷鱼 290 万尾。

罗源县:年生产海鲈鱼苗种 100 万尾,大黄鱼苗种 400 万尾,鲷鱼 200 万尾。

饶平县:年生产海鲈鱼苗种 500 万尾,大黄鱼苗种 300 万尾,鲷鱼 250 万尾。

云霄县:没有育苗。

1.2 养殖面积及年产量、销售量、年末库存量

1.2.1 普通网箱养殖

五个示范县内普通网箱养殖面积共计 7 899 763 m^2,年总生产量约为 83 656 吨,销售量约为 58 559 吨,年末 25 097 吨。

福鼎市:普通网箱养殖面积 2 464 600 m^2,鲈鱼养殖面积 721 380 m^2,年产量 18 117 吨;

大黄鱼养殖面积 961 840 m²，年产量 24 074 吨；鲷鱼养殖面积 312 598 m²，年产量 1 813 吨。

连江县：普通网箱养殖面积 1 929 500 m²，鲈鱼养殖面积 365 700 m²，年产量 6 588 吨；大黄鱼养殖面积 566 570 m²，年产量 10 206 吨；鲷鱼养殖面积 146 570 m²，年产量 2 640 吨。

罗源县：普通网箱养殖面积 1 297 900 m²，鲈鱼养殖面积 310 000 m²，年产量 5 110 吨；大黄鱼养殖面积 440 000 m²，年产量 7 200 吨；鲷鱼养殖面积 350 000 m²，年产量 5 870 吨。

云霄县：普通网箱养殖面积 122 000 m²，鲈鱼养殖面积 48 700 m²，年产量 734 吨；鲷鱼养殖面积 11 160 m²，年产量 257 吨。

饶平县：普通网箱养殖面积 2 085 763 m²，鲈鱼养殖面积 23 000 m²，年产量 346 吨；大黄鱼养殖面积 5 870 m²，年产量 105 吨；鲷鱼养殖面积 7 200 m²，年产量 129 吨。

1.2.2 深水网箱养殖

五个示范县内深水网箱养殖体积共计 314 912 m³，年总生产量约为 7 269 吨，销售量约为 5 096 吨，年末 2 185 吨。

福鼎市：深水网箱养殖体积 136 000 m³，鲈鱼养殖体积 40 500 m³，年产量 2 013 吨；大黄鱼养殖体积 54 000 m³，年产量 2 675 吨；鲷鱼养殖体积 17 550 m³，年产量 202 吨。

连江县：深水网箱养殖体积 105 136 m³，鲈鱼养殖体积 24 460 m³，年产量 733 吨；大黄鱼养殖体积 37 800 m³，年产量 1 135 吨；鲷鱼养殖体积 9 800 m³，年产量 294 吨。

云霄县：深水网箱养殖体积 30 000 m³，鲈鱼养殖体积 13 000 m³，年产量 82 吨；大黄鱼养殖体积 10 000 m³，年产量 52 吨；鲷鱼养殖体积 5 000 m³，年产量 29 吨。

饶平县：深水网箱养殖体积 43 776 m³，鲈鱼养殖体积 4 000 m³，年产量 39 吨；鲷鱼养殖体积 1 500 m³，年产量 15 吨。

罗源县：没有深水网箱养殖。

1.3 品种构成

每品种养殖面积及产量占示范县养殖总面积和产量的比例：见附表 2。统计五个示范县海水鱼类养殖面积调查结果，各品种构成如下：

五个示范县育苗总体积为 121 090 m³，其中，大黄鱼为 53 940 m³，占总育苗体积的 44.54%；鲈鱼为 42 170 m³，占总育苗体积的 34.82%、鲷鱼为 22 070 m³，占总育苗体积 18.22%。

五个示范县年育苗 8 411 万尾，其中：大黄鱼 4 300 万尾，占总产量的 51.12%；鲈鱼 3011 万尾，占总产量的 35.79%；鲷鱼 1 100 万尾，占总产量的 13%。

普通网箱养殖总面积为 7 899 763 m²，其中鲈鱼为 1 468 780 m²，占总面积的 18.59%；大黄鱼为 1 974 280 m²，占总面积的 24.99%；鲷鱼为 827 498 m²，占总面积的 10.47%。总产量为 83 656 吨，其中鲈鱼为 30 895 吨，占总产量的 36.93%；大黄鱼为 42 052 吨，占总产量的 50.26%；鲷鱼为 10 709 吨，占总产量的 12.8%。

深水网箱养殖总体积为 314 912 m³，其中鲈鱼为 81 960 m³，占总体积的 26.02%；大黄鱼为 101 800 m^3,占总体积的 32.32%;鲷鱼为 33 850 m^3,占总体积的 10.74%。总产量为 7 269 吨,其中鲈鱼产量为 2 867 吨,占总产量的 39.44%;大黄鱼为 3 862 吨,占总产量的 53.12%;鲷鱼为 540 吨,占总产量的 7.42%。

2 示范县(市、区)科研开展情况

2.1 科研课题情况

福建省福鼎市示范县进行科研项目 1 项,为福建闽威实业股份有限公司承担的福建省星火项目"海鲈健康苗种繁育及大网箱养殖模式的示范与推广",该项目目前进展顺利。

3 海水鱼养殖产业发展中存在的问题

3.1 产业组织化程度有待提高

海水鱼类体系的可持续健康发展,离不开团队的力量,产业组织化程度仍存在可提升空间。目前体系是由 1 名首席科学家、6 个研究室、19 个综合试验站组成,岗位科学家和综合试验站的联系单一、针对性不强。建议可将体系综合试验站所辖区域内已有的协会、合作社如鲈鱼养殖协会、大黄鱼养殖协会等海水鱼类协会为切入点,凭借体系拥有的强大技术为后盾对协会组织、合作社提供各方面帮助和指导;而协会、合作社等,不仅将某一个鱼类品种与相对应综合实验站及研究室联系起来更有针对性,还有利于体系新技术、新品种的示范、推广。

3.2 海水鱼类病害垂直传染问题仍然存在

我国作为渔业大国,从事鱼类养殖的养殖户、企业众多,但存在很大一部分的养殖户和企业并没有自主培育亲鱼而是直接从培育企业购买受精卵。但有些苗种培育企业在生产环节以及运输中存在消毒药品不规范或者直接不用药的现象,导致垂直传染的病原从亲鱼培育企业传递到育苗场再到养殖场,这是造成海水鱼类病害多、发病面广的重要因素之一。建议海水鱼类产业技术体系将垂直传染病害的预防与控制列入技术研发计划,及早开发相关技术,并在产业内推广。

3.3 机械化、自动化设备和技术有待提高

随着海水鱼产业的不断壮大,为进一步提高生产效率,扩大生产规模,实现科学化、规范化、标准化养殖,加大在养殖过程中机械化、自动化设备和技术的应用势在必行。但在实际操作中,发现当前自动投饵、鱼苗筛分、计数等设备与实际养殖生产不完全相适应,研究有待加强。

3.4 需加强健康养殖技术培训

海水鱼类养殖虽经过二十年的发展，产业技术水平不断提高，但随着产业发展的变化，养殖户科学的健康养殖观念仍待提高，需不断加强培训和技术服务。

4 当地政府对产业发展的扶持政策

福建作为全国海岸线长度居第二位的沿海省份，海水养殖已成为福建省海洋渔业结构的最重要组成部分。各级政府按照"十三五"海洋经济发展专项规划对海水养殖业的发展采取相应的扶持政策。如设立省海洋发展专项资金、海洋新兴产业增值税减免优惠政策、品牌渔业发展资金项目等。

5 海水鱼类产业技术需求

（1）海水鱼类病害垂直传染防控技术。
（2）机械化、自动化养殖技术。
（3）新型蛋白源饲料生产开发技术。

附表1　2017年度本综合试验站海水鱼育苗及成鱼养殖情况表

		福鼎市			连江县			罗源县			云霄县			饶平县		
		鲈鱼	大黄鱼	鲷鱼	鲈鱼	大黄鱼	鲷鱼	鲈鱼	大黄鱼	鲷鱼	鲈鱼	大黄鱼	鲷鱼	鲈鱼	大黄鱼	鲷鱼
育苗	面积（m²）															
	产量（万尾）	5 000	2 300	360	411	1300	290	100	400	200				500	300	250
工厂养殖	面积（m²）															
	年产量（吨）															
	年销售量（吨）															
	年库存量（吨）															
普通网箱	面积（m²）	721 380	961 840	312 598	365 700	566 570	146 570	310 000	440 000	350 000	48 700		11 160	23 000	5 870	7 200
	年产量（吨）	18 117	24 074	1 813	6 588	10 206	2 640	5 110	7 200	5 870	734		257	346	105	129
	年销售量（吨）															
	年库存量（吨）															
深水网箱	面积（m³）	40 500	54 000	17 550	24 460	37 800	9 800				13 000	10 000	5 000	4 000		1 500
	年产量（吨）	2 013	2 675	202	733	1 135	294				82	52	29	39		15
	年销售量（吨）															
	年库存量（吨）															
户数	育苗户数															
	养殖户数															

表 2 漳州综合试验站五个示范县养殖面积、养殖产量及主要品种构成

品种 项目	年产总量	鲈鱼	大黄鱼	鲷鱼
育苗面积(m³)	121 090	42 170	53 940	22 070
出苗量(万尾)	11 411	6 011	4 300	1 100
工厂化养殖面积(m²)				
工厂化养殖产量(吨)				
池塘养殖面积(亩)				
池塘养殖年总产量(吨)				
普通网箱养殖面积(m²)	7 899 763	1 468 780	1 974 280	827 498
普通网箱年总产量(吨)	83 656	30 895	42 052	10 709
深水网箱养殖面积(m³)	217 610	81 960	101 800	33 850
深水网箱年总产量(吨)	7 269	2867	3 862	540
各品种育苗体积占总体积 的比例(%)	97.58	34.82	44.54	18.22
各品种出苗量占总体积的 比例(%)	100	35.79	51.12	13
各品种工厂化养殖面积占 总面积的比例(%)				
各品种工厂化养殖产量占 总面积的比例(%)				
各品种池塘养殖面积占总 面积的比例(%)				
各品种池塘养殖产量占总 面积的比例(%)				
各品种普通网箱养殖面积 占总面积的比例(%)	54.05	18.59	24.99	10.47
各品种普通网箱养殖产量 占总面积的比例(%)	100	36.93	50.26	12.8
各品种深水网箱养殖体积 占总体积的比例(%)	69.08	26.02	32.32	10.74
各品种深水网箱养殖产量 占总体积的比例(%)	100	39.44	53.12	7.42

(漳州综合试验站站长 方秀)

烟台综合试验站产区调研报告

1　示范县(市、区)海水鱼养殖现状

本综合试验站下设五个示范县(市、区),分别为:烟台市福山区、海阳市、蓬莱市、长岛县,芝罘区。福山区、海阳市、蓬莱市以工厂化养殖海水鱼为主,长岛县及芝罘区以网箱养殖海水鱼类为主。

1.1　育苗面积及苗种产量

1.1.1　育苗面积

五个示范县育苗总面积为 15 000 m²,其中海阳市 5 500 m²、福山区 7500 m²、蓬莱市 2 000 m²。按品种分:大菱鲆育苗面积 8 000 m²、牙鲆 1 000 m²、半滑舌鳎 3 000 m²、其他鲆鲽鱼类 1 000 m²、许氏平鲉 500 m²、其他海水鱼 1 000 m²。

1.1.2　苗种年产量

五个示范县共计 14 户育苗厂家,总计育苗 1 970 万尾,其中:大菱鲆 600 万尾(5 cm～6 cm)、牙鲆 250 万尾(5 cm～6 cm)、半滑舌鳎 100 万尾(5 cm～6 cm)、其他鲆鲽鱼类 220 万尾、许氏平鲉 300 万尾、其他海水鱼类 500 万尾,长岛县及芝罘区主要是网箱养殖海水鱼类,因此无育苗业户,所需苗种均为外地购买。各县育苗情况如下:

海阳市:7 户育苗厂家,较大规模的育苗厂家为海阳黄海水产有限公司。大菱鲆育苗面积 2 000 m²,生产苗种 180 万尾;牙鲆育苗面积 500 m²,生产苗种 50 万尾;半滑舌鳎育苗面积 3 000 m²,生产苗种 100 万尾。

福山区:共 6 户育苗厂家,主要育苗企业有烟台开发区天源水产有限公司、山东东方海洋科技股份有限公司。大菱鲆育苗面积 5 000 m²,生产苗种 320 万尾;牙鲆育苗面积 500 m²,生产苗种 200 万尾;其他鲆鲽鱼类育苗面积 500 m²,生产苗种 300 万尾;许氏平鲉育苗面积 500 m²,生产苗种 300 万尾;其他海水鱼类育苗面积 1 000 m²,生产苗种 500 万尾。

蓬莱市:2 户育苗厂家,较大规模的为烟台宗哲海洋科技有限公司、烟台海益苗业有限公司。大菱鲆育苗面积 1 000 m²,生产苗种 100 万尾;其他鲆鲽类育苗面积 1 000 m²,生产苗种 120 万尾。

1.2 养殖面积及年产量、销售量、年末库存量

1.2.1 工厂化养殖

五个示范县中,海阳市、福山区、蓬莱市均为工厂化养殖,共计 32 家养殖户;养殖面积 76 300 m²,工厂化流水式养殖面积 50 600 m²,工厂化循环水养殖面积 25 700 m²;年总生产量为 1 965 吨,销售量为 1 382 吨,年末库存量为 583 吨。其中:

海阳市:现有 22 家养殖业户,工厂化循环水养殖面积 20 700 m²。大菱鲆养殖面积 7 000 m²,年产量 240 吨,销售 100 吨,年末库存 140 吨;牙鲆 3 500 m²,年产量 90 吨,销售 64 吨,库存 26 吨;半滑舌鳎 10 200 m²,年产量 260 吨,销售 195 吨,库存 65 吨。

福山区:现共有 6 家养殖业户,工厂化养殖面积 42 200 m²。大菱鲆养殖面积 39 200 m²,年产量 1 080 吨,销售 860 吨,年末库存 220 吨;牙鲆养殖面积 2 000 m²,年产量 30 吨,销售 15 吨,年末库存 15 吨,其他鲆鲽鱼类养殖面积 1 000 m²。

蓬莱市:共有 4 个鲆鲽类养殖业户,工厂化养殖面积 13 400 m²。大菱鲆养殖面积 13 400 m²,年产量 186 吨,销售 90 吨,年末库存量 96 吨;其他鲆鲽类年产量 4 吨,销售 2 吨;年末库存量 2 吨。

1.2.2 网箱养殖

在长岛县以深海网箱和浅海筏式网箱的养殖方式进行海水鱼类养殖,芝罘区则是以浅海筏式网箱养殖为主,主要养殖品种为许氏平鲉、红鳍东方鲀和河鲀等。

长岛县:海水鱼养殖业户有 50 户,网箱养殖面积 35 800 m²,其中普通网箱养殖面积 25 000 m²,深水网箱 10 800 m²,养殖产量 590 吨,销售 368 吨,年末库存量 222 吨。

芝罘区:海水鱼养殖业户 9 户,网箱养殖面积 15 000 m²,养殖产量 120 吨,销售 100 吨。

1.3 品种构成

统计五个示范县鲆鲽类养殖面积调查结果,各品种构成如下:

工厂化育苗总面积为 15 000 m²。其中大菱鲆为 8 000 m²,占育苗总面积的 53.33%;牙鲆为 1 000 m²,占育苗总面积的 6.67%;半滑舌鳎为 3 000 m²,占育苗总面积的 20.0%;其他鲆鲽鱼类 1 500 m²,占育苗总面积的 10.0%;许氏平鲉为 500 m²,占育苗总面积的 3.33%;其他海水鱼为 1 000 m²,占育苗总面积的 6.67%。

工厂化育苗总产量为 1 970 万尾。其中大菱鲆 600 万尾,占总产苗量的 30.45%;牙鲆为 250 万尾,占总产苗量的 12.69%;半滑舌鳎 100 万尾,占总产苗量的 5.07%;其他鲆鲽鱼类为 220 万尾,占总产苗量的 11.17%;许氏平鲉为 300 万尾,占总产苗量的 15.23%;其他海水鱼为 500 万尾,占总产苗量的 25.38%。

工厂化养殖总面积为 76 300 m²。其中大菱鲆为 59 600 m²,占总养殖面积的 78.11%;牙鲆为 5 500 m²,占总养殖面积的 7.21%;半滑舌鳎为 10 200 m²,占总养殖面积的 13.37%;其他鲆鲽类为 1 000 m²,占总养殖面积的 1.31%。

工厂化养殖总产量为 1 965 吨。其中大菱鲆为 1 586 吨,占总量的 80.71%,牙鲆为 115 吨,占总量的 5.85%;半滑舌鳎为 260 吨,占总量的 13.23%;其他品种为 4 吨,占总量的 0.20%。

网箱养殖总面积 50 800 m²,养殖总产量 710 吨,普通网箱养殖产量为 430 吨,占总产量的 60.56%;深水网箱养殖产量为 280 吨,占总产量的 39.44%。

从以上统计可以看出,在进行工厂化养殖的三个示范县中,大菱鲆为主要养殖品种,面积和产量都占绝对优势。在进行网箱养殖的两个示范县中,受养殖环境限制,主要养殖品种为许氏平鲉和红鳍东方鲀。

2 示范县(市、区)科研开展情况

2017 年,正在实施的跨年度课题项目 2 项,是烟台开发区天源水产有限公司承担的山东省重点研发计划项目"鲆鲽类弧菌病和腹水病基因工程疫苗联合接种策略与生产应用技术平台开发"、山东省良种工程项目"大菱鲆种质资源精准鉴定与选种育种创新利用",目前进展顺利,均已按计划完成年度规定的各项研究和经济指标。

3 海水鱼产业发展中存在的问题及产业技术需求

目前存在的问题:一是受环保政策影响及政府规划需求,许多养殖场区拆迁,造成产业规模减少,产量降低。二是养殖病害时有发生,应不定期对水质及养殖产品进行检验。

建议:一是相关主管部门出台相关政策保护养殖产业、水产行业的正常经营,使其良性发展;二是提供方便水质检测及商品检测的技术支持,保证生产安全和产品质量安全。

4 当地政府对产业发展的扶持政策

烟台市政府对海洋产业经济发展非常重视,提供政策和资金对海水养殖产业进行扶持。2017 年年底烟台开发区政府组织相关部门规划建设"蓝色种业硅谷",集成海水种业产业,实现规模化发展。

附表1　2017年度烟台综合试验站示范县海水鱼育苗及成鱼养殖情况统计表

项目		海阳市		福山区			蓬莱市		长岛县		芝罘区	
	品种	大菱鲆	牙鲆	半滑舌鳎	大菱鲆	牙鲆	大菱鲆	其他鲆鲽类	许氏平鲉	红鳍东方鲀	红鳍东方鲀	许氏平鲉
育苗	面积（m²）	2 000	500	3 000	5 000	500	1 000	1 000	/	/	/	/
	产量（万尾）	180	50	100	500	200	100	120	/	/	/	/
工厂化养殖	面积（m²）	7 000	3 500	10 200	39 200	2 000	13 400	/	/	/	/	
	年产量（吨）	240	90	266	1 080	30	186	4	/	/	/	/
	年销售量（吨）	100	64	199	860	15	90	2	/	/	/	/
	年末库存量（吨）	140	26	67	220	15	96	2	/	/	/	/
网箱养殖	面积（m²）	/	/	/	/	/	/	/	35 800	/	15 000	/
	年产量（吨）	/	/	/	/	/	/	//	590	/	120	/
	年销售量（吨）	/	/	/	/	/	/	/	368	/	100	/
	年末库存量（吨）	/	/	/	/	/	/	/	222	/	20	
户数	育苗户数	2	2	3	3	2	1	1	/	/	/	/
	养殖户数	8	1	13	6	/	3	1	50	/	9	/

附表2　烟台综合试验站五个示范县养殖面积、养殖产量及品种构成

品种 项目	年产总量	大菱鲆	牙鲆	半滑舌鳎	其他 鲆鲽类	许氏平鲉	红鳍 东方鲀	其他 海水鱼
工厂化育苗面积（m²）	15 000	8 000	1 000	3 000	1500	500		1 000
工厂化出苗量（万尾）	1 970	600	250	100	220	300		500
工厂化养殖面积（m²）	76 300	59 600	5 500	10 200	1 000			
工厂化养殖产量（吨）	1 965	1 586	115	260	4			
网箱养殖面积（m²）	50 800					35 800	15 000	
网箱年总产量（吨）	710					590	120	
各品种工厂化育苗面积占 总面积的比例（%）	100	53.33	6.67	20	10	3.33		6.67
各品种工厂化出苗量占总 出苗量的比例（%）	100	30.45	12.69	5.07	11.17	15.23		25.38
各品种工厂化养殖面积占 总面积的比例（%）	100	78.11	7.21	13.37	1.31			
各品种工厂化养殖产量占 总产量的比例（%）	100	80.71	5.85	13.23	0.20			
各品种网箱养殖面积占总 面积的比例（%）	100					70.47	29.53	
各品种网箱养殖产量占总 产量的比例（%）	100					83.10	16.90	

（烟台综合试验站站长　杨志）

青岛综合试验站产区调研报告

1 示范县（市、区）海水鱼养殖现状

本综合试验站下设五个示范县（市、区），分别为：青岛市黄岛区、烟台市莱阳市、日照市岚山区、威海市环翠区和江苏省赣榆县。其育苗、养殖品种、产量及规模见附表 1：

1.1 育苗面积及苗种产量

（1）育苗面积：

五个示范县区育苗总面积为 52 000 m²，其中青岛市黄岛区 8 000 m²、威海市环翠区 40 000 m²，日照岚山区 4 000 m²，赣榆县和莱阳市没有苗种生产。

（2）苗种年产量：

五个示范县区总计育苗 4 960 万尾，2016 年总产量为 4 150 万尾，同比增加 19.5%。苗种产量中：大菱鲆共计 4 450 万尾，占总产量的 89.7%，仍为海水鱼中苗种产量最大的品种。另牙鲆苗种总计 410 万尾，珍珠龙胆苗种 100 万尾。牙鲆苗种增幅较大部分为增殖放流，珍珠龙胆苗种主要供往福建、广东等养殖主产区。

1.2 养殖面积及年产量、销售量、年末库存量

（1）工厂化养殖：

青岛市黄岛区大菱鲆工厂化养殖面积 90 000 m²，比 2016 年有所减少，是因当地开始进行蓝色海湾整治，部分大菱鲆养殖场拆迁，大菱鲆的养殖产量为 513 吨，比 2016 年相应减少。半滑舌鳎产量为 280 吨，比 2016 年相应减少。

莱阳市大菱鲆工厂化养殖面积 240 000 m²，与 2016 年相比减少约 52%。该地区 2017 年工厂化养殖的海水鱼品种只有大菱鲆，无其他品种，养殖模式也全部为工厂化养殖，无池塘养殖和网箱养殖。

日照岚山区工厂化养殖面积 55 000 m²，较 2016 年有所增加，养殖品种仍呈现多样化特点，其中大菱鲆 81 吨、牙鲆 74 吨、半滑舌鳎 58 吨。

赣榆县海水鱼工厂化养殖总面积 310 000 m²，与 2016 年规模相当，养殖品种为大菱鲆，产量 1 500 吨，产量少于 2016 年。

（2）池塘养殖（亩）：

本示范区仅青岛市黄岛区有池塘养殖，养殖品种为牙鲆，池塘的型式均为岩礁池，岩礁池养殖牙鲆，是黄岛区海水鱼类养殖的一种特色养殖模式。2017年总面积为280亩，与2016年一致，产量为840吨。

（3）网箱养殖：

本示范区2017年度无规模化海水鱼网箱养殖。

1.3 品种构成

每品种养殖面积及产量占示范县养殖总面积和总产量的比例：见附表2。

统计五个示范县海水鱼养殖面积调查结果，各品种构成如下：

工厂化育苗总面积为52 000 m²，其中大菱鲆为43 000 m²，占总育苗面积的82.69%；牙鲆为5 000 m²，占总面积的9.62%，珍珠龙胆石斑为4 000 m²，占总面积的7.69%。

工厂化育苗总出苗量为4 960万尾，其中大菱鲆4 450万尾，占总出苗量的89.72%；牙鲆为410万尾，占总出苗量的8.27%，珍珠龙胆石斑为100万尾，占总出苗量的2.01%。

工厂化养殖总面积为700 000 m²，其中大菱鲆为660 000 m²，占总养殖面积的94.29%；牙鲆为15 000 m²，占总养殖面积的2.14%；半滑舌鳎为25 000 m²，占总养殖面积的3.57%。

工厂化养殖总产量为3 906吨，其中大菱鲆3 494吨，占总量的89.45%，牙鲆为74吨，占总量的1.89%；半滑舌鳎为338吨，占总量的8.65%。

池塘养殖总面积为280亩，全部为牙鲆，总产量为840吨。

从以上统计可以看出，在五个示范县内，大菱鲆育苗、养殖的产量和面积都是最高的，占绝对优势，且相比2016年，大菱鲆的占比略有降低。池塘养殖较少。说明在五个示范县区内，工厂化养殖大菱鲆是海水鱼类养殖的主要品种和养殖模式。

2 示范县（市、区）科研开展情况

2.1 科研课题情况

青岛市黄岛区青岛通用水产养殖有限公司是青岛综合试验站的建设依托单位，在持续与岗位科学家协作进行大菱鲆全雌苗种研究，并进行循环水养殖的试验与示范、大菱鲆疫苗免疫试验与示范、石斑鱼健康苗种培育等研究工作。

2017年11月14日，青岛综合试验站承担的"石斑鱼亲鱼和苗种循环水培育技术研发与应用"阶段性成果进行了现场验收。该项目的成功验收为探索石斑鱼养殖新模式和产业升级奠定了良好的基础。石斑鱼类是重要的名贵海水鱼品类之一，其产业规模较大，但是，其苗种生产模式主要是池塘育苗方式，养殖方式主要是池塘、近岸网箱等。本项目研发目的是：发展石斑鱼的亲鱼培育和健康苗种生产技术，探索石斑鱼循环养殖技术，促进石斑鱼养殖模式升级。

2017年7月19日,青岛综合试验站参与承担的"大菱鲆全雌苗种制种技术研究"任务进行了现场验收。确认课题组保有4龄超雌亲鱼15尾,体重860～2 050 g;13月龄全雌鱼20 580尾,平均体重697.5 g,雌性比例为100%;对照组13月龄鱼1 366尾,平均体重631 g,雌雄性别比例分别为66.7%和33.3%。此次现场验收的养殖全雌鱼,苗种来源为课题组2016年10月份生产的平均全长12.6 cm的21 030尾全雌苗种,经过9个月的养殖,养殖成活率超过97%,全部达到上市规格。大菱鲆雌鱼生长优势显著,利用全雌苗种养殖大规格鱼可以提高生产效率40%以上。我国全雌苗种制种技术从2008年开始立项研究,经过项目承担单位黄海水产研究所、合作单位青岛通用水产养殖有限公司和烟台开发区天源水产有限公司的长期密切合作和不懈努力,已经建立了世界首个大菱鲆全雌苗种制种技术体系,并通过了养殖验证,为我国发展大规格成鱼养殖、促进加工技术和经营模式的多样化发展奠定了良好基础。

威海环翠区圣航公司在2017年继续与科研院所合作开展了大菱鲆选育等研发工作,该公司是海水鱼重要的受精卵供应商,亲鱼储备多,有很好的资源进行技术研发。

2.2 发表论文情况

无。

3 海水鱼产业发展中存在的问题

3.1 半滑舌鳎病害问题

日照养殖区半滑舌鳎养殖发生的主要病害特征有两种:① 腹水,② 腹面"烂窝"。现在尚缺乏:病原诊断、发病原因与防治措施。

3.2 大菱鲆病害问题

黄岛养殖区、莱阳养殖区大菱鲆养殖2017年出现一种病害,特征为:鱼鳍发红、也有肌肉发红,同时肠道出现问题,死亡率高,难治愈。现在尚缺乏:病原诊断、发病原因与防治措施。

3.3 产业面临转型发展的压力

自2015年,海水鱼的主要品种——大菱鲆市场出现价格下跌、销量下降显著的情况,社会经济与消费特点的变化是主要原因,即高端餐饮消费下降,整体餐饮消费理性,海水鱼产品消费结构发生变化,产业从追求量的增加向追求质量的提高转变。同时,海水鱼养殖又处在向工业化升级的关键阶段,而大多数养殖业户仍以经验养殖为主。建议体系更多地进行养殖工艺方面的研究,为养殖业户提供更多直接指导生产的技术,推动养殖的科学化、标准化,从而提高养殖稳定性、质量和效益。

3.4　产业急需循环水养殖技术推广

水源短缺是限制大菱鲆养殖质量和产量的瓶颈,循环水养殖是该瓶颈问题的唯一解决办法,也是海水鱼向工业化养殖发展的重要措施。

3.5　半滑舌鳎全雌苗种技术

半滑舌鳎雌鱼生长优势显著,雄鱼几乎没有养殖的商业价值,且从养殖业户的生产总结看,雌鱼的比例偏低是造成半滑舌鳎养殖成本高、效益低的关键因素。因此半滑舌鳎全雌苗种生产技术需求迫切。

3.6　养殖尾水净化处理技术

为符合未来环保的要求,养殖用水需净化后排放,尾水净化技术缺乏,需研发。

3.7　环保温控技术

海水鱼育苗生产需温控,以前多为燃煤锅炉升温,现需根据环保要求采用新能源技术,建议体系对不同类型的环保温控技术予以研究,指导业者选型提升。

3.8　技术手册

从调研中发现,很多养殖业户,即使是已经有多年养殖经验的养殖技术人员,仍存在技术观念的误区,究其原因,大致是因为偏重自身的养殖经验,而其养殖效果受苗种质量、水源变化、饲料质量、病害类型等多方面因素的影响,所以难于归纳出科学的技术方案,建议体系根据不同品种逐步建立一些技术手册,以便于对养殖业者进行理论、实践方面的指导。

4　当地政府对产业发展的扶持政策

2017年,海水鱼产业面临转型升级的压力,提质增效、环境友好成为业内均已认识到的发展要求。各示范县区在海岸带环境整治方面着力很大,一些养殖场因规划调整、清洁能源、排污限制等原因减产、停产或改造,相比较而言,各地政府对产业扶持政策有所减少。技术培训、质量安全可追溯规范的引导,是主要的支持措施。

5　海水鱼产业技术需求

根据2017年示范县区调研及我站对示范县区产业状况的分析,总结技术需求如下:

（1）大菱鲆育苗阶段腹水病防治技术；

（2）循环水养殖技术：系统的设计建造与运行管理技术；

（3）半滑舌鳎全雌苗种培育技术；

（4）大菱鲆全雌苗种繁育技术；

（5）机械化、自动化设备和技术亟待开发；

（6）海水鱼垂直传染类病害防控技术；

（7）清洁可持续的控温新能源技术，如热泵、太阳能等；

（8）养殖排放水净化技术；

（9）石斑鱼鱼苗培育阶段的病毒病防控技术。

附表1　2017年度青岛综合试验站示范县海水鱼育苗及成鱼养殖情况统计表

类别	指标	青岛市黄岛区 大菱鲆	青岛市黄岛区 牙鲆	青岛市黄岛区 半滑舌鳎	青岛市黄岛区 珍珠龙胆石斑	日照市岚山区 大菱鲆	日照市岚山区 牙鲆	日照市岚山区 半滑舌鳎	江苏省赣榆县 大菱鲆	江苏省赣榆县 半滑舌鳎	莱阳市 大菱鲆	威海市环翠区 大菱鲆	威海市环翠区 牙鲆
育苗	面积（m²）	2 000	2 000		4 000							40 000	
育苗	产量（万尾）	80	200		100							4 300	
工厂养殖	面积（m²）	90 000		5 000		20 000	15 000	20 000	310 000		240 000		
工厂养殖	年产量（吨）	513		280		81	74	58	1 400		1 500		
工厂养殖	年销售量（吨）	518		240		71	64	47	1 300		2 000		
工厂养殖	年末库存量（吨）	300		180		44	46	40	400		1 100		
池塘养殖	面积（亩）		280										
池塘养殖	年产量（吨）		840										
池塘养殖	年销售量（吨）		940										
池塘养殖	年末库存量（吨）		400										
网箱养殖	面积（m²）												
网箱养殖	年产量（吨）												
网箱养殖	年销售量（吨）												
网箱养殖	年末库存量（吨）												
户数	育苗户数	3				6	7	6					
户数	养殖户数	100		3		18	18	12	67		50	25	

附表2　青岛站五个示范县养殖面积、养殖产量及品种构成

项目＼品种	年产总量	大菱鲆	牙鲆	半滑舌鳎	珍珠龙胆石斑
工厂化育苗面积（m²）	52 000	43 000	5 000		4 000
工厂化出苗量（万尾）	4 960	4 450	410		100
工厂化养殖面积（m²）	700 000	660 000	15 000	25 000	
工厂化养殖产量（吨）	3 906	3494	74	338	
池塘养殖面积（亩）	280		280		
池塘年总产量（吨）	840		840		
网箱养殖面积（m²）					
网箱年总产量（吨）					
各品种工厂化育苗面积占总面积的比例（%）	100	82.69	9.62		7.69
各品种工厂化出苗量占总出苗量的比例（%）	100	89.72	8.27		2.01
各品种工厂化养殖面积占总面积的比例（%）	100	94.29	2.14	3.57	
各品种工厂化养殖产量占总产量的比例（%）	100	89.45	1.89	8.65	
各品种池塘养殖面积占总面积的比例（%）	100		100		
各品种池塘养殖产量占总产量的比例（%）	100		100		

（青岛综合试验站站长　张和森）

莱州综合试验站产区调研报告

1　示范县(市、区)海水鱼养殖现状

莱州综合试验站下设莱州市、昌邑市、龙口市、招远市、乳山市五个示范县产业技术体系的示范推广和调研工作,并把莱州、昌邑作为优良半滑舌鳎苗种主推县市,把莱州作为大菱鲆、石斑鱼、斑石鲷优质苗种的生产县市,把乳山市作为牙鲆优质苗种的生产县市。2017 年,在体系首席专家、岗位专家、功能室及示范县各技术骨干、养殖示范企业、养殖户的支持协作下,体系工作进展顺利,在鲆鲽类价格下降的不利因素下,示范区养殖面积和产量稳定,产业发展合理,并取得了多项验收技术成果。其育苗、养殖品种、产量及规模见附表 1:

1.1　育苗面积及苗种产量

(1)育苗面积:五个示范县育苗总面积为 130 000 m²,其中莱州市 120 000 m²、乳山市10 000 m²。按品种分:大菱鲆育苗面积 69 600 m²、半滑舌鳎 30 000 m²、牙鲆 400 m²、石斑鱼20 000 m²、斑石鲷 10 000 m²。

(2)苗种年产量:五个示范县共计 73 户育苗厂家,总计育苗 2 265 万尾,其中:大菱鲆1 105 万尾(5 cm)、半滑舌鳎 800 万尾(5 cm)、牙鲆 10 万尾(5 cm)、石斑鱼 200 万尾(5 cm)、斑石鲷 150 万尾(5 cm)。各县育苗情况如下:

莱州市:29 家育苗企业,其中大菱鲆育苗企业 12 家、半滑舌鳎育苗企业 15 家、石斑鱼育苗企业 1 家、斑石鲷育苗企业 1 家。生产大菱鲆 1 000 万尾、半滑舌鳎 800 万尾、石斑鱼 200万尾、斑石鲷 150 万尾。苗种除自用外,其余主要销往辽宁、河北、天津、山东、江苏、福建、广东、海南等省市,并出口日本、韩国。

乳山市:44 家育苗企业,其中大菱鲆育苗企业 33 家、牙鲆育苗企业 11 家。生产大菱鲆105 万尾、牙鲆苗种 10 万尾。苗种除本市自用外,其余销往山东沿海县市。

1.2　养殖面积及年产量、销售量、年末库存量

试验站所辖五个示范县养殖模式为工厂化养殖和网箱养殖,其中工厂化养殖面积为1 506 000m²、网箱养殖面积为 14 000 m²,养殖企业共计 1 016 家,其中大菱鲆工厂化养殖面积为 1 140 000 m²,年产量为 3 655 吨、年销售量为 4 002 吨、年末库存量为 3 656 吨;半滑舌鳎工厂化养殖面积为 259 000 m²,年产量为 1 071 吨、年销售量为 1 061 吨、年末库存量为

1 595.8吨;牙鲆工厂化养殖面积为18 000 m²,年产量为53吨、年销售量为64吨、年末库存量为45吨;石斑鱼工厂化养殖面积为30 000 m²,年产量为150吨、年销售量为70吨、年末库存量为80吨;斑石鲷工厂化、网箱养殖面积合计为69 000 m²,年产量为355吨、销售量为485吨、年末库存量为88吨;红鳍东方鲀工厂化养殖面积为4 000 m²,年产量为40吨、年销售量为40吨、年末库存量为0。

莱州市:共有养殖企业462户,工厂化养殖面积881 000 m²,网箱养殖14 000 m²,养殖大菱鲆、半滑舌鳎、石斑鱼、斑石鲷、红鳍东方鲀。其中大菱鲆工厂化养殖面积652 000 m²,年产量为2 734吨、年销售量为2 963吨、年末库存量为2 294吨;半滑舌鳎工厂化养殖面积155 000 m²,年产量为777吨、年销售量为788吨、年末库存量为702吨;石斑鱼工厂化养殖面积30 000 m²,年产量为150吨、年销售量为70吨、年末库存量为80吨;斑石鲷工厂化、网箱合计养殖面积54 000 m²,年产量为330吨、年销售量为485吨、年末库存量为63吨;红鳍东方鲀工厂化养殖面积4 000 m²,年产量为40吨、年销售量为40吨、年末库存量为0。

龙口市:共有养殖企业53户,工厂化养殖面积88 000 m²,养殖大菱鲆和半滑舌鳎。其中大菱鲆养殖面积74 000 m²,年产量为201吨、年销售量为223吨、年末库存量为310吨;半滑舌鳎养殖面积14 000 m²,全年产量45吨、年销售量为43.8吨、年末库存量为49.3吨。

招远市:共有养殖企业38户,工厂化养殖面积80 000 m²,养殖大菱鲆和半滑舌鳎。其中大菱鲆养殖面积70 000 m²,年产量为122吨、年销售量为137吨、年末库存量为326吨;半滑舌鳎养殖面积10 000 m²,全年产量16吨、年销售量为12.2吨、年末库存量为27.5吨。

昌邑市:共有养殖企业339户,工厂化养殖面积375 000 m²,养殖大菱鲆、半滑舌鳎和斑石鲷。其中大菱鲆养殖面积280 000 m²,年产量为1 176吨、年销售量为1 244吨、年末库存量为1 182吨;半滑舌鳎养殖面积80 000 m²,年产量为233吨、年销售量为217吨、年末库存量为817吨;斑石鲷养殖面积15 000 m²,年产量为25吨、年销售量为0、年末库存量为25吨。

乳山市:共有养殖企业124户,工厂化养殖面积82 000 m²,养殖大菱鲆和半滑舌鳎。其中大菱鲆养殖面积64 000 m²,年产量为199吨、年销售量为223吨、年末库存量为246吨;牙鲆养殖面积18 000 m²,年产量为53吨、年销售量为64吨、年末库存量为45吨。

1.3 品种构成

每个品种养殖面积及产量占示范县养殖总面积和总产量的比例见附表2,统计五个示范县鲆鲽类养殖面积调查结果,各品种构成如下:

工厂化育苗总面积为130 000 m²,其中大菱鲆为69 600 m²,占总育苗面积的53.54%;半滑舌鳎为30 000 m²,占总面积的23.08%;牙鲆为4 000 m²,占总面积的0.31%;石斑鱼为20 000 m²,占总面积的15.38%;斑石鲷为10 000 m²,占总面积的7.69%。

工厂化育苗总出苗量为2 265万尾,其中大菱鲆1 105万尾,占总出苗量的48.79%;半滑舌鳎为800万尾,占总出苗量的35.32%;牙鲆为10万尾,占总出苗量的0.44%;石斑鱼为200万尾,占总出苗量的8.83%;斑石鲷为150万尾,占总出苗量的6.62%。

工厂化、网箱养殖总面积为 1 520 000 m²,其中大菱鲆为 1 140 000 m²,占总养殖面积的 75.70%;半滑舌鳎为 259 000 m²,占总养殖面积的 17.20%;牙鲆为 18 000 m²,占总养殖面积的 1.20%;石斑鱼为 30 000 m²,占总养殖面积的 1.99%;斑石鲷为 55 000 m²,占总养殖面积的 3.65%;红鳍东方鲀为 4 000 m²,占总养殖面积的 0.26%。

工厂化、网箱养殖总产量为 5 324 吨,其中大菱鲆 3 655 吨,占总量的 70.03%;半滑舌鳎为 1 071 吨,占总量的 20.52%;牙鲆为 53 吨,占总量的 1.02%;石斑鱼为 150 吨,占总量的 2.87%;斑石鲷为 355 吨,占总量的 4.79%;红鳍东方鲀为 40 吨,占总量的 0.77%。

从以上统计可以看出,在五个示范县内,大菱鲆养殖面积和产量最大,其次为半滑舌鳎,红鳍东方鲀养殖面积和产量最小。

2 示范县(市、区)科研开展情况

2.1 技术创新

(1)大型钢制管桩围网立体养殖平台构建。

大型钢制管桩围网完成主体工程建造,优化改进的 2 个大型浮绳式围网完成了 7 个月的海上使用验证,并开展了鱼、贝、藻多营养层次养殖试验。预期将形成可复制、可推广的海水鱼立体生态养殖模式,2 项阶段性成果均通过了专家现场验收。

(2)石斑鱼种质库和远缘杂交育种技术的建立及应用。

试验站与黄海所共同完成的"石斑鱼种质库和远缘杂交育种技术的建立及应用"成果,通过第三方科技成果标准化评价,成果达到国际领先水平。

2.2 成果鉴定

① 2017 年 6 月 23 日,"石斑鱼种质冷冻库建立及应用技术"通过专家现场验收;

② 2017 年 6 月 23 日,"云龙斑育种群体、家系建立及优良苗种大量培育"通过专家现场验收;

③ 2017 年 6 月 23 日,"黄条鰤亲鱼引进及培育技术"通过专家现场验收;

④ 2017 年 6 月 23 日,"花尾鹰鳊亲鱼引进及培育技术"通过专家现场验收;

⑤ 2017 年 11 月 24 日,"大型浮绳式围网生态养殖模式"通过专家现场验收;

⑥ 2017 年 11 月 24 日,"大型钢制管桩围网构建"通过专家现场验收;

⑦ 2017 年 11 月 24 日,"五条鰤亲本引进及培育"通过专家现场验收;

⑧ 2017 年 11 月 24 日,"黄条鰤规格苗种引进及养殖"通过专家现场验收。

2.3 评价成果

2017 年 11 月 24 日,"石斑鱼种质库和远缘杂交育种技术的建立及应用"成果通过第三方科技成果标准化评价,技术水平达到国际领先水平。

2.4 发表论文情况

2017 年,莱州示范县参与发表海水鱼繁育相关论文 3 篇,*Effects of cryopreservetion at various temperatures on the survival of kelp grouper*（*Epinephelus moara*）*embryos from fertilization with cryopreserved sperm*、《鞍带石斑鱼冷冻精子与云纹石斑鱼杂交家系建立及遗传效应分析》、《石斑鱼杂交种"云龙斑"与亲本的表型数量性状判别分析》、《养殖环境对鱼类生长发育影响》相关论文 4 篇,《低温胁迫对云纹石斑鱼(♀) × 鞍带石斑鱼(♂)杂交后代血清生化指标的影响》、《温度与盐度对云龙石斑鱼幼鱼耗氧率和排氨率的影响》、《温度变化对七带石斑鱼早期发育及开口摄食的影响》、《温度、体重对斑石鲷耗氧率、排氨率的影响及昼夜节律变化》;病害检测相关论文 1 篇,《中国养殖斑石鲷（*Oplegnathus puncatus*）上皮囊肿病的发现及显微观察》。

2.5 申请专利情况

2017 年申请专利 5 项,申请专利列表如下:

序号	专利名称	类型	申请时间	申请号
1	远海管桩围网养殖系统	发明专利	2017 年 11 月	201711130991.5
2	远海管桩围网养殖系统的围网	实用新型专利	2017 年 11 月	201721524808.5
3	远海管桩围网养殖系统吊机安装座	实用新型专利	2017 年 11 月	201721523109.9
4	远海管桩围网养殖系统中心桩	实用新型专利	2017 年 11 月	201721524041.6
5	远海管桩围网养殖系统主构架	实用新型专利	2017 年 11 月	201721524044.X

3 海水鱼产业发展中存在的问题

随着海水鱼产业逐渐稳定发展,苗种繁育和养殖技术的成熟,对养殖技术、设施设备、从业人员素质要求的门槛降低,养殖行业逐渐趋向于平衡,即总产量围绕市场需求量之间波动。这样产品的价格与其本身价值的平衡关系也基本确定,即海水鱼养殖利润会逐渐被压缩,而进入微利时代,原有的较大的利润空间被压缩。这样要求养殖从业者不断优化养殖工艺、升级养殖设施设备、提高养殖技术、筛选高附加值养殖品种,从而达到提高养殖成活率、提高养殖效率、降低养殖成本和增加养殖效益的目的。

4 当地政府对产业发展的扶持政策

山东省是渔业大省,莱州综合试验站下设 5 个示范县都是山东省海水养殖重点县市,对海水养殖行业推动作用较大。山东省海上粮仓战略实施,莱州明波、招远发海、昌邑海丰、乳山科合等企业都有重点项目,各地渔业主管部门出台相应优惠政策,如用海、用地的手续简化,渔业补贴等,刺激渔业的快速发展。此外,体系与山东省现代农业产业技术体系鱼类创新团队加强合作,加快推进产业发展。三是各地对水产技术人才的重视,每年由主管部门、企业举办的技术研讨会、基层渔业技术人才培训等,邀请行业专家到场培训指导,为水产行业基层提供良好的人才支撑和智力保障,提升行业技术水平。

5　海水鱼产业技术需求

（1）半滑舌鳎体色改良技术研究。

针对目前半滑舌鳎养殖过程中,底板颜色容易黑化的问题,依托现代育种技术,以及通过营养强化、环境控制等调控,改变养殖商品鱼体色,提高商品鱼的附加值。

（2）大型钢制管桩围网立体生态养殖模式的构建。

针对渔业发展向深远海拓展的方向,加快以钢制管桩围网等新型大水体养殖模式的开发,实现底层养殖鲆鲽鱼类、中上层养殖石斑鱼、斑石鲷等鱼类、上层养殖藻类、底层投放贝类,实现鱼、贝、藻多营养层次立体健康养殖,提升养殖鱼类品质,降低养殖能耗,减少养殖对海洋环境的压力,推进渔业的转型升级。

（3）开展斑石鲷营养需求与专用配合饲料研发。

针对斑石鲷生长速度较慢、饵料系数很高,特别是体重达到 400 g 以上时,开展斑石鲷营养需求与专用配合饲料开发研究,开发适于斑石鲷各生长阶段的专用配合饲料,显著降低各生长阶段的饲料系数,降低养殖成本,增加养殖效益。

附表1 2017年度莱州综合试验站示范县海水鱼育苗及成鱼养殖情况统计表

		莱州市					昌邑市			招远市		龙口市		乳山市	
		大菱鲆	半滑舌鳎	石斑鱼	斑石鲷	红鳍东方鲀	大菱鲆	半滑舌鳎	斑石鲷	大菱鲆	半滑舌鳎	大菱鲆	半滑舌鳎	大菱鲆	牙鲆
育苗	面积（m²）	60 000	30 000	20 000	10 000	—	—	—	15 000	—	—	—	—	9 600	4 000
	产量（万尾）	1 000	800	200	150	—	—	—	—	—	—	—	—	105	10
工厂养殖	面积（m²）	652 000	155 000	30 000	40 000	4 000	280 000	80 000	15 000	70 000	10 000	74 000	14 000	64 000	18 000
	产量（吨）	1 957	777	150	225	40	1 176	233	25	122	16	201	45	199	53
	销售量（吨）	2 175	788	70	380	40	1 244	217	0	137	12.2	223	43.8	223	64
	年末库存量（吨）	1 592	702	80	63	0	1 182	817	25	326	27.5	310	49.3	246	45
池塘养殖	面积（亩）														
	产量（吨）														
	年销售量（吨）														
	年末库存量（吨）														
网箱养殖	面积（m²）				14 000										
	产量（吨）				105										
	年销售量（吨）				105										
	年末库存量（吨）				0										
户数	育苗户数	12	15	1	1	0	0	0	0	0	0	0	0	33	11
	养殖户数	259	198	2	2	1	206	132	1	35	3	49	4	98	26

附表 2 莱州综合试验站五个示范县养殖面积、养殖产量及品种构成

项目 ＼ 品种	年总产量	大菱鲆	半滑舌鳎	牙鲆	石斑鱼	斑石鲷	红鳍东方鲀
工厂化育苗面积（m²）	130 000	69 600	30 000	400	20 000	10 000	—
工厂化出苗量（万尾）	2 265	1 105	800	10	200	150	—
工厂化养殖面积（m²）	1 506 000	1 140 000	259 000	18 000	30 000	55 000	4 000
工厂化养殖产量（吨）	5 219	3 655	1 071	53	150	250	40
池塘养殖面积（亩）							
池塘年总产量（吨）							
网箱养殖面积（m²）	14 000					14 000	
网箱年总产量（吨）	105					105	
各品种工厂化育苗面积占总面积的比例（%）	100	53.54	23.08	0.31	15.38	7.69	0
各品种工厂化出苗量占总出苗量的比例（%）	100	48.79	35.32	0.44	8.83	6.62	0
各品种工厂化养殖面积占总面积的比例（%）	100	75.70	17.20	1.20	1.99	3.65	0.26
各品种工厂化养殖产量占总产量的比例（%）	100	70.03	20.52	1.02	2.87	4.79	0.77
各品种池塘养殖面积占总面积的比例（%）							
各品种池塘养殖产量占总产量的比例（%）							

（莱州综合试验站站长 翟介明）

东营综合试验站产区调研报告

1 示范县（市、区）海水鱼类养殖现状

本综合试验站下设五个示范县（市、区），分别为：日照东港、烟台牟平、威海荣成、威海文登、滨州无棣，其中威海荣成是全国大菱鲆苗种的主要产区。其育苗、养殖品种、产量及规模见附表1：

1.1 育苗面积及苗种产量

（1）育苗面积：五个示范县育苗总面积为 160 000 m²，其中日照东港 13 000 m²、威海荣成 140 000 m²、威海文登 4 000 m²、滨州无棣 3 000 m²、烟台牟平无育苗生产。按品种分：大菱鲆育苗面积 144 000 m²、半滑舌鳎 4 000 m²、牙鲆 12 000 m²。

（2）苗种年产量：五个示范县共计 36 户育苗厂家，总计育苗 15 369 万尾，其中：大菱鲆 13 720 万尾、半滑舌鳎 396 万尾、牙鲆 1 270 万尾。各县育苗情况如下：

日照东港：半滑舌鳎育苗厂家 7 家，生产半滑舌鳎苗种 96 万尾；牙鲆育苗厂家 7 家，生产牙鲆苗种 1 270 万尾。

威海荣成：大菱鲆育苗厂家 20 家，生产大菱鲆苗种 13 300 万尾。我国目前大菱鲆生产所需苗种主要来自威海荣成。

威海文登：大菱鲆育苗厂家 1 家，生产大菱鲆苗种 420 万尾。

滨州无棣：半滑舌鳎育苗厂家仅海城生态科技集团有限公司一家，生产半滑舌鳎苗种 120 万尾。

烟台牟平：无育苗生产。

1.2 养殖面积及年产量、销售量、年末库存量

（1）工厂化养殖：五个示范县均为开放式养殖，共计 360 家养殖户，养殖面积 309 800 m³，年总生产量为 3 185 吨，销售量为 2 685 吨，年末库存量为 1 474 吨。其中：

日照东港：262 户，大菱鲆、牙鲆、半滑舌鳎养殖面积分别为 150 000 m²、6 000 m²、85 000 m²。大菱鲆产量 1 230 吨，销售 884 吨，年末库存量 720 吨；牙鲆产量 146 吨，销售 198 吨，年末库存量 47 吨；半滑舌鳎产量 699 吨，销售 626 吨，年末库存量 413 吨。

威海荣成：主要为网箱养殖，工厂化养殖所占比例较小，工厂化养殖面积 3 000 m²，生产

大菱鲆 15 吨,销售 15 吨,年末库存量 0 吨。

威海文登:文登养殖大棚目前大部分已被政府收回,养殖户进行了转产,目前成鱼养殖 14 户,养殖面积 50 000 m²,生产大菱鲆 538 吨,销售 601 吨,年末库存量 188 吨。

滨州无棣:2 户,养殖面积 18 000 m²,生产半滑舌鳎 451 吨,销售 267 吨,年末库存量 61 吨。

烟台牟平:2 户,养殖面积 16 800 m²,生产大菱鲆 109 吨,销售 96 吨,年末库存量 43 吨。

(2)网箱养殖:只有威海荣成存在网箱养殖方式。养殖 76 家,养殖面积 66 000 m²,养殖产量 890 吨。其中大菱鲆产量 370 吨,销量 320 吨,年末库存量 50;牙鲆产量 520 吨,销量 407 吨,年末库存量 113 吨。

1.3　品种构成

每品种养殖面积及产量占示范县养殖总面积和总产量的比例:见附表 2

统计五个示范县养殖面积调查结果,各品种构成如下:

工厂化育苗总面积为 16 000 m²,其中牙鲆为 12 000 m²,占总育苗面积的 7.5%;半滑舌鳎为 4 000 m²,占总面积的 2.5%;大菱鲆为 144 000 m²,占总面积的 90%。

工厂化育苗总出苗量为 15 369 万尾,其中牙鲆 1 270 万尾,占总出苗量的 8.3%;半滑舌鳎为 396 万尾,占总出苗量的 2.6%;大菱鲆为 13 720 万尾,占总出苗量的 89.3%。

工厂化养殖总面积为 309 800 m²,其中牙鲆 56 000 m²,占总养殖面积的 18.1%;半滑舌鳎为 18 000 m²,占总养殖面积的 2.9%;大菱鲆为 235 800 m²,占总养殖面积的 76.1%。

工厂化养殖总产量为 3 185 吨,其中牙鲆 146 吨,占总量的 4.6%;半滑舌鳎 1 150 吨,占总量的 36.1%;大菱鲆为 1 892 吨,占总量的 59.4%。

网箱养殖面积为 66 000 m²,其中牙鲆 50 000 m²,占 75.8%;牙鲆 16 000 m²,占 24.2%。

网箱养殖产量为 890 吨,其中牙鲆 520 吨,占总量的 58.4%;牙鲆为 370 吨,占总量的 41.6%。

从以上统计可以看出,在五个示范县内,工厂化养殖,大菱鲆养殖面积和产量都占绝对优势;网箱养殖以牙鲆为主。

2　示范县(市、区)科研开展情况

2.1　科研课题情况

东港示范县进行科研项目 3 项,分别为星斑川鲽优质苗种繁育及养殖技术开发、鲆鲽类现代工业化养殖与加工产业化开发、漠斑牙鲆遗传育种 - 全雌种苗培育和养殖示范基地,其中星斑川鲽优质苗种繁育及养殖技术开发项目获山东省科技进步二等奖。

2.2　发表论文情况

2000 年到 2017 年文登示范县共拟写有关鲆鲽类养殖方面的论文 11 篇,分别为:《鲆、鲽鱼类室内水泥池养殖易发疾病及其防治》、《半滑舌鳎与中国对虾无公害池塘混养技术》、《利用井海水进行菊黄东方鲀越冬试验》、《海水池塘鱼、虾、贝生态综合养殖技术》、《利用塑料大棚及地下海水养殖刺参》、《海水池塘鱼、虾、贝生态综合养殖技术》、《大菱鲆与牙鲆盾纤类纤毛虫病的防治技术》、《利用大菱鲆养殖设施多茬养殖刺参试验》、《半滑舌鳎与中国对虾无公害池塘混养术》、《星斑川鲽工厂化养殖技术》。东港示范县发表论文 1 篇,《地下水再利用养殖牙鲆试验》。

3　海水鱼产业发展中存在的问题

（1）地下水资源破坏严重,海水倒灌现象严重。以日照东港为例,全区 20 余万工厂化养殖面积,基本采用地下海水资源进行养殖,按照 70％的利用率,养殖面积达到 14 万平方米,按照最低 3 个流程计算,每天消耗地下海水资源达到 28 万吨以上,对地下海水资源破坏严重,海水倒灌严重,部分养殖区水质盐度下降,水质理化指标不稳定,导致养殖病虫害发生频繁。目前,东港、文登示范县均已受到影响。

（2）养殖种质退化,病害发生频繁。现有养殖品种种质退化现象十分严重,性状表现为性成熟年龄提前,性成熟个体体重变小；生长速度减慢,使达到要求规格的商品鱼养殖周期延长,增加了养殖周期和养殖成本。同时,抗逆性下降,造成水产养殖过程中突发事件经常发生,出现养殖品种大批死亡现象,使不少养殖单位,养殖户遭受巨大损失等。

（3）从业人员素质不高,技术更新缓慢。工厂化海水养殖从业人员大都只有初中及以下学历,几乎没有高端人才。规模小、分布散的行业现状极大制约了高端人才的引进,使养殖人才缺失,与渔业科研高等院所对接困难,严重滞缓了全区海水工厂化养殖实现跨越式发展的进程。同时许多养殖企业对机遇和信息的敏感性不强,缺乏必要的技术储备,对引进的技术和设施（如工厂化循环水养殖）缺乏创新性的消化和吸收,对新技术的接受和应用反应迟钝,致使产品与市场需求不相适应,导致养殖成本居高不下,养殖效益不显著。

（4）科技支撑力度不够,新品种、新技术更新缓慢。从事渔业技术研究与推广专业技术人员少,与新形势下渔业技术需求不相适应,对渔业发展的科技支撑力度不够。

（5）信息不灵,市场行情不详。养殖单位、养殖户在养殖过程中有一定的盲目性,一哄而上,一哄而败的现象仍然普遍存在；对市场信息掌握不够,产品销售主要依靠中间人,不能直接对接市场,压价销售现象普遍,一定程度上影响养殖效益。

（6）缺少品牌意识,市场竞争力不强。多数养殖单位、养殖户还没有把水产养殖品像其他行业产品一样树立品牌,他们参与竞争的意识不强,单纯依靠产品市场价格上扬来增收创收,而不能从加大养殖对象的科技含量、产品整体包装来获取更高的经济效益和社会效益。

附表1　2017年度东营综合试验站示范县海水鱼育苗及成鱼养殖情况统计表

		东港			荣成		文登	牟平	无棣
		大菱鲆	牙鲆	半滑舌鳎	大菱鲆	牙鲆	大菱鲆	大菱鲆	半滑舌鳎
育苗	面积(m²)	150 000	12 000	1 000	140 000		4 000	16 800	3 000
	产量(万尾)	1 230	1 270	96	13 300		420	109	300
工厂养殖	面积(m²)		6 000	85 000	3 000		50 000		18 000
	年产量(吨)	884	146	699	15		1 039	109	451
	年销售量(吨)	720	198	626	15		1 029	94	267
	年末库存量(吨)		47	613	0		10	43	61
池塘养殖	面积(亩)								
	年产量(吨)								
	年销售量(吨)								
	年末库存量(吨)								
网箱养殖	面积(m²)				16 000	50 000			
	年产量(吨)				370	520			
	年销售量(吨)				320	407			
	年末库存量(吨)				50	100			
户数	育苗户数		7	7	20		1		1
	养殖户数	216	8	38	40	40	14	2	2

附表2　东营综合试验站五个示范县养殖面积、养殖产量及品种构成

项目　　品种	年总产量	牙鲆	半滑舌鳎	大菱鲆
工厂化育苗面积(m²)	160 000	12 000	4 000	144 000
工厂化出苗量(万尾)	15 368	1 270	396	13 720
工厂化养殖面积(m²)	309 800	56 000	18 000	235 800
工厂化养殖产量(吨)	3 185	146	1 150	1 892
池塘养殖面积(亩)				
池塘年总产量(吨)				
网箱养殖面积(m²)	66 000	50 000		16 000
网箱年总产量(吨)	890	520		370
各品种工厂化育苗面积占总面积的比例(%)	100	7.5	2.5	90
各品种工厂化出苗量占总出苗量的比例(%)	100	8.3	2.6	89.3
各品种工厂化养殖面积占总面积的比例(%)	100	18.1	5.9	76.1
各品种工厂化养殖产量占总产量的比例(%)	100	4.6	36.1	59.4
各品种网箱养殖面积占总面积的比例(%)	100	75.8		24.2
各品种网箱养殖产量占总产量的比例(%)	100	58.4		41.6

(东营综合试验站站长　姜海滨)

日照综合试验站产区调研报告

1　海水鱼主产区调研报告

1.1　示范县(市、区)海水鱼类养殖现状

本综合试验站下设 5 个示范基地(市、区),分别为日照市开发区、潍坊市滨海开发区、烟台开发区、青岛即墨区、东营利津县。

1.2　育苗面积及苗种产量

1.2.1　育苗面积

5 个示范基地育苗总面积为 8 500 m²,其中烟台开发区 3 500 m²,东营利津县 2 000 m²,日照开发区 3 000 m²。按品种分:大菱鲆育苗面积 5 200 m²,牙鲆鱼育苗面积 1 300 m²,半滑舌鳎鱼育苗面积 1 000 m²,海鲈鱼育苗面积 1 000 m²。

1.2.2　苗种年产量

3 个示范基地共计 25 户育苗场家,总计育苗 2 490 万尾,其中大菱鲆 1 600 万尾,牙鲆 550 万尾,半滑舌鳎 80 万尾,海鲈鱼 260 万尾。各县育苗情况如下:

日照市开发区:大菱鲆育苗面积 2 200 m²,全年生产 400 万尾,共有育苗户 10 家;牙鲆鱼育苗面积 800 m²,全年生产 150 万尾,共有育苗户 8 家。

东营利津县:半滑舌鳎育苗面积 1 000 m²,全年生产 80 万尾,共有育苗户 1 家;海鲈鱼育苗面积 1 000 m²,全年生产 260 万尾,共有育苗户 1 家。

烟台开发区:大菱鲆育苗面积 3 000 m²,全年生产 1 200 万尾,共有育苗户 3 家;牙鲆育苗面积 500 m²,全年生产 400 万尾,共有育苗户 2 家。

1.3　养殖面积及年产量、销售量、年末库存量

日照综合试验站所辖区域主要是工厂化养殖,深水海水养殖。5 个示范基地共计 254 家养殖户,养殖面积 654 633 m²,年总生产量为 2101.5 吨,销售量为 1 489.24 吨。其中:

日照市开发区:220 户,养殖面积 553 333 m²,养殖大菱鲆 150 000 m²,产量 230 吨,销售量 210 吨,年末库存量 20 吨;牙鲆 110 000 m²,产量 180 吨,销售量 163 吨,年末库存量 17 吨;半滑舌鳎 80 000 m²,产量 220 吨,销售量 108 吨,年末库存量 112 吨。

潍坊滨海开发区：25 户，半滑舌鳎养殖面积 56 000 m²，产量 240 吨，销售量 180 吨，年末库存量 60 吨。

烟台市开发区：4 户，养殖面积 37 000 m²。养殖大菱鲆 30 000 m²，产量 1 200 吨，销售量 800 吨，年末库存量 400 吨。

青岛市即墨区：2 户，养殖面积 7 800 m²。养殖大菱鲆 4 800 m²，产量 20 吨，销售量 18. 24 吨，年末库存量 1. 76 吨；养殖半滑舌鳎 3 000 m²，产量 1. 5 吨，销售量 0 吨，年末库存量 1. 5 吨。

东营利津县：3 户，养殖半滑舌鳎 500 m²，产量 10 吨，销售量 10 吨，年末库存量 0 吨。

1. 4　品种构成

每品种养殖面积及产量占示范县养殖总面积和总产量的比例：

统计 5 个示范基地鲆鲽类养殖面积调查结果，各品种构成如下：

工厂化育苗总面积为 8 500 m²，其中大菱鲆为 5 200 m²，占总育苗面积的 61. 18%；牙鲆为 1 300 m²，占总育苗面积的 15. 30%，半滑舌鳎为 1 000 m²，占总育苗面积的 11. 76%，海鲈鱼为 1 000 m²，占总育苗面积的 11. 76%。

工厂化养殖总产量为 2 277 吨，其中大菱鲆 1 450 吨，占总量的 63. 68%；牙鲆 260 吨，占总量的 11. 42%；半滑舌鳎 470 吨，占总量的 20. 64%；海鲈鱼 97 吨，占总量的 4. 26%。

工厂化养殖总面积为 659 700 m²，其中大菱鲆 184 800 m²，占总量的 28. 01%；牙鲆 112 000 m²，占总量的 16. 98%；半滑舌鳎 139 500 m²，占总量的 21. 14%；海鲈鱼 223 400 m²，占总量的 33. 86%。

从以上统计可以看出，在 5 个示范基地内，大菱鲆的养殖和产量占绝对优势，其次是半滑舌鳎，海鲈鱼养殖面积很大但是产量所占的比例很小。

2　示范县(市、区)科研开展情况

2. 1　专利申请与获得情况

本年度申请专利 2 项，收到发明专利证书 1 项。

2017 年 10 月 30 日，申请一项实用新型专利《一种无骨鱼片》，专利申请号：201721415724. 8。

2017 年 10 月 30 日，申请一项实用新型专利《一种盒装鱼泥》，专利申请号：201721412977. X。

2017 年 12 月 22 日，获授权一项中国发明专利，《一种从大菱鲆鱼皮中提取类肝素的方法》，专利号：ZL 2015 1 0735023. 1。

2.2　产业技术宣传与培训情况

培训与技术推介：

2017 年 6 月 22 日，举办加工质量控制培训会议，培训产业技术人员 30 人，发放培训资料 30 份。

2017 年 8 月 10 日，举办品质管理培训会议，培训基层技术人员 50 人，发放培训资料 50 份。

2017 年 10 月 8 日，举办加工技术专题研讨会，培训基层技术人员 30 人，发放培训资料 30 份。

2017 年 12 月 19 日，与东营综合试验站、青岛综合试验站共同举办海水鱼产业技术体系健康养殖座谈会，会上做了《浅析我国水产品质量安全与现状》的报告，共培训相关人员 70 人，其中培训基层技术人员 20 人，养殖大户 20 人，渔民 30 人，发放培训材料 140 余份。

3　海水鱼养殖产业发展中存在的问题

（1）加工的产品综合考虑安全性、加工成本因素，价格会高于鲜活鱼，消费者往往难以接受，另外原料价格的不稳定造成销售价格的不稳定，更是影响了产品的销售。

（2）养殖户比较分散，建立完善的养殖－加工的无缝化质量安全控制比较困难。

附表1　2017年度日照综合试验站示范县海水鱼育苗及成鱼养殖情况统计表

		日照经济技术开发区			东营利津县		烟台开发区		潍坊滨海开发区	青岛市即墨区	
		大菱鲆	牙鲆	半滑舌鳎	半滑舌鳎	海鲈鱼	大菱鲆	牙鲆	半滑舌鳎	大菱鲆	半滑舌鳎
育苗	面积（m²）	2 200	800		1 000	1 000	3 000	500			
	产量（万尾）	400	150		80	260	1 200	400			
工厂养殖	面积（m²）	150 000	110 000	80 000	500		30 000		56 000	4 800	3 000
	年产量（t）	230	180	220	10		1 200		240	20	1.5
	年销售量（t）	210	163	108	10		800		180	18.24	0
	年末库存量（t）	20	17	112	0		400		60	1.76	1.5
池塘养殖	面积（亩）										
	年产量（t）										
	年销售量（t）										
	年末库存量（t）										
网箱养殖	面积（m²）										
	年产量（t）										
	年销售量（t）										
	年末库存量（t）										
户数	育苗户数	10	8		1	1	3	2			
	养殖户数			3	3				25	1	1

附表 2　日照综合试验站五个示范县养殖面积、养殖产量及主要品种构成

项目＼品种	年总产量	牙鲆	大菱鲆	半滑舌鳎	海鲈
工厂化育苗面积（m²）	8 500	1 300	5 200	1 000	1 000
工厂化出苗量（万尾）	2 490	550	1 600	80	260
工厂化养殖面积（m²）	659 700	112 000	184 800	139 500	223 400
工厂化养殖产量（t）	2 277	260	1 450	470	97
池塘养殖面积（亩）					
池塘年总产量（t）					
网箱养殖面积（m²）					
网箱年总产量（t）					
深水网箱养殖（m³）					
深水网箱年总产量（t）					
各品种工厂化育苗面积占总面积的比例（%）	100	15.30	61.18	11.76	11.76
各品种工厂化出苗量占总出苗量的比例（%）	100	22.09	64.26	3.21	10.44
各品种工厂化养殖面积占总面积的比例（%）	100	16.98	28.01	21.14	33.86
各品种工厂化养殖产量占总产量的比例（%）	100	11.42	63.68	20.64	4.26
各品种池塘养殖面积占总面积的比例（%）					
各品种池塘养殖产量占总产量的比例（%）					
各品种网箱养殖面积占总面积的比例（%）					
各品种网箱养殖产量占总产量的比例（%）					

（日照综合试验站站长　郭晓华）

珠海综合试验站产区调研报告

1 示范县(市、区)海水鱼养殖现状

珠海综合试验站下设五个示范县(市、区),分别为:广东省珠海万山区、阳江阳西县、湛江经济技术开发区、珠海斗门区、惠州惠东县。2017年鱼苗、养殖品种、产量及规模见附表1:

1.1 育苗面积及苗种产量

(1)育苗面积:五个示范县鱼苗总面积为96 820 m²,其中阳西县88 500 m²、湛江经济技术开发区7 200 m²、斗门区1 120 m²。按品种分:珍珠龙胆10 700 m²、卵形鲳鲹育苗面积67 000 m²、鲷鱼19 120 m²。

(2)苗种产量:五个示范县共计34户育苗厂家,总计育苗3 130万尾,其中:珍珠龙胆520万尾、卵形鲳鲹2 100万尾、鲷鱼510万尾。情况如下:

阳西县:13户育苗厂家,生产珍珠龙胆苗种约50万尾,生产卵形鲳鲹苗种2 100万尾、生产鲷鱼苗种260万尾,用于本地区养殖及供应海南和粤西等地区。

湛江经济技术开发区:10户育苗厂家,生产珍珠龙胆苗种约470万尾,用于本地区养殖及供应海南、广西和福建等地区。

斗门区:11户育苗厂家,生产鲷鱼苗种250万尾,用于本地区养殖。

1.2 养殖面积及年产量、销售量、年末库存量

(1)池塘养殖:五个示范县池塘养殖面积40 416亩,年总生产量120 163吨,销售量为62 130吨,年末库存量为58 033吨。其中:

阳西县:养殖面积2 040亩,养殖卵形鲳鲹2 040亩,年产量1 012吨,销售量1 012吨。

湛江经济技术开发区:养殖面积2 307亩,年总产量1 287吨,销售量1 244吨,年末库存量43吨,其中珍珠龙胆养殖面积1 300亩,全年产量832吨,销售量789吨,年末库存量43吨,卵形鲳鲹养殖面积1 007亩,全年产量455吨,销量455吨。

斗门区:养殖面积34 190亩,年总产量119 182吨,全年销售量60 710吨,年末库存量58 472吨。其中珍珠龙胆养殖面积1 230亩,全年产量1402吨,销售量920吨,年末库存量482吨;海鲈鱼养殖面积27 770亩,全年产量99 806吨,全年销售量49 150吨,年末库存量50 656;鲷鱼1 760亩,养殖年产量1 239吨,年销量1 010吨,年末库存量229吨;美国红

鱼 3 430 亩,全年产量 16 735 吨,全年销售量 9 630 吨,年末库存量 7 105 吨。

惠东县:养殖面积 1 879 亩,年总产量 1 576 吨,全年销售量 1 112 吨,年末库存量 464 吨。其中珍珠龙胆养殖面积 1 128 亩,全年产量 1 067 吨,销量 743 吨,年末库存量 324 吨;卵形鲳鲹养殖面积 86 亩,全年产量 84 吨,销量 84 吨;鲷鱼养殖面积 665 亩,全年产量 425 吨,全年销售量 285 吨,年末库存量 140 吨。

(2)网箱养殖:五个示范县普通网箱养殖海水鱼总面积 232 912 m²,养殖总产量 12 046 吨,全年销售量 8 500 吨,年末库存量 3 546 吨;深水网箱养殖水体 194 000 m³,年总产量 5 171 吨,全年销售量 3 321 吨,年末库存量 1 850 吨。其中:

万山区:普通网箱养殖面积 62 920 m²,养殖海水鱼总产量 4 486 吨,年销售量 2 638 吨,年末库存量 1 848 吨。其中,珍珠龙胆养殖面积 12 800 m²,年产量 957 吨,年销售量 498 吨,年末库存量 459 吨;其他石斑鱼养殖面积 3 900 m²,年产量 166 吨,年销售量 95 吨,年末库存量 71 吨。深水网箱养殖水体 106 200 m³,养殖海水鱼总产量 1 252 吨,年销售量 868 吨,年末库存量 384 吨。其中,卵形鲳鲹养殖水体 74 200 m³,养殖产量 811 吨,养殖销售量 595 吨,年末库存量 216 吨;军曹鱼养殖水体 10 400 m³,养殖产量 300 吨,年销售量 180 吨,年末库存量 120 吨;鲕鱼养殖水体 7 200 m³,养殖产量 55 吨,年销售量 45 吨,年末库存量 10 吨;其他类海水鱼养殖水体 12 000 m³,年产量 86 吨,年销售量 48 吨,年末库存量 38 吨。

阳西县:普通网箱养殖面积 80 400 m²,养殖海水鱼总产量 3 786 吨,年销售量 33 449 吨,年末库存量 437 吨。其中珍珠龙胆养殖面积 42 300 m²,养殖总产量 2 072 吨,养殖销售量 1 970 吨,年末库存量 102 吨;其他石斑鱼养殖面积 38 100 m²,年产量 1 714 吨,年销售量 1 379 吨,年末库存量 335 吨。阳西县以深水网箱为主养殖的鱼种是卵形鲳鲹,养殖水体 53 400 m³,养殖总产量 989 吨,年销售量 545 吨,年末库存量 444 吨。

湛江经济技术开发区:普通网箱主养珍珠龙胆,养殖面积 3 072 m²,养殖产量 37 吨,年销售量 20 吨,年末库存量 17 吨。深水网箱养殖主养卵形鲳鲹,养殖水体 16 400 m³,养殖产量 2 743 吨,年销售量 1 908 吨,年末库存量 835 吨。

惠东县:普通网箱养殖面积 86 520 m²,养殖产量 844 吨,年销售量 546 吨,年末库存量 298 吨。其中珍珠龙胆养殖面积 4 730 m²,养殖产量 67 吨,年销售量 39 吨,年末库存量 28 吨;大黄鱼养殖面积 10 950 m²,养殖产量 9 吨,年销售量 9 吨;卵形鲳鲹养殖面积 65 700 m²,养殖产量 622 吨,其中年销售量 447 吨,年末库存量 175 吨;其他海水鱼养殖面积 5 140 m²,养殖产量 146 吨,年销售量 60 吨,年末库存量 86 吨。深水网箱养殖水体 18 000 m³,养殖产量 187 吨,年末库存量 187 吨。其中卵形鲳鲹 15 000 m³,养殖总产量 162 吨,年末库存量 162 吨;鲷鱼养殖水体 1 200 m³,养殖总产量 15 吨,年末库存量 15 吨;鲕鱼深水网箱养殖水体 1 800 m³,年产量 10 吨,年末库存量 10 吨。

1.3　品种构成

每品种养殖面积及产量占示范县养殖总面积和总产量的比例:见附表 2。

统计五个示范县海水鱼养殖面积与产量调查结果,各品种构成如下:

网箱养殖中普通网箱养殖总面积为 232 912 m²,其中珍珠龙胆 62 262 m²,占总养殖面积的 26.73%,其他石斑鱼 42 300 m²,占总面积的 18.16%;海鲈鱼为 7 660 m²,占总养殖面积的 3.29%;大黄鱼为 10 950 m²,占总养殖面积的 47.01%;卵形鲳鲹 71 340 m²,占总养殖面积 30.63%;军曹鱼为 2 320 m²,占总养殖面积的 1%;鲷鱼养殖面积为 12 720 m²,占总养殖面积的 5.46%;美国红鱼为 4 320 m²,占总养殖面积的 1.85%;鲕鱼为 1 100 m²,占总养殖面积的 0.47%;其他海水鱼养殖总面积为 17 940 m²,占总养殖面积的 7.70%。深水网箱养殖总养殖水体为 194 000 m³,其中大黄鱼为 2 400 m³,占总养殖水体的 1.24%;卵形鲳鲹为 159 000 m³,占总养殖水体的 81.96%;军曹鱼为 10 400 m³,占总养殖水体的 5.36%;鲷鱼为 1 200 m³,占总养殖水体的 0.63%;鲕鱼为 9 000 m³,占总养殖水体的 4.64%;其他海水鱼养殖水体为 12 000 m³,占总养殖水体的 6.19%。

网箱养殖总产量为 17217 吨,其中珍珠龙胆 5 593 吨,占网箱养殖总产量的 32.49%;其他石斑鱼为 1 855 吨,占总产量为 15.69%;海鲈鱼产量 344 吨,占总产量的 2%;大黄鱼 17 吨,占总产量的 0.1%;卵形鲳鲹产量 6 041 吨,占总产量的 35.1%;军曹鱼 732 吨,占总产量的 4.25%;鲷鱼产量 1 612 吨,占总产量的 9%;美国红鱼产量为 197 吨,占总产量为 1.14%;鲕鱼产量 102 吨,占总产量 1%;其他海水鱼产量为 694 吨,占总产量 4.03%。

池塘养殖总面积为 40 416 亩,其中珍珠龙胆 3 658 亩,占总养殖面积 9%;海鲈鱼为 27 770 亩,占总养殖面积的 68.71%;卵形鲳鲹为 3 133 亩,占总养殖面积的 7.75%;鲷鱼为 2 425 亩,占总养殖面积的 6%;美国红鱼 3 430 亩,占总养殖面积的 8.49%。

池塘养殖总产量为 122 632 吨,其中珍珠龙胆为 832 吨,占总产量的 0.69%;海鲈鱼为 99 806 吨,占总产量的 83.06%;卵形鲳鲹为 1 551 吨,占总产量的 1.3%;鲷鱼为 1 239 吨,占总产量的 1.0%;美国红鱼为 16 735 吨,占总产量的 13.93%。

2 示范县(市、区)科研开展情况

在前期深水网箱工程技术研究基础上,协助对深水网箱主要部件设计进行了优化,主推新一代 HDPE-C80 型深水网箱系统装备。依南海区应用的 C60 与 C80 网箱的实际参数,计算得出网箱所受的锚绳力、波流力均随着浮管管径和网衣高度的增加而增大,随网目的增大而减小,但相比浮管管径,网衣高度和网目大小对网箱锚绳受力的影响更明显。虽然浮管管径的变化对网箱整体受力影响不大,但在提供网箱浮力和抵抗网箱浮架变形方面,采用管径越大的浮管,网箱的安全系数越高。

系统设计优化还包括在锚绳与网箱浮管绑系处,沿内外浮管设置了 HDPE 套管,使得网箱浮管由点受力改为由面受力,大大增加了浮管受力面积,减少了台风情况下网箱浮管因锚绳受力过大导致折断现象发生。

申请专利 1 项:一种深水网箱养殖锚泊系统,实用新型 201721305419.3;冼容森、陶启友、袁太平、胡昱。

3　海水鱼养殖产业发展中存在的问题

（1）目前池塘养殖和近岸鱼排养殖对环境造成的影响愈发突出，海水鱼养殖模式的趋势必定是由陆地转为深远海养殖。随着相关大企业的进入，养殖规模越来越大，养殖管理风险和养殖过程中发生病害的风险加大，如何引导企业适度规模生产，领会病害预防理念，科学防病治病。如白点病不同养殖方式不同品种的防治措施指引宜早编印，便于在示范推广或培训中向养殖业者传授。

（2）海水鱼体系内9个品种，目前无一单品种养殖产量过20万吨，产业发展受制于市场因素较大，产业经济（市场流通、宣传推广）特性研究、养殖产品保鲜与贮运和鱼品加工等需重点突破。

附表 1　2017年度珠海综合实验站示范县海水鱼育苗及成鱼养殖情况表

项目	品种	万山区 珍珠龙胆	万山区 其他石斑鱼	万山区 海鲈鱼	万山区 大黄鱼	万山区 卵形鲳鲹	万山区 军曹鱼	万山区 鲷鱼	万山区 美国红鱼	万山区 鲕鱼	万山区 其他海水鱼	阳西县 珍珠龙胆	阳西县 其他石斑鱼	阳西县 卵形鲳鲹	阳西县 鲷鱼
育苗	面积（m²）	12 800	—	—	—	—	—	—	—	—	—	3 500	—	67 000	18 000
育苗	产量（万尾）	—	—	—	—	—	—	—	—	—	—	50	—	2 100	260
工厂化养殖	面积（m²）	—	—	—	—	—	—	—	—	—	—	—	—	—	—
工厂化养殖	产量（吨）	—	—	—	—	—	—	—	—	—	—	—	—	—	—
池塘养殖	面积（亩）	—	—	—	—	—	—	—	—	—	—	—	—	2 040	—
池塘养殖	年产量（吨）	—	—	—	—	—	—	—	—	—	—	—	—	1 012	—
池塘养殖	年销售量（吨）	—	—	—	—	—	—	—	—	—	—	—	—	1 012	—
池塘养殖	年库存量（吨）	—	—	—	—	—	—	—	—	—	—	—	—	0	—
网箱养殖	面积（m²）	12 800	3 900	7 660	—	5 640	2 320	12 720	4 320	1 100	12 460	42 300	38 100	53 400	—
网箱养殖	水体（m³）（深水网箱）	—	—	—	2 400	74 200	10 400	—	—	7 200	12 000	—	—	—	—
网箱养殖	年产量（吨）	957	166	344	8	1 525	732	1173	197	92	544	2 072	1714	989	—
网箱养殖	年末库存量（吨）	459	71	18	8	354	552	427	72	17	254	102	335	444	—
户数	育苗户数	—	—	—	—	—	—	—	—	—	—	5	—	5	3
户数	养殖户数	67	46	23	2	50	24	72	27	14	42	130	252	3	—

续表

项目	品种	湛江经济技术开发区				斗门区				惠东县					
		珍珠龙胆	其他石斑鱼	卵形鲳鲹	其他海水鱼	珍珠龙胆	海鲈鱼	鲷鱼	美国红鱼	珍珠龙胆	大黄鱼	卵形鲳鲹	鲷鱼	鰤鱼	其他海水鱼
育苗	面积（m²）	7 200	—	—	—	—	—	1 120	—	—	—	—	—	—	—
	产量（万尾）	470	—	—	—	—	—	250	—	—	—	—	—	—	—
工厂化养殖	面积（m²）	—	—	—	—	—	—	—	—	—	—	—	—	—	—
	年产量（吨）	—	—	—	—	—	—	—	—	—	—	—	—	—	—
	年销售量（吨）	—	—	—	—	—	—	—	—	—	—	—	—	—	—
	年末库存量（吨）	—	—	—	—	—	—	—	—	—	—	—	—	—	—
池塘养殖	面积（亩）	1 300	—	1 007	—	1 230	27 770	1 760	3 430	—	10 950	65 700	—	—	—
	年产量（吨）	832	—	455	—	1 402	99 806	1 239	16 735	—	—	—	—	—	—
	年销售量（吨）	789	—	455	—	920	49 150	1 010	9 630	—	—	—	—	—	—
	年末库存量（吨）	43	—	—	—	482	50 656	229	7 105	—	—	—	—	—	—
网箱养殖	面积（m²）	2 432	300	—	340	—	—	—	—	4 730	10 950	65 700	—	—	5 140
	水体（m³）（深水网箱）	—	—	16 400	4	—	—	—	—	—	—	15 000	1 200	—	—
	年产量（吨）	28	5	2 743	—	—	—	—	—	67	9	622	—	—	146
	年末库存量（吨）	8	5	835	4	—	—	—	—	28	9	175	—	—	86
户数	育苗户数	10	—	—	—	—	—	11	—	—	—	—	—	—	—
	养殖户数	26	8	8	17	18	1 303	112	127	—	70	210	27	—	13

附表2　珠海综合试验站五个示范县养殖面积、养殖产量及主要品种构成

项目＼品种	年总产量	珍珠龙胆	其他石斑鱼	海鲈鱼	大黄鱼	卵形鲳鲹	军曹鱼	鲷鱼	美国红鱼	鲕鱼	其他海水鱼
工厂化育苗面积（m²）	96 820	10 700	—	—	—	67 000	—	19 120	—	—	—
工厂化出苗量（万尾）	3 130	520	—	—	—	2 100	—	510	—	—	—
工厂化养殖面积（吨）	—	—	—	—	—	—	—	—	—	—	—
工厂化养殖产量（吨）	—	—	—	—	—	—	—	—	—	—	—
池塘养殖面积（亩）	40 416	3 658	—	27 770	—	3 133	—	2 425	3 430	—	—
池塘年总产量（吨）	122 632	3 301	—	99 806	—	1 551	—	1 239	16 735	—	—
网箱养殖面积（m²）	232 912	62 262	42 300	7 660	10 950	71 340	2 320	12 720	4 320	1 100	17 940
深水网箱养殖水体（m³）	194 000	—	—	2 400	—	159 000	10 400	1 200	—	9 000	12 000
网箱年总产量（吨）	12 046	5 593	1 885	344	17	1 336	432	1 597	197	37	608
深水网箱年总产量（吨）	5 171	—	—	—	—	4 705	300	15	—	65	86
各品种工厂化育苗占总面积的比例（%）	—	11.05	—	—	—	69.2	—	19.75	—	—	—
各品种工厂化出苗量占总出苗量的比例（%）	—	16.61	—	—	—	67.09	—	16.29	—	—	—
各品种工厂化养殖面积占总面积的比例（%）	—	—	—	—	—	—	—	—	—	—	—
各品种工厂化养殖产量占总产量的比例（%）	—	—	—	—	—	—	—	—	—	—	—
各品种池塘养殖面积占总面积的比例（%）	—	9.05	—	68.71	—	7.75	—	6	8.49	—	—
各品种池塘养殖产量占总产量的比例（%）	—	2.66	—	80.37	—	2.5	—	1	13.48	—	—

续表

项目＼品种	年总产量	珍珠龙胆	其他石斑鱼	海鲈鱼	大黄鱼	卵形鲳鲹	军曹鱼	鲷鱼	美国红鱼	鰤鱼	其他海水鱼
各品种网箱养殖占总面积的比例（％）	—	26.73	18.16	3.29	4.7	30.63	1	5.46	1.85	0.47	7.7
各品种网箱养殖产量占总产量的比例（％）		46.43	15.69	2.86	0.14	11.09	3.59	13.3	1.64	0.31	5.05
深水网箱养殖占总水体的比例（％）	—	—	—	—	1.24	81.96	5.36	0.62	—	4.64	6.19
深水网箱养殖产量占总产量的比例（％）	—	—	—	—		91	5.8	0..29	—	1.26	1.66

（珠海综合试验站站长　陶启友）

北海综合试验站产区调研报告

1 示范区县海水鱼养殖情况

北海综合试验站下辖5个示范县,分别是广西钦州市钦南区龙门港、防城港市防城区和港口区、北海市铁山港区和合浦县。5县已经基本覆盖全广西主要的海水鱼养殖产区,其中合浦县因为处在入海口,海水浊度高,海水鱼养殖只有少量池塘养殖和木排养殖。

1.1 示范县海水鱼育苗情况

1.1.1 海水鱼苗生产现状

根据2017年对下辖示范区县的调查,没有发现海水鱼育苗企业。广西作为海水鱼养殖的传统省份,没有海水鱼育苗企业是有历史原因的。一是广西海水鱼养殖技术相对落后,产业分散程度高。广西传统海水鱼养殖以木排网箱和池塘为主,养殖户比较分散,每户养殖的规模不大,一般每户有一到几组木排网箱(一组十二口)。但广西海水鱼养殖的品种却很多,传统养殖品种有卵形鲳鲹、黑鲷鱼、泥猛(褐篮子鱼)、金鼓(点篮子鱼)、海鲈鱼,真鲷,黄鳍鲷,军曹鱼等等,没有一定规模的育苗企业难以实现盈利。二是临近省份海水鱼养殖发展更早更快,临近省份比如广东、福建、海南,养殖规模大,产业集中度高,育苗产业成熟。广西海水鱼养殖户一般从海南购买卵形鲳鲹苗和石斑鱼苗,从福建购买海鲈鱼苗。三是地理原因,如海南平均气温高,3～4月就有卵形鲳鲹苗出售,广西平均气温低,如果不使用加温设施要6月左右才能出苗。卵形鲳鲹从体长3厘米的苗种养到体重0.5千克的商品鱼需要6个月左右的时间,广西冬季因为水温低卵形鲳鲹无法过冬,在10月底就开始陆续卖鱼,在11月底之前卖完。养殖户如果使用广西本地孵化的金鲳苗,需等到6月下旬才能投苗,在11月时达不到出售规格,达不到预期的经济效益。综合以上三点原因,目前广西基本没有海水鱼鱼苗生产企业。

1.1.2 进展

随着广西海水鱼产业的发展,一些新的育苗企业会逐步出现。本地鱼苗相比外地苗而言具有运输成本低,苗适应性好,成活率高的优点,近年来石斑鱼苗价高企,供不应求,卵形鲳鲹养殖模式拓宽等一系列变化会促使一批新的本地育苗企业应市场需求而生。

1.2　养殖面积及年产量、销售量、年末库存量

1.2.1　普通木排网箱养殖

示范区内共有木排网箱养殖 100 900 m²,年产量约 4 410 吨,产量约等于销售量,只有海鲈鱼年末有极少量存网箱。

其中北海市铁山港区养殖面积 35 000 m²,年产量约 2 000 吨。北海市合浦县养殖面积 2 900 m²,年产量约 70 吨。钦州市钦南区养殖面积 20 000 m²,养殖产量约 940 吨。防城港市港口区养殖面积 18 000 m²,养殖产量约 830 吨。防城港市防城区养殖面积 25 000 m²,养殖产量约 570 吨。

1.2.2　深水网箱养殖

示范区内共有深水网箱养殖水体 2 055 470 m³,总产量约 16 900 吨,2017 年年末仅有铁山港区和防城港市港口区有不到 150 吨库存量。

其中北海市铁山港区有养殖水体 1 263 000 m³,养殖产量约 8 000 吨。合浦县没有深水网箱养殖。钦州市钦南区龙门港有养殖水体 361 000 立方米,产量约 3 500 吨。防城港市港口区有养殖水体 139 650 m³,产量约 1 400 吨。防城港市防城区有养殖水体 291 820 m³,养殖产量约 4 000 吨。

1.3　品种构成

每个品种的养殖面积及产量占总养殖面积和产量的比例:见附表 2。

统计 5 个示范县的海水鱼养殖面积及产量,结果如下:

目前示范县内没有海水鱼鱼苗生产企业。

示范县木排网箱养殖总面积 100 900 m²,其中石斑鱼养殖 16 000 m²,海鲈鱼 8 400 m²,卵形鲳鲹 50 500 m²,美国红鱼 2 600 m²,其他鱼类 23 400 m²。

示范县木排网箱养殖总产量 4 410 吨,其中石斑鱼 600 吨,海鲈鱼 500 吨,卵形鲳鲹 2 740 吨,美国红鱼 170 吨,其他鱼类 400 吨。

示范县深水网箱养殖总水体 2 055 470 m³,其中卵形鲳鲹 2 053 170 m³,其他鱼类合计 2 300 m³。

示范县深水网箱养殖总产量 16 900 吨,其中卵形鲳鲹 16 750 吨,其他鱼类合计 150 吨。

从统计数据我们可以看出,示范县内深水网箱基本全部养殖卵形鲳鲹,占 99.9%,木排网箱主要养殖品种也是卵形鲳鲹,占总面积 50%。

2　示范区县科研开展情况

广西示范区县 2017 年共进行科研项目三项:

项目一:《深水抗风浪网箱(钢制)创新升级与金鲳鱼养殖技术》,承担单位为北海市铁山

港区石头埠丰顺养殖有限公司,实施时间为 2016 年～2018 年;

项目二:《深水抗风浪网箱生态养殖模式创新与示范》,合同编号:桂科 AA17204095-9,承担单位为北海市铁山港区石头埠丰顺养殖有限公司、广西壮族自治区水产科学研究院、广西海世通食品股份有限公司、北海海洋渔民专业合作社,实施时间为 2017 年～2020 年;

项目三:《卵形鲳鲹规模化繁育技术创新与示范》,合同编号:桂科 AA17204094-4,承担单位为广西壮族自治区水产科学研究院、北海市铁山港区石头埠丰顺养殖有限公司、钦州市桂珍深海养殖有限公司,实施时间为 2017 年～2020 年。

3 海水鱼养殖产业发展中存在的问题

3.1 养殖设备落后

目前广西区大多数海水鱼养殖户使用的仍然是木排网箱。深水网箱造价高、管理难,需要配套生活投喂设施,加之离岸远,对养殖户参与养殖有很高的资金门槛。目前广西区内的深水网箱主要分布在实力雄厚的大型养殖户和获得政府政策和资金资助的几个养殖户。

3.2 缺乏苗种繁育企业

示范县区内目前没有从事苗种繁育和生产的企业。苗种来源主要依赖临近省份的苗种供应,一般从海南购入卵形鲳鲹苗、石斑鱼苗,从福建购入海鲈鱼苗。种苗从外地购入,经过长途运输,加上生活环境有区别,苗种损耗较大,幼苗期的应激反应也对鱼类的后续生长发育有一定影响。苗种的损耗加上高昂的长途运输费用,增加了养殖户的养殖成本。

3.3 养殖品种和模式单一

目前广西深水网箱养殖的品种主要为卵形鲳鲹,木排网箱面积的一半左右也是用于养殖卵形鲳鲹。养殖品种和养殖模式的单一性造成了养殖户对卵形鲳鲹市场价格的依赖性很大。一旦上市季节价格发生波动,对示范县区域整个养殖业都会产生巨大的影响。广西卵形鲳鲹基本于清明前后投苗,9～11 月成鱼出售,上市时间高度集中,对市场价格造成很大冲击。由于卵形鲳鲹养殖主要依赖其"短平快"的优势,但也存在上市时间集中、利润低(10%左右)的缺陷,故广西海水鱼养殖业对市场风险的应变能力较弱。

3.4 产业结构有待升级

目前广西海水鱼养殖销售模式基本依赖生鲜鱼和冻鱼,主要养殖品种卵形鲳鲹 90%以上的产品销售途径为冻鱼。产业链短,产品单一,造成价格不稳定,产品附加值低,难以根据市场需求变化做出有效调整。养殖户收益低,养殖风险大。

4　产业发展建议

4.1　扶持优秀育苗企业的建设

目前广西区内缺乏海水鱼育苗企业的困境正在逐步凸显,但是很多问题还没有显露出来,比如我们调研的过程中就发现目前作为广西最大养殖海水鱼品种的卵形鲳鲹竟然没有经过选育。对比国内对虾好苗难求的现状,我们也不得不未雨绸缪。目前卵形鲳鲹价格低迷,控制生产成本的必要性也更为养殖户所关注,石斑鱼苗价格一路走高,本地却无企业生产。

4.2　扶持农村合作社制度

一个地区的产业发展,不仅要扶持当地的龙头企业,增加示范引导作用,更要鼓励广大养殖户对产业升级的热情参与。广西区内的海水鱼养殖产业,正由传统近岸木排养殖向离岸深远海抗风浪网箱养殖转型。目前深水网箱造价高,离岸养殖管理成本高,中小养殖户因规模小而无力承受高昂的成本,这是产业转型所面临的主要问题。政府通过合理的政策引导,引导养殖户“以大带小”组成海水养殖合作社,同时增加对养殖合作社的政策和财政方面的扶持力度,就能够有效促进海水养殖产业成功转型,可持续发展。

附表1　2017年度北海综合试验站示范县海水鱼育苗及成鱼养殖情况表

		防城港市防城区				防城港市港口区		北海市铁山港区		合浦县	钦州市钦南区		
		卵形鲳鲹	海鲈鱼	美国红鱼	其他	卵形鲳鲹	珍珠斑	卵形鲳鲹	其他	其他	卵形鲳鲹	海鲈鱼	其他
育苗	面积(m²)												
	产量(万尾)												
深水网箱	水体(m³)	147 000				139 000		1 263 000			360 000		
	年产量(t)	2 450				2 300		8 000			3 300		
	年销售量(t)	2 450				2 300		7 800			3 300		
	年末库存量(t)	0				0		200			0		
池塘养殖	面积(亩)									300			
	年产量(t)									量少,不计			
	年销售量(t)									量少,不计			
	年末库存量(t)									量少,不计			
网箱养殖	面积(m²)	1 300	9 400	2 700	11 000		18 000	30 000	10 000		14 000	3 600	2 400
	年产量(t)	70	320	260	600		1 000	1 700	300		700	320	160
	年销售量(t)	70	170	190	600		1 000	1 700	300		700	240	160
	年末库存量(t)	0	150	70	难以统计		0	0	0		0	60	0
户数	育苗户数	0	0	0	0	0	0	0	0	0	0	0	0
	养殖户数	23	38	13	60	18	23	120	37	7	30	12	20

附表 2 北海综合试验站五个示范县养殖面积、养殖产量及主要品种构成

	示范县总量	卵形鲳鲹	石斑鱼	海鲈鱼	美国红鱼	其他鱼类
普通网箱养殖面积（m²）	100 900	50 500	16 000	8 400	2 600	23 400
普通网箱养殖产量（吨）	4 410	2 740	600	500	170	400
深水网箱养殖水体（m³）	2 055 470	2 053 170	0	0	0	2300
深水网箱养殖产量（吨）	16 900	16 750	0	0	0	150
普通网箱养殖面积占比（%）	100	50.05	15.86	8.33	2.58	23.19
普通网箱养殖产量占比（%）	100	62.13	13.61	11.34	3.85	9.07
深水网箱养殖水体占比（%）	100	99.89	0	0	0	0.11
深水网箱养殖产量占比（%）	100	99.11	0	0	0	0.89

（北海综合试验站站长 蒋伟明）

陵水综合试验站产区调研报告

1 示范县(市、区)海水鱼养殖现状

陵水综合试验站下设五个示范县(市、区)，分别为琼海市、东方市、万宁市、陵水黎族自治县(以下简称陵水县)、临高县。五个示范县海水鱼养殖模式、品种等有所差异，如陵水县以石斑鱼、卵形鲳鲹及军曹鱼为主养品种，养殖模式以池塘养殖、普通网箱养殖、深水网箱养殖等为主；琼海市、东方市以池塘养殖及工厂化养殖石斑鱼为主；临高县以深水网箱养殖卵形鲳鲹、池塘及工厂化养殖石斑鱼为主；万宁市以池塘及普通网箱养殖石斑鱼为主。示范县育苗、养殖品种、产量及规模等见附表1和附表2。

1.1 育苗面积及苗种产量

1.1.1 育苗面积

5个示范县育苗总面积为1 411 807 m²，其中陵水1 307 607 m²、琼海30 000 m²，东方10 000 m²，万宁66 700 m²，临高1 500 m²，育苗品种主要包括卵形鲳鲹、石斑鱼和军曹鱼。

1.1.2 苗种年产量

5个示范县育苗厂家散养户较多，粗略统计共计537户规模较大育苗厂家，总计培育苗种25 965万尾，各县育苗情况如下：

陵水：332户育苗厂家，其中卵形鲳鲹60户，生产苗种15 000万尾，主要用于深水网箱养殖苗种；石斑鱼242户，生产苗种3 000万，主要用于池塘、工厂化及普通网箱养殖。军曹鱼30户，生产苗种5 000万，主要用于普通网箱养殖。

琼海：20户育苗厂家，生产石斑鱼苗种1 200万尾，主要用于工厂化及池塘养殖。

东方：主要有35户育苗厂家，生产石斑鱼苗种500万尾，主要用于工厂化及池塘养殖。

临高：主要有10户育苗厂家，生产石斑鱼苗种49万尾，主要用于工厂化及池塘养殖。

万宁：主要有100户育苗厂家，生产石斑鱼苗种1 216万尾，主要用于池塘养殖及普通网箱养殖。

1.2 养殖面积及年产量、销售量、年末库存量

五个示范县成鱼养殖厂家散养户较多，规模较大的厂家有4 305家，包括工厂化养殖、池塘养殖、普通网箱养殖和深水网箱养殖。

1.2.1　工厂化养殖

除万宁外,四个示范县工厂化养殖品种都以石斑鱼为主,养殖面积 68 130 m^2,年总生产量为 791 吨。2017 年销售量 675 吨,年末库存量为 116 吨。其中:

陵水:工厂化养殖面积 3 330 m^2,年产量 35 吨,销售 15 吨,年末库存 20 吨。

琼海:工厂化养殖面积 33 000 m^2,年产量 320 吨,销售 280 吨,年末库存 40 吨。

东方:工厂化养殖面积 30 000 m^2,年产量 400 吨,销售 350 吨,年末库存 50 吨。

临高:工厂化养殖面积 1 800 m^2,年产量 36 吨,销售 30 吨,年末库存 6 吨。

1.2.2　池塘养殖

五个示范县池塘养殖面积 9 115 亩,主要养殖品种为石斑鱼,年产量 15 565 吨,年销售量 13 850 吨,年末库存量 1 715 吨。

陵水县:池塘养殖面积 3 015 亩,年产量 2 865 吨,年销售量 2 650 吨,年末库存量 215 吨。

琼海市:池塘养殖面积 3 500 亩,年产量 4 500 吨,年销售量 4 000 吨,年末库存量 500 吨。

东方市:池塘养殖面积 900 亩,年产量 2 700 吨,年销售量 2 400 吨,年末库存量 300 吨。

临高县:池塘养殖面积 600 亩,年产量 2 000 吨,年销售量 1 700 吨,年末库存量 300 吨。

万宁市:池塘养殖面积 1 100 亩,年产量 3 500 吨,年销售量 3 100 吨,年末库存量 400 吨。

1.2.3　网箱养殖

示范区内,普通网箱养殖主要有陵水县及万宁市,养殖面积 1 238 907 m^2,主要养殖品种为石斑鱼和军曹鱼,产量共计 23 100 吨;深水网箱养殖示范区有陵水县及临高县,养殖主要品种为卵形鲳鲹,养殖水体 4 000 000 m^3,产量 39 000 吨。

陵水县:普通网箱养殖面积 103 890 7 m^2,养殖主要品种以石斑鱼及军曹鱼为主,石斑鱼普通网箱养殖面积 908 907 m^2,年产量 800 吨,年销售量 500 吨,年末库存 320 吨;军曹鱼养殖面积 1 300 00 m^2,年产量 1 300 吨,年销售量 1 200 吨,年末库存量 100 吨。深水网箱养殖水体 200 000 m^3,养殖品种主要为卵形鲳鲹,年产量 2 000 吨,年销售量 1 800 吨,库存量 200 吨。

万宁市:普通网箱养殖面积 200 000 m^2,养殖主要品种为石斑鱼,年产量 21 000 吨,年销售量 14 500 吨,年库存量 6 500 吨。

临高县:深水网箱养殖水体 3 800 000 立方米,养殖主要品种为卵形鲳鲹,年产量 37 000 吨,年销售量 35 000 吨,年库存量 2 000 吨。

1.3　品种构成

每个品种养殖面积及产量占示范区养殖总面积和总产量的比例见附表 2。

工厂化育苗总面积 31 800 m^2,其中石斑鱼 31 800 m^2。

工厂化出苗量 3 600 万尾,其中石斑鱼 3 600 万尾。

工厂化养殖的总面积为 31 800 m^2,养殖主要品种为石斑鱼,养殖总产量 872 吨。

池塘养殖总面积为 9 115 亩,养殖品种为石斑鱼,养殖总产量为 30 401 吨。

普通网箱养殖总面积为 1 238 907 m²,其中石斑鱼 1 108 907 m²,占普通网箱总养殖面积 86.2%,总产量 8 165 吨,占普通网箱养殖总产量 86.2%;军曹鱼普通网箱养殖面积 130 000 m²,占普通网箱总养殖面积 2.6%,总产量 1 300 吨,占普通网箱养殖总产量 2.6%

深水网箱养殖总水体 4 000 000 m³,养殖主要品种为卵形鲳鲹,深水网箱养殖产量 37 000 吨。

从以上统计可以看出,在 5 个示范县内,育苗以石斑鱼、卵形鲳鲹、军曹鱼为主;工厂化养殖及池塘养殖以石斑鱼为主;普通网箱养殖以石斑鱼及军曹鱼为主;深水网箱养殖以卵形鲳鲹为主。

2 示范县(市、区)科研、开展情况

2.1 科研课题情况

试验站依托单位海南省海洋与渔业科学院积极申请海水鱼产业相关项目,做好产业技术集成与示范,通过地方体系与国家体系对接,更好地完成产业体系的示范工作。渔业技术研究与应用"限量投喂在棕点石斑鱼网箱养殖中的应用研究"项目计划在 2017 年结题,本项目从促进生长速度、控制养殖成本出发,通过对棕点石斑鱼补偿生长的研究,首先确定在不同体重和养殖环境下其补偿生长类型,了解不同饥饿处理对棕点石斑鱼恢复生长的影响以及饥饿和补偿生长对棕点石斑鱼生长和饲料利用率的影响,最后通过摸索出一套"饥饿-再投喂"限量投喂模式来调整投饲技术节约饲料成本,节约劳动力,并已在示范区推广应用。

2.2 发表论文、标准、专利情况

2017 年,陵水综合试验站发表文章一篇,具体如下:

刘龙龙,唐贤明,付成冲,等. 周期性饥饿-再投喂对豹纹鳃棘鲈幼鱼生长和饲料利用的影响[J]. 安徽农业科学,2017。

3 海水鱼产业发展中存在的问题,

陵水综合试验站各示范县区主养石斑鱼、卵形鲳鲹、军曹鱼等鱼类。各示范县区养殖条件与品种不同,养殖存在的问题也不同。目前在示范区海水鱼养殖过程中存在的主要问题有:

(1)优良苗种缺乏。优良苗种不足是目前石斑鱼产业发展的主要问题,卵形鲳鲹则由于种质退化,所育苗种生长速度和抗病能力降低。

（2）养殖病害种类较多。网箱养殖区片面追求高密度、高产量,超过了环境容纳量引发鱼病种类越来越多。

（3）工厂化循环水养殖关键技术尚需完善,设备投入高影响推广。

（4）养殖综合效益低。养殖品种单一,产品集中上市造成水产品市场价格剧烈波动,严重影响养殖户生产积极性。

（5）水产品储运加工生产技术滞后,水产品附加值低。

（6）人工配合饲料质量不稳定,无法完全取代冰鲜小杂鱼。国产人工配合饲料各厂家差异大,同一厂家质量也不稳定,长期投喂后生长效果没有小杂鱼好。

4 当地政府对产业发展的扶持政策

陵水综合试验站与示范区多家海水养殖企业签订科技合作协议,为养殖企业提供科技服务,对最新的成果在示范区进行推广应用,帮助养殖企业多渠道争取资金支持,同时通过合作关系,能够更好地把体系成果应用到本区域示范企业中去。

5 海水鱼产业技术需求

海水鱼产业涉及海水鱼贮藏加工、苗种繁育、配套饲料生产和病害防治科技攻关,充分发挥示范区龙头企业的骨干和带动作用,加强水产品质量和环境保护。

5.1 规模化苗种繁育技术

目前虽已在石斑鱼、卵形鲳鲹、军曹鱼等海水鱼繁育和苗种培育技术方面取到了重大突破,并已实现规模化批量生产,但还缺乏规模化大型繁育基地。

5.2 产品质量和环境保护监测技术

渔业产品的质量安全是在激烈市场竞争中取胜的重要保证,所以在生产原料、饲料、病害防治药物、养殖和加工环境质量和工艺方法等标准和监测方法的制定、实施等技术都十分重要和值得重视。

5.3 海水鱼工厂化提质增效养殖技术

工厂化循环水养殖设备投入高,关键技术尚需完善,影响了推广应用。

附表1　2017年度陵水综合试验站示范县海水鱼苗及成鱼养殖情况统计表

项目	品种	陵水 石斑鱼	陵水 卵形鲳鲹	陵水 军曹鱼	琼海 石斑鱼	东方 石斑鱼	临高 石斑鱼	临高 卵形鲳鲹	万宁 石斑鱼
育苗	面积（m²）	80 000	1 214 607	9 000	30 000	10 000	1 500		66 700
	产量（万尾）	3 000	15 000	5 000	1 200	500	49		1 216
工厂养殖	面积（m²）	3 330			33 000	30 000	1 800		
	年产量（吨）	35			320	400	36		
	年销售量（吨）	15			280	350	30		
	年末库存量（吨）	20			40	50	6		
池塘养殖	面积（亩）	3 015			3 500	900	600		1 100
	年产量（吨）	2 865			4 500	2 700	2 000		3 500
	年销售量（吨）	2 650			4 000	2 400	1 700		3 100
	年末库存量（吨）	215			500	300	300		400
普通网箱	面积（m²）	908 907	200 000	130 000					200 000
	年产量（吨）	800	2 000	1 300					21 000
	年销售量（吨）	500	1 800	1 200					14 500
	年末库存量（吨）	320	200	100					6 500
深水网箱	水体（m³）							980 000	
	年产量（吨）							13 622	
	年销售量（吨）							10 000	
	年末库存量（吨）							4 000	
户数	育苗户数	242	60	30	20	35	10		100
	养殖户数	2407	20	15	820	110	28	18	900

附表 2 陵水综合试验站 5 个示范县养殖面积、养殖产量及主要品种构成

品种 \ 项目	年产总量	石斑鱼	卵形鲳鲹	军曹鱼
工厂化育苗面积（m²）	31 800	31 800		
工厂化出苗量（万尾）	3 600	3 600		
工厂化养殖面积（m²）	31 800	31 800		
工厂化养殖产量（吨）	872	872		
池塘养殖面积（亩）	9 115	9 115		
池塘年总产量（吨）	30 401	30 401		
普通网箱养殖面积（m²）	1 238 907	1 108 907		130 000
普通网箱年总产量（吨）	22 300	21 000		1 300
深水网箱养殖水体（m³）	3 800 000		3 800 000	
深水网箱年总产量（吨）	38 000		37 000	1 000
各品种工厂化育苗面积占总面积比例（%）	10	10		
各品种工厂化出苗量占总出苗量的比例（%）	10	10		
各品种工厂化养殖面积占总面积的比例（%）	10	10		
各品种工厂化养殖产量占总产量的比例（%）	10	10		
各品种池塘养殖面积占总面积的比例（%）	90	90		
各品种池塘养殖产量占总产量的比例（%）	90	90		
各品种普通网箱养殖面积占总面积的比例（%）	100	86.2		13.8
各品种普通网箱养殖产量占总产量的比例（%）	100	86.2		13.8
各品种深水网箱养殖水体占总面积的比例（%）	100		97.4	2.6
各品种深水网箱养殖产量占总产量的比例（%）	100		97.4	2.6

（陵水综合试验站站长 罗鸣）

三沙综合试验站产区调研报告

1 示范县(市、区)海水鱼养殖现状

本试验站下设四个示范县,分别是:儋州市、乐东县、三亚市、文昌市、三沙市。其鱼苗、养殖品种、产量及规模如下。

1.1 育苗面积及苗种产量

1.1.1 育苗面积

五个示范县总鱼苗面积为6万平方米,其中儋州市1.2万平方米、乐东县1.2万平方米、三亚市1万平方米、文昌市3万平方米、三沙市无育苗面积。主要品种包括:东星斑、珍珠龙胆、金鲳、军曹、老鼠斑。

1.1.2 苗种产量

五个示范县走访鱼苗养殖100户,共计育苗1 100万尾,其中:珍珠龙胆和东星斑600万尾、金鲳400万尾、军曹鱼100万尾。儋州市23家,乐东县26家、三亚市19家、文昌市32家。

1.2 养殖面积及年产量、销售量、年末库存量

1.2.1 工厂化养殖

除三沙市和三亚市外,文昌、儋州、乐东三个示范县均有大面积的室内工厂化海水鱼养殖,共计70户,养殖面积533 000平方米,总产量2万吨,销售量19 700吨,年末库存量13吨。其中:

文昌市42户,养殖面积266 800平方米,主要品种为珍珠龙胆,总产量1.16万吨,销售量1.15万吨,年末库存量5吨。(珍珠龙胆10万尾,0.8～1.2斤/尾)

儋州市25户,养殖面积133 400平方米,主要品种为珍珠龙胆和东星斑,总产量8 100吨,销售量8 020吨,年末库存量4吨。(珍珠龙胆30 000尾,1.0～1.5斤/尾)

乐东县13户,养殖面积132 800平方米,主要养殖品种为珍珠龙胆和东星斑,总产量282吨,销售量260吨,年末库存量4吨(230尾东星斑1.0～1.2斤/尾,700尾珍珠龙胆0.5～1.3斤/尾)

1.2.2　池塘养殖

三沙站下辖示范县中,池塘养殖主要集中在文昌市、三亚市。

文昌市池塘养殖 34 户,养殖面积 1 000 亩,养殖品种为珍珠龙胆和东星斑,年产量 1.14 万吨,年销售量 1.13 万吨,年末库存量 10 吨。

三亚市池塘养殖 21 户,养殖面积 1 100 亩,主要养殖品种为珍珠龙胆,年总产量 1.2 万吨,年销量量 1.1 万吨,年末库存量 20 吨。

1.2.3　网箱养殖

五个示范县中,三沙市、儋州市成规模的采用深水网箱养殖方式。养殖企业 2 家,深水网箱共计 95 口(分 40 米、60 米周长),养殖总面积 17 400 平方米,主要品种老虎斑、金目鲈、金鲳,养殖产量 3 220 吨,年底存量 10 吨(2 万尾老虎斑,1 斤/尾)。

1.3　品种构成

珍珠龙胆、东星斑、金鲳、老虎斑。

2　示范县(市、区)科研开展情况

示范区三沙市发表论文 1 篇,撰写深远海规模化养殖规程,研发"组合式大型外海养殖网箱"装备,获得三项专利,受农业农村部水产标准委员会委托,起草水产行业标准 2 项。

3　海水鱼养殖产业发展中存在的问题

三沙站下辖的五个示范县海水鱼养殖产业发展主要存在的问题有:养殖户对海水鱼养殖持续性不足、养殖技术粗放和养殖品种易受病害影响。

3.1　养殖户对海水鱼养殖持续性不足

受制于海南省日益严格的环保法规和活鱼销售市场价格周期性波动,养殖户被迫放弃海水鱼养殖,或者转为养虾、螺等,导致有的示范区县,如文昌、乐东等地海水鱼养殖业受到较大影响。

3.2　养殖技术粗放

出于成本和行政审批手续考虑,示范区县养殖户倾向于采用传统养殖模式和基于养殖经验的养殖技术路线,使得整体海水鱼养殖技术较低,生产效率低下,产量受自然因素影响大,最终影响养殖户收益。建议上级主管部门,针对性地制定产业发展规划,鼓励养殖户提质增效,促进水产新技术的推广和应用。

3.3 养殖品种易受病害影响

病害防控工作的不足、养殖技术落后以及苗种质量退化等原因，造成儋州、乐东和文昌养殖区，石斑鱼黑身、本尼登虫以及金鲳小瓜虫等病害情况突出，一些养殖户损失惨重。建议推进水产疫苗技术和科学用药指导，推动海水鱼养殖业可持续发展。

附表1　2017年度三沙综合试验站示范县海水鱼育苗及成鱼养殖情况统计表

		文昌		三沙		儋州			乐东		三亚		
		珍珠龙胆	东星斑	老虎斑	金目鲈	珍珠龙胆	东星斑	卵形鲳鲹	珍珠龙胆	东星斑	珍珠龙胆	卵形鲳鲹	军曹鱼
育苗	面积（m²）	20 000	10 000	0	0	10 000	2 000	0			4 000	5 000	1 000
	产量（万尾）	300	40	0	0	60	30	0	40	30	100	400	100
工厂养殖	面积（m²）	200 000	66 800	0	0	100 000	33 400	0	100 000	32 800	0	0	0
	年产量（t）	8 600	3 000			6 100	2 000		200	82			
	年销售量（t）	8 540	2 960			6 030	1 990		183	77			
	年末库存量（t）	3	2	0	0	3	1	0	4	0			
池塘养殖	面积（苗）	1 000	60		2 500	0	0		0	0	1 100		
	年产量（t）	10 000	1 400		0						12 000		
	年销售量（t）	10 000	1 360								11 800		
	年末库存量（t）	6	4								20	0	0
网箱养殖	面积（m²）	0	0	3 500		0	0	11 400					
	年产量（t）			22.5				3 000					
	年销售量（t）			22.5				3 000					
	年末库存量（t）			10				0					
户数	育苗户数	25	7	1（规模化生产）		19	4		18	8	9	8	
	养殖户数	66	10			15	10	1	10	3	18	3	2

附表 2　三沙站五个示范县养殖面积、养殖产量及主要品种构成

项目　　　　品种	年总产量	珍珠龙胆	东星斑	卵形鲳鲹	金目鲈	军曹鱼	老虎斑
工厂化育苗面积（m²）	0						
工厂化出苗量（万尾）	0						
工厂化养殖面积（m²）	533 000	400 000	133 000	0	0	0	0
工厂化养殖产量（t）	20 000	14 900	5 082	0	0	0	
池塘养殖面积（亩）	2 160	2 100	60	0	0	0	0
池塘年总产量（t）	23 400	22 000	1 400	0	0	0	
深水网箱养殖面积（m²）	17 400	0	0	11 400	2 500	0	3 500
深水网箱年总产量（t）	3 022.5	0	0	3 000	0	0	22.5
各品种工厂化育苗面积占总面积的比例（%）	100	0	0	0	0	0	0
各品种工厂化出苗量占总出苗量的比例（%）	100	0	0	0	0	0	0
各品种工厂化养殖面积占总面积的比例（%）	100	20	6.7	0	0	0	0
各品种工厂化养殖产量占总产量的比例（%）	100	32	11	0	0	0	0
各品种池塘养殖面积占总面积的比例（%）	100	70.3	2	0			
各品种池塘养殖产量占总产量的比例（%）	100	47.3	3	0			
各品种网箱养殖面积占总面积的比例（%）	100	0	0	0.5	0.13	0	0.18
各品种网箱养殖产量占总产量的比例（%）	100	0	0	6.5	0	0	0.05

（三沙综合试验站站长　孟祥君）

第三篇

轻简化实用技术

虎龙杂交斑繁殖制种技术操作规程

第一部分:亲鱼

1 技术要点

1.1 亲鱼来源

虎龙杂交斑的母本来源于广东省海洋渔业试验中心(原广东省大亚湾水产试验中心)选育的专用于生产虎龙杂交斑的棕点石斑鱼,父本来源于广东省海洋渔业试验中心选育的专用于生产虎龙杂交斑的鞍带石斑鱼。

1.2 主要生物学性状

1.2.1 形态特征

1.2.1.1 母本棕点石斑鱼主要形态特征

体略呈长椭圆形,侧扁,头中大,略似三角形,吻圆锥形。眼上侧位,位于头前半部。口较大、前位、斜裂,下颌稍突出于上颌之前,牙细尖,上下颌牙排列成带状,上下颌前端具大犬牙,犁骨和颚骨具牙。鳃孔大,前鳃盖骨后缘和隅角处具锯齿。体被栉鳞,并有细小辅鳞。体呈淡黄褐色,头部及体侧散布许多大型不规则的褐色斑,鳍基部及尾柄等处具黑色鞍状斑,头部、体侧及各鳍另散布许多小暗褐色斑点。

1.2.1.2 父本鞍带石斑鱼主要形态特征

体略呈长椭圆形,侧扁,头中大,略似三角形,吻圆锥形。眼上侧位,位于头前半部。口较大,前位,斜裂,下颌稍突出于上颌之前,牙细尖,上下颌牙排列成带状,上下颌前端具大犬牙,犁骨和腭骨具牙。鳃孔大,前鳃盖骨后缘和隅角处具锯齿。体被栉鳞,并有细小的辅鳞。头和体背呈棕褐色,鱼体和鳍条的中部密布橙褐色或红褐色的小点。

1.2.2 可数性状

1.2.2.1 母本棕点石斑鱼可数性状

背鳍鳍式:D. Ⅺ — 13~16。

臀鳍鳍式:A. Ⅲ — 7~9。

左侧第一鳃弓外侧鳃耙数:15~18。

1.2.2.2 父本鞍带石斑鱼可数性状

背鳍鳍式：D. Ⅺ — 14～16。

臀鳍鳍式：A. Ⅲ— 8～9。

左侧第一鳃弓外侧鳃耙数：16～19。

1.2.3 可量性状

1.2.3.1 母本棕点石斑鱼可量性状

全长/体长：1. 22 ± 0. 00；体长/体高：2. 94 ± 0. 03；体长/头长：2. 48 ± 0. 02；头长/吻长：4. 54 ± 0. 07；头长/眼径：6. 38 ± 0. 05；头长/眼间距：5. 33 ± 0. 11；体长/尾柄长：8. 18 ± 0. 19；尾柄长/尾柄高：0. 96 ± 0. 02。

1.2.3.2 父本鞍带石斑鱼可量性状

全长/体长：1. 21 ± 0. 01；体长/体高：3. 34 ± 0. 31；体长/头长：2. 69 ± 0. 05；头长/吻长：4. 39 ± 0. 10；头长/眼径：5. 48±0. 12；头长/眼间距：4. 09 ± 0. 09；体长/尾柄长：6. 24 ± 0. 16；尾柄长/尾柄高：1. 20±0. 03。

1.3 健康状况

体形完整、色泽正常，健康，活力强，摄食好，成熟个体要求腹部饱满。

1.4 使用年限

棕点石斑鱼使用年限不超过 10 年，鞍带石斑鱼使用年限不超过 15 年。

1.5 亲鱼管理

（1）建立亲鱼档案。

（2）亲鱼专池饲养。

2 适宜区域

适用于所有虎龙杂交斑亲鱼。

3 注意事项

亲鱼使用年限。

4. 技术依托单位及联系方式

广东省海洋渔业试验中心,0752-5575664,13802865766。

中山大学,020-84112511,13922766959。

第二部分:人工繁殖

1 技术要点

1.1 亲鱼培育

1.1.1 培育池

亲鱼蓄养培育产卵池为圆形或八角形池,排水口设在池底中央,池底略向中央排水口倾斜,倾斜度为 3%～5%。由排水管通向排水沟。进水管向池壁倾斜以利形成水流,将污物集于水池中央然后由排水口排出。在亲鱼产卵池水面下 20～30 cm 开一至两个口通向集卵槽,在集卵口处装上一用直径 100 mm 剖成两半的管片,利用池子形成旋转的水流将卵子导入集卵槽。

1.1.2 培育方法

母本棕点石斑鱼用大塘或放渔排网箱培育,挑选体型符合标准,体表无伤有光泽,健康活泼,体重在 3.5 kg 以上的雌鱼,池塘每亩放养 200～300 尾(亲鱼培育池塘 2～3 亩),网箱放养 5～10 kg/m³。常规培育至 11 月后转入室内亲鱼培育池过冬,养殖方式为循环水养殖,水温维持在 22 ℃ 以上。次年清明节后开始强化培育,五月中下旬水温达到 27 ℃ 以上开始用于虎龙杂交斑的苗种生产。

父本鞍带石斑鱼则全年在室内亲鱼培育池培育,养殖方式为循环水养殖,水温维持在 22 ℃ 以上。次年清明节后开始强化培育,五月中下旬水温达到 27 ℃ 以上开始用于虎龙杂交斑的苗种生产。

1.1.3 亲本强化培育

产卵前一个半月至 2 个月为强化培育阶段,在这阶段,亲鱼的饵料以新鲜、蛋白质含量高的小杂鱼、鱿鱼、虾、蟹等为主,每天投喂 1 次,投喂量约为鱼体重的 2%,同时在饵料中加入自制亲鱼强化剂(成份包含不饱和脂肪酸和复合微生素等),每次投喂的强化剂量约为亲鱼体重的 0.3%,促进亲鱼的性腺发育。

1.1.4 亲鱼产后培育

产后亲鱼应及时转入水质清新的培育池中培育,投喂足量营养全面的饲料,使其尽快恢复体质。

1.2　繁殖条件

1.2.1　雌雄鉴别

1.2.1.1　母本棕点石斑鱼

性成熟母本腹部膨大，卵巢轮廓明显，腹部软而富有弹性，生殖孔稍凸，四周多有放射状条纹。

1.2.1.2　父本鞍带石斑鱼

性成熟父本泄殖孔发红，轻压腹部，泄殖孔有乳白色精液流出。

1.2.2　年龄与体重

母本棕点石斑鱼应在 4 龄以上，体重 3.5～7.0 kg。父本鞍带石斑鱼应在 5 龄以上，体重 30～100 kg。

1.2.3　雌雄比例

30∶1（父本鞍带石斑鱼产精量大，单尾雄鱼产精量可满足 30 至 50 尾雌鱼授精用）。

1.3　人工催产

1.3.1　催产剂及方法

催产剂采用促黄体素释放激素类似物（LHRH-A2）和促绒毛膜释放激素（HCG）两种混合使用。使用剂量为雌鱼 LHRH-A2 2.5 μg／千克，HCG 250 U／千克，雄鱼剂量减半。先将亲鱼麻醉后再行注射，这样可减轻注射操作对亲鱼造成的胁迫。注射部位为背部肌肉，沿鳞片下 45° 角注射。

1.3.2　效应时间

一般情况下，催情注射后，水温 27 ℃以上时，效应时间为 40～42 h。

1.4　人工授精

采用干法人工授精：先用 20×10^{-6} 丁香酚麻醉亲鱼，待亲鱼完全麻醉后将其抬上事先准备好的工作台，用湿毛巾将亲鱼的头部遮住，另用干毛巾将亲鱼腹部积水擦干，一人托住亲鱼头部（使腹部稍向下倾斜），另一人双手自上而下（向生殖孔方向）缓缓推挤腹部，成熟卵即会从生殖孔流出。把卵挤入到干净不带水的烧杯中，然后用同样方法挤出精子加入到卵子中，用干净羽毛轻轻搅拌 1～2 min，之后加海水搅拌均匀再静置 6～8 min，然后将受精卵洗净，将上浮卵倒入事先准备好的孵化容器中微充气、流水孵化。

1.5　孵化

1.5.1　设施、方式

经常规方法分离的受精卵放入小箱网（75 cm × 75 cm × 60 cm）中微流水、弱充气孵化。

1.5.2 条件

孵化最适水温为 25～28 ℃，孵化水质应符合 NY 5052 的规定。

1.5.3 密度

流水网箱模式下受精卵孵化密度控制在 100 万～150 万粒/立方米。

1.5.4 孵化时间与水温关系

水温（℃）	24	26	28	30	32
时间（h）	32～33	26～27	23～24	21～22	18～19

1.5.5 管理

孵化用水须清新并严加过滤，防大型浮游生物和其他敌害进入。保持微量充气和适量流水，保证孵化水质优良。

孵化时需专人值班，加强观察，做好水质、水温及胚胎发育等情况的检查和记录。

2 适宜区域

适用于所有虎龙杂交斑人工繁殖制种。

3 注意事项

注意亲鱼强化培育和苗种孵化水质。

4 技术依托单位及联系方式

广东省海洋渔业试验中心，0752-5575664，13802865766。
中山大学，020-84112511，13922766959。

虎龙杂交斑养殖技术操作规程

第一部分:鱼苗培育及标粗

1 技术要点

1.1 环境条件

1.1.1 环境位置

应选择在阳光充足、交通便利的地方。

1.1.2 水源和水质

培育用水为经二级砂滤、蛋白质分离器处理、臭氧消毒、生化过滤的海水。水质应符合GB 11607 和 NY 5052 的规定。

1.1.3 培育池条件

$10\sim30~\mathrm{m}^3$ 的圆形或方形水泥池。培育车间光照强度控制在 $500\sim1\,000$ lx。

1.2 鱼苗培育

1.2.1 仔鱼质量

体形正常,无畸形、弯尾、白眼等现象。

1.2.2 仔鱼放养密度

每立方米培育水体投放 1 万尾仔鱼。

1.2.3 日常管理

1.2.3.1 投喂管理

1. 饵料种类及转换时间

饵料种类和转换的大体时间见图 1。轮虫、卤虫无节幼体及其他生物饵料投喂前均需进行营养强化,每天早晚各添加一次;配合饵料和鱼糜等从 H15-H27(H 表示孵化后天数)每天分 4 次投喂,时间分别为 8:30 am、11:30 am、14:30 pm、17:00 pm, H27 后每天增投一次;从 H2 开始往育苗池中添加适量的小球藻或扁藻,之后根据育苗池水色持续添加藻液,育苗期间小球藻浓度维持在 100 万 cell/mL 或扁藻浓度维持在 2 万～3 万 cell/mL。

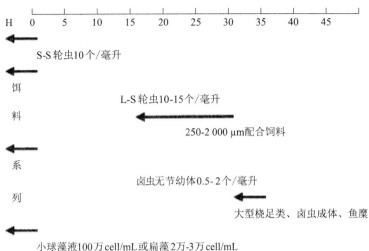

图 1　饵料系列及转换时间

2. 换水及吸底

换水和吸底一般在仔鱼投放一周后开始。H8-H14 每天换水 20%，H15-H22 每天换水 50%，H23-H29 每天换水 80%，H30 以后保持流水(换水 100% 以上)。仔鱼培育早期可 2 至 3 天吸底一次，后期每天吸底，吸底应在每天早上进行，吸底时需停气，吸完后再重开。

3. 鱼苗分筛

仔稚鱼培育到 45 天左右(具体根据仔鱼发育情况来定)，当大部分仔鱼的背鳍鳍棘收缩完成达到鱼苗规格时需进行分筛。被分筛的鱼苗要求体质健壮，抗干扰能力强。集苗网具要求光滑，鱼苗不易挂网。操作时人员要集中安排，时间尽可能短，避免在温度高的时候分苗；操作时动作要轻柔。

1.2.3.2　观察与记录

每天除测定水温、溶解氧等必要环境因子外，特别注意水质变化，调节水质并做好记录。

1.3　鱼苗标粗

1.3.1　鱼苗质量

要求色泽正常，健康无损伤、无病害、无畸形、无白化，活动能力强，摄食良好。

1.3.2　鱼苗放养

1.3.2.1　放养规格与密度

苗种规格/cm	放养密度/尾/m^3
3～5	500
5～8	300
≥10	150

1.3.2.2 日常管理

1. 投料及投喂方法

鱼体长 3～8 cm 时，每天投喂 6 次，每次以饱食为止；体长 8～12 cm 时，每天投喂 4 次；体长 12 cm 以上时，每天投喂 2 次。喂食 1 h 后清除池底部的污物（每天两次），保持池底清洁。

2. 记录

应定时观测苗种摄食、游动和生长发育情况，及时发现病鱼及死鱼，分析原因，捞出病鱼、死鱼做深埋处理。

2　适宜区域

适用于所有虎龙杂交斑鱼苗培育及标粗。

3　注意事项

石斑鱼有互相残食的习性，因此在标粗过程中要及时分筛，将不同规格的苗种分开饲养。第一次分筛一般在鱼苗入池一周内，排掉池中的部分水后将鱼群集中于池中一处，采用不同规格的筛网进行分筛。第二次分筛一般可在饲养 30 d 内进行，视鱼苗生长具体情况而定，操作方法与第一次分筛相同。鱼苗标粗阶段共需分筛 5 次左右。

4　技术依托单位及联系方式

广东省海洋渔业试验中心，0752-5575664，13802865766。
中山大学，020-84112511，13922766959。

第二部分：成鱼饲养

1　技术要点

1.1　环境条件

1.1.1　养殖条件的选择

1.1.1.1　环境条件

应包括养成池、配水池、饲料加工室、分析化验室和充气、控温、控光、进排水及水处理设施等。

1.1.1.2　养殖条件

光照强度 500～2 000 lx,光线应均匀,柔和。

1.1.2　水质

1.1.2.1　水源

水源充足,排灌方便。水源水质应符合 GB 11607 的规定。

1.1.2.2　养殖水质

水温 20～30 ℃,pH 8.0～8.5,盐度 20～30,溶解氧 5～8 mg/L,氨氮 0.03～0.1 mg/L,亚硝酸盐 0.02 mg/L,COD 40～50 mg/L,臭氧含量 0.05～0.1 mg/L,细菌总量 1 500 个/毫升以下。

1.1.2.3　用水管理

养成池日循环水量为养成水体的 4～8 倍,并根据养成密度及供水情况等进行调整。养成水体应清洁无污染,及时清除池中污物。

1.1.3　水质改良

可采用定期投放 $(2～3) \times 10^{-6}$ 的芽孢杆菌制剂或投放 0.5×10^{-6} 的季铵盐络合碘循环处理养殖用水的方法进行水质改良。

1.2　鱼种

选择无畸形、规格统一的健康无病苗种,入池水温和运输水温温差应在 3 ℃ 以内,盐度差应在 5 以内。

1.3　放养

1.3.1　放养前准备

鱼种入池前用淡水浸泡 3～10 min 或采用 3×10^{-6} 季铵盐络合碘进行消毒。

1.3.2　放养密度

放养密度要根据虎龙杂交斑生长情况进行调节,不同规格放养密度不同,最大放养密度不要超过 35 kg/m³。

1.3.3　鱼种运输

鱼种运输应符合 SC/T 1075 的规定。运输工具、运输密度、运输方法根据实际情况灵活操作。

1.3.4　注意事项

水温、盐度可根据养成水环境要求提前进行调节,温差小于 3 ℃,盐度差应在 5 以内。

苗种运输前应停食 1 天以上。

1.4　饲料投喂

1.4.1　饲料种类

养成饲料为人工配合饲料。配合饲料的安全卫生指标应符合 NY 5072 的规定。

1.4.2　投喂量

配合饲料日投喂量为鱼体重的 1%～2%，每天投喂 1～2 次。在水温低于 15 ℃时鱼摄食不良，应适当减少投饵次数及投喂量。投喂量应根据天气、水质、水温、摄食等情况灵活调整。

1.4.3　投喂方法

采用定点、定时的方式，每次投喂以 90% 左右的鱼后自由散开为度。为避免虎龙杂交斑肠炎的发生，定期在饲料中加拌大蒜素，添加量为 15 g／千克饲料，连续投喂一周。

1.5　病害防治

1.5.1　防治原则

坚持以预防及非药物手段为主，采用控光、调温、水质处理、增加流水量等综合措施。药物使用应符合 NY 5071 的要求；提倡使用微生态制剂和免疫制剂防病。

1.5.2　预防方法

肉眼定时观察各期鱼的摄食、游动和生长发育情况，定期对养殖用水进行水质检测，及时发现病鱼及死鱼，捞出病鱼、死鱼进行解剖分析，显微镜观察，分析原因。对病鱼、死鱼做深埋处理。

1.5.3　治疗方法

病名	症状	防治方法
刺激隐核虫病	病鱼体表、鳃等与外界相接触的地方，肉眼可观察到许多小白点，严重时病鱼体表皮肤有点状充血，鳃和体表黏液增多，形成一层白色混浊状薄膜，病鱼食欲不振或不摄食，身体瘦弱，游泳无力，呼吸困难，最终可能因窒息而死	淡水浸浴 3～15 min
指环虫病	寄生于鱼的体表和鳃丝上，利用虫体锚钩破坏鳃丝和体表上皮细胞，刺激鱼体分泌大量黏液。大量寄生时，鳃瓣浮肿，鳃丝全部或部分灰白色。虫体寄生于鱼体表和鳃丝上，则病鱼鳃盖张开，鱼体发黑	淡水浸浴 2～5 min，或每升海水加高锰酸钾 20 g，浸浴 15～30 min
弧菌病	感染初期，体色多成块状褪色，食欲不振，缓慢地浮于水面，有时候回旋状游泳；随着病情发展，鳞片脱落，吻端、鳍膜烂掉，眼内出血，肛门红肿扩张，常有黄色黏液流出	每升海水泼洒五倍子（先磨碎后用开水浸泡）2～4 mg，连续泼洒 3 d；或每千克饲料拌三黄粉 30～50 g，连续投喂 3～5 d
肠炎病	病鱼腹部膨胀，内有大量积水，轻按腹部，肛门有淡黄色黏液流出。有的病鱼皮肤出血，鳍基部出血；解剖病鱼，肠道发炎，肠壁发红变薄	每千克饲料拌大蒜素 15～20 g，连续投喂 3～5 d

1.6　记录

1.6.1　生产记录

对养殖生产过程进行记录,包括养殖品种、饲料品牌和来源、苗种来源、投放时间、检疫情况、生长情况、水质情况等。

1.6.2　用药记录

对养殖用药的情况进行记录,包括用药时间、药品名称、用药量和浓度、养殖产品体重、病害发生情况、主要症状、处方及出具人、用药人员等。

2　适宜区域

适用于所有虎龙杂交斑成鱼饲养。

3　注意事项

无。

4　技术依托单位及联系方式

广东省海洋渔业试验中心,0752-5575664,13802865766。

中山大学,020-84112511,13922766959。

海鲈全人工繁殖与苗种培育关键技术

近 10 年余来,我国福建省和广东省用于养殖的海鲈苗,多数是春季捕自北方海域的天然鱼苗,每年大量捕捞幼体,不利于海鲈自然资源的保护;野生海鲈苗种规格差异大,养殖生产力低,难以长途运输。近年来个体较大的成熟海鲈亲鱼数量和苗种数量锐减,而且年际波动较大;同时,由于天然苗体规格仅 30 mm 左右,在北方当年很难养成商品鱼。因此大力发展北方海域海鲈的人工繁殖,培养大规格苗种尤为重要,对促进我国北方地区海鲈养殖产业的健康发展具有重要意义。

1 技术要点

1.1 亲鱼的获取与培育

1.1.1 亲鱼来源

海鲈亲鱼来源有三种途径:其一是捕捞天然即将成熟亲鱼,在海水中进行促熟,或者捕捞已经成熟的个体直接进行人工授精;其二是池塘与网箱养殖联合培育;其三是从池塘(海水或淡水)或小型水库等水体养殖的成鱼中选留后备亲鱼,作为补充群体进行培育。

1.1.2 亲鱼运输和驯化

亲鱼运输:从捕捞地点运往繁殖暂养处的短途运输,以塑料或帆布容器盛水装鱼,充气或充氧,采用汽车装运。在 15 ℃ 左右水温条件下,在运输时间为 4 小时以内,每立方水体可装运质量为 30～50 千克的亲鱼。如果路途较远,亲鱼数量较多,则采用专门活鱼车进行运输,放鱼密度较大,运输时间为 10 小时左右;从海上采捕的野生群体,需要在渔船上暂养、渔船运输与陆路运输结合,运输时间不宜太长,一次运输亲鱼数量不可太多。

亲鱼驯化:亲鱼经过捕捞和运输,会有不同程度的机械创伤。在驯养前,进行药物治疗。海捕鱼初入养殖环境中,都会有严重拒食现象,人工驯食是一项非常重要的工作。一般在其暂养 10 天后开始进行摄食驯化,投喂适口的鲜杂鱼,反复投饵。事先在池塘内放入养殖的海鲈带动摄食,可缩短驯食时间。为了在性腺发育的关键时期有不断的营养供给,也可在驯食初始阶段强制填食,但操作要细心,防止人为损伤。驯养期间,水温不要超过 26 ℃。

1.1.3 亲鱼人工培育技术

我国北方海域人工培育海鲈亲鱼一般遵循"冬保、春肥、夏育和秋繁"四个原则。

冬保:海鲈越冬在我国南方不成问题,但在北方,做好海鲈的亲鱼越冬至关重要,越冬一般采用室外沉箱和室内升温的方式。若用网箱越冬,应将网箱下沉,因为下层水温高,同时可抗风浪。但是最好室内升温越冬,室内条件易于控制,将水温保持在 6 ℃～8 ℃即可。在此条件下,亲鱼仍能少量摄食,有利于避免鱼体营养的过度消耗和保持较好的体质,如能利用地下卤水或电厂余热水等,可大大降低越冬成本。亲鱼越冬的密度不宜过大,以小于 5 千克/米³。饵料应以少而精为原则,以投喂鲜杂鱼为主,不宜投喂过多。冬季海鲈亲鱼的性腺处于Ⅱ期。

春肥:海鲈亲鱼经过冬季的消耗,肥满度大大降低、体质虚弱,春季是其获取、积累物质和能量的关键季节,因此需要在春季加强投喂和精心管理,使其身体得以迅速恢复和发育。最好在网箱中育肥,既有利于天然饵料,培育成本也较低。放养密度应以 2～5 千克/米³。饵料应新鲜,以高蛋白为主,添加适量的维生素和抗生素等,使得亲鱼迅速补充和贮备营养物质,增强抗病力,以维持机体正常代谢和促进其性腺发育。此时体质得到恢复,性腺得以发育,成熟系数已从 0.5 左右增加到 1.0 以上,卵巢发育期由Ⅱ期向Ⅲ期过渡,卵巢呈扁带状,到春末呈淡黄色,卵粒清晰可见。在北部海区,没有海水网箱养殖条件地区,可以利用室外海水或淡水土池塘进行人工培养,以投喂鲜杂鱼和颗粒饲料为主,结合池塘中的活鱼活虾等活饵料进行补充。

夏育:进入夏季,自然水域海鲈游至深水避暑和觅食,身体继续积累物质和能量,性腺得以继续发育。但此时,养殖亲鱼的水环境较差,入夏水温较高、溶解氧较低等,同时,不仅代谢消耗能较高,而且食欲不振,若管理不好,不但身体营养得不到正常补充,反而会致使体质下降,甚至可能导致生病和死亡,因此,夏季的管理非常重要。期间应以投喂高蛋白和高脂肪的鲜杂鱼饵料为主,最好“少吃多餐”,开始少投、慢投,然后多投快投。摄食强度下降后,应少投,慢投,直至鱼不抢食为止。既避免沉饵浪费、污染水质,又要尽量喂饱;同时要密切注意水质变化,做好疾病防治工作。若在网箱中培育亲鱼,要防止附着阻碍网箱内外的水交换。性腺得以发育,在正常情况下,海鲈的性腺处于Ⅲ期,夏末初秋向Ⅳ期过渡。

秋繁:秋季是海鲈的繁殖季节,性腺需要迅速发育。更需要强化产前的营养供给和管理。此时水温逐渐下降,亲鱼摄食量大大增加,尽量多投喂鲜活、特别是富含维生素 E 的饵料,经常观察亲鱼的摄食情况和体型的变化,随时准备人工催产。入秋后,亲鱼的性腺从Ⅲ期过渡到Ⅳ期,并于秋末、初冬迅速发育达到Ⅴ期。此时性腺急剧增大,最后完全充满体腔,成熟系数平均达到 10 以上,即将产卵。海鲈为分批产卵鱼类,如果能实现其自然产卵,最为理想。因此,此时不必急于进行人工催产,因为一旦催产,亲鱼不再摄食,势必会影响下一批卵母细胞的进一步发育和成熟,将降低卵子的质量和亲鱼的利用率。

1.1.4 雄鱼精液超低温冷冻保存技术

在生产实践中,雌雄亲鱼的数量和比例不一定合适,性腺发育程度不一定一致,雄性亲鱼数量可能不足,因此,有条件先可以冷冻保存海鲈的精液,这等于贮备了成熟雄鱼。在生产苗种时可随时解冻使用,在杂交育种中,可不受季节制约,为各种杂交组合提供父本材料。海鲈精液的保存条件和操作步骤如下:

① 稀释液的配制：稀释液用蒸馏水配制，按比例 NaCl 0.8%、KCl 0.05%、土霉素 1%、甘油 9.4%，DMSO 5.0% 溶于蒸馏水中，调节 pH 为 7.8 左右，放冰箱（0~2 ℃）备用。

② 冷冻保存：按精液与稀释液为 1:3 的比例装入塑料管，封盖摇匀后放入冰箱（0~2 ℃）中，降温平衡 30 分钟，然后用线吊放入液氮中，从液氮罐口倒入液氮中的时间应为6-7 分钟。

③ 解冻方法：取出冻存精液塑料管，投入到 38~40 ℃环境中，以盐度为 25 的砂滤海水激活即可使用。

1.2 海鲈人工催产与受精

1.2.1 人工催产

此环节在催产池中进行，为便于催产和人工受精操作，催产池大小一般应在 10 平方米以下，水深为 0.8~1.0 米。放养亲鱼密度为 1~2 千克/立方米水体，雌雄性比为 1:（0.5~1）。催产池应保持良好的充氧，应经常换水，水温为 15~18℃。当雌鱼性腺达到 IV期时，即可进行人工催产，可用催产剂种类有绒毛促性腺激素（HCG）、促性腺激素释放激素类似物（LHRH-A2 或 A3）。实践证明，雌鱼的注射剂量为 LHRH-A2 或 A3 60~80 微克＋HCG 800~1 000 U/kg 皆有效。如适当减低上述剂量，添加脑垂体（PG）或地欧酮（DOM），会增加催产效果。催产剂通常采用背鳍或胸鳍基部注射（腹腔），当性腺发育良好、完全达到IV期，一般一次注射即可，也可分两次注射，第一次注射全量的 1/5，第二次注射全量的 4/5，两次给药间隔 24~36 小时。间隔时间视亲鱼性腺成熟进展而定，未达到 IV 期的亲鱼，可经多次注射，促进性腺发育成熟。雄鱼用药剂量为雌鱼的一半，在雌鱼第二次注射时给雄鱼注射。也可以单独注射 HCG，剂量为 200 U/kg 亲鱼质量，分 3 次隔日腹腔注射。在催产环境和用药剂量相同条件下，海鲈产卵的效应时间一般为 3~4 天，但往往有较大的个体差异，这主要是亲鱼成熟度不同所致。因此，在注射 48 小时以后，要密切注意亲鱼体态和行为的变化，一般雌鱼临产时，腹部明显胀大，游动减少，雄鱼有主动尾随行为。雌鱼手摸腹部，感觉柔软，内有流物，轻压泄殖孔两侧，有透明卵流出，此时可进行人工授精。

1.2.2 自然产卵受精

亲鱼注射催产剂后，按雌雄 1:（1.5~2）的比例放入产卵池，让其自然产卵、受精。亲鱼经过人工催产后，移入产卵池，保持流水刺激。发情亲鱼高度兴奋后，常见到雌鱼被几尾雄鱼紧紧追逐，摩擦雌鱼腹部，甚至将雌鱼抬出水面，有时雌、雄鱼急速摆动身体，或腹部靠近，尾部弯曲，扭在一起，颤抖着胸、腹鳍产卵、排精。一般亲鱼发情后，要经过一段时间的产卵活动，才能完成产卵全过程。整个过程持续时间随鱼的种类、环境条件等而不同。采用亲鱼自然产卵、受精方式，应注意产卵池管理。必须有人值班，观察亲鱼动态，并保持环境安静。在产卵池收卵槽上挂好收卵网箱，利用水流带动，将受精卵收集于收卵网箱中。亲鱼发情 30分钟后，及时检查收卵网箱，观察是否有卵出现。当鱼卵大量出现后，用小盒或手抄网将卵及时捞出,防止受精卵在网箱中集聚太多而窒息死亡,并将受精卵移到孵化池中孵化。

1.2.3 采卵与人工授精

直接从自然海域捕取的野生亲鱼,较难在产卵池中自然产卵、授精,必须进行人工采卵与人工授精。用于杂交育种,建立家系等也需要进行人工授精。将临产亲鱼捞起放入鱼布夹中,在提鱼出水的同时要用手压住泄殖孔,以防止卵、精流出。用干净毛巾吸去鱼布夹上的滴水,从前向后缓缓推挤亲鱼腹部,分别采集卵子和精子入盆。为保证受精质量,亲鱼的卵、精可分批采集,分次授精,一尾雌鱼的卵子,可用两尾雄鱼的精液混合授精。人工授精用干法、湿法和半干法皆可。人工授精过程中应避免亲鱼的精子和卵子受阳光直射。操作人员要配合协调,动作要轻、快、准。否则,易造成亲鱼受伤,人工授精失败,并引起产后亲鱼死亡。

干法人工授精:先把鱼卵挤于盆中(每盆可放 20 万粒左右,不要带进水),然后将精液挤于鱼卵上,用羽毛或手均匀搅动 1 分钟左右,再加少量干净海水拌和,静置 2～3 分钟,慢慢加入半盆干净海水,继续搅动,使精子和卵子充分结合,然后倒去浑浊水,再用干净海水洗卵 3～4 次,当看到卵膜吸水膨胀后便可移入孵化器中孵化。

湿法人工授精:在脸盆内装少量干净海水,每人各握一尾雌鱼或雄鱼,分别同时将卵子和精液挤入盆内,并用羽毛或手轻轻搅和,使精卵充分混匀,之后,操作步骤同干法人工授精。

准确判断发情排卵时刻相当重要,特别是采用人工授精方法时,如果对发情判断不准,采卵不及时,将直接影响受精率和孵化率。过早采卵,亲鱼卵子未达生理成熟;过迟采卵,亲鱼已把卵产出体外,或排卵滞留时间过长,卵子过熟,影响受精率和孵化率。所以,在将要达到产卵效应时,应密切观察亲鱼发情情况,确定适宜的采卵时间。亲鱼发情时,首先是水面出现波纹或浪花,并不时露出水面,多尾雄亲鱼紧紧追着雌亲鱼,有时还用头部顶撞雌鱼的腹部,这是雌、雄鱼在水下兴奋追逐的表现,如果波浪继续间歇出现,且次数越来越密,波浪越来越大,表明发情将达到高潮,此时应做好采卵、授精的准备工作。

1.3 海鲈受精卵孵化技术

了解海鲈受精卵孵化要求的环境条件和设施,根据实验基地具体条件确定孵化设施种类,进行适当改进,满足孵化要求;在孵化过程中,特别注重温度和盐度因子的调控,使之最大程度满足孵化需要,提高孵化率。

1.3.1 孵化方法

海鲈受精卵为浮性,采用孵化网箱(圆桶)、池塘孵化均可。

1.3.1.1 网箱孵化

孵化网箱圆锥体形或方形,网箱口径 80 cm,筒形体高 40 厘米。孵化网箱被吊挂在水池中,将受精卵放入网箱充气孵化。受精卵密度为 100 万～150 万粒/米³(海鲈受精卵可按质量计数,即 60 万～70 万粒/千克),底部放气石微量充气,充气量以网箱内受精卵均匀翻动为准。挂孵化网箱的水池容水量，要达到孵化箱水体的 10 倍以上；用沙滤水，每日换水 2 次，换水量 100%；每隔 2 小时洗刷网壁 1 次，以防胚胎挂壁；应及时清除死卵，防止水质恶化。该孵化方式适宜进行小规模试验。

1.3.1.2 孵化池塘集中孵化

采用专门的孵化池塘进行孵化，一般放卵密度为 10 万粒/米^3；仔鱼开口摄食后分到育苗池塘，但分苗工作量较大。该孵化方式适宜鱼苗大量销售的养殖场采用，鱼苗不进行就地培育。

1.3.1.3 育苗池塘孵化

按照育苗规划，将受精卵直接布置在育苗池中进行培育。一般放卵密度为 1~3 万粒/立方米，孵化期间水位保持在育苗水位 1/3~2/3，待仔鱼孵化后，将水位提高到鱼苗水位，进行原池鱼苗。

1.3.2 孵化水环境条件

1.3.2.1 水温

根据自然海区调查资料，海鲈卵苗在产卵场出现的水温为 7~25 ℃，说明孵化持续时间较长，在人工繁殖中水温为 13~22 ℃均可孵化，在适温范围内，受精卵的孵化时间随水温的升高而变短。在 15~17 ℃（盐度为 32）条件下，约 80 小时，仔鱼全部孵出；在 12~14.0 ℃（盐度为 22）天然海水中，受精卵孵化约需 86 小时。

1.3.2.2 盐度

海鲈虽然适盐性较广，但胚胎孵化阶段需要较高盐度水环境，以 22~25 的盐度孵化率较高，畸形率低。海水盐度低于 22 时，明显影响孵化率。

1.3.2.3 pH

海鲈胚胎孵化要求中性或碱性水环境，pH 在 7.5~8 时较为适宜。

1.3.2.4 溶解氧

海鲈要求海水的溶解氧在 5 mg/L 以上，受精卵孵化时通过换水、清污和充气来保持溶解氧适宜浓度。

1.3.2.5 氨氮

正常的天然水系中，总氨氮含量低于 1 mg/L，即可满足要求。

1.4 鱼苗培育技术

鱼苗培育是指从开口摄食到体长 3.0 厘米左右的幼鱼的培育。

1.4.1 培育设施

通常采用室内水泥池塘进行培育，培苗方式要求较完善的设施，要有多个大小不等的水泥池塘，一般单个面积 10~50 平方米，水深 1.0 米左右；要配有进、排水管线，进排水方便。有砂滤池和充气设施；海鲈为秋季育苗，加温设备很重要，要求有良好的调温、保温能力。

1.4.2　操作管理

培苗池使用前要用高锰酸钾水溶液或次氯酸钠消毒,洗净后加水至60～70厘米。初孵仔鱼放养密度为1万～3万尾/米^{3}水体,每2～3米^{2}充气石一个。培育前期水体负载量相对较轻,仔鱼体质柔弱,充气量要小,随鱼体发育、生长要加大充气量。在设定了培育水温后,最好采取预热调温换水方式,以室内暖气保持池水温度稳定。培苗初始1周内每天加水10厘米左右,不换水,当水加至1米水深后,进行换水或微流水培育,日换水率由小到大逐渐加大,到20日龄时的换水量为200%～400%。投喂活饵期间,每2天吸污一次;投喂鱼糜后,要每日吸污。水面油状污膜影响仔鱼开鳔和成活率,要及时用竿赶积、捞出或溢水清除。经30天左右的培育,仔、稚鱼规格分化明显,且各池塘密度也有较大变化,此时要及时按规格进行筛选分级,规格相同的一起培育,此时调整培育密度为5 000～8 000尾/米^2。

1.4.3　培育用水的主要条件

海鲈仔、稚鱼培育水环境主要条件为:水温15～20 ℃,盐度28～30,pH 7.5～8,溶解氧在5毫克/升以上,总氨氮在1毫克/升以下。在海鲈适温范围内,仔鱼和稚鱼生长速度随温度上升而加快,因此,在条件允许时应尽量保持较高的温度。海鲈受精卵孵化和仔鱼和稚鱼培育的盐度应参考其亲鱼所生活水体的盐度范围,也可以进行淡化培育。

1.4.4　饵料与投喂

海鲈苗种培育期间应根据不同的发育阶段、口裂大小和摄食强度适时投喂充足的适口饵料,以保证正常发育和快速生长。

1.4.4.1　饵料序列

大致为轮虫-卤虫无节幼体(枝角类和桡足类)-微型颗粒饲料(鱼、虾肉糜)。投喂卤虫无节幼体,应该混合投喂桡足类或人工微型饵料。一般从第4日龄开始投喂,初始投喂量少,当观察到开食后,要保持水体的轮虫密度为5个/毫升左右。随鱼体发育增长,增加投喂次数。在开始投喂卤虫无节幼体后,逐渐减少轮虫投喂,一般轮虫投喂可持续到25日龄前后。海鲈仔鱼摄食轮虫1周后,就可开始投喂卤虫无节幼体,投喂量要保持在水体的密度为0.5～1.0个/毫升,在25日龄后可与人工微型饲料混合投喂。在海鲈30日龄后,如有条件可添加投喂桡足类,弥补不饱和脂肪酸的不足。鱼、虾肉糜已成为鱼类苗种培育后期(45天后)的主要饵料,以每日投喂4次为宜。人工微型饲料具有较全面的营养配价,对水质污化较轻,从卤虫幼体投喂可直接过渡到以人工微型饲料投喂为主,适当搭配投喂肉糜。

1.4.4.2　饵料质量

海水鱼苗种生长发育对饵料营养要求较高。反映在对高度不饱和脂肪酸(HUFA)的需要尤为突出。特别是饵料中的EPA(22碳6烯酸)和DHA(22碳5烯酸)含量不够全,严重影响育苗成活率,所以在海水鱼育苗中要强调活饵营养,进行营养强化和多品种饲料混合投喂。轮虫营养强化方法是将浓缩轮虫投入浓度为2 000万个/毫升小球藻液中,轮虫密度应控制在(300～1 000)×10^{6}个/立方米。若活体小球藻不足时,可用其冰鲜品或干粉补充,同时可按商品说明书给轮虫添加乳化鱼油等市售强化制剂,强化时间为6～12小时,卤虫无节幼体用乳化鱼油需强化12小时以上。比较而言,深海鱼油的质量好于普通的海鱼油,而淡水鱼油中EPA和DHA含量最低。

1.4.4.3 活饵料培养

海鲈属于秋、冬季产卵鱼类,正是水温较低、饵料生物(藻类和轮虫等)培养较困难的季节。为此,要培养适于当地冬季生长的优良单胞藻,代替需要较高水温的小球藻调节水质和对轮虫、卤虫无节幼体进行营养强化。冬季轮虫的培养水温应控制在15～20 ℃,光照保持在4 400 lx以上,每天换水20%～30%,pH控制在7.9以上;以混合饵料投喂轮虫,每天上午投喂1～2次单胞藻,下午和晚上投喂鲜酵母(投喂量为1毫克/千克),并隔天投喂鱼或鱼虾的内脏糜(投喂量为5～10毫克/千克),鱼苗冬季密度可达70个/毫升;轮虫在采收前6～12小时用单胞藻强化;采用按卤虫总量的2.5%～3.0%的浓鱼肝油强化卤虫幼体,能满足海鲈仔鱼和稚鱼正常生长的营养需求。目前尚未发现任何单独一种饵料,能完全满足苗种的营养需要,所以多种饵料混合投喂,可发挥营养互补作用。在稚鱼阶段投喂鲜活的桡足类比卤虫无节幼体好,鲜活鱼、虾肉糜优于冷冻品,多种动物混制肉糜优于单一种类的制品;人工微型饲料应用也是对饵料系列的营养补充。在日本已广泛采用油脂酵母投喂轮虫,直接强化。由于海鲈苗的培育季节在冬、春季节,北部海区很难得到桡足类,也可以用枝角类替代桡足类,形成轮虫-卤虫无节幼体-枝角类这一饵料系列。在海鲈苗种的生产过程中,轮虫的投喂时间为6～7天,卤虫无节幼体的投喂时间为30～90天,枝角类的投喂时间为40～100天;日投喂量占仔鱼体质量的50%～60%、稚鱼为20%～40%、幼鱼为30%～50%,如果在稚鱼期同时投喂卤虫和轮虫,投喂率为30%～50%,活饵的投喂时间以07:00和16:00前后各一次。

1.5 大规模鱼种培养技术

当苗种培育至体长为2～3厘米时,可出池分养或出售,即进入大规格鱼种培育和养成阶段。如果用体长为2～3厘米的鱼苗直接养成,由于其鳍嫩弱、活力差、易伤易病,成活率很低。因此,最好进一步进行大规格苗种的培育,当鱼种体长达到8～13厘米,养成的成活率可显著提高。北方地区大规格苗种可采取室外土池培育方式,可以是海水池塘,也可以是淡水池塘,淡水池塘放鱼之前要进行鱼苗淡化处理。

1.5.1 室外土池培养

将全长3厘米左右的海鲈鱼苗进一步在室外土池中培育,土池的大小以1～2亩为宜,放苗前25天左右对鱼池要进行严格清池、消毒,1周后注水50厘米,施足底肥,以肥水并培养出足够的饵料浮游动物。在养殖过程中,根据水质情况追施适量化肥,以保持一定量的饵料生物、调节水质和透明度,使池水的透明度维持在40～50厘米,溶解氧保持在6.5毫克/升以上。

1.5.2 海水池塘苗种培育

鱼苗的放养密度为 2 万～4 万尾/亩。投饵应定时、定点,饵料以新鲜鱼、虾糜为主,每天投喂 4 次,投饵量按鱼质量的 6%～15%;最好辅喂人工配合微型颗粒饵料,参考市售海鲈专用饲料或海水鱼类相应规格饲料进行选用。注意定期换水;适时按规格筛选,分池疏养,以防互残。经过 20～30 天的培育,鱼种长到 8～11 厘米及时出池,进行进一步养殖。

1.5.3 苗种淡化培育

淡化处理:从沿海购买的海鲈自然或人工培育鱼苗的规格一般 3 厘米左右,先进行淡水驯化,然后在淡水中养成。鱼苗运到后,先在水泥池中进行淡化处理,淡化池塘面积:40～80平方米,水深为 1.5～2 米,放鱼密度约为 500 尾/平方米,开始池水盐度与鱼苗产地一致,然后每天用淡水换水 1/3,直至全部淡化,淡化期每天可投喂适量的新鲜鱼糜,应充气增氧,一般淡化期为 7 天;如进行较快的淡水驯化处理,换水间隔时间不应少于 3 小时。

1.5.4 淡化后培育

经淡水驯化的鱼苗立即进行大规格苗种的培育。如在水泥池培育,池塘规格为 100 平方米左右,水深 1.5～2 米。放养密度约为 250 尾/平方米。以鱼糜为饲料,开始均匀泼洒,然后定点投喂,1 周后即形成条件反射,日投喂 4 次,每日投喂量为鱼苗质量的 8%～10%;在培育后期以人工配合饲料替代,应逐步替换。每天换水 20～30 厘米,每周清池 1 次,不间断充气,保持良好水质。每 15 天用 1.0 毫克/升的漂白粉泼洒 1 次;每月用 0.7 毫克/升的硫酸铜消毒;每半月以土霉素药饵(0.5～1.0 克/千克饲料投喂,每次 1～2 天)。如在土池培育,土池规格应在 300～1 300 平方米,水深为 1.5～2 米。放苗前 7～10 天,施入基肥培育天然饵料,放苗 1 周后投食。土池水体大,自净能力强,10～15 天加水 1 次,每次 30 厘米;每月换水 1 次,每次 50 厘米。经 30～50 天的培育,鱼苗体长达到 6～11 厘米,即可转入成鱼养殖阶段。

2 适宜区域

黄渤海养殖区。

3 注意事项

无。

4 技术依托单位及联系方式

利津县双瀛水产苗种责任有限公司,联系人:陈守温,联系电话:13864781816。

军曹鱼高位池育苗技术

1 技术要点

1.1 育苗设施

1.1.1 孵化设施

圆形玻璃钢孵化桶，直径 100 cm、高 90 cm，桶底为圆锥形，底端设 1 个排水阀，且每个孵化桶内设置 1 个散气石。孵化桶放置于通风良好的遮阳棚下。

1.1.2 育苗池和饵料池

地膜高位池，单池面积为 3 000 m^2～6 000 m^2，长方形或正方形，池深 2.0 m，水深 1.7 m。每口池塘设 2 台 0.75 kW 水车式增氧机。一般 4～5 口育苗池配套轮虫培育池、桡足类培育池、藻类培育池各 1 口。育苗池内设 1 个 5 m×5 m×1 m 的帆布袋。

1.2 受精卵孵化

受精卵按 40 万～50 万粒/立方米的密度放入孵化桶中孵化，控制水温 28～30 ℃，盐度 25～32，溶氧大于 5 mg/L，pH 7.8～8.4。孵化时保持微充气。水温 28～30 ℃时约 22 小时开始孵化出膜。

1.3 生物饵料培养

1.3.1 轮虫、桡足类培养

池塘经晒塘、消毒、进水后，施有机肥（如发酵鸡粪 100 千克/亩）或浸沤鱼浆 200 千克/亩，定向接种轮虫或桡足类。轮虫或桡足类达到一定密度后，根据密度和需要量用水泵抽水进入 200 目筛绢袋过滤收获。

1.3.2 藻类培育

按常规高位池养虾进行放苗、投饵和换水，每亩放养南美白对虾苗 2 万～3 万尾，以有益微生物制剂调控水质，保持稳定藻相。

1.4　鱼苗培育

1.4.1　放苗前准备

放苗前清洗育苗池、消毒，放苗前 3～5 天用 120 目筛绢袋过滤进水至水深 1 m 左右，从藻类池中抽入藻水将池水透明度调至 60 cm～80 cm。放苗入池前 2～3 天，从饵料池接种轮虫入育苗池，密度 500～1 000 个/升。在池内上风处安置好帆布袋，帆布袋内的海水用 200 目的筛绢过滤，帆布袋上方设有遮阳网。

1.4.2　鱼苗放养

鱼苗出膜后的次日凌晨，将初孵仔鱼放入育苗池的帆布袋内，袋中设气石 8～10 个，保持微充气。待鱼苗眼点明显、能平游、有表现摄食动作时，用 120 目筛绢网袋过滤筛选小个体轮虫、桡足类无节幼体投喂，投喂 5～6 小时后，打开帆布袋将鱼苗缓慢放入育苗池中。初孵仔鱼放养密度 150～300 尾/立方米。

1.4.3　饵料投喂

仔鱼放入池塘后早期以投喂轮虫为主，每天上、下午各投喂一次；7 日龄后开始投喂桡足类，以轮虫为主；10 日龄后以桡足类为主，如桡足类供应不足，添投卤虫幼体，每日投喂 3 次；15 日龄后开始投喂鱼肉糜及人工配合饲料，每日投喂 4 次，依据摄食情况逐渐减少桡足类投喂量，增加人工饲料投喂量，最后过渡到全人工饲料投喂。

1.4.4　水质管理

13 日龄（鱼苗小于 30 mm）前静水培育，如透明度小于 60 cm 时，从藻类池抽入藻水进育苗池调节透明度及水色。15 日龄后，根据水质情况适当换水，日换水量为 10%～30%；当溶氧低于 4 毫克/升时，开动增氧机，保持溶氧在 4 毫克/升以上，氨氮在 0.2 毫克/升以下。

1.5　收获

鱼苗下塘后经过 30～35 天培育，全长 7～9 cm 即可收获，一般采用拉网收获。收获的鱼苗可移入海水网箱中培育至 10～12cm 后进行成鱼养殖。

2　适宜区域

广东、广西、海南。

3　注意事项

帆布袋上方必须设有遮阳网避免太阳直射。夏季育苗水温过高时，可适当增加水深，后期可使用流水降温。

4 技术依托单位及联系方式

技术依托单位：广东海洋大学。

联系人：陈刚。

通讯地址：广东省湛江市麻章区海大路 1 号。

联系电话：0759-2383497。

卵形鲳鲹优质苗种培育技术

1　技术要点

亲本选择与培育

1.1　亲本选择

选择体形、体色正常,鳍条、鳞片完整,体质健壮,无疾病、无伤残和畸变,活动正常,反应灵敏的亲鱼,鱼龄在 4 龄以上,体重 4 千克 / 尾以上。

1.2　亲本催熟

在繁殖季节前 3 个月进行精养,一般选择潮流畅通的网箱养殖,网箱大小为 6 m×6 m×3 m,放养 4～5 千克 / 尾卵形鲳鲹亲鱼 90～100 尾为宜。每天投喂两次,上、下午各 1 次,饱食投喂。主要投喂新鲜的小杂鱼,如枪乌贼、蓝圆鲹等,并且添加适量的复合维生素和维生素 E,促进性腺发育。

2　亲鱼催产

2.1　亲鱼选配

利用微卫星标记对卵形鲳鲹亲鱼进行个体遗传距离分析,根据个体遗传距离进行分组配对,以控制催产群体中个体间的近交系数。

2.2　催产时间

在海南,卵形鲳鲹生殖季节一般为每年的 1～3 月份。适宜催产的水温在 25 ℃～30 ℃,在进行催产前应结合气候与水温变化来判断。当每日最低水温在 25 ℃以上时,若亲鱼食量明显减退,甚至不吃东西,即为性腺成熟的表现,在选择性拉网检查时若雄鱼有精液,雌鱼腹部饱满,即为催产的最佳时机。

2.3　催产方法

采用 HCG, LRH-A2 或 LRH-A3 等催产剂。注射剂量一般雌鱼每千克鱼体 LRH-A2

或 LRH-A3 10-12 mg，雄鱼减半。或组合注射：每千克雌鱼体重 LRH-A2 5-10 mg + HCG400 个国际单位，雄鱼减半。在配置注射液时建议现配现用，若注射间隔超过 1 h 以上建议放入 4 ℃冰箱保存。注射部位一般选在背鳍下方肌肉丰满处，用针顺着鳞片与鱼体呈 40°角刺入肌肉 1.5 cm 左右。注射后雌雄性比按 1∶2 或 2∶3 的比例放入产卵网箱或催产池内注射后亲鱼一般在 30～35 h 内产卵。

3 受精卵收集与处理

采用拖网或起网收集卵形鲳鲹受精卵。利用发育良好的鱼卵呈浮性，而未发育鱼类或者死卵沉底的原理，将收集的收集卵放入 500 L 的黑色丰年虫孵化桶中，静置 20 分钟后，从底部排除死卵。经过多次处理后，利用 150 目筛网对漂浮于水体上方的鱼卵进行收集。

4 苗种培育过程与管理

4.1 室内苗种培育

4.1.1 受精卵孵化

孵化池孵化密度以 35 万～50 万粒卵／立方米为宜，微量充气，使受精卵均匀分布在水中。池塘采用 3 m×3 m×1.3 m 的布篓进行鱼卵孵化，布气石 1 个／立方米，鱼卵孵化密度为 6 万～12 万粒卵／平方米。

4.1.2 放养密度

培育池幼鱼密度为 3 万～5 万／立方米。

4.1.3 培育管理

培育前期微充气。随着仔鱼的生长逐渐加大充气量，仔鱼孵出后每天补水约 3 cm，第 6 天开始换水、吸污，以后则每天换水一次，换水量在仔鱼期为 20%，稚鱼期为 30%～60%，幼鱼期为 100%～200%。有条件可采用持续流水式培育方式。在稚鱼期每周吸污一次，投颗粒饲料后每天吸污一次。

4.1.4 饵料投喂

每天投喂苗种 3 次，分别为上午 7∶30，中午 12∶30 和下午 5∶30。养殖前 3～5 d，投喂经小球藻或轮虫强化剂强化 12 h 的轮虫，轮虫投喂密度为 10 个／毫升，其后逐渐增加至 20 个／毫升。在孵化后第 9 天左右，可适当添加卤虫无节幼体投喂幼鱼，并逐渐增大卤虫无节幼体投喂量。轮虫与卤虫无节幼体混合投喂期为 5 天左右。在第 13 d 时，可利用卤虫无节幼体进行单独投喂。投喂前，利用小球藻和强化剂强化卤虫无节幼体，以保障幼鱼生长所需营养。第 19 d 左右，可适当投喂经粉碎后的颗粒饲料进行驯化。驯化一周后，幼鱼即可摄食颗粒饲料。

4.1.5 日常管理

在卵形鲳鲹苗种过程中,初期采用微流水养殖,随着鱼体的生长,逐渐增大流水量。养殖前期采用微充气,后期逐渐增大充气量。同时注意养殖水体中温度、盐度、溶氧以及水质变化。每天定时用虹吸管吸除池底的残饵、排泄物、死苗和其他脏物。

待鱼苗生长至 2.0～3.0 cm,幼鱼变态完成时,即可出售或运至鱼塘或网箱养殖。

4.2 培育池塘选择

4.2.1 池塘消毒及进水

放苗前 5 d 左右开始进水 20～30 cm,用生石灰或漂白粉消毒 2 d 后开始注水,注水时要用 100～150 目筛绢包扎进水口,以防野杂鱼、水母等有害生物进入池中。水位加至 120 cm 为宜,鱼苗下塘前第 3 d 开始泼洒豆浆、有机肥料等,接种轮虫和桡足类,让其在苗种培育塘中进行繁殖。有条件可对育苗塘泼洒光合细菌、乳酸菌等进行调水,使得水色达到最佳状态。

4.2.2 饵料投喂

在仔鱼池塘培育初期,采用静水培育 7 d 左右,每天早、中、晚各投喂轮虫及卤虫无节幼体 1 次;随后投喂桡足类、枝角类等饵料。苗种培育至 10 天左右,可适当添加鳗鱼粉对苗种进行驯化,鳗鱼粉驯化期为 7 d;当苗种完全摄食鳗鱼粉时,可加入粒径较小颗粒饲料进行驯化,并随着苗种的生长和摄食情况,逐渐加大对颗粒饲料的投喂。

4.2.3 日常管理

放苗初期不换水,仅每天少量添水,7 d 后每天换水 15%～20%,投喂鳗鱼粉、颗粒饲料后每天换水 20%。

当苗种生长至 1 cm 左右,需开启增养机增养,防止苗种过多而造成缺氧并增大换水量。每天定时记录养殖水温、盐度等指标,做好投喂记录;定时巡塘,观察苗种的生长、摄食情况。

5 适宜区域

广东、广西以及海南等卵形鲳鲹主要养殖地区

6 注意事项

亲鱼群体大小尽快大,同时要求亲鱼来源广,以保障亲鱼群体的遗传多样性。

亲鱼催熟技术影响亲鱼成熟度,进而影响亲鱼产卵效果。因此,在亲鱼催熟过程中,注意加强亲鱼营养。

卵形鲳鲹苗种培育过程中理化因子、营养等对苗种生长、成活率以及苗种畸形率均存在影响。因此，在培育过程中尽量保持养殖水环境温度，同时加强投喂生物饵料强化工作。

7 技术委托单位及联系方式

技术委托单位：中国水产科学研究院南海水产研究所
联系人：张殿昌
联系方式：020-89108316

鲆鲽类弧菌病疫苗浸泡免疫接种操作规程

1 技术要点

1.1 动物规格

适宜靶动物为大菱鲆等鲆鲽鱼类,接种规格建议在 60～100 日龄。

1.2 接种前准备

(1)免疫接种前 1 周停止使用任何抗生素类药物。
(2)免疫接种前 24 小时停止喂食。
(3)浸泡槽提前 1 天消毒并配备充气设施,保障充氧充分。

1.3 浸泡液配制与疫苗剂量

浸泡槽内灌注清洁过滤海水,并严格按照疫苗产品说明书的剂量与配制方法进行添加。

1.4 浸泡时间

根据鱼龄大小与免疫特征及疫苗使用剂量,浸泡时间控制在 1 min～30 min 之间。

1.5 接种后管理

接种后 2 个星期内不得使用任何抗菌类药物,其他按照生产养殖规程执行。

2 适宜区域

鲆鲽养殖主产区的工厂化苗种繁育养殖企业

3 注意事项

疫苗制品瓶盖一旦开启后必须在 4 小时内使用;如不能马上使用,应放置于 2～8 ℃冰箱内暂存。严禁使用过期产品。免疫接种操作过程应尽量避免应激操作行为,减少鱼群应激反应。

4　技术依托单位及联系方式

技术依托单位：华东理工大学。

地址：上海市梅陇路 130 号，邮编：200237。

联系电话：021-64253306，联系人：王启要。

围栏设施构建技术

1 技术要点

1.1 设施结构

围栏设施由柱桩及围网组成,围栏的布局及面积根据海区地理环境而定,布局型式主要包括圆形、矩形和多边形等,现有围栏海域面积多设计为 10 亩以上。围栏养殖空间建议 2~4 亩隔为一仓,可充分利用围栏水体空间。

1.2 网衣布局

围栏设施的围网由化纤网与铜合金网衣组成,围网的上半部分为化纤网,位于低潮位之上;围网的下半部分为铜合金网衣,位于低潮位以下,连接于海底。

1.3 网衣连接

1.3.1 网衣与网衣连接

主要为化纤网与铜合金网衣的连接,对网衣的边缘进行预处理,便于海上连接操作。

1.3.2 网衣与柱桩的连接

围网网衣与柱桩的连接,有整片式网衣与柱桩的连接及分片式网衣与柱桩的连接,连接的原则是保证网衣连接牢固的前提下,避免网衣与柱桩的摩擦,防止网衣移动及磨损。

1.3.3 网衣与海底的连接

铜合金网衣底边与海底的连接,将铜合金网衣埋置于海底并采用相关技术防止网衣脱出移位,造成鱼类逃逸。

1.4 养殖平台

围栏设施上部构建养殖平台及步道,用于养殖工作人员居住及相关养殖用品的存放。

2 适宜区域

适宜养殖的海域,水流交换较好且海底较为平坦,可进行打桩操作的海域,水深在

10～20 米,可规避台风袭击海域较佳。

3　注意事项

根据围栏建造海区的海况进行围栏结构的合理设计布局,包括柱桩规格的选取,网衣材料与规格的选取,及网衣布设等技术应用。

4　技术依托单位及联系方式

技术依托单位:中国水产科学研究院东海水产研究所。

联系人:王鲁民,王永进。

通讯地址:上海市杨浦区军工路 300 号。

联系电话:13501823309,17621490180。

铜合金材料网衣应用技术

1　技术要点

1.1　铜合金材料网衣

铜合金材料在海水中具有抗海水腐蚀,抗海洋污损生物附着等特性,应用于海水养殖亦具有抗菌、防鱼类咬破、提高网箱容积保持率等优点,对比传统化纤网衣,可延长网衣的使用寿命,减少换网工作量等。

1.2　铜合金网衣种类

根据铜线的编织工艺铜合金网衣主要可分为斜方网与编织网,由铜板冲孔拉伸而成的拉伸网也可以作为网衣应用于海水养殖。

1.3　铜合金网衣适用特性

1.3.1　铜合金斜方网

铜合金斜方网又名勾花网,由勾花网机对铜丝勾编而成,其特点是铜丝之间勾串形成网目,只有在受力张开后才能保持网目形状。由于在一定方向上具有折卷性,斜方网在运输及网衣的连接等方面具有一定优势,此种网衣多用于铜合金网衣网箱的构建。

1.3.2　铜合金编织网

铜丝先轧后编形成的网片,网目结构较为稳定,网片制成后以刚性为主,形变较小,多用于围栏网的构建。

1.3.3　铜合金拉伸网

铜合金拉伸网以铜板采用切割扩张并压平打磨而制成,其网身更加轻便而且承载力强。最常见的拉伸网为菱形孔,其他孔型还有六角型、圆孔等,铜合金拉伸网的网眼均匀连接,没有焊接、整体性优越,配合相关连接技术,可适用于网箱网衣构建及围栏网的网衣构建。

2　适宜区域

适用于海水养殖及附着物较多的淡水养殖水域。

3 注意事项

不同的铜合金网衣需要配合相关的连接技术，确保网衣的整体结构稳定。

4 技术依托单位及联系方式

技术依托单位：中国水产科学研究院东海水产研究所。

联系人：王鲁民，王永进。

通讯地址：上海市杨浦区军工路300号。

联系电话：13501823309，17621490180。

臭氧水减菌化处理结合冰温保鲜技术处理
卵形鲳鲹保鲜工艺

1　技术要点

用质量浓度为 1.8 mg/L 的臭氧水进行样品表面的减菌化处理,并将其冰温保藏(冰点为 −1.2 ℃,冰温带为 0～−1.2 ℃)。

使用该方法能使冰温贮藏和臭氧冰温贮藏分别能够保藏 16 和 17 d,与冷藏相比,冰温贮藏能够显著延长卵形鲳鲹的货架期 10 d,是冷藏的 2.7 倍。

2　适宜区域

无限制

3　注意事项

保持温度恒定

4　技术依托单位及联系方式

技术委托单位:上海海洋大学食品学院。
联系人:谢晶。
联系电话:021-61900351,15692165513。

海鲈鱼无水活运的降温处理技术

1 技术要点

海鲈鱼（*Perca fluviatilis*）经 3 ℃/h 降温速率处理后，进行无水活运运输，该处理后无水活运对海鲈鱼肝组织损害程度低，存活率高。

2 适宜区域

无限制

3 注意事项

保持降温温度与速率恒定

4 技术依托单位及联系方式

技术依托单位：上海海洋大学食品学院。
联系人：谢晶。
联系电话：021-61900351，15692165513。

冻军曹鱼片加工关键技术

1　技术要点

1.1　新鲜军曹鱼片采用生物法结合超声波辅助进行半脱脂技术

在室温下,将新鲜军曹鱼片放在容器中,按料液比为 1∶5 加入清水,加入碱性脂肪酶,酶浓度为 50 U/mL,然后放入超声波设备中,选取超声波频率为 35 kHz、温度为 20 ℃、强度为 200 W 进行脱脂处理,时间为 30～45 min。

1.2　军曹鱼片的减菌处理技术

将半脱脂后的军曹鱼片放入浓度为 6 mg/L 的臭氧(O_3)水中处理,时间 10 min。

1.3　军曹鱼片的品质改良技术

在 4 ℃条件下,将减菌处理后的军曹鱼片,放入无磷品质改良剂(0.4%的褐藻酸钠裂解物 + 0.5%柠檬酸)中浸泡 30 min,可有效锁住鱼片的水份,防止鱼片解冻和蒸煮时的水份流失,防止鱼片的冷冻变性,提高冻军曹鱼片的品质。

2　适宜区域

国内军曹鱼类加工生产企业。

3　注意事项

无

4　技术依托单位及联系方式

技术依托单位:中国水产科学研究院南海水产研究所。
联系人:吴燕燕。
联系电话:020-34063583。

网箱养殖军曹鱼冰温气调保鲜加工技术

1 技术要点

将新鲜军曹鱼去鱼鳃、内脏之后，根据客户要求切成鱼块或鱼片，先用浓度为 6 mg/L 的臭氧（O_3）水处理 10 min；然后进行冰温处理：浸泡在 3% NaCl 和 0.3% Vc 处理液中 60 min；取出后沥水，进行气调包装：采用高阻隔性包装袋并充以 50% N_2 和 50% CO_2 的气体；包装后产品贮藏在冰温条件下。采用该技术大大延长军曹鱼产品的货架期。

2 适宜区域

国内军曹鱼等海水鱼类加工生产企业。

3 注意事项

无。

4 技术依托单位及联系方式

技术依托单位：中国水产科学研究院南海水产研究所。
联系人：吴燕燕。
联系电话：020-34063583。

液熏军曹鱼片加工技术

1 技术要点

取新鲜或冰冻军曹鱼,冷冻的需在常温下解冻,去头、去尾、去内脏、切分为大小均匀鱼片。将一定量的烟熏液与其他辅料盐、糖、酒、味精、生抽和姜汁等调成混合浸渍液,将军曹鱼片放入浸渍液中浸泡 2 h,浸渍温度为 25 ℃。采用两段式熏制烘干工艺:第一次烘干采用温度控制在 40 ℃~50 ℃ 1 h,干燥至鱼片表面略硬,再用 Smokez Enviro P24 均匀喷洒在鱼片表面,进行第二次干燥,温度控制在 80 ℃左右 2~3 h。采用该技术生产的熏制军曹鱼产品的苯并芘含量极低,品质良好,营养丰富。

2 适宜区域

国内军曹鱼类加工生产企业。

3 注意事项

无

4 技术依托单位及联系方式

技术依托单位:中国水产科学研究院南海水产研究所。
联系人:吴燕燕。
联系电话:020-34063583。

渔药现场快速检测改良型技术与试剂盒

1　技术要点

（1）用刀具将待检测鱼肉切至小块，经均质后称取 0.2 g 样本于 1.5 mL 离心管中。

（2）加入 400 μL 浓度为 2% 的磺基水杨酸，振荡充分混合约 2 min。

（3）室温下 4 000 rpm 离心 5 min。

（4）取上清液 200 μL 于 1.5 mL 离心管中，加入 20 μL 0.1 mol/L 氢氧化钾溶液调节提取液 pH 至中性，待检。

（5）取 50 μL 加到胶体金免疫层析试剂卡，根据显色结果判读样品中氟喹诺酮类药物残留情况。

2　适宜区域

养殖场、海水网箱等养殖现场的样品前处理。该快速检测技术不需要任何仪器设备，可以在 30 分钟内完成对药物的检测，为养殖户的自查自检提供了技术保障。

3　注意事项

保证离心后的上清液澄清透明，没有鱼肉残留。

4　技术依托单位及联系方式

技术依托单位：中国海洋大学食品安全实验室。

联系人：隋建新。

通讯地址：山东省青岛市市南区鱼山路 5 号。

联系电话：13553003951。

E-mail：suijianxin@ouc.edu.cn

设施型工厂化循环水养殖技术

1　技术要点

1.1　系统组成

设施型工厂化循环水养殖系统中,设施占据较大比重。其与设备型循环水系统比较,用电设备更少,但是需要更多的空间用于水处理。其物理过滤依赖于弧形筛代替转鼓式微滤机,生物滤池占据约40%的系统水体。与设备型循环水优缺点对比如下:

对比项	设备型循环水系统	设施型循环水系统
设备投资	高	中
耗电量	高	中
维护费用	高	低
水处理能力	高	中
对养殖品种要求	高	中
备注	设备型循环水投资大,运行费用高,需要养殖高价值鱼类才能够盈利,不适宜普通养殖者。	设施型循环水投资、运行费用及对养殖品种要求较低,适宜普通养殖者的使用。

1.2　品种选择

半滑舌鳎、石斑鱼、大菱鲆、红鳍东方鲀。

1.3　系统维护

根据系统实际使用情况,每年宜进行一次维护。

2　适宜区域

北方沿海各地区。

3 注意事项

（1）循环水系统运行前，必须提前运转，可人为添加氮源，培养硝化细菌。

（2）鱼苗、鱼种进入车间后，宜做好过渡，前期控制好饵料投喂，避免水质指标超标。

（3）养殖进入稳定期后，做好水质监测工作及系统清理工作。

（4）循环水系统养殖病害防治

4 技术依托单位及联系方式

技术依托单位：大连天正实业有限公司。

联系人：刘圣聪。

联系方式：18940866275 0411-8439002。

许氏平鲉人工繁育技术

1 技术要点

1.1 亲本选择

亲本选择人工培育的野生苗种养成的成鱼,可直接选择自然交配后的怀卵发育成熟的母鱼作为待产亲本。

1.2 苗种培育

许氏平鲉卵胎生,亲鱼直接产出仔鱼,仔鱼在培育中需要进行轮虫、卤虫幼体、卤虫、配合饲料的投喂,水环境的控制等工作。

2 适宜区域

环渤海、黄海区域。

3 注意事项

亲鱼怀卵量差异较大,产仔后,仔鱼布池不一定均匀,要及时调整。
饵料转换中,死亡率增加属正常现象,不能过于直接。
中后期,苗种规格差异较大,做好规格筛选工作。

4 技术依托单位及联系方式

技术依托单位:大连天正实业有限公司。
联系人:刘圣聪。
联系方式:18940866275 0411-8439002。

大黄鱼自然虹吸法出苗

1 技术要点

在大黄鱼人工育苗后期，苗种从育苗池移往海上网箱暂养，即大黄鱼出苗的操作过程中，采用虹吸方法进行出苗。该技术较传统的大黄鱼出苗法可减少鱼苗受伤，降低应激反应，使苗种出苗时的成活率提高 10%～15%，出苗时的成活率达 98% 以上，同时大大降低出苗人工搬运强度。技术要点如下：

（1）虹吸管材料与制作：采用 ø50～75 的透明聚乙烯管，内壁光滑，其长度大于育苗池至海上活水船的距离。

（2）虹吸法出苗：首先将活水船装苗舱装满海水，保持充气状态；育苗池水位降低至 30～50 cm，停止充气，使大黄鱼鱼苗集中在较小的水体中。然后采用虹吸管利用自然高程差从育苗池的出水端将苗种虹吸至活水船装苗舱，同时在育苗池的进水端添加海水，保持虹吸时育苗的水位高度。在虹吸至育苗池鱼苗密度很小时，利用围网将剩余鱼苗网捞起移至活水船。

2 适宜地区

大黄鱼人工育苗，育苗池至活水船高程差 2～10 米。

3 注意事项

（1）育苗池高程差较大时，要通过增加虹吸管的长度和减小虹吸管的口径，控制出苗流量，减少鱼苗在吸入虹吸管和流入活水船装鱼舱时受伤。育苗池高程差较小时，要通过减小虹吸管的长度和增加虹吸管的口径，保证能把鱼苗吸进。

（2）虹吸过程中，如育苗池鱼池密度较大时，可适当提高虹吸时育苗池的水位。

（3）在添加海水时，要用筛绢网套住进水口使其保持接近育苗池水面或水下，以免对鱼苗造成较大的冲击。

4　技术依托单位及联系方式

（1）技术依托单位：宁德市富发水产有限公司。

（2）联系人：郑炜强。

（3）联系电话：13959118225。

鲈鱼深加工技术——鱼松膨化技术

1 技术要点

以海鲈鱼为原料采用一种基于高压气流膨化原理的鱼松炒制、膨化新型工艺，并严格将水分含量控制在 13～20 之间。使用空压机加压至 4～5 MPa，用液化气、煤气加热，温度设定在 110～120 ℃。并以一定的速度不断旋转罐体，使物料均匀受热，随着不断加热，罐内温度逐步升高，达到 100 ℃ 以上时，物料体表体内水份会逸出并汽化，在罐内形成一定压力。当物料水份被控出 5%～8% 时，罐体内压力将达到 0.8～1.25 MPa。将罐体盖子突然打开，由高温高压状态突然释放降至常温常压，物料会在失水的位置由空气的填充而变大，其结构发生变化，体积膨大几倍，释放的那一瞬间气流和物料从膨化机出口瞬时膨出。

2 适宜区域

沿海城市方便取材

3 注意事项

食材的新鲜和温度、高压的控制

4 技术依托单位及联系方式

技术依托单位：漳州综合试验站。
联系电话：0593-7858666 转项目部。

海水鱼类副产物的综合利用技术

1　技术要点

1.1　对大菱鲆鱼排进行研究开发

开发出大菱鲆鱼油、鱼粉产品，具体加工工艺如下：

鱼排清洗→水煮→离心分离：上层鱼油微滤，微滤之后静置分层，虹吸之后获得鱼油；下层干燥粉碎后得到鱼粉→鱼油、鱼粉分装。

1.2　开发出大菱鲆烤鱼排产品

日照综合试验站团队成员对大菱鲆鱼排进行研究开发，开发出大菱鲆烤鱼排产品并在山东美佳集团有限公司的子公司日照好口福食品有限公司进行试销售，本产品以独特的口味赢得了消费者的亲睐。具体加工工艺如下：

（1）解冻：缓解至不完全解冻（或水解）

（2）去边刺：用剪刀去掉边刺及黑膜

（3）清洗：用长流水清洗掉黑膜等杂质

（4）控水：用周转筐控水 0.5 小时，以不滴水为准。

（5）调味：用白砂糖、食盐、味精、淀粉、辣椒粉、芝麻、山梨酸钾、柠檬酸、苹果酸、呈味核苷酸二钠、琥珀酸二钠、食用香料搅拌均匀，并静置一夜。

（6）摆网：把调味后的鱼排摆至篦子上，不重叠。

（7）烘干：烘道温度设定好，烘至水分 < 20%，用周转筐盛放。

（8）蒸：用高压罐 120 ℃ 10 分钟，蒸后品温 80 ℃ 以上。

（9）焙烤：焙烤机温度设定 170 ℃，转速 8.0 r/min，烤后品温在 70 ℃ 以上。

（10）晾干：摆放在灭菌后的烘车上晾干。

（11）包装：用方底袋 37 × 25 × 42 包装，装箱，5 千克/箱。

（12）入库：入成品库。

2 适宜区域

海水鱼副产物。

3 注意事项

略。

4 技术依托单位及联系方式

技术依托单位：山东美佳集团有限公司。
联系电话：0633-2982026。

第四篇
获奖或鉴定成果汇编

网箱养殖军曹鱼加工关键技术推广

主要完成单位：中国水产科学研究院南海水产研究所，饶平县展雄水产品有限公司

主要完成人员：吴燕燕，李来好，杨贤庆，郑友拉，马海霞，陈胜军，黄卉，魏涯，赵永强，郑国平，邓建朝，林婉玲，岑剑伟，刘妙君，杨少玲。

工作起止时间：2010～2017

获奖时间：2017.1.5

获奖名称级别：广东省农业技术推广奖二等奖

内容摘要：

网箱养殖军曹鱼加工关键技术成果经广东省海洋与渔业局组织专家鉴定，鉴定委员会认为该成果总体处于国际先进水平。该成果研究解决了大规模网箱养殖军曹鱼的多元化加工关键技术，发明了生鲜军曹鱼片的半脱脂技术，开发了无磷保水剂改善了鱼片品质；研发了液熏军曹鱼片加工技术、冰温气调保鲜加工技术，开发了系列军曹鱼加工产品。技术成果先后在广东、海南等多家企业推广应用，取得显著经济和社会效益。

海洋食品的生物制造关键技术与应用

主要完成单位：中国海洋大学，荣成泰祥食品股份有限公司

主要完成人员：毛相朝，薛长湖，林洪，李钰金，孙建安，张鲁嘉，齐祥明，赵元晖，付晓婷

工作起止时间：2011.03.01～2014.02.28

获奖时间：2017.01.18

获奖名称级别：海洋工程科学技术奖二等奖

内容摘要：

本项目属于海洋食品加工领域，特别强调生物技术在海洋食品绿色制造过程的应用。我国是一个海洋大国，但目前我国的海洋食品制造业以传统加工为主，普遍存在着资源利用率不足、产品附加值偏低、环境污染严重等问题，已成为制约海洋农业持续快速发展的重要瓶颈。如何攻克海洋食品的绿色制造关键技术（尤其是海水鱼），提高海洋资源利用率、利用价值和产品质量，已经成为海洋食品制造领域的迫切需求。创造性地建立了基于基因挖掘和结构计算的高选择性海洋食品加工专用酶的理性设计和分子改造技术，实现了游离虾青素、DHA-磷脂等新型海洋功能脂质以及L-3,6-内醚半乳糖和聚合度为2-5琼胶寡糖等特

定聚合度海洋功能糖的定向生物制造。本项目成果全面提升了我国海洋食品制造业的整体技术水平，为我国海洋生物资源的可持续开发利用提供了可靠的技术支撑。进一步增强了我国海洋食品加工企业的市场竞争力和产业发展的核心竞争力，显著降低了资源消耗和环境污染，获得了显著的经济效益、社会效益和生态效益，对促进我国海洋产业的健康、高效和可持续发展具有重要意义。

离岸抗风浪网箱水动力特性与安全评估关键技术研究及应用

主要完成单位：大连理工大学、大连天正实业有限公司、大连海洋大学

主要完成人员：刘圣聪，张涛

工作起止时间：2007年至今

获奖时间：2017年2月18日

获奖名称级别：辽宁省科技进步二等奖

内容摘要：

海洋食品是人类获取优质蛋白质的重要途径，然而由于过度开发，传统的浅海养殖已造成了严重的环境污染，海产品的品质和产量严重下降，已不能满足人们的需求。因此，亟须开发环境友好、安全、高效的离岸养殖技术和装备。但由于离岸养殖在外海区域，水深、浪大、流急，要求设施既满足养殖需求又兼具抵抗台风等极端气候的能力，因此如何设计、评估、建造抗风浪离岸养殖设施是世界范围内海上养殖业所面对的挑战性课题。针对离岸养殖设施是柔性、漂浮海工结构，且尺度大而构件细小，大变形、大位移的特点，其水动力特性极其复杂的问题，本项目构建了离岸养殖装备工程设计与安全评估技术理论，突破了设计建造离岸养殖装备的技术瓶颈，在国家863计划、科技支撑计划和国家自然科学基金等项目的支持下，经过20多年的不懈努力，取得了多项创新性成果：① 突破了大尺度、大变形离岸养殖网箱水动力特性分析方法的关键难题，构建和开发了多体组合式网箱结构在波、流联合作用下动力响应特性的模拟体系和设计软件，解决了离岸网箱水动力行为精确模拟和安全设计的难题。自主研制了大型抗风浪金属网箱，并实现了该网箱的自主生产、安装和运营，单网箱载鱼量突破3吨。② 首次提出了适用于波、流作用下柔性网衣结构动力模拟的物理模型相似准则；建立了柔性网衣结构三维全时域动力响应数值模型，实现了渔网周围流场分布与结构变形的耦合模拟计算，解决了波流场中柔性网衣结构动力响应模拟的技术难题。网衣受力计算精确性提升20%以上，采用该技术设计的网箱耐流能力从0.45 m/s提升到0.80 m/s。③ 提出了柔性浮架结构的波浪力计算方法；揭示了浮架系统在波浪作用下的受力-运动-弹性

变形的耦合作用机理,成功地实现了浮架结构动力特性的精确模拟,解决了海上漂浮小尺度结构的水弹性模拟和安全设计问题。应用该技术设计制造的网箱抗台风能力达12级,可抵御4%～％6米波浪。④ 突破了离岸深水网箱标准化工程技术和结构安全评价方法,开发了网箱结构安全评估理论体系、软件产品和新型网箱成套装备。实现了金属网箱的完全国产化设计和生产,进而开展了红鳍东方鲀、鲆鲽鱼等名贵海水鱼的离岸深水规模化养殖,单个示范区离岸网箱数量达到700台,该规模国际罕见。该项成果广泛应用于我国东、南、黄渤海的深水养殖区,实现了新型离岸养殖设施在20～40 m水深的开放海域安全作业。装备设施曾多次抵御12级台风以及风暴潮气候,成功保障了经济鱼类的海上安全。养殖水域水质明显改善(营养和污染指数分别减少了97%和87%),单位水体产量提高136%,社会效益显著。教育部科技成果鉴定认为"该项成果促进了我国海洋养殖设施装备的产业化进程,总体上达到国际领先水平"。

基于海洋生物资源高效综合利用的生物发酵与催化转化关键技术

主要完成单位:中国海洋大学,荣成泰祥食品股份有限公司

主要完成人员:毛相朝,林洪,薛长湖,李钰金,孙建安,牟海津

工作起止时间:2011.03.03～2014.02.28

获奖时间:2017.02.22

获奖名称级别:教育部技术发明奖二等奖

内容摘要:

本项目属于海洋水产品加工和副产物综合利用领域,特别强调生物发酵与催化转化技术在海洋生物资源开发中的应用。通过发展生物发酵、生物催化与生物转化等现代工业生物技术开发海洋生物资源,获得了以下成果:① 系统性地建立了微生物发酵转化甲壳类海洋水产品提取功能活性物质的关键技术,开拓了利用生物加工技术对海洋水产品进行高值化综合利用的新领域。根据甲壳类海洋水产品的不同新鲜程度,建立了地衣芽孢杆菌－氧化葡萄糖酸杆菌双菌协同发酵法和益生菌发酵-内源酶催化耦合法提取虾青素、甲壳素和功能蛋白粉等海洋功能活性生物制品的关键技术。② 综合性地建立了海洋蛋白资源的固液态生物发酵技术,实现了海洋生物蛋白资源的高效综合利用。针对传统发酵食品工艺壁垒,建立了微生物在不添加任何外源营养物质的前提下以海洋水产品为原料直接发酵转化法、米曲霉低盐固态发酵法、酶催化-微生物纯种液态发酵耦合法和酶催化-固态发酵耦合法生产高游离氨基酸海鲜调味品和海洋功能饮料等海洋发酵食品的关键技术。

水产品低温物流关键技术研发与设备创新

主要完成单位：上海海洋大学，上海宝丰机械制造有限公司，上海郑明现代物流有限公司，常州晶雪冷冻设备有限公司，江苏九寿堂生物制品有限公司

主要完成人员：谢晶，周洪剑，王金锋，贾富忠，陈明，刘骁，陈晨伟，杨胜平，蓝蔚青，钱韻芳

工作起止时间：2010.01～2016.12

获奖时间：2017年4月

获奖名称级别：上海市技术发明奖三等奖

内容摘要：

系统研究了水产品物流过程品质劣变规律，提出新型冰保鲜技术，集成创新生物保鲜剂保鲜、冰温贮藏、气调包装等技术，研究不同保鲜方式对水产品品质变化的影响，以显著延长水产品货架期；深入探索鱼类低温无水保活过程的应激反应过程，揭示低温无水保活机制，提出鱼类无水保活工艺及商品化销售的装置；构建冷链装置基于多物理场的流场耦合模型，通过计算流体力学数值模拟和仿真研究，揭示其中流场形成的机理，提出一种新型冷库节能控温系统以及新型融霜模式，降低冻结物冷藏库的电耗至 55 kW·h/m³·a；创制出新型蒸发式冷凝器和吸吹式空气幕；新型蒸发式冷凝器应用后，制冷系统实现了节能节电，相比于旧型号的蒸发式冷凝器单位面积散热量由 5.9 kW/m² 提高至 7.0 kW/m²，机泵能耗系数（比电耗）由 11.8 提高至 12.95；新型空气幕的隔离效率提高至 75%～80%，高于单层下吹式空气幕和双层空气幕，填补国内空白；应用生物化学方法系统研究了典型水产品（带鱼、鱼糜、鲳鱼、对虾、河鲫鱼等）品质与存放温度、时间的关系，提出了物流过程货架期预测模型，研发水产品流通中品质动态评价技术、货架期 RFID 无限传输指示设备，实现了低温流通中实时监控水产品的品质与安全，填补国内空白。

上述一系列关键技术的应用和新产品的制造为企业带来了良好的直接经济效益，累计新增产值 26 268.2 万元、新增利润 5 687.1 万元、节支 2 835 万元。经查新，研发的鲜活水产品保鲜、无水保活等系列技术和冷链新装备均属国内首创，具有较强的创新性，综合技术达到国际先进、国内领先水平。

海水工厂化循环水养殖技术

主要完成单位：山东省海洋资源与环境研究院

主要完成人：姜海滨，王斐，张明亮，韩慧宗，韦秀梅，冯艳微，刘相全，崔国平

工作起始时间：2014～2015

获奖时间:2017 年 8 月 15 日

获奖名称级别:山东省海洋与渔业技术推广奖

内容摘要:通过优化海水工厂化循环水养殖中的高效水处理净化技术、低能耗控制技术和重要疫病防控技术,提高水处理效率,降低调温系统和水处理设备运行能耗,减少养殖品种发病率,从而获得很高的经济效益,成果达到国内领先水平。海水工厂化循环水养殖是陆基工业化养殖的发展方向,具有高效、无污染、集成、绿色安全的优点。2014 年~2015 年在 7 个示范县区共建立了海水工厂化循环水养殖示范面积 60 000 m²,推广工厂化养殖面积 50 000 m² 以上,经济效益提高 18% 以上,采用该系统模式,养殖的半滑舌鳎单产可达 15.1 kg/m²~15.6 kg/m²,大菱鲆单产可达到 17 kg/m²~36 kg/m²,对虾产量由 8 kg/m² 提高到 11 kg/m²。提高了养殖效率和经济效益,并辐射带动其他养殖区域的工厂化养殖,促进水产品加工、外贸和交通运输等行业发展,为周边地区同类养殖模式做出了示范。

大菱鲆选育苗种的生产和推广

成果名称:大菱鲆选育苗种的生产和推广

主要完成人员:马爱军,王新安,黄智慧

工作起止时间:2016.08~2017.09

验收时间:2017.09.07

验收地点:江苏省连云港仙忠水产养殖有限公司

组织验收单位:中国水产科学研究院黄海水产研究所

内容摘要:

2017 年 9 月 7 日,中国水产科学研究院黄海水产研究所组织专家对所承担的国家海水鱼产业技术体系——大菱鲆种质资源与品种改良(编号:CARS-47-G01)岗位中的"大菱鲆耐高温性状苗种培育及推广"和"大菱鲆多宝 1 号推广"工作进行了现场验收。专家组听取了工作汇报,查阅了相关材料,经现场察看和随机抽样测量,形成如下测产报告:

2016~2017 年培育大菱鲆耐高温性状苗种 86 万尾,推广至山东、江苏、福建等地。江苏省连云港仙忠水产养殖有限公司 2016~2017 年间从良种选育岗位基地——烟台开发区天源水产有限公司购买了选育的大菱鲆耐高温苗种,其中 2016 年 8 月采购苗种 15 万尾,2017 年 7 月购买 10 万尾,进行养殖,养殖水温冬季水温 15~17 ℃,夏季水温 22~25 ℃。2016 年购买的苗种今年 6 月已陆续开始出池,出池商品鱼规格 500~600 g,目前池中尚有待售商品鱼 1 万尾,平均规格 620 g,经过夏季的高温后,养殖成活率达 95%;2017 年购买的 10 万尾苗种,已安全度过夏季相对水温较高的季节,长势良好。

2017 年春季培育大菱鲆多宝 1 号苗种 60 万尾,推广至山东、江苏、福建等地。42 kg 受精卵推广到山东烟台、威海等养殖场。其中 2017 年推广到仙忠水产多宝 1 苗种 10 万尾。

大黄鱼良种的培育与推广

主要完成单位：宁德市富发水产有限公司，宁德市水产技术推广站

主要完成人员：韩坤煌，刘招坤，张艺，黄伟卿，柯巧珍

工作起止时间：2012～2017

获奖时间：2017年9月

获奖名称级别：福建省科技进步三等奖

内容摘要：

本项目首次建立了大黄鱼海上活体种质库、陆上活体种质库和室内冷冻精子库的多渠道保护大黄鱼种质资源的种质库。系统总结了大黄鱼种质资源保护、种质库建设与优化更新机制及其资源增殖、养殖主要病害及防控等原创性成果，开展大黄鱼亲本更新与隔离保种、病害防治、种质库优化操作等种质库优化更新机制研究，实现其可持续种质保持和开发利用，进一步丰富我国大黄鱼研究领域的理论与实践。在前期工作基础上，利用优化的种质库种质资源，结合家系选择和传统群体选育技术，辅以冷冻精子等生物技术手段，构建了大黄鱼选育的核心基础群体，为大黄鱼良种化提供了更多可供选择的遗传育种材料，确保了种质库亲鱼的遗传多样性；成功开发出具生长优势的"富发1号"新品系，培育和推广新品系2亿多尾，增殖放流原种子一代453万尾，收获商品大黄鱼2 500多吨，产值8 500多万元，利润2 200多万元，进一步保护大黄鱼海区种质资源，取得了良好的经济效益和应用推广价值。

鲆鲽类工厂化高效养殖模式集成构建与示范

主要完成单位：中国水产科学研究院黄海水产研究所，中国水产流通与加工协会

主要完成人员：黄滨，刘宝良，贾玉东，刘滨，王蔚芳，洪磊，雷东

工作起止时间：2015-2017

获奖时间：2017.11

获奖名称级别：中国产学研创新成果优秀奖

内容摘要：

围绕养殖设施装备、系统工艺、高效养殖模式等关键技术环节，全面开展"工程"学与"养殖生物"学高度兼容的系统性研究，集成构建鲆鲽类工厂化高效养殖模式，强化新方法、新模式的推广应用。首次提出了"清水循环"系统工艺，在减少循环系统装备的同时，还保证了养殖系统的水质环境，获国家发明专利授权；另外，针对循环水养殖系统各工艺环节进行了节能降耗技术革新，采用了太阳能和水源热泵调温技术、智能化监测技术和循环设备节能技术等技术集成，系统性地将节能技术成果，结合鲆鲽类养殖生物学特性集成应用并构建

了两种节能型工厂化循环水养殖系统。针对鲆鲽类工厂化养殖过程中各关键环节的研究稳步推进，从优质苗种筛选、高效健康养殖与关键水质因子调控标准、精准投饲技术、特定病原快速监测以及生产管理策略等关键技术环节开展应用技术理论研究，形成了"大菱鲆工厂化循环水三段高效养殖法"和"半滑舌鳎与斑石鲷工厂化循环水立体养殖技术"。此项研究有利于我国鲆鲽类产业的转型升级，提质增效，有利于积极助推鲆鲽类产业步入健康可持续的平稳发展轨道，有利于示范带动我国海水鱼类养殖大产业的科学发展。

虎龙杂交斑新品种

主要完成单位：广东省海洋渔业试验中心，中山大学，海南大学，海南晨海水产有限公司

主要完成人员：张海发，刘晓春，张勇，陈国华，蔡春有

工作起止时间：2008～2013

公告时间：2017. 04. 13

组织鉴定单位：全国水产原种和良种审定委员会

内容摘要：

虎龙杂交斑新品种（GS-02-004-2016）是以经3代群体选育的棕点石斑鱼（*Epinephelus fuscoguttatus*）为母本，以来自我国台湾的鞍带石斑鱼（*Epinephelus lanceolatus*）经2代人工繁殖的后代为父本，通过杂交而得到的具有多种优良性状的子一代。

该杂交品种具有生长速度快；育苗及养殖成活率高、抗病力强；饵料系数低；体形美观、肉质鲜嫩等优点。适宜在我国南方沿海地区海水池塘、网箱及工厂化养殖，同时也适宜在北方沿海地区室内工厂化养殖，应避免用于河口及大海的放流增殖。

半滑舌鳎良种选育技术研究

主要完成单位：河北省海洋与水产科学研究院，河北省海洋生物资源与环境重点实验室

主要完成人员：赵振良，孙桂清

工作起止时间：2014. 01～2016. 12

验收时间：2017. 06. 29

验收地点：河北省秦皇岛市

组织验收单位：河北省科技厅

内容摘要：

2017年6月29日由河北省科技厅组织专家对河北省海洋与水产科学研究院和河北省

海洋生物资源与环境重点实验室共同承担的科学技术研究与发展计划项目"半滑舌鳎良种选育技术研究"(项目编号:14256702D)进行了验收,验收结果如下:筛选良种亲鱼150组,促熟率58.33%。三年共获得受精卵1 524万粒,获得初孵仔鱼1 131万尾,选育出5 cm优质苗种270.3万尾,培育优质后备亲鱼2.5万尾。构建了半滑舌鳎人工养殖群体和野生群体,建立半滑舌鳎家系10个,选育出两个快速生长家系,日增重率分别为0.256、0.241。在河北沿海开展半滑舌鳎良种规模化培育及配套技术——工厂化循环水养殖技术示范与推广,示范面积5 000 m²,半滑舌鳎养殖成活率93%,饵料系数0.98,实现年产值1 000万元。推广养殖1 000 m²,养殖成品鱼10万kg,实现年产值2 000万元。项目实施过程中,资金使用合理规范。该项目技术先进,超额完成了合同技术经济指标。

黄条鰤人工繁育技术

主要完成单位:大连富谷水产有限公司

主要完成人员:柳学周,徐永江,史宝,王滨,姜燕

工作起止时间:2012年至今

验收时间:2017.07.04

验收地点:大连富谷水产有限公司

组织验收单位:中国水产科学研究院黄海水产研究所

内容摘要:

黄条鰤也称黄尾鰤,俗称"黄犍牛"、"黄金鲅",为大洋性大型经济鱼类,我国沿海均有分布,是黄渤海海域自然分布的唯一大型鰤属鱼类。黄条鰤体型大,生长迅速,肉质鲜嫩,富含人体所需16种氨基酸,特别是"EPA+DHA"含量高达20.77%,因此具有较优的口感鲜度和较高的营养价值,肉质媲美金枪鱼、三文鱼,是食用"生鱼片"、"鱼排"的上佳食材,经济价值高,国内外市场消费需求旺盛。2017年,本岗位在国内首次获得大洋性经济鱼类黄条鰤(*Seriola aureovittata*,英文名Yellowtail kingfish)人工繁育的成功,攻克了黄条鰤野生鱼驯化、亲鱼"海陆接力培育"、人工综合调控亲鱼性腺发育成熟、自然产卵等技术难关,获得了批量受精卵,采用工厂化育苗方法,摸清了早期发育规律、饵料系列、苗种中间培育等关键技术,培育出平均全长13.6 cm、平均体重28.4 g的黄条鰤大规格苗种数万尾,取得了人工繁育的重大突破,为今后的产业化开发奠定了基础。近年来,由于全球范围内黄条鰤自然资源的严重衰退和消费需求的持续增加,日本、澳大利亚、新西兰、韩国等国家纷纷开展黄条鰤人工繁育与养殖技术开发,但各国研发进展较为缓慢,养殖业主要依赖野生苗种。我国黄条鰤人工繁育的成功,也标志着我国在该技术上步入国际先进水平。成果入选2017年度中国水产科学研究院十大科研亮点。

深水网箱适养品种（黑鲪）新品系选育

主要完成单位：山东省海洋资源与环境研究院

主要完成人：姜海滨，张明亮，韩慧宗，王腾腾，王斐

工作起始时间：2013～2017

验收时间：2017 年 7 月 5 日

组织验收单位：山东省海洋与渔业厅

内容摘要：

2013 年分别培育威海荣成、烟台长岛、青岛崂山和日照岚山四个地理群体 F2 代，目前保有 600 尾；2017 年建立荣成群体 F3 代家系 9 个。2017 年培育 F3 代家系平均体重 0.89 g，平均体长 2.88 cm；F3 代家系平均体重比 F2 代提高 10.0%，平均体长提高 4.0%；F3 代家系平均体重比 F1 代提高 23.6%，平均体长提高 12.9%。筛选的乳酸菌 YH1 进行养殖效果试验，实验组比对照组成活率提高 12.5%；经生产扩大试验，实验组比对照组成活率提高 20%以上。项目实施期间，课题组采用群体选育、家系选育及分子标记辅助育种的方法开展了黑鲪生长快、抗逆性强的新品系选育，所培育的优良品系生长速度比选育前提高 20%以上。同时开展了黑鲪肠道乳酸菌的筛选和养殖应用，苗种成活率得到显著提高，综合效益显著，为黑鲪深水网箱养殖的发展提供了技术保障。

"许氏平鲉苗种规模化培育"阶段验收

主要完成单位：大连天正实业有限公司

主要完成人员：刘海金，张涛，刘圣聪

工作起止时间：2017 年 4 月～7 月

验收时间：2017 年 7 月 11 日

验收地点：大连天正实业有限公司（大黑石基地）

组织验收单位：大连市海洋与渔业局

内容摘要：

2017 年 7 月 11 日，大连市海洋与渔业局组织有关专家，对大连天正实业有限公司承担的"许氏平鲉苗种规模化培育及放流试验"项目进行苗种培育阶段的现场验收。专家组听取了项目单位的工作汇报，审核了相关生产记录，并在现场进行确认，经讨论形成验收意见如下：项目单位提供的验收材料齐备，数据翔实、可靠；经确认项目单位用于培育许氏平鲉苗种的养殖池 32 个，其中，50 m² 养殖池 8 个，苗种数量约为 6 万尾/池；20 m² 养殖池 24 个，苗

种数量约为 3 万尾/池，共计约 120 万尾；现场抽测 30 尾苗种，规格为全长 41 mm～60 mm，平均 49.33 mm。

许氏平鲉深远海网箱大规格苗种培育技术集成与应用

主要完成单位：山东省海洋资源与环境研究院

主要完成人：姜海滨，张明亮，韩慧宗，王腾腾，王斐

工作起始时间：2015～2017

验收时间：2017 年 10 月 25 日

组织验收单位：山东省海洋与渔业厅

内容摘要：

2017 年 7 月中旬，放养我院繁育示范基地（烟台泰华海洋科技有限公司）选育的许氏平鲉苗种 108 万尾，平均全长 5.0 cm、体重 2.6 g；同期放养的海捕野生苗种平均全长 5.0 cm、体重 2.5 g。经过 3 个月的网箱养殖，选育苗种平均全长 12.6 cm、体重 66.7 g；同期海捕野生苗种平均全长 11.9 cm、体重仅 40.0 g。应用哈维氏弧菌疫苗及课题组研发的特定益生菌，选育苗种成活率高达 92%；野生苗种成活率仅 18%。

"富发 1 号"新品系现场测产报告

主要完成人员：韩坤煌，郑炜强，陈佳，柯巧珍，翁华松，等

工作起止时间：2017.01～2017.11

验收时间：2017.11.23

验收地点：宁德市富发水产有限公司

组织验收单位：宁德市科学技术局

内容摘要：

2017 年 11 月 23 日，宁德市科学技术局组织同行专家对宁德市富发水产有限公司选育的大黄鱼"富发 1 号"新品系选育效果进行现场测产。专家组听取了工作汇报，查阅了相关材料，经现场察看和随机抽样测量，形成如下测产报告：对选育的"富发 1 号"新品系和对照组苗种的试验养殖效果进行现场测定，随机抽样各 60 尾进行生物学测量。测量结果如下：新品系平均体长 17.05 cm，平均体重 91.35 g。对照组平均体长 15.67 cm，平均体重 71.88 g。

新品系平均体长比对照组提高 8.81%,平均体重提高 27.09%。

大型钢制管桩围网构建

主要完成人员:关长涛,翟介明,黄滨,王秉心,崔勇,张秉智,李文升,等

工作起止时间:2016.01~2017.10

验收时间:2017.11.24

验收地点:山东省莱州市

组织验收单位:中国水产科学研究院黄海水产研究所,莱州明波水产有限公司

内容摘要:

在国内首次建立 1 个大型钢制管桩围网,围网为环形双层管桩结构,外层周长 400 m,形成养殖水体 16 万立方米;该围网由 172 根钢制管桩(Φ508,长 26 m,壁厚 10 mm)和超高分子量网衣(网目 6 cm)组成,配套 2 个大型海洋牧场多功能平台(20.5 m×10.5 m)和 6 个小型平台(10.5 m×5.5 m),拥有活鱼运输船、大型气动投喂装备、自动吸鱼泵、鱼类分级筛等生产装备,具备规模化立体养殖功能,可复制推广。

大型浮绳式围网生态养殖模式

主要完成人员:关长涛,翟介明,黄滨,贾玉东,崔勇,李文升,张佳伟,等

工作起止时间:2016.01~2017.1

验收时间:2017.11.24

验收地点:山东省莱州市

组织验收单位:中国水产科学研究院黄海水产研究所,莱州明波水产有限公司

内容摘要:

建造的 2 个大型浮绳式围网(规格:100 m×50 m×12 m,养殖水体 60 000 m³)经 7 个月的海上使用验证,围网设施的抗风浪、耐流性能优良;开展了鱼(梭鱼和圆斑星鲽)、贝(海湾扇贝)、藻(龙须菜和脆江蓠)多营养层次养殖试验,初步构建了大型浮绳式围网生态养殖模式,养殖的鱼、贝、藻生长状况良好,鱼、贝、藻多营养层次生态养殖取得阶段性成果,该模式继续完善后,适合在山东沿海推广。

第五篇

专利汇总

一种褐牙鲆与其近缘外来物种种质间的 PCR 鉴定方法

专利类型：国家发明专利

专利授权人（发明人或设计人）：肖永双，李军，肖志忠，马道远，徐世宏，刘清华

专利号：201310246976.2

专利权人（单位名称）：中国科学院海洋研究所；南通中国科学院海洋研究所科学与技术研究发展中心

专利申请日：2013 年 6 月 20 日

授权公告日：2017 年 2 月 22 日

授权专利内容简介：

本发明涉及分子生物学技术对物种鉴定的定性检测方法，具体地说是利用分子生物学技术对褐牙鲆与其近缘外来物种种质间的 PCR 鉴定方法。利用 F、R1、R2 三条特异性标记的引物对褐牙鲆和其近缘外来种大西洋牙鲆的线粒体 DNA 基因进行扩增，通过扩增出的特异性片段进而区分褐牙鲆与大西洋牙鲆；本发明为在形态学上无法鉴别的褐牙鲆和大西洋牙鲆早期发育时期苗种定性鉴定提供了快速、经济、可靠的分子生物学检测技术，为褐牙鲆苗种增殖放流鉴定及防止外来物种入侵提供了智力支持，同时将加快牙鲆苗种产业的质量检测进程。

一种大菱鲆同质雌核发育鱼苗诱导方法

专利类型：国家发明专利

专利授权人（发明人或设计人）：吴志昊，尤锋，宋宗诚，王丽娟，范兆飞，曹元水

专利权人（单位名称）：中国科学院海洋研究所

专利申请日：2015 年 2 月 10 日

授权公告日：2017 年 2 月 22 日

授权专利内容简介：

本发明专利技术涉及染色体操作技术，具体地说是一种利用遗传灭活的精子人工授精，通过静水压力抑制受精卵卵裂的原理，诱导大菱鲆同质雌核发育鱼苗的方法。选择性成熟的

大菱鲆亲鱼,分别收集精液和卵,取上述精液与卵子按体积比 1:(100～200)比例进行授精,作为对照组;取上述剩余精液用预冷的 Ringer 氏液稀释,用紫外线将精子灭活。取灭活后的精液与卵子按体积比 1:(10～20)比例进行授精;在受精卵第一次卵裂痕出现前 10～20 min,将受精卵置于静水压机加压容器内,以 55～75 MPa 静水压进行处理 6～8 min。采用本方法可高效、稳定、可靠地诱导获得 100%的大菱鲆同质雌核发育鱼苗。

一种卵形鲳鲹硫氧还蛋白基因

专利类型:国家发明专利

专利授权人(发明人或设计人):张殿昌,王龙,郭华阳,马振华,张楠,等

专利号(授权号):ZL 201410735301.9

专利权人(单位名称):中国水产科学研究院南海水产研究所

专利申请日:2014 年 12 月 5 日

授权公告日:2017 年 2 月 22 日

授权专利内容简介:

本发明公开了一种卵形鲳鲹硫氧还蛋白基因的 cDNA,它的核苷酸序列如 SEQ ID NO:1 所示。本发明还公开了含有上述卵形鲳鲹硫氧还蛋白基因的表达载体和利用该载体转化的重组微生物,还公开了利用上述微生物制备卵形鲳鲹硫氧还蛋白基因的方法。

一种鉴别雄性鞍带石斑鱼的方法

专利类型:国家发明专利

专利授权人(发明人或设计人):张勇,王庆,李水生,王翔,肖玲,等

专利号(授权号):ZL 201510179104.8

专利权人(单位名称):中山大学

专利申请日:2015 年 4 月 15 日

授权公告日:2017 年 3 月 1 日

授权专利内容简介:

本发明公开了一种鉴别雄性鞍带石斑鱼的方法,包括以下步骤:① 选择鞍带石斑鱼:选择繁殖季节的鞍带石斑鱼;② 获取鞍带石斑鱼血清:选取鞍带石斑鱼尾静脉血液,离心后获得血清;③ 测定血清中卵黄蛋白原含量:采用酶联免疫吸附法测定血清中的卵黄蛋白原含量;④ 测定血清中 11-酮基睾酮含量:采用酶联免疫吸附法测定血清中的 11-酮基睾酮;

⑤ 鉴别鞍带石斑鱼雄鱼：结合鞍带石斑鱼血清中卵黄蛋白原含量和 1-酮基睾酮，鉴别鞍带石斑鱼雄鱼。该方法快速高效，对鱼的伤害小，准确性高。

一种野生大黄鱼活体种质的收集网具

专利类型：国家发明专利

专利授权人（发明人或设计人）：韩坤煌，黄伟卿，陈佳，等

专利号（授权号）：ZL 201510234937. X

专利权人（单位名称）：宁德市富发水产有限公司

专利申请日：2015 年 5 年 11 日

授权公告日：2017 年 5 月 3 日

授权专利内容简介：

本发明提供一种野生大黄鱼活体种质的收集网具。本发明提供的收集网具，包括捕捞网和缆绳，捕捞网通过两根第一缆绳连接至捕捞船头尾两端，所述捕捞网底部设有一个微型水下摄像机，微型水下摄像机的镜头顶部设有红色信号灯，微型水下摄像机连接至捕捞船上的 LED 显示屏；捕捞网的网目从上到下呈递减式缩小，捕捞网底部设有一个活结出口，活结出口四周栓接铅锤，捕捞网包括上段尼龙网和下段塑胶布料捕捞网，尼龙网和塑胶布料捕捞网通过固定套连接，固定套的拉伸端通过第二缆绳与捕捞船连接。本发明结构简单、造价低、捕捞成活率高，能为大黄鱼活体种质提供优质的野生大黄鱼资源。

一种鱼类卵母细胞总 RNA 提取方法

专利类型：国家发明专利

专利授权人（发明人或设计人）：史宝，柳学周，徐永江，王滨，徐涛，孙中之

专利号（授权号）：ZL 201610202508. 9

专利权人（单位名称）：中国水产科学研究院黄海水产研究所

专利申请日：2016 年 4 月 1 日

授权公告日：2017 年 5 月 10 日

授权专利内容简介：

本发明提供了一种快速简便，总 RNA 纯度高、杂质少、得率大，易于操作，便于掌握的微量鱼类卵母细胞总 RNA 提取的方法。利用化学法和超声波破碎、延长离心时间等方法相结合，有效去除微量卵母细胞中核糖体和蛋白质等成分，获得卵母细胞中含有的总 RNA，保证

RNA 完整性,并提高所获的 RNA 纯度与质量。这一新型的鱼类卵母细胞总 RNA 的提取方法,可以获得纯度高、完整性好的卵母细胞总 RNA,为采用实时荧光定量 RT-PCR 技术或基于微量 RNA 的高通量测序技术分析卵母细胞发育成熟的分子机理提供技术支撑。

一种微卫星引物及用于鉴别许氏平鲉、朝鲜平鲉和褐菖鲉的标准图谱及方法

专利类型:国家发明专利

专利申请人(发明人或设计人):马海涛,姜海滨,杜荣斌,等

专利申请号(受理号):201611149602.9

专利权人(单位名称):山东省海洋资源与环境研究院

专利申请日:2017 年 2 月 15 日

申请公布日:2017 年 5 月 31 日

专利内容简介:

本发明专利设计一种微卫星引物及用于鉴别许氏平鲉、朝鲜平鲉和褐菖鲉的标准图谱及方法。本发明从 70 对许氏平鲉微卫星引物中,筛选出 1 对可在朝鲜平鲉和褐菖鲉中通用的微卫星引物,根据此引物在三个物种中扩增条带的差别进行物种鉴定。采用酚氯仿抽提法提取许氏平鲉、朝鲜平鲉和褐菖鲉的基因组 DNA,并以其为模板进行 PCR 扩增得到扩增产物,对扩增产物进行凝胶电泳及染色,并与提供的标准图谱进行对比,从而可快速、高效地鉴别许氏平鲉、朝鲜平鲉和褐菖鲉个体。

一种基于基因组编辑的海水鲆鲽鱼类种质构建方法及应用

专利类型:国家发明专利

专利授权人(发明人或设计人):陈松林,崔忠凯,郑汉其,等

专利号(授权号):ZL 201610162019.5

专利权人(单位名称):中国水产科学研究院黄海水产研究所

专利申请日:2016 年 3 月 21 日

授权公告日:2017 年 7 月 14 日

授权专利内容简介:

本发明提供一种基于基因组编辑的海水鲆鲽鱼类新种质构建方法。以半滑舌鳎 Dmrt1 基因为例,通过构建 Dmrt1 基因的基因组编辑 TALEN 质粒,在体外转录为 mRNA 后转移到半滑舌鳎 1-4 细胞期的受精卵动物极,将受精卵培育为成鱼,采用 PCR 方法从中筛选出基因突变的 F0 代鱼,从而构建出基因定点突变的成鱼。本发明还提供一种培育基因发生定点突变的海水鱼类新种质的方法,是将上述 F0 代鱼与野生型鱼杂交,得到杂交子代鱼,然后检测出可遗传突变类型的 F0 代鱼作为父、母本,进行人工繁殖,筛选出基因双位点突变的 F1 代鱼,进一步杂交后即可获得纯合突变体系 F2 代鱼。本发明可使鲆鲽鱼类目的基因发生定点突变,为鲆鲽鱼类基因功能研究和新种质创制提供了一种新的方法。

一种具有广谱抗菌活性的芽孢杆菌

专利类型:国家发明专利

专利授权人(发明人或设计人):王静雪,林洪,穆罕默德·纳西姆·可汗,王伟宇

专利号(授权号):ZL 201410164779.0

专利权人(单位名称):中国海洋大学

专利申请日:2014 年 4 月 23 日

授权公告日:2017 年 7 月 21 日

授权专利内容简介:

一种具有广谱抗菌活性的芽孢杆菌,该菌株命名为 Bacillussp. DK1-SA11,已于 2013 年 11 月 21 日保藏于中国典型培养物保藏中心,其保藏编号为 CCTCCNO:M2013589。本发明的具有广谱抗菌活性的芽孢杆菌能够产生具有较强的广谱抗菌作用,对多种致病菌具有较好抑制作用的抑菌物质,为开发新的抗菌药物提供了可能。

一种升降式底栖性海产动物养殖网箱

专利类型:国家发明专利

专利申请人(发明人或设计人):关长涛,姜泽明,叶春和,姜泽东

专利申请号(受理号):201210140539.X

专利权人(单位名称):中国水产科学研究院黄海水产研究所

专利申请日:2012 年 5 月 3 日

专利公告日:2017 年 7 月 21 日

授权专利内容简介：

本发明涉及一种升降式底栖性海产动物养殖网箱，包括网箱框架和围裹在网箱框架上的网衣，其网箱框架是由一环状的内管、一环状的外管、一环状的顶管、连接在内管与外管之间的连接件和连接在内管与顶管之间的侧立管组成，其网衣是由与顶管相匹配的盖网、与内管相匹配的底网和围设在侧立管周边上的围网组成，特点是：在内管与外管的下部设有配重底锚，在内管、外管上分别设有至少二个隔离舱，相邻的隔离舱分别对应将内管、外管的管体内部对称分隔成若干封闭的管腔，在对应每一封闭管腔的内管、外管上分别设置一气阀和一水阀。本发明具有结构简单、操作简便、升降平稳、养殖安全系数高的优点，特别适合于底栖性海产动物的集约化养殖。

一种用于研究光影响鱼类行为的实验装置及其应用

专利类型：国家发明专利
专利授权人（发明人或设计人）：刘新富，刘滨，黄滨，等
专利号（授权号）：ZL 201510438022.0
专利权人（单位名称）：中国水产科学研究院黄海水产研究所
专利申请日：2015 年 7 月 24 日
授权公告日：2017 年 8 月 22 日
授权专利内容简介：

本发明公开了一种用于研究光影响鱼类行为的实验装置及其应用，所述实验装置包括水槽、双层套筒、透明防水玻璃钢灯罩、LED 灯管组、电机、电路控制系统和摄像机。本发明通过设置双层套筒结构的 PVC 圆筒，当鱼类在实验水槽中自由游动时可以实施实验，通过PVC 圆筒上的透光圆孔实验鱼类可自由出入圆筒内外，为实验鱼类提供了理想的栖息环境，从而能够较真实的模拟自然海域和工厂化养殖设施条件下鱼类对光波长、照度的自由选择，避免了结构和操作不合理等对鱼类行为的不良影响所造成的数据偏差，本发明能够更好地完成研究光对鱼类行为影响的多种实验，能够满足研究光对鱼类行为影响的多种实验目的和要求。

一种促进石斑鱼苗种生长和提高存活率的工厂化养殖照明系统及其应用

专利类型：国家发明专利

专利授权人（发明人或设计人）：刘滨，刘新富，张家松，等

专利号（授权号）：ZL 201510437957.7

专利权人（单位名称）：中国水产科学研究院黄海水产研究所

专利申请日：2015 年 7 年 24 日

授权公告日：2017 年 8 月 22 日

授权专利内容简介：

本发明提供了一种促进石斑鱼苗种生长和提高存活率的工厂化养殖照明系统及其应用，通过将几种单色 LED 发光芯片进行组合，构成复合式 LED 灯组并根据石斑鱼幼鱼对特定光谱、光强和光照周期的喜好进行开发和设置，配套开发的智能控制系统能够有效减少普通照明系统对石斑鱼苗的应激反应并实现复合式 LED 灯组的光照强度和光照时间的智能控制。这一新型 LED 照明系统，能够满足工厂化养殖石斑鱼幼鱼对光色、光强和光周期的需要，促进石斑鱼幼鱼的健康生长和提高存活率，进而提高工厂化石斑鱼养殖的经济效益。

一种宽裂解谱沙门氏菌噬菌体及其抑菌应用

专利类型：国家发明专利

专利授权人（发明人或设计人）：王静雪，林洪，李梦哲，李萌

专利号（授权号）：ZL 201410508239.X

专利权人（单位名称）：中国海洋大学

专利申请日：2014 年 9 年 28 日

授权公告日：2017 年 9 月 22 日

授权专利内容简介：

本发明涉及一株噬菌体及其抑菌应用，尤其是一株宽裂解谱沙门氏菌噬菌体及其抑菌应用，属于生物工程领域。一株宽裂解谱沙门氏菌噬菌体，保藏号为：CCTCC NO：M 2014145，保藏日期为 2014 年 4 月 24 日，该噬菌体对沙门氏菌有强的裂解作用。在本发明中，该株噬菌体从电镜形态上分析，属于肌尾噬菌体科，将其命名为沙门氏菌噬菌体 STP4-a；在 40～60 ℃和 pH 为 4～12 的条件下都能够存活；−20 ℃保存 1 年后活性稳定；噬菌体保存的

保护剂为含 20% 甘油的培养溶液。采用本发明的噬菌体特异性裂解沙门氏菌可以杀死具有耐药性的沙门氏菌。

一种来源于副溶血弧菌噬菌体的内溶素及其应用

专利类型:国家发明专利

专利授权人(发明人或设计人):王静雪,林洪,金延秋

专利号(授权号):ZL 201410795849.2

专利权人(单位名称):中国海洋大学

专利申请日:2014 年 12 月 18 日

授权公告日:2017 年 9 月 26 日

授权专利内容简介:

本发明属于生物技术领域,具体涉及一种来源于副溶血弧菌噬菌体的内溶素及其应用。一种来源于副溶血弧菌噬菌体的内溶素,其氨基酸序列为 SEQ ID No:1 所示的全部或部分氨基酸序列。经过序列结构分析,显示该酶为噬菌体中的能够裂解细菌细胞壁的裂解酶,经试验证实,该氨基酸序列形成的蛋白具有较好的杀菌活性。本发明的内溶素通过市场上已有的适合表达载体表达、纯化后,体外对副溶血弧菌表现出显著的杀菌效果,可用于副溶血弧菌抑菌剂的制备。

一种用于即时在线水产动物营养代谢研究的装置

专利类型:国家发明专利

专利授权人(发明人或设计人):王蔚芳,张跃锋,黄滨,雷霁霖,杨巧莉

专利号(授权号):ZL 2015107322937

专利权人(单位名称):黄海水产研究所

专利申请日:2015 年 10 年 30 日

授权公告日:2017 年 10 月 13 日

授权专利内容简介:

本发明所要解决的技术问题是提供一种即时在线水产动物营养代谢研究系统,可以即时连续检测水产动物摄食后各种营养素在体外的变化,从而获得对于其代谢机理的更深入的理解。同时本发明也可以即时检测水产动物摄食的水产饲料中各营养素的保留情况,快速评估各种水产饲料的营养平衡性。本发明的即时在线水产动物营养代谢研究系统,包括养殖池、粪便收集系统、空气供应系统、在线检测系统(智能数字传感器系统)、支架系统、外联检测系统、后台处理存储系统等,其特征在于,所述养殖池为圆柱型缸体,底部为圆锥体,底部圆锥体最下方连接有粪便收集装置,同时圆柱体一侧为空气供应装置,另一侧为在线监测系统;所述的粪便收集装置为锥体性槽,装有排水阀门、滤网、滤液收集池、支架等,可将水粪混合物分离后单独收集粪便。

大菱鲆生长相关位点 Sma-usc114 及检测引物

专利类型:国家发明专利

专利授权人(发明人或设计人):马爱军,田岳强

专利号(授权号):ZL 201510194011.2

专利权人(单位名称):中国水产科学研究院黄海水产研究所

专利申请日:2015 年 4 月 23

授权公告日:2017 年 10 月 20 日

授权专利内容简介:

本发明属于分子遗传标记研究技术,具体涉及一种检测大菱鲆 S11 单核苷酸多态性标记(single nucleotide polymorphism, SNP)的方法。

本发明通过高通量测序的方法获得大量候选 SNP 位点,人工筛查位点,开发准确度及效率较高,覆盖率广,目的性强;而且小片段溶解的基因分型方法,设计引物时,使目的片段尽可能小,有效避免了内含子的出现,以及提供更好的纯合子检测,因此小片段基因分型法比目前使用较多的非标记探针基因分型技术更加简单、高效。

迟钝爱德华氏菌突变株及其应用

专利类型:国家发明专利

专利授权人(发明人或设计人):王启要,刘琴,张元兴,王亚敏,吴海珍,肖婧凡

专利号(授权号):ZL 201280073987.9

专利权人（单位名称）：华东理工大学

专利申请日：2012 年 6 月 15 日

授权公告日：2017 年 11 月 10 日

授权专利内容简介：

本发明提供了一种迟钝爱德华氏菌突变株及其应用，尤其是提供具有生物学屏障的突变株和具有生物学屏障的减毒突变株。该些突变株可用于免疫预防海水鱼类由迟钝爱德华氏菌引发的腹水病。

一种大菱鲆肌肉细胞系的建立方法

专利类型：国家发明专利

专利授权人（发明人或设计人）：何艮，江浩文，麦康森，周慧慧，王旋

专利号（授权号）：ZL 201510292390.9

专利权人（单位名称）：中国海洋大学

专利申请日：2015 年 6 月 1 日

授权公告日：2017 年 12 月 22 日

授权专利内容简介：

本发明公开了一种大菱鲆肌肉细胞系的构建方法。它以大菱鲆肌肉组织为材料，使用单细胞法启动原代培养。在含有胎牛血清、成纤维生长因子的 L15 培养基中培养，采用胰蛋白酶消化法传代培养。可使用含有 DMSO 的冻存培养基冻存。此发明构建的大菱鲆肌肉细胞系已经传 35 代，生长迅速稳定，可提供大量细胞用于营养、免疫、环境毒性、基因功能分析等研究。

一种提高暗纹东方鲀耐寒性的遗传育种方法

专利类型：国家发明专利

专利授权人（发明人或设计人）：钱晓明，朱永祥，卢立，等

专利号（授权号）：201710884339.6

专利权人（单位名称）：江苏中洋集团股份有限公司

专利申请日：2017 年 9 月 26 日

申请公布日：2017 年 12 月 22 日

授权专利内容简介：

本发明涉及水产养殖品种良种选育的方法，具体为一种提高暗纹东方鲀耐寒性的遗传育种方法，主要特征如下：采用现有暗纹东方鲀亲鱼培育温室，将温室内温度控制范围为4 ℃～16 ℃；采用连续几代的选择、渐进式改变环境温度、极限死亡法选择有耐寒性的暗纹东方鲀作为亲鱼，逐步培育暗纹东方鲀耐寒性，最后使得暗纹东方鲀可在零上5 ℃环境下生存。

一种从大菱鲆鱼皮中提取类肝素的方法

专利类型：国家发明专利

专利授权人（发明人或设计人）：张永勤，彭英海，申照华，等

专利号（授权号）：ZL 201510735023.1

专利权人（单位名称）：山东美佳集团有限公司

专利申请日：2015 年 11 月 03 日

授权公告日：2017 年 12 月 22 日

授权专利内容简介：

本发明为了克服类肝素提取过程中生产周期长、能耗高，产品活性损失大的不足，提供了一种从大菱鲆鱼皮中提取类肝素的方法。本方法缩短了生产周期，降低了能耗，保证了产品的活性。该法包括清洗鱼皮、碱处理、盐处理、离心、沉淀、离心、干燥7个步骤，避免了额外增加蛋白酶等杂质，缩短了生产周期，产品抗凝血活性强；同时采用酒精进行沉淀，能耗低，产品收率高，工艺简单，可控性强，产品质量稳定。

一种用于鲆鱼和舌鳎类亲鱼精卵采集的辅助装置

专利类型：国家实用新型专利

专利授权人（发明人或设计人）：张博，刘克奉，贾磊，等

专利号（授权号）：ZL 201510963050.4

专利权人（单位名称）：天津渤海水产研究所

专利申请日：2015 年 12 月 17 日

授权公告日：2017 年 10 月 20 日

授权专利内容简介:

本发明开发一种用于鲆鱼和舌鳎类亲鱼精卵采集的辅助装置,其特征在于:包括上表面为粗糙表面的工作台板,在工作台板的四角下部固装有四条上支腿套管,在每条上支腿套管的下端口分别插装有下支腿,在上支腿套管内伸缩移动的下支腿由顶丝固定,在工作台板的左右侧边分别固装有侧挡板,在工作台板的后部边缘固装有后挡板,在工作台板的前侧边缘固装有多个结构相同的挂环,在工作台板的后部板面上沿后挡板方向分别固装多个结构相同的挂钩,在任意一对挂钩与挂环之间穿装弹性绑带,在左右两侧挡板后部的相对侧固装一根与后挡板平行的穿装轴,在穿装轴左侧轴体上紧配合安装有遮光板套管,在遮光板套管上固装遮光板,遮光板通过遮光板套管绕穿装轴转动,在穿装轴右侧轴体上紧配合安装有灯具套管,在灯具套管上安装有柔性灯具曲臂,柔性灯具曲臂的顶端安装 LED 照明灯,同时,在工作台板的右前侧制有亲鱼精卵的采集圆孔。

一种水产品养殖网箱

专利类型:国家实用新型专利

专利授权人（发明人或设计人）:韩坤煌,陈佳,刘家富,等

专利号（授权号）:ZL 201620856254.8

专利权人（单位名称）:宁德市富发水产有限公司

专利申请日:2016 年 8 月 9 日

授权公告日:2017 年 1 月 11 日

授权专利内容简介:

本实用新型涉及水产养殖领域,具体涉及一种水产品养殖网箱,其特征在于:包括箱体、养殖网、滚轮、轴以及电机,所述养殖网包括 3 层不同孔径大小的网,按照网孔从大到小,从上到下依次堆叠,每层所述养殖网各自设置一个框架,框架的拐角部位与箱体的棱边形状相匹配;框架上各自设置有绳索,绳索上连接有吊绳;滚轮安装在所述箱体的上部,滚轮上设置有吊钩;吊绳与箱体之间为可拆卸的连接;轴连接电机,电机上设置双向控制开关。本实用新型结构合理,操作简单方便,为养殖用户快速筛选水产品提供了较大方便,具有很好的实用价值。

一种水产养殖的新型育苗池

专利类型:国家实用新型专利

专利授权人(发明人或设计人):陈佳,翁华松,韩坤煌,等

专利号(授权号):ZL 201620856389.4

专利权人(单位名称):宁德市富发水产有限公司

专利申请日:2016 年 8 月 9 日

授权公告日:2017 年 1 月 11 日

授权专利内容简介:

本实用新型涉及水产养殖领域,具体涉及一种水产养殖的新型育苗池,包括育苗池、净化池、排水孔、出水阀、进水阀、防逃网、过滤网、输水管以及排水管,育苗池包括培育池和过滤池,培育池和过滤池之间设置有过滤网,过滤池上设置有输水管,输水管上设置有进水阀;排水孔设置于培育池底部的侧壁上,排水孔处可拆卸地安装有防止育苗逃跑或漏出的防逃网,排水孔外端设置有出水阀,出水阀连接排水管,排水管一端连接净化池。本申请的新型育苗池,能够有效防止育苗外逃或漏出,同时避免水中渣质对育苗造成影响,有效提高育苗池的培育质量和成活率,还能够降低水资源的浪费。

一种养鱼池防逃排水装置

专利类型:国家实用新型专利

专利授权人(发明人或设计人):韩坤煌,翁华松,刘家富,等

专利号(授权号):ZL 201620856025.6

专利权人(单位名称):宁德市富发水产有限公司

专利申请日:2016 年 8 月 9 日

授权公告日:2017 年 1 月 11 日

授权专利内容简介:

本实用新型涉及水产养殖领域,具体涉及一种养鱼池防逃排水装置,包括设置在养鱼池侧面底部的排水口、挡渣网、防逃网以及出水阀,排水口的截面积小于挡渣网和防逃网的截面积,挡渣网的体积大于防逃网的体积,挡渣网的网孔直径大于防逃网的网孔直径,挡渣网笼罩安装在防逃网外部,防逃网笼罩安装在排水口前方,出水阀安装在排水口后部;挡渣网及防逃网为空心的立方体结构,可拆卸地与养鱼池连接。本申请的防逃排水装置,能够有效地防止鱼群在排水时逃出养鱼池,也利于养殖用户调整养鱼池水位,具有防逃效率高,成本低廉,实用性强等优点。

一种用于鲆鲽类和舌鳎类性腺观察及标记识别的辅助装置

专利类型:国家实用新型专利

专利授权人:张博,贾磊

专利号:ZL 201620863267.8

专利权人(单位名称):天津渤海水产研究所

专利申请日:2016 年 8 月 10 日

授权公告日:2017 年 2 月 8 日

授权专利内容简介:

一种用于鲆鲽鱼和舌鳎类性腺观察及标记识别的辅助装置,其特征在于:包括长方体灯箱底座,在灯箱底座的左侧板上分别安装有外接电源插座,电源开关及灯光亮度调节轮,在灯箱底座的内部,间隔固装有紫外光源及白光源,在灯箱底座的上部开口处覆盖有透光板,在透光板上表面的后侧边缘固装有后侧挡板,在透光板上表面的左右两侧边缘固装有左侧及右侧挡板,在左侧及右侧挡板的后部之间固装有后部滑杆,在后部滑杆上套装后部滑套,在左侧及右侧挡板的前部之间固装有前部滑杆,在前部滑杆上套装前部滑套,在前后部滑套之间固装有沿透光板平面滑动的标尺。

一种鱼池的供氧装置

专利类型:国家实用新型专利

专利授权人(发明人或设计人):陈佳,韩坤煌,翁华松,等

专利号(授权号):ZL 201620857334.5

专利权人(单位名称):宁德市富发水产有限公司

专利申请日:2016 年 8 月 9 日

授权公告日:2017 年 3 月 8 日

授权专利内容简介:

本实用新型涉及水产养殖领域,具体涉及一种鱼池的供氧装置,包括供氧机、输氧管、排气孔以及过滤网,输氧管包括主输氧管和次输氧管;供氧机安装在鱼池外部,主输氧管的一端与供氧机相连通,另一端延伸入鱼池底部,连接次输氧管;次输氧管由若干管道相互交叉连接,组成网状结构,安装在鱼池内的底部,管道之间互相连通;次输氧管上开设有排气孔,排气孔上设置有防止渣质堵塞的过滤网。本申请的供氧装置,提高了供氧效率和质量,供氧

机安装在鱼池外部,能够便于故障检修。本实用新型具有成本较低、供氧效率高,实用性强等优点。

一种养鱼池自动投喂装置

专利类型:国家实用新型专利

专利授权人(发明人或设计人):韩坤煌,刘家富,陈佳,等

专利号(授权号):ZL 201620856327.3

专利权人(单位名称):宁德市富发水产有限公司

专利申请日:2016 年 8 月 9 日

授权公告日:2017 年 3 月 8 日

授权专利内容简介:

本实用新型涉及水产养殖领域,具体涉及一种养鱼池自动投喂装置,包括底座、储料箱、支撑座、凸轮、投料勺、挡板、下料管、复位弹簧、电机以及支架,底座上设置有投料槽和支撑座,支撑座上安装有凸轮、凸轮轴和旋转轴,凸轮轴连接电机,旋转轴上安装有投料勺,投料勺下部连接复位弹簧;储料箱安装在支架上,储料箱与投料槽之间设置有下料管,下料管的下端出口处设置有挡板,挡板一端与投料勺接触,另一端连接弹簧,挡板上设置有下料孔,下料孔形状与下料管形状相匹配。本实用新型具有结构简单,投喂效率高,操作方便,实用性强等优点。

一种底层水层耦合界面的水样和底泥采集装置

专利类型:国家实用新型专利

专利授权人(发明人或设计人):贾磊,张博

专利号(授权号):ZL 201621038604.6

专利权人(单位名称):天津渤海水产研究所

专利申请日:2016 年 9 月 6 日

授权公告日:2017 年 4 月 26 日

授权专利内容简介:

一种底层水层耦合界面的水样和底泥采集装置,其特征在于:包括圆柱状容器壳体,容

器壳体的底部开放,在容器壳体的上部内制有取样隔板,取样隔板将容器壳体内部分割成下部的取样空间及上部的排水空间,在取样隔板的中部制有隔板通孔,在取样隔板上制有容纳隔板通孔的圆柱状阀门腔壳,在阀门腔壳的上顶面中部制有阀门排水孔,在阀门腔壳内安置有圆片状浮筏挡板,在浮筏挡板的上表面沿圆周匀布多个凸台,凸台使浮筏挡板上浮顶在阀门腔壳上顶面时,水流仍能从阀门排水孔中排出,在容器壳体的上顶面上开有操作孔,在操作孔的内侧固装覆盖操作孔的操作盘,沿操作盘中心圆周匀布制有导水孔,在操作盘中部开有带螺纹的安装孔,在安装孔上旋装压力杆,在容器壳体取样空间的上部外侧制有进水嘴,在容器壳体取样空间的下部外侧制有出水嘴,在进水嘴及出水嘴上均套有橡胶管,在橡胶管的出水口端安置橡胶管夹,在容器壳体出水嘴的下部外侧固装有一圈阻止容器壳体下沉的环状挡板,在容器壳体的下开口处通过安装螺栓安装有凹槽式底部活动挡板。

一种模拟鲆鲽鱼野生底栖环境的工厂化养殖装置

专利类型:国家实用新型专利

专利授权人(发明人或设计人):张博,贾磊

专利号(授权号):ZL 201621217501.6

专利权人(单位名称):天津渤海水产研究所

专利申请日:2016 年 11 月 11 日

专利公告日:2017 年 5 月 31 日

授权专利内容简介:

一种模拟鲆鲽鱼野生底栖环境的工厂化养殖装置,包括底部向中心凹陷的养殖池,在养殖池的底部中间开有总排污口,在总排污口上安装有竖直向上的空心水位柱,在空心水位柱的顶端开有控制水位的控水孔,其特征在于:在养殖池的底部制有均匀分布的向下漏水槽,在漏水槽的底端制有横向连通漏水槽的导水管,导水管指向养殖池中心端向下倾斜并通过空心水位柱底端侧壁上的底端侧孔与空心水位柱内部连通,在所述养殖池的底部上方制有将养殖池底部分割出下部排污层空间的水平多孔载台,多孔载台的上表面覆盖有滤沙薄膜,在滤沙薄膜上放置有自然海沙层,在自然海沙层上表面养殖池的周围侧壁上安装有与气泵连接的上部导气管,上部导气管上均匀排列有水平指向养殖池中心的导气孔,导气孔吹出的气流掠过自然海沙层上表面,实现对自然海沙层的搅动,在多孔载台下部养殖池的周围侧壁上安装有与气泵连接的下部导气管,下部导气管上均匀排列的导气孔指向下部排污层空间的中部,实现吹气对下部排污层空间的搅动。

一种鲆鲽鱼类鱼体厚度测量装置

专利类型:国家实用新型专利

专利授权人(发明人或设计人):张博,贾磊,郑德斌,等

专利号(授权号):ZL 201621177726.3

专利权人(单位名称):天津渤海水产研究所

专利申请日:2016 年 11 月 3 日

授权公告日:2017 年 5 月 31 日

授权专利内容简介:

本发明开发一种鲆鲽鱼类鱼体厚度测量装置,其特征在于:包括底梁,在底梁的下底面制有底梁凹槽,在底梁凹槽中固装有绞轴,在绞轴上固装载鱼台,载鱼台沿绞轴作 180 度转动,即载鱼台转向底梁右侧成水平固定,或载鱼台转向底梁左侧成水平固定,在底梁的中部竖直向上固装有带标尺的轴杆,在轴杆上套装定位套环,在定位套环的侧孔中旋装顶丝,顶丝将定位套环固定在轴杆上,定位套环上部的水平遮光挡板通过其侧部穿孔套装在轴杆上,水平遮光挡板由定位套环阻挡其向下移动后成水平状态稳定。

一种细鳞鲑饲养水流循环装置

专利类型:国家实用新型专利

专利授权人(发明人或设计人):贾玉东,牛化欣,常杰,李树国,黄滨

专利号(授权号):201621269109.6

专利权人(单位名称):中国水产科学研究院黄海水产研究所

专利申请日:2016 年 11 月 23 日

授权公告日:2017 年 6 月 6 日

授权专利内容简介:

本实用新型公开了一种细鳞鲑饲养水流循环装置,本体为增氧泵:泵体的下部开有抽水口、且抽水口连接有抽水管,上部设有出水口、且出水口连接有出水管,顶部设有进气孔;内部的中下部设有一层过筛网层,在过筛网层的上方设有制冷片、且制冷片位于增氧泵的内壁上,可为抽入的水进行制冷操作;增氧泵的泵体顶部还设置有空气压缩机,空气压缩机与增氧泵的进气孔相连接;空气压缩机的顶部还连接有进气管。通过装置上的抽水管将养殖的水回收,过筛杂物后再进行制冷操作,并且与空气压缩机形成的空气混合后通过出水管流出,使得饲养细鳞鲑时,水能得到循环使用,并且大大提升了水的制冷效果以及水中的含氧量,便于细鳞鲑的生长饲养。

一种水生动物组织样品采集剪

专利类型：国家实用新型专利

专利授权人（发明人或设计人）：张博，贾磊

专利号（授权号）：ZL 201621312694.3

专利权人（单位名称）：天津渤海水产研究所

专利申请日：2016 年 12 月 2 日

专利公告日：2017 年 6 月 30 日

授权专利内容简介：

一种水生动物组织样品采集剪，包括两片结构对称，并且通过铆钉中部绞装的剪刀体，每个剪刀体分别由刀头部分及一体制出的环状手柄构成，刀头部分包括刀刃端部，刀刃斜面及刀头平面，两刀刃端部相对而置，其特征在于：在两个相对的刀刃端部自上而下均匀制有齿状结构，在齿状结构外侧的刀刃斜面上匀距间隔制有沿刀刃斜面延伸的导流槽，在刀头平面上排列分布有贯穿的导流孔。

一种鱼类防跳脱捞网

专利类型：国家实用新型专利

专利授权人（发明人或设计人）：张博，贾磊

专利号（授权号）：ZL 201621312727.4

专利权人（单位名称）：天津渤海水产研究所

专利申请日：2016 年 12 月 2 日

专利公告日：2017 年 6 月 30 日

授权专利内容简介：

一种鱼类防跳脱捞网，包括捞网边框，在捞网边框的下部安装有捞网网兜，在捞网边框的右侧边中部固装有向右上方延伸的捞把，其特征在于：在捞把的下部外侧套装有控制套筒，在控制套筒上端口安装有与捞把旋转定位的滑动手柄，旋转滑动手柄控制套筒与捞把松脱，推动滑动手柄使控制套筒沿捞把上下移动，在捞把的上部外侧套装有加长套筒，在加长套筒的下端口安装有与捞把旋转定位的加长手柄，旋转加长手柄加长套筒与捞把松脱，推动加长手柄使加长套筒沿捞把上下移动，调节整体长度，在捞网边框的右侧边两侧通过绞轴绞装与捞网边框形状相同的盖网边框，在盖网边框内编制平网，在平网的前后两侧分别安装平网拉环，在控制套筒的下端两侧分别固装套筒挂环，在对应位置的平网拉环与套筒挂环之间

环扣安装控制杆,控制套筒沿捞把的上下移动通过控制杆控制平网实现对捞网网兜上开口的开合。

一种气托鱼体固定装置

专利类型:国家实用新型专利

专利授权人(发明人或设计人):张博,贾磊

专利号(授权号):ZL 201621312695.8

专利权人(单位名称):天津渤海水产研究所

专利申请日:2016 年 12 月 2 日

专利公告日:2017 年 6 月 30 日

授权专利内容简介:

一种气托鱼体固定装置,其特征在于:包括长方形柔性塑胶托板,在柔性塑胶托板中部开有操作孔,在柔性塑胶托板的边缘上方卡装有硬塑胶长方形壳体,在壳体的左侧壁上方安装有充气嘴,充气嘴通过导气管与气泵连接,当充气完毕后充气嘴由气嘴帽封闭,在壳体的左侧壁下部开有头部卡孔,在壳体的右侧壁下部开有尾部卡孔,在壳体的内部,在头部卡孔及尾部卡孔的上方制有将壳体内部分割成上下两个空间的柔性塑料膜,柔性塑料膜构成充气气囊,柔性塑料膜的上部为充气腔室,柔性塑料膜的下部为操作空间,在柔性塑料膜的操作空间一侧的表面上均匀分布有半球形支撑气囊。

一种鲆鲽鱼类苗种的分级装置

专利类型:国家实用新型专利

专利授权人(发明人或设计人):贾玉东,景琦琦,王振勇,等

专利号(授权号):201720138450.6

专利权人(单位名称):中国水产科学研究院黄海水产研究所,山东农业大学

专利申请日:2017 年 2 月 16 日

授权公告日:2017 年 9 月 8 日

授权专利内容简介:

本实用新型公开了一种鲽鲆鱼类苗种的分级装置,主体为一个长方形的箱体,箱体的四面中有三面设有箱壁、而一面开放,箱体的顶部开口、且配设有箱盖:箱体内部中空,相对的两个箱壁的内部配设有抽提滑轨,同时配设可抽拉的、抽提式的筛体,筛体由箱体开放的

一面拉出；筛体的个数为 5 个，每个筛体的底部均开设有筛孔；筛孔的孔径大小不同，自上而下其筛孔的孔径依次为 10 cm、8 cm、7 cm、6 cm、5 cm；筛体的外部配设有拉手。本装置结构设计简单，可根据生产需要，选择不同孔径的可抽拉的、抽提式的筛体，进行不同规格苗种挑选，适用性广；整体操作过程可控性能高，苗种不易因缺氧、机械损伤造成死亡。

鱼卵模拟运输装置及系统

专利类型：国家实用新型专利

专利授权人（发明人或设计人）：司飞，于清海，王青林，等

专利号（授权号）：ZL 201720122248.4

专利权人（单位名称）：中国水产科学研究院北戴河中心实验站

专利申请日：2017 年 2 月 9 日

授权公告日：2017 年 9 月 8 日

授权专利内容简介：

本实用新型提供了一种鱼卵模拟运输装置及系统，包括：水槽、溢流管道、集水管道、泵循环装置、水温调控装置、支架、造流装置；集水管道通过溢流管道与水槽内部连通；泵循环装置进水口通过进水管道与集水管道底部连通，泵循环装置的出水口通过出水管道与水温调控装置连通；水温调控装置用以对溢流水进行升／降温处理后，通过管道排放至水槽中；造流装置伸入至水槽内靠近底部位置，用以促使水流沿水槽内壁运动；支架安装在水槽顶部，用以与放置在水槽内的装有鱼卵的塑料袋通过绳子相连接。本产品可以检测较多的鱼卵数量，温度保持稳定性好，更能准确检测模拟运输后鱼卵成活率，提高模拟准确度。

一种用于鲆鱼和舌鳎类亲鱼精卵采集的辅助装置

专利类型：国家实用新型专利

专利授权人（发明人或设计人）：张博，刘克奉，贾磊，等

专利号（授权号）：ZL 201510963050.4

专利权人（单位名称）：天津渤海水产研究所

专利申请日：2015 年 12 月 17 日

授权公告日：2017 年 10 月 20 日

授权专利内容简介：

本发明开发一种用于鲆鱼和舌鳎类亲鱼精卵采集的辅助装置，其特征在于：包括上表面为粗糙表面的工作台板，在工作台板的四角下部固装有四条上支腿套管，在每条上支腿套管的下端口分别插装有下支腿，在上支腿套管内伸缩移动的下支腿由顶丝固定，在工作台板的左右侧边分别固装有侧挡板，在工作台板的后部边缘固装有后挡板，在工作台板的前侧边缘固装有多个结构相同的挂环，在工作台板的后部板面上沿后挡板方向分别固装多个结构相同的挂钩，在任意一对挂钩与挂环之间穿装弹性绑带，在左右两侧挡板后部的相对侧固装一根与后挡板平行的穿装轴，在穿装轴左侧轴体上紧配合安装有遮光板套管，在遮光板套管上固装遮光板，遮光板通过遮光板套管绕穿装轴转动，在穿装轴右侧轴体上紧配合安装有灯具套管，在灯具套管上安装有柔性灯具曲臂，柔性灯具曲臂的顶端安装 LED 照明灯，同时，在工作台板的右前侧制有亲鱼精卵的采集圆孔。

浮性鱼卵收集系统和养殖池

专利类型：国家实用新型专利

专利授权人（发明人或设计人）：司飞，于清海，孙朝徽，王青林，赵雅贤，任建功，王玉芬，姜秀凤

专利号（授权号）：ZL 201720220997.0

专利权人（单位名称）：中国水产科学研究院北戴河中心实验站

专利申请日：2017 年 3 月 7 日

授权公告日：2017 年 10 月 24 日

授权专利内容简介：

本实用新型提供了一种浮性鱼卵收集系统，涉及捕捞装置的技术领域，包括引流管、排水管、鱼卵收集装置和补水装置；引流管设置在池内，引流管的一端位于水面以下，引流管另一端与池内的排水口连接；池内连接控制水位的补水装置，以使引流管的一端与水面保持一定的距离，使池内的鱼卵沿着引流管的一端流入；引流管的另一端与排水管连接，排水管与鱼卵收集装置连接。解决了现有技术中，收卵装置进卵口设置在水面下部，鱼卵不便收集的技术问题，采用引流管的上端引流方式收集鱼卵，达到高效收集鱼卵的技术效果。本实用新型还提供一种养殖池，所述池内连接浮性鱼卵收集系统。解决了现有技术中的产卵池内鱼卵收集效果差的问题，从而提高了收卵效率。

一种用于研究电磁场对鱼类影响装置

专利类型：国家实用新型专利

专利授权人（发明人或设计人）：贾玉东，姜靖，黄滨

专利号（授权号）：201720210304．X

专利权人（单位名称）：中国水产科学研究院黄海水产研究所，中国人民解放军第四零一医院

专利申请日：2017年3月6日

授权公告日：2017年12月8日

授权专利内容简介：

本实用新型公开了一种用于研究电磁场对鱼类影响的装置，该装置包括线圈内径模、线圈、接线端子、固定螺旋、圆柱形水槽、支撑杆、变频电源：线圈内径模位于圆柱形水槽的外部、上部，支撑杆支撑线圈内径模，支撑杆下端与圆柱形水槽的下端位于同一水平线上；线圈位于圆柱形水槽的外部、线圈内径模的内部，且由线圈内径模内壁上的固定螺旋调节高度；线圈的两个末端即为接线端子，接线端子与变频电源相连。本实用新型装置结构简单、体积小、便携，可用来开展磁场对鱼类卵子孵化、仔幼鱼早期发育影响研究，为海上风电项目生态评价提供基础性理论依据。

卵形鲳鲹形态性状采集软件1.0

著作权人：中国水产科学研究院南海水产研究所

开发完成时间：2017年10月22日

权利取得方式：原始取得

权利范围：全部权利

登 记 号：2017SR731662

软件功能简介：

本软件利用塑料托盘、刻度尺贴纸和摄像头等设备进行卵形鲳鲹形态性状拍照采集，可从用户自定义的电子表格文件提取测量鱼体的个体编号进行照片自动命名和自动保存，从而实现大批量卵形鲳鲹鱼体的快速拍照，适合于卵形鲳鲹遗传育种工作中选育个体形态性状的照片采集工作。软件主要功能有：

（1）软件操作简单，照片采集迅速。用户设置好后只需要连续单击一个按钮就可实现大批量鱼体的快速拍照、自动命名和自动保存。

（2）可打开用户事先自定义的Excel文件（*．xlsx），显示数据表中个体编号和是否拍照

等信息。

（3）可根据用户设置自动从数据表中提取个体编号作为生成图片的名称,进行一行一行的连续拍照和保存。

（4）可把数据表中相应个体编号文本自动添加到拍照图片中,并允许用户自定义文字格式和显示位置。

（5）软件包括了性状采集图片保存和拍照信息数据表保存两种方法。

（6）用户可以事先选择图片保存的目录。

（7）支持高清摄像头,像素越高,照片越清晰。

卵形鲳鲹形态性状测量分析软件1.0

著作权人:中国水产科学研究院南海水产研究所

开发完成时间:2017 年 10 月 22 日

权利取得方式:原始取得

权利范围:全部权利

登 记 号:2017SR731599

软件功能简介:

本软件是进行卵形鲳鲹形态性状采集软件生成图片的后续测量分析,以单个鱼体形态性状图片作为分析对象,通过在图片上单击选取参考标准信息和字母位置坐标,计算出卵形鲳鲹吻长、眼径、头长、体高、尾柄长、尾柄高、体长和全长等 8 个形态性状数值,避免了形态性状数值繁琐的分析过程,从而实现大批量卵形鲳鲹鱼体形态性状的快速收集,适合于卵形鲳鲹遗传育种工作中选育个体形态性状的测量分析。软件主要功能有:

（1）软件操作简单,测量分析迅速。用户设置好后只需要单击两个命令按钮和选择 11 个字母位置就可实现鱼体 7 个形态性状数据的自动计算。

（2）可打开卵形鲳鲹形态性状采集软件保存的 Excel 文件(*.xlsx),提取计划进行形态性状测量分析的图片名称。

（3）可打开用户自定义的 Excel 文件,显示数据表中个体编号、吻长、眼径、头长、体高、尾柄长、尾柄高、体长和全长等 8 个形态性状等信息。

（4）可自定义鱼体图片路径和参考标准信息。

（5）可根据鱼体图片路径和个体编号,单击一个按钮就加载鱼体图片。

（6）可随时设置进行第几个字母的位置坐标的选取。

（7）软件包括了形态性状测量情况保存和测量性状数据保存两种方法。

基于胞内甜菜碱积累的疫苗制备方法与制剂

专利类型:国家发明专利

专利申请人(发明人或设计人):马悦,王启要,刘晓红,张元兴

专利申请号(受理号):201710084014.X

专利权人(单位名称):华东理工大学

专利申请日:2017年2月16日

专利内容简介:

该发明针对活菌疫苗冻干制备中细胞损伤问题,提供了一种诱导疫苗细胞胞内积累甜菜碱的培养制备方法,并配以相应配套制剂,用于提高疫苗细胞冻干制备中的存活率和活性。

一种用于研究电磁场对鱼类影响装置及其应用

专利类型:国家发明专利

专利授权人(发明人或设计人):贾玉东,姜靖,黄滨

专利号(受理号):201710128362.2

专利权人(单位名称):中国水产科学研究院黄海水产研究所,中国人民解放军第四零一医院

专利申请日:2017年3月6日

专利内容简介:

本发明公开了一种用于研究电磁场对鱼类影响的装置及其应用,该装置包括线圈内径模、线圈、接线端子、固定螺旋、圆柱形水槽、支撑杆、变频电源:线圈内径模位于圆柱形水槽的外部、上部,支撑杆支撑线圈内径模,支撑杆下端与圆柱形水槽的下端位于同一水平线上;线圈位于圆柱形水槽的外部、线圈内径模的内部,且由线圈内径模内壁上的固定螺旋调节高度;线圈的两个末端即为接线端子,接线端子与变频电源相连。本发明装置结构简单、体积小、便携,可用来开展磁场对鱼类卵子孵化、仔幼鱼早期发育影响研究,为海上风电项目生态评价提供基础性理论依据。

一种提高多鳞鱚幼鱼抗运输应激力的饲料添加剂

专利类型:国家发明专利

专利申请人(发明人或设计人):杨原志,董晓慧,谭北平

专利申请号(受理号):CN201710135642.6

专利权人(单位名称):广东海洋大学

专利申请日:2017年3月8日

专利内容简介:

本发明公开了一种提高多鳞鱚幼鱼抗运输应激力的饲料添加剂,由以下按重量份数的组分组成:蛋氨酸铬,20~30;吡啶甲酸铬,10~20;维生素E,10~20;维生素C多聚磷酸酯,10~20;维生素A,10~20;β-葡聚糖,5~10;黄芪多糖,5~10;枯草芽孢杆菌,5~10;蛋氨酸锌5~10,蛋氨酸硒1~3。本发明提供的饲料添加剂能够明显提高多鳞鱚幼鱼的抗应激能力和免疫力;同时明显提高了多鳞鱚幼鱼的摄食率、生长速度和成活率;本发明提供的饲料添加剂添加量少,效果好,且对饲料适口性无任何不良影响;原料来源稳定、价格成本合理,生产工艺简单。

一种抑制多脂鱼脂质过度氧化的复合抗氧化剂及腌制加工方法

专利类型:国家发明专利

专利申请人(发明人或设计人):李来好,吴燕燕,蔡秋杏,杨贤庆,陈胜军,邓建朝,杨少玲,赵永强

专利申请号(受理号):201710191075.6

专利权人(单位名称):中国水产科学研究院南海水产研究所

专利申请日:2017年3月28日

专利内容简介:

本发明公开了一种抑制多脂鱼脂质过度氧化的复合抗氧化剂及腌制加工方法,由以下组分组成:植物乳杆菌菌液浓度为$10^8 \sim 10^{10}$ cfu/mL用量为:2.0%~3.5% v/w;迷迭香酸用量为:0.03%~0.05% w/w;竹叶黄酮用量为0.03%~0.05% w/w;维生素C用量为0.01%~0.02% w/w;上述各组分用量为与所处理鱼质量的百分比例;分别按所需处理鱼质

量的百分比称量后，溶入生理盐水中，搅匀成复合抗氧化剂溶液；将腌制后的鱼浸泡在复合抗氧化剂溶液中，复合抗氧化剂溶液与鱼的体积质量比为1∶1，浸泡时间为1.5～2.5小时；再将浸泡过抗氧化剂的鱼放在热泵干燥机中至鱼体水分含量为38%～42%，包装贮藏。本发明有利于促进多脂鱼在腌制和低温烘干过程适度的脂肪氧化，产生腌干鱼特有风味，而在烘干结束后，该氧化过程也处于停滞状态，从而有效抑制多脂鱼腌干产品的进一步脂质过度氧化，延长了产品的保质期。

高结节强度渔用聚乙烯单丝及其制造方法

专利类型：国家发明专利

专利申请人（发明人或设计人）：闵明华，王鲁民，黄洪亮，等

专利申请号（受理号）：201710213450.2

专利权人（单位名称）：中国水产科学研究院东海水产研究所

专利申请日：2017年4月1日

专利内容简介：

本发明涉及人造纤维领域，具体是一种高结节强度渔用聚乙烯单丝及其制造方法，本发明采用弹性体与石墨烯混合均匀后经双螺杆挤出机挤出制备弹性体/石墨烯复配体系；将制得的复配体系与聚乙烯混合后经双螺杆挤出机造粒，制得母粒；将制得母粒、抗氧剂和润滑剂混合后经熔融纺丝-高倍牵伸工艺制得高结节强度聚乙烯单丝。本发明采用弹性体/石墨烯复配体系协同增强增韧聚乙烯单丝，充分发挥石墨烯和弹性体的作用，大大提高渔用聚乙烯单丝的结节强度。

一种渔用聚甲醛单丝制备方法

专利类型：国家发明专利

专利申请人（发明人或设计人）：闵明华，王鲁民，李子牛，李雄

专利申请号（受理号）：201710214195.3

专利权人（单位名称）：中国水产科学研究院东海水产研究所

专利申请日：2017年4月1日

专利内容简介：

本发明涉及人造纤维领域，具体是一种渔用聚甲醛单丝制备方法，所述的聚甲醛单丝由以下重量百分比的原料组成：聚甲醛85%～97.8%，纳米碳酸钙1%～13%，抗氧剂

0.1%～1%,润滑剂 0.1%～1%;制备方法包括以下步骤:① 聚甲醛切片与纳米碳酸钙以重量比 1:1 的比例混合后经双螺杆挤出机造粒,制得母粒,物料在双螺杆挤出机中的停留时间为 3～5 分钟,温度为 140～160 ℃;② 将步骤①得到的母粒切片与剩余聚甲醛切片,以及抗氧剂和润滑剂按比例混合后经熔融纺丝、二级高倍拉伸工艺制得渔用聚甲醛单丝。本发明制备的渔用聚甲醛单丝用于聚甲醛拖网、聚甲醛围网、聚甲醛绳索。

一种 ssDNA 核酸适配体及其应用

专利类型:国家发明专利

专利申请人(发明人或设计人):秦启伟,周伶俐,李鹏飞

专利申请号(受理号):201710231805.0

专利权人(单位名称):中国科学院南海海洋研究所

专利申请日:2017 年 4 月 11 日

专利内容简介:

石斑鱼是海水养殖最名贵的经济鱼类之一,在国内外市场供不应求。近年来,我国南方省区的石斑鱼网箱养殖规模迅速扩大,石斑鱼的各种病害也呈现迅速上升的势头,给养殖业主带来巨大经济损失,严重制约了石斑鱼养殖业的发展。鱼类病毒性神经坏死病又称空泡性脑病和视网膜病,是世界范围(除非洲以外)的一种鱼类流行性传染病,为重要的鱼类病害。该病对仔鱼和幼鱼危害很大,严重者在一周内死亡率可达 100%,对成鱼也有很高的致死率。目前针对神经坏死病毒还缺乏有效的防治手段和快速检测手段。指数富集的配体系统进化(systematic evolution of ligands by exponential enrichment, SLEXE)技术是 20 世纪九十年代产生的一种新型组合化学技术。应用 SELEX 技术从一个大容量随机寡聚核苷酸文库中筛选到的针对靶物质的高亲和性和特异性的适配体,被广泛应用于制药、分子生物学、医学等众多研究领域。适配体相比于其他治疗性的生物分子,具有诸多优势:筛选到之后可以大量合成,不需要细胞或者动物;不仅靶标范围广,而且特异性强;作为核酸分子,稳定性强,室温也可以保存;对缓冲条件的要求范围广。本发明 ssDNA 核酸适配体可用于制备石斑鱼神经坏死病毒的检测探针、药物载体或药物分离与纯化。相对于现有技术,本发明具有如下有益效果:本发明 ssDNA 核酸适配体对神经坏死病毒感染的石斑鱼脑细胞具有高特异性、高亲和力、无免疫原性、稳定易修饰、便于合成和保存的优点,可以应用于石斑鱼神经坏死病毒的快速检测和治疗方案。

一种网箱养殖卵形鲳鲹的限量投饲方法

专利类型:国家发明专利

专利申请人(发明人或设计人):刘龙龙,罗鸣,陈傅晓,李向民

专利申请号(受理号):201710236853.9

专利权人(单位名称):海南省海洋与渔业科学院(海南省海洋开发规划设计研究院)

专利申请日:2017年4月12日

专利内容简介:

本发明是一种网箱养殖卵形鲳鲹的限量投饲方法,包括两个阶段:第一阶段为卵形鲳鲹体重为1~100 g期间,育苗投入网箱后,先不投料饥饿2天,然后按育苗体重的4.5%~10.5%连续饱食投料13天,每天投料两次,15天一个循环,15天时取样测量卵形鲳鲹的体重,并按体重相应调整投料量;第二阶段为卵形鲳鲹体重为≥101 g,先不投料饥饿2天,然后连续饱食投料6天,再限量投喂7天,每天投料两次,15天一个循环,15天时取样测量卵形鲳鲹的体重,并按体重相应调整投料量。本发明将饥饿与限量投喂结合起来,从而能更大程度的节省饲料,饥饿后再限量投喂,进一步节省了饲料,而且通过控制投饲量,使在饱食投喂下也不至于出现过饱食情况。

一种银杏叶流化冰保鲜鲳鱼的方法

专利类型:国家发明专利

专利申请人:谢晶,蓝蔚青,赵宏强,车旭,王金锋

专利申请号(受理号):201710252122.3

专利权人(单位名称):上海海洋大学

专利申请日:2017年4月18日

专利内容简介:

本发明公开了一种用于鲳鱼保鲜用的银杏叶植物源流化冰处理冰,特征是将购置的银杏叶提取液原液,浓度为100%,配置成浓度为1%的保鲜液。使用工业盐加入银杏叶提取液中,混合均匀,使混合溶液浓度达到3.5%,其次使用RE-1000W-SP流化冰机将银杏叶提取液与盐溶液混合溶液制成所需冰浆,即银杏叶植物源流化冰。将海鲜市场购置的鲳鱼进行清洗、沥干,随机分成数量相等的两组,放置于长宽高规格是45 cm × 22 cm × 22 cm的干净泡沫箱中,两个泡沫箱中分别添加银杏叶植物源流化冰以及未添加银杏叶植物源流化冰,使流化冰将鱼体包埋,然后移至4℃冷藏柜中贮存;每天定期检查流化冰融化状态,并将冰水倒出,重新添加新制备的流化冰。经海鲜指标检测,银杏叶提取液流化冰处理组与对照

组相比较,鲳鱼外观色泽以及贮藏品质都有所改善,且货架期能够延长 6 天左右。使用银杏叶植物源流化冰处理冰保藏的鲳鱼,货架期延长,而且很大程度上降低微生物以及酶引起的腐败变质现象,表明采用银杏叶植物源流化冰处理冰进行保鲜是延长冰鲜鲳鱼货架期的有效手段,且操作简单,成本低,安全性高。

一种含竹醋液保鲜剂的流化冰保藏鲳鱼的方法

专利类型:国家发明专利

专利申请人:蓝蔚青,谢晶,张皖君,车旭,王金锋

专利申请号(受理号):201710252105. X

专利权人(单位名称):上海海洋大学

专利申请日:2017 年 4 月 18 日

专利内容简介:

本发明公开了一种含竹醋液保鲜剂的流化冰保藏鲳鱼的方法,① 配制浓度为 0.5%～2.5% 的竹醋液保鲜液;② 将工业用盐加入竹醋液保鲜液中,使其质量浓度为 2.0%～4.0%;③ 将配制好的含有竹醋液保鲜剂的盐溶液用流化冰机制取冰浆;④ 将购买的冰鲜鲳鱼清洗、沥干,随机分为两组;⑤ 分组后的鲳鱼按照层冰层鱼放进盛有竹醋液流化冰和单独流化冰的泡沫箱中,冰鱼体积比为 1:1;⑥ 处理好的泡沫箱放在 4 ℃冷藏柜中贮存;⑦ 要定期观察冰浆融化状态,每 1 天更换一次竹醋液流化冰。与单独流化冰贮藏组相比,经竹醋液流化冰处理的鲳鱼具有较好的外观色泽和贮藏品质,显著延长鲳鱼货架期6～8天,用竹醋液流化冰处理鲳鱼可弥补其他植物源保鲜剂对鱼体表色泽带来的不利影响,因此,将竹醋液结合流化冰用于水产品的预冷处理与保鲜加工上具有广阔的发展前景。

一种鲈鱼无冰运输的流化冰预冷方法

专利类型:国家发明专利

专利申请人:蓝蔚青,谢晶,张皖君,王金锋

专利申请号(受理号):201710252161.3

专利权人(单位名称):上海海洋大学

专利申请日:2017 年 4 月 18 日

专利内容简介：

本发明公开了一种可无冰运输鲈鱼的流化冰预冷方法，① 配制浓度为 3.0%～3.5% 的盐水溶液；② 将配制好的盐溶液用流化冰制冰机制取流化冰浆；③ 购买鲜活鲈鱼，选择鱼样体态均匀、眼睛透亮、精神饱满的鲜活个体；④ 挑选好的新鲜鲈鱼随机分为三组，用冰水清洗干净，沥干 1 分钟；⑤ 分组后的鲈鱼按照层冰层鱼放进盛有流化冰和碎冰的泡沫箱中，冰鱼体积比为 1:1，实验组在室温下经流化冰预冷 4 h 后取出鲈鱼，及时放进无冰的洁净泡沫箱中，置于 4 ℃冷藏柜中模拟短途运输状态，8 h 后取出鲈鱼立即转移至铺有碎冰的洁净泡沫箱中，冰鱼体积比为 1:1；⑥ 最后处理好的泡沫箱放在 4 ℃冷藏柜中贮存；⑦ 要定期观察冰浆融化状态，每 1 天更换一次流化冰。与碎冰预冷贮藏组相比，经流化冰预冷处理后的鲈鱼在无冰运输过程中始终处于低温状态，表明流化冰作为"冷源"，可有效控制鱼体的温度变化，且具有较低的 pH、TBA 值，有效抑制了鲈鱼肌肉组织和蛋白质的降解，货架期均为 12 d。本发明表明流化冰预冷前处理在鲈鱼无冰运输中发挥了一定作用，在短时间内能有效控制鱼体温度变化，维持鲈鱼鲜度，操作方法简单易行，可增加水产品运载量，节省人力、物力，是一种在水产品短途运输中值得推广的方法，具有很大的市场应用价值。

大黄鱼白细胞介素 17C2 基因大肠杆菌表达产物及其制备方法与应用

专利类型：国家发明专利

专利申请人（发明人或设计人）：陈新华，丁扬，母尹楠，敖敬群

专利申请号（受理号）：201710261087.1

专利权人（单位名称）：国家海洋局第三海洋研究所

专利申请日：2017 年 4 月 20 日

专利内容简介：

大黄鱼白细胞介素 17C2 基因大肠杆菌表达产物及其制备方法与应用，涉及白细胞介素 17。人肠杆菌 BL21/pET-32a-LCIL-17C2 已于 2016 年 12 月 26 日保藏。大黄鱼白细胞介素 17C2 基因大肠杆菌表达产物为相对分子质量约 34×10^3 的大黄鱼 IL-17C2 重组蛋白。应用：① 可诱导大黄鱼外周血白细胞表达趋化因子、促炎因子及抗菌肽 hepcidin 等基因；② 参与调节对大黄鱼外周血白细胞的趋化作用，表明大黄鱼 IL-17C2 重组蛋白具有明显的促进炎症反应及增强宿主抗细菌防御的功能；③ 在制备水产免疫增强剂中应用。

大黄鱼白细胞介素 17D 基因大肠杆菌
表达产物及其制备方法与应用

专利类型:国家发明专利

专利申请人(发明人或设计人):陈新华,丁扬,母尹楠,敖敬群

专利申请号(受理号):201710260445.7

专利权人(单位名称):国家海洋局第三海洋研究所

专利申请日:2017 年 4 月 20 日

专利内容简介:

大黄鱼白细胞介素 17D 基因大肠杆菌表达产物及其制备方法与应用,涉及白细胞介素17。所述大肠杆菌 BL21/pET-32a-LCIL-17D(*Escherichia coli* BL21/pET-32a-LCIL-17D)工程菌已于 2016 年 12 月 26 日保藏于中国典型培养物保藏中心。应用:① 可诱导大黄鱼外周血白细胞表达趋化因子、促炎因子及抗菌肽 hepcidin 等基因。② 调节对大黄鱼外周血白细胞的趋化作用,表明大黄鱼 IL-17D 重组蛋白具有明显的促进炎症反应及增强宿主抗细菌防御的功能。③ 在制备水产免疫增强剂中应用。

一种基于海上风机复合桶型基础的
刚性支撑网箱

专利类型:国家发明专利

专利申请人(发明人或设计人):王鲁民,李爱东,王磊,黄宣旭,刘永刚

专利申请号(受理号):201710304652.8

专利权人(单位名称):中国水产科学研究院东海水产研究所,江苏道达风电设备科技有限公司

专利申请日:2017 年 5 月 3 日

专利内容简介:

本发明涉及一种基于海上风机复合筒型基础的刚性支撑网箱,包括底基、圆柱状基台、风力发电机基柱和养殖网箱,底基筑设于海底,圆柱状基台筑设于底基上,风力发电机基柱筑设于圆柱状基台上,养殖网箱为顶面开口的环形网箱、包括圆形的顶部支架和环形的网衣,网衣的上端固定到顶部支架上,网衣围合形成养殖网箱的侧面并与圆柱状基台的上台面围合形成海水养殖区域,顶部支架通过若干放射状刚性支撑固定件安装到风力发电机基柱

上。本发明实现将网箱养殖与海上复合筒型风力发电机基建结合，降低基建成本，提高收益，与风力发电机基础之间的安装结构稳定，降低网箱损坏。

一种基于海上风力发电机基础的养殖装备

专利类型：国家发明专利

专利申请人（发明人或设计人）：王鲁民，李爱东，王磊，黄宣旭，刘永刚

专利申请号（受理号）：201710305213.9

专利权人（单位名称）：中国水产科学研究院东海水产研究所，江苏道达风电设备科技有限公司

专利申请日：2017年5月3日

专利内容简介：

本发明涉及一种基于海上风力发电机基础的养殖装备，包括风力发电机基柱和养殖网箱，风力发电机基柱筑设于海中，养殖网箱耦合安装到风力发电机基柱上，养殖网箱的网衣沿风力发电机基柱围合形成海水养殖区域。本发明将海上风力发电机的基建设备与海上网箱养殖结合，有利于降低基建成本，风力发电机基础的存在有利于形成理想的养殖场环境，有益于提高养殖收益和风电场海域综合效益，另外，通过将养殖网箱与风力发电基础结合布设，能够起到海上绿色风能、海洋生态改善以及集约化设施养殖协调发展的良好作用。

一种基于海上风机复合桶型基础的
升降式网箱

专利类型：国家发明专利

专利申请人（发明人或设计人）：王鲁民，黄宣旭，王磊，李爱东，王永进，刘永刚

专利申请号（受理号）：201710305168.7

专利权人（单位名称）：中国水产科学研究院东海水产研究所，江苏道达风电设备科技有限公司

专利申请日：2017年5月3日

专利内容简介：

本发明涉及一种基于海上风机复合筒型基础的升降式网箱，包括圆柱状复合筒型基础基台、风力发电机基柱、养殖网箱和支撑架，基台筑设于海床上，基柱筑设于基台上，支撑架

固定安装在风力发电机基柱上,支撑架与圆柱状复合筒型基础基台之间沿周向设有若干竖直的导向索,养殖网箱可上下滑动地装套在风力发电机基柱上且位于支撑架的下方,养殖网箱的侧面与导向索连接,风力发电机基柱上设有牵引装置,养殖网箱通过牵引装置牵引沿着风力发电机基柱上下移动。本发明将升降式网箱设施与海上复合筒型风力发电机基建结合,提高网箱抵御开阔海域风、浪、流能力,特别是躲避台风的能力,降低基建成本,提高收益,结构稳定降低损坏,保持网箱容积率。

基于已有风机基础的养殖装置海上装配方法

专利类型:国家发明专利

专利申请人(发明人或设计人):王鲁民,李爱东,王磊,黄宣旭,刘永刚

专利申请号(受理号):201710305203.5

专利权人(单位名称):中国水产科学研究院东海水产研究所,江苏道达风电设备科技有限公司

专利申请日:2017年5月3日

专利内容简介:

本发明涉及一种基于已有风机基础的养殖装置海上装配方法,包括以下步骤:在涨潮和落潮时分别确定海水水面在风力发电机基柱的位置;养殖网箱整体为可旋转打开和抱合的两部分连接构成,可将养殖网箱打开并套住风力发电基柱,再将养殖网箱两部分抱合连接;根据确定的海水水面位置将养殖网箱的顶部固定安装到风力发电机基柱上相应的位置;将养殖网箱的下端固定在风力发电机基柱上或风力发电机的地基上。本发明能够高效地将养殖网箱安装到现有的海上风力发电机基础上,实现网箱养殖与现有海上风力发电机基础的结合,有利于提高网箱在具有开阔海域特征的风电场海域的筑设牢固性和安全性,减少养殖网箱的基建成本。

一种基于海上风机复合桶型基础的拉索式网箱

专利类型:国家发明专利

专利申请人(发明人或设计人):王鲁民,李爱东,王磊,黄宣旭,刘永刚

专利申请号(受理号):201710305599.3

专利权人（单位名称）：中国水产科学研究院东海水产研究所，江苏道达风电设备科技有限公司

专利申请日：2017 年 5 月 3 日

专利内容简介：

本发明涉及一种基于海上风机复合筒型基础的拉索式网箱，包括圆柱状复合筒型基础基台、风力发电机基柱和养殖网箱，圆柱状复合筒型基础基台筑设于海床上，风力发电机基柱筑设于圆柱状复合筒型基础基台上，养殖网箱包括圆形的顶部支架和上缘固定到顶部支架的环形网衣，环形网衣与圆柱状基台的上台面围合形成海水养殖区域，顶部支架通过放射状固定件固定到风力发电机基柱上，养殖网箱通过沿周向均匀设置的若干拉索牵拉，拉索的上端与风力发电机基柱固定、中间与养殖网箱的顶部支架连接、下端固定在圆柱状基台的上台面。本发明实现拉索式网箱养殖与海上复合筒型风力发电机基建结合，有利于提高网箱抵御开阔海域风浪的能力，降低基建成本；拉索附载网衣构建而成的网箱在海流条件下的箱体容积保持率高，为养殖鱼类提供稳定的游动空间，能够起到风电场海域生态环境改善和离岸开放海域健康养殖协调发展的良好作用。

一种沙钻鱼的选育方法

专利类型：国家发明专利

专利申请人（发明人或设计人）：蒋伟明，韦明利，姚久祥，等

专利申请号（受理号）：201710441003.2

专利权人（单位名称）：广西壮族自治区水产科学研究院

专利申请日：2017 年 6 月 13 日

专利内容简介：

通过生长速度分化，人工饵料强化，抗应激性筛选等多步筛选流程，筛选出生长速度快，环境适应性强，抗应激性强的沙钻鱼新品种。

一种棘头梅童鱼的人工繁育方法

专利类型：国家发明专利

专利申请人（发明人或设计人）：叶坤，王志勇，陈庆凯

专利申请号（受理号）：2017104929294

专利权人（单位名称）：集美大学

专利申请日:2017年6月26日

专利内容简介:

本发明公开了一种棘头梅童鱼的人工繁育方法,属于鱼类繁殖领域,其步骤包括:捕捞成鱼作为亲本、人工授精和鱼苗培育。本发明通过棘头梅童鱼精液的提取及稀释浓度,精卵混合的比例及授精时间,提高了棘头梅童鱼的受精率、孵化率和鱼苗成活率,为棘头梅童鱼全人工繁育奠定基础,为棘头梅童鱼人工养殖提供足够的苗种。

一种鉴别大黄鱼遗传性别的分子标记及其应用

专利类型:国家发明专利

专利申请人(发明人或设计人):王志勇,林爱强,肖世俊

专利申请号(受理号):2017105761892

专利权人(单位名称):集美大学

专利申请日:2017年7月14日

专利内容简介:

本发明公开了一种鉴别大黄鱼遗传性别的分子标记及其应用。所述分子标记表现为SEQ ID NO:1所示核苷酸序列(大黄鱼dmrt1基因第4内含子的部分序列)的插入/缺失长度多态性。该分子标记与大黄鱼的性别紧密相关,能够准确鉴别普通大黄鱼(XX♀、XY♂)以及大黄鱼的生理性雄鱼(即伪雄鱼,XX♂)、生理性雌鱼(即伪雌鱼,XY♀)、超雄鱼(YY♂)等拥有各种性染色体组型的个体的遗传性别,包括胚胎、仔鱼、稚鱼、幼鱼和成鱼;因此可用于大黄鱼的辅助育种(性别控制育种、基因组选择育种等)、以及大黄鱼性别决定分子机制研究。

一种鉴别黄姑鱼遗传性别的分子标记及其应用

专利类型:国家发明专利

专利申请人(发明人或设计人):王志勇,孙莎

专利申请号(受理号):2017105761873

专利权人（单位名称）：集美大学

专利申请日：2017 年 7 月 14 日

专利内容简介：

本发明公开了一种鉴别黄姑鱼遗传性别的分子标记及其应用。所述分子标记表现为 SEQ ID NO：1 所示核苷酸序列（黄姑鱼 dmrt1 基因第 1 内含子的部分序列）的插入/缺失长度多态性；具有 SEQ ID NO：1 所示核苷酸序列的个体，表现为雌性黄姑鱼；缺失 SEQ ID NO：1 所示核苷酸序列的个体，表现为雄性黄姑鱼。本发明还公开了检测所述分子标记的引物对、试剂盒及方法。本发明的分子标记可以简便、快速、稳定地鉴别出黄姑鱼各个群体中不同个体的遗传性别，包括普通黄姑鱼（XX ♀、XY ♂）以及黄姑鱼的生理性雄鱼（即伪雄鱼，XX ♂）、生理性雌鱼（即伪雌鱼，XY ♀）、超雄鱼（YY ♂）从胚胎、仔鱼、稚鱼、幼鱼到成鱼的遗传性别，利于开发黄姑鱼的单性育种技术和基因组选择育种技术，发展黄姑鱼单性养殖、促进黄姑鱼基因组选择育种的开展，进一步提高养殖效益，增加黄姑鱼养殖的经济收益。同时也将有益于黄姑鱼性别决定机制等相关科学研究的开展。

半滑舌鳎 IGF-I 蛋白及其体外表达制备方法与应用

专利类型：国家发明专利

专利申请人（发明人或设计人）：徐永江，柳学周，王滨，等

专利申请号（受理号）：201710648921.2

专利权人（单位名称）：中国水产科学研究院黄海水产研究所

专利申请日：2017 年 8 月 1 日

专利内容简介：

本发明涉及一种半滑舌鳎 IGF-I 蛋白及其体外表达制备方法与应用，所述蛋白的核苷酸序列为 SEQ ID NO：1；氨基酸序列为 SEQ ID NO：3。本发明还提供一种半滑舌鳎 IGF-I 蛋白的体外表达制备方法，它包括成熟肽序列改造、重组表达载体构建、重组表达载体诱导表达和重组蛋白纯化；本发明利用按照酵母密码子偏好性改造过的半滑舌鳎 IGF-I 成熟肽序列与真核表达载体构建了重组表达载体，并在酵母工程菌中成功实现了 IGF-I 的高效表达，获得了具有生物活性的半滑舌鳎 IGF-I 重组蛋白，以饲料添加剂的形式应用后具有明显的促生长效果。

半滑舌鳎 MCH2 蛋白及其体外表达制备方法和应用

专利类型:国家发明专利

专利申请人(发明人或设计人):徐永江,柳学周,史宝,王滨,朱学武

专利申请号(受理号):201710649072.2

专利权人(单位名称):中国水产科学研究院黄海水产研究所

专利申请日:2017 年 8 月 1 日

专利内容简介:

本发明涉及一种半滑舌鳎 MCH2 蛋白及其体外表达制备方法和应用,所述蛋白的核苷酸序列为 SEQ ID NO:1;所述蛋白的氨基酸序列为 SEQ ID NO:2。所述半滑舌鳎 MCH2 蛋白的体外表达制备方法,它包括重组表达载体构建、重组表达载体诱导表达和重组蛋白纯化;所述重组表达载体构建为将原核表达载体 PET32a 与目的核苷酸片段进行重组,构成可表达序列为 SEQ ID NO:1 的半滑舌鳎黑色素富集素 2(MCH2)多肽的重组表达载体。所述重组表达载体,实现了半滑舌鳎 MCH2 多肽在原核生物体内的规模化、低成本生产,通过纯化可获得用于注射用或者饲料添加的生物功能制品。

一种卵形鲳鲹的工厂化苗种培育方法

专利类型:国家发明专利

专利申请人(发明人或设计人):张殿昌,郭华阳,江世贵,等

专利申请号(受理号):201710656879.9

专利权人(单位名称):中国水产科学研究院南海水产研究所

专利申请日:2017 年 8 月 3 日

专利内容简介:

一种卵形鲳鲹的工厂化苗种培育方法,包括孵化、移苗、仔稚鱼培育、饲料驯化等步骤;本发明苗种培育过程均在室内进行,孵化及养殖过程不受天气影响,大大提高了养殖苗种产量;本发明可对投喂饵料进行定向筛选,大大提高了该阶段苗种成活率;保证了苗种对 EPA 和 DHA 的需求,保障了苗种质量;工厂化培育过程中,育苗水体中的温度、盐度、溶氧等因子相对稳定,有效降低了苗种畸形率,提高了苗种成活率;利用分苗筛定期对苗种进行筛选,减少苗种的自残,提高了苗种的成活率,同时保证了苗种的均一性;工厂化苗种培育具有占地面积小,水量需求少,污水排放少,对自然坏境影响小等优点。

海水浮性鱼卵筛优分离方法及用到的分离桶和分离桶的使用方法

专利类型:国家发明专利

专利申请人(发明人或设计人):郭华阳,张殿昌,江世贵,等

专利申请号(受理号):201710655869.3

专利权人(单位名称):中国水产科学研究院南海水产研究所

专利申请日:2017年8月3日

专利内容简介:

海水浮性鱼卵筛优分离方法及用到的分离桶和分离桶的使用方法,所述方法包括如下步骤:步骤①充气分离:向分离桶中注入海水并放入待分离鱼卵,然后充气,使鱼卵随气流悬浮于水中;步骤②利用海盐调配高盐度海水加入到分离桶中,调高海水盐度;步骤③静置分离:盖上桶盖,所述分离桶桶底的出水口附近形成唯一的透光区,静置后,由所述分离桶的出水口分离出聚集在桶底的杂质、死卵和浮游动物,回收上浮的鱼卵,完成鱼卵的筛优分离。本发明方法在充气初步分离后,通过提高海水盐度在高盐度海水中进行再次充气分离,可促使优质鱼卵与杂质、浮游动物以及死卵的进一步分离,加快优质鱼卵上浮速度,提升分离效果,加快分离速度。

活鱼采捕装置

专利类型:国家发明专利

专利申请人(发明人或设计人):王鲁民

专利申请号(受理号):201710673730.1

专利权人(单位名称):中国水产科学研究院东海水产研究所

专利申请日:2017年8月9日

专利内容简介:

本发明涉及一种活鱼采样装置,包括自下而上的第一支撑圈、第二支撑圈和第三支撑圈,该采样装置的底面密封,第一支撑圈与第二支撑圈之间通过防水布围合,第二支撑圈和第三支撑圈之间通过网衣围合,第三支撑圈连接有若干绳索,采样装置的顶部设有可充气式气囊,第二支撑圈上设有用于对防水布在采样后保持张开形成储水空间的支撑结构。本发明能够实现缓和的采样过程,便于采样,并减少对鱼体损伤,避免采样过程中鱼体脱水,从而保证了活鱼采样。

组装式支撑件及其养殖网箱

专利类型：国家发明专利

专利申请人（发明人或设计人）：王鲁民，王磊，王永进

专利申请号（受理号）：201710673729.9

专利权人（单位名称）：中国水产科学研究院东海水产研究所

专利申请日：2017年8月9日

专利内容简介：

本发明涉及一种组装式支撑件及其养殖网箱，支撑件包括水平支撑部分、斜撑角钢和连接角钢，水平支撑部分采用角钢背对背、错位拼接形成，斜撑角钢的上端与水平支撑部分倾斜连接并沿水平支撑部分的长度方向连续拼接形成三角形斜撑结构，斜撑角钢的下端通过连接角钢连接，养殖网箱包括长方体型的钢丝骨架和附着于钢丝骨架上的网衣，钢丝骨架的底面沿对角交错设置组装式支撑件对钢丝骨架进行支撑。本发明的支撑件能够在养殖网箱的投放现场进行拼组装，方便运输，支撑件能够对网箱骨架进行三维方向的支撑固定防止变形，提高网箱承受海水冲击的能力。

一种半滑舌鳎雌雄苗种自动分拣装置及其使用方法

专利类型：国家发明专利

专利申请人（发明人或设计人）：徐永江，柳学周，史宝，王滨，姜燕

专利申请号（受理号）：201710748115.2

专利权人（单位名称）：中国水产科学研究院黄海水产研究所

专利申请日：2017年8月28日

专利内容简介：

一种半滑舌鳎雌雄苗种自动分拣装置及其使用方法，属鱼类养殖技术领域，包括滑轮、支架、光源控制开关、光源固定台、光源、鉴定操作平台、进鱼槽、鉴定槽、挡板、进鱼槽进水口、图像信息采集与处理系统、无线遥控装置、自动控制装置、出鱼槽、雄性苗种出口、雄性苗种分拣挡板、雌性苗种分拣挡板和雌性苗种出口；本发明装置可在半滑舌鳎养殖生产早期将雌雄苗种区分开来，不会对苗种造成生理胁迫或体表损伤，提高了雌雄苗种分辨的准确率和成活率。同时，集成现代信息装备技术设计，可实现雌雄苗种的自动辨别与分拣，提高了雌雄苗种筛选效率，大大节约了人力物力，提升了养殖生产效益。

一种新的估计基因组育种值的快速
贝叶斯方法

专利类型：国家发明专利

专利申请人（发明人或设计人）：董林松，王志勇

专利申请号（受理号）：201710755168.7

专利权人（单位名称）：集美大学

专利申请日：2017年8月29日

专利内容简介：

本发明公开了一种新的估计基因组育种值的快速贝叶斯方法。步骤为：对所有个体进行生产性能的表型测定和基因组测序，获得基因组的 SNP 位点；筛选出合格的 SNP 位点，并将缺失的基因型补齐；将所有个体随机分为参考群体和估计群体；通过参考群体的表型值和迭代条件期望算法计算出参考群贝叶斯模型中的每个 SNP 位点的期望效应值；通过将各个 SNP 位点的期望效应值累加得到估计群体的估计基因组育种值 GEBV；并通过计算基因组育种值与表型值或真实育种值的相关系数来获得估计准确度。本发明的方法具有计算速度快、稳定性高，并且不降低育种值估计准确度的特点。

一种确定最佳 SNP 数量及其通过筛选标记对
大黄鱼生产性能进行基因组选择育种的方法

专利类型：国家发明专利

专利申请人（发明人或设计人）：王志勇，董林松，肖世俊

专利申请号（受理号）：201710755157.9

专利权人（单位名称）：集美大学

专利申请日：2017年8月29日

专利内容简介：

本发明公开了一种确定最佳 SNP 数量及通过筛选标记对大黄鱼生产性能进行基因组选择育种的方法。先对参考群个体进行生产性能的表型测定和基因组测序，获得 SNP 位点；筛选出合格的 SNP 位点，并将缺失的基因型补齐；将参考群分为训练集和验证集进行杂交验证；通过单标记分析筛选与性状最显著关联的 SNP 位点，然后只使用这些位点通过 GBLUP 方法计算验证集个体的 GEBV；进一步得到各个筛选 SNP 数量下的育种值估计准确度；最后

确定 SNP 筛选的最佳数量。再根据该最佳数量,通过 GBLUP 方法计算出 GEBV,进一步得到育种值估计准确度,根据该值的高低进行基因组选择育种。本发明可显著节省对大黄鱼生产性能的基因组选择费用。

一种鱼类实验生物学观测装置及使用方法

专利类型:国家发明专利

专利申请人(发明人或设计人):徐永江,柳学周,郑炜强,王滨,史宝,陈佳

专利申请号(受理号):201710782807.9

专利权人(单位名称):中国水产科学研究院黄海水产研究所

专利申请日:2017 年 9 月 3 日

专利内容简介:

一种鱼类实验生物学观测装置及使用方法,属于鱼类生物学领域,包括水族箱、支架、反射观察装置、拍摄装置、测量装置、无线传输装置、图像数据接收终端、温度控制系统;水族箱安装在支架上并与温度控制系统联通;反射观察装置安装在支架的四条支撑腿上,反射观察装置上安装有测量装置;支架一条支撑腿上安装具备无线传输功能的拍摄装置,通过无线传输装置实现与图像数据接收终端的无线通信,及时传导数据和图像;温度控制系统与水族箱连接,保证水族箱内水温适宜;可方便实现对实验鱼类无眼侧体色、游泳行为的观察记录以及全长、体长、体高、头长等生物学性状的测量,可大大减少因人为操作对试验鱼类的胁迫影响,提高实验成功率和工作效率,节约劳动成本。

一种监测投喂饵料沉降过程的方法

专利类型:国家发明专利

专利申请人(发明人或设计人):刘永利,王鲁民,石建高,俞淳,等

专利申请号(受理号):201710796940.X

专利权人(单位名称):中国水产科学研究院东海水产研究所

专利申请日:2017 年 9 月 6 日

专利内容简介:

本发明涉及一种监测投喂饵料沉降过程的装置,网箱主浮管为首尾相接的封闭框架,下部挂有网衣,上部设有网箱扶手管,其上设有测试装置连接位置,测试装置连接位置处设有不锈钢卡箍和测试杆底座,不锈钢卡箍为环状,卡住弧形的测试杆底座,测试杆底座贴紧网

箱主浮管,不锈钢卡箍和测试杆底座绕网箱主浮管转动后,停留在转动后的位置;支撑杆固定在测试杆底座上,中空并设有排气溢水孔,外部套有视频采集装置。本发明适用于水下检测、多点多方位多角度观察饲料沉降过程、监测鱼类的摄食行为、为饵料的投喂量及饵料开发提供依据。

半滑舌鳎 GnIH 基因、编码的两种成熟肽及其应用

专利类型:国家发明专利

专利申请人(发明人或设计人):王滨,柳学周,徐永江,史宝,刘权

专利申请号(受理号):201710467151.1

专利权人(单位名称):中国水产科学研究院黄海水产研究所

专利申请日:2017 年 9 月 20 日

专利内容简介:

本发明属于水产养殖技术领域,具体公开了半滑舌鳎促性腺激素抑制激素(GnIH)基因、编码两种成熟多肽及其应用。该基因是以半滑舌鳎脑组织总 RNA 为模板,经 RT-PCR 和 RACE 方法而得到的具有半滑舌鳎促性腺激素抑制激素基因全长 cDNA 序列的基因片段,通过序列比对和分析得到了其编码的两种成熟多肽;本发明还研究了 GnIH 两种成熟多肽对半滑舌鳎垂体促黄体生成素(LH)与生长激素(GH)分泌的调控作用;本发明为开发以 GnIH 为主要成分的新型生殖调控剂奠定了基础。

一种复合咸味剂快速腌制鱼类的加工方法

专利类型:国家发明专利

专利申请人(发明人或设计人):吴燕燕,赵志霞,李来好,杨贤庆,林婉玲,等

专利申请号(受理号):201710894251.2

专利权人(单位名称):中国水产科学研究院南海水产研究所

专利申请日:2017 年 9 月 28 日

专利内容简介:

一种复合盐快速腌制鱼类的加工方法,包括以下步骤:原料处理:选取鲜鱼或冷冻鱼,预处理后备用;盐水的配制:按一定比例将氯化钠、氯化钾、苹果酸钠、白糖完全溶解于水中;腌

制：将部分盐水注射至鱼内；其余盐水浸泡鱼身。清洗：将腌制好的鱼从盐水中捞起，用水冲淋，沥干；后处理：将沥水后的鱼制成湿腌鱼产品或低盐腌干鱼制品。本发明采用氯化钠、氯化钾和苹果酸钠复合盐作为腌制剂腌制鱼类，几种成分的复合起到协同快速腌制的作用；解决了单一氯化钠腌制产品中钠离子含量较高，不利于人体健康的问题，又解决了腌制鱼类的咸味和风味问题；同时，采用这个方法，也大大地缩短了腌制时间。

一种用于外海的方便组装式抗风浪金属网箱

专利类型：国家发明专利

专利申请人（发明人或设计人）：孟祥君，黄六一，瞿英，等

专利申请号（受理号）：201710995700.2

专利权人（单位名称）：三沙蓝海海洋工程有限公司、中国海洋大学

专利申请日：2017 年 10 月 24 日

专利内容简介：

本发明是一种组合式设计的金属框架式抗风浪养殖网箱，可以实现海上快速组装，方便离岸养殖作业和网箱海上维护。

一种提高无参转录组微卫星标记多态性的筛选方法

专利类型：国家发明专利

专利申请人（发明人或设计人）：马爱军，崔文晓，黄智慧，等

专利申请号（受理号）：ZL 201711077448.3

专利权人（单位名称）：中国水产科学研究院黄海水产研究所

专利申请日：2017 年 11 月 6 日

专利内容简介：

提高微卫星多态性筛选的系统方法更是少之又少。转录组微卫星数据数量巨大且交叉范围广，分析较难，工作量大，要从上万微卫星数据中筛选出多态性较好且符合性状相关的微卫星存在较多较难。

本发明提供一种提高转录组微卫星标记多态性的筛选方法，该方法工作量小、操作简

便,效果显著。利用本方法可有效提高筛选微卫星标记的多态性,为性状相关研究提供重要和可靠的分子标记。

一种牙鲆雌核发育四倍体的诱导方法

专利类型:国家发明专利

专利申请人(发明人或设计人):侯吉伦,王玉芬,王桂兴,张晓彦,孙朝徽,都威,赵雅贤,于清海

专利申请号(受理号):201711085865.2

专利权人(单位名称):中国水产科学研究院北戴河中心实验站

专利申请日:2017年11月8日

专利内容简介:

本发明提供了一种牙鲆雌核发育四倍体的诱导方法,属于海洋生物育种技术领域。所述诱导方法是将新鲜的真鲷精子进行紫外线照射进行灭活处理;将灭活真鲷精子和新鲜牙鲆卵子进行混合,将得到的精卵混合液与15～19 ℃的海水混合3 min,然后将精卵混合液转移至0～3 ℃的海水中冷休克处理40～50 min;将处理后的精卵混合液培育45～71 min,从精卵混合液筛选出浮鱼卵置于压力为550～750 kg/cm² 的环境中处理5～7 min;将静压处理的浮鱼卵进行流水孵化。本发明建立的方法利用冷休克和静水压法对灭活的异源精子所激活的卵子进行染色体加倍处理,实现了所诱导的四倍体只含有母本遗传信息的目标,同时具有较高的诱导率。

一种大型浮式围网鱼类生态混合养殖方法

专利类型:国家发明专利

专利授权人(发明人或设计人):贾玉东,黄滨,关长涛,翟介明,等

专利申请号(受理号):201711131929.8

专利权人(单位名称):中国水产科学研究院黄海水产研究所

专利申请日:2017年11月15日

专利内容简介:

本发明提供一种大型浮式围网鱼类生态混合养殖方法,是在浮式围网中养殖中上层鱼类、底栖性鱼类和岩礁性鱼类。本发明方法充分利用了围网养殖空间,实现立体混合养殖,增加了养殖经济效益,同时杂食性岩礁鱼类即可有效摄食饲料残饵,也可采食附着在网衣上

的贝、藻,防止堵塞网眼,有效保障了网衣内外水流交换,在混养过程不会出现同中上层鱼类和底栖性鱼类发生争夺食物现象。

远海管桩围网养殖系统

专利类型:国家发明专利

专利申请人(发明人或设计人):李文升,庞尊方,王清滨,等

专利申请号(受理号):ZL 201711130991.5

专利权人(单位名称):莱州明波水产有限公司

专利申请日:2017 年 11 月 15 日

专利内容简介:

本发明公开了一种远海管桩围网养殖系统,基础部分包括环绕中心桩的一圈内管桩以及一圈外管桩;内管桩和外管桩下端均埋于海底下方,上端部通过连接构件互相连接;还包括位于外管桩外侧的两组延伸管桩,其中一组作为办公生活平台的基础,另一组作为生产作业平台的基础;上层建筑部分包括内环走道以及外环走道;上层建筑部分还包括功能性平台。内环围网之内的区域为主养殖区域;内环围网和外环围网之间的区域为环形辅助养殖区域,环形辅助养殖区域用于养殖诸如斑石鲷之类的鱼类并通过这些鱼类清理围网上面的附着物。能够实现高效率、高质量远海围网牧渔。

一种枯草芽孢杆菌 7K 及其应用

专利类型:国家发明专利

专利申请人(发明人或设计人):秦启伟,周胜,黄晓红,等

专利申请号(受理号):201711166108.8

专利权人(单位名称):华南农业大学

专利申请日:2017 年 11 月 21 日

专利内容简介:

本发明公开了一种枯草芽孢杆菌分离鉴定方法、特征及其应用,其步骤:① 采集野生或人工养殖的健康石斑鱼,取石斑鱼肠道,室温匀浆,低速离心,取上清,加热 80 ℃处理;② 将处理后的上清连续梯度稀释并涂布在 LB 平板上,培养过夜,挑选淡黄色、扁平、边缘不整齐的单克隆菌培养;③ 提取单克隆菌的 DNA,PCR 扩增 16S rDNA 序列,通过序列分析及生化实验鉴定;④ 选取分析鉴定结果为枯草芽孢杆菌的菌株,共分离得到 1 批约 20 株菌,分别命

名为枯草芽孢杆菌 Bacillus subtilis 1-20;⑤ 筛选得到一株能够耐 100 ℃高温、耐低 pH、耐胆汁盐,耐胃肠道消化酶等极端环境的枯草芽孢杆菌株 B. subtilis 7k;⑥ 通过抑菌圈实验,证明 B. subtilis 7k 发酵液能够抑制多种水生动物致病菌生长;⑦ 通过动物实验,证明 B. subtilis 7k 可以促进石斑鱼生长,调节石斑鱼免疫基因表达,提高石斑鱼抵抗虹彩病毒等病原感染的能力;该枯草芽孢杆菌株可开发为一种益生菌饲料添加剂,应用于石斑鱼等水产养殖病害预防;⑧ 该 B. subtilis 7k 菌株已保存在广东省微生物菌种保藏中心（GDMCC）,保藏编号: GDMCC 60226。

一种渔业繁殖产后护理池的增氧系统

专利类型:国家发明专利

专利授权人（发明人或设计人）:钱晓明,金加余,温松来,郭正龙,等

专利号（授权号）:201711191145.4

专利权人（单位名称）:江苏中洋集团股份有限公司

专利申请日:2017 年 11 月 24 日

授权公告日:2018 年 3 月 2 日

授权专利内容简介:

本发明公开了一种渔业繁殖产后护理池的增氧系统,该系统主体结构包括池体、增氧管路、透明软管、微孔增氧石、气泵系统五部分。本发明借助麻绳用透明软管将微孔增氧石垂挂的方式进行增氧,最大程度地给仔鱼提供了活动范围,降低了外部环境对仔鱼的影响,提高了仔鱼的存活率。其特点在于增氧持续时间长,增氧面积大,且没有水花,噪声小,满足了池体中高密度仔鱼护理的增氧要求。

一种集约化养殖车间的通风布局方法

专利类型:国家发明专利

专利授权人（发明人或设计人）:钱晓明,金加余,温松来,秦巍仑

专利号（授权号）:201711193836.8

专利权人（单位名称）:江苏中洋集团股份有限公司

专利申请日:2017 年 11 月 24 日

授权公告日:2018 年 4 月 27 日

授权专利内容简介:

本发明公开了一种集约化养殖车间的通风布局方法,主结构包括主风机、进风矩形风管、新风螺旋风管、回风矩形风管、排风矩形风管、气体检测装置。本发明通过风机并联和伸入式的方式进行通风,增加了供风量,平衡了供排风,满足了需要大范围的密封养殖车间的通风要求。

一种石斑鱼虹彩病毒的亚单位疫苗及其制备方法和应用

专利类型:国家发明专利

专利申请人(发明人或设计人):秦启伟,黄晓红,周胜,魏京广,黄友华

专利申请号(受理号):201711377044.6

专利权人(单位名称):华南农业大学

专利申请日:2017年12月19日

专利内容简介:

本发明涉及分子生物学及免疫学领域,具体地说是一种具有免疫保护性的新加坡石斑鱼虹彩病毒亚单位疫苗及其制备和应用。具体为所述保护性疫苗抗原具有序列表 SEQ ID No:1 中的碱基序列,其制备方法:构建质粒 pET32a-VP72 并转化大肠杆菌 BL21(DE3),诱导表达并破碎细胞后自上清中回收重组蛋白,将上述所得的免疫保护性亚单位疫苗蛋白 rVP72 与佐剂混合,所得疫苗混合液具有对新加坡石斑鱼虹彩病毒免疫保护的作用。本发明所得重组亚单位疫苗具高效保护性,可应用于石斑鱼养殖过程中保护鱼苗及成鱼对抗新加坡石斑鱼虹彩病毒感染。

一种半滑舌鳎抗病免疫相关基因及其应用

专利类型:国家发明专利

专利申请人(发明人或设计人):陈松林,王双艳,王磊,等

专利申请号(受理号):201711477729.8

专利权人(单位名称):中国水产科学研究院黄海水产研究所

专利申请日:2017年12月29日

专利内容简介：

本发明的目的是提供一种半滑舌鳎抗病免疫基因，其氨基酸序列为 SEQ ID NO：1，编码基因的核苷酸序列为 SEQ ID NO：2。本发明首次克隆了半滑舌鳎类 IgT 基因，获得了其 cDNA 序列，设计了其表达检测的 PCR 引物，建立了皮肤黏液收集和黏液中总 RNA 提取及 IgT 基因表达的检测方法以及将皮肤黏液中 IgT 基因的表达水平作为抗病力评价指标的应用方法，从而创建了半滑舌鳎抗病力无损伤检测的分子方法，可以应用于半滑舌鳎抗病力测试及抗病良种选育。本发明的技术方法也可在其他鱼类上进行推广应用。

一种鱼体的高分辨率冷冻铣削解剖成像系统

专利类型：国家实用新型专利

专利申请人（发明人或设计人）：年睿，艾庆辉，徐晓，等

专利申请号（受理号）：201720476265.8

专利权人：中国海洋大学

专利申请日：2017 年 5 月 2 日

专利内容简介：

本实用新型涉及一种鱼体的高分辨率冷冻铣削解剖成像系统，包括断层铣削单元，照明单元，图像采集单元，数据处理单元；其中所述断层铣削单元包括底板，平口钳，铣刀，手动操作台和数控操作台；所述照明单元位于图像采集单元两侧，采用斜入射照明方式进行照明；所述图像采集单元位于断层铣削单元一侧，与铣刀同步上下移动；所述数据处理单元对图像采集单元采集的图像数据集进行图像处理。本实用新型可以自动化获得高空间分辨率的鱼体断层解剖数据集，基于该数据集可以借助于三维重建技术完成高空间分辨率的鱼体三维解剖结构模型的构建，实现鱼体的虚拟可视化，以便人们对鱼体进行分析、研究，进一步还可以在模型上进行各种模型实验。

一种深海网箱养殖锚泊系统

专利类型：国家实用新型专利

专利申请人（发明人或设计人）：冼容森，陶启友，袁太平，胡昱

专利申请号（受理号）：201721305419.3

专利权人（单位名称）：珠海市强森海产有限公司

专利申请日：2017 年 10 月 11 日

专利内容简介：

一种深海网箱养殖锚泊系统，包括网箱框架、框架绳、系泊框架以及设置在系泊框架外的锚泊单元，其特征在于，所述系泊框架设有框架浮筒，框架浮筒之间通过框架绳相连并围成方形外框架，方形外框架对角线上的框架浮筒还通过框架绳连接，构成"十"字形内框架；所述锚泊单元设有系泊浮筒，系泊浮筒通过框架绳与所述框架浮筒连接；所述网箱框架设有"工"字架，框架绳与网箱框架切线方向的"工"字架连接，并固定在"十"字形内框架上。

一种无骨鱼片

专利类型：国家实用新型专利

专利申请人（发明人或设计人）：郭晓华，申照华，张永勤，马德军

专利申请号（受理号）：201721415724.8

专利权人（单位名称）：山东美佳集团有限公司

专利申请日：2017 年 10 月 30 日

专利内容简介：

本实用新型公开了一种无骨鱼片，属于食品技术领域。其技术方案为：包括预先去除鱼骨的片状鱼肉，鱼肉中阵列贯穿若干支杆，支杆包括位于外部的套管，套管内部中空，其内侧穿插支杆；套管由杜伦小麦面粉制成。本实用新型的有益效果为：结构简单、使用方便，通过在去骨鱼肉内穿插由杜伦小麦面粉制成的套管，使其有助于鱼肉的延展定型，当烹饪时，套管即可变软食用；通过外部设置框架，辅助鱼肉定型，且放置鱼肉冷冻粘连。产品能够达到完全无骨，很好地保持鱼体原有性状，并且入味充分，口味佳，深受消费者欢迎。

一种盒装鱼泥

专利类型：国家实用新型专利

专利申请人（发明人或设计人）：山东美佳集团有限公司

专利申请号（受理号）：201721412977.X

专利权人（单位名称）：山东美佳集团有限公司

专利申请日：2017 年 10 月 30 日

专利内容简介：

本实用新型提供了一种盒装鱼泥，属于食品领域。其技术方案为：它包括包装盒、分割机构和鱼状鱼泥，包装盒包括储物盒和双层扣盖，储物盒腔体为鱼形，分割机构包括设置在

储物盒底部和内壁的若干道贯通的方形槽和若干条布设在方形槽内的分割线；分割线一端固定在所述水平方形槽一端，分割线另一端穿过内扣盖的方形槽口位于内扣盖和外扣盖之间设置有拉片；双层扣盖包括设置在方形支撑板上端的内扣盖和设置有内扣盖外围的外扣盖。本实用新型的有益效果为：包装盒内的鱼泥在分割线的作用下，方便快捷地被分割成若干块，食用更加方便，同时鱼状的造型更加精致，提高了鱼泥的档次。

远海管桩围网养殖系统的围网

专利类型：国家实用新型专利

专利申请人（发明人或设计人）：马文辉，庞尊方，毛东亮，等

专利申请号（受理号）：ZL 201721524808.5

专利权人（单位名称）：莱州明波水产有限公司

专利申请日：2017 年 11 月 15 日

专利内容简介：

本实用新型公开了一种远海管桩围网养殖系统的围网，它包括立网和连接于立网下端并且与立网相垂直的底网；立网底端具有若干个海底连接绳，底网的外侧边具有若干个铁链连接绳。本实用新型通过海底连接绳连接海底以下部分的管桩；通过铁链确保底网贴合在海底面。当某处海底连接绳失效时，底网起到补充防护作用。围网连接牢固可靠，能够有效防止养殖生物逃逸。

远海管桩围网养殖系统吊机安装座

专利类型：国家实用新型专利

专利申请人（发明人或设计人）：庞尊方，马文辉，王清滨，等

专利申请号（受理号）：201721523109.9

专利权人（单位名称）：莱州明波水产有限公司

专利申请日：2017 年 11 月 15 日

专利内容简介：

本实用新型公开了一种远海管桩围网养殖系统吊机安装座，它包括若干个内管桩以及位于内管桩外侧的若干个外管桩，内管桩和外管桩的上端部通过连接构件互相连接，还包括位于外管桩外侧的至少两个延伸管桩，延伸管桩上端与外管桩上端平齐，延伸管桩与其相邻的外管桩之间通过延伸连接件——对应地互相连接；在相邻两个延伸连接件之间连接有加

固连接件;并在相邻两个延伸连接件之间设置有加固管桩,加固管桩上端与加固连接件相连接;在所述延伸连接件上固定连接有用于安装吊机底座的安装板。吊臂的各向受力通过安装板传递到各个管桩和连接件上,向下的受力传递到海底,因此本底座具有坚固、稳定、抗冲击等突出特点,能够有效保证吊机的安全作业。

远海管桩围网养殖系统中心桩

专利类型:国家实用新型专利

专利申请人(发明人或设计人):马文辉,庞尊方,王晓梅,等

专利申请号(受理号):ZL 201721524041.6

专利权人(单位名称):莱州明波水产有限公司

专利申请日:2017 年 11 月 15 日

专利内容简介:

本实用新型公开了一种远海管桩围网养殖系统中心桩机构,所述远海管桩围网养殖系统包括基础部分,基础部分包括一圈若干个内管桩以及位于内管桩外侧的一圈若干个外管桩,一圈若干个内管桩所处圆心位置设置有中心桩;中心桩、内管桩和外管桩下端均埋于海底下方。本实用新型用作施工周围管桩的中心参照物,并能够实现对大型远海管桩围网养殖系统水体的中心监测。

远海管桩围网养殖系统主构架

专利类型:国家实用新型专利

专利申请人(发明人或设计人):庞尊方,毛东亮,孙礼娟,等

专利申请号(受理号):ZL 201721524044.X

专利权人(单位名称):莱州明波水产有限公司

专利申请日:2017 年 11 月 15 日

专利内容简介:

本实用新型公开了一种远海管桩围网养殖系统主构架,它包括中心桩,环绕中心桩的基础部分和安装在基础部分上端的上层建筑部分;基础部分包括环绕中心桩的一圈若干个内管桩和一圈若干个外管桩;内管桩和外管桩的上端部通过连接构件互相连接;基础部分还包括以内管桩为支撑架的内环围网以及以外管桩为支撑架的外环围网,上层建筑部分包括坐落在连接构件上的内环走道和外环走道。本实用新型的基础部分和上层建筑部分互为分体

结构,便于保证内外环走道准确处于以中心桩为圆心的内外两个同心圆的圆弧上。内、外环围网之间的环形辅助养殖区域能够单独养殖斑石鲷,斑石鲷能够清理围网,从而免去人工清理围网带来的烦琐操作以及对围网的损害。

用于大脑解剖的鱼类头部固定装置

专利类型:国家实用新型专利

专利申请人(发明人或设计人):刘滨,高莹莹,黄滨,刘宝良

专利申请号(受理号):2017217402985

专利权人(单位名称):中国水产科学研究院黄海水产研究所

专利申请日:2017 年 12 月 14 日

专利内容简介:

本实用新型提供了用于大脑解剖的鱼类头部固定装置,所述鱼类头部固定装置包括 X 形弹力固定带,所述 X 形弹力固定带的中央位置为镂空部分,所述镂空部分内设有镂空硅胶垫圈,所述 X 形弹力固定带在镂空硅胶垫圈两侧分别设有硅胶衬垫。本实用新型能够适合不同形状的鱼类头部且能够对鱼类的头部特别是头盖骨形态进行固定和保护,本实用新型能够实现鱼类头部的稳固和保护从而满足鱼类生理研究领域对于鱼类大脑等神经系统的活体解剖和观察的需求。

一种盐碱水域驯养海鲈幼鱼的方法

专利类型:国家实用新型专利

专利申请人(发明人或设计人):温海深

专利申请号(受理号):201711391885.2

专利权人(单位名称):中国海洋大学

专利申请日:2017 年 12 月 21 日

专利内容简介:

本发明提出一种作为盐碱水体引种首选海鲈的应用和养殖技术方法,以解决我国大部分处于闲置状态的盐碱地资源,不仅显著提高其经济效益,而且对以渔治水改变水域生态环境亦十分必要。其主要包括:海鲈受精卵孵化及初孵仔鱼养殖、海鲈早期幼鱼淡化及养殖、Ⅰ龄海鲈幼鱼最适养殖盐度确定、Ⅰ龄海鲈幼鱼安全养殖碱度的测定。所述的海鲈受精卵孵化及初孵仔鱼养殖,优选的海鲈受精卵孵化盐度为 20~35, pH 为 6.5~7.5。初孵仔鱼以

盐度 20 组存活最稳定,pH 组以 6.5 组存活率(SR)最高;所述的海鲈早期幼鱼淡化及养殖,优选的海鲈移植规格为平均体质量 0.843 41 与 10.941 73 克/尾的海鲈,而 0.106 07 克/尾的早期海鲈低盐优势不明显,不适宜移植;所述的 I 龄海鲈幼鱼最适盐度确定,优选的养殖盐度为接近海鲈体液等渗点盐度 12;所述的 I 龄海鲈幼鱼安全碱度测定,优选的养殖水体安全碱度为 ≤ 20 mmol/L。

附　录

附录1　海水鱼体系2017年发表论文一览表

序号	作者	专著名称	出版社/刊物	出版时间
1	关长涛	国家鲆鲽类产业技术体系年度报告（2016）	中国海洋大学出版社	2017年12月
2	贾玉东	大菱鲆繁育生物学及染色体育种	科学出版社	2017年2月

序号	作者	论文名称	出版社/刊物	年、卷、期、页
1	马爱军，王新安，黄智慧，等	大菱鲆（Scophthalmus maximus）快速生长品系和高成活率选育品系的配合力分析	海洋与湖沼	2017,48(5):1100-1107.
2	孙建华，马爱军，崔文晓，等	利用微卫星标记技术对红鳍东方鲀（Takifugu rubripes）家系谱认证的研究	海洋科学进展	2017,35(3):392-403.
3	夏丹丹，马爱军，黄智慧，等	环境胁迫对大菱鲆C-型凝集素功能的影响。	水产学报	2017,41(2):161-170.
4	崔文晓，马爱军，黄智慧，等	大菱鲆（Scophthalmus maximus）PRL基因、$Na^+-K^+-ATPase\ m$ 基因对盐度胁迫的响应	渔业科学进展	2017,38(6):1-9.
5	侯吉伦，王桂兴，张晓彦，等	牙鲆抗淋巴囊肿病家系选育及生长和抗病性能分析	中国水产科学	2017,24(4):727-737.
6	刘海金，侯吉伦，刘奕，等	牙鲆雌核发育研究进展	中国水产科学	2017,24(4):902-912.
7	王桂兴，侯吉伦，任建功，等	中国沿海6个花鲈群体的遗传多样性分析	中国水产科学	2017,24(2):395-402.
8	田莹，何艮，周慧慧，等	大菱鲆幼鱼对玉米蛋白粉中营养物质的表观消化率及添加胆汁酸和酶制剂对其产生的影响	动物营养学报	2017,(29):3211-3219.
9	张蓓莉，何艮，皮雄娥，等	豆粕发酵菌株筛选和鉴定及发酵条件优化	中国海洋大学学报	2017,(47):61-67.
10	魏朝青，周慧慧，王旋，等	高植物蛋白质饲料中添加丁酸钠对大菱鲆幼鱼生长性能、营养物质表观消化率及肝脏抗氧化功能的影响。	动物营养学报	2017,(29):3292-3402.
11	隋仲敏，周慧慧，王旋，等	不同玉米脱水酒精糟及其可溶物含量饲料中添加非淀粉多糖酶对大菱鲆幼鱼生长性能、营养物质消化率及抗氧化能力的影响	动物营养学报	2017,(29):3138-3145.
12	张树威，鲁康乐，宋凯，等	饲料羟基蛋氨酸钙、DL-蛋氨酸对花鲈生长、抗氧化能力及肠道蛋白酶活性的影响	水产学报	2017,41(12):1908-1918
13	张宇雷，管崇武	船载摇摆胁迫对斑石鲷血液生化指标的影响研究	渔业现代化	2017,44(03):29-34.
14	张宇雷，管崇武	船载振动胁迫对斑石鲷影响实验研究	中国农学通报	2017,33(29):145-149.

（续表）

序号	作者	论文名称	出版社/刊物	年、卷、期、页
15	张海耿,宋红桥,顾川川,等	基于高通量测序的流化床生物滤器细菌群落结构分析	环境科学	2017,38(08):3330-3338.
16	梁冬冬,范兆飞,邹玉霞,等	牙鲆 17β-HSD1 基因克隆及其表达调控的初步研究	海洋科学	2017,41(9):1-8.
17	安皓,徐世宏,丰程程,等	大菱鲆精子运动特征与精液 PH 的相关性研究	海洋科学	2017,41(7):37-43.
18	丰程程,柳意樊,安皓,等	减数分裂期雄性大菱鲆孕激素及受体基因的表达分析	海洋科学	2017,41(8):1-8.
19	王腾腾,关长涛,公丕海,等	2 种新型塑胶环保型网箱养殖褐牙鲆（*Paralichthys olivaceus*）与大菱鲆（*Scophthalmus maximus*）效果的评估	渔业科学进展	2017,38(3):198-204.
20	黄滨,王娜,王蔚芳,等	半滑舌鳎垂体细胞体外原代培养方法研究	水产研究	2017,4(3):71-78.
21	高小强,洪磊,雷霁霖,等	美洲鲥胚胎发育形态学及组织学研究	渔业科学进展	2017,38(5):9-18.
22	殷述亭,刘宝良,黄滨,等	拥挤胁迫对已接种疫苗的大菱鲆部分免疫和应激指标的影响	渔业现代化	2017,44(1):26-34.
23	韩岑,雷霁霖,刘宝良	养殖密度对循环水系统中大菱鲆生长和蛋白质代谢的影响	海洋科学	2017,41(3):32-40.
24	梁友,黄滨,倪琦,等	石斑鱼高位池人工育苗技术的研究	海洋与渔业（水产前沿）	2017,04:106-107.
25	梁友,黄滨,倪琦,等	北方石斑鱼研发与养殖现状及展望	海洋与渔业（水产前沿）	2017,02:102-104.
26	闵明华,李雄,黄洪亮,等	渔用纳米蒙脱土改性聚乳酸单丝降解性能	海洋渔业	2017,39(6):690-695.
27	车旭,蓝蔚青,王婷,等	不同植物源提取液对冰藏鲳鱼品质变化的影响	天然产物研究与开发	2017,(4):664-670.
28	赵宏强,吴金鑫,张苑怡,等	超高压处理对冷藏鲈鱼片品质及组织结构变化的影响	高压物理学报	2017,31(4):494-504.
29	张玉晗,谢晶	鱼贝类生态冰温无水活运研究进展	渔业现代化	2017,44(2):38-42.
30	蔡秋杏,吴燕燕,李来好,等	来源于腌干鱼的乳酸菌中抗氧化酶及胞外多糖研究	水产学报	2017,41(6):952-961
31	吴燕燕,李来好,杨贤庆	网箱养殖军曹鱼加工关键技术的研究与应用	中国科技成果	2017,18(13):74.
32	高卿,李振兴,林洪,等	海鲈鱼鱼肉发酵过程中小清蛋白 IgE 结合能力的变化	食品科学	2017,38(22):88-94.
33	张延杰,王静雪,牟海津	嗜盐性蛋白酶产生菌 *Virgibacillus* sp. P-4 的筛选鉴定及其特性分析	食品科学	2017,38(22):102-108.
34	陆佼,杨正勇	捕捞限额制度下主体行为的博弈分析	海洋开发与管理	2017,4:98-104.

（续表）

序号	作者	论文名称	出版社/刊物	年、卷、期、页
35	曹自强,杨正勇	产业集聚视角下我国大菱鲆养殖品牌建设分析	上海海洋大学学报	2017, 1:154-159.
36	刘盼成,杨正勇	全要素生产率视角下的我国渔业转型发展研究——基于SFA的实证分析	海洋开发与管理	2017, 7:98-106.
37	陈博欧,杨正勇	中国养殖大黄鱼国际竞争力分析	中国渔业经济	2017, 3(35):53-59.
38	陆佼,杨正勇	渔业生产者参与实施捕捞限额制度意愿的影响因素研究	海洋开发与管理	2017, 10:23-27.
39	刘盼成,杨正勇	渔业产业结构对渔业技术效率的影响——基于SFA的实证分析	海洋开发与管理	2017, 10:32-40.
40	王春晓,曲志豪	渔业节能减排技术推广影响因素调查分析——以大菱鲆循环水养殖技术为例	海洋开发与管理	2017, 3:96-100.
41	杨卫,严棉	渔民收入增加对渔业产业结构调整的影响	中国渔业经济	2017, 6:26-33.
42	张迪,张英丽,李佳莹	牙鲆养殖业发展动态报告	水产前沿	2017, 12:51-52.
43	张迪,杨正勇,张英丽	中国河鲀养殖产业发展现状与成本收益分析	科学养鱼	2017, 12:1-3.
44	李可闻	影响我国河豚价格及进出口的主要因素分析	商情	2017, 44:114.
45	李可闻	2015年欧洲鲆鲽产品市场价格及趋势研究	商情	2017, 44:113.
46	李可闻	2012-2016年全球主要市场鲆鲽类产品市况综述	中国市场	2017, 34:23-25.
47	李可闻	2016年国际鲆鲽产品市场情况与趋势研究	渔业信息与战略	2017, 32:241-247.
48	赵海涛,吴彦,赵雅贤等	河北省海洋渔业发展现状调研报告	河北渔业	2017, (12):14-17.
49	于清海,宫春光,殷蕊,等	我国北方鲆鲽类产业所面临的问题及应对策略初探	科学养鱼	2017, 8:3-5.
50	赫崇波,高磊,等	辽宁省水产种质基因库信息平台构建	水产科学	2017, 36(1):113-117.
51	刘圣聪,刘佳茗	矩形曲面网板水动力性能的数值模拟	安徽农学通报	2017, 18(9):92-94.
52	刘圣聪,沈良朵,张君,包玉龙	海上网箱养鱼药浴中双氧水扩散分析	安徽农学通报	2017, 17(9):18-21.
53	包玉龙,张涛,刘圣聪	大规格哲罗鲑活鱼运输的研究	安徽农学通报	2017, 18(9):87-89.
54	赵旺,胡静,马振华	尖吻鲈幼鱼形态性状对体质量影响的通经分析及生长曲线拟合	南方农业学报	2017,48(9):1700-1707.
55	王腾腾,韦秀梅,常城,等	株许氏平鲉(*Sebastes schlegelii*)肠道乳酸菌的分离鉴定及特性分析	海洋与湖沼	2017,48(1):94-100.
56	李斌,柳学周,徐永江,等	半滑舌鳎(*Cynoglossus semilaevis*)消化道显微与超微结构	渔业科学进展	2017,38(1):150-158.

（续表）

序号	作者	论文名称	出版社/刊物	年、卷、期、页
57	李荣,徐永江,柳学周,等	黄条鰤(*Seriola aureovittata*)形态度量与内部结构特征	渔业科学进展	2017,38(1):142-149.
58	李存玉,柳学周,徐永江,等	两株有益菌的分离、培养、鉴定及其水质调控效果评价	渔业科学进展	2017,38(1):120-127.
59	刘增新,柳学周,史宝,等	牙鲆(*Paralichthys olivaceus*)仔稚幼鱼肠道菌群结构比较分析	渔业科学进展	2017,38(1):111-119.
60	李晓妮,柳学周,史宝,等	mPRα在性成熟雌性牙鲆(*Paralichthys olivaceus*)不同组织中的定性定量表达特征	渔业科学进展	2017,38(1):34-41.
61	李晓妮,柳学周,史宝,等	膜孕激素受体(mPRα)在半滑舌鳎(*Cynoglossus semilaevis*)卵母细胞成熟过程中的表达特征	渔业科学进展	2017,38(1):25-33.
62	张金勇,柳学周,史宝,等	促性腺激素调控半滑舌鳎(*Cynoglossus semilaevis*)卵母细胞孕酮受体膜组分1的表达特征	渔业科学进展	2017,38(1):42-47.
63	张金勇,史宝,柳学周,等	孕酮受体膜组分1基因在性成熟雌性半滑舌鳎(*Cynogloss ussemilaevis*)的组织学定位定量分析	渔业科学进展	2017,38(1):48-55.
64	史宝,柳学周,徐涛,等	性成熟雌性牙鲆(*Paralichthys olivaceus*)新型膜孕激素受体(mPRL)的定性定量表达分析	渔业科学进展	2017,38(1):18-24.
65	史宝,柳学周,徐涛,等	半滑舌鳎(*Cynoglossus semilaevis*)新型膜孕激素受体基因(mPRL)在卵母细胞成熟过程中的表达特征	渔业科学进展	2017,38(1):10-17.
66	史宝,刘永山,柳学周,等	黄条鰤(*Seriola aureovittata*)染色体核型分析	渔业科学进展	2017,38(1):136-141.
67	徐永江,柳学周,张凯,等	编码金属标签对牙鲆(*Paralichthys olivaceus*)苗种标记的效果	渔业科学进展	2017,38(1):168-174.
68	徐永江,李斌,柳学周,等	半滑舌鳎食欲素B的体外重组制备与生物活性分析	水产学报	2017,41(9):1374-1382.
69	徐永江,柳学周,史宝,等	太平洋鳕(*Gadus macrocephalus*)亲鱼驯化培育与早期发育特征	渔业科学进展	2017,38(1):159-167.
70	柳学周,徐永江,李荣,等	黄条鰤(*Seriola aureovittata*)肌肉营养组成分析与评价	渔业科学进展	2017,38(1):128-135.
71	朱学武,徐永江,柳学周,等	池塘养殖牙鲆(*Paralichthys olivaceus*)无眼侧体色黑化消褪机理	渔业科学进展	2017,38(1):103-110.
72	史学营,柳学周,石莹,等	半滑舌鳎(*Cynoglossus semilaevis*)黑色素聚集素受体(MCHR)表达特性及其与无眼侧黑化的关系	渔业科学进展	2017,38(1):91-102.
73	徐永江,朱学武,柳学周,等	半滑舌鳎(*Cynoglossus semilaevis*)黑色素富集激素基因的克隆和表达	渔业科学进展	2017,38(1):81-90.

序号	作者	论文名称	出版社/刊物	年、卷、期、页
74	徐永江，柳学周，石莹，等	GH/IGF-I 轴对半滑舌鳎（*Cynoglossus semilaevis*）卵巢发育的调控作用	渔业科学进展	2017,38(1):73-80.
75	王滨，柳学周，刘权，等	半滑舌鳎（*Cynoglossus semilaevis*）gnrh2 基因克隆、组织分布及卵巢成熟过程中表达分析	渔业科学进展	2017,38(1):63-72.
76	刘权，王滨，柳学周，等	GnIH 多肽对半滑舌鳎（*Cynoglossus semilaevis*）下丘脑生殖相关基因表达的影响	渔业科学进展	2017,38(1):56-62.
77	柳学周，史宝，徐永江，等	我国鲆鲽类生殖内分泌研究进展	渔业科学进展	2017,38(1):1-9.
78	刘阳，温海深，李吉方，等	不同盐度与雌二醇投喂对花鲈幼鱼生长性能的影响	海洋科学	2017,(6):9-17.
79	刘阳，温海深，李吉方，等	盐度与 pH 对花鲈孵化、初孵仔鱼成活及早期幼鱼生长性能的影响	水产学报	2017,(12):1867-1877.
80	王昊泽，王秀利	DNA 甲基化及其在水产养殖动物中的应用研究进展	河北渔业	2017,8:48-53.
81	尚晓迪，陈春秀，贾磊，等	N 氨甲酰谷氨酸对大菱鲆幼鱼生长性能的影响	饲料研究	2017,(3):35-38.
82	尚晓迪，陈春秀，贾磊，等	n-氨甲酰谷氨酸对大菱鲆幼鱼营养组成及免疫功能的影响	饲料工业	2017,(38)18:5-9.
83	贾磊，张博，刘克奉，等	基于 2b-RAD 简化基因组测序的半滑舌鳎群体遗传多样性分析	水产研究	2017,4(4):125-133.
84	张涛	饥饿和再投喂对大菱鲆摄食和生长的影响	安徽农学通报	2017,13(7):130-131.
85	张涛，徐思祺，宋颖	红鳍东方鲀的病害防治简述	科学养鱼	2017,6(6):65-67.
86	A. J. Ma, X. M. Shang, Z. Zhou, et al	Morphological variation and distribution of free neuromasts during half-smooth tongue sole *Cynoglossus semilaevis* ontogeny。	Chinese Journal of Oceanology and Limnology	2017,35(2):244-250.
87	D. D. Xia, A. J. Ma, Z. H. Huang, et al	Molecular characterization and expression analysis of Lilytype lectin（SmLTL）in turbot *Scophthalmus maximus*, and its response to Vibrio anguillarum。	Chinese Journal of Oceanology and Limnology	2017,35（6）:1-11.
88	Xiaoyan Zhang, Guixing Wang, Zhaohui Sun, et al	Mass Production of Doubled Haploids in Japanese Flounder, *Paralichthys olivaceus*	Journal of the World Aquaculture Society	2017, doi:10.1111/jwas.12441.
89	Gao YX, Dong LS, Xu S et al.	Genome-wide association study using Single marker analysis and Bayesian method for swim bladder index and gonadosomatic index in large yellow croaker	Aquaculture	2017,486:26-30.
90	Wang Q, Xin Q, Tang H, et al.	Molecular identification of StAR and 3βHSD1 and characterization in response to GnIH stimulation in protogynous hermaphroditic grouper（*Epinephelus coioides*）	Comparative Biochemistry & Physiology Part B	2017,206:26-34

（续表）

序号	作者	论文名称	出版社/刊物	年、卷、期、页
91	Guo Y，Wang Q，Li G，et al.	Molecular mechanism of feedback regulation of 17β-estradiol on two kiss genes in the protogynous orange-spotted grouper (*Epinephelus coioides*)	Mol Reprod Dev	2017,84(6):495-507
92	Zhu KC，Guo HY，Zhang N，et al	Molecular characterization and possible immue function of two members of interleukin family from *Trachinotus ovatus*	The israeli Journal of Aquaculture-Bamidgeh.	2017,69:1-10.
93	K. L. Gao，Z. C. Wang，X. X. Zhou，et al.	Comparative transcriptome analysis of fast twitch muscle and slow twitch muscle in *Takifugu rubripes*	Comparative Biochemistry and Physiology, Part D	2017,24:79-88.
94	H. Jiang，F. Bian，H. Zhou，et al	Nutrient sensing and metabolic changes after methionine deprivation in primary muscle cells of turbot (*Scophthalmus maximus* L.)	Journal of Nutritional Biochemistry	doi: 10. 1016/ j. jnutbio. 2017. 08. 015
95	F. Bian，H. Zhou，G. He，et al	Effects of replacing fishmeal with different cottonseed meals on growth, feed utilization, haematological indexes, intestinal and liver morphology of juvenile turbot (*Scophthalmus maximus* L.)	Aquaculture Nutrition	2017,(23):1429-1439
96	D. Xu, G. He，Q. Wang，et al	Effect of fish meal replacement by plant protein blend on amino acid concentration, transportation and metabolism in juvenile turbot (*Scophthalmus maximus* L.)	Aquaculture Nutrition	2017,(23):1169-1178
97	F. Song, D. Xu，H. Zhou，et al	The differences in postprandial free amino acid concentrations and the gene expression of PepT1 and amino acid transporters after fishmeal partial replacement by meat and bone meal in juvenile turbot (*Scophthalmus maximus* L.)	Aquaculture Research	2017,(48):3766-3781
98	Y. Li, P. Yang，Y. Zhang，et al	Effects of dietary glycinin on the growth performance, digestion, intestinal morphology and bacterial community of juvenile turbot, *Scophthalmus maximus* L	Aquaculture	2017,(279):125-133
99	K. Zhang, K. Mai，W. Xu，et al	Effects of dietary arginine and glutamine on growth performance, nonspecific immunity, and disease resistance in relation to arginine catabolism in juvenile turbot (*Scophthalmus maximus* L.)	Aquaculture	2017,(468):246-254
100	P. Tan, M. Peng，D. W. Liu，et al	Suppressor of cytokine signaling 3 (SOCS3) is related to pro-inflammatory cytokine production and triglyceride deposition in turbot (*Scophthalmus maximus*).	Fish & Shellfish Immunology	2017,70:381-390

（续表）

序号	作者	论文名称	出版社/刊物	年、卷、期、页
101	Y. H. Yuan, S. L. Li, L. Zhang, et al	Influence of dietary lipid on growth performance and some lipogenesis-related gene expression of tongue sole (*Cynoglossus semilaevis*) larvae.	Aquaculture Research	2017, 48: 767-779
102	K. K. Zhang, K. S. Mai, W. Xu, et al	Effects of dietary arginine and glutamine on growth performance, nonspecific immunity, and disease resistance in relation to arginine catabolism in juvenile turbot (*Scophthalmus maximus* L.)	Aquaculture	2017, 468: 246-254
103	Renlei Ji, Yicong Li, Xueshan Li, et al	Effects of dietary tea polyphenols on growth, biochemical and antioxidant responses, fatty acid composition and expression of lipid metabolism related genes of large yellow croaker (*Larimichthys crocea*)	Aquaculture Research	doi: 10. 1111/are. 13574
104	Wei Ren, Jingqi Li, Peng Tan, et al	Lipid Deposition Patterns Among Different Sizes of Three Commercial Fish Species.	Aquaculture Research	doi: 10. 1111/are. 13553
105	Liu Hongyu, Dong Xiaohui, Chi Shuyan, et al	Molecular cloning of glucose transporter 1 in grouper Epinephelus coioides and effects of an acute hyperglycemia stress on its expression and glucose tolerance	Fish physiology and biochemistry	2017, 43(1): 103-114
106	Yang Qihui, Ding Mingyan, Tan Beiping, et al	Effects of dietary vitamin A on growth, feed utilization, lipid metabolism enzyme activities, and fatty acid synthase and hepatic lipase mRNA expression levels in the liver of juvenile orange spotted grouper, *Epinephelus coioides*	Aquaculture	2017, 479: 501-507
107	Qin Digen, Dong Xiaohui, Tan Beiping, et al	Effects of dietary choline on growth performance, lipid deposition and hepatic lipid transport of grouper (*Epinephelus coioides*)	Aquaculture Nutrition	2017, 23(3): 453-459
108	D. Z. Xie, X. B. Liu, S. Q. Wang, et al.	Effects of dietary LNA/LA ratios on growth performance, fatty acid composition and expression levels of elovl5, Δ4 fad and Δ6/Δ5 fad in the marine teleost *Siganus canaliculatus*	Aquaculture	2018, 484: 309-316
109	K. L. Lu, Z. L. Ji, Samad Rahimnejad, et al.	De novo assembly and characterization of seabass Lateolabrax japonicus transcriptome and expression of hepatic genes following different dietary phosphorus/calcium levels transcriptome and expression of hepatic genes following different dietary phosphorus/calcium levels	Comparative Biochemistry and Physiology Part D: Genomics and Proteomics	2017, 24: 51-59
110	Xu Houguo, Cao Lin, Wei Yuliang, et al	Effects of different dietary DHA: EPA ratios on gonadal steroidogenesis in the marine teleost, tongue sole (*Cynoglossus semilaevis*)	British Journal of Nutrition	2017, 118(3): 179-188.

（续表）

序号	作者	论文名称	出版社/刊物	年、卷、期、页
111	Xu Houguo, Zhao Min, Zheng Keke, et al	Antarctic krill（*Euphausia superba*）meal in the diets improved the reproductive performance of tongue sole（*Cynoglossus semilaevis*）broodstock	Aquaculture Nutrition	2017,48（6）：2945-2953
112	Yu Y, Huang Y, Ni S, et al	Singapore grouper iridovirus（SGIV）TNFR homolog VP51 functions as a virulence factor via modulating host inflammation response	Virology	2017,511：280-289
113	Zhou L, Li P, Ni S, et al	Rapid and sensitive detection of redspotted grouper nervous necrosis virus（RGNNV）infection by aptamer-coat protein-aptamer sandwich enzyme-linked apta-sorbent assay（ELASA）	Journal of Fish Disease	2017,40：1831-1838
114	Biao Jiang, Jing Wang, Heng-Li Luo, et al	L-amino acid oxidase expression profile and biochemical responses of rabbitfish（*Siganus oramin*）after exposure to a high dose of Cryptocaryon irritans.	fish & shellfish immunology	2017,69：46-51
115	Biao Jiang, Yan-Wei Li, Ya-Zhou Hu, et al	Characterization and expression analysis of six interleukin-17 receptor genes in grouper（*Epinephelus coioides*）after Cryptocaryon irritans infection.	fish & shellfish immunology	2017,69：85-89
116	C. Zhang, W. B. Guo, Y. G Wang, et al.	The complete genome sequence of Colwellia sp. NB097-1 reveals evidence for the potential genetic basis for its adaptation to cold environment	Marine Genomics	doi：10. 1016/ j. margen. 2017. 11. 010
117	Y. G. Wang, Q. Liu, H. B. Zhou, et al.	Expression, purification and function of cysteine desulfurase from Sulfobacillus acidophilus TPY isolated from deep-sea hydrothermal vent	Biotech	2017,7（6）：360
118	C. Y. Zhao, S. H. Xu, C. C. Feng, et al.	Characterization and diff erential expression of three GnRH forms during reproductive development in cultured turbot *schophthalmus maximus*	Chinese Journal of Oceanology and Limnology	doi. org/10. 1007/ s00343-018-7068-y
119	Y. F. Liu, D. Y. Ma, C. Y. Zhao, et al.	The expression pattern ofhsp70plays a critical role in thermal tolerance of marine demersalfish：Multilevel responses of Paralichthys olivaceus and its hybrids（*P. olivaceus x P. dentatus*）to chronic and acute heat stress	Marine Environmental Research	2017,129：386-395
120	Y. Yang, Q. H. Liu, et al.	Germ cell migration, proliferation and differentiation during gonadal morphogenesis in all-female Japanese flounder（*Paralichthys olivaceus*）	The Anatomical Record	doi：10. 1002/ar. 23698

（续表）

序号	作者	论文名称	出版社/刊物	年、卷、期、页
121	X. Y. Wang, Q. H. Liu, Y. S. Xiao, et al.	High temperature causes masculinization of genetically female olive flounder (*Paralichthys olivaceus*) accompanied by primordial germ cell proliferation detention.	Aquaculture	2017, 479: 808-816
122	C. C. Feng, S. H. Xu, Y. F. Liu, et al.	Progestin is important for testicular development of male turbot (*Scophthalmus maximus*) during the annual reproductive cycle through functionally distinct progestin receptors	Fish Physiol Biochem	doi: 10. 1007/s10695-017-0411-y
123	D. D. Liang, Z. F. Fan, S. D. Wen, et al.	Characterization and expression of StAR2a and StAR2b in the olive flounder Paralichthys olivaceus	Gene	2017, 626: 1-8
124	Z. F. Fan, Y. X. Zou, S. Jiao, et al.	Significant association of cyp19a promoter methylation with environmental factors and gonadal differentiation in olive flounder *Paralichthys olivaceus*	Comparative Biochemistry and Physiology, Part A	2017, 208: 70-79
125	Huanhuan Huo, Bin Huang, Baoliang Liu	Effect of crowding stress on the immune response in turbot (*Scophthalmus maximus*) infected with attenuated Edwardsiella tarda	Fish and Shellfish Immunology	2017, 67: 353-358
126	Bao-liang Liu, Rui Jia, Bin Huang	Interactive effect of ammonia and crowding stress on ion-regulation and expression of immune-related genes in juvenile turbot (*Scophthalmus maximus*)	Marine and Freshwater Behaviour and Physiology	2017, 50(3): 179-194
127	Liu, B. , Lei, J. , & Huang, B	Stocking density effects on growth and stress response of juvenile turbot (*Scophthalmus maximus*) reared in land-based recirculating aquaculture system	Acta Oceanologica Sinica	2017, 36(10): 31-38
128	Yudong Jia, Qiqi Jing, Bin Huang.	Ameliorative effect of vitamin E on hepatic oxidative stress and hypoimmunity induced by high-fat diet in turbot (*Scophthalmus maximus*)	Fish & Shellfish Immunology	2017, 67: 634-642
129	Peng Hu, Zhen Meng, Yudong Jia	Molecular characterization and quantification of estrogen receptors in turbot (*Scophthalmus maximus*)	Gen Comp Endocrinol	http: //dx. doi. org/10. 1016/ j. ygcen. 2017. 01. 003
130	Zhi Feng Liu, Xiao Qiang Gao, Lei Hong.	Effects of different salinities on growth performance, survival, digestive enzyme activity, immune response, and muscle fatty acid composition in juvenile American shad (*Alosa sapidissima*)	Fish Physiol Biochem	2017, 43(3): 761-773
131	Cai Q, Yanyan W U, Laihao L I, et al	Lipid Oxidation and Fatty Acid Composition in Salt-Dried Yellow Croaker (*Pseudosciaena polyactis*) During Processing	J. Ocean Univ. China	2017, 16(5): 855-862

（续表）

序号	作者	论文名称	出版社/刊物	年、卷、期、页
132	Tiantian Wang, Zhenxing Li, Hong Lin, et al.	Effects of brown seaweed polyphenols, α-tocopherol, and ascorbic acid on protein oxidation and textural properties of fish mince (*Pagrosomus major*) during frozen storage	International Journal of Food Science & Technology	2017, 52(3): 706-713
133	Yue Ma, Qiyao Wang, Xiating Gao, et al	Biosynthesis and uptake of glycine betaine as cold-stress response to low temperature in fish pathogen Vibrio anguillarum	Journal of Microbiology	2017, 55(1): 44-55
134	Xiaohong Liu, Hua Zhang, Chenglong Jiao, et al	Flagellin enhances the immunoprotection of formalin-inactivated Edwardsiella tarda vaccine in turbot	Vaccine	2017, 35(2): 369-374
135	Kaiyu Yin, Qiyao Wang, Jingfan Xiao, et al	Comparative proteomic analysis unravels a role for EsrB in the regulation of reactive oxygen species stress responses in Edwardsiella piscicida	FEMS Microbiology Letters	2017, 364(1). Doi: 10. 1093/femsle/ fnw269
136	Yang Liu, Yanan Gao, Xiaohong Liu, et al	Transposon insertion sequencing reveals T4SS as the major genetic traits for conjugation transfer of multi-drug resistance pEIB202 from Edwardsiella	BMC Microbiology	2017, 17(1): 112
137	Hui Li, Jingfan Xiao, Ya Zhou, et al	Sensitivity improvement of rapid Vibrio harveyi detection with an enhanced chemiluminescent-based dot blot	Letters in Applied Microbiology	2017, 65(3): 206-212
138	Yue Ma, Qiyao Wang, Wensheng Xu, et al	Stationary phase-dependent accumulation of ectoine is an efficient adaptation strategy in Vibrio anguillarum against cold stress	Microbiological Research,	2017, 205: 8-18
139	Xiating Gao, Yang Liu, Huan Liu, et al	Identification of the regulon of AphB and its essencial roles in LuxR and exotoxin Asp expression in the pathogen Vibrio alginolyticus	Journal of Bacteriology	2017, 199(20). Doi: 10. 1093/femsle/ fnw269
140	Guanhua Yang, Gabriel Billings, Troy Hubbard, et al	Time resolved transposon insertion sequencing reveals genome-wide fitness dynamics during infection	mBio	2017, 8(5). Doi: 10. 1128/ mBio. 01581-17
141	Yang Liu, Luyao Zhao, Minjun, et al	Transcriptomic dissection of the horizontally acquired response regulator EsrB reveals its global regulatory roles in the physiological adaptation and activation of T3SS and the cognate effector repertoire in Edwardsiella piscicida during infection toward turbot	Virulence	2017, 8(7): 1355-1377
142	Xiaohong Liu, Jiamin Sun, Haizhen Wu	Glycolysis-related protein are broad spectrum vaccine candidates against aquaculture pathogens	Vaccine	2017, 35(31): 3813-3816

（续表）

序号	作者	论文名称	出版社/刊物	年、卷、期、页
143	B. Wang, Q. Liu, X. Z. Liu, et al.	Molecular characterization of Kiss2 receptor and in vitro effects of Kiss2 on reproduction-related gene expression in the hypothalamus of half-smooth tongue sole (*Cynoglossus semilaevis*)	General and Comparative Endocrinology	2017, 249: 55-63
144	B. Wang, G. K. Yang, Q. Liu, et al.	Inhibitory action of tongue sole LPXRFa, the piscine ortholog of gonadotropin-inhibitory hormone, on the signaling pathway induced by tongue sole kisspeptin in COS-7 cells transfected with their receptor	Peptides	2017, 95: 62-67
145	B. Wang, Q. Liu, X. Z. Liu, et al.	Molecular characterization of kiss2 and differential regulation of reproduction-related genes by sex steroids in the hypothalamus of halfsmooth tongue sole (*Cynoglossus semilaevis*)	Comparative Biochemistry and Physiology, Part A	2017, 213: 46-55
146	Zhang Bo, Jia Lei, Liu Kefeng	The complete mitochondrial genome of Cynoglossus joyneri and its novel rearrangement	Mitochondrial DNA Part B	2017, 2(2): 581-580

附录2　海水鱼体系2017年科技服务一览表

| 序号 | 培训班/现场会/调研/技术咨询等主题名称 | 时间 | 地点 | 培训人数 | | | | 主办（参加）试验站/岗位 |
				培训基层技术人员	培训养殖大户	培训渔民	发放培训资料	
1	冷藏、冷库——"冷"技术要求越来越高培训班	2017.2.10	上海郑明现代物流有限公司	35	/	/	/	保鲜与贮运岗位
2	葫芦岛市生态养殖技术培训班	2017.3.30	葫芦岛兴城市	15	20	30	100	葫芦岛综合试验站
3	实习大学生技术培训班	2017.4.21	河北北戴河	27	/	/	27	牙鲆种质资源与品种改良岗位、北戴河综合试验站
4	国际水产品开发与发展趋势研修班	2017.6.6	上海：广州黄沙水产交易市场有限公司	63	/	/	63	保鲜与贮运岗位
5	水产品低温物流关键技术研发与设备创新培训班	2017.6.8	河南：郑州轻工业学院	33	/	/	/	保鲜与贮运岗位
6	水产品质量安全宣传培训班	2017.6.16	葫芦岛市绥中县	/	10	30	80	葫芦岛综合试验站
7	水质监测在线监测系统使用培训班	2017.6.19	浙江台州市	10	1	4	10	深远海养殖岗位
8	加工质量控制培训会议	2017.6.22	山东省日照市	30	/	/	30	日照综合试验站
9	绥中县水产养殖安全用药培训班	2017.7.10	葫芦岛市绥中县	10	10	30	50	葫芦岛综合试验站
10	大黄鱼工厂化车间养殖系统现场培训会	2017.7.6	宁德官井洋大黄鱼养殖有限公司	12	/	/	/	养殖设施与装备
11	水产品冷链模式创新水产品冷链模式创新	2017.7.19	安徽：中国（安徽）水产品贸易发展大会	217	/	/	/	保鲜与贮运岗位
12	海水鱼健康养殖技术咨询指导	2017.7.21~11.17	大连市	/	/	/	100	丹东综合试验站
13	鲆鲽类健康养殖科学讲堂	2017.8.1	山东莱阳	20	10	/	100	鲆鲽类营养需求与饲料岗位
14	海水养殖鱼类疾病防控和规范用药培训	2017.8.2	广东省阳江市阳西县	34	13	26	73	寄生虫病防控岗位
15	水产品加工与质量安全技术培训班	2017.8.8	广东顺兴海洋渔业有限公司	25	/	/	50	鱼品加工岗位
16	循环水养殖技术培训班	2017.8.10	葫芦岛市兴城市	/	20	/	/	葫芦岛综合试验站
17	品质管理培训会议	2017.8.10	山东省日照市	50	/	/	50	日照综合试验站

序号	培训班/现场会/调研/技术咨询等主题名称	时间	地点	培训人数				主办(参加)试验站/岗位
				培训基层技术人员	培训养殖大户	培训渔民	发放培训资料	
18	网箱健康养殖技术培训	2017.8.11	广东省阳江市海凌区闸坡镇	20	6	30	56	疾病防控研究室，寄生虫病防控岗位
19	2017年全国水产技术推广骨干人员培训班	2017.8.14～19	云南昆明	200	60	/	200	池塘养殖岗位
20	海水鱼饲料鱼粉替代技术培训班	2017.8.19	福建省厦门市	12	/	/	15	海鲈营养需求与饲料岗位
21	天津立达海水公司技术人员培训会	2017.8.21	河北北戴河	13	/	/	/	牙鲆种质资源与品种改良岗位、北戴河综合试验站
22	产业技术体系海水鱼健康养殖技术培训会	2017.8.22～23	天津市	30	/		30	天津综合试验站，工厂化养殖模式岗位，产业经济岗位
23	产业技术体系海水鱼高效健康养殖技术培训会	2017.8.23	天津市	30	/		30	天津综合试验站主办工厂化养殖模式岗位、经济岗位
24	调研浙江天和公司水产品加工	2017.8.24	浙江省温岭市		/		30	质量安全与营养品质评价岗位
25	天津立达海水公司技术人员培训会	2017.8.27	河北北戴河		/		/	牙鲆种质资源与品种改良岗位、北戴河综合试验站
26	兴城市海水鱼工业化循环水养殖技术培训及推介会	2017.9.9	葫芦岛市兴城市	20	30	100	200	葫芦岛综合试验站
27	环保型配合饲料及其投喂技术培训班	2017.9.14	江苏省连云港市东海县	60	50	40	150	河鲀营养需求与饲料岗位
28	棘头梅童鱼驯养及养殖技术现场会	2017.9.14	天津市	40	20		/	深远海养殖岗位
29	食品冷冻、冷藏工艺培训	2017.9.16	上海：第七期全国仓储经理(冷链方向)培训班		/		47	保鲜与贮运岗位
30	海水鱼工程化健康养殖技术培训与交流会	2017.9.26	辽宁大连	70	20	/	200	丹东综合试验站、大连综合试验站、大菱鲆种质资源与品种改良岗位、牙鲆种质资源与品种改良岗位、细菌病防控岗位

（续表）

序号	培训班/现场会/调研/技术咨询等主题名称	时间	地点	培训人数				主办(参加)试验站/岗位
				培训基层技术人员	培训养殖大户	培训渔民	发放培训资料	
31	水产品质量安全和海水鱼类深精加工技术培训班	2017. 9. 21	日照美佳水产食品有限公司	35	/	/	50	质量安全岗位、鱼品加工岗位、日照综合试验站
32	现代农业技术专场对接会	2017. 9. 21	福建省宁德市	40	/	/	/	环境胁迫性疾病与综合防控岗位、宁德综合试验站
33	调研日照美佳集团	2017. 9. 21	山东省日照市		/	/	32	质量安全与营养品质评价岗位、鱼品加工岗位
34	国家海水鱼产业技术体系产业经济数据采集研讨交流会	2017. 9. 21	山东省青岛市	35	/	/	35	产业经济岗位、体系各综合试验站、质量安全与营养品质评价岗位
35	2017年国家海水鱼产业技术体系培训与交流会	2017. 9. 26	大连市	70	/	/	70	丹东、大连综合试验站承办,工厂化养殖模式岗位、细菌病防控岗位等参加
36	莱州水产养殖公司与黄海水产研究所海水鱼产业交流会	2017. 9. 28	山东青岛	6	6	/	60	半滑舌鳎种质资源与品种改良岗位、河豚营养与饲料岗位
37	食品安全现状培训班	2017. 9. 28	台湾基隆市	70	/	/	/	质量安全与营养品质评价岗位/保鲜与贮运岗位
38	大黄鱼养殖技术提升培训班	2017. 9. 29	福建省宁德市	12	4	15	33	宁德综合试验站、细菌病防控岗位
39	大黄鱼工厂化车间设备操作现场培训会	2017. 10. 25	宁德官井洋大黄鱼养殖有限公司	15	/	/	15	养殖设施与装备
40	我国食品安全现状	2017. 10. 8	上海郑明现代物流有限公司	55	/	/	/	保鲜与贮运岗位
41	加工技术专题研讨会	2017. 10. 8	山东省日照市	30	/	/	30	日照综合试验站
42	宁波综合试验站一示范区县海水鱼产业经济数据采集研讨交流会	2017. 10. 10	浙江省宁波市	6	/	/	6	宁波综合试验站、产业经济岗位
43	石斑鱼养殖技术培训班	2017. 10. 13	海南省东方市	103	10	/	113	陵水综合试验站

（续表）

序号	培训班/现场会/调研/技术咨询等主题名称	时间	地点	培训人数				主办(参加)试验站/岗位
				培训基层技术人员	培训养殖大户	培训渔民	发放培训资料	
44	我国水产种业发展及新品种养殖技术培训班	2017.10.17	天津市	100	/	/	100	天津综合试验站、池塘养殖岗位
45	海水鱼网箱健康养殖技术研讨会	2017.10.19-20	威海荣成	50	10	30	50	养殖水环境调控岗位
46	海水鱼网箱健康养殖技术研讨会	2017.10.20	威海	10	/	20	30	东营综合试验站、烟台综合试验站、水环境调控岗位
47	半滑舌鳎养殖技术培训与产业发展现场交流会	2017.10.26	山东海阳黄海水产公司	5	1	/	60	半滑舌鳎种质资源与品种改良岗位
48	日照市水产集团总公司水产养殖技术培训班	2017.10.29	日照	57	10	/	50	池塘养殖岗位
49	第二届工业化循环水养殖技术培训班	2017.10.23～28	山东东营	208	30	60	208	养殖水环境调控岗位
50	深水网箱养殖技术培训暨国家海水鱼产业技术体系养殖技术培训	2017.11.3	海南省海口市	24	18	18	60	寄生虫病防控岗位
51	长江所铜网箱实地安装现场会	2017.11.18	湖北省武汉市	4	/	10	/	深远海养殖岗位
52	半滑舌鳎雌性繁育技术培训会	2017.11.10	天津海发珍品实业有限公司、天津兴盛水产公司、天津乾海源水产公司	20	3	/	100	半滑舌鳎种质资源与品种改良岗位主办。
53	食品安全工程技术培训班	2017.11.1	福建省	84	/	/	84	质量安全与营养品质评价岗位
54	水产品质量安全监管培训班	2017.11.2	山东省青岛市	30	/	/	30	质量安全与营养品质评价岗位
55	阳江市管拔尖人才食品质量安全培训班	2017.11.9	山东省青岛市	56	/	/	56	质量安全与营养品质评价岗位
56	水产品加工与质量安全控制跨体系工作研讨会	2017.11.11	山东省青岛市	80	/	/	80	加工研究室保鲜与贮运岗位、鱼品加工岗位
57	清远市进行鱼虾越冬技术和安全用药培训班	2017.11.12	广东省清远市清新区	18	6	11	35	疾病防控研究室，寄生虫病防控岗位

（续表）

| 序号 | 培训班/现场会/调研/技术咨询等主题名称 | 时间 | 地点 | 培训人数 | | | | 主办（参加）试验站/岗位 |
				培训基层技术人员	培训养殖大户	培训渔民	发放培训资料	
58	深水网箱养殖技术培训班	2017.11.3	海南省海口市	30	20	/	50	陵水综合试验站，寄生虫病防控、产业经济岗位
59	水产品药残快速检测技术培训班	2017.11.15	烟台开发区	30	/	/	30	烟台综合试验站
60	鲆鲽类健康养殖科学讲堂	2017.11.16	山东潍坊	25	15	/	200	鲆鲽类营养需求与饲料岗
61	海水鱼养殖技术研讨会	2017.11.21	河北昌黎	33	29	1	100	北戴河综合试验站、牙鲆种质资源与品种改良岗位、秦皇岛综合试验站
62	深圳石斑鱼饲料技术研讨会	2017.11.23	广州深圳	10	/	/	/	石斑鱼营养与饲料需求岗位，澳华等饲料企业
63	岚山区省级渔业关键技术—海水养殖培训班	2017.11.23	山东省日照市岚山区	/	/	150	150	网箱养殖岗位
64	南海水产研究所水产养殖与遗传育种技术人员培训会	2017.11.24	广东广州	20	/	/	/	牙鲆种质资源与品种改良岗位
65	卵形鲳鲹养殖技术培训班	2017.11.24	广西钦州市钦州港区	8	6	42	/	北海综合试验站
66	福建石斑鱼工业化养殖以及饲料调研与技术咨询	2017.11.24～25	福建漳州、厦门	/	/	/	/	石斑鱼营养与饲料需求岗位
67	南沙养捕结合渔业生产模式尖吻鲈规模化养殖技术规程培训班	2017.11.24	海口	/	/	10	10	三沙综合试验站
68	网箱入冬养殖操作现场培训班	2017.11.28	广东省珠海市	12	/	20	50	珠海综合试验站
69	鲈鱼加工技术培训班	2017.11.29	珠海国洋食品有限公司	30	/	/	50	鱼品加工岗位
70	2017年高校英才进东营现场会	2017.11.30	山东省东营市	50	50	/	100	海鲈种质资源与品种改良岗位
71	海南石斑鱼养殖与饲料研讨会	2017.12.10	海南省海口市	10	5	/	20	石斑鱼营养与饲料需求岗位、陵水综合实验站

（续表）

序号	培训班/现场会/调研/技术咨询等主题名称	时间	地点	培训人数				主办(参加)试验站/岗位
				培训基层技术人员	培训养殖大户	培训渔民	发放培训资料	
72	海水鱼产业技术调研	2012.12.5-6	江苏中洋水产公司			/	30	半滑舌鳎种质资源与品种改良岗位、河豚种质资源与品种改良岗位
73	烟台市水产品质量安全培训	2017.12.5	烟台蓬莱市	60	10		60	烟台综合试验站
74	珠海石斑鱼养殖与饲料调研与技术服务	2017.12.8	广东省珠海市			/	/	石斑鱼营养与饲料需求岗位、珠海综合试验站
75	大菱鲆养殖技术培训班	2017.12.8	葫芦岛市兴城市	10	10	20	40	葫芦岛综合试验站
76	北海石斑鱼养殖与饲料调研与技术服务	2017.12.9	广西北海			/	/	石斑鱼营养与饲料需求岗位、北海综合试验站
77	海南海水鱼养殖及饲料产业座谈会	2017.12.10	海南省海口市	20	2	/	/	陵水综合试验站、石斑鱼营养需求与饲料、军曹鱼种质资源与品种改良岗位
78	水产品冷链模式创新培训会	2017.12.15	大连庄河:2017蓝海行动 暨推进大连庄河国家海洋经济示范区建设专题培训会	65	/	/	65	保鲜与贮运岗位
79	南沙养捕结合渔业生产模式暨体系技术服务研讨会	2017.12.1	儋州市海洋与渔业局	4	10	20	40	三沙综合试验站
80	大黄鱼质量安全与自生态电子商务	2017.12.13	福建省宁德市	10	23	29	62	宁德综合试验站
81	大黄鱼养殖技术升级发展交流会	2017.12.19	福建省宁德市	76	34	/	/	大黄鱼营养需求与饲料岗位
82	国家海水鱼产业技术体系健康养殖座谈会	2017.12.19	山东省日照市涛雒镇	20	20	30	140	青岛综合试验站、东营综合试验站、日照综合试验站、水环境调控岗位、大菱鲆种质资源与品种改良岗位、海鲈种质资源与品种改良岗位、池塘养殖岗位

（续表）

| 序号 | 培训班/现场会/调研/技术咨询等主题名称 | 时间 | 地点 | 培训人数 | | | | 主办（参加）试验站/岗位 |
				培训基层技术人员	培训养殖大户	培训渔民	发放培训资料	
83	"虎龙杂交斑"苗种培育与养殖技术培训班	2017.12.20	广东省惠州市	23	11	34	68	石斑鱼种质资源与品种改良岗位
84	冷库安全管理培训班	2017.12.20	上海市技术监督局、上海冷链协会	78	/	/	78	保鲜与贮运岗位
85	海南石斑鱼工业化养殖与饲料应用调研与技术服务	2017.12.11	海南省文昌市	/	/	/	/	石斑鱼营养与饲料需求岗位、陵水综合实验站、三沙综合试验站
86	辽宁盘山、营口拟新加示范县调研	2017.7.12～13	辽宁	/	/	/	/	牙鲆种质资源与品种改良岗位
87	半滑舌鳎养殖情况调研	2017.8.9	河北昌黎	/	/	/	/	牙鲆种质资源与品种改良岗位
88	山东长岛、下营及河北唐山产业调研	2017.8.13	山东	/	/	/	/	牙鲆种质资源与品种改良岗位
89	辽宁营口、丹东"北鲆1号"和"北鲆2号"池塘养殖情况调研	2017.10.26～28	辽宁	/	/	/	/	牙鲆种质资源与品种改良岗位、北戴河综合试验站
90	牙鲆销售情况调研	2017.11.15	河北昌黎	/	/	/	/	牙鲆种质资源与品种改良岗位、北戴河综合试验站
91	调研天津海发珍品实业公司、天津兴盛水产公司、河北粮丰水产有限公司、江苏中洋集团公司、山东莱州明波水产公司、海阳黄海水产公司等大型半滑舌鳎等养殖企业	2017	天津、河北、江苏、山东	/	/	/	/	半滑舌鳎种质资源与品种改良岗位
92	珠海斗门区、强森海产养殖有限公司养殖养殖情况调研	2017.12.4～19	珠海	/	/	/	/	卵形鲳鲹种质评价与品质改良岗位
93	调研广东珠海桂山岛深水网箱养殖基地、广西水产科学研究院、海南海洋与水产研究院、广西北海铁山港网箱养殖基地	2017	广东、广西	/	/	/	/	军曹鱼种质资源与品种改良

序号	培训班/现场/调研/技术咨询等主题名称	时间	地点	培训人数				主办(参加)试验站/岗位
				培训基层技术人员	培训养殖大户	培训渔民	发放培训资料	
94	调研辽宁大连,山东莱州、烟台、威海,江苏等红鳍东方鲀和河鲀的种质资源情况	2017.3~12	辽宁、山东、江苏	/	/	/	/	河鲀种质资源与品种改良岗位
95	在珠海、海南海口开展"北海石斑鱼养殖及饲料"产业调研	2017.12.8~11	珠海、海南	/	/	/	/	石斑鱼营需求与饲料岗位
96	到广东、广西北海等地进行卵形鲳鲹养殖区调研	2017.7~11	广东、广西	/	/	/	/	军曹鱼卵形鲳鲹营养与饲料岗
97	福建省诏安县、珠海市斗门区等海鲈主养区进行配合饲料使用情况及养殖现状与问题调研	2017	福建、广东	/	/	/	/	海鲈营养需求与饲料岗位
98	唐山、潍坊、青岛、大连、南通调研调研河鲀、红鳍东方鲀配合饲料生产情况	2017.4~11	河北、山东、江苏	/	/	/	/	河鲀营养需求与饲料
99	天津市海发珍品实业发展有限公司、莱州明波水产有限公司、广州利洋水产做北方海水养殖鱼类病毒性病原爆发情况调研	2017.9~12	天津、山东、广州	/	/	/	/	病毒病防控岗位
100	宁波、杭州、温州等地封闭循环水育苗及养殖基地调研	2017.1	宁波、杭州、温州	/	/	/	/	养殖水环境调控岗位
101	威海和烟台东方海洋养殖场大菱鲆和大西洋鲑调研	2017.8.18~8.19	山东	/	/	/	/	养殖水环境调控岗位
102	日照、烟台地区就工厂化养殖水环境调控现状进行调研	2017.4.1~6	山东	/	/	/	/	养殖水环境调控岗位
103	河北省海洋牧场建设和鱼类养殖的现状调研、山东日照和黄岛区、唐山、天津海水鱼养殖产业情况调研	2017.2~3	河北、山东	/	/	/	/	池塘养殖岗位

序号	培训班/现场会/调研/技术咨询等主题名称	时间	地点	培训人数				主办(参加)试验站/岗位
				培训基层技术人员	培训养殖大户	培训渔民	发放培训资料	
104	山东、天津、福建、江苏和海南等地区开展工厂化养殖状况调研	2017	山东、天津、福建、江苏	/	/	/	/	工厂化养殖模式岗位
105	到浙江台州和舟山、山东莱州、海南等地调研围栏设施及浮式养殖平台建设	2017.8～10	浙江、山东、海南	/	/	/	/	深远海养殖岗位
106	调研海水鱼类养殖、加工和流通产业情况	2017	广东省阳江市、江门市、珠海市、深圳市、广州市、佛山区、南沙区；山东省青岛市、日照市；浙江省等地	/	/	/	/	鱼品加工岗位
107	水产品消费市场调查	2017.3～6	天津、上海、云南、北京	/	/	/	/	产业经济岗位
108	大菱鲆养殖生产情况调查	2017.7～11	广西、海南、浙江、江苏、辽宁、河北、福建	/	/	/	/	产业经济岗位
109	调研海水鱼及河鲀鱼养殖情况	2017.8～9	福建省漳浦县、河北曹妃甸	/	/	/	/	大连综合试验站
110	调研考察当地河鲀水产养殖与市场发展情况	2017.7	福建、广东	/	/	/	/	南通综合试验站
111	到莱阳、黄岛的养殖区进行入户调研	2017.10～12	山东	/	/	/	/	青岛综合试验站
112	海南海水鱼新品种调研,浙江大陈岛考察管桩式围网建设	2017.2～3	海南	/	/	/	/	莱州综合试验站
113	调研莺歌海搏海养殖合作社、儋州海润渔业专业合作社、临高渔丰海洋捕捞专业合作社	2017	海南	/	/	/	/	三沙综合试验站
114	到示范县开展海水鱼产业现状与技术需求等调研	2017.7.10～15	浙江普陀、象山、椒江、洞头、平阳	/	/	/	/	宁波综合试验站
115	接待大型半滑舌鳎养殖企业技术咨询。	2017	天津海发珍品实业公司、天津兴盛水产公司、河北粮丰水产有限公司、河北鼎盛水产公司、江苏中洋集团公司、山东莱州明波水产公司、海阳黄海水产公司等	/	/	/	/	半滑舌鳎种质资源与品种改良岗位

（续表）

序号	培训班/现场会/调研/技术咨询等主题名称	时间	地点	培训人数				主办(参加)试验站/岗位
				培训基层技术人员	培训养殖大户	培训渔民	发放培训资料	
116	为华南农大提供工厂化循环水实验室建设提供技术咨询	2017.1.15	广东	/	/	/	/	养殖设施与装备岗位
117	为江苏智海蓝粮海洋工程有限公司养殖工船建设提供技术咨询	2017.12.15	江苏	/	/	/	/	养殖设施与装备岗位
118	扬州大学水产养殖基园区规划提供技术咨询	2017.3.4	江苏	/	/	/	/	养殖设施与装备岗位
119	宁波站提供关于蛋白分离器和紫外杀菌器等设备技术咨询	2017.9.04	浙江	/	/	/	/	养殖设施与装备岗位
120	日照市海洋水产资源与增殖站进行半滑舌鳎生产技术咨询	2017.5	山东	/	/	/	/	养殖水环境调控岗位
121	威海圣航水产科技有限公司提供大菱鲆繁育技术咨询	2017.3-9	山东	/	/	/	/	养殖水环境调控岗位
122	为山东科合海洋高技术有限公司、山东寿光大盛观水产养殖有限公司开展工厂化循环水养殖系统构建技术咨询	2017	山东	/	/	/	/	工厂化养殖模式岗位
123	为莱州明波水产有限公司、宁德市富发水产有限公司等养殖企业拟建设的深海渔场设计提供技术建议	2017.9.7	山东、福建	/	/	/	/	深远海养殖岗位
124	为晨升水产养殖公司半滑舌鳎苗种病害咨技术询并现场诊治，为启民水产公司全雌牙鲆养殖技术咨询	2017.8.4	河北秦皇岛	/	/	/	/	秦皇岛综合试验站
125	儋州市海洋与渔业局，乐东县莺歌海镇人民政府渔业咨询	2017	海南	/	/	/	/	三沙综合试验站

（续表）

序号	培训班/现场会/调研/技术咨询等主题名称	时间	地点	培训人数				主办（参加）试验站/岗位
				培训基层技术人员	培训养殖大户	培训渔民	发放培训资料	
126	辽宁兴城、绥中大菱鲆企业到龙运公司咨询大菱鲆产品追溯技术、病害防治技术、循环水养殖技术等	2017	辽宁	/	/	/	/	葫芦岛综合试验站
127	为大连万洋渔业养殖有限公司进行红嘴病防治	2017	大连	/	/	/	/	丹东综合试验站
128	东营市示范县区从业者技术咨询	2017	山东					东营综合试验站
129	北海市石头埠丰顺水产养殖有限公司"广西海水网箱核心示范区"建设规划提供咨询	2017	北海	/	/	/	/	北海综合试验站
130	为北海海洋渔民合作社网箱养殖海域选址、网箱选型等提供咨询	2017	北海	/	/	/	/	北海综合试验站
131	海水鱼养殖病害免疫防控及疫苗接种操作培训	2017.3 & 7	烟台、大连	15	2			细菌病防控岗位（主持）烟台综合试验站（参加）丹东综合试验站（参加）
合计				2 970	613	810	4 421	